彩图 2-12[①] 从文昌阁上西望万寿山昆明湖（近处为知春亭）

彩图 2-13 颐和园谐趣园鸟瞰

彩图 2-23 拙政园舫厅“香洲”（唐真摄）

彩图 2-24 拙政园小飞虹

彩图 2-38 美第奇别墅（丁绍刚摄）

彩图 2-34 阿尔罕布拉宫鸟瞰图

彩图 2-51 阿尔多布兰迪尼别墅雕塑（丁绍刚摄）

彩图 2-53 维贡特府邸正面景观（丁绍刚摄）

彩图 2-54 凡尔赛宫苑总平面

彩图 2-55 凡尔赛英式花园爱之亭（丁绍刚摄）

彩图 2-61 大仙院枯山水

彩图 2-63 龙安寺石庭（胡长龙摄）

彩图 2-67 纽约中央公园

① 为方便查找，彩图序号与正文对应。

彩图 2-68　植物应用到台阶中

彩图 2-70　杜伊斯堡北风景公园蒂森钢铁厂自然恢复的景观

彩图 2-71　杜伊斯堡北风景公园钢铁厂（丁绍刚摄）

彩图 2-76　日本某城市大地景观

彩图 2-77　荷兰球根公园一隅（丁绍刚摄）

彩图 2-78　肖蒙国际花卉节某参展作品局部（丁绍刚摄）

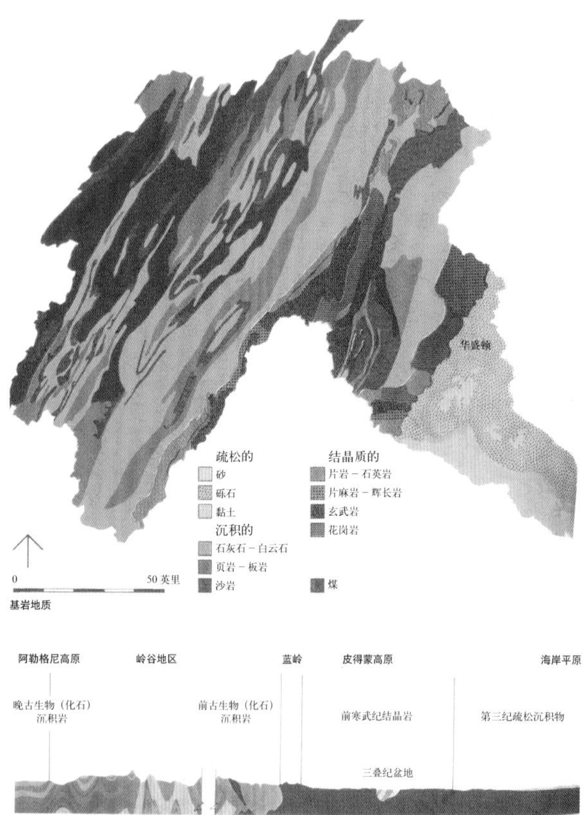

彩图 3-10　美国某地区的地质图（引自《设计结合自然》）

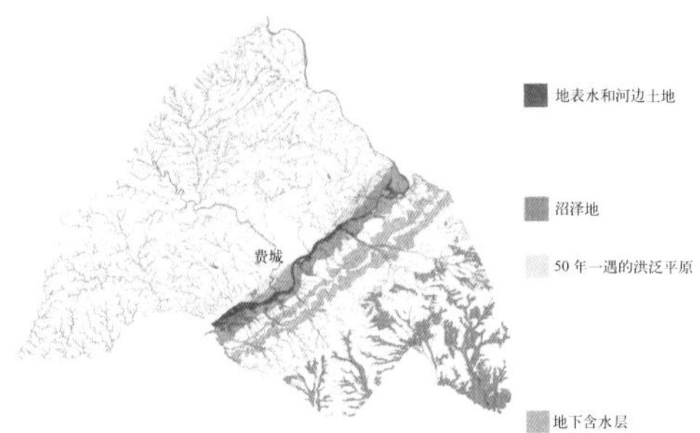

彩图 3-12　地表水及其对坡面影响的分析（引自《设计结合自然》）

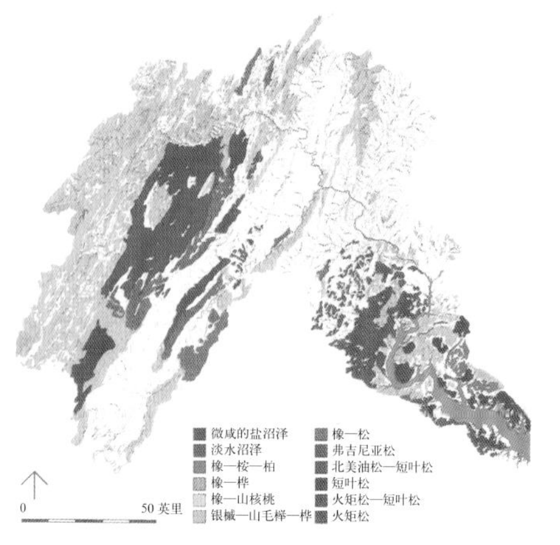

彩图 3-14　植被分析图（引自《设计结合自然》）

彩图 3-20　由耕作方式演变而来的梯田文化

彩图 4-5　依地形形成的村庄与山景（丁绍刚摄）

彩图 4-12　台地造景（丁绍刚摄）

彩图 4-48　混凝土和草坡驳岸（丁绍刚摄）

彩图 4-49　驳岸（丁绍刚摄）

彩图 4-56　景桥（丁绍刚摄）

彩图 4-94　植物的色彩

彩图 4-67　意大利圣马可广场（丁绍刚摄）

彩图 4-121　廊（丁绍刚摄）

彩图 4-125　电话亭（丁绍刚摄）

彩图 4-126　售卖亭（丁绍刚摄）

彩图 4-127　公共厕所（丁绍刚摄）

彩图 4-131　广场景观灯（丁绍刚摄）

彩图 4-133　围墙（丁绍刚摄）

彩图 4-134　自行车停放管理设施（丁绍刚摄）

彩图 4-136　构筑小品（丁绍刚摄）

彩图 4-138　水景（一）（丁绍刚摄）

彩图 4-139　水景（二）（丁绍刚摄）

彩图 4-138　儿童游乐设施（二）（丁绍刚摄）

彩图 5-30　不同材料与结构在风景园林中的运用（张清海摄）

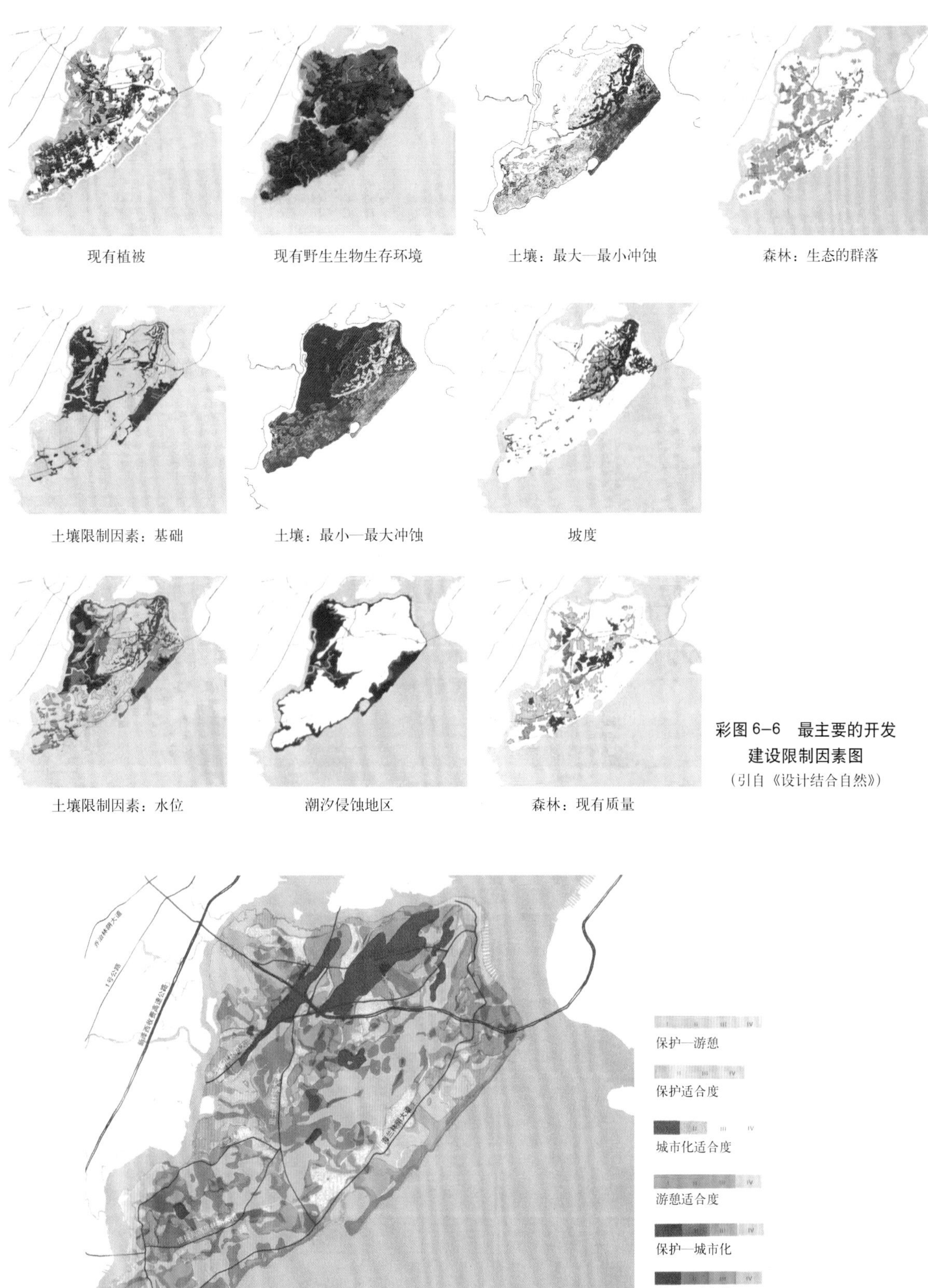

彩图 6–6　最主要的开发建设限制因素图

（引自《设计结合自然》）

彩图 6–8　保护—游憩—城市化地区适宜性综合图

（引自《设计结合自然》）

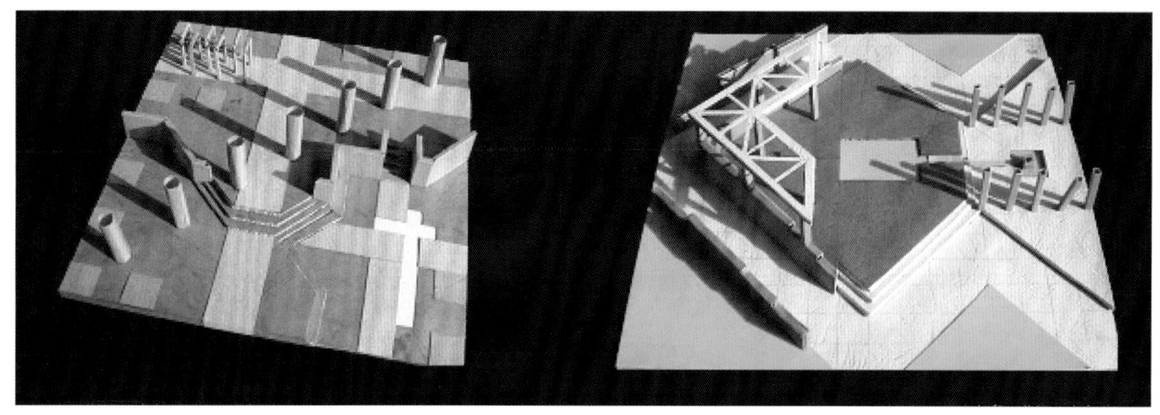

彩图 8-4　细部景观设计空间构成模型：通过底界面、垂直界面或顶界面的处理形成丰富的场地空间（制作：杜一钠、虞莳君）

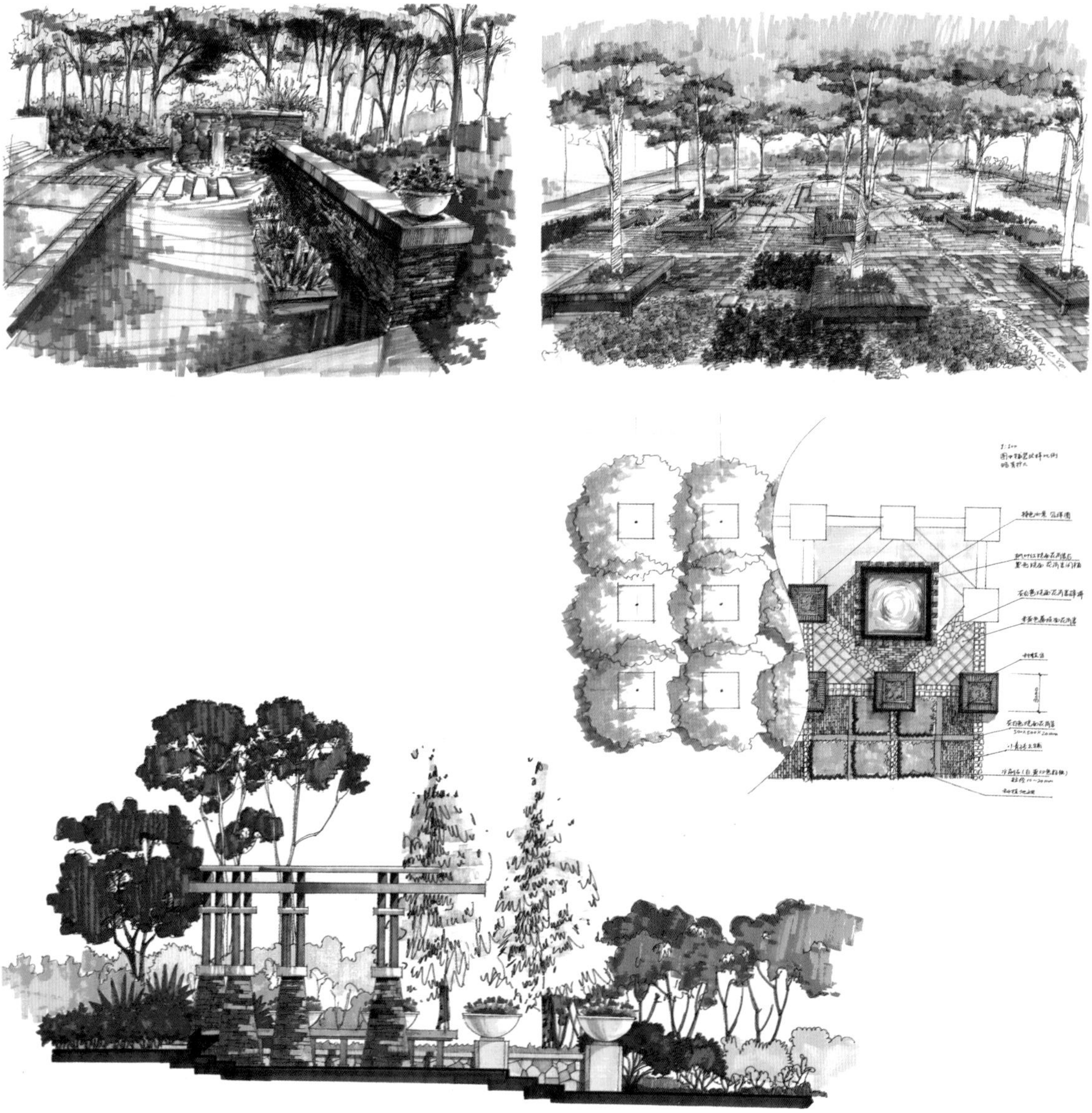

彩图 8-14　细部景观设计（绘图：郁聪）

彩图 9-1　优美的自然资源景观
（丁绍刚摄）

彩图 9-3　乔治·卡特林（George Catlin）的油画《被弓和标枪追逐的野牛》

彩图 9-4-1　美国黄石国家公园
（Yellowstone Park）

彩图 9-4-2　美国黄石国家公园
（Yellowstone Park）

彩图 9-5　加拿大班弗（Banff）国家公园

彩图 9-13　挪威冰河国家公园

彩图 9-16　贵州黎平侗乡
国家级风景名胜区

彩图 9-17　青海玉树隆宝滩
国家自然保护区

彩图 9-20　安徽黄山世界地质公园

彩图 9-21　内蒙古黄河三盛公国家水利
风景区

彩图 10-15　北京奥林匹克公园平面

彩图 9-23　苏州拙政园借景北寺塔
（周之静摄）

彩图 9-24　历史文化名城——河北邯郸

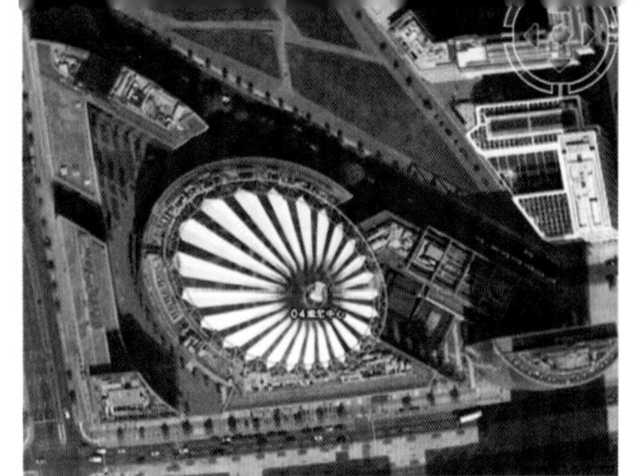

彩图 10-16　柏林索尼中心鸟瞰

彩图 10-17　柏林索尼中心中庭

彩图 10-21　反射的无物

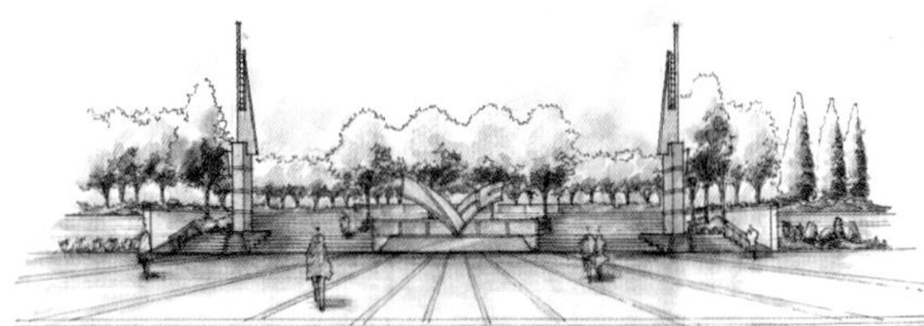

彩图 12-2　线描淡彩（水彩）（绘图：李立）

彩图 12-3　线描淡彩（彩铅）（绘图：张清海）

彩图 12-4　线描马克笔绘画（绘图：朱亚斓）

彩图 12-6　器画淡彩（绘图：王欣歆）

彩图 12-8　3D、Photoshop 绘图（天和景观公司提供）

彩图 12-9　Sketch Up 绘图（绘图：张思庆）

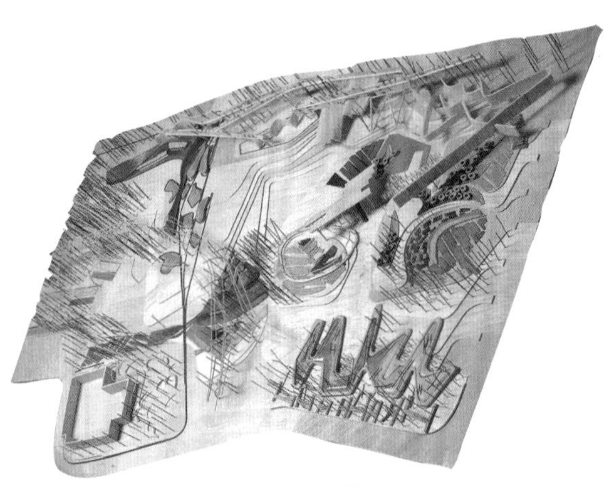

彩图 12-45　模型

住房城乡建设部土建类学科专业"十三五"规划教材

风景园林概论

（第二版）

An Introduction to Landscape Architecture

丁绍刚　主　编

汪松陵　张清海　武　涛　副主编

中国建筑工业出版社

图书在版编目（CIP）数据

风景园林概论/丁绍刚主编. —2版. —北京：中国建筑工业出版社，2018.7（2024.3重印）
住房城乡建设部土建类学科专业“十三五”规划教材
ISBN 978-7-112-21971-1

Ⅰ.①风… Ⅱ.①丁… Ⅲ.①园林设计-高等学校-教材 Ⅳ.①TU986.2

中国版本图书馆CIP数据核字（2018）第051451号

全书共分三篇，13章。上篇为风景园林基础理论，中篇为风景园林师实践范畴，下篇为风景园林师的基本技能与技术。其中，中篇是风景园林学科的核心部分，上篇和下篇是学习前者的基础与前提，不管学习者是何种学科背景，没有这些知识是难以真正、全面理解并学好风景园林专业的。因此不同专业背景或不同层次的专业人员在使用本书时可根据具体情况加以选择。在作为教材使用时，教师可根据学生的不同阶段加以取舍。如对于低年级学生来说，第六、第九、第十章的内容可能过深，可作一般性介绍，让学生了解这些也是风景园林师重要的工作内容即可，待其成长后再去深入学习相关知识。

本书可作为风景园林（包括园林、景观建筑、景观学）、城市规划、城市设计、建筑学、环境艺术、区域规划、旅游管理、土地规划等专业师生及相关的建设、管理人员的参考书或教材。

责任编辑：郑淮兵　陈　桦
责任校对：王　瑞

住房城乡建设部土建类学科专业“十三五”规划教材
风景园林概论（第二版）
丁绍刚　主　编
汪松陵　张清海　武　涛　副主编

*

中国建筑工业出版社出版、发行（北京海淀三里河路9号）
各地新华书店、建筑书店经销
北京嘉泰利德公司制版
北京市密东印刷有限公司印刷

*

开本：787×1092毫米　1/16　印张：25　插页：4　字数：635千字
2018年8月第二版　2024年3月第二十三次印刷
定价：**59.00**元
ISBN 978-7-112-21971-1
（31873）

再 版 说 明

《风景园林概论》自出版以来，一直深受欢迎。该书初版之时，中国风景园林正处于学科名称的“争论”之中，学科内涵未得到统一认识。2011 年 3 月，国务院学位办正式颁布《学科目录》，风景园林学增设为工科门类一级学科，“风景园林”作为专业的统一名称，学科的概念与内涵也得到了权威性界定；至此，风景园林学科的发展走上了正轨，风景园林行业得以快速、健康成长。随着我国社会、经济与文化发展的不断深化、完善，人们对城乡生态、人居环境、休闲观光等方面的要求越来越高；尤其党的十九大报告明确把“生态文明建设”“乡村振兴”提升到国家发展的战略高度，并要求践行“绿水青山就是金山银山”的建设理念，这些对风景园林学科与风景园林行业的发展都提出了新要求。为能更好地适应社会需求，风景园林学科在吸收、融合相关学科知识的基础之上，不断地拓展学科外延，风景园林行业也进行了大量的项目实践，如；绿色基础设施、雨洪管理、可持续发展的风景园林、防灾避险绿地、数字景观、开放社区、园林园艺博览会、康复景观、美丽乡村与特色小镇等。针对风景园林这一发展动态，本次再版重点增加了第十一章，即“当代风景园林理论与实践发展”，同时对初版中不准确的内容做了更正。

新增的第十一章内容由丁绍刚撰写；第二章风景园林简史的修订由汪松陵老师完成。南京农业大学风景园林学科研究生刘雪寒、陈昕婷、陈思佳、吴易珉、孙乐萌等同学对第十一章的文字及图片整理作出了重要贡献，对他们的辛勤工作表示由衷地感谢！书中少许文字的参考文献和图片的出处可能有遗缺，作者如有发现，请与本书作者联系。

限于时间与水平，再版书中难免存在问题和不足，请读者不吝指出，以便日后完善。

丁绍刚

2018 年 6 月

前　言

近年来，随着我国经济、社会的进一步发展，我国风景园林事业得到了长足的进步，人们越来越重视人居环境、可持续发展。因此，风景园林或与之相关的学科发展迅速，各类规划设计及工程公司如雨后春笋般纷纷涌现。这本是一件令人十分欣慰的事，但出乎人们意料，无论是社会大众还是行业同仁，都出现了对 Landscape Architecture 这一专业中文名称的争论：造园（学）？园林？风景园林？景观建筑？景观学？景观设计？景园建筑？地景（学）？土地设计学？……直到现在争论依然没有结束！2006 年教育部在保留原有园林本科专业的同时，又新增设了风景园林、景观学、景观建筑三个本科专业，人们不禁要问，这四个专业到底有什么区别？

难道 Landscape Architecture 这一专业从 F. L. 奥姆斯特德开创以来 100 多年，竟依然没有形成国际公认的学科体系与专业实践范畴？就欧美发达国家对治学的严谨性来看，这显然是说不通的。那么，为什么 100 多年后的中国，在行业内依然存在如此之大的争论呢？这里当然有复杂的原因，本书对此不作探讨。

让初学者或相关专业人士、建设部门的管理者等全面、客观了解风景园林的专业内涵及意义，是我们编著《风景园林概论》的主要目的之一；另一个原因则是园林专业课程教学的需要。作者于 2000 年主持编写的南京农业大学园林专业新教学大纲中就有“风景园林概论”一门课。由于没有教材，不同的任课教师有“不同的理解”，这造成学生思想的混乱，从那时起，我们就开始收集资料着手编写《风景园林概论》，因此本书的编写也是一个漫长的过程。

鉴于特殊的历史原因，1949 年以前，国内风景园林学科主要承续欧美体系，之后直到改革开放时期，中国的风景园林学科主要采用苏联体系，也即“城市与居民区绿化”体系，因此，国内目前对风景园林（包括国家标准）多采用绿地类型的分类体系。由于风景园林（Landscape Architecture）的内涵与实践范畴十分庞杂，欧美体系与苏联体系又有较大差异，国内对该学科体系尚未完全达成共识，因此本书借鉴国际普遍认可的学科内涵与实践范畴，试图建立合乎我国实际的风景园林学科体系。这一体系主要包含风景园林基础理论、实践范畴、基本技能与技术三大部分，其中风景园林师涉及的实践范畴主要有五大方面，即：a. 自然与文化资源保护和保存；b. 风景评估与风景规划；c. 场地规划；d. 细部景观设计；e. 城市设计。本书就是按照这一体系进行编写的。当然，这里要说明的是上述五大实践范畴很多需要跨学科团队共同完成（如 a、b、e），风景园林师可以是主持人，也可以是重要参与者，很多不是风景园林一个方面的专家能够独自完成的。当然也不是目前国内的状况，即规划师或建筑师完成项目后，再由风景园林师进行“美化”或“绿化”。风景园林师应是平等的角色，尤其在公共空间设计、生态设计、风景评估与风景规划等方面更具专业特长，这迫切需要我国当代风景园林教育教学体系作出重大改革。

另外，国内学者对一些英文专业名词有不同的翻译，本书不作争论，但为了全书名称的清晰、统一与完整，本书把一些国际通用的英文专业名词作如下对译，在正文中不再作解释：Landscape Architecture（简称 LA）——风景园林（学）；Landscape Planning——风景规划；Site Planning——场地规划；Landscape Evaluation——风景评估；Landscape Visual Assessment——风景视觉评价；Detail Landscape Design——细部景观设计；Landscape Architect——风景园林师；Landscape Gardening——风致园艺（1933 年我国园林界前辈章君瑜先生首译）；Garden——园林或花园。

本书的具体编著分工如下：第一、三、六、七、九、十章，第二章第四、五节由丁绍刚编著；第二章第一、二、三节由汪松陵编著；第四、十二章由武涛编著；第五、八、十一章由张清海编著。南京农业大学风景园林规划设计专业方向硕士研究生周之静、麻欣瑶、康红涛、唐真、王晶慧、舒应萍及朱亚澜 7 位同学对本书文字及图片的整理作出了重大贡献，尤其周之静、康红涛、唐真同学还对书稿中的部分文字进行了修改，周之静、麻欣瑶、唐真同学提供了一些实景照片供书中插图之用，麻欣瑶同学绘制了部分图片；另外，胡长龙教授提供了部分日本园林的照片；张清海老师绘制了第五、八章的大部分手绘图，对他们的热情帮助或辛勤工作表示由衷的感谢！书中还选用了南京农业大学园林专业本科生杜一钠、李立、张思庆、王欣歆、郁聪等同学课程作业中的模型、手绘及电脑图，在此一并表示感谢！限于时间与篇幅，书中还有少许文字及图片的参考文献可能未列入，如发现有遗漏，请与本书作者联系。

由于风景园林的内涵与实践范畴十分庞杂，国内对该学科体系尚没有完全达成共识，加之作者水平所限，书中难免存在不足之处，真诚欢迎各位行业同仁提出宝贵意见，以便日后进一步完善。

丁绍刚于金陵钟山之麓

2008 年 6 月 18 日

目　录

上篇　基础理论

第一章　风景园林概述 …… 2

第一节　风景园林释义 …… 2
一、传统园林释义 …… 2
二、风景园林（Landscape Architecture）释义 …… 4
第二节　风景园林的学科范畴 …… 6
一、国外对风景园林学科范畴的主张 …… 6
二、国内对风景园林学科范畴的认识 …… 6
三、风景园林学科范畴的界定 …… 7
第三节　风景园林的学科地位 …… 9
一、风景园林的学科属性 …… 9
二、风景园林与各学科的关系 …… 9
第四节　风景园林师的职业与使命 …… 11
一、风景园林师的职业 …… 11
二、中国风景园林师的职业使命 …… 12

第二章　风景园林简史 …… 13

第一节　中国古典园林 …… 13
一、中国古典园林的分类 …… 13
二、中国古典园林的特点 …… 14
三、中国古典园林的发展 …… 14
第二节　西方古典园林 …… 34
一、古埃及园林 …… 34
二、古巴比伦园林 …… 35
三、古希腊与古罗马园林 …… 36
四、中世纪园林（西欧）（5—14、15 世纪） …… 37
五、伊斯兰园林 …… 38
六、意大利园林 …… 40
七、法国园林 …… 45
八、英国园林 …… 48

第三节 日本古典园林 …… 51
一、飞鸟时期（593—709 年） …… 52
二、奈良时期（710—794 年） …… 52
三、平安时期（794—1185 年） …… 52
四、镰仓时期（1185—1333 年） …… 53
五、室町时期（1334—1573 年） …… 53
六、桃山时期（1568—1603 年） …… 54
七、江户时期（1603—1868 年） …… 54
第四节 不同风格古典园林比较 …… 55
一、中日古典园林的差异 …… 56
二、法国古典主义园林与意大利巴洛克园林的区别 …… 57
三、法国园林与中国园林的比较 …… 57
第五节 近现代国际风景园林发展动态 …… 58
一、近代国际风景园林 …… 58
二、现代国际风景园林 …… 59
三、多元化趋势中风景园林的流派与思潮 …… 60

第三章 风景园林的环境要素 …… 65

第一节 自然环境要素 …… 65
一、气候 …… 65
二、土壤 …… 71
三、地质 …… 72
四、水文 …… 73
五、植被 …… 75
六、野生动物 …… 75
七、污染 …… 76
第二节 人文环境要素 …… 81
一、历史 …… 81
二、人口 …… 81
三、文化 …… 82
四、产业经济结构 …… 82
五、教育与社区参与 …… 83

第四章 风景园林构成要素 …… 84

第一节 地形 …… 84
一、园林地形的功能作用 …… 84
二、园林地形的类型及景观特性 …… 88

三、园林地形的表现方式 …… 90
第二节 水体 …… 93
一、水体的功能作用 …… 93
二、水体的类型及景观特性 …… 95
三、园林水景相关要素 …… 97
四、水体的表现方式 …… 99
第三节 园路及场地 …… 99
一、园路 …… 100
二、场地 …… 102
第四节 植物 …… 108
一、园林植物的功能作用 …… 108
二、园林植物的分类及景观特性 …… 116
三、园林植物种植设计 …… 117
四、园林植物的表现方式 …… 118
第五节 建筑 …… 120
一、园林建筑的功能作用 …… 120
二、园林建筑的分类 …… 120
第六节 园林设施 …… 122
一、园林设施的功能作用 …… 122
二、园林设施的分类 …… 123

第五章 细部景观设计基础理论 …… 126

第一节 细部景观设计的概念 …… 126
一、概说 …… 126
二、细部景观设计的概念与范畴 …… 126
三、基本的评价标准 …… 127
第二节 空间 …… 127
一、空间的基本概念 …… 127
二、图底理论 …… 128
三、空间的限定类型 …… 128
四、空间的分类 …… 130
五、场地与空间 …… 130
第三节 人体工程学 …… 132
一、人体工程学概说 …… 132
二、人体工程学在细部景观设计中的应用 …… 133
第四节 环境心理学 …… 134
一、含义 …… 135
二、环境心理学在景观设计中的应用 …… 135

三、人的行为心理和空间设计 …… 136
第五节　艺术法则 …… 141
一、统一和多样 …… 141
二、主从与重点 …… 142
三、均衡和稳定 …… 142
四、对比和调和 …… 144
五、韵律和节奏 …… 145
六、比例和尺度 …… 146
第六节　材料 …… 148
一、材料类型 …… 148
二、材料与结构 …… 150
第七节　文化 …… 151

中篇　实践范畴

第六章　风景评估与风景规划 …… 154

第一节　风景及风景规划的内涵和意义 …… 154
一、风景的内涵 …… 154
二、风景规划的内涵及意义 …… 154
第二节　风景评估 …… 155
一、风景评估（Landscape Evaluation）的概念 …… 155
二、适宜性分析（Suitability Analysis） …… 155
三、风景视觉品质分析评价（Landscape Visual Survey & Assessment） …… 156
第三节　风景规划的方法与步骤 …… 159
一、确立目标（Goal Setting） …… 159
二、风景调查与分析（Survey and Analysis） …… 160
三、风景评估（Landscape Evaluation） …… 162
四、风景规划与实施 …… 163
第四节　案例分析——以美国纽约斯塔腾岛环境评价研究为例 …… 164
一、案例场所简介 …… 164
二、研究步骤 …… 164

第七章　场地规划 …… 173

第一节　场地规划的方法与步骤 …… 173
一、项目策划、编制任务书 …… 173
二、场地规划调查与分析 …… 173
第二节　案例研究 …… 178

第八章　细部景观设计 …… 184

第一节　细部景观设计方法入门 …… 184
一、入门初步 …… 184
二、基本设计方法 …… 185
三、方案的构思与选择 …… 186
四、方案的调整与深入 …… 187
第二节　细部景观设计 …… 187
一、细部空间设计 …… 189
二、材料细部设计 …… 192

第九章　自然与文化资源保护与保存 …… 198

第一节　自然与文化资源概述 …… 198
一、自然与文化资源的概念 …… 198
二、自然与文化资源保护的分类 …… 199
三、自然与文化资源保护与保存的意义 …… 199
第二节　美国自然与文化资源保护与保存 …… 200
一、美国自然与文化资源保护与保存的概况 …… 200
二、美国自然文化资源保护与保存 …… 202
三、美国自然文化资源保护的策略 …… 205
第三节　欧洲自然与文化资源保护与保存 …… 205
一、对城市风景资源的保护与保存 …… 205
二、对城市以外自然文化资源的保护与保存 …… 210
第四节　中国的文化自然资源保护与保存 …… 212
一、中国自然文化资源的保护与开发历程 …… 212
二、中国自然文化资源保护与保存体系建设 …… 214
三、中国自然文化资源保护与保存面临的挑战 …… 222
四、中国国家公园体制试点方案 …… 223

第十章　城市设计 …… 226

第一节　城市设计概述 …… 226
一、城市设计的定义 …… 226
二、城市设计与其他学科的关系 …… 227
三、城市设计的对象 …… 227
四、城市设计基本要素 …… 228
五、城市设计的成果 …… 229

六、城市设计的评价体系 …… 229
第二节　城市设计历程 …… 230
一、西方古代城市设计简史 …… 230
二、中国古代城市设计简史 …… 231
第三节　近现代城市设计理论与实践 …… 235
一、关注城市空间和秩序的城市设计 …… 236
二、关注三维空间艺术效果的城市设计 …… 237
三、乌托邦式的城市设计 …… 237
四、关注行为与心理的城市设计 …… 238
五、可持续发展的城市设计 …… 238
第四节　风景园林及风景园林师在城市设计中的地位 …… 239
一、从城市设计的概念看风景园林在城市设计中的地位 …… 239
二、从城市设计学科构成看风景园林在城市设计中的地位 …… 239
三、从风景园林理论看风景园林师在城市设计中的地位 …… 239
四、从风景园林实践看风景园林师在城市设计中的地位 …… 240
五、从城市设计的成功案例看风景园林在城市设计中的地位 …… 243

第十一章　当代风景园林理论与实践发展 …… 246

第一节　绿色基础设施与绿道 …… 246
一、绿色基础设施 …… 246
二、绿道 …… 248
第二节　雨洪管理 …… 251
一、雨洪管理的概念 …… 251
二、雨洪管理的方法 …… 252
第三节　可持续发展理念的风景园林 …… 257
一、节约型园林 …… 257
二、低碳园林 …… 264
第四节　防灾避险绿地 …… 270
一、防灾避险绿地的概念 …… 270
二、防灾避险绿地系统 …… 274
第五节　数字景观 …… 276
一、数字景观的概念 …… 276
二、数字景观的发展历程 …… 276
三、数字景观技术 …… 276
四、数字景观相关理论 …… 282
第六节　开放式社区 …… 282
一、概述 …… 282
二、开放式社区的形成背景 …… 283

三、意义 …… 283
四、开放式社区与封闭社区的比较 …… 283
五、开放式社区的难点 …… 284
六、案例 …… 284
第七节 园林园艺博览会 …… 286
一、发展历史 …… 286
二、概念 …… 287
三、分级 …… 287
四、基本特点 …… 290
五、功能 …… 290
六、发展园艺博览会的意义 …… 290
七、理论基础 …… 290
八、规划原则 …… 291
九、案例 …… 291
第八节 康复景观设计 …… 294
一、概述 …… 294
二、发展历程 …… 295
三、康复景观的分类 …… 295
四、康复景观设计的理论基础 …… 296
五、康复花园的设计目标 …… 297
六、康复景观的共同特征 …… 297
七、康复景观的设计方法 …… 298
八、案例 …… 299
第九节 美丽乡村、特色小镇与休闲农业观光园 …… 301
一、美丽乡村 …… 301
二、特色小镇 …… 304
三、休闲农业观光园 …… 307

下篇 基本技能与技术

第十二章 风景园林规划设计图纸表达 …… 312

第一节 风景园林设计表现技法 …… 312
一、徒手绘图 …… 312
二、仪器绘图 …… 314
三、计算机绘图 …… 315
第二节 风景园林规划设计图纸类型及表达规范 …… 316
一、按图纸的生成性质（投影原理）分类 …… 316
二、按图纸内容和作用的不同分类 …… 316

第十三章　风景园林工程与管理 …… 343

第一节　风景园林工程技术 …… 343
一、土方工程 …… 343
二、水景工程 …… 348
三、园路工程 …… 354
四、假山工程 …… 358
五、挡土墙工程 …… 360
六、给排水工程 …… 363
七、电气工程 …… 368
八、种植工程 …… 369
九、植物的养护管理 …… 374
十、风景园林机械 …… 377
第二节　风景园林工程施工与管理 …… 377
一、施工组织 …… 377
二、风景园林工程预算 …… 379
第三节　行业标准及技术规范 …… 379
一、标准 …… 379
二、政策法规 …… 380
三、技术规范 …… 381

参考文献 …… 382

上篇　基础理论

第一章　风景园林概述

在中国，风景园林可以说是一门既悠久而又新兴的学科，我国曾创造了辉煌而又灿烂的古典园林，并被誉为世界古代园林的三大体系（西亚园林、欧洲园林、东方园林体系）之一东方园林体系的代表。从20世纪20年代开始，我国风景园林学科由于历史等诸多因素，学科内涵与外延不断拓展，其名称也历经变更，如造园、园林、风景园林、园林绿化、观赏园艺、景园学、景观建筑（学）、景观学、景观设计学等，其专业内容与教学课程体系也因学校的差异而有不同的诠释与设置。

第一节　风景园林释义

一、传统园林释义

（一）中国传统园林释义

在中国，“园林”作为合成词，最早见于汉班彪《游居赋》：“……享鸟鱼之瑞命，瞻淇澳之园林，美绿竹之猗猗，望常山之峩峩，登北岳而高游……”其中，“瞻”有瞻仰和看、观、望等义，“淇”通琪，“澳”通奥，“淇澳”理解为美好、弯曲、奥深，这类含义的“园林”已具有完备的游赏与审美对象等特征。而“园林”一词广泛出现则见之于西晋，如西晋张翰《杂诗》：“暮春和气应，白日照园林；青条若总翠，黄花如散金……”同时期左思著名的《娇女诗》：“驰骛翔园林，界下皆生栽；谈话风雨中，倏忽数百适。”描写他的小女儿像只小鸟在园林中飞翔。明代计成撰写的世界第一部造园专著《园冶》中也曾用到“园林”一词，如“园林巧于因借，精在体宜”。在名词发展的历史上，在“园林”之后也出现过“林泉”、“林亭”、“园池”、“亭台”等名词，但都仅为游赏园林的不同称谓而已。

中国园林史上最早有记载的园林形式是悬圃（又称“玄圃”），其与“瑶池”被当作神话或传说在古代广为流传，古籍《山海经》、《穆天子传》、《淮南子》等有相关记载。随着社会的发展，早期的园林也在不断地发展与变化，概括起来，中国早期的园林形式主要有圃、园、囿、苑、台、榭等几种形式。

1. 圃和园

圃的甲骨文是：、、，像田畦种植有苗生长之形。

园的象形字如左下所示，其表达的含义如右下文字，含义十分清晰：

表示围墙、藩篱或墙垣，代表人工构筑物；
表示地形的变化；
为井口、水面，代表水面；
表示树木的枝杈。

圃一般都解释为种植蔬菜、瓜果、草木的场所，《说文解字》的解释是：“种菜曰圃。”园是农业上栽培果蔬的场所，《说文解字》曰：“园，所以树果也。”可见房前屋后种植瓜果蔬菜虽出于生产目的，还不能成为真正的园林，但在客观上已多少接近园林的雏形。

2. 台与榭

早在夏、商、周，我国就有建台的历史。如刘向《新序·刺奢》记载：“纣为鹿台，七年而成，其大三里，高千尺，临望云雨。”许慎《说文解字》对台作了描述：“台，观四方而高者。”可见一般台平面呈四方形，高耸可观四方。

榭，按《说文解字》称：“榭，台有屋也。”孔传在《书·泰誓》中则解释为：“土高曰台，有木曰榭。”也就是说，台上有房屋的就是榭。

事实上，台和榭常常被连用，几乎成为一个合成词，还可用以统称建有屋室之台或泛称各种建于高处的建筑。台榭除了观天象、通神明、军事功能以外，还兼备古典园林赏景、娱乐的功能。

3. 囿和苑

囿，甲骨文作，为周边有围墙，其中草木繁盛之象。石鼓文作，籀（zhòu）文亦如此，也即把甲骨文中的“Ψ（代表草）”改为“米（代表木）”；金文更是进一步把其中的草木形象地改成一个“有”字，从而把原来的象形字变成了形声字。从甲骨文中的象形字可以看出囿的原本含义是“从田，中四木”，即表示分片种植树木的地域。《说文解字》则定义为“苑有园曰‘囿’，一曰养禽兽曰‘囿’”。《周礼·地官·囿人》云：“囿人，……掌囿游之兽禁，牧百兽。”《广释名》则说：“囿者，畜鱼鳖之外，囿犹‘有’也。”这个“有”也就是其中或有鱼鳖或有禽兽，与之相应，必然也有草木。

关于苑，《说文解字》称：“苑，所以养禽兽。从草。”《三辅黄图》则云：“养鸟兽者同名为苑，故谓之牧鸟处为苑。”

囿、苑实际是同一事物的不同称谓，后苑囿并称，其初始都是以动植物的生产为目的，进而发展成以动植物为主要观赏游乐内容的休憩狩猎场所，狩猎成为一种娱乐活动，已初具园林的性质。

以后随着历史的演变，园林的最初含义与形式也日益发展，进而出现了寺庙园林、文人园林、风景区式园林等多种形式。

（二）西方传统园林释义

西方园林最早的源头可以追溯到《圣经·旧约》中关于伊甸园的描述：“耶和华神（上帝）在东方伊甸所建的庭园，将造出的人安置在内。耶和华使地上生长出各种树木，用于使人悦目；树上结出果实，可供人作食物。园中有生命之树和区分善恶的树。园中还有四条河，河水从伊甸流出，滋润庭园。”这虽然是传说，但它与早期的中国园林一样，也是人类祈求一种最美、最宜人的自然生存环境，同时园中的果树也意味着园具有生产的功能。

从文字的角度来看，西方对园林一词的拼写有 Garden、Gärden、Jardin 等，它们都源于古希伯来文的 Gen 和 Eden 二字的结合，Gen 意为界墙、藩篱，Eden 即为乐园，也就是上述的伊甸园。而在《圣经·新约》中，虽然丝毫没有提到过“伊甸园”一词，但取而代之的则是与该词相当的“乐园”（paradise）。“乐园”一词的词源普遍认为是古波斯语的 pairidaeza，pairidaeza 是由 pairi（围栏）与 diz（造型）构成的词，原来意指“圈地”或“庭园”。另外，有关“乐园”的描写在许多古老民族的神话传说和主要宗教的经典中都有记载，这也是先民们对理想环境的向往，虽说伊甸园可能仅为一种并不存在的空想而已，但却代表了一种对园林的理解。

在西方还有一个与园林有关的词就是“园艺”。“园艺”的英文是 horticulture，与“花园”（园林）gardening 同源，词根 horti-源于古拉丁语的 hortus-，这是古罗马共和时代在城郊分给公民的小块地产的名称。罗马公民们可以各自将这些地围起来，种些蔬菜、果树、花草。词根的另一部分-culture 本意是对土地进行耕作，后衍生出文化、人造等意。英文的 agriculture（农业）一词，其拉丁词根 agri-的意思等同于英文 land，即大块土地，所以农业是对大地的耕作，而园艺是对小块土地的耕作。

由上述可见，西方园林的原来含义也是一种有树木、水系并且具有一定实用价值的优美的自然或人工环境。这与中国的园林含义具有异曲同工之妙。

（三）传统园林的含义

综上所述，无论中外，对传统的园林含义的理解是相同或相近的，由此，笔者对园林作如下诠释：园林是人们根据所处的自然环境、文化特点以及所掌握的技术，通过利用、改造自然山水、地貌，或者运用植物、山、石、水、建筑、雕塑等园林要素进行人工构筑，从而形成一个风景优美、环境清幽，可以畅达心胸、抒发情怀，便于游憩、居住或者工作，时而也兼作一些生产和宗教活动的宜人环境。

二、风景园林（Landscape Architecture）释义

（一）现代风景园林溯源

1804 年法国风景园林师吉恩·玛丽·莫雷尔首次创造了法语合成词风景园林师（Architecte-paysagiste）。到 19 世纪中期，该词在法国正式流传，1854 年由路易斯·稣尔比斯·玛丽设计的布伦园林的制图上，出现了“风景园林师部”印章。

而英文“Landscape”和“Architecture”的第一次结合出现在吉尔伯特 . L. 迈森（Gilbert L. Meason）1824 年出版的《意大利大画家的风景园林》一书的书名中，Landscape Architecture（风景园林）一词在书中所指的是意大利风景画中的建筑，并不指任何职业。

实际上，在 Landscape Architecture 一词出现之前，18 世纪的英国出现了一种不同于欧洲规整式古典主义风格的新园林，也即描摹自然的“如画式（Picturesque）园林”，也称风景式园林。为了区别传统的规整式园林（Garden）与风景式园林，1764 年威廉·申斯通创造了新单词 Landscape Gardening，1933 年我国园林界前辈章君瑜先生在《花卉园艺学》一书中引用了 Landscape Gardening 这个英文名称，并把它翻译成“风致园艺”。1822 年诺顿的《园艺百科》接受了这一术语，至此，Landscape Gardening 在英国成了风景园林的代名词，直到 20 世纪初帕特里克·格迪斯称他自己是“风景园林师”（Landscape Architect）。而弗里德里克·劳·奥姆斯特德和沃克斯在 19 世纪 60 年代初或更早就承认了这一新术语。

在 1856 年和 1859 年，奥姆斯特德先后两次去了巴黎，参观布伦园林不少于 8 次。可

能奥姆斯特德所谓的“风景园林师”是从法国同事那儿听说的，也兴许是从巴黎公园设计师阿尔凡德那里打听到的。1865 年，当奥姆斯特德把美国加州的优色美地河谷（Yosemite Valley）释放为公共使用和娱乐之用时，他称上述这些为“Landscape Architecture”——风景园林。使用这一名词作为职业名称在当时的美国虽然引来了无数反对者，但随着 1899 年美国风景园林师学会（American Society of Landscape Architecture，简称 ASLA）成立，1900 年美国哈佛大学首设世界上第一个完整的风景园林（Landscape Architecture）课程体系，1948 年国际风景园林师联合会（International Federation of Landscape Architecture，简称 IFLA）成立，风景园林（Landscape Architecture，简称 LA）最终还是成为现代国际风景园林学科的通用名称。

（二）风景园林学科及风景园林师的含义

国内学界对风景园林学科（LA）及风景园林师的解释差异较大，但经过 100 多年的发展，在国际上这一学科的内涵与范畴及风景园林师的职业范畴已有较为明确的界定。

1. 加拿大风景园林师协会：风景园林学（LA）是一门关于土地利用和管理的专业，它涉及有关的分析、设计、规划、管理和恢复等。为了设计运转良好、有革新意义、恰当并富有吸引力的环境，风景园林师需要融会贯通并熟练地运用生态学、社会文化、经济和艺术等有关知识。公园、花园、城市广场、街道、邻里和社区环境构成了我们生活的重要部分，而它们的美丽与实用都是风景园林师精湛技艺的体现。在整个加拿大，其城市、郊区、乡村和自然区域里，风景园林师都在利用规划设计发挥不可忽视的作用。

2. 欧洲风景园林院校理事会：风景园林（LA）既是一种社会职业活动，又是一门学科专业，它包括在城市与乡村、地方与地区范围内从事的风景规划、管理和设计活动。它所关注的是基于当代及后代福祉的景观及相关价值的保护与提升。

3. 美国风景园林师协会：风景园林是一种包括自然及建成环境的分析、规划、设计、管理和维护的职业。属于风景园林师职业范围的活动包括公共空间、商业及居住用地的场地规划、景观改造、城镇设计及历史保护等。美国的设计师都可以接受风景园林学的高等教育、职业训练和专业技能教育并最终获得资格认证。

4. 中国台湾学者洪得娟认为：景观建筑（风景园林，LA）将土地及景观视为一种资源，并依据自然、生态、社会与行为等科学的原则以从事规划与设计，使人与资源之间建立一种和谐、均衡的整体关系，并符合人类精神上、生理上和福利上的基本需求。可以说，风景园林是一个充分控制人们生活环境质量的设计过程，也是一种改善人们使用与体验户外空间的艺术。

5. 中国注册风景园林师执业范围（讨论稿）中对风景园林师的界定：风景园林师主要解决人对自然的需求以及人与自然协调发展的相关使命，其主要途径有：保护自然——调查、评价、筛选能满足人类多种需求的自然资源和环境，设立并进行各种保护区和国家公园的规划；利用自然——在适合人类游览欣赏、休息健身或进行科学文化活动的自然环境中，设立并进行各种风景区和游憩地的规划设计；再现自然——在人类聚居的城镇居民点和交通干线，建立并设计以再现自然为主导因素的各种公园绿地及由其形成的绿地系统。

第二节　风景园林的学科范畴

关于风景园林学科的范畴，国内外很多学者或论著都作过界定。

一、国外对风景园林学科范畴的主张

（一）奥姆斯特德将风景园林（Landscape Architecture）的职业范围概括为8大类：

1. 大型的城市公园（Urban Park）
2. 公园道或园路（Parkway）
3. 公园系统（System of Park）
4. 风景保护区（Landscape Conservation Zone）
5. 郊外社区（Suburban Residential Areas）
6. 私人住宅庭院（Private Residential Garden）
7. 公共机构（Public Institutions）
8. 公共建筑场地（Public Construction Site）

（二）《大英百科全书》的界定有以下6个方面：

1. 庭园及景观设计（Garden and Landscape Design）
2. 场地规划（Site Planning）
3. 土地规划（Land Planning）
4. 纲要规划（Master Planning）
5. 城市设计（Urban Design）
6. 环境规划（Environmental Planning）

（三）美国加利福尼亚大学伯克利分校风景园林系原系主任迈克尔·劳里（Michael Laurie）教授把当代风景园林学科范畴概括地分为四大实践类型：

1. 风景评估与规划（Landscape Assessment and Planning）
2. 场地规划（Site Planning）
3. 细部景观设计（Detail Landscape Design）
4. 城市设计（Urban Design）

二、国内对风景园林学科范畴的认识

（一）汪菊渊先生把园林学（风景园林）范畴概括为：各种花园、公园、小游园，沿河、湖、道路、城垣、海岸而修筑的带状公园以及市郊游览胜地、风景区、修养娱乐地区，主要供游息生活、环境优美、艺术要求高、设施质量要求较高的绿地。

（二）陈植先生认为造园学（风景园林）的范畴应当包括：庭园、都市公园、自然公园、国家公园、森林公园、水上公园、名胜古迹、环境保护、自然保护、风景资源发展、国土美化、观光事业、休养工程等。

（三）刘滨谊教授认为景观建筑学（风景园林）的实践范围为：

1. 宏观景观规划设计（土地生态与资源评估规划、大地景观化、特殊性大尺度工程构筑的景观处理和风景名胜区与旅游区规划）

2. 中观景观规划设计（场地规划、城市设计等）

3. 微观景观规划设计（花园、庭院、古典园林、街头绿地等）

（四）俞孔坚博士认为景观设计学（风景园林）应当包括：

1. 景观规划（指较大尺度范围内，基于对自然和人文过程的认识，协调人与自然关系的过程，具体说是为某些使用目的安排最合适的地方和特定地方安排最恰当的土地利用）

2. 景观设计（即对特定地方的设计）

（五）《中国大百科全书——建筑·园林·城市规划卷》将园林学（风景园林）领域确定为：

1. 传统园林学

2. 城市绿化

3. 大地景物规划

三、风景园林学科范畴的界定

本书根据作者多年的教学、科研实践及与国内外相关高校、专家交流，通过认真的分析、概括、总结，提炼出我国风景园林的学科体系，主要包括风景园林基础理论、实践范畴、基本技能与技术三大部分，其中风景园林师涉及的实践范畴主要有五大方面，即：a. 自然与文化资源保护和保存；b. 风景评估与风景规划；c. 场地规划；d. 细部景观设计；e. 城市设计。另外，风景园林工程与管理也是风景园林师必备的基本技术，下面就这六个方面加以简要阐述。

（一）自然与文化资源的保护和保存

自然资源是人类赖以生存的基础，缺少了这些资源，我们将失去水源、食物、空气、庇护所等一切。自然又是一个复杂的系统，各自然要素之间亿万年来形成的复杂而微妙的生态链条是迄今为止人类无法复制的，一旦某个环节遭到破坏，后果将是惨重甚至无法逆转的。而文化资源是由我们的祖先留给后人的最大财富，是人类精神与文化的源泉，是连接自然与历史的纽带，如果遭到破坏，将不可能完全恢复。因此，对自然与文化资源或遗产的保护和保存显得尤为重要。自然与文化资源的保护和保存工作不单是风景园林师的工作。它需要多学科的相互协作。但无论是过去还是现在，风景园林师对自然资源的保护都曾做过或正在承担着重要使命，尤其是在与自然资源的保护以及风景规划有关的文化资源保护方面发挥着重要作用。

目前，我国已经在自然与文化资源保护和保存领域做了大量的工作，其研究与实践领域已经涵盖：风景名胜区、自然保护区、森林公园、地质公园、水利风景区、旅游风景区、自然状态下不可移动的文物、历史文化名城八大类。

（二）风景评估与风景规划

这是有关大规模的区域地区土地利用的系统性分析与评估，首先，它针对的是区域尺度上的大规模地区土地利用；其次，它是建立在强烈的生态与自然科学基础之上，不仅只关心视觉的美学问题，更重要的是对未来土地使用的适宜性与容量进行分析与评估。例如，土地的使用性质、布局和开发形式都是其考虑的范畴，包括：居住、工厂、农业、管理、游憩等用地的选择，生物、水体、土壤及文化资源等的保养与保护，以及在对资源进行保护的基础上进行舒适价值及游憩开发的影响评价。

理想的情况应该是研究区域与自然地理区域相符，如主要河流的分水岭或一些其他土地合理使用单位，但不幸的是研究的地理区域往往与行政规划的区域不吻合。另外一种情况是规划的功能涵盖范围小，研究的焦点多集中于一种主要计划对环境的冲击上，缺乏综合性与系统性。

因此，风景评估与规划的工作不能仅仅只有风景园林师的参与，而是需要由土壤学、地质学、经济学等专业的专家与风景园林师组成专家团队共同参与。目前，在我国风景园林行业，有关风景评估与规划的工作尚未真正开展，尽管我国在风景名胜区规划方面有一些相关工作的开展，但与欧美等发达国家开展的风景评估与规划工作相比，不仅差距大，而且理念方法甚至概念理解上都是不同的。

（三）场地规划

场地规划是一种较为传统的风景园林实践形式，它的范畴包含园林设计，如风景园林师所做的传统工程——公园、游园、广场、校园、居住区等规划都属于场地规划的范畴。场地规划是根据场地使用计划的需要，同时对场地特征进行分析，把两者进行综合并创造性地进行整合，这种整合是在功能与美学的基础上进行的，园林要素与功能设施的配置应完全反映场地和地域的特色。

（四）细部景观设计

细部景观设计是在上述场地规划所构成的空间及其空间范围内，通过各种具体的园林要素，如植物、地形、水、石等构成要素，给予上述空间特定的品质与特色。它所解决的问题应是一个三维的空间，包括材料选择，各园林要素的布局、组合与工程措施等。这也是较为传统的园林形式之一，我们常说的出入口、露台、停车场、设施小品、游步道、山水工程等具体的园林设计都是其内涵。

（五）城市设计

这项工作是西方国家在第二次世界大战后，因应城市更新和新市镇建设衍生出来的一项工作。事实上，它也是美国风景园林之父奥姆斯特德以及克里夫兰和其他风景园林事业先驱者主要业务的一部分。而我国的城市设计起步较晚，理论与实践经验还有待提高，尽管中国目前的城市规划专业仍在主要承担城市的物质空间规划设计即城市设计，那是因为中国景观设计发展滞后的结果，实质上在国外城市规划更主要关注社会经济和城市总体发展规划。

城市设计所要解决的主要问题是建筑物的区位，以及建筑物之间的动态和公共使用空间组织，而非建筑设计，换句话说，就是指城市的公共空间设计，如街道、滨河发展、政治和商业中心、邻里恢复和废弃工厂建筑群的再利用等。一般来说，这些设计也未必总是以硬质材料为主。城市设计涉及多样的权属、政策、法令以及经济因素，因此较为复杂的案例通常不是由仅仅一位风景园林师或规划师来做，而是由一个多学科相互配合的团队来进行。规划师影响方案的发展能力和潜在结构，建筑师影响建筑物，但建筑物之间的空间组织和设计才是整体成功的核心，因此，从事城市设计需要了解气候、阳光和阴影模式、比例尺度、人的行为心理、空间区分的潜力以及城市园林等综合知识。这个领域在我国目前的风景园林教育与实践中尚属薄弱环节。

（六）风景园林工程与管理

风景园林工程与管理是风景园林建设中极其重要的过程，它关系到风景园林建设的质量水平和品质，直接或间接地反映了风景园林师设计意图的完全表达与否，一个好的施工与维护往往是一个优秀的设计作品成败的关键。风景园林工程是一个复杂而庞大的体系，牵涉到许多方面的知识与经验技巧。一般来说，它涵盖土方工程、水景工程、园路工程、假山工程、挡土墙工程、给排水工程、电气工程和种植工程等。对于一个项目来讲，风景园林工程的完工并不意味着所有的工作已经结束，建成后的管理工作其实也非常重要，它关系到景观的良性过渡和可持续发展。通常，风景园林管理包括植物的养护管理、暴雨管理、水管理等。

第三节　风景园林的学科地位

一、风景园林的学科属性

关于风景园林学科的属性，目前在中国尚有争论。王绍增先生认为：风景园林最好是一门一级学科，与处理室内空间的建筑学、人类聚集地域的城市规划、人类生理生存条件的环境保护，以及人类社会生存环境的社会学，共同组成综合性非常突出的人居环境门类。台湾学者洪得娟则认为，景观建筑（风景园林）应属农学。

目前，教育部本科专业目录中确定的园林本科专业学位为农学，而2006年新批准的3个本科新专业风景园林、景观学、景观建筑学皆为工学，这4个本科专业的内涵与范畴并没有明确的界定。在研究生教育层次上，2005年风景园林硕士专业学位正式开始招生，目前，根据国务院学位委员会的统计，我国风景园林领域的博士、硕士学位研究生分布在3个学科：

（一）工学门类——建筑学一级学科——城市规划与设计（含风景园林规划与设计）二级学科

（二）农学门类——林学一级学科——园林植物与观赏园艺（含风景园林规划与设计）二级学科

（三）文学门类——艺术学一级学科——设计艺术学（含风景园林规划与设计）二级学科

作者认为它们事实上是同一学科的不同称谓，如在现代风景园林发源地的美国，该学科就广泛分布于各类综合性、农林及艺术院校中，只是因不同学校学科专长不同而自成特色，从另一个侧面也为风景园林学科范畴的延伸提供了可能。

二、风景园林与各学科的关系

（一）陈植先生认为：造园学（风景园林）既是综合性学科又是综合性艺术，其有关学科有：农学中的花卉、果树、土壤、昆虫等学科；林学中的造林、树木等学科；工学中的建筑、土木、城市规划等学科；理学中的生物（包括植物、动物、鸟类、鱼类等）、地理、地质、气候、气象等学科；文学中的语文、诗词以及史学、考古学；艺术中的美学、绘图、雕刻等。

（二）王绍增先生认为： 风景园林与各学科的关系如图 1－1 所示。

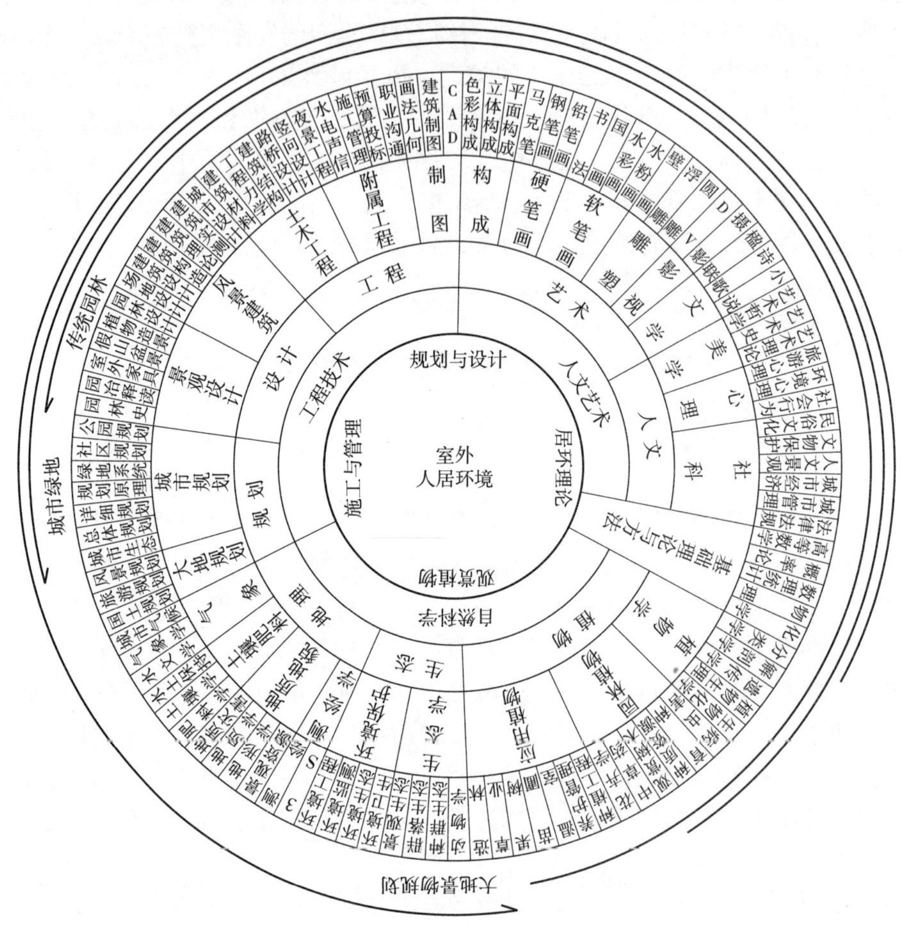

图 1－1　风景园林与各学科的关系

（三）刘滨谊教授认为： 建筑学、城市规划、风景园林三位一体。

（四）俞孔坚博士认为： 景观设计学（风景园林）与建筑学、城市规划、环境艺术、市政工程设计等学科有紧密的联系。

（五）中国台湾学者陈文锦博士： 风景园林与各学科关系可简略成图 1－2 所示。

（六）作者的阐述： 风景园林学科是一门多学科交叉的边缘学科，它涉及：

1. 生命科学：如植物学、动物学等。
2. 资源与环境科学：如地理学、生态学、水土保持、土壤学、气象学、地质学等。
3. 建筑学：如建筑学、城市规划等。
4. 工程技术学：如园林工程、园艺技术、环境生态工程、人体工程学、3S 技术等。
5. 文化艺术学：如美学、文学、艺术史等。
6. 社会与经济学：如哲学、环境心理学、社会学、经济管理等。

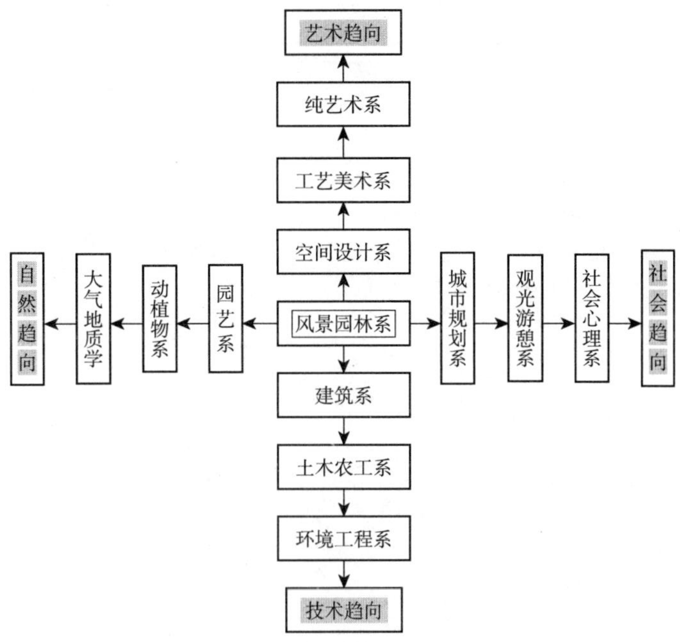

图 1－2　风景园林与各学科关系图

第四节　风景园林师的职业与使命

一、风景园林师的职业

在欧美、日本等发达国家，风景园林专业人员必须通过职业资格考试，合格者才能获得风景园林师职业资质，就如同律师、会计师资格考试一样，这是从事本职工作的必备资格。我国目前尚未实施风景园林师资质注册考试，但风景园林师资质注册考试制度势在必行，它是规范我国风景园林设计市场，提高设计、管理水平以及保持风景资源可持续发展的重要保证。

虽然我国目前尚未实施风景园林师注册考试制度，但我们可以通过美国现行的考试规则了解美国对注册风景园林师的要求。美国注册风景园林师考试为每年 2 次，总体分四大部分，即专业知识、设计理论、设计实务及施工理论与实务，具体情况见表 1－1。

美国注册风景园林师考试科目　　**表 1－1**

类型	科目名称与形式	考试时间
A	专业知识	总 1 小时
B	设计理论 （一）自然科学 1. 理论（Theory） 2. 自然系统（Natural System）	总 3 小时 1.5 小时

续表

类型	科目名称与形式	考试时间
B	（二）人文科学 1. 历史（History） 2. 社会、文化（Social & Culture）	1.5 小时
C	设计实务 （一）设计方法评估与表现法（选择题） （二）设计操作（作图题） 1. 场地分析（Site Analysis） 2. 设计（Design） （三）种植设计（Planting）	总 7.25 小时 1.75 小时 3.5 小时 2 小时
D	施工理论与实践 （一）施工常识（选择题） 1. 营造法规（Construction Law） 2. 景观材料（Landscape Material） （二）放样（Layout） （三）整地与排水（Grading & Drainage） （四）施工图（Details）与施工规范	总 5 小时 1 小时 1 小时 1.5 小时 1.5 小时

由表 1－1 可以看出，要想成为一名注册风景园林师，不仅需要了解专业知识，具备设计表达能力，还需要了解自然科学、人文科学、施工理论与法规等知识，并具备园林施工的实际操作能力。

二、中国风景园林师的职业使命

风景园林作为涉及生命科学、人文科学、环境科学、工程技术等的一门综合学科，在城市建设、环境保护、改善人居环境等方面起到独特的作用，目前我国的风景园林师肩负着伟大的使命：

（1）敦促政府设立风景园林师注册考试制度，确立风景园林师的地位，端正风景园林设计市场的秩序，以促进并维护风景园林规划设计的品质。

（2）敦促政府完善相关的环境保护政策与法律，保障在重大的环境、市政、交通、水利等工程决策与建设中风景园林师具有话语权。

（3）普及风景园林的知识，让大众了解风景园林学科的重要性及风景园林师的作用，从而让全体公民共同关注我们的整体人居环境。

（4）筹设完备的、与国际接轨，又具中国特色的风景园林学科体系，加强理论与实践研究，建设风景园林师的终身教育体制，以提高我国风景园林师的职业水准。

第二章　风景园林简史

人类通过劳动作用于自然界，引起自然界的变化，同时也引起人与自然环境之间关系的变化。在人类社会的历史长河中，纵观过去和现在，展望未来，人与自然环境关系的变化大体上呈现四个不同的阶段。相应地，园林的发展也经历四个阶段：第一阶段为原始社会——果木蔬园；第二阶段为奴隶社会及封建社会——古典园林；第三阶段为工业革命后——现代园林；第四阶段为第二次世界大战之后——园林城市。

第一节　中国古典园林

中国古典园林得以持续演进的契机是经济、政治、意识形态三者之间的平衡和再平衡，它的逐渐完善的主要动力亦得之于此三者自我调整而促成的物质文明和精神文明的进步。

一、中国古典园林的分类

1. 按照园林基地的选择和开发方式的不同，中国古典园林可以分为人工山水园和自然山水园两大类型

人工山水园：在平地上开凿水体，堆筑假山，人为地创设山水地貌，配以花木栽植和建筑营构，把天然山水风景缩移模拟在一个小范围内。人工山水园最能代表中国古典艺术成就。

自然山水园：包括山水园、山地园和水景园。

2. 按照园林隶属关系，中国古典园林可分为皇家园林、私家园林、寺观园林

（1）皇家园林：属于皇帝个人和皇室所私有，古称苑、苑囿、宫苑、御苑、御园等。魏晋之后，皇家园林按其地点的不同，又分大内御苑、行宫御苑、离宫御苑。

（2）私家园林：属于民间贵族、官僚、缙绅所私有，古称园、园亭、园墅、池馆、山池、山庄、别业、草堂等。

（3）宅园：私家园林的一类，建置在城镇里，依附于住宅，作为园主人日常游憩、赏乐、会友、读书的场所，规模不大。

（4）跨院：宅园的一种，园林位于宅邸的一侧。

（5）游憩园：私家园林的一种，单独建置，不依附于宅邸。

（6）别墅园：建在郊外山林风景地带的私家园林，供主人遐思、休养或短期居住之用。

（7）寺观园林：即佛寺和道观的附属园林，也包括寺观内部庭院和外围地段的园林化环境。

3. 其他园林

（1）衙署园林、祠堂园林、书院园林、会馆园林以及茶楼酒肆的附属园林等。

（2）风景名胜区四要素——山、水、植被、建筑——类似于园林的四个造园要素。

二、中国古典园林的特点

（1）本于自然，高于自然。中国古典园林绝非一般地利用或者简单地模仿构景要素的原始状态，而是有意识地加以改造、调整、加工、裁剪，从而表现一个精炼概括的自然、典型化的自然。

（2）建筑美与自然美的融糅。中国古典园林中建筑无论多寡，也无论其性质、功能如何，都力求与山、水、花木这三个造园要素有机地组织在一系列风景画面之中。

（3）诗画的情趣。中国古典园林运用各个艺术门类之间的触类旁通，熔铸诗画艺术于园林艺术。

（4）意境的涵蕴。造园家把自己的感情、理念熔铸于客观生活、景物之中，从而引发鉴赏者之类似的情感激动和理念联想。意境涵蕴深旷，表达方式有三种：借助于人工的叠山理水把广阔的大自然山水风景缩移模拟于咫尺之间；预先设定一个意境的主题，然后借助于山、水、花木、建筑所构筑成的物境把这个主题表述出来，从而传达给观赏者以意境的信息；意境并非预先设定，而是在园林建成之后再根据现成物境的特征做出文字的“点题”——景题、匾、联、刻石等。

（5）叠山（掇山）是园林内使用天然石块堆筑为石山的特殊技艺。置石是选择整块的天然石材陈设在室外作为观赏对象的做法。峰石指用作置石的单块石材，不仅具有优美奇特的造型，而且能够引起人们对大山高峰的联想。

（6）园林的植物配置。务求其在姿态和线条方面既显示自然天成之美，也要表现出绘画的意趣，选择树木花卉受文人画所标榜的“古、奇、雅”的格调的影响。

三、中国古典园林的发展

根据周维权先生的划分，中国古典园林发展分五个阶段：生成期（殷、周、秦、汉），转折期（魏、晋、南北朝），全盛期（隋、唐），成熟时期（两宋到清初），成熟后期（清中叶到清末）。

（一）中国古典园林生成期——殷、周、秦、汉（公元前11世纪—公元220年）

中国古典园林的三个源头：囿、台、园圃。最早见于文字记载的园林形式是“囿”，园林里面的主要建筑物是“台”，中国古典园林产生于囿和台的结合，约公元前11世纪，即奴隶社会后期的殷末周初。影响园林向风景式方向发展的三个重要意识形态方面的因素：天人合一思想、君子比德思想、神仙思想。

1. 囿：最早见于文字记载的园林形式，始于殷末周初，是王室专门集中豢养禽兽的场所，与帝王的狩猎活动有直接关系，也有观游功能。

2. 台：土堆筑而成的方形高台，是山的象征，可登高以观天象、祭拜或登高远眺、观赏风景。

3. 沼：人工开凿的水体，水中养鱼。“灵沼”与后世园池是不同的，“灵”字的本义就是神，是事神之巫，是上古初民对水泽的摹写，是某种神秘力量和权势的象征。

4. 榭：原指台上建的房屋，后指开放式的园林建筑，既可在山间，也可临水边。

5. 文献记载最早的两处“贵族园林”：殷纣王“沙丘苑台”，周文王“灵台、灵沼、灵囿”。

6. 春秋战国贵族园林代表：（楚）章华台（园林里开凿大型水体，史书记载首例）、（吴）姑苏台（泛舟的开始）。

7. 秦代为专制政体，大兴土木，宫廷规模大，开始出现真正意义上的“皇家园林”——阿房宫。走向观赏化园林，建驰道，于旁树以青松。最早的行道树记载出现于东周。

8. 汉代帝王贵族权臣建苑庭者多，如上林苑、甘泉宫。后私人造园渐兴起。神仙思想盛行，如建章宫“一池三山”反映了当时的这一思想（图2－1、图2－2）。

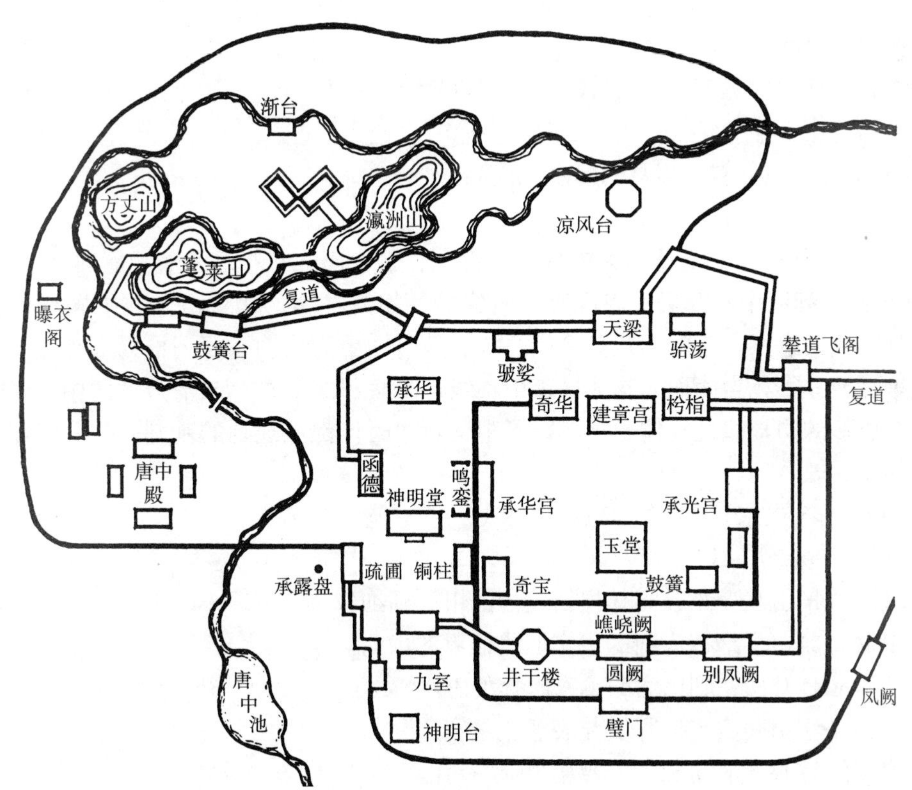

图2－1　建章宫平面示意图

（引自《中国古代园林史》）

9. 汉园林特征：

（1）改囿为苑、改沼为池。

（2）苑池中出现象征的园林“一池三山”。

（3）形式趋向豪迈，强调雄厚，雕塑更趋完美。

（4）面积更为广阔。

（5）早期园林要素的出现，建筑、植物、动物俱备。

（6）从皇族走向贵族私家。

（7）从仁道趋向显示财力。

10. 生成期园林特征：

（1）造园活动的主流是皇家园林。

（2）功能从狩猎生产到游憩观赏。

（3）崇拜自然。

（4）设计粗犷。

图2－2　建章宫鸟瞰

（引自《关中胜迹图志》）

（二）中国古典园林转折期——魏、晋、南北朝（220—589年）

1. 园林类型

（1）皇家园林

魏、晋、南北朝建都的几个城市中，有皇家园林的文献记载的有：北方为邺城、洛阳，南方为建康。

① 邺城（今河北省临漳县的漳水北岸）：

a. 华林园：皇家园林中规模最大。

b. 铜雀（爵）园：略具“大内御苑”性质，是一座兼有军事坞堡功能的皇家园林。

② 洛阳：魏明帝时开始大规模的宫苑建设，如芳林园。北魏洛阳在中国城市建设史上具有划时代的意义，它的功能分区较之汉、魏时期更为明确，规划格局更为完备。干道—衙署—宫城—御苑自南而北构成城市中轴线，是皇居之所在，政治活动的中心。这个城市的完全成熟的中轴线规划体制，奠定了中国封建时代都城规划的基础，确立了此后的皇都格局的模式。

③ 建康（今南京）：大内御苑如华林园、乐游苑（又名北苑）。

皇家园林的特点：

a. 园林规模由大变小，园林规划设计由粗放到细致。

b. 园林造景更多地以人间的现实取代仙界的虚幻。

c. 皇家园林开始受到民间的私家园林的影响。

d. 创造手法由写实趋向写实与表意相结合。

e. 皇家园林游赏活动成为主要甚至唯一功能。

（2）私家园林

① 城市私园

a. 北方：张伦的宅园的大假山——景阳山作为园林的主景，已经能够把天然山岳形象的主要特征比较精炼而集中地表现出来。

b. 南方：文惠太子在建康台城建“玄圃”，塔开始出现。

城市私园特点：设计精致化趋向；规模小型化趋向。

② 庄园、别墅（别业、山居）

庄园规模有的极宏大，也有小型的，一般包含四部分内容：一是庄园主家族的居住聚落，二是农业耕作的田园，三是副业生产的场地和设施，四是庄客、部曲的住地。著名的有：西晋大官僚石崇的金谷园，《山居赋》中描写的谢灵运庄园。

（3）寺观园林

魏晋佛教传入，佛道盛行，名山寺观的园林经营与世俗的园林化别墅有异曲同工之妙，庐山东林寺就是一个典型的例子。

寺观园林包括三种情况：一是毗邻于寺观而单独建置的园林；二是寺、观内部各殿堂庭院的绿化或园林化；三是郊野地带的寺、观外围的园林化环境。城市的寺观园林多属于第一、二种情况。在山野地带营建寺观又必须满足三个条件：一是靠近水源以便获得生活用水；二是靠近树林以便采薪；三是地势向阳背风，易于排洪，小气候良好。

（4）其他自然山水园：公共园林——兰亭。

亭：汉代本是驿站建筑，到两晋演变成一种风景建筑，提供了遮风蔽雨、稍事坐憩的地方，也成为点缀风景的手段，逐渐又转化为公共园林的代称。

南朝梁游墙开始出现。

“园林”一词已出现在当时的诗文中。

2. 转折期园林特点

（1）园林规模由大变小。

（2）园林造景由过多神异色彩转为自然文化。

（3）创造手法由写实趋向写实与表意相结合。

（4）单纯地模仿自然山水进而适当地加以概括、提炼，但始终保持着“有若自然”的基调。

（5）园林规划设计由粗放到细致。

（6）建筑与其他要素密切协调。

（7）皇家园林游赏活动成为主要甚至唯一功能。

（8）私家园林作为一个独立的类型异军突起。

（9）寺观园林拓展了造园活动的领域，一开始便向世俗化的方向发展。

（三）中国古典园林全盛期——隋、唐（589—960年）

长安和洛阳两地的园林，是隋唐时期全盛局面的集中反映。

1. 园林类型

（1）皇家园林

隋唐的皇室园居生活多样化，相应的大内御苑、行宫御苑、离宫御苑这三种类别的区别就比较明显，它们各自的规则布局特点也比较突出。

① 大内御苑：城内，或依附城郭。如禁苑（三苑）、大明宫、兴庆宫、洛阳宫（唐）。

② 行宫御苑：帝王出巡的临时住处的宫苑，办公休养。

如：西苑（洛阳，隋炀帝，历史上仅次于上林苑，是一座人工山水园，其建成标志着中国古典园林全盛期到来）的“一池三山”规划模式、园中园的小园林建筑集群、庞大的土木工程和绿化工程。

③ 离宫御苑：都城远郊，休养。如华清宫（图2-3）、九成宫（图2-4）、翠微宫。

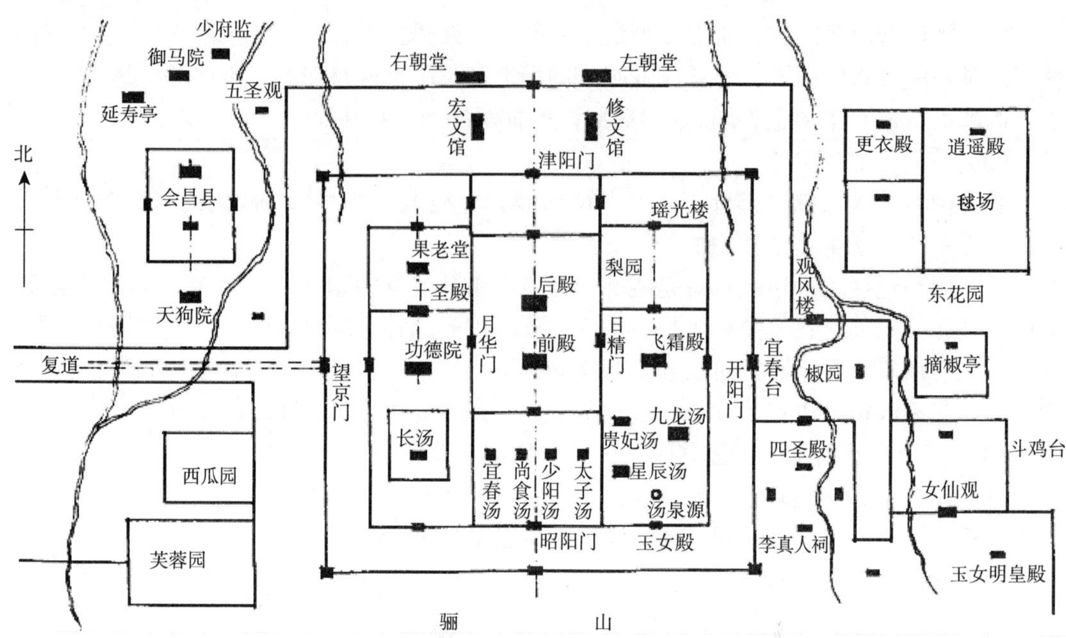

图2-3 华清宫平面设想图

（引自《中国古典园林史》）

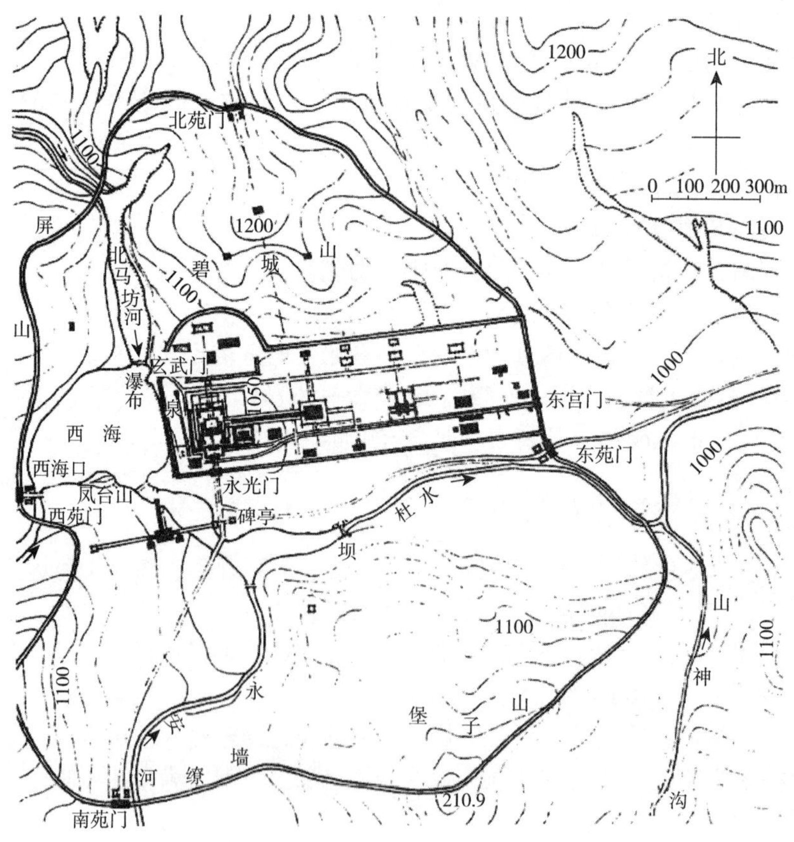

图2-4 九成宫（仁寿宫）总平面复原图

（引自《中国古典园林史》）

如：华清宫呈前宫后苑之格局，宫城有南北之分，苑林区以建筑物结合于山麓、山腰、山顶的不同地貌而规划为各具特色的许多景区和景点，山麓分布着小园林兼生产基地，山腰则突出自然景观，山顶发挥点景、观景的作用。

九成宫的宫墙有内、外两重，分为宫廷区与苑林区。

（2）私家园林

① 城市私园

所谓“山池院”、“山亭院”，即是唐代人对城市私园的普遍称谓。

a. 山池院：隋唐长安城市的居住坊里的宅园或游憩园，规模大者占据半坊左右，多为皇亲和大官僚所建。

b. 山亭院：唐代对城市私园的普遍称谓。

如：唐代洛阳白居易的履道坊宅园，白居易专门为这座宅园写了一篇韵文《池上篇》。履道坊宅园有前宅后园的布局，造园目的在于寄托精神和陶冶性情，那种清纯幽雅的格局和“城市山林”的气氛，也恰如其分地体现了当时文人的园林观——以泉石竹树养心，借诗酒琴书怡性。

城市私园的特点：前宅后园的布局，也有园宅合一。

② 郊野别墅园

别墅园在唐代统称为别业、山庄、庄，规模较小者也叫做山亭、水亭、田居、草堂等。唐代别墅园建置大致分三种情况：

a. 单独建置在离城不远、交通往返方便、而风景比较优美的地带。

如：洛阳李德裕的平泉庄是一个收集奇花异石的大花园；成都杜甫的浣花溪草堂极富田园野趣。

b. 单独建置在风景名胜区内。

如：白居易在庐山修建的庐山草堂，其《草堂记》中记述了别墅园林的选址、建筑、环境、景观以及作者的感受。

白居易是一位造诣颇深的园林理论家，也是历史上第一个文人造园家。唐代文人园林的假山，以土山居多，也有用石间土的土石山，纯用石块堆叠的石山尚不多见，但由单块石料或者若干块石料组合的“置石”较普遍。白居易是最早肯定“置石”之美学意义的人，认为太湖石是一等园林石材。

c. 依附于庄园而建置。

如：王维在陕西蓝田的辋川别业（图2－5），王维和裴迪合作了《辋川集》，王维画了一幅《辋川图》长卷，分别对辋川别业的天然风景做了描述和描绘。还有卢鸿在嵩山的嵩山别业。

（3）寺观园林

寺、观的建筑制度已趋于完善，大的寺观往往是连宇成片的庞大建筑群，佛寺建筑均为分院制——由若干个以廊庑围合而成的院落组织为建筑群，包括殿堂、寝膳、客房、园林四部分功能分区。如慈恩寺以牡丹、荷花最负盛名。水庭也是唐代寺观园林的一种表现形式。

图2－5　辋川别业园图

（引自《关中胜迹图志》）

（4）风景名胜园：长安曲江池。

2. 全盛期园林特点

（1）皇家园林的“皇家气派”已完全形成。

（2）私家园林的艺术有所升华。

（3）寺观园林长足发展。

（4）公共园林已更多见于文献记载。

（5）风景式园林创作技巧和手法的运用又有所提高而跨入了一个新境界。

（6）诗画情趣开始形成。

（四）中国古典园林成熟期——宋、元、明、清初（公元960—1736年）

成熟期（一）——宋代（公元960—1271年）

早在南宋时期，著名的西湖十景就已成形。

1. 园林类型

（1）皇家园林

① 大内御苑：后苑、延福宫、艮岳三处。

艮岳（图2－6）代表宋代皇家园林的风格特征和宫廷造园的最高水平（宋徽宗亲自参与建园）。

特点：a. 左右山水格局，突破“一池三山”形式，以典型山水创作为主题，在园林史上是一大转折。先在宾主之位决定远近之形：“众山供伏，主山始尊。”天下山脉发源于昆仑山，西北为首，东西为尾。b. 人工山水园。

② 行宫御苑：城内——景华苑；城外——东京四苑：琼林苑（以植物为主体）、宜春园（花圃）、玉津园（动物）、金明池（以大水池为主体，见图2－7）。

皇家园林的特点：规模远不如唐代的大，也没有唐代那样远离都城的离宫御苑；但在

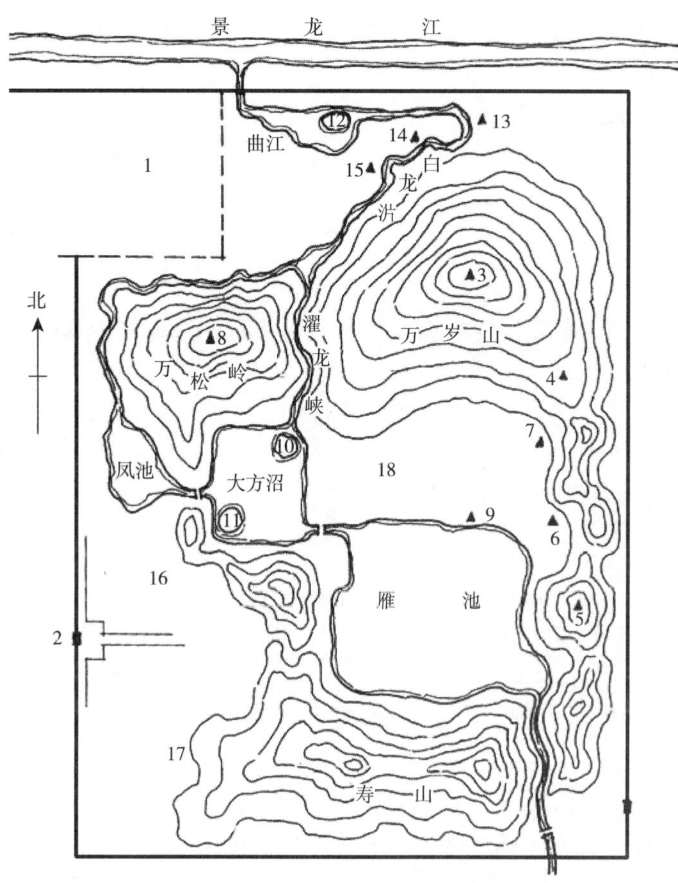

图 2-6　艮岳平面设想图

规划设计上则更精密细致，更多地接近民间私家园林。

（2）私家园林

主要分布：中原有洛阳、东京（开封）两地，江南有临安（杭州）、吴兴、平江（苏州）等地。

① 中原地区：洛阳名园

宋人李格非写《洛阳名园记》，记述园林 19 处。

a. 花园：归仁园。

b. 宅园：富郑公园、环溪（水景、借景）、湖园（水景）。

c. 游憩园：董氏西园（山林）。

特点：山水园形式；因高为山，因低为池；建筑依景而设，散漫自由；借景；很少叠石。

② 江南地区：吴兴园林

图 2-7　金明池夺标图

南宋人周密《癸辛杂识》中有“吴兴园圃”一段。后人刊出单行本《吴兴园林记》，记述他亲身游历过的吴兴园林36处。

a. 北沈尚书园：水景

b. 南沈尚书园：置石

c. 俞子清家园：假山

d. 赵氏菊坡园

e. 赵氏苏湾园

特点：追求精炼；在小环境内模拟自然；假山叠石；选址依山靠水。

（3）寺观园林

宋代寺观园林由世俗化进而达到文人化的境地，它们与私家园林的差异，除了尚保留一些烘托佛国仙界的功能外，基本已完全消失了。

（4）公共园林：浙江楠溪江苍坡村，是迄今发现的唯一一处宋代农村公共园林。

2. 成熟期（一）的园林特点

（1）在上述园林类型中，私家的造园活动最为突出。

（2）皇家园林较多地受到文人园林的影响，也出现了比任何时期都接近私家园林的倾向。

（3）叠石、置石均显示高超技艺，理水已经能够模拟大自然全部水体形象，与石山、土石山、土山的经营相配合而构成园林的地貌骨架。

（4）已基本上完成了园林向写意的转化。

（5）以皇家园林、私家园林、寺观园林为主体的两宋园林，达到了中国古典园林史上登峰造极的境地。

成熟期（二）——元、明、清初（1271—1736年）

1. 园林类型

（1）皇家园林

① 明代御苑建设的重点在大内御苑，与宋代不同的是：规模又趋于宏大，突出皇家气派，附上更多宫廷色彩。

② 清初皇家园林的重点在离宫御苑。

明清以来第一座离宫御苑是畅春园，畅春园是明清以来首次全面引进江南造园艺术的一座皇家园林。清代第二座离宫御苑是避暑山庄，清代第三座离宫御苑是圆明园（原是雍正的赐园）。上述3座著名皇家园林，成为北方皇家园林全盛局面的重要组成部分。

清初离宫御苑的主要成就：融糅了江南民间园林的意味、皇家宫廷的气派、大自然生态环境的美姿三者为一体。

避暑山庄以自然风景融会园林景观，开创了一种特殊的园林规划——园林化的风景名胜区。

（2）私家园林

明代士流园林更进一步的文人化，促成了文人园林的大发展，同时也与新兴市民园林的“市井气”和贵戚园林的“富贵气”相抗衡。

明末清初的扬州园林便是文人园林风格与它的变化并行发展的典型局面。文人园林的思想性逐渐为技巧性所取代，造园技巧获得长足的发展，造园思想却日益萎缩。

李斗所著《扬州画舫录》中记录了清代康熙时代扬州八大名园：王洗马园、卞园、员园、贺园、冶春园、南园、郑御史园、筱园。《扬州画舫录》评价苏州、杭州、扬州三地，认为杭州以湖山胜，苏州以市肆胜，扬州以名园胜。

无锡寄畅园是江南地区唯一的一座保存较完好的明末清初时期文人园林。

明王世贞《游金陵诸园记》记录了南京11处私园。

上海豫园，黄石大假山为当前江南园林之冠，出自张南阳之手。

清初著名文人园林，如纪晓岚的阅微草堂和李渔的芥子园。

2. 园林著作

明代计成的《园冶》、清代李渔的《一家言》、明代《长物志》是比较全面而有代表性的3部园林著作。

（1）《园冶》详述园林规划设计原则

①“景到随机。”

②“虽由人作，宛自天开。”

③ 借景是“园林之最要者”。列举5种借景方式：远借、邻借、仰借、俯借、应时而借。

④ 叠山应做到“有真为假，做假成真，稍动天机，全叨人力”，叠山17类、选石、叠山石料16种。

（2）《一家言》（《闲情偶寄》）——李渔

“一卷代山，一勺代水”，开窗“制体宜坚，取景在借”。

借景之法“四面皆实，独虚其中，而为便面之形”，这就是所谓“框景”做法，即“尺幅窗，无心画”，框景可收到以小观大的效果，又可游观而移步换景，这在江南园林中很常见。

（3）《长物志》——文震亨（明末清初）

水、石是园林骨架。“石令人古，水令人远，园林水石，最不可无。”叠山理水原则：“要须回环峭拔，安插得宜”，“一峰则太华千寻，一勺则江湖万里”。

3. 成熟期（二）的园林特点

（1）文人园林涵盖了民间的造园活动，导致私家园林达到艺术成就的高峰。

（2）明末清初涌现出一大批优秀造园家。

（3）元、明文人画盛极一时，影响及于园林，而相应地巩固了写意创作的主导地位。

（4）皇家园林的规模趋于宏大，皇家气派又见浓郁。

（5）在某些发达地区，城市、农村聚落的公共园林已经比较普遍。

（五）中国古典园林成熟后期——清中叶、清末（1736—1911年）

清代乾隆时期是皇家园林鼎盛时期，它标志着康、雍以来兴起的皇家园林建设高潮的最终形成。

1. 园林类型

（1）皇家园林

① 大内御苑

a. 西苑（图2－8）

琼华岛（西苑北海）北坡，模拟镇江北固山“江山一揽”之景。琼华岛四面因地制宜而创造各不相同的景观，规划设计可谓匠心独运。

静心斋（西苑北海），典型的“园中之园”，既保持着相对独立的小园林格局，又是大园林的有机组成部分（图2-9）。

b. 宁寿宫花园：禊赏亭讲究“曲水流觞”，在亭内设流杯渠，自假山引水注入。

② 行宫御苑

a. 静宜园

静宜园位于香山东坡，是一座雄浑大气的大型山地园，也相当于一处园林化的山岳风景名胜区。

来青轩：乾隆誉之“远眺绝旷，尽挹山川之秀，故为西山最著名处”。

见心斋：静宜园内最精致的小园林，也是典型的园中之园。

b. 静明园

静明园位于玉泉山，以山景为主，水

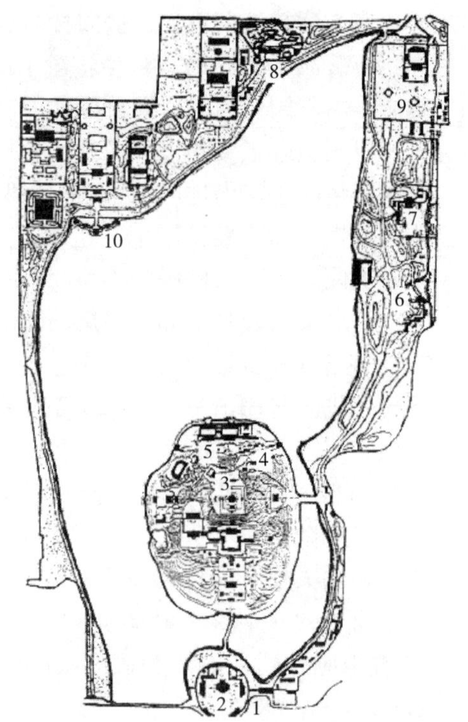

图2-8　西苑总平面

1—入口；2—团城；3—白塔；4—琼岛春阴碑；5—承露盘；6—濠濮涧；7—画舫斋；8—静心斋；9—蚕坛；10—五龙亭

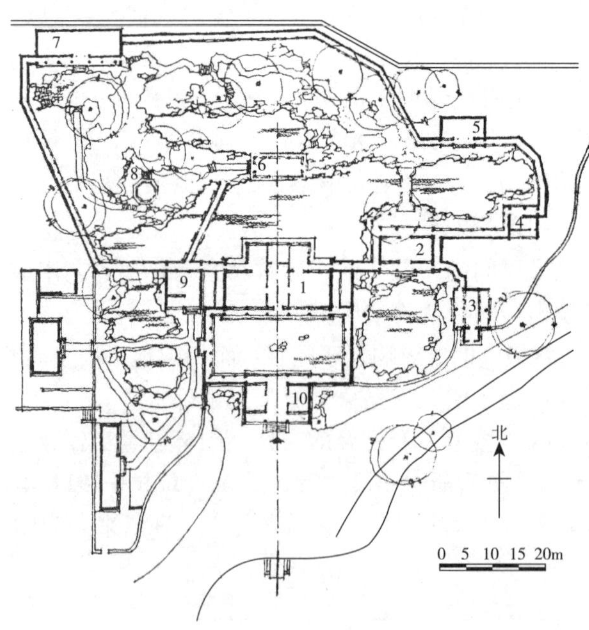

图2-9　静心斋平面图

1—静心斋；2—抱素书屋；3—韵琴斋；4—焙茶坞；5—罨画轩；6—沁泉廊；7—叠翠楼；8—枕峦亭；9—画峰室；10—园门

景为辅，前者突出天然风致，后者突出园林经营。

③ 离宫御苑

a. 圆明园

由长春园、绮春园、圆明园三园组成，景观不仅体现在各园本身的设计上，也包括它们之间的联络和联系的安排经营，后者是圆明园规划的重要环节，也是创造多样化园林景观效果，把众多小园林连缀为一个有机整体的先决条件。共40景，都是水景园，园林造景大部分以水面为主题，因水而成趣。圆明三园是集中国古典园林平地造园的筑山理水之大成，也是清代皇家诸园中"园中有园"的集锦式规划的代表。

西洋楼位于长春园（圆明园三园之一）。西洋楼建筑是欧洲建筑传播到中国以来的第一个具备群组规模的完整作品，也是把欧洲和中国这两个建筑体系和园林体系首次结合起来的创造性的尝试。

圆明三园包含的百余座小园林均各有主题，主题取材可归纳为六类：

模拟江南风景的意趣：如"坐石临流"仿绍兴兰亭，曲院风荷；

借用前人诗情画意：如"夹镜鸣琴"取李白"两水夹明镜"的诗意；

再现神仙境界：如"方壶胜境"、"海岳开襟"、"舍卫城"；

标榜儒家：如"九洲清晏"（图2－10）、"鸿慈永佑"；

图2－10　圆明园九洲清晏景画

标榜重农爱民：如"多稼如云"；

以植物造景为主要内容，或突出某种观赏植物的形象、寓意。

规划设计特点：以山水为骨架划分景区，使之各具特色；出现罕见平面形状"之"　"口""田"字形；采取风景点小建筑群和景区结合的集景方式。

b. 颐和园（清漪园）（图2－11）

以万寿山、昆明湖为主体的大型天然山水园。1151年金代完颜亮建行宫，称金山，元郭守敬建瓮山泊（西湖），明建圆静寺，1750年乾隆于圆静寺旧址建大报恩延寿寺，改瓮山为万寿山、西湖为昆明湖，1764年清漪园完工，1860年被英法联军焚毁，1898年修复改名颐和园。

乾隆借西郊水系的整理及为其母后祝寿建园，规划以杭州西湖为蓝本，形成山嵌水抱的形态。

宫廷区建在园的东北端，布局为南前宫后寝，西横轴两纵轴。植物配置上，仁寿殿有龙爪槐、西府海棠、牡丹台，玉澜堂有白皮松、西府海棠等，宜芸馆有玉兰、梧桐，乐寿堂有玉兰、西府海棠、牡丹台。

前山前湖景区占全园面积的88%，前山即万寿山南坡，前湖即昆明湖（图2－12）。前山景区布局：

- 五轴线：由天王殿、大雄宝殿、多宝殿、佛香阁、众香界、智慧海构成南北中轴线，在中轴线两侧分别由五方阁与清华轩、转轮藏与介寿堂的对位构成两条次要轴线，在次要轴线外侧又分别由寄澜亭与云松巢、秋水亭与写秋轩的对位构成两条辅助轴线。

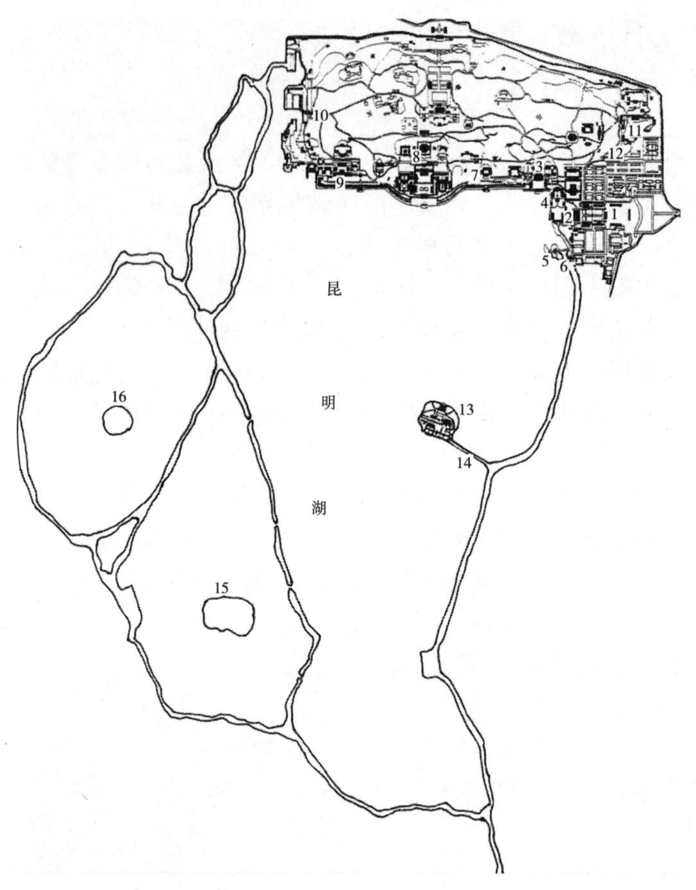

图 2－11　颐和园平面图

1—东宫门；2—仁寿殿；3—乐寿堂；4—夕佳楼；5—知春亭；6—文昌阁；7—长廊；8—佛香阁；9—听鹂馆（内有小戏台）；10—宿云檐；11—谐趣园；12—赤城霞起；13—南湖岛；14—十七孔桥；15—藻鉴堂；16—治镜阁

• 二网络：鱼藻轩和对鸥舫分别通过宝云阁、湖山碑而结于智慧海，大致构成等腰三角形，以此作外圈控制网络，宝云阁、湖山碑、清华轩和介寿堂南院墙的垂花门这四个点又构成正方形的对位，作为内圈控制网络。

• 建筑群里面的几何对位关系：等腰三角形；退晕式渐变。

• 建筑群布局的作用：弥补前山山形呆板；作为构图主体和重心；点景；观景。

图 2－12　从文昌阁上西望万寿山昆明湖（近处为知春亭）

（引自《中国古典园林大观》）

前湖景区布局：昆明湖广阔的水面，由西堤及其支堤划分为三个水域。东水域最大，中心岛屿为南湖岛。西堤以西的两个水域较小，亦各有中心岛屿。靠南的一个是昆明湖中最大的岛屿，南岸建藻鉴堂，堂前临水为春风啜茗台。靠北的另一大岛水中两层圆形城堡之上建三层高阁治镜阁。昆明湖如果略去西堤不计，水面三大岛鼎列的布局很明显地表现了皇家园林“一池三山”的传统模式。

后山后湖景区：北宫门轴线；谐趣园（仿无锡寄畅园，图2－13）。

图2－13　颐和园谐趣园鸟瞰

c. 避暑山庄（如图2－14～图2－16）

康熙时已基本建成，乾隆时期扩建的避暑山庄在清代皇家诸园中规模最大，平原景区宛若塞外景观，山岳景区象征北方名山，这是移天缩地、荟萃南北风景于一园之内的杰作。

总体布局为前宫后苑。占地560万m^2。

宫廷区包括三组平行的院落建筑群。

图2－14　避暑山庄平面图

1—丽正门；2—正宫；3—松鹤斋；4—德汇门；5—东宫；6—万壑松风；7—芝径云堤；8—如意洲；9—烟雨楼；10—临芳墅；11—水流云在；12—濠濮间想；13—莺啭乔木；14—莆田丛樾；15—萍香泮；16—香远益清；17—金山亭；18—花神庙；19—月色江声；20—清舒山馆；21—戒得堂；22—文园狮子林；23—殊源寺；24—远近泉声；25—千尺雪；26—文津阁；27—蒙古包；28—永佑寺；29—澄观斋；30—北枕双峰；31—青枫绿屿；32—南山积雪；33—云容水态；34—清溪远流；35—水月庵；36—斗老阁；37—山近轩；38—广元宫；39—敞晴斋；40—含青斋；41—碧静堂；42—玉岑精舍；43—宜照斋；44—创得斋；45—秀起堂；46—食蔗居；47—有真意轩；48—碧峰寺；49—锤峰落照；50—松鹤清远；51—梨花伴月；52—观瀑亭；53—四面云山

苑林区包括三大景区：湖泊景区、平原景区、山岳景区，三者成鼎足而三的布局。湖泊景区具有浓郁的江南情调，平原景区宛如塞外景观，山岳景区象征北方名山，其象征寓意与圆明园同。

图 2－15 避暑山庄水心榭
（湖泊东、西半部连接处）
（引自《世界园林发展概论》）

图 2－16 避暑山庄金山亭
（引自《世界园林发展概论》）

三山：万寿山、香山、玉泉山；五园：静宜园、静明园、清漪园、圆明园、畅春园。三山五园汇聚了中国风景园林的全部形式，代表着各期中国宫廷造园艺术的精华。

皇家园林的主要成就表现在以下几个方面：

① 独具壮观的总体规划。完全在平地起造的人工山水园与利用天然山水而施以局部加工改造的天然山水园，由于建园基址不同，相应地采取不同的总体规划方式。

② 突出建筑形象的造景作用。主要是通过建筑个体和群体的外观、群体的平面和空间组合而显示出来。

③ 全面引进江南园林的技艺。引进江南园林的造园手法，再现江南园林的主题，具体仿建名园。

④ 复杂多样的象征意义。以建筑形象结合局部景域构成模拟，或借用景题命名等文字手法，甚至扩大到整个园林或者主要景区的规划布局来展现象征意义。

（2）私家园林

经历清中期到清末的发展，私家园林最终形成了江南、北方、岭南三大地方风格鼎峙的局面。这三大地方风格集中反映了成熟后期民间造园艺术的主要成就，也是这一时期私家园林的精华所在。“娱于园”的观点取代了传统的“隐于园”。

① 江南的私家园林

南方私家园林特色主要体现在：一是平面布局比较灵活，二是建筑体量比较小巧，三是色彩比较淡雅。所以，清雅、秀丽、轻巧、通透、开敞，其书卷气固在，而寒酸简陋也自然难免。

a. 扬州个园（图 2－17）——四季假山

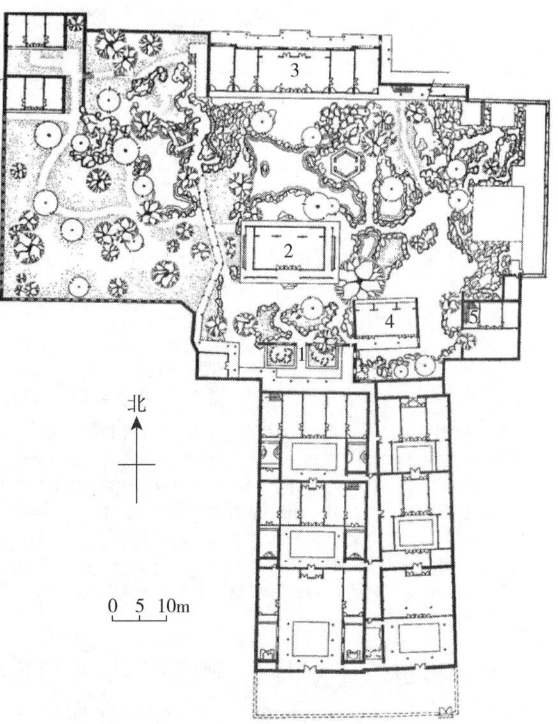

图 2－17 扬州个园
1—园门；2—桂花厅；3—抱山楼；4—透风漏月；5—丛书楼

春景为石笋与竹子；夏景为太湖石山与松树；秋景为黄石山与柏树；冬景雪石山不用植物以象征荒漠疏寒。

b. 苏州四大名园：留园（图 2－18、图 2－19）、网师园（图 2－20、图 2－21）、拙政园（图 2－22 ~ 图 2－24）、狮子林。

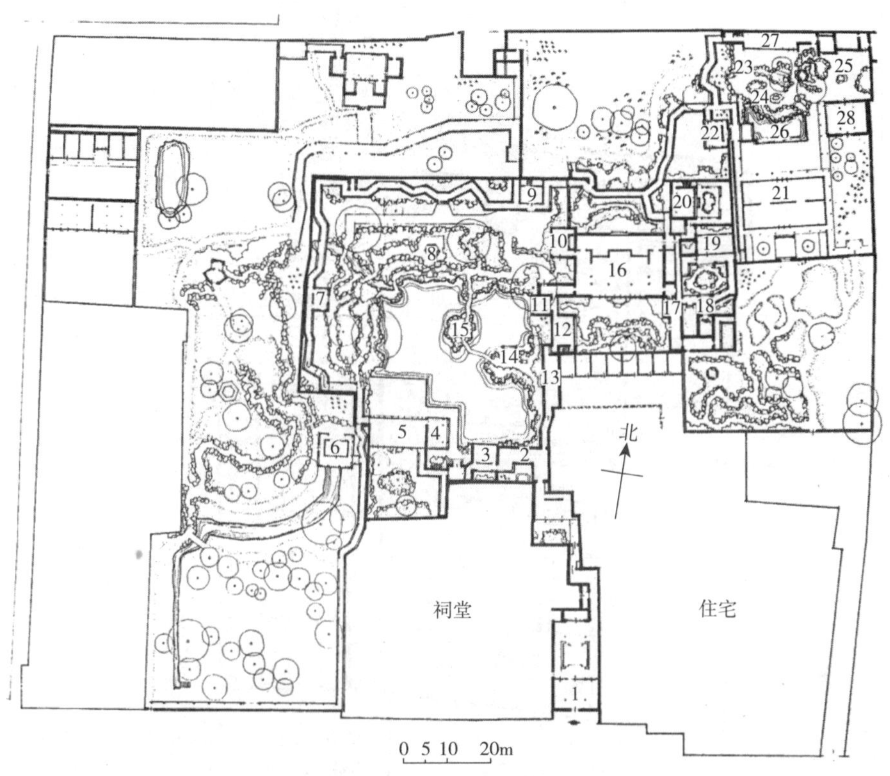

图 2－18　留园平面图

1—大门；2—古木交柯；3—绿荫；4—明瑟楼；5—涵碧山房；6—活泼泼地；7—闻木樨香轩；8—可亭；9—远翠阁；10—汲古得绠处；11—清风池馆；12—西楼；13—曲谿楼；14—濠濮亭；15—小蓬莱；16—五峰仙馆；17—鹤所；18—石林小屋；19—揖峰轩；20—还我读书处；21—林泉耆硕之馆；22—佳晴喜雨快雪之亭；23—岫云峰；24—冠云峰；25—瑞云峰；26—浣云池；27—冠云楼；28—伫云庵

图 2－19　留园冠云峰（唐真摄）

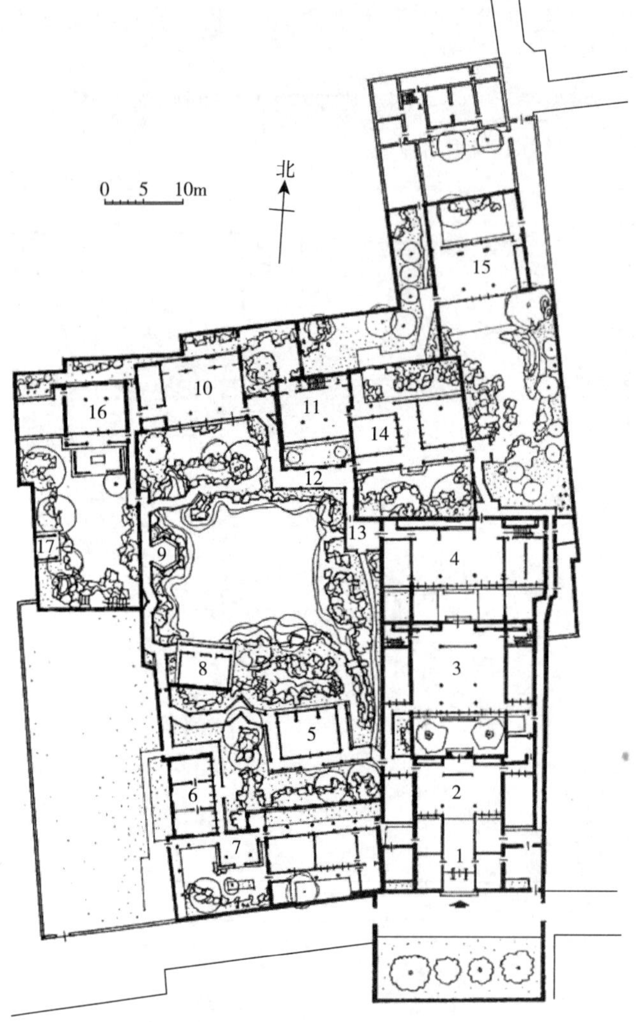

图 2 – 20 网师园平面图

1—宅门；2—轿厅；3—大厅；4—撷秀楼；5—小山丛桂轩；6—蹈和馆；7—琴室；8—濯缨水阁；9—月到风来亭；10—看松读画轩；11—集虚斋；12—竹外一枝轩；13—射鸭廊；14—五峰书屋；15—梯云室；16—殿春簃；17—冷泉亭

图 2 – 21 网师园月到风来亭

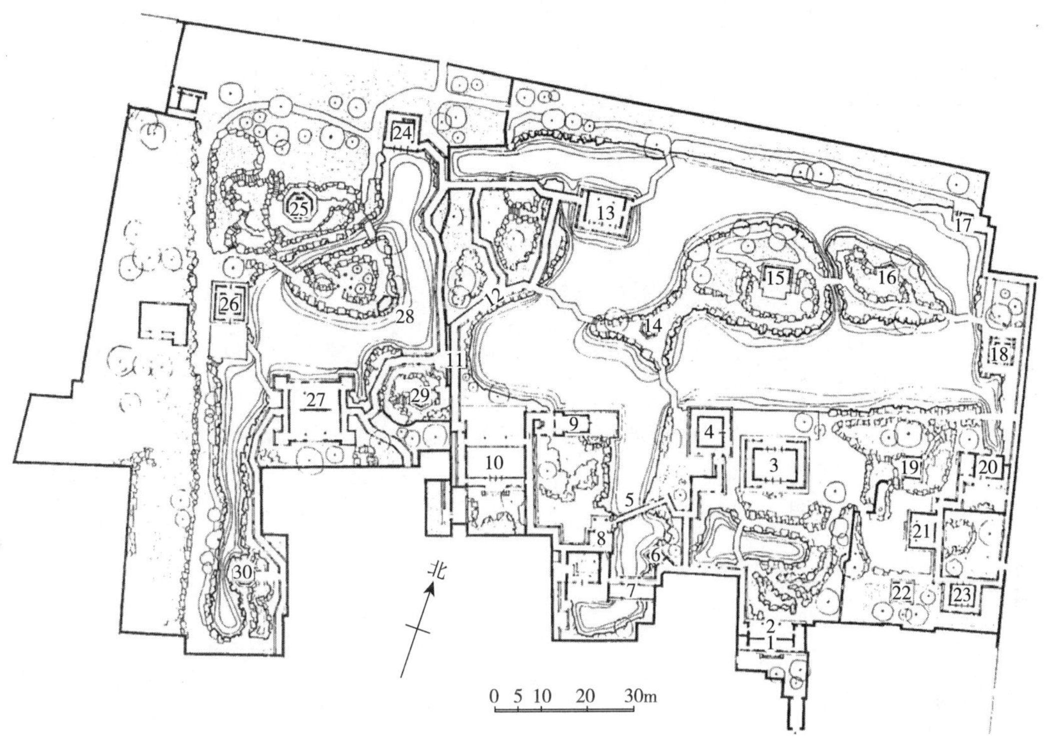

图 2－22　拙政园平面图

1—园门；2—腰门；3—远香堂；4—倚玉轩；5—小飞虹；6—松风亭；7—小沧浪；8—得真亭；9—香洲；10—玉兰堂；11—别有洞天；12—柳荫曲路；13—见山楼；14—荷风四面亭；15—雪香云蔚亭；16—北山亭；17—绿漪亭；18—梧竹幽居；19—绣绮亭；20—海棠春坞；21—玲珑馆；22—嘉实亭；23—听雨轩；24—倒影楼；25—浮翠阁；26—留听阁；27—三十六鸳鸯馆；28—与谁同坐轩；29—宜两亭；30—塔影亭

图 2－23　拙政园舫厅“香洲”（唐真摄）

图 2－24　拙政园小飞虹

拙政园位于江苏苏州市城东北，建于明正德年间（1506—1521 年），是苏州四大名园之一。明代吴门四画家之一的文征明参与了造园。文人、画家的参与，将大自然的山水景观提炼到诗画的高度，并转化为园林空间艺术，使此园更富有诗情画意的特点，成为中国古典园林的一个优秀的典型实例。这里着重分析此园的园林空间艺术特点：

对应线构图，主体突出，宾主分明。全园布局为自然式，但仍采用构图的对应线手法，主要厅堂亭阁、风景眺望点、自然山水位于主要对应线上，次要建筑位于次要对应线上，详见图2－25。对应线上的建筑方位可略偏一些，拙政园主景中心雪香云蔚亭就顺对应线偏西，从远香堂望去，可见其立体效果。

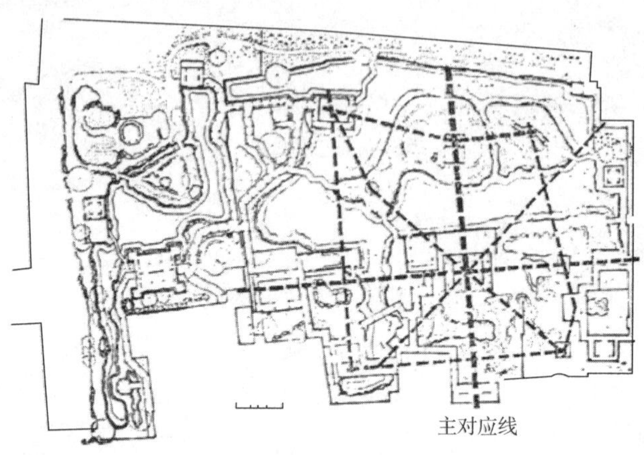

图2－25 对应线构图分析

因地制宜，顺应自然。拙政园是利用原有水洼地建造的，按地貌取宽阔的水面，临水修建主要建筑，并注意水面与山石花木相互掩映，构成富有江南水乡风貌的自然山水景色。

空间序列组合，犹如诗文结构。园林空间序列组合，要做到敞闭起伏，变化有序，层次清晰。拙政园中园的空间序列可简化为：封闭、山石景、小空间——半开敞、山水景、小空间——开敞、山水主景、大空间——半开敞、水景、小空间——开敞、山水景、大空间——封闭、水乡风貌、小空间——开敞、建筑与山水主景、大空间——封闭花木景、小空间（图2－26）。

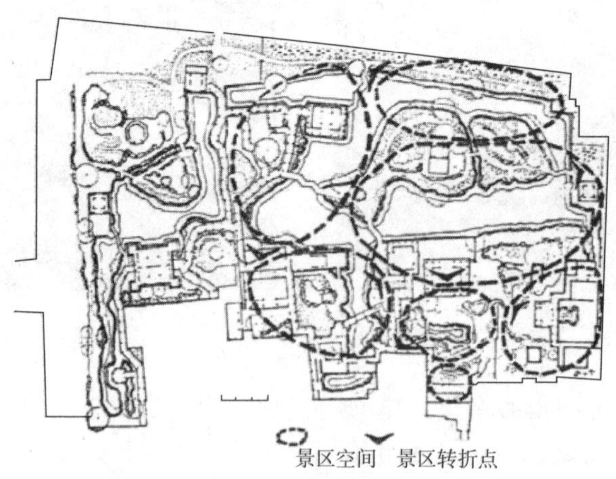

图2－26 空间序列结构和景区转折点分析

景区转折处，景色动人，层次丰富。景区转折处是景区变换的地点，是欣赏景观的停留点，也常常成为游人留影的拍摄点。拙政园在各景区转折处都可欣赏到层次丰富的前、中、远景，使这一处的景观有极大吸引力。

空间联系，连贯完整，相互呼应。园林空间的序列是靠游览路线连贯各个空间的。拙政园的游览路线由园路、廊、桥等组成。此外，还通过视线进行空间联系。

② 北方的私家园林：半亩园、萃锦园、十笏园。北方园林特色主要体现在：一是平面布局比较严谨，二是体量比较庞大，三是色彩比较富丽。因此，敦实、厚重、封闭，富贵气固存，而庸俗之处亦在所难免。

③ 岭南的私家园林

粤中四大园林：顺德的清晖园、东莞的可园、番禺的余荫山房、佛山的梁园。岭南园林特色主要体现在：一是平面布局均为有韵律地接踵而成，二是体量比较轻盈舒展，三是色彩比较瑰丽鲜艳。

余荫山房（图2－27）：始建于清同治五年（1866年），为清代岭南四大名园之一，占地2000m^2。院内空间由游廊式拱桥分隔成东西两部分，西部有石砌方形莲池（图2－28），池北有深柳堂、孔雀亭，池南有临池别馆等建筑，东部有玲珑水榭等。园内亭台楼馆的布局虚实呼应，构成起伏多变的空间结构。装饰细部玲珑剔透，色彩瑰丽。该园既吸收了北方与苏州园林风格的特点，同时又具有岭南园林的地方特色。

④ 巴蜀园林

巴蜀园林有别于富丽豪华的皇家园林、细腻清雅的江南园林与精巧纤细的岭南园林。它自然天成、古朴大方，是以“文、秀、清、幽”为风貌，以“飘逸”为风骨。其园林艺术所表现的意境，主要是追求一种“天然之趣”，追求一种自然情调，追求一种把现实生活与自然环境协调起来的幽雅闲适的美。

⑤ 西域园林

西域园林主要是指处于中国西部或北部的少数民族园林。在纷繁复杂的园林风格中，具有独特风格和代表性的是新疆维吾尔族园林和西藏园林。新疆维吾尔族园林构图简朴，活泼自然，因地制宜，经济实用。它把游憩、娱乐、生产有机地结合起来，形成一种独具民族风格的花果园式园林。藏族园林最完整的代表作品为罗布林卡，以大面积的绿化和植物成景所构成的粗犷的原野风光为主调，也包含着自

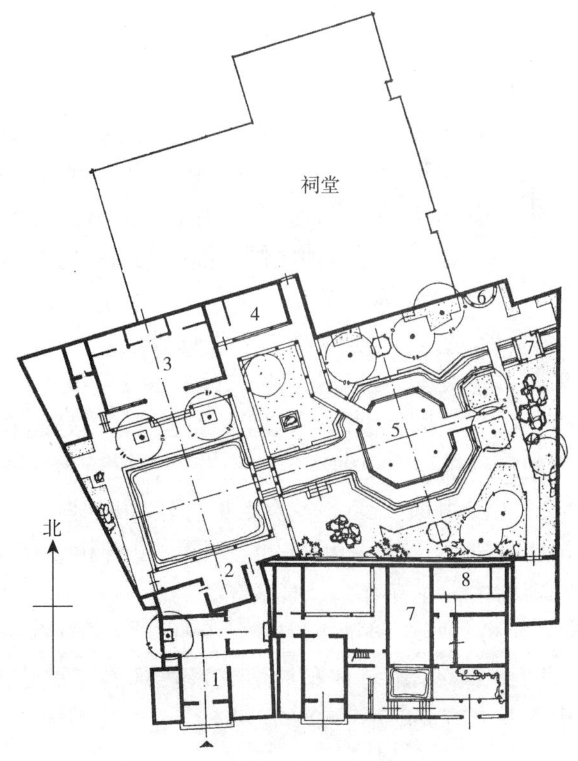

图2－27　余荫山房平面图

1—园门；2—临池别馆；3—深柳堂；4—榄核厅；5—玲珑水榭；6—南薰亭；7—船厅；8—书房

由式和规整式的布局。

2. 成熟后期园林的特点

（1）皇家园林经历了大起大落的波折，大型园林的总体规划、设计有许多创新。

（2）私家园林一直承袭上代的发展水平，形成江南、北方、岭南三大地方风格鼎峙的局面，其他地区园林受到三大风格的影响，又出现各种亚风格。

（3）宫廷和民间的园居活动频繁，“娱乐化”的倾向显著。

（4）公共园林在上代的基础上，又有长足发展。

图 2－28　余荫山房水池

（引自《中国古典园林大观》）

（5）造园理论停滞不前。

（6）随着国际、国内形势的变化，西方园林文化开始进入中国。

第二节　西方古典园林

一、古埃及园林

1. 产生背景

（1）自然条件：干燥炎热、沙漠地带，遮荫成为主要功能。

（2）文化背景：对自然的认识，科学发展，数学、测量学、几何学的发展，技术运用到生活中，并对园林的形态有决定性影响；宗教的影响。

（3）起源：因当地气候条件使人们对树木珍视并使得园艺兴起。

2. 古埃及园林类型

（1）墓园：陵墓建筑，常见植物有枣椰、棕榈、无花果，多置水池，如雷克马拉墓园（图 2－29）。

（2）宅园：方形，四周围高墙，入口处建有塔门，采用规则对称布局，中轴线上覆葡萄架，最后为住宅。水池为庭园的主要组成要素，多为矩形，较大时建“下沉式水池”，池边有凉亭，周围植物以埃及榕、枣椰树、棕榈、无花果、洋槐为主，花卉有莲、蔷薇等。

（3）神苑：寺庙园林，结合庙宇，庙前有坛，进入庙前有园林，多采用对称布局形成宗教氛围，常见树种为香木。因埃及人有灵魂不灭论，陵墓较发达，其中壁画与庭园画可以概括其园林的特点。如祭祀阿蒙神的德尔·埃尔·巴哈里神庙。

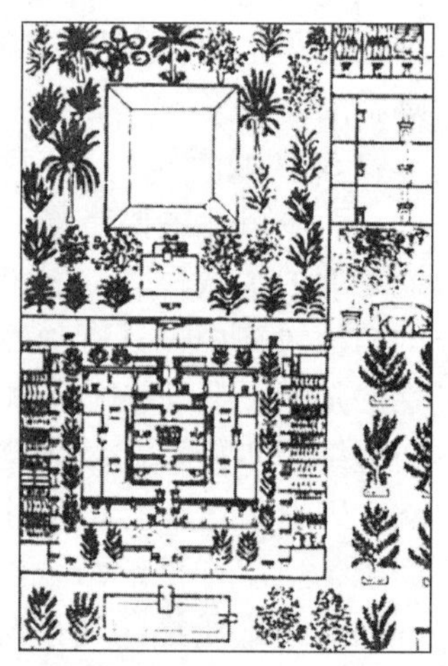

图 2－29　古埃及墓园

3. 宅院特征

（1）隐蔽闭合，封闭。

（2）大门建门楼（塔门）。

（3）庭园实用性强（葡萄架用于遮荫；作物用于食用、观赏）。

（4）内容：凉亭、水池、棚架、门楼、建筑。

4. 埃及园林特征

（1）受当地自然条件影响：炎热干旱，树木遮荫功能，棚架、凉亭、水池（墓园注重地形利用，与树木园结合）。

（2）受宗教思想影响，追求生命永恒，产生墓园、神苑。

（3）形式为规则式，规整的对称布局，人工气氛浓厚，明显有人工改造自然的思想。

（4）园林开始以实用性功能为主，兼有观赏性的用途（公元前1570年以后）。

（5）种植常用树种：枣椰树、棕榈、无花果、石榴、洋槐。花卉有莲、蔷薇等。

二、古巴比伦园林

1. 产生背景：西亚两河流域（幼发拉底河与底格里斯河）

（1）自然条件较好：天然森林资源丰富，以森林为主体，以自然风格取胜，树木、森林、河流等。

（2）文化贸易中心：古巴比伦文化发达，人口达10万人。

（3）气候：雨量充沛，气候温和。

2. 园林类型

（1）猎苑：最大的特征性园林（埃及没有），处于天然森林，自然条件较好，局部经过人工改造。如：人工塑造地形，堆筑土丘，上有祭坛，周围种植引进的香木、丝柏以及石榴、葡萄等，还饲养野牛、鹿、山羊等。

（2）神苑：以神殿为主，寺庙周围种植植物，以达到宗教神秘气氛。

（3）空中花园（“悬空园”或“架空园”）（图2－30）：依附在巴比伦城墙之上，为世界七大奇观之一。该园由金字塔形数层露台所组成，露台由厚墙支承，这些露台并非全由墙体构成，其外部是拱廊，内有大小不等的房屋、洞室、浴室等，四周平地上堆土成丘，种植大小各类树木，层层叠叠，整体外观如森林覆盖的小山耸立在巴比伦平原中央，如高悬在天空一样。空中花园在技术上解决了承重和防渗透难题，引水浇灌技术也较先进。

图2－30　空中花园复原想象

3. 古巴比伦园林和古埃及园林的相似之处

（1）自然环境定论：古埃及地处沙漠，

不宜森林生长，决定其造园为人工规则式。与之相反，古巴比伦处于天然森林资源丰富的两河流域，因此发展了以森林为主体，以自然风格取胜的园林。

（2）宗教思想的影响：神苑。

三、古希腊与古罗马园林

1. 历史背景

（1）古希腊位于巴尔干半岛南部，古罗马位于亚平宁半岛，气候温暖，雨量充沛，有大量的石灰岩、花岗岩作为建筑材料，政治、经济上都有过辉煌的时期。

（2）古希腊注重科学理智思考，在园林表现上发现了空间与比例的关系，并发展了抽象的几何图形。

2. 古希腊园林特点

（1）有秩序、与自然界的和谐为最大特点。

（2）花园作为建筑的一种延伸。

（3）植物有松树、夹竹桃、柏树、悬铃木等，修剪为规则的人工形态或字母，作为绿色剪饰。

（4）发展为花园：百合、月季、紫罗兰。

（5）水的应用：喷泉与雕像相结合。

3. 古罗马园林特点

（1）古罗马花园建于环境优美之处，园林是内向、封闭的，布局几何对称。

（2）建筑与园林结合紧密，表现在自然与建筑的吸纳过渡，别墅建筑通过廊、绿色通道过渡到大自然中。

（3）很好地利用了植物与水这两个要素，绿色植物的基本功能转化为装饰功能，树木主要考虑观赏性要求。出现花坛、绿色装饰等形式，水的处理活泼，利用水景与雕塑相结合。

4. 园林类型

（1）城市住宅园林：一种柱廊式园林，所有的宅邸几乎都有园林，周围敞开，柱廊式中庭，后发展为列柱中庭，以植物划分地块，设步道，柱后墙上有壁画，中庭种花卉，中央设喷泉、雕塑。

维迪府邸为城市住宅园林有名之例，另有庞培的潘萨府邸。

（2）郊区别墅园林：罗马城四周一些美丽的可以观海的山体，庭院寓所，和城市住宅一样，但布局更为复杂，规模更大。

最有名的是劳伦提努姆别墅（布局靠近海边，由许多院子组成，面向海岸，三面观海）和塔斯卡尼山麓的吐斯库姆别墅（多装饰，强调人工性），以上二处为小普林尼（Gaius Plinius Caecilius Secundus，约公元62—115年）书信中介绍的两个优秀案例。

此外，还有哈德良大帝庄园（图2－31），建于公元2世纪，按功能分区，各单元之间有机组合。

图2－31　哈德良大帝庄园总体模型复建（丁绍刚摄）

四、中世纪园林（西欧）（5—14、15世纪）

（一）背景：基督教文化，宗教色彩浓重

两本记载园林的文献：阿尔拜都斯·玛尼乌斯《论园圃》（1260年）、克里申吉《田园考》（《农事便览》，1505年）。

（二）园林类型

1. 寺院式园林

以意大利为中心及代表，早期是实用性的园艺，庭院内种植蔬菜与药草（药圃、菜园），庭院以柱廊围合，修道院中种药草为最大特点。

如瑞士的圣高尔修道院，划分为不同的功能区，有休息区、药圃区、菜园区、教堂区、果园区，能自给自足，规模似小城镇，反映当时的经济。

特点：自给自足的经济，院以柱廊围合，种植药草，代表有坎特伯雷修道院，克勒尔蒙特修道院。

2. 城堡式园林

以英法为中心及代表，城堡有防御性功能，有高大围墙、壕沟、护城河，充分利用地形，还有园林发展备用地，种植粮食、蔬菜、药草、花卉，是上流人社交、娱乐、宴请的场所，以围墙和开敞绿篱规整地分成小院，以桥台连接，大树为主要要素，下置座椅，大面积草坪，上置凉亭、棚架，喷泉仅有几种图案，尚未出现人体塑像。

如13世纪法国寓言长诗《玫瑰传奇》中的城堡庭园插图：法国的比尤里城、盖尔龙城、枫丹白露。

中世纪欧洲园林早期（5—11世纪）多用围墙封闭，设置草坪、几棵树、座凳、凉棚，较实用，而晚期（11—13世纪）则由实用趋向于观赏性，有花卉，芳香植物，修剪较精致。

（三）园林特点

封闭、实用性小花园，药草园、菜园，有高墙围合。中心有草坪、喷泉、树，花卉与草的结合是以后才发展的，因为宗教反对艳色。逐步又发展了休息的地方，凉棚、喷泉也渐扩大，与喷水池结合，园林规模扩大了。11—13世纪，园林有所发展，有了观赏性园林，使用了早期没有的花卉和芳香植物。

五、伊斯兰园林

（一）波斯伊斯兰园林

1. 历史背景

公元622年，西亚的阿拉伯半岛建立了伊斯兰教，创始人为穆罕默德，公元630年统一阿拉伯疆域，公元8世纪疆域东起印度，扩展到北非沿岸至西班牙的广大范围，9—16世纪战争频繁。

阿拉伯人迅速吸收被征服国的文化，并将其与本国文化相互协调融合，从而创造了独特的新文化。

2. 来源

与其文化具有相当密切的关系，由文化所控制，完全继承了波斯园林的风格，受波斯文化的影响。

3. 特点——地毯式园林

伊朗高原干旱少雨，水较珍贵，贮水池、沟渠、喷泉等设施支配了庭园构成。

宗教的影响：伊斯兰教认为天国本身就是一个大庭园，栽培果树花卉，设置凉亭，喜欢绿荫树，密植在高大土墙内侧，获得独占感，并防御外敌。

园林特点：规整方形的园林布局（图2－32），中央为矩形水渠（四条生命之河），将园林分割为4块规则分区，水渠边有小路，中央设喷泉，4块园圃（植床）下沉，标高低于水旁小路，花高平于小径与水渠，仿若地毯。风格亲切、精致、静逸。

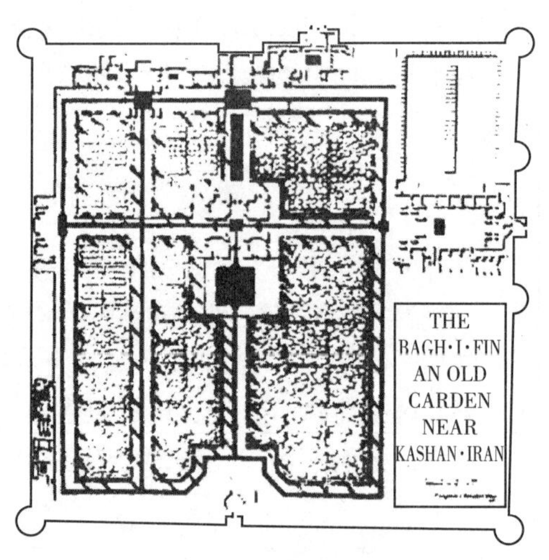

图2－32 波斯庭院

（二）西班牙伊斯兰园林

1. 琴纳腊里夫（格内拉里弗）

利用地形，分为八层（地狱七层，天堂八层）：

（1）里亚德院（水渠中庭）：第二层台地上，长方形，狭长水渠两边有拱形喷泉，形同莲花的“莲花喷泉”设置在水渠的两端，院两边有拱廊，可以赏院子景致，可眺望外部景观。

（2）“U”形水渠：风格朴实、简洁，空间处理手法细腻，无华丽的装饰和贵重材料，植物种植精致。

2. 阿尔罕布拉宫

1248年开始建造，按民间风格，选材精良。有4个庭院（图2－33、图2－34）。

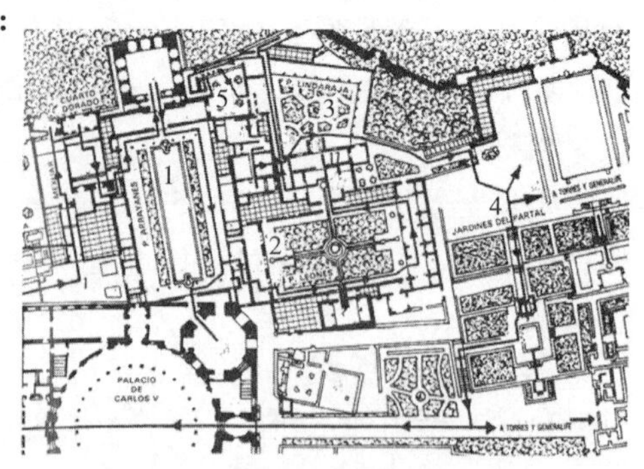

图2－33 阿尔罕布拉宫平面图

1—桃金娘庭院；2—狮子院；3—林达拉杰花园；4—帕托花园；5—柏树庭院

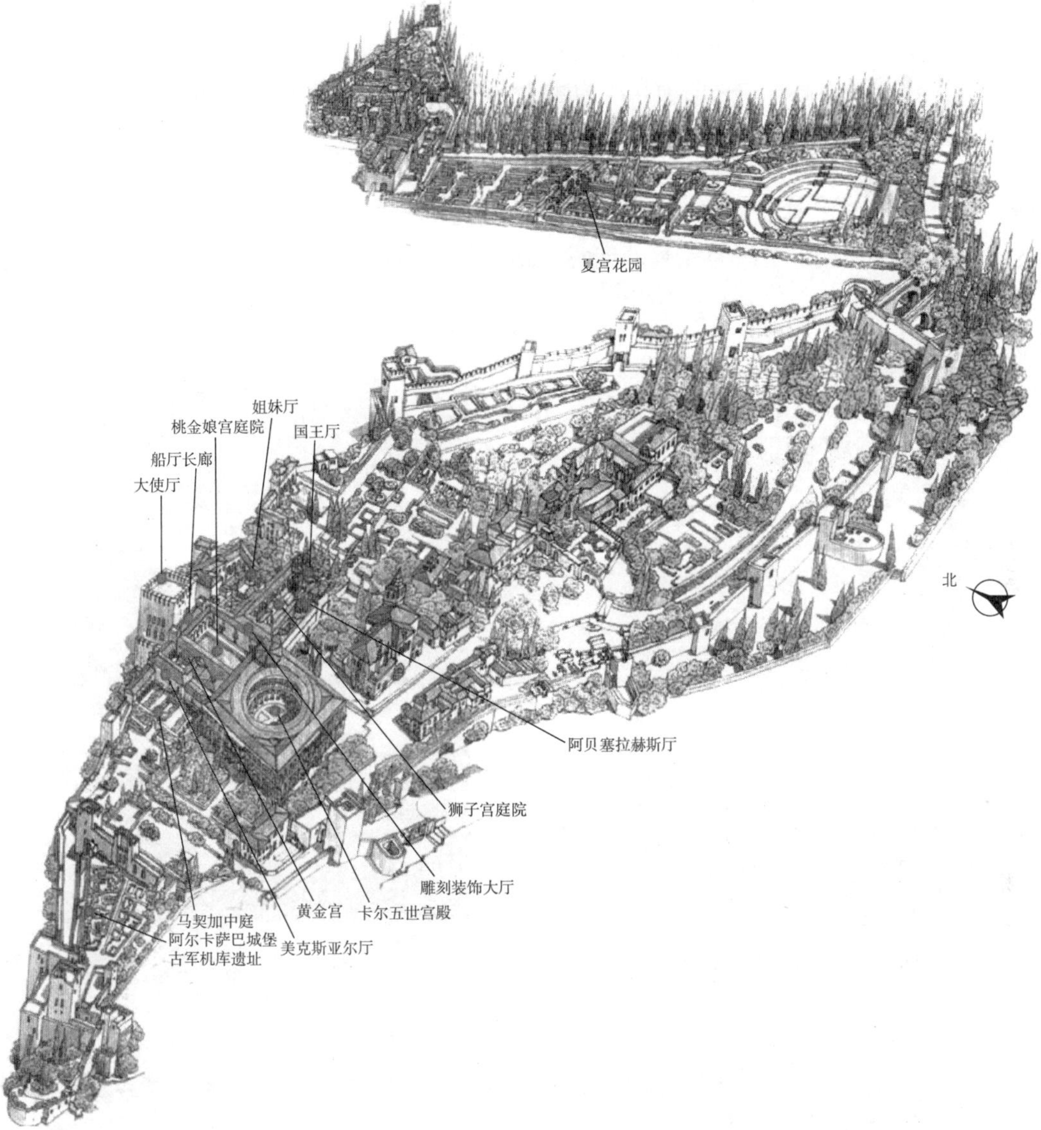

图 2－34　阿尔罕布拉宫鸟瞰图（引自《西方园林》）

（1）桃金娘中庭（拓榴院）：最大的一个院落，纵向水渠，两端喷泉，院两侧有柱廊，造型典雅，色彩丰富，又称“池亭”。

（2）狮子院（图 2－35）：周围一圈拱廊，规模较小，12 头狮子雕像围成喷泉。

（3）达拉克萨花园（柏木院）：几近方形的梯形，八角形水池喷泉，典型的伊斯兰图案。

（4）罗汉松中庭（雷哈中庭）：地面铺着小石块，四角处有巨大的罗汉松。

图 2－35　阿尔罕布拉宫狮子院中央石狮雕像

（三）印度伊斯兰园林（16、17 世纪）

16、17 世纪为印度伊斯兰园林的盛期，主要为陵园。

（1）建筑居中心：中央的喷泉改为陵墓。将十字水系改为路，上置小喷泉，在中心视线受限制，十字形对称，达到浓重的宗教气氛。如胡马雍陵、阿克巴陵、查罕杰陵。

（2）建筑退后：发展到了后期，将陵墓后置，前部有了观赏区，运用典型的伊斯兰布局，使园林的完整性较好，景观更完整（完整性、观赏性）。如泰姬陵（图 2－36、图 2－37），三段式，中间为完整的园林，道路放在后面，有利于完整欣赏建筑，同时陵墓可倒映于水中。

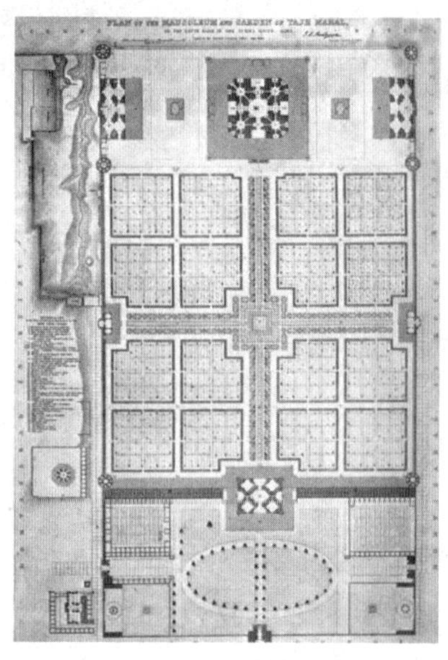

图 2－36　泰姬陵平面图

图 2－37　泰姬陵

（引自《世界园林发展概论》）

（四）伊斯兰园林的特点

（1）伊斯兰园林从西班牙到印度都是一致的，都以波斯园林为蓝本，其客观条件和气候大致一样，都是干旱少雨。

（2）伊斯兰教的世界观认为世界是形和色的世界，表现在园林艺术上，是追求单纯的几何性，地毯式的花坛，色彩鲜艳。

（3）伊斯兰园林布局简单，以树种、绿化庭园为主，风格亲切、精致、静谧，与意大利、法国不同，没有大量使用雕刻，强调图案的重要，线条精美、比例和谐。

六、意大利园林

1. 历史背景

（1）14 世纪，意大利“文艺复兴”运动兴起，经济繁荣、文化高涨。

（2）对园林贡献者：人文主义者（包括作家、画家、诗人、教皇）。

（3）著作：小说家卜伽丘（Giovanni Boccaccio，1313—1375 年）的《十日谈》（描写自然景色，著名的美第奇别墅按照其内容建造）；另有建筑家阿尔伯蒂（L. B. Alberti，约

1404—1472 年）的《论建筑》、《齐家论》，所宣称的思想有：

① 指出选地范围应离城市有段距离，既可享受城市生活的方便，又能享受自然。

② 花园的布局应分割成几块，每块均作平台，结合地形以阶梯连接，上植树木要均匀整齐。

③ 园林要素：草地、溪流、喷泉、水池、岩洞，提供雕塑；植物要有柏树、黄杨、石榴、玫瑰、桂、桃金娘以及葡萄之类的攀缘植物，最不可缺的是缠满常春藤的笔柏。

2. 演变过程

（1）文艺复兴早期：15 世纪的郊区别墅园，最早在佛罗伦萨，而佛罗伦萨最具影响力的是美第奇家族，如美第奇别墅。

（2）文艺复兴中期：16 世纪初，罗马继佛罗伦萨之后成为文艺复兴运动的中心。如布拉曼特的贝尔维德雷园、拉斐尔的玛达曼别墅。

（3）极盛时期：16 世纪下半叶至 17 世纪上半叶，罗马、佛罗伦萨、卢卡、锡耶纳以及威尼斯的花园别墅最具代表性。

（4）巴洛克时期：17 世纪下半叶，园林高潮结束，强调中轴线、林荫路，洛可可式。

（5）受法国古典主义影响：18 世纪已经不具备意大利特点，而承袭了法国风格。

（6）受英国自然风景园的影响：19 世纪，甚至有一些文艺复兴的花园也局部地改造了。

3. 代表实例分析

（1）佛罗伦萨郊区美第奇别墅：位于山丘半腰，台地层叠，整体无明显轴线，仅局部有轴线关系，借景丰富（图 2－38）。

（2）埃斯特别墅（Villa d’Este）（盛期）：位于罗马蒂沃里城，水的运用非常有名，水花园把园林分成 8 块，8 层台地，分成花园和林园两部分，一系列水形成系统（图 2－39、图 2－40、图 2－41、图 2－42）。

图 2－38　美第奇别墅（丁绍刚摄）

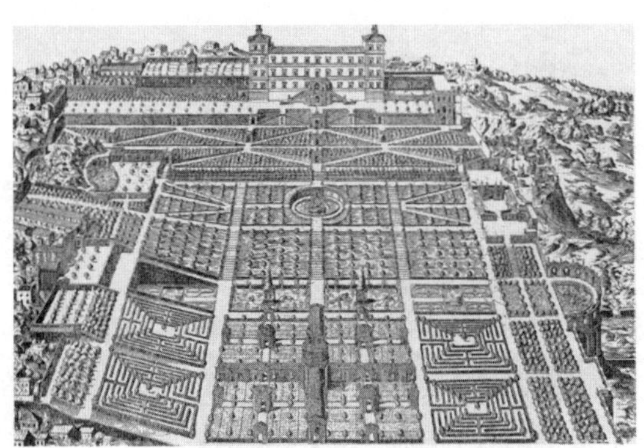

图 2－39　埃斯特别墅鸟瞰

图 2－40　埃斯特别墅百泉路（丁绍刚摄）

图 2－41 埃斯特别墅“蛋形泉”
（丁绍刚摄）

图 2－42 埃斯特别墅花园
（丁绍刚摄）

（3）朗特别墅（兰特别墅）（Villa Lante）（盛期）：水有中轴线，反映了水从岩洞中流出，最后汇入大海的主题。水源—链式瀑布—巨人泉—灯泉—星泉（图 2－43、图 2－44、图 2－45）。

图 2－43 朗特别墅鸟瞰（丁绍刚摄于朗特别墅壁画）

图 2－44 朗特别墅“星泉”（丁绍刚摄）

图 2－45 朗特别墅链式瀑布（丁绍刚摄）

（4）法尔尼斯小花园（法尔纳斯别墅）（Villa Palaxxina Farnese）（盛期）：位于卡普拉洛拉，中有中轴线，形成盆地，花坛设于最高处，链式瀑布放在下面，和朗特别墅相反（图2－46、图2－47、图2－48）。

图2－46 法尔尼斯小花园

图2－47 法尔尼斯小花园链式瀑布（丁绍刚摄）

图2－48 法尔尼斯小花园水景（丁绍刚摄）

（5）阿尔多布兰迪尼别墅（巴洛克时期）（图2－49）：位于弗拉斯卡蒂，巴洛克特点的别墅，入口处有3条辐射线，有圆形大台阶，后院链式瀑布，形成“丁”字形，也是利用透视特点，有水剧场（图2－50、图2－51）。

（6）加兆尼（科罗迪）别墅（巴洛克时期）：巴洛克味浓厚，绿色剧场，背面为黄杨，前面雕塑人像，透视效果强。

4. 意大利园林的风格特点

（1）类型：

① 附属于城市府邸的园林。

② 供公共节庆活动的园林，如波波利园（1549年）、道罗尼亚别墅（1623年）。

③ 专为消遣的乡村别墅园林。

（2）园林的主题：布局上，由单花园或多个花园组成，园中园。以水、树木或建筑为主题。有的安静，有的喧闹。

（3）园林的选址：山坡地段，或地形较为复杂的丘陵地带，便于巧妙利用地形，形成几层台地。

（4）构图布局：完整统一，几何形，轴线对称，花坛道路图案式。

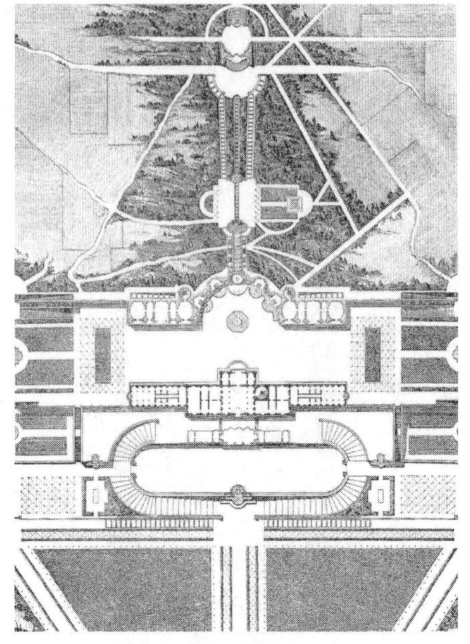

图2－49　阿尔多布兰迪尼别墅平面图

图2－50　阿尔多布兰迪尼别墅水剧场

（引自《外国造园艺术》）

图2－51　阿尔多布兰迪尼别墅雕塑

（丁绍刚摄）

（5）建筑与自然的关系：相互渗透，相互吸收；采用折中手法，逐渐过渡。

如：建筑—敞廊露台—花坛—林—自然环境

花园的图案式：即建筑的自然，起到半自然半人工的过渡作用。

5. 园林要素

（1）台阶：装饰性强，变化手法多。

（2）树木：气候温和，常绿树多，形成背景，修剪植物成绿色围墙，做成波浪形、曲线形，园林植物的修剪与林园中植物的不修剪结合。

（3）花坛：几何形对称，四季常青，不用鲜花，用黄杨、砾石来装饰，并修剪成几何形状，图案式花坛。

（4）林荫路：为一种轴线，一头通向主体建筑，一头通向自然景物，交叉点处设置喷泉、雕像。

（5）水：以动态水为主，创造许多水景，有水风琴、水剧场、链式瀑布、机关喷泉等。

6. 意大利台地园

在意大利丘陵地带的斜坡上所造的庭园，因地形而设成露台，视斜坡长度而设计成数层，整体上呈现出显著的建筑式外观，又称台地园或露台建筑式造园。在立面特征上，露台由倾斜部分与平坦部分构成，并视陡度缓急有宽窄、高低之分，形式不尽相同，各层露台间连以阶梯，建筑被用作眺望台，建于高处，平面特征上采取严格的规则对称式布局，对称轴以建筑物轴线为基准，通常以建筑轴作为庭园主轴线，还有若干副轴与主轴平行或垂直，庭园的细部及其他要素均通过轴线对称布局，以强调对称性。

7. 意大利巴洛克庭园

庭园的巴洛克化比16世纪建筑与雕刻艺术的巴洛克化推迟了约半个世纪，即从16世纪末、17世纪初才开始进行。庭园的巴洛克式表现出一种十分自由不羁的革新风格，其基本设计手法表现的是文艺复兴风格，巴洛克化只有细部特征上的表现，如：

（1）巴洛克式的庭园洞窟造型。

（2）新颖别致的水景设施，出现各种理水技巧，水魔法应运而生（水剧场、水雕、惊愕喷水、秘密喷水等，如丹斯特别墅）。

（3）滥用造型树木也是巴洛克式造园的一个特征，花园形状也从正方形变成矩形，并在四隅加上各种图案。

巴洛克式庭园的创始人：建筑师维格诺拉。

巴洛克式庭园代表作：法尔纳斯别墅、帕巴朱丽奥别墅、朗脱别墅。

具有巴洛克式的庭园还有：兰瑟罗提别墅、彼萨尼别墅、庇阿别墅、阿尔多布兰迪尼别墅、帕姆费利多利亚别墅、伊索拉·贝拉别墅。

七、法国园林

17世纪下半叶，法国古典主义园林，代表人物勒诺特，其代表作有维贡特府邸花园（Vicomte，1656—1660年）、凡尔赛花园（Versailles，1660—1750年）。中国园林起源是猎苑，而法国园林起源是果园、菜园。

1. 法国园林的发展概况

（1）中世纪园林（15世纪之前）

① 12世纪以前，修道院园林封闭内向。皇宫贵族府邸园开始以实用为主，不封闭内向，追求外向，修剪树木，追求艺术效果。

② 12世纪以后，手工业、商业的发达，对现实生活美的追求，出现了纯粹游乐性园林，有机关喷泉、迷宫等。

③ 14世纪下半叶至15世纪上半叶，英法百年战争，发展停滞。

④ 15 世纪中叶，经济恢复，为打猎开辟林荫大道，突破了围墙。

（2）文艺复兴时期（16—17 世纪中期）

① 16 世纪上半叶，主要受意大利影响，出现了绣边式花坛，后发展为法国园林的一大特点。法国园林地势平坦，台地宽、落差小，形成宽大、宏伟的气魄。

② 16 世纪中叶，中央集权加强，政治稳定，新的审美观念出现，追求统一性，中轴线较长，将多园串联并贯穿于花园始末，强调轴线对称，风格庄重，台阶宽。

③ 16 世纪末至 17 世纪上半叶，继承以上特点，将花园统一起来作为整幅构图。这一时期最主要的特色要素是刺绣花坛。其发明者、推广者是克洛德·莫奈（Claude Mollet）。

刺绣花坛：具法国特点，气势大、尺度大，整幅作为一个构图，偏红，花圃底面用染色沙砾以及真岩碎片，上植黄杨等，并修剪构成图案。克洛德莫奈是其首创者。勒诺特的六种法国刺绣花坛为：

① 刺绣花坛；

② 英国式花坛；

③ 组合花坛；

④ 分区花坛；

⑤ 柑橘花坛；

⑥ 水花坛。

2. 法国古典主义园林产生的背景

第一阶段：17 世纪上半叶至中叶，早期古典主义，受唯理主义哲学影响，反映当时的资产阶级向往有理性的社会秩序，希望国王统一专制集权，利于发展。

第二阶段：17 世纪下半叶，成熟阶段，哲学思想成熟，国王的君权统治确立，要求园林建筑的精确性和逻辑性，提倡个性（人工美高于自然美是古典美学思想）。

3. 园林著作

1638 年，法国古典主义开拓者雅克·布瓦索发表《论依据自然和艺术的原则造园》。他在其书中强调：

① 园构图均衡统一，比例和谐，部分从属于整体；

② 稳定、秩序、变化和统一；

③ 园林选址偏爱平坦完整的地形，并向外部扩展，讲求高视点；

④ 园中不满足于文艺复兴时期的单调，运用圆形及弧形；

⑤ 大量运用植物、水体。

4. 代表实例

（1）维贡特府邸（勒诺特作品）：中轴线 3km（如图 2－52、图 2－53）。

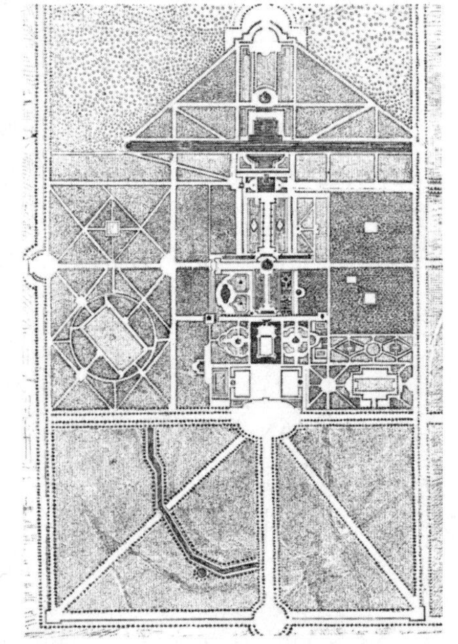

图 2－52　维贡特府邸平面图

（引自《世界园林发展概论》）

图 2－53 维贡特府邸正面景观（丁绍刚摄）

① 花园内部丰富，布置华丽，有雕像、花坛、台阶、喷泉、横向水渠、水池。

② 构园空前完整统一，但也追求变化，几何关系明确，主次分明，突出主体建筑。

③ 中轴线成为艺术中心，雕塑、水池、喷泉、花坛依中轴线层层展开，其余部分主要起烘托作用。树木也为几何形。是骑马者的花园。

（2）凡尔赛花园（勒诺特作品）：中轴线长约 3km，是世界上最大的皇家花园，如包括伸向外围及城市的部分，则长达 14km。

中轴线上：建筑东长方体水池—50m 长台阶—拉东娜水池—皇家林荫道（45m 宽 × 330m 长）—阿波罗之车水池—十字形水渠。这条中轴线表现了太阳神从诞生到巡游天宫的全过程，轴线周围有几个称为小园林的丛林小区。其各具主题，有水镜、大水法、阿波罗浴场（图 2－54～图 2－56）。

图 2－54 凡尔赛宫苑总平面图

图 2－55 凡尔赛英式花园爱之亭（丁绍刚摄）

图 2－56 阿波罗之车水池

5. 法国古典主义风格（17 世纪下半叶，以凡尔赛花园为代表）

法国古典主义园林在最初的巴洛克时代，由布瓦索等先驱奠定了基础，至路易十四时，由勒诺特进行了进一步的尝试并形成古典主义风格，18 世纪时勒诺特的弟子勒布朗所著《造园的理论与实践》被认为是“造园艺术的圣经”，这标志着法国古典主义园林艺术理论的完全建立。

法国古典主义不刻意追求深远的透视效果和幻觉，它追求的是视野中景、物的比例及彼此之间的和谐。

（1）主体建筑具统帅风格。

（2）轴线将花园和林园联系在一起。

（3）花园为建筑的延伸部分。

（4）建筑前无树，为花坛、水池，花园中建筑随处可见，建筑中可看到花园各个角落。

（5）中轴线成为艺术中心，广阔、富于装饰性，有明确的几何关系，有逻辑性。

（6）园林规模大，有主有次，明快、典雅、庄重。

6. 勒诺特式园林的风格

（1）把园林、建筑连成一体，成为建筑的引申和扩大，采用统一的手法处理，既严正又丰富，既规则又有变化。

（2）辟出视景域，运用植物题材来构成风景线，各个风景线上有视景焦点，且连续不断。

（3）在平原地区，运用水池和河渠的埋水方式，设许多喷泉。

（4）运用多个树种形成幕式的丛林，作为背景和绿色屏障。模仿凡尔赛宫的有：德国的波茨坦无忧宫、奥地利的维也纳美泉宫，俄罗斯的圣彼得堡夏宫，中国圆明园中的长春园“西洋楼”。

八、英国园林

1. 欧洲园林的演变发展

（1）16 世纪，意大利文艺复兴时期园林。

（2）17 世纪上半叶，发展成巴洛克式园林并保留了台地。

（3）17 世纪下半叶，法国君主集权制达到顶峰，形成法国古典主义园林，传遍欧洲。

（4）18 世纪上半叶，英国资产阶级掌握政权，产生了自然风景式园林。

（5）18 世纪中叶、下半叶，英国风景园与浪漫主义风格相结合，形成图画式园林。

（6）18 世纪中叶，流传于欧洲的英华式园林（在法流行的英国式风景园，认为英式与中式相结合，故称“英华式园林”）。

（7）19 世纪初以后，园林风格出现了不同变化，但仍以自然风景园为基调。

2. 英国传统园林

中世纪英国园林是城堡式、寺院式。

13 世纪以后，农业、畜牧业发达，气候适合牧草生长，形成牧草式自然风景，以自然景色为基础，最早形成于苏格兰，传统园林为都铎式。是一种造在丘陵地带上的庄园，有起伏的草地。树木植于草地上，一派自然风光，园中的凉亭、棚架喜用不去皮的树干和树枝制作，庭园四周的回廊是都铎王朝的独创之处，另此时期庭园中常可见到假山。如：由约翰·帕金森设计的伦敦汉普顿宫（1553 年，图 2－57），把园林分成四个部分，有游园、花园、菜园、药草园、果园等。

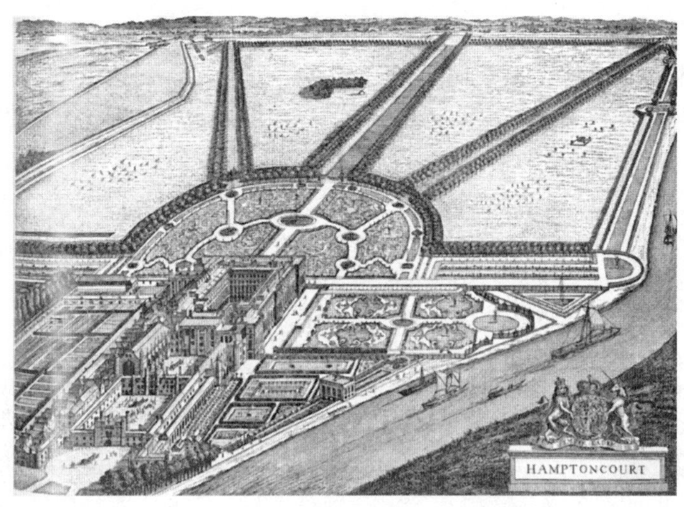

图 2－57　汉普顿宫苑

3. 英国规则式园林

16、17 世纪伊丽莎白女王时期，主要受意大利文艺复兴以及法国勒诺特式园林的影响而形成，其要素有：园亭、柑橘园、球场和射箭场、园门、铅制装饰品（如日晷等），花结与花坛、造型植物、喷泉、石栏杆。

节结园：用低矮植篱植物，如黄杨等修剪成各种式样，并用其组成几何形图案，植篱植物以外的部分用有色的沙砾和矮草填铺，这种形式的园地在英国称为“节结园”（如哈特菲尔德府邸）。

园亭：一种小型建筑物，不一定敞开。园门有柱子，其上有雕刻和装饰品。

花结园：即是节结园，花坛边上强调修剪。由花卉组成的图案，外形为“口”。

4. 英国风景式园林产生的原因

（1）背景

① 英国哲学传统：标榜自然科学，产生经验主义，培根为代表人物，不同于法国唯理主义。相信感性经验是一切知识的来源，反映在美学上，认为想象为主。

② 17 世纪中叶，英国发生资产阶级革命，宫廷文化古典主义为专政基础。

③ 启蒙思想家在英国占了相当大的地位，他们主张回归自然，反对园林中一切不自然的东西。

（2）原因

① 18 世纪 70 年代，农业资产阶级掌握政权，并成为文化思潮代表。

② 掌权的资产阶级来自农村，偏爱田园和牧场风光，而英国原本就有田园牧场的大地景观。

③ 掌权的资产阶级憎恶宫廷文化，反对几何图案式花园，因为这是君权宫廷文化的象征产物。

④ 当时风景画家描绘了大量反映田园风光的作品，都是不对称的、强烈风格对比的，歌颂自然美。

⑤ 受到中国园林的影响。

⑥ 浪漫主义文化思潮的流行。

5. 中国园林艺术对英国风景园林的影响

1685 年传教士坦普尔（Temple）写了《关于伊壁鸠鲁的园林》，较详细地评价了欧洲的规则园林和中国的自然园林。

钱伯斯（Chambers）到中国后著《东方园林艺术论》（1777 年）、《东方造园论》（1772 年）、《中国建筑设计》（1775 年），并在英国邱园（Kew Garden）中建造中国式塔。

6. 英国风景园的代表人物及作品

（1）布里奇曼（Bridgeman，18 世纪 20 年代）

英国风景园由其开始，是英国风景园的代表人物。

代表作：白金汉郡斯陀园（Stowe）的改造设计。把林园与花园的冲突减弱或打破；取消了围墙，利用自然地形作为防御；不用绿色雕像，不用对称，不用剪饰。

隐垣（ha-ha）的产生：

① 取代四周的围墙。

② 人们事先对水渠毫无察觉，当隔断横亘眼前时，便惊异起来，发出 ha-ha 的惊叹声。

③ 由布里奇曼在斯陀园中最先使用。

④ 由肯特充分利用。

（2）肯特（Kent，18 世纪 20—40 年代）

① 突破了规则式的布局，改造较大。

② 喜用广阔草地，树木与建筑有机结合，强调有想象力的田园式风格。

③ 利用自然水作为溪流引入园林作为自然式湖面，周围种以不对称的大乔木，作为建筑的背景，即有浪漫主义色彩的风景画的特点。

④ 建筑多用古典式拱形建筑，边上处理成废墟的感觉，带有悲伤的情调。

代表作：

① 切斯威克府邸花园（Chiswick house），1734 年，有中国式叠石、假山、山洞；

② 罗珊姆花园（Rousham），1738 年，造成废墟让人联想；

③ 斯陀园（Stowe）的改造。

（3）布朗（Brown，18 世纪 60—80 年代）

作品最多，宫廷造园家，风景式园林的代表人物之一，肯特的学生。

① 完全无几何形构图，无笔直的林荫道，造路全部迂回曲折。

② 把花园林园连成一片，造自然式水塘，草坪坡向水面。

③ 建筑规模小，不起统帅作用，像田园、牧场风光。

代表作（作品几乎全为改造花园）：斯陀园（Stowe）的改造（图 2－58、图 2－59）、布伦海姆（Blenheim）的改造。

（4）莱普顿（Repton，18 世纪 70 年代左右）

贡献在于改造花园，200 多个作品。

① 吸收布朗和勒诺特的特点，进而形成自己的特点，学习布朗的优雅与勒诺特的华丽气派。

② 追求平衡的构图，图画式，有自然的韵律与野趣。

代表作：阿丁华花园（Attingham）、恰波罗花园（Charbomn Park）的改造。

7. 英华庭园

法国的启蒙主义运动以英国的名著思想为基础，当时法国人中普遍存在着凡事皆以英国为上的风气，特别对大自然的强烈向往使风景式庭园在法国大为流行。法国从 17 世纪后半期起，在园林中点缀一些中国式亭、桥、塔、秋千等建筑物，自 18 世纪 50 年代出现自然式布局后，人们将其风景式庭园称为“英华庭园”，即“英中式庭园”。

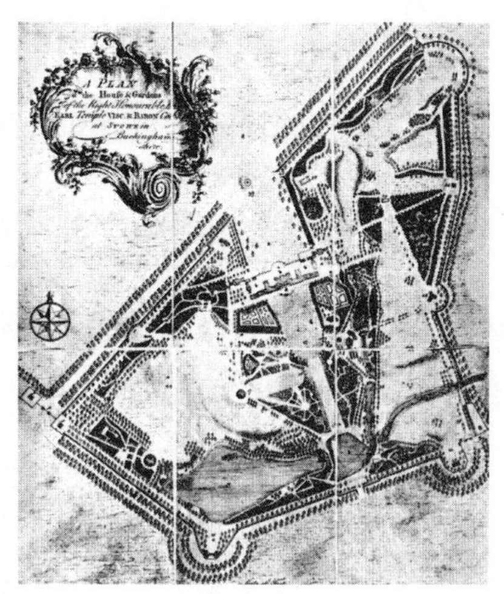

图 2－58　原斯陀园平面图

（纽约公共图书馆）

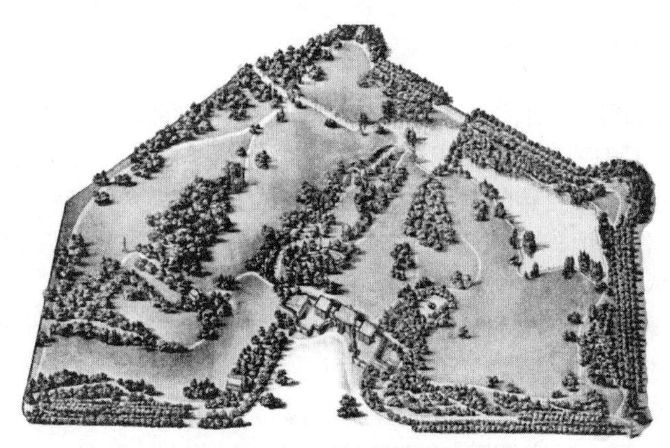

图 2－59　布朗改造后的斯陀园鸟瞰图

（引自《世界园林发展概论》）

第三节　日本古典园林

日本园林与中国园林同为东方园林的两枝奇葩。据京都林泉协会编《全国庭园手册》记载，东汉献帝时代，日本有“气比神宫池泉”，阿知神社庭园内已经有舟游式池庭，这应是日本园林的雏形。公元 5 世纪（日本的古坟时代），日本开始使用汉字汉文，开始进入文明社会。日本园林与中国园林有着深深的渊源关系。较之于中国园林，日本善于吸收先进文化和自己的文化混合，从而形成变化，具有历史复合变异性，其园林也具有这种特点。日本园林描绘海岛、丘陵景观，对石的崇拜是根本的内在基因。日本园林史可划分为古代（大和、飞鸟、奈良、平安）、中世（镰仓）、近世（桃山、江户）。

一、飞鸟时期（593—709 年）

公元 6 世纪中叶，这一时期是中国大陆文化经由朝鲜半岛开始大量进入日本的时期，中国的汉代佛教亦经朝鲜传入日本。园林艺术也随之传入日本，有“路子工”、堆砌“须弥山”、“吴桥”等记载，贵族府第中出现了中国式的园林——池泉式园林，即池泉庭园，模拟海景和山，有水池，池中设岛。如苏我马子在自家园中掘池筑岛“家于飞鸟河傍，乃庭中开小池，设小岛于池中，故时人曰岛大臣”。此为日本第一个私家园林。

二、奈良时期（710—794 年）

公元 710 年，日本首都迁到平城京（现奈良），正值中国的盛唐时期，中国唐代文化传入日本，奈良城周围兴建了大量中国式园林，以水为中心，有水源，水中有岛，也是一种池泉式庭园，但规模、做法更加规范化了，比飞鸟时代更进一步，水池一面有厅堂，其余三面绿化。规模不大，水不可泛舟，代表作品是奈良城中心三条二坊六坪宅园。平城宫东庭园以广袤的水面为中心，池中，无墙无门的干阑式建筑立于水中，突于水面上，园内东南地小山上也建有楼阁，有岛、半岛状的沙洲逶迤伸展于湖面上，沙洲汀岸上立颜色不一的庭石。

三、平安时期（794—1185 年）

日本园林史上的辉煌时期，园林较发达，舟游式池泉庭园为一个重要类型。

文化上，吸收中国唐文化和汉代佛教，摆脱了完全模仿，完成了汉风文化向和风文化的过渡，而形成复合、变异的阶段，反映在园林中，出现了类型、形式上的差异。日本最古老造园书《作庭记》也出现在此时，书中描述了寝殿造园林的构筑方法。

（一）私家园林

日本出现了寝殿造建筑，园林对应而成为寝殿造庭园，从池泉庭园和寝殿建筑结合来分成三部分，寝殿造建筑—露地—池岛。

寝殿造园林：寝殿居中，坐北朝南，两侧对称或不对称，池中有岛（一池三山），池边露地有礼仪活动之用，铺沙石，旁植有少量植物，池若大，可舟游。

代表：“东三原殿”园林（中岛与露地以拱桥联系；露地上进行礼仪社交活动）。

（二）皇家园林

水面较大，可行舟。

代表：神泉苑、朱雀院、淳和院、嵯峨院。

（三）寺庙园林

受中国道家神仙思想的影响和中国汉代佛教的净土宗的影响而形成的“净土宗”庭园，带有宗教意义，以自然式风景庭园为主体，不仅有池、泉、岛、树、桥，还有亭台、楼阁等，寺院中大门、桥、中岛、金堂、三尊石共处一轴线。

净土宗庭园（平等院凤凰堂）：净土宗的佛寺把殿堂与庭园结合，以象征西方净土极乐世界。早期以京都的平等院凤凰堂为代表，主要建筑“凤凰堂”置于水中岛上以象征西天，池中植莲花、架设七宝接引桥，模拟西天宝池形象。后期受寝殿的影响，佛殿移至水池北岸，在西侧回廊设钟楼及藏书楼。

代表：毛越寺庭园，1028 年。

四、镰仓时期（1185—1333 年）

此时期，日本传统的贵族文化开始衰落，政治中心东移，开始了武士执政的历史，中国元朝禅宗传入日本，结合园林，形成禅宗园林，不注重具体外形，强调内在精神，枯山水形式为其中一种。此时形成回游式庭园。中国北宋水墨山水画大量传入日本，对日本园林产生了巨大的影响。

枯山水在没有水源的情况下，通过沙、石的组合达到模拟创造出水的感觉，也有用植物代沙，叫植物枯山水。石象征海景，沙象征海水。可分为两种：一种是在庭内堆土或叠石成山、成岛，使庭内富于变化；另一种是在平坦的庭内点置、散置、群置山石。最著名的作品为西芳寺庭园、天龙寺庭园（图 2－60），均为禅师梦窗国师造。他是镰仓时期最有名的造园大师。日本最早的枯山水西芳寺是在回游式庭园中同时使用枯山水的首次尝试。

图 2－60 天龙寺庭院（胡长龙摄）

五、室町时期（1334—1573 年）

寝殿造形式逐渐消失，出现了“书院造建筑”，书院造建筑空间划分自由，非对称，内部空间可分可合，由柱支撑，分隔灵活。内外通过桥廊过渡和联系，敞廊前为枯山水，以“席”为单位，盘地而坐，有民族风格。书院造后期，枯山水成为一种象征写意式的园林。

著名的枯山水园林双璧：

① 大德寺大仙院，1513 年左右设计建成。园分两庭，皆为独立式枯山水，南庭无石组，皆为白沙，东庭则按中国立式山水画模式设计成二段枯瀑布，以沙代水，瀑布经水潭过石桥弯曲缓缓流去（图 2－61）。

图 2－61 大仙院枯山水
（引自《中日古典园林比较》）

② 龙安寺方丈院，1488 年，梦窗国师的弟子设计，由 15 块石头造成，分成五组，象征 5 个岛群，模拟海中之岛，沙象征海景（图 2－62、图 2－63）。

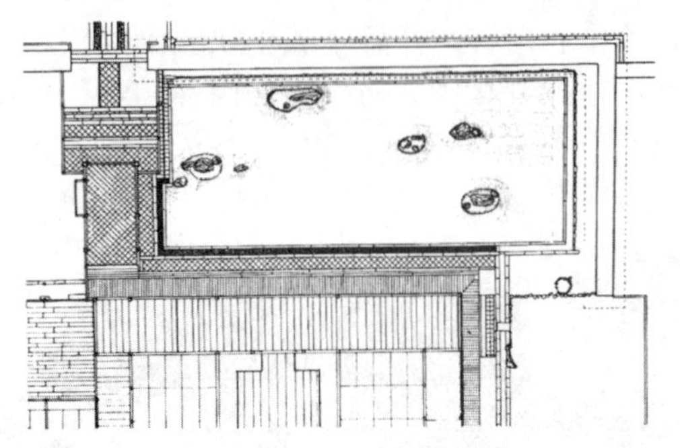

图 2－62　龙安寺平面图

图 2－63　龙安寺石庭（胡长龙摄）

日本苔园——枯山水庭园的一种，用绿苔代替沙作海面。代表作：圆通寺。

六、桃山时期（1568—1603 年）

出现了“茶庭”，作为茶室的辅助庭园，起源与茶道相关，与禅宗有较深的渊源。

茶道：

① 整套煮茶、递茶、饮茶的规定。

② 茶室建筑：草庵式茶室，面积不大，屋顶覆草。由“席”定规模。

③ 先进茶庭，再入茶室，茶庭为培养情绪的缓冲地带，小品有石灯笼、石水钵，庭内种植常绿树木，大部分面积为草地或绿苔，开花植物只用梅，防止情绪失控。

代表：① 江户表千家茶庭，小品有石水钵、石灯笼，选用常绿植物，孤植和丛植较多，苔藓植物，除梅花外，很少用花卉，小径用于导向，小路的做法为飞石，由大小随意的石头组合，敷石较为规整。

② 妙喜庵茶室。

七、江户时期（1603—1868 年）

这是日本园林的黄金时期，发展了新的园林形式——回游庭园，是池泉庭园的发展，水面较大，可以泛舟，摆脱了一些宗教的影响，主要是平民文化思想上的造园。园林的大型化、园林功能的多样化、造园思想及风格的多元化是江户时期园林的主要特征。

回游庭园的特点：

① 占地面积大，以水池为中心。水池四周堆土为山，形成海岛和丘陵景观。

② 环状道路贯穿全园，以动观为主，强调景观之间的横向间连续的画面。

③ 把茶庭、书院造庭园等作为回游园中相对独立的园中园。园林中建筑比重少，布置疏朗，植物配置比重大，强调植物的自然造景（与中国不同）。

④ 宗教意义淡化，水体与石头非宗教意义，主要是为塑造景观服务。

代表作品：修学院离宫（皇家园林，借景）、栗林园、小石川后乐园、六义园、桂离宫（江户杰出代表，日本园林艺术的精华，作者：小堀远洲）（图 2－64、图 2－65）。

⑤ 风格有“真”“行”“草”的区别。

修学院离宫、桂离宫、仙洞御所被称为三大皇家园林。

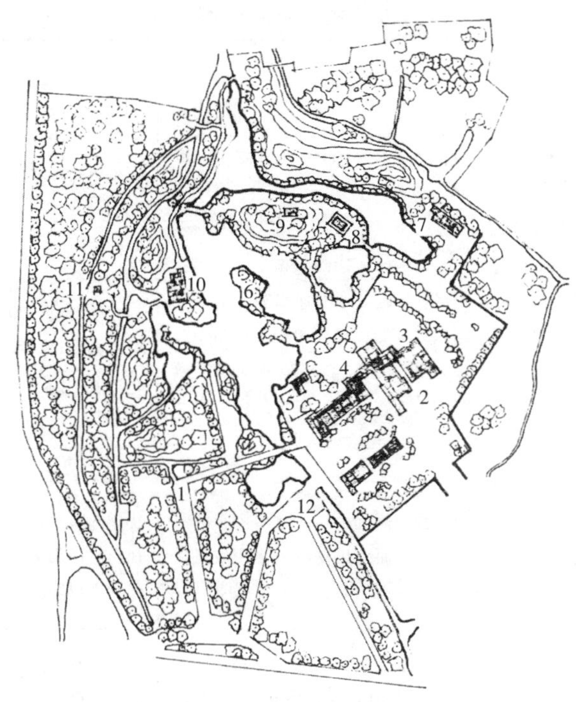

图 2－64　桂离宫平面图

1—御幸门；2—御幸御殿；3—新御殿；4—中书院、古书院；5—月波楼；6—神仙岛；7—笑意轩；8—园林堂；9—赏花亭；10—松琴亭；11—万字亭；12—通用门

图 2－65　桂离宫（胡长龙摄）

第四节　不同风格古典园林比较

随着历史的发展，世界园林形成了不同的古典园林体系，本节选取几个典型的园林体系进行比较。

一、中日古典园林的差异（表2－1）

中日古典园林的比较　　　　表2－1

		中　国	日　本
自然环境	面积	园林面积大、规模宏伟；南北跨度大，南北园林风格差异大，明显呈现北方园林、江南园林、岭南园林三大风格	园林面积小、规模小巧；南北跨度小，南北园林风格差异小，没有明显划分
	气候	大陆性气候，厅堂馆舍以“四围实隔”形式抵御冬天西北冷风，亭台楼廊以“四通虚隔”的形式达到夏天通风纳凉的目的；园林中排水设施做法较简单；中国土地开发早，破坏较重，恢复较慢，加上大陆性季风气候，茂密森林不多	海洋性气候，园林建筑不用实墙，而用拉门和拉窗分隔；园林中排水设施做法较重视；温度较高，雨量丰富决定了植物形式的多样化远胜中国
	自然灾害	水灾、旱灾等大陆性灾害为主，决定建筑单体雨多的江南用坡度较大的屋面曲线，寒冷雨少的北方用厚墙厚瓦缓坡顶，而多风的岭南多用坡度适中又有压顶的屋面	地震、水灾、海啸、台风等海洋性灾害为主，决定建筑单体，低层草顶以抗震，压顶以防风，屋面出檐深远以防雨，室内地面高于室外地面以防洪，木板草席以防潮
园林类型	所属关系	皇家园林气势胜过私家园林；私家园林表现为文人园林；寺观园林表现为寺院园林和道观园林，不依附于私家园林	私家园林气势胜过皇家园林；私家园林表现为武家园林；寺观园林表现为寺院园林和神社园林，依附于私家园林
园林类型	布局特点	山与水共生的山水型园林类型：水是河、湖、海三者的综合体；园必有山，园可无岛，堆山是昆仑、陆山的象征；以动游和路游为主，偏动观性、回游性、雅俗共赏性、可居式、可触式、四时四季游等特点；建筑材料有木、砖、土、石	海与岛共生的池泉型园林类型：水是泉与海的综合体；园可无山，园必有岛，堆山是海岛、岛山的象征；以静观和舟游为主，偏静观性、舟游性、雅俗共赏性、参悟式、敬畏式、四时和秋季游等特点；建筑材料以纯木为主且有高床式做法
	时代变迁	动植物（殷周）— 高台建筑（秦汉）— 山水自然本身（魏晋南北朝）— 诗画自然山水（隋唐宋）— 诗画天人（元明清）	动植物（大和、飞鸟）— 中式山水（奈良）— 寝殿建筑和佛化岛石（平安）— 池岛和枯山水（镰仓）— 纯枯山水（室町）— 书院、茶道、枯山水（桃山）— 茶道、枯山水与池岛（江户）
文化思想	哲学	偏于儒家的性质；介于具象思维和形象思维之间	偏于佛家的性质；介于形象思维和抽象思维之间
	美学	主要表现为用更加纯粹地、艺术地把握园林及世界的方式；展现园林中欢喜和悠然的审美感受；追求天人合一	主要表现为偏于用宗教把握园林及世界的方式；展现园林中悲哀和枯寂的审美感受；追求人佛合一
	文学	文学形式有诗文、题名、题对三种	文学形式有诗文、俳句、和歌等独有的东西，题名、题对较少

续表

		中　国	日　本
造园手法	空间	中轴式和中心式并存；划分偏于实隔和园中园的形式	中轴式向中心式发展；划分偏于虚隔和无园中园的形式
	造园材料	表现为真山真水、建筑华丽、楼廊多	表现为枯山枯水、建筑朴实、茶室多

二、法国古典主义园林与意大利巴洛克园林的区别（表2－2）

法国古典主义园林与意大利巴洛克园林的比较　　表2－2

	法　国	意大利
布局	追求宏大，壮丽气派，府邸建筑前无高大树木，背景为林园，林园衬托下，花园显得矫作、平和、稳重	追求亲切、深沉，园林在树荫覆盖下，像密林中一块空地，轴线几何构图，不大被人注意，不追求整体布局
规模	规模尺度大，台阶20m，中轴50m，园林多为皇家园林，追求气派	规模尺度小，宜人尺度，台阶只有5m，2m宽，多为贵族消遣园
地形	花园台阶宽而平缓，台地的层数较少	花园建在斜坡上，连续几层的狭窄的台地组成
水体	水是静水，面积大，欣赏倒影及反射的效果，水镜湿地，园林更具典雅的风格	活水为主，跌落瀑布，追求音响效果，追求小水景，使园林活泼，有动感与韵律
植物	阔山林，高、密、色浅，集中种于林园，作为范围背景，其强调整体效果，无单株个性，绣边式花坛，以鲜花做图案	多用松柏，色彩深重，强调每株形态轮廓，保持每株的自由生长，也成片生长，但不修剪，花坛则以常绿树修饰，不用花卉

三、法国园林与中国园林的比较（表2－3）

法国园林与中国园林的比较　　表2－3

	法　国	中　国
背景	城市形态自由，花园形成于封建晚期，掌握政权后，开敞。要求建立统一集中、有秩序的严谨布局。城市是以前形成的，是中世纪的产物	城市为方整布局，花园产生于中央集权，皇帝希望在花园中摆脱日常严谨的生活，有活泼的内容，与自然相交流。城市是固有的，园林与主权有关系，是所追求的东西
布局	几何形，方正整齐	自然式，曲折
建筑	建筑统帅园林，建筑物封闭，不与园林相互渗透	建筑并不统帅园林，建筑开敞，园林化，与园林相互渗透
植物	欣赏树木花卉的多种颜色及表面材料的表象，不欣赏其单株形态	欣赏树木花草本身美，不仅欣赏其形态，还欣赏其质
意境	造园艺术追求理性，君主在园林中扮演至高无上的角色	造园艺术追求诗情，皇帝在园林中扮演平民，与世无争，追求自然情调
匠师	园林是建筑师附带设计的，建筑师很有地位	园林长、诗人、画家描绘最多，建筑师不是匠人，地位是卑微的

第五节　近现代国际风景园林发展动态

一、近代国际风景园林

（一）分期

近代国际风景园林时期的时间界限不很明显，囿于资料，本书对近代风景园林的时间划分不作深入讨论。工业文明兴起，带来了科学技术的飞跃进步和大规模的机器生产方式，为人们开发大自然提供了更有效的手段。“人定胜天”，人们理解自然，也逐步地在控制大自然，两者的理性适应状态更为深入、广泛。然而，人们对大自然的掠夺性索取过多，必然要遭到它的惩罚，两者从早先的亲和关系转变为对立、排斥的关系。

（二）近代国际风景园林的发展

作为古典园林和现代风景园林的中间环节，近代风景园林有着承前启后的作用。本书以18世纪至19世纪末这一期间的风景园林的发展作一概括，权且作为近代风景园林的历史。

18世纪是一个理性思想大发展的时代，这一时期有三种思潮：① 西方古典主义（Western Classicalism）；② 中国风（Anglo-Chinese）；③ 英国学派（其美学根源可溯及意大利的古典风景画，但其起源是英国本土的美学思想）。这三种思潮在文学、艺术领域中有很大的影响，进而也在风景园林的设计规划中有所体现。

在18世纪，法国和意大利的几何式的景观规划起着决定性的影响。法国由于哲学和艺术上的独立发展，其园林规划设计较为多样化，并体现相应的独创性。英国自然主义倾向在18世纪才逐渐从盛行的法国、意大利古典主义中突显出来，表现出其自身的独特性和艺术价值。18世纪上半叶，英国园林在各方面表露出对逝去岁月的追忆，以及再现对荒凉旷野自然美的朦胧意识、对空间的错综复杂的新感觉，形成如画的艺术作品（Picturesque），如图2－66所示。约翰·凡·布罗格爵士（Sir. John Vanbrugh，建筑师兼戏曲家）在设计霍华德城堡（Castle Howard）时认真考虑了人与自然的关系，将纪念性的建筑与英国起伏的地貌紧密结合起来。

图2－66　白金汉郡斯都乌宅庙

19世纪是一个思想状况非常复杂的时期：① 由于美国、俄国的崛起，思想领域空前扩大；② 科学有了突破性的发展；③ 社会结构的改变；④ 对传统思想全面的批判。

欧洲对逃避现实进入浪漫幻想的渴求成了19世纪非常突出的精神现象，此时的欧洲园林规划体现的是种族意识，新古典主义与浪漫主义是19世纪欧洲文化的两个侧面。法国的古典设计思想仍是欧洲园林规划的典型代表，拿破仑时期发展了林荫大道十字交叉的运河体系，奥斯曼（Baron Haussmann）的巴黎改造形成的宽直的大街从另一方面引入了富于浪漫色彩的沿线公园体系。英国互相交织地运用了古典主义与浪漫主义手法进行园林景观的设计，其代表人物是赖普顿（Repton），代表作是摄政公园（Regent Park）。

美洲殖民地的园林设计传统来自文艺复兴的荷兰和英格兰，在建筑上保持18世纪的风格。英国赖普顿（Repton）的影响体现在唐宁（A. J. Downing）的实践中。托马斯·杰斐逊（Thomas Jefferson）和F. L. 奥姆斯特德（Olmsted）是两位对美国园林有重要影响的关键人物。尤其奥姆斯特德继承与发扬了唐宁的园林设计观点，推崇英国自然风景式园林。他既是美国乃至世界现代风景园林的开创者，也是国际近代与现代风景园林过渡时期的重要代表人物，其代表作之一是纽约中央公园（始建于1857年，图2－67）。此公园位于纽约曼哈顿岛中心部位，与城市关系密切，改善了城市中心的环境。总体布局为自然风景式，利用原有地形地貌和当地树种，开池植树。中间布置几片大草坪，在边界处种植乔、灌木，使公园不受城市干扰，进入公园就到了另外一个空间环境。

图2－67　纽约中央公园

（来源：http：//www. cnoug. org/attachments/month）

二、现代国际风景园林

（一）分期

（1）20世纪初至20世纪60年代是现代园林时期，其典型特征是功能至上。

（2）20世纪60年代以后进入了当代园林时期，其特征与建筑学相似，进入到一个探索、反叛、多元化发展的时代。

（二）现代园林的诞生

现代园林真正诞生于1925年在巴黎举办的“国际现代工艺美术展”（Exposition des Arts Decoratifs et Industrials Modems）。

此次博览会分为五个部分：建筑；家具；装饰；戏剧、街道、园林艺术；教育。

大部分的展品均在真实的环境中陈列，此外还有一些作品和图片在画廊或大宫殿（Grand Palace）中展出。园林作品位于两块区域，分别在塞纳河的两岸。

真正影响工艺美术运动的花园风格的是格特鲁德·杰基尔（Gertrude Jekyll）、威廉·鲁滨逊（William Robinson）、埃德温·路特恩斯（Edwin Lutyens）等人。杰基尔和路特恩斯共同开创了20世纪园林设计的新局面，创作了深入影响当代造园的作品。

尽管路特恩斯负责园林中的硬质结构，但杰基尔选用的植物配置却起着关键作用。在萨默塞特郡的赫斯特河谷，植物“入侵”到用石头和瓷砖砌成的台阶中，通过对植物的强调，在建筑和园林设计之间创造了一个成功而不寻常的融合点（图2－68）。

（三）当代国际风景园林的趋势——多元化发展

所谓多元化，在风景园林领域中是指风格与形式的多样化，这种趋向的目的是要求获得景观与环境的个性及明显的地区性特征。

地区性的特征不仅表现为地理因素（地形、地貌、地质、环境、气候等）的影响，而且要求反映民族、生活、历史和文化的背景。

20 世纪 60 年代以后，西方现代风景园林思潮的总趋势是朝多元化（Pluralism）方向发展。

图 2－68　植物应用到台阶中

三、多元化趋势中风景园林的流派与思潮

（一）后现代主义园林

后现代主义（Post-Modernism，简称 PM 派）又称为“历史主义”，是当代西方建筑思潮向多元化方向发展的一个新流派。它起源于 20 世纪 60 年代中期的美国，活跃于 20 世纪七八十年代。这种思潮出自对现代主义建筑的厌恶。他们认为战后的建筑太贫乏、太单调、太老一套、思想僵化、缺乏艺术感染力，因此必须从理论上予以根本革新。

PM 派注重地方传统，强调借鉴历史，同时对装饰感兴趣，认为只有从历史样式中去寻求灵感，抱有怀古情调，结合当地环境，才能使建筑为群众所喜闻乐见。他们把建筑只看作是面的组合，是片断构件的编织，而不是追求某种抽象形体。在他们的作品中往往可以看到建筑造型表现各部件或平面片断的拼凑，有意夸张结合的裂缝。

（二）解构主义（Deconstructivism）园林

解构主义（Deconstructism）是从结构主义（Constructism）演化而来，因此，它的形式实质是对结构主义的破坏和分解。从哲学角度分析，解构主义哲学是批判哲学，其代表人物是哲学家巴尔特（R. Barths）和德里达（J. Derrida）。解构主义正是他们在批判结构主义的基础上发展起来的。

解构主义大胆向古典主义、现代主义和后现代主义提出质疑，认为应当将一切既定的规律加以颠倒，提倡分解、片断、不完整、无中心、持续的变化。解构主义的裂解、悬浮、消失、分裂、拆散、移位、斜轴、拼接等手法，也确实产生了一种特殊的不安感。

解构主义设计师中的代表人物有：屈米（B. Tschumi）（图 2－69）、丹尼尔·里勃斯金（Daniel Libeskind）等。

图 2－69　屈米设计的法国拉维莱特公园的模型（丁绍刚摄）

（三）高技派（High-tech Garden）园林

20 世纪 70 年代后，出现了利用带孔的金属薄板、带曲线图案的墙纸和织物、多彩的橡胶地板、塑料、玻璃、金属网等材料，以高精度工程技术作为设计手法的高技派园林，

其方式有：高技派的地面铺砌；高技派的景观小品；模仿管道设施结构；暴露结构构造。

（四）生态设计思潮中的园林

1. 概述

西方风景园林的生态学思想可以追溯到18世纪的英国自然风景园，其主要原则是“自然是最好的园林设计师”。

生态园林设计的重要事件：

1857年，美国风景园林之父奥姆斯特德设计的纽约中央公园更是深受其影响，并由此掀起了美国城市公园建设的序幕；

1962年，美国海洋生物学家雷切尔·卡尔逊（Rachel Carson）的著作《寂静的春天》（*Silent Spring*）一书的问世；

1969年伊恩·麦克哈格（In McHarg）的经典著作《设计结合自然》（*Design With Nature*）的问世掀起了生态园林设计的高潮；

1970年，理查德·哈格（Richard Haag）受委托在西雅图煤气厂旧址上建设新的公园。他尊重基地现有的东西，从现有的环境出发来设计公园，而不是把它们从记忆中彻底抹去。

2. 生态设计理念

（1）生态恢复与促进

生态系统具有很强的自我恢复能力和逆向演替机制，但是今天的环境除了受到自然因素的干扰之外，还受到剧烈的人为因素的干扰。用景观的方式修复场地肌理，促进场地各个系统的良性发展成了当代风景园林师的一大责任。

（2）生态补偿与适应

风景园林师们将自己的使命与整个地球的生态系统联系起来，探索更适宜于景观中应用而又可减少环境影响的设计手法和景观元素。现在他们已经通过各种科学技术手段减少对非可再生资源的消耗，并开始利用太阳能、风能等自然自身的力量来维持环境对能量的需求，从而适应现代生态环境的需要。

3. 生态设计手法

（1）保留与再利用——体现文脉并节约资源的风景园林；

（2）生态优先——减少对原生态系统干扰的风景园林；

（3）变废为宝——对材料和资源进行再生利用的风景园林；

（4）借助科技——选择现代技术的风景园林。

（五）城市废弃地更新

城市废弃地是指城市空间在进行扩展的过程中，由于土地置换、区位突破、经济衰落以及本身自然条件等因素所引起的城市局部用地环境衰落、对周边环境产生负面影响的城市局部用地。它包括工业废弃地、垃圾填埋地、军事废弃地等。

常见的城市废弃地更新的手法有：a. 对场所精神的尊重；b. 新景观与传统园林的关系；c. 场地遗留的处理；d. 生态技术和高科技的应用。

例如：彼得·拉茨设计的德国杜伊斯堡北风景公园完整保留蒂森钢铁厂的原貌（图2－70、图2－71）。上海徐家汇公园（图2－72）原址是大中华橡胶厂，为了提高城市生态环境的品质，缓解、释放城市热岛效应而拆除橡胶厂，建立徐家汇公园，烟囱正是对原工业时代的见证和纪念。

图 2－70　杜伊斯堡北风景公园钢铁厂自然恢复的景观

（六）极简主义园林

极简主义是把视觉经验的对象减少到最低程度，力求以简化的、符号的形式表现深刻而丰富的内容，通过精炼集中的形式和易于理解的秩序传达预想的意义。极简主义在空间造型上注重光线的处理，空间的渗透，讲求概括的线条、单纯的色块和简洁的形式，强调各相关元素间的相互关系和合理布局。极简主义园林始于极简主义艺术，强调以少胜多，追求抽象、简化、几何秩序，是 20 世纪 60 年代以来西方园林中的一个典型代表，其代表人物有彼得·沃克（Peter Walker）、玛莎·施瓦茨（Martha Schwartz）等。

1994 年建成的慕尼黑机场凯宾斯基酒店花园（图 2－73），设计师彼得·沃克将花园设计成 2 层网络：一是与建筑成 10 度角的网格步道；二是与建筑垂直的带状绿化空间。

彼得·沃克和合作人设计的位于广场塔楼公园（图 2－74）的闪着微光的水景，水体的铺装和植物的组合营造了一种涟漪的感觉。

图 2－71　杜伊斯堡北风景公园钢铁厂
（丁绍刚摄）

图 2－72　上海徐家汇公园烟囱
（唐真摄）

图 2－73　凯宾斯基酒店花园

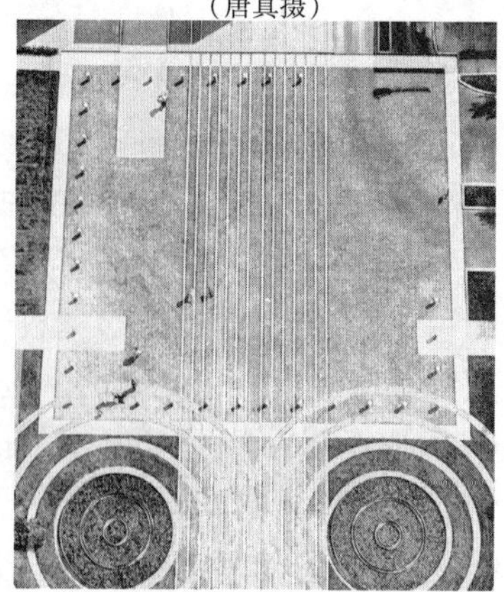

图 2－74　广场塔楼公园水景

位于圣达菲（Santa Fe）的迪肯森公园（Dickenson Garden）（图 2－75）是施瓦茨最著名的设计之一，清凉的流水和光影使得园林在美国新墨西哥州干旱的景观中成为一个绿洲。迪肯森公园的平面图展现了在流线的几何形和富有秩序的规则形之间形成鲜明的对比，主要的庭院园林——一个由砖、沙砾和水体所形成的网络状布局在晚上创造出一种光和色的戏剧化的景观。

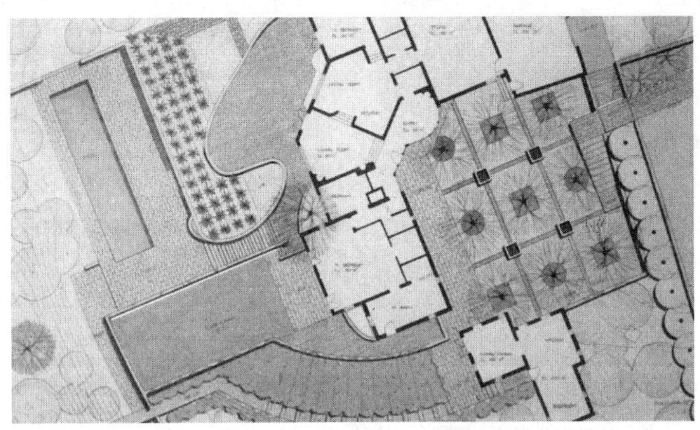

图 2－75　迪肯森公园平面图

（七）大地艺术

20 世纪 60 年代以来，一群来自英国和美国的艺术家，由于不满架上绘画、摄影或其他艺术表现手法的局限性，追求更贴近自然、非商业化操作的艺术实践，选择了进入大地本身，并以此为载体，运用原始的自然材料，力图吻合自然的神秘性和神圣特征。他们不是简单地通过某种媒质描绘自然、制作风景，而是参与到自然的运动中去，达到与大地水乳交融的和谐境界。他们的作品被称作“大地景观”或“大地艺术”（图 2－76）。

图 2－76　日本某城市大地景观

（八）园林展、花园展、花卉展及园艺展

花卉展、园艺展等各种展览多由知名的园林设计家设计，其思想独特，风格各异，手法多样，反映了当今园林设计的前沿水平，对今后的园林发展起着重要的推动作用。在展览会上人们可以观摩新颖的园林作品和新选育的植物品种，从而透视风景园林、园艺发展的新趋势，如世界园艺博览会、英国切尔西花展、德国慕尼黑国际园艺展等（图 2－77、图 2－78）。

图 2-77　荷兰球根公园一隅（丁绍刚摄）

图 2-78　肖蒙国际花卉节某参展作品局部（丁绍刚摄）

（九）其他

20 世纪 40 年代，在美国西海岸，一种不同以往的私人花园风格逐渐兴起，不仅受到渴望拥有自己的花园的中产阶层的喜爱，也在美国风景园林行业中引起强烈的反响，成为当时现代园林的代表。这种带有露天木制平台、游泳池、不规则种植区域和动态平面的小花园为人们创造了户外生活的新方式，被称之为“加州花园”（California Garden）。如加州花园派（图 2-79）、屋顶花园、“抽象”园林、乡野与种植设计等。这一风格的开创者是托马斯·丘奇（Thomas Church）。

图 2-79　加州花园派的作品

第三章　风景园林的环境要素

环境是针对某一主体而言的，在风景园林中，一般以人类为主体，指影响人类活动的各种自然的或人工的外部条件的总和。对于特定的区域或场所来说，影响风景园林建设与发展的环境要素很多，起主导或重要作用的因素亦可能不尽相同，但归根结底也不外乎自然环境要素和人文环境要素两大类。

第一节　自然环境要素

风景园林自然环境是一个复杂而又多彩的生态系统，其构成要素主要包括：气候、土壤、地质、地形、水文、植被、野生动物以及部分区域可能存在的污染物等。

一、气候

气候是一个地区在一段时期内各种气象要素特征的总和，它包括极端气候和平均天气。其通过对岩层的风化和降水量的大小来影响地区自然环境的形成和变化。而加入人类因素的风景园林建设可能与区域气候、地形气候和微气候彼此间相互影响并不断发生变化。在理解气候的前提下进行风景园林规划设计，不仅有助于对公众健康和人身安全的保护，而且也有助于经济发展和资源保护。

（一）区域气候

区域气候（或称大气候）是一个大面积区域的气象条件和天气模式。大气候受山脉、洋流、盛行风向以及纬度等自然条件的影响。对于区域气候来说，易得到记录的天气变量如气温、降雨量、风、太阳辐射和湿度等要素，对大的风景园林场地设计有着重要的影响。

在城市地区，热是最重要的气候因素之一。城市所吸收的太阳热辐射相对较低，然而在地表生成的可感知热量却很高。同时地表依靠远红外辐射及空气流动所发散的热量较乡村地区少。从热量平衡上考虑，尽管吸收的太阳热辐射较少，但总体上吸收仍大于释放，从而导致城区的气温高于乡村。这种现象往往在城市的中心区更为明显，产生了一种在景观学中称为“热岛”的效应。城市热岛效应的地理区域范围及密度与城市的规模和当地的气候条件有关。气象学家们已经确认了城市地区出现的热岛效应，黑色的沥青、混凝土以及屋顶都吸收太阳辐射，释放热量，使城市的大气温度升高。通常，大城市在风和日丽的天气条件下，热岛效应会更为突出（图 3－1）。

（二）地形气候

一般来讲，地形气候是以地形起伏为基础的小气候向大气圈较高气层和地表景观的扩展和延伸，是介于大气候和小气候之间的中间尺度气候类型。地面的地形起伏对基地的日照、温度、气流等小气候因素有影响，从而使基地的气候条件有所改变。引起这些变化的

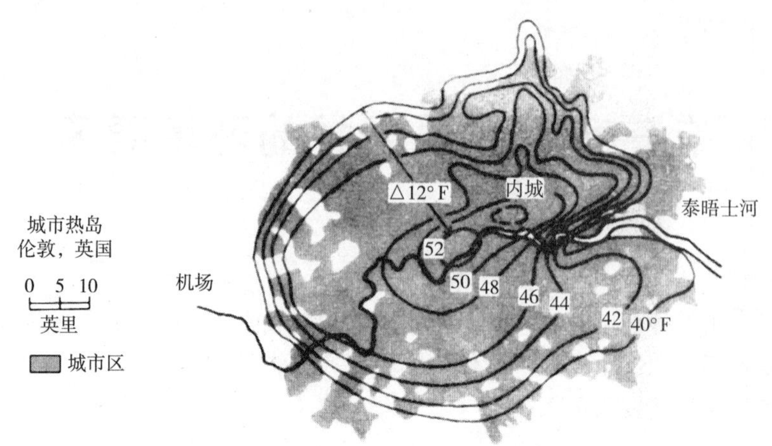

图 3-1 英国伦敦冬季城市热岛效应轮廓图

（引自《景观规划的环境学途径》）

主要因素为地形的凹凸程度、坡度和坡向。对规模较大、有一定地形起伏的基地应考虑地形小气候，而规模较小、地形平坦的基地则可以忽略地形小气候的影响。在分析地形气候之前，应首先了解基地的地形和地区性气候条件。在地形气候中，人们可以感受到空气湿度和温度的巨大差异。

地形主要影响太阳辐射和空气流动。在地形分析的基础上先作出地形坡向和坡级分布图（图 3-2），然后分析不同坡向和坡级的日照状况，通常选冬夏两季进行分析（图 3-3）。地形对温度的影响也主要与日辐射和气流条件有关，日辐射小、通风良好的坡面夏季较凉爽，日辐射大、通风差的坡面冬季较暖。最后，应将地形对日照、通风和温度的影响综合起来分析，在地形图中标出某个主导风向下的背风区及其位置、基地小气流方向、易积留冷空气和霜冻地段、阴坡和阳坡等与地形有关的内容。

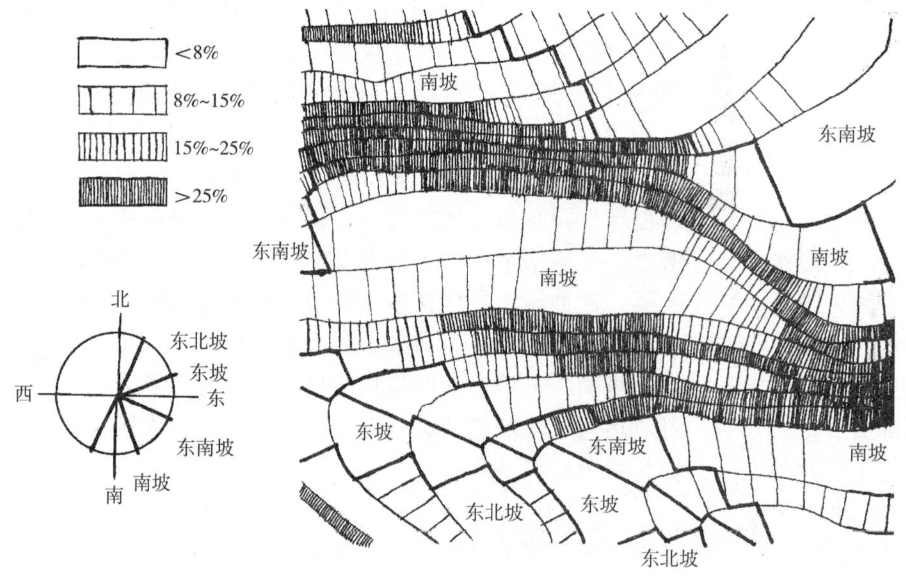

图 3-2 地形坡向和坡级分布图

（引自《风景园林设计》）

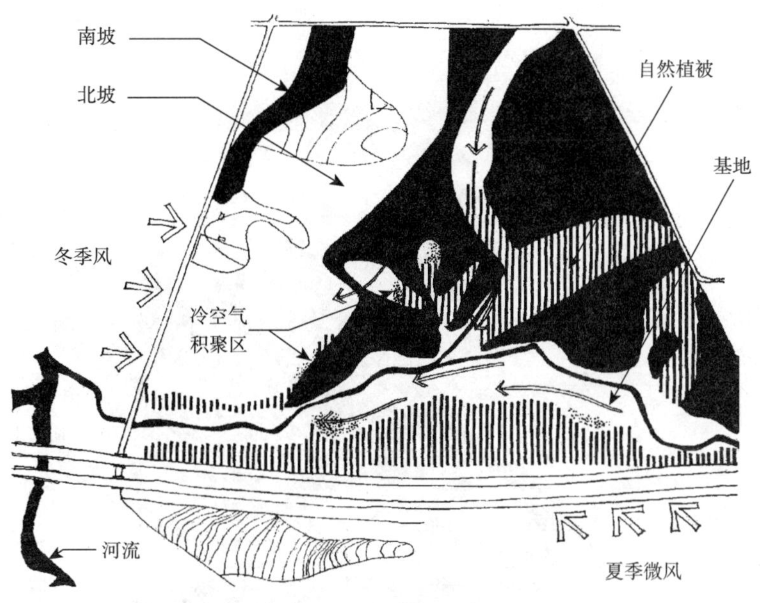

图 3－3　某地冬季的地形气候

（引自《风景园林设计》）

（三）微气候

由于基底构造特征如小地形、小水面和小植被等的不同使热量和水分收支不一致，从而形成了近地面大气层中局部地段特殊的气候即微气候，在很小的尺度内，各种气象要素就可以在垂直方向和水平方向上发生显著的变化。这种小尺度上的变化由以下因素的变化引起：地表的坡度和坡向；土壤类型和土壤湿度；岩石性质，植被类型和高度，以及人为因素。在某一区域内有许多微气候，每一种微气候可以用相同的气候测量尺度来描述，但是限制于相对较小的区域内。它与基地所在地区或城市的气候条件既有联系又有区别。

微气候能在很大程度上影响人们在景观中的体温舒适，这也是城市户外区域设计首先要考虑的。小气候影响到人类自身体内的能量流动。当地微气候可以很大程度地影响到用来加热和冷却景观中建筑物的能量。

较准确的基地小气候数据要通过多年的观测积累才能获得。通常在了解了当地气候条件之后，随同有关专家进行实地观察，合理地评价和分析基地地形起伏、坡向、植被、地表状况、人工设施等对基地日照、温度、风和湿度条件的影响。对小气候的分析对大规模园林用地规划和小规模的设计都很有价值（图 3－4）。

综上所述，对于某一地区的“气候”来说，无论其区域规模大小，几乎都可以从光、气温与湿度、风、降水量等气候因素来说明。

1. 光

光是地球上所有生物得以生存和繁衍的最基本的能量源泉，地球上几乎所有生命活动所必需的能量都直接或间接地来源于太阳光。一个明智的景观规划者在进行规划时，必定会将光作为环境分析的一部分，并同水的供应、暴雨、地形坡度及土壤稳定性等环境因子加以同等重要的考虑。

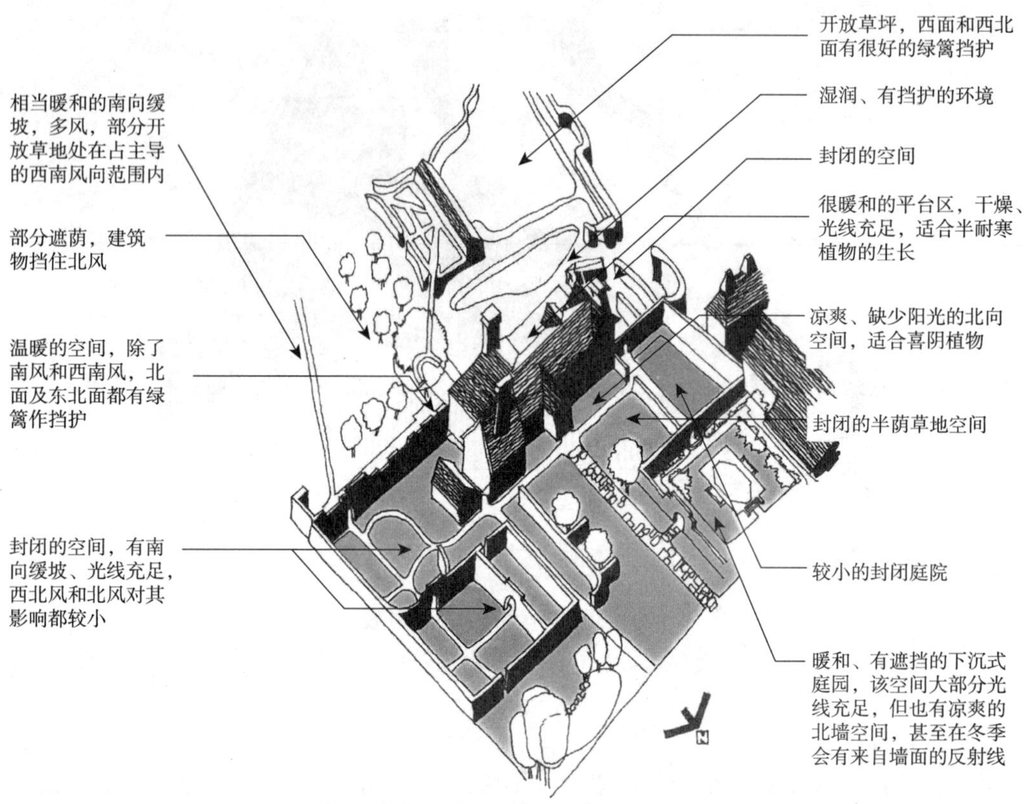

图 3－4　某庭院小气候条件分析

（引自《风景园林设计》）

（1）光照时间（日照长度）

是指白昼的持续时数或太阳的可照时数。随着纬度、时间及空间的不同，其光照时间存在着很大的差异，直接影响到植物的生长发育状况、动物的活动时间以及场所给人类的舒适感等。

（2）光照强度

是指单位面积所接受可见光的能量。无论哪种类型的植物，其光合作用强度与光照强度之间存在着密切的联系。光照强度的差异决定了植物的垂直分布状况以及动物的活动区域。

（3）太阳高度角

太阳高度角是指阳光入射面与地球表面之间的夹角。不同纬度地区的太阳高度角不同，在同一地区，一年中夏至的太阳高度角和日照时数最大，冬至的最小（图 3－5）。太阳高度角是影响地球表面温度的重要因素。了解太阳高度角与地形以及季节变化之间的相互关系，这样做能够帮助我们理解景观中太阳能量的分布状况。一旦知道了一个地区的太阳高度角，我们就可以将其代入具体的场地尺度，根据太阳高度角和方位角分析日照状况，确定阴坡和永久无日照区，并进一步检验太阳高度角对景观的影响，如对基地中的建筑物、构筑物、植被、动物等的影响。

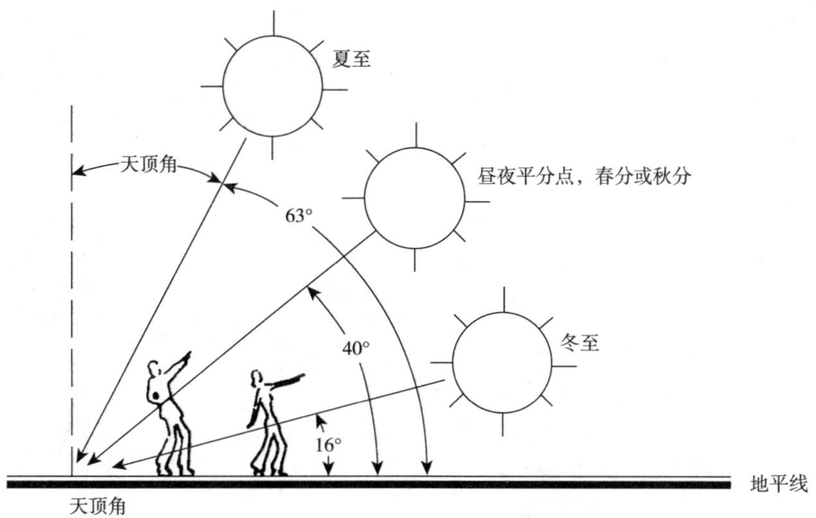

图 3－5　北纬 50°某地区的太阳高度角的年度变化

（引自《景观规划的环境学途径》）

2. 温度与湿度

一般情况下，空气湿度和温度在环境气候因素中比较重要，人体的舒适感觉与湿度的减少成正比，而温度则随季节和人的差异而变化，且在风景园林要素中往往都是不易改变的因素。如单独的场地因为太小而不能对其场地或城市的气温起到太大的作用，而大多数城市里的表面材料、物理形式及性质都存在很大的差别，我们可能常常想象公园和工业区的温度应该存在显著的差别。然而研究表明，只有在那些几乎不受当地气候系统控制或对气候状况有极端影响的地区才会出现人们想象中的现象。例如，城市中心区一个小小的绿色公园，它对于气候的调节效应会完全被四周的高楼大厦产生的热量所掩盖，而大公园则可能不同（图 3－6）。

3. 风

风常指空气的水平运动分量，包括方向和大小，即风向和风速。

（1）风向与风向玫瑰图

气象上把风吹来的方向确定为风的方向。为了表示某个方向的风出现的频率，通常用风向频率这个量，它是指一年（月）内某方向风出现的次数和各方向风出现的总次数的百分比。

风向玫瑰图是将一地在一年中各种风向出现的频率绘制出的极坐标图。它表示一个给定地点一段时间内的风向分布图。通过它可以得知当地的主导风向。最常见的风向玫瑰图（图 3－7）是一个圆，圆上引出 8 条或 16 条放射线，它们代表 16 个不同的方向，每条直线的长度与这个方向的风的频度成正比。静风的频度放在中间。有些风向玫瑰图上还指示出了各风向的风速范围。风向玫瑰图可直观地表示年、季、月等的风向，为风景园林研究场地气候所常用。

（2）风速图

风速图是将一地在一年中各种风速出现的频率绘制出的极坐标图。通过它可以得知当地的不同季节的风速情况。通常情况下，城市与乡村的同一高度的风速存在很大的差异

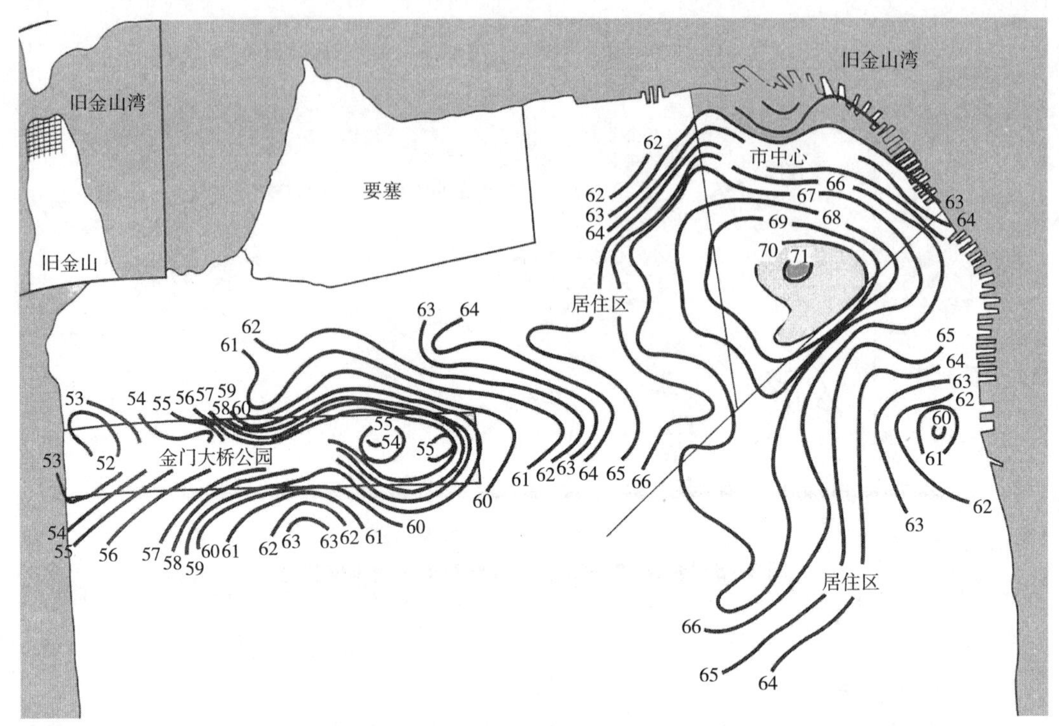

图 3－6 大公园对某市温度的影响

（引自《景观规划的环境学途径》）

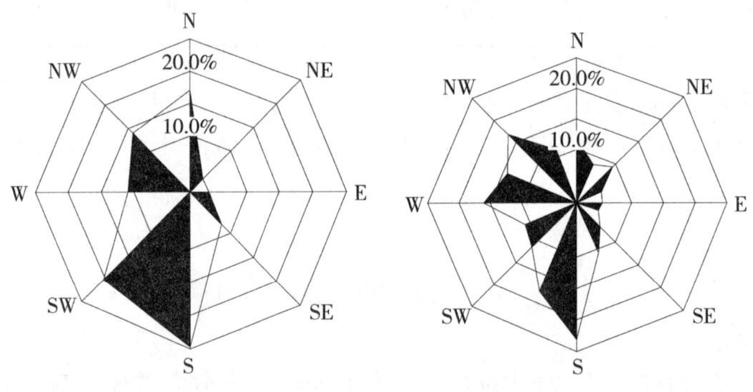

图 3－7 两种形式的风向玫瑰图

（图 3－8），且同一地区小面积范围内也存在很大的差别，主要随建筑物的大小、形状及排列方式的变化而变化。

中国盛行季风，因此可以通过了解季节性的主导风向及风速强度来因地制宜地营建宜人的风景园林环境。如当在凉爽季节里设计使用的区域时，要提供防风，营造防风林、设置风障等是有效的防风方法（图 3－9）；当在温暖季节里设计使用的区域时，要提供让风吹入的风道。

4. 雨、雪、霜

雨、雪、霜在某些地区或场所是比较正常的自然现象，其产生与持续时间，特别是年

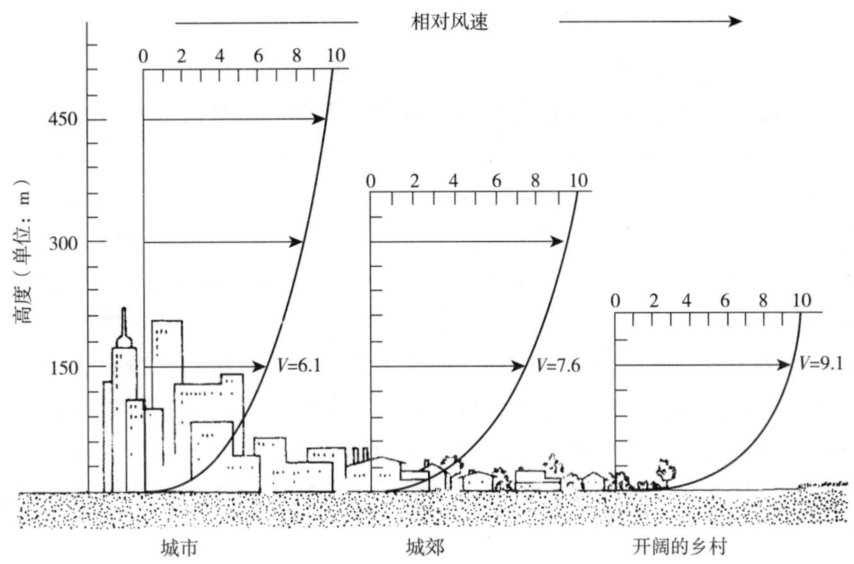

图 3-8　城市与乡村风速比较图

（引自《景观规划的环境学途径》）

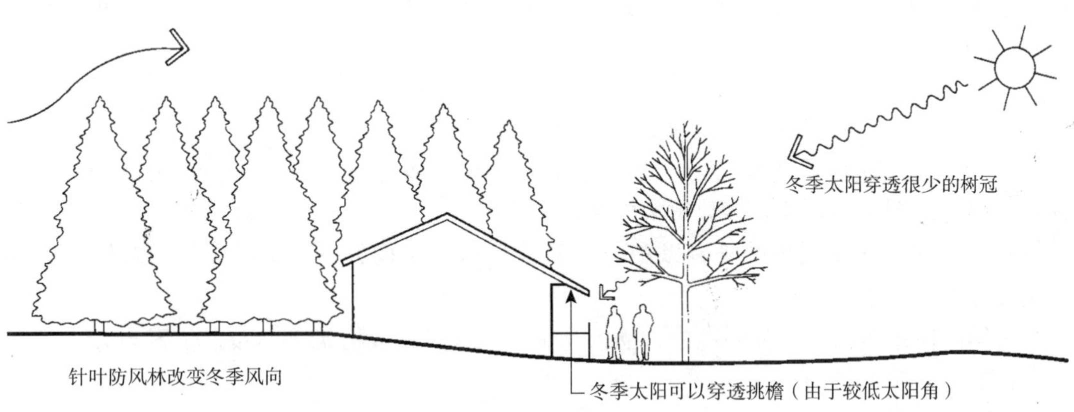

图 3-9　用针叶树来防冬季风

最大降雨、雪、霜量，年最小降雨、雪、霜量，年平均降雨、雪、霜量对风景园林环境的影响巨大，如它们对这些地区的植物、动物的分布、数量、种类以及生长状况就有着很大的影响。对于场地的使用时间、材料的选择以及场地的舒适度有很大的影响。

一般情况下，城市地区的降雨通常要比乡村多，而雪、霜的出现频率则明显少于乡村地区。

二、土壤

土壤是联系生物环境和非生物环境的一个过渡带。其各种性质是由气候条件和生命物质共同作用而形成的，并受到地形条件的影响。由于许多的自然过程在土壤带中被联系在一起，因此，相对于其他的自然要素，土壤往往能揭示一个地区更多的信息。一般来说，土壤的质地、组成和酸碱度是最具意义的 3 项属性。

（一）土壤组成

土壤组成，指构成土壤的所有物质。基本上包括以下4种组成要素：矿物质、有机质、水和空气。其中，矿物质颗粒会占到土壤体积的50%～80%，是构成土壤骨骼的重要物质。由矿物质颗粒相互挤压形成的土壤骨架不仅可以支撑其自身的重量，并且还可以支撑起土壤的内部物质（如水分）以及叠加在其上的景观的重量。通常砂粒和砾石能提供最大的稳定性，并且当它们相互排列得十分紧密时，还会产生相当高的承载力。承载能力指的是土壤对插入其内部的重物的抵抗能力。总体上看，砂土、砾石具有较强的承载能力，而黏土则较低。

有机质是构成土壤的另一大组成要素，通常不同土壤的有机质含量会有很大不同。对土壤的肥力和水文是极其重要的。含有有机质的表层土以及湿地中的有机沉积物都具有重要的水分存储功能，因此有机质在陆地水的平衡中起着十分重要的作用。地表土通过吸收绝大部分的降水，从而减少地表径流的流量。另外，有机沉淀物常常还可作为湿地植被的水分贮存器以及地下水的补给点。

（二）土壤质地

土壤是由固体、液体和气体组成的三相系统。组成土壤固相的颗粒主要是矿物颗粒，其中最为常见的颗粒有沙粒（0.05～1mm）、粉粒（0.001～0.05mm）和黏土粒（<0.001mm）。

1. 沙土类。土壤质地较粗，含沙粒多、黏粒少，土壤疏松，空隙多，通气透水性强，但蓄水能力差，较适合耐贫瘠植物生长。

2. 壤土类。土壤质地较均匀，不同大小的土粒大多等量混合，物理性质良好，通气透水，水肥协调能力较强，多数植物能在此生长良好。

3. 黏土类。土壤质地较细，以黏粒和粉沙居多，结构致密，湿时黏，干时硬，保水保肥能力强，透水性差。

土壤的质地对风景园林环境中的动植物生长、建筑物或构筑物的布置位置与方式及工程造价有着一定的影响。

（三）土壤酸碱度

土壤酸碱度是土壤许多化学性质特别是盐基状况的综合反映。在我国，一般将土壤酸碱度分为5级：强酸性（pH<5.0）、酸性（pH 5.0～6.5）、中性（pH 6.5～7.5）、碱性（pH 7.5～8.5）、强碱性（pH >8.5）。土壤酸碱度的不同直接影响到植物的生长及分布。

三、地质

地质学是一门研究地球的科学，其研究内容既包括过去发生的事情（地质历史），也包括当前地球上发生的事情。而地质则在景观中有评价一个地方建筑用地的适宜性和传达一个地区地质历史的信息的作用。对保护居民的健康和安全，道路桥梁、房屋的修建以及其他发展建设都很有用。在某些时候场地的地质情况往往为设计人员所忽视，由此而带来一系列问题。因此，在规划之初对一个地方的地质调查需要对该地区的地质历史和过程有一定的了解，而这一过程可以从一份地质图（图3－10）开始。地质图以图形的方式描绘了露于地球表层的岩石地层单位和地质特征。

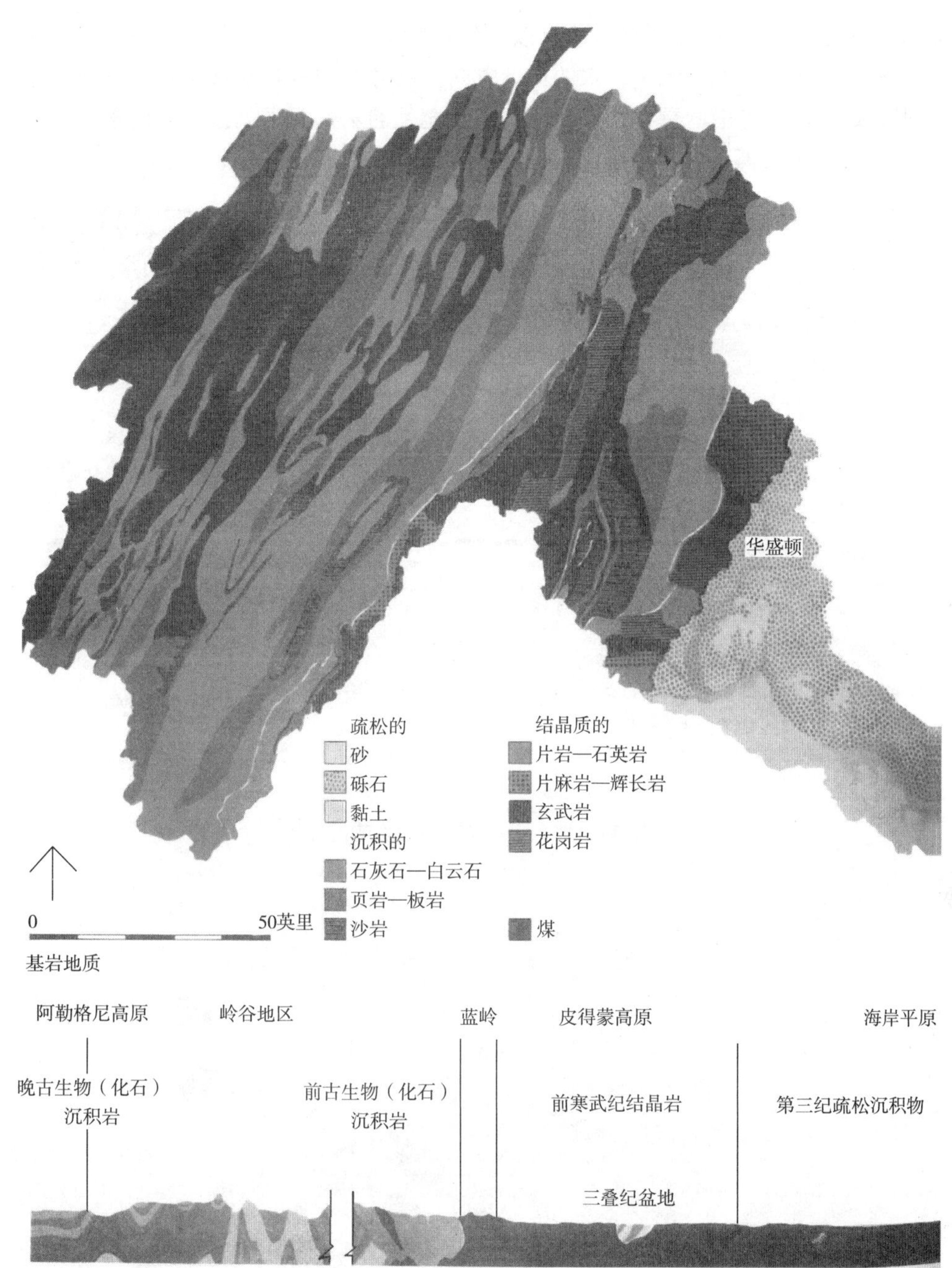

图 3－10　美国某地区的地质图

（引自《设计结合自然》）

四、水文

水是生命之源，对人类及其他生物的生存与健康亦是不可或缺的，它在激发灵感和吸引注意力方面也能起到独特的作用，是风景园林设计中非常重要的因素。水文学是一门关于地表水和地下水运动的学科。地表水指地表流动的水分，其对存在地形变化的场所有很大的影响（图3－11）。而地下水指地表以下沉积物的孔隙中所含有的水分，地下水的水位深度、水质、含水层的出水量、水的运动方向、水井的位置都是地下水的重要因子。水量是景观规划中需要考虑的重要因素，我们需要充足的水资源来维持我们的景观环境，但水量太多则会带来灾害，因此有必要掌握该环境的水文资料图（图3－12）。

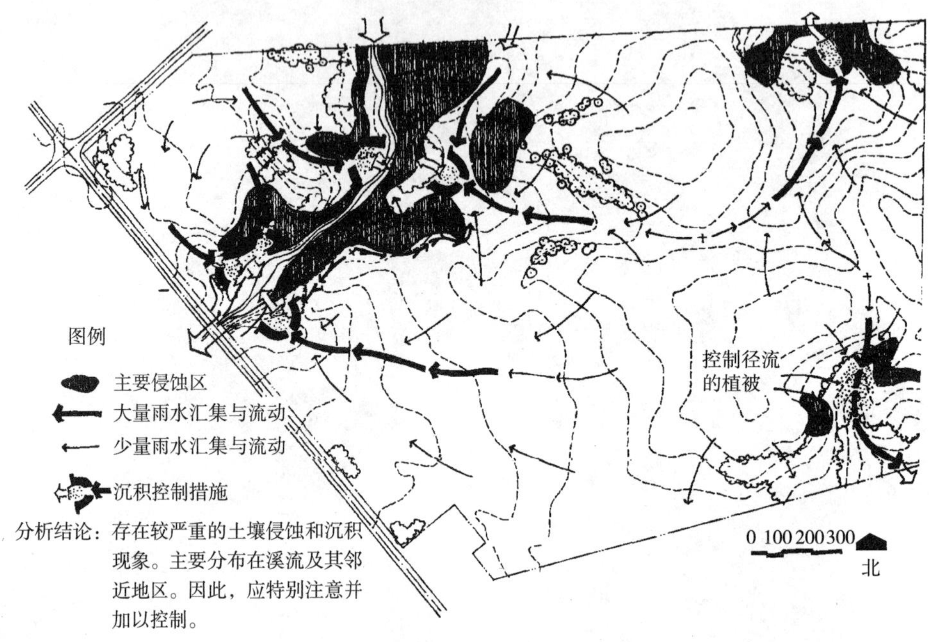

图3－11 地表水及其对坡面影响的分析

（引自《风景园林设计》）

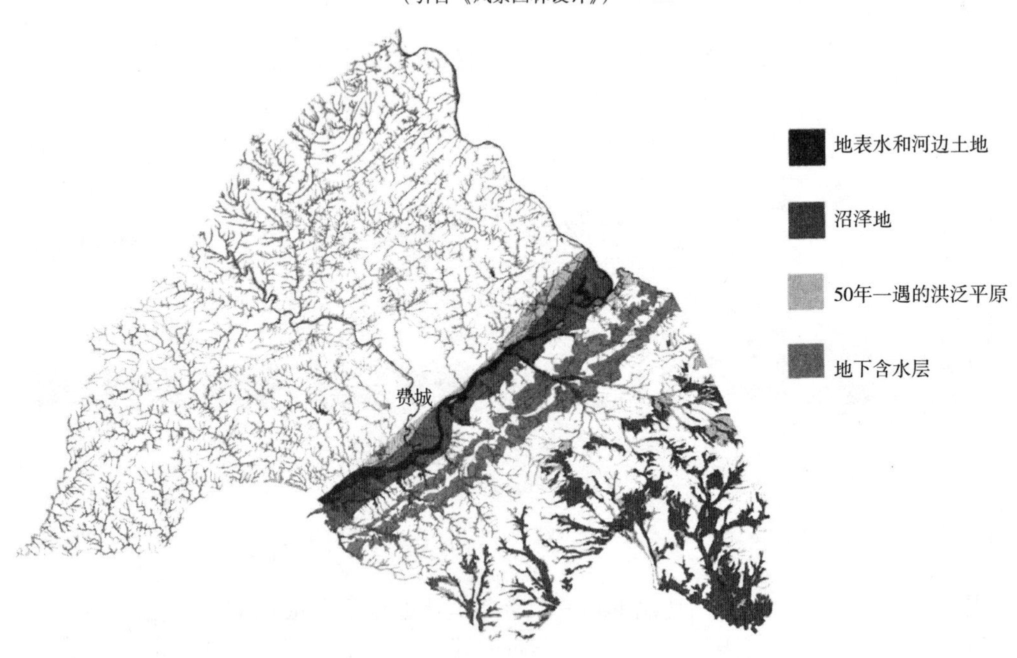

图3－12 地表水及其对坡面影响的分析

（引自《设计结合自然》）

基地中的水面的存在使之更具趣味性、亲和力以及视觉冲击力。与此同时，它对景观的异质性、生物的多样性也有很大的贡献，且对温度、湿度有一定的稳定作用，处于水面夏季主导风向下的地段因湿度较大，相对凉爽，应加以利用。

五、植被

植被是指各种植物——乔木、灌木、草本植物、禾本科植物等。由于植物无处不在，植被的范围、与主导风向的位置关系、遮荫条件等对小气候要素（日照、温度、风）影响较大（图3-13）。其对保持生态平衡、温度的调节、防风保水、减噪、净化空气或水体、引导视线等方面意义重大。另外，对植物进行研究，还有许多重要原因，如它们可能具有经济价值和药用价值，能为野生动物提供栖息地，影响一些自然事件如火灾和洪水对人类造成的损失，还可以提高景观的观赏视觉质量和提供人类赖以生存的氧气等。

图3-13 植被影响小气候

（引自《生命的景观》）

由于从事风景园林规划设计的专业人员水平良莠不齐，且部分从业人士根本没受过正规的植物方面的专业教育等问题，造成许多场所对自然植被分析重视程度往往不够，仅停留在为平面构图增色而已。其实，对植被的调查与分析牵涉到许多方面的生态学知识，对植被的调查分析（图3-14）尤其是一些植物资源丰富的场所可谓是一项艰巨的工作。

六、野生动物

一般来讲，野生动物是指那些除人和家畜之外的动物。昆虫、鱼类、两栖类、鸟类和哺乳类动物比植物具有大得多的运动性。尽管同作为食物来源和栖息地的植被单元存在十

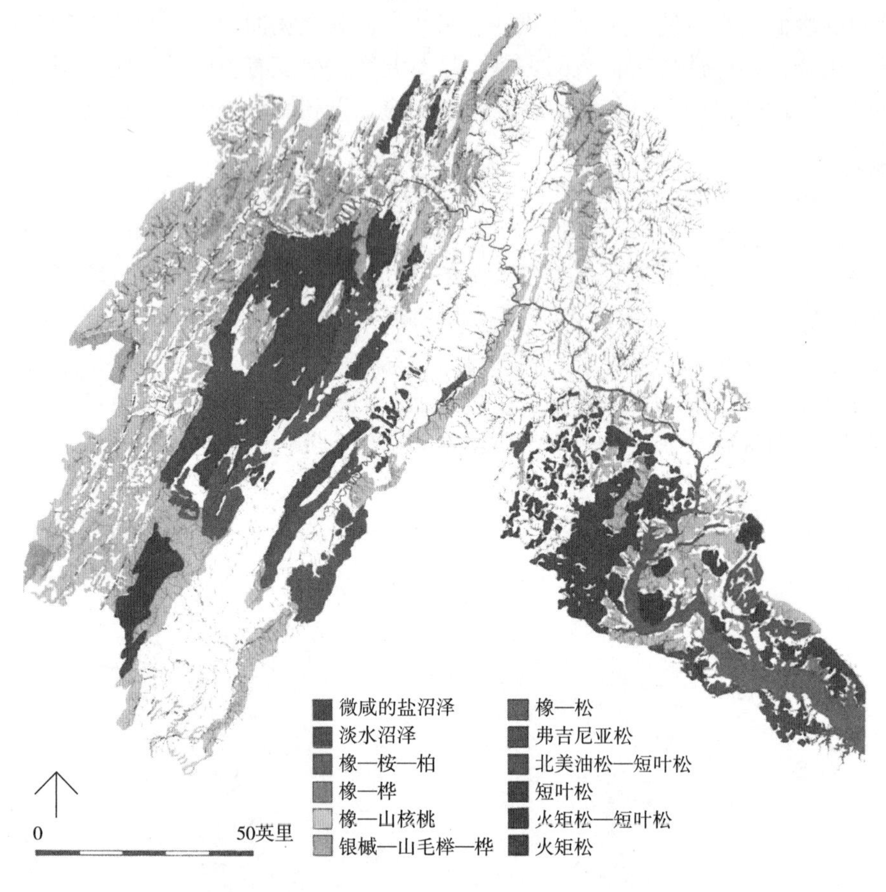

图 3－14　植被分析图

（引自《设计结合自然》）

分紧密的联系，野生动物通常在不同的地方繁殖后代、寻找食物、休息睡眠。同植物的情况相似，对野生动物也未曾开展过广泛详细的调查工作（除非在某些地方动物具有某种商业上的价值）。由于动物游移不定，因而与植物相比，对其进行调查也就更为困难。

大部分人认识到野生动物的存在和保护有利于人们生活质量的提高，除了提高生活质量之外，保护野生动物还具有伦理、道德、娱乐、经济以及旅游价值。一些政府部门及专家学者对有关狩猎动物种类和鱼类信息还开展过专门的研究，但这类研究通常很少。各种保护组织和学术研究机构是获得非狩猎动物信息的最佳来源。

七、污染

在当今，污染是一个广泛流行的名词，可谓是无处不在。人类在征服或改造自然的过程中，由于对自然资源的过度索取、盲目开采与开发以及将之转化为工业化产品的过程中所带来的一些废弃物，并由此产生了大量的污染，对环境造成了巨大的破坏。

（一）一般来说，按照污染物的来源划分，包括点污染源与非点污染源两种

1. *点污染源*

点源主要释放污染性的排放物，这些污染物可能是从工厂排放到空气中的

(图 3－15)。这些排放物依次进入云层，也可能又回到地面，渗入地下水中。一些工厂排放的废弃物直接进入了水道中。这些污染源破坏性大，但比较容易管理。因为这些污染源很容易量化，决策者可以对污染物的排放严加控制，使其对水、土壤、动植物和人类产生的危害降到最低。

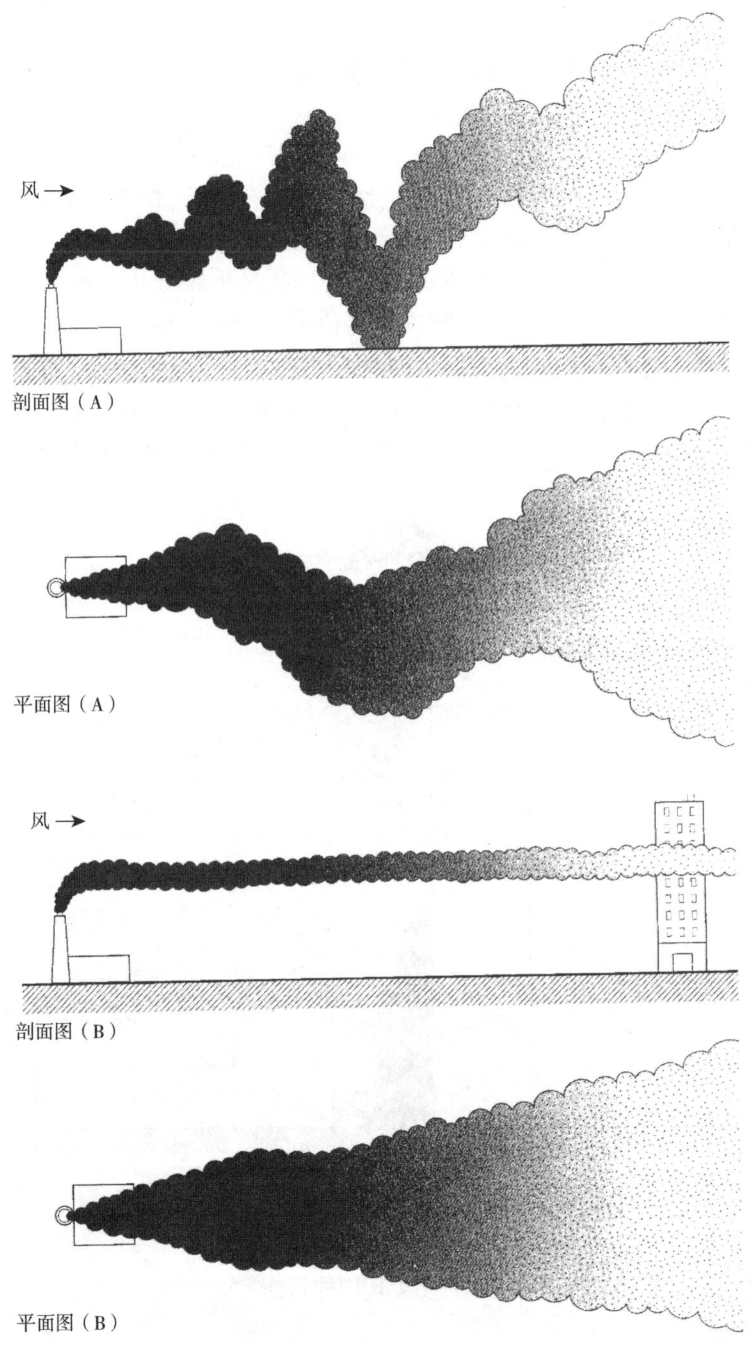

图 3－15　点状大气污染源

2. 非点污染源

非点源排放物比较难控制。它们包括大范围的土地利用，如农业把污染物排放到水里。牧场的牲畜排泄物落在土壤面层，渗入到地下水中或水边，在溪流中产生大量大肠杆菌。当雨水落在地面、房屋上时，污染物可能会随着雨水而下，使溪流受到重金属、土壤沉积物或者农业化学物污染。点源和非点源排放物都会污染饮用水。它们都会降低水的质量，危害水中的生物群。

（二）按照污染类型划分，则分为空气污染、水体污染、固体废弃物污染、噪声污染和光污染

1. 空气污染

大量化工厂的兴建与工厂对有害气体排放的漠视或无视，造成了大量空气污染物，在城市地区尤为显著。城市的上空被一个巨大空气污染层所笼罩，并且城市中心区的污染程度要高于市郊地区。一个城市内部的不同区域每日的污染程度也截然不同（图 3－16），这主要受两个因素的影响：(1) 污染源所处的位置，例如发电厂、高速公路以及工业区等；(2) 城市边界层扩散及流动能力的短期改变。多风、不稳定的天气条件有利于污染物的扩散，降低空气污染程度。即便有一些十分严重的污染，也仅限于污染源下风的局部地区。然而，在平静稳定的大气环境下，污染物会在污染源地区的上方集聚。

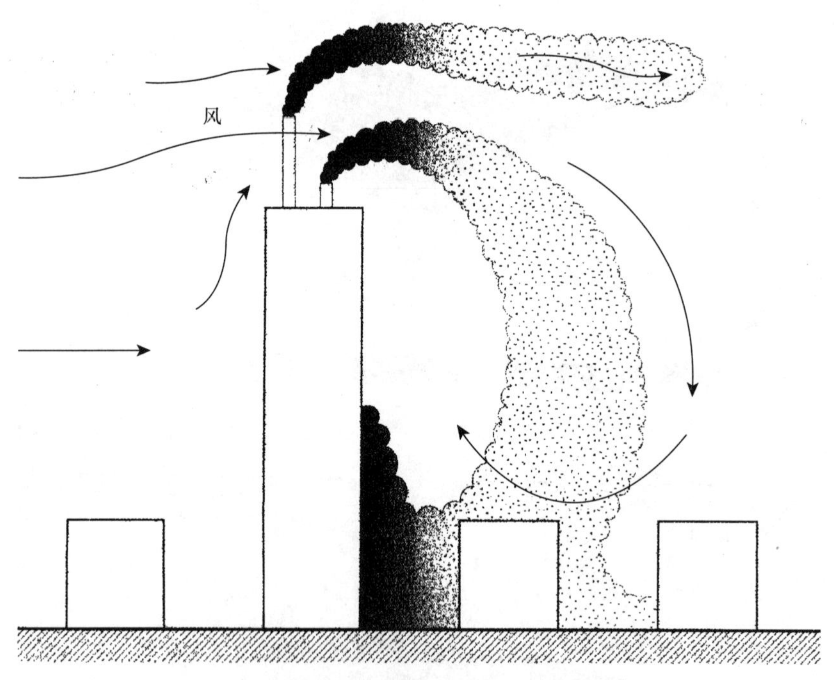

图 3－16 城市内部污染物水平存在很大的差异

一般来说，空气污染按照污染物分为以下几种：

(1) 二氧化碳

这种无色、无气味、从排气管排出的废气，在有限的空间如车库或通风不良的隧道内是致命的。在重型交通或密集的停车区内，它能使驾驶人员反应迟钝，并引起头晕目眩、头痛和疲劳。有心脏病、气喘病或贫血病的人，对这种危险物质的有害影响特别敏感。

（2）碳氢化合物

汽车排气管和烟囱的另一种排出物碳氢化合物，是有机燃料未完全燃烧的结果。它们是烟雾的主要来源，对眼鼻喉是最麻烦的刺激物，对不能戴防毒面具的患者是一个严重的打击。

（3）烟气中的固体微粒

特别是由木材和煤炭形成的烟尘，会弄脏衣服，使建筑褪色并毁坏油漆。当人吸入微粒并在肺内聚积时，也会产生有害的影响。

（4）硫的氧化物

从地下挖出的具有高硫含量的矿物燃料，在燃烧过程中产生有恶劣气味的瓦斯，使工业区和密集的市区居民受到污染，这是十分平常的事，因为那里是以烧煤取暖的。硫的氧化物对金属是很讨厌的锈蚀物，它毁坏庄稼，减低能见度，并使眼睛黏膜受到最有害的刺激。

（5）氮的氧化物

主要是从排气装置的管道、居民的烟囱和工业烟囱中放出，具有一种不好的气味，并损害动、植物。它们是产生光化学烟雾的罪魁祸首。

这些烟雾覆盖着许多城市。其他破坏性的有害污染物，包括放射性粒子、悬浮的金属微粒和光化学烟雾。

部分大气污染物还可能伴随着降雨、雾、霜等流入水体、侵入土壤，造成二次污染，因此在规划环境时，有必要了解是否存在污染以及污染的类型，以便指导植物、硬质材料的选用。

2. 水体污染

水体污染是指排入水体的污染物在数量上超过了该物质在水体中的本底含量和自净能力即水体的环境容量，从而导致水体的物理特征、化学特征发生不良变化，破坏了水中固有的生态系统，破坏了水体的功能及其在人类生活和生产中的作用（图3-17）。造成水体污染的因素是多方面的：向水体排放未经妥善处理的城市污水和工业废水；施用化肥、农药及城市地面的污染物被水冲刷而进入水体；随大气扩散的有毒物质通过重力沉降或降水过程进入水体等。

图3-17　水体污染

污染水体的物质成分极为复杂，概括起来主要包括：无机无毒物、无机有毒物、有机无毒物、有机有毒物、石油类污染物、病原微生物、寄生虫、放射性污染物、热污染等。

（1）无机无毒物如：砂、土等颗粒状的污染物，它们一般和有机颗粒性污染物混合在一起，统称为悬浮物（SS）或悬浮固体，使水变浑浊。还有酸、碱、无机盐类物质，氮、磷等营养物质。

（2）无机有毒物主要有：非金属无机毒性物质如氰化物（CN）、砷（As），金属毒性物质如汞（Hg）、铬（Cr）、镉（Cd）、铜（Cu）、镍（Ni）等。

（3）有机无毒物如生活及食品工业污水中所含的碳水化合物、蛋白质、脂肪等。

（4）有机有毒物，多属人工合成的有机物质，如农药DDT、六六六等，有机含氯化合物、醛、酮、酚、多氯联苯（PCB）和芳香族氨基化合物、高分子聚合物（塑料、合成橡胶、人造纤维）、染料等。

水体污染物种类繁多、危害严重。在对存在污染的水域进行规划的过程中须认真分析，采用科学、生态的方法对景观环境进行整治，以恢复其本来面貌和创造宜人环境。

3. 固体废弃物污染

固体废弃物污染指的是人类在生产和生活中丢弃的固体和泥状物，包括工业固体废弃物和生活固体废弃物两种。如采矿业的废石、尾矿、煤矸石；工业生产中的高炉渣、钢渣；农业生产中的秸秆、人畜粪便；核工业及某些医疗单位的放射性废料；城市垃圾（包括建筑废渣）等。若不及时清除，将对大气、土壤、水体造成严重污染，导致蚊蝇孳生、细菌繁殖，使疾病迅速传播，危害人体健康。对整个区域的景观环境和景观亲和力产生巨大的负面作用。可以通过地形塑造、植被环境及废物的再利用来解决固体废弃物可能带来的污染，变废为宝。

4. 噪声污染

噪声，一般被认为是不需要的、使人厌烦并对人们生活和生产有妨碍的声音。它包括：过响声、妨碍声、不愉快声。噪音在0~120dB的范围内分为以下三级：

1级：30~59dB，可以忍受，但有不舒服感，达到40dB时开始困扰睡眠。

2级：60~89dB，对植物神经系统的干扰增加，听话困难，85dB是保护听力的一般要求。

3级：90~120dB，显著损伤神经系统，造成不可逆的听觉器官损伤。

噪声的危害主要体现在几方面：干扰睡眠、损伤听力、对人体生理的影响、对儿童和胎儿的影响、对动物的影响及对建筑物的危害。一般情况下，在园林环境中以地形、构筑物、植被来减弱噪声，通常植物减弱噪声是一个良好的途径。不同的植物群落减噪效果一般不同，较好的配置方案是：针叶树之外要有落叶树，但以常绿树为主；乔木之外要有灌木，但以乔木为主。地形和植物的组合效果更好（图3-18）。

5. 光污染

光污染是指环境中光辐射超过各种生物正常生命活动所能承受的指数，从而影响人类和其他生物正常生存和发展的现象。光污染一般指的是人工的光，是我国城市地区呈上升趋势的一种环境污染，其一般可分为3种：

（1）人造白昼污染

城市夜景照明等室外照明的发展，加大了夜空的亮度，产生了被称作人造白昼的现象，由此带来对人和生物的危害，而产生人造白昼污染。

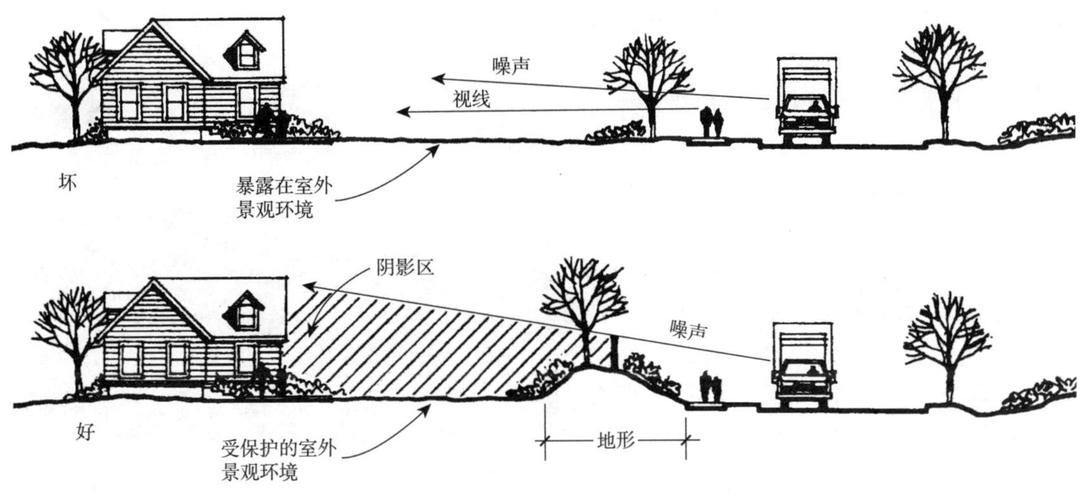

图 3－18　用地形与植物减噪

（2）白亮污染

白亮污染主要由强烈人工光和玻璃幕墙反射光、聚焦光产生，如常见的眩光污染就属此类。

（3）彩光污染

各种黑光灯、荧光灯、霓虹灯、灯箱广告等是主要的彩光污染源，如蓝光和绿光在夜间对人体危害相当严重。

第二节　人文环境要素

人文环境可以定义为一定社会系统内外文化变量的函数，文化变量包括共同体的态度、观念、信仰系统、认知环境等。人文环境是社会本体中隐藏的无形环境，是一种潜移默化的民族灵魂。通常，在风景园林中人文环境要素专指历史、人口、文化、产业结构和教育与社区参与等。

一、历史

历史承载和见证了场所过去的兴衰和发展足迹。了解历史对于理解一个区域或场所是十分重要的。通常，某些公共图书馆和当地的地方志可能保存了比较完整的发表或未正式发表的地方事件的史实。而一些野史或民间传说往往以口述而非文字的形式得以流传，这些地方历史的原始信息可以通过民间访谈获得。历史信息的获得与否关系到景观场所的解读与设计倾向，真实的历史有助于人们了解场所的地方精神或文脉，以保持其历史可持续性和地方特色（图 3－19）。

二、人口

人口是生活在特定社会、特定地域范围和特定时期内具有一定数量和质量的人的总体，是一个内容复杂、综合多种社会关系的社会实体。在风景园林规划中，人口趋势、特征和预测分析这3个要素显得十分重要。

（一）人口趋势

包括人口的数量、空间分布和组成成分的变化。为了获悉规划区人口是如何随着时间而改变的，在许多规划项目中，人口的增减都是非常重要的。如果规划了新的设施（如学校和公园），那么人口趋势揭示了对这些设施的需求。

图3－19 少林寺史迹记载了其发展演变的历史

（引自《风景规划》）

（二）人口特征

包括年龄、性别、出生、死亡、民族成分、分布、迁移和人口金字塔等方面。研究人口特征是为了了解规划区的使用人群。一个规划中涉及的特定问题需要考虑不同的人口密度、年龄和性别分布、种族和民族分布以及带眷人口比率。如果采用增长管理策略，人口密度就显得更重要。如果规划需要考虑学校和公园设施，年龄特征就非常重要。

（三）预测分析

风景园林师有时要预测谁将居住或经常使用该规划场地，以便设计必要的供其使用的空间场所或设施。值得指出的是，在很多情况下，开发预测需要根据人口进行开发规划。如一个社区采用增长管理计划，那么政府主管部门或开发商就想知道需要多少新的公共绿地或公共活动空间来容纳或适应新的使用人群。

三、文化

文化是一种社会现象，是人们长期创造形成的产物。文化同时又是一种历史现象，是社会历史的积淀物。确切地说，文化是指一个国家、地区或民族的历史、地理、风土人情、传统习俗、生活方式、文学艺术、行为规范、思维方式、价值观念等。文化有广义和狭义之分，在风景园林设计中一般引用狭义的文化，即指人们普遍的社会习惯，如衣食住行、风俗习惯、生活方式（图3－20）、行为规范等。

文化的存在依赖于人们创造和运用符号的能力。对于特定的规划区域来说，文脉的延续增添了场所的意境与特色，保存了历史的记忆，体现了对历史的尊重。文化的符号化或物质化以及空间化或意境化使得景观环境极具特色。

图3－20 由耕作方式演变而来的梯田文化

四、产业经济结构

地区的产业经济结构对风景园林的建设也是必不可少的因素之一。通常，一个地区的产业类型、规模及其经济结构和发展状况对于景观环境的规模、数量、布局、品质以及建设质量有着很大的限制作用。如果地区经济结构中更多的成分是第一产业（如农业、种植业等）和第二产业，而不是第三产业（如零售业、服务业），其对绿地的面积、分布和住房等的需求将存在很大不同。

五、教育与社区参与

教育是一个终身的过程，是一个不断获得知识、平衡感知、学习和作出决策的过程。其目的就是为了使个体对其本土文化有很深厚的理解，有了这种理解才有可能将文化传统发扬光大并回报社会。教育通过社会事业机构、通过具有某种准则的参与活动、通过社区活动等途径得以普及，广义地说，教育是通过大众来普及和发展的。社区教育不仅丰富了当地居民的知识和参与意识，也拓展了风景园林师的知识领域。其实，风景园林规划设计的每一步都必须融进公共教育和公共参与，教育能帮助人们将其个人技术和兴趣与公共社会问题结合起来。没有这种结合，那些保护人类健康、安全和福利的景观准则和规划将受到公众的质疑。公众的参与能够保证政策或项目的成功，同时公众参与也体现了民主。

第四章　风景园林构成要素

人们通常利用各种自然的和人工的要素来创造和安排室外空间以满足人们的需要，这些要素包括地形、水体、植物、建筑及各类园林设施等。本章将对这些要素的特点、功能作用及设计原则进行简要介绍。

第一节　地形

地形是风景园林设计的基础，是构成园林景观的骨架，其他设计要素都在某种程度上依赖地形并相互联系。地形能够影响景观的美学特征，影响空间构成和空间感受，也影响到排水、小气候和其他要素的功能布局。

一、园林地形的功能作用

（一）景观骨架作用

地形是各个园林设计要素的载体，为之提供赖以存在的基面，如景观中的平地地形、山水地形及山地地形。例如，中国的自然山水园是利用起伏多变的山水地形进行空间构建和建筑布局的；意大利的台地式园林是在丘陵的斜坡上，依山就势地建造层层平台，并在每层平台上构筑园林景观的；法国的勒·诺特式园林是在平坦的地形上营造规模宏大、水平轴线深远的视景园；英国的自然风景园则是以开阔的草地、河湖作为景观的载体（见图4－1、图4－2、图4－3、图4－4、图4－5）。

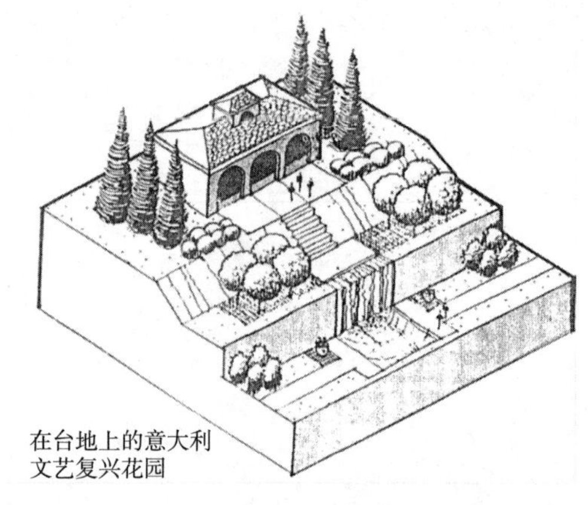

图4－1　意大利台地式园林

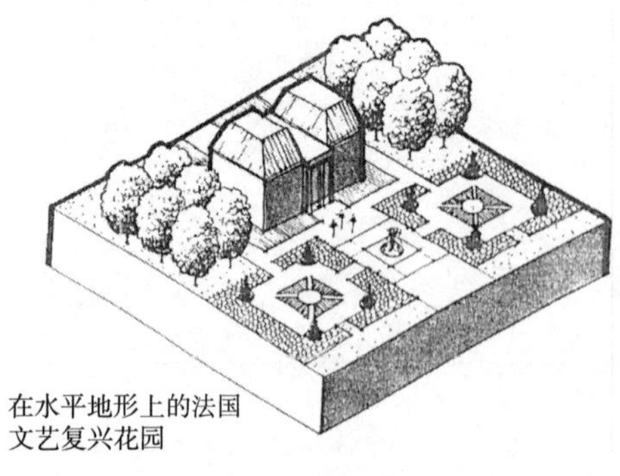

图4－2　法国勒·诺特式园林

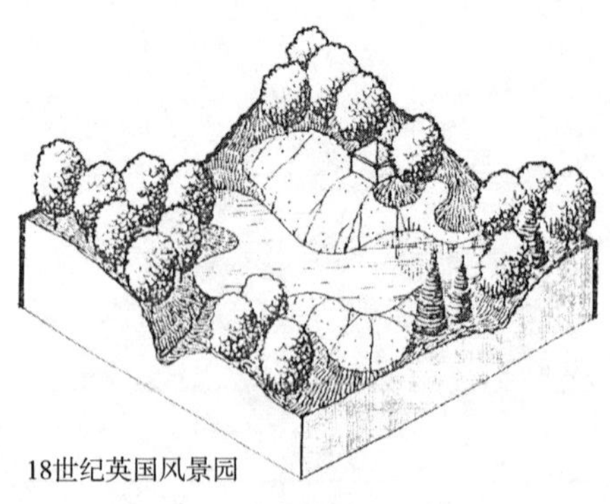

图4－3　英国自然风景园

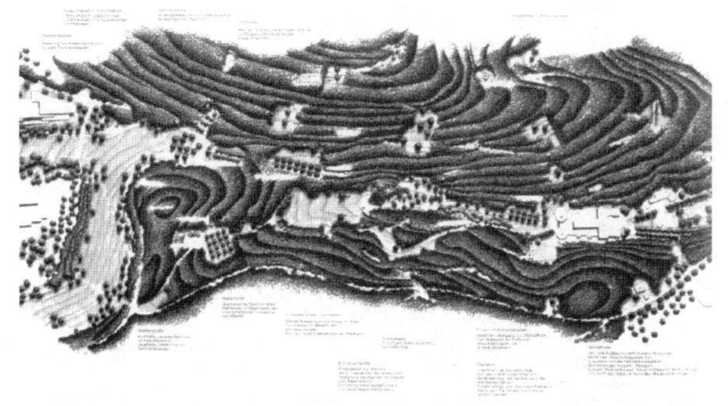

图4－4　以地形为骨架规划设计的老年人度假中心

图4－5　依地形形成的村庄与山景
（丁绍刚摄）

（二）构成空间作用

地形通过控制视线来构成不同空间类型，如视线开敞的平地，构成开放空间；坡地及山体利用垂直面界定或围合空间范围，构成半开放或封闭空间。地形还可构成空间序列，引导游线（见图4－6、图4－7）。

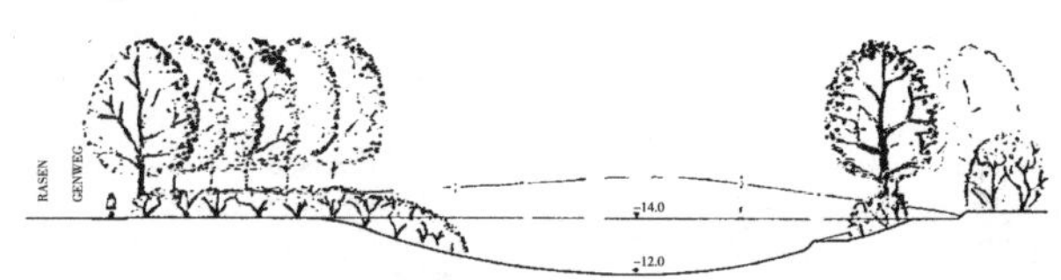

图4－6　坡地构成半开放空间

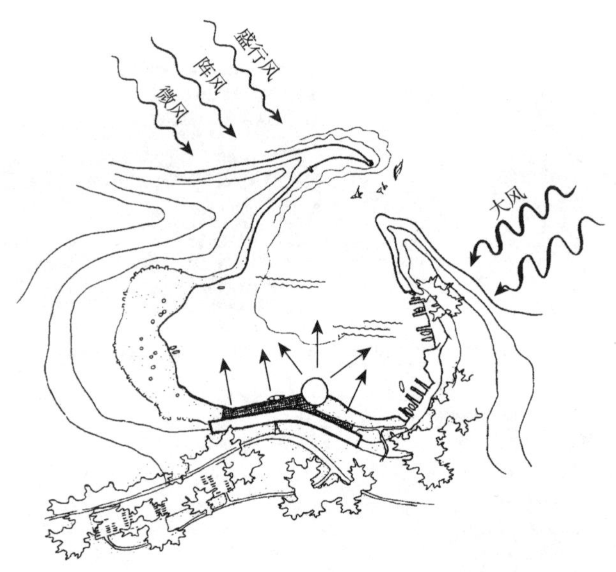

图4－7　山体围合空间

（三）背景作用

地形可以作为景物的背景，起到衬托主景的作用，同时能够增加景深、丰富景观的层次（见图4－8、图4－9）。

（四）造景作用

地形具有独特的美学特征，峰峦叠嶂的山地、延绵起伏的坡地、溪涧幽深的谷地以及开阔的草坪、湖面都有着易于识别的特点，其自身的形态便能形成风景。在现代景观设计

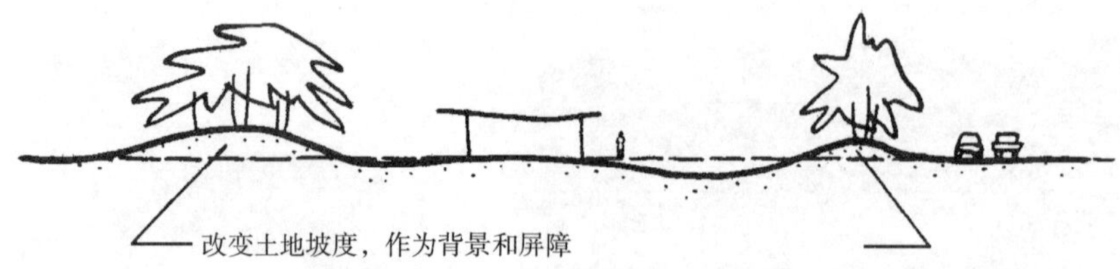

图 4 –8　地形作为建筑的背景和屏障

如果将风景作为背景，那在其衬托下的物体必须很有特色

图 4 –9　起伏的山体作为雕塑物的背景

中，地形还被设计师进行艺术加工，形成独特的具有震撼力的景观，如大地艺术的作品（见图 4 – 10、图 4 – 11、图 4 – 12）。

图 4 –10　树林种植和雕塑设置强化地形变化，形成具有震撼力的景观

图 4 –11　人工塑造地形形成丰富、有趣、富有变化的景观

图 4 –12　台地造景（丁绍刚摄）

（五）观景作用

地形设计可以创造良好的观景条件，可以引导视线。在山顶或山坡可俯瞰整体景观，位于开敞地形中可感受丰富的立面景观形象，狭窄的谷地能够引导视线，强化尽端景物的焦点作用（见图4－13、图4－14）。

图4－13　夹道强化了尽端雕塑的焦点作用

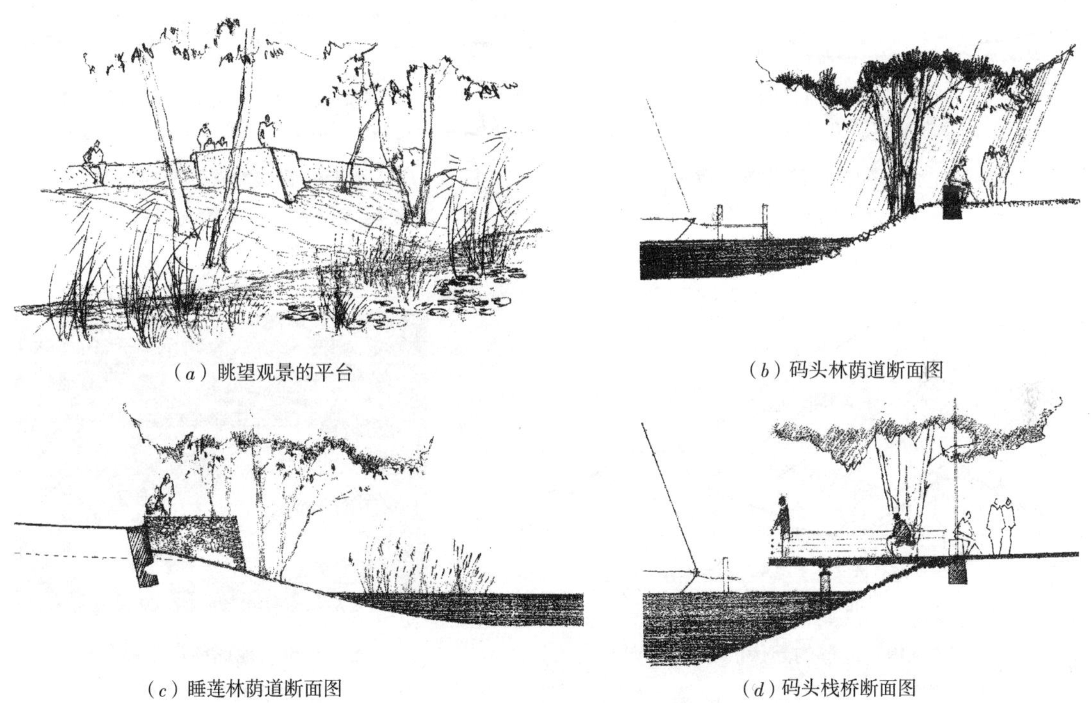

（a）眺望观景的平台　（b）码头林荫道断面图

（c）睡莲林荫道断面图　（d）码头栈桥断面图

图4－14　利用地形搭建的观景台

（六）工程作用

适当的地形起伏有利于排水，防止积涝。绿化工程中地形能够创造多样的生境，满足植物的生长需求，有利于生物多样性提高。地形还能影响光照、风向及降雨量，从而调节小气候（见图4－15、图4－16、图4－17、图4－18、图4－19，表4－1）。

（七）实用功能

地形还创造了开展各项户外活动的室外空间，在草坪上野餐、山林中漫步、水上泛舟、高尔夫球场等（见图4－20）。

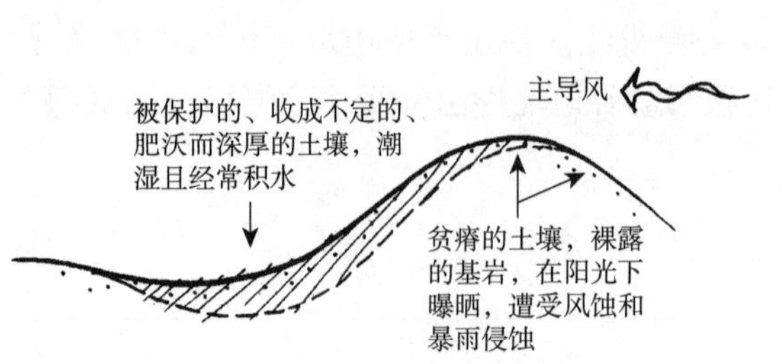

图 4-15 地形能保护和形成肥沃的土壤

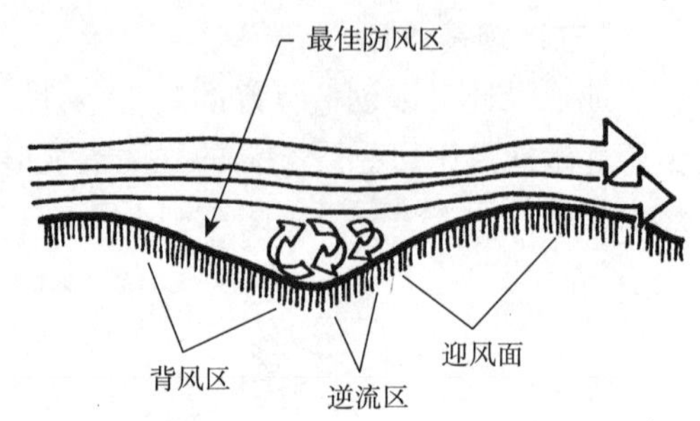

图 4-16 地形能创造出最佳防风区

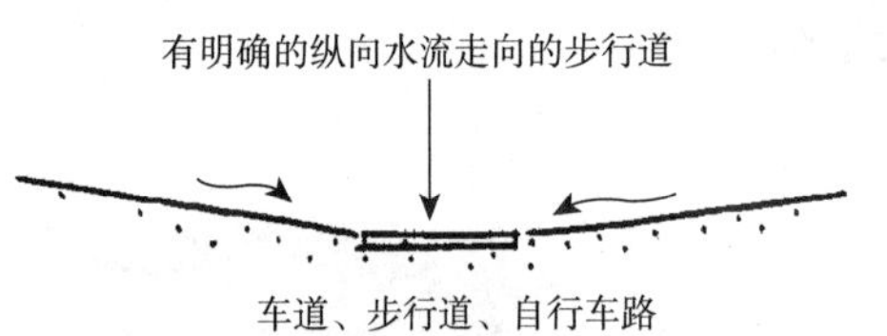

图 4-17 地形的起伏能解决工程排水问题

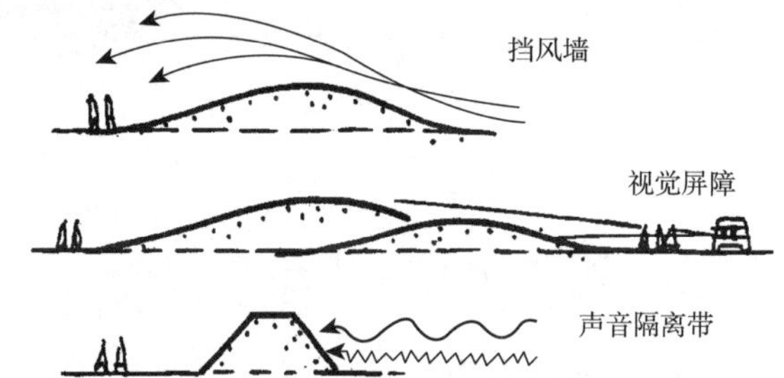

图 4-18 地形的起伏能够形成挡风墙，能够阻隔视线，能够隔离声音

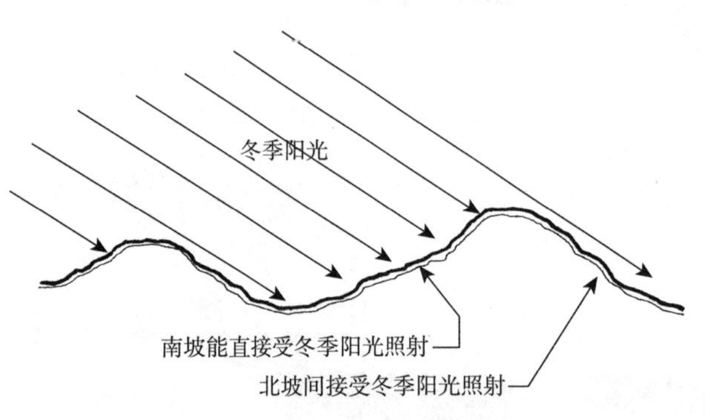

图 4-19 地形的起伏能够影响光照

图 4-20 地形创造了高尔夫活动的室外空间

二、园林地形的类型及景观特性（图 4-21 ~ 图 4-25，表 4-1）

园林地形类型及景观特征 **表 4-1**

地形类型	景观特征
平地（见图 4-23）	1. 坡度 <3%，较平坦的地形，如草坪、广场 2. 具有统一协调景观的作用 3. 有利于植物景观的营造和园林建筑的布局 4. 便于开展各种室外活动

续表

地形类型		景观特征
坡地	缓坡（见图4-23）	1. 坡度3%~12%的倾斜地形，如微地形、平地与山体的连接、临水的缓坡等 2. 能够营造变化的竖向景观 3. 可以开展一些室外活动
	陡坡（见图4-23）	1. 坡度>12%的倾斜地形 2. 便于欣赏低处的风景，可以设置观景台 3. 园路应设计成梯道 4. 一般不能作为活动场地
山体（见图4-23）		1. 分为可登临的和不可登临的山体 2. 可以构成风景，也可以观看周围风景 3. 能够创造空间、组织空间序列
假山（见图4-25）		1. 可以划分和组织园林空间 2. 成为景观焦点 3. 山石小品可以点缀园林空间，陪衬建筑、植物等 4. 作为驳岸、挡土墙、花台等

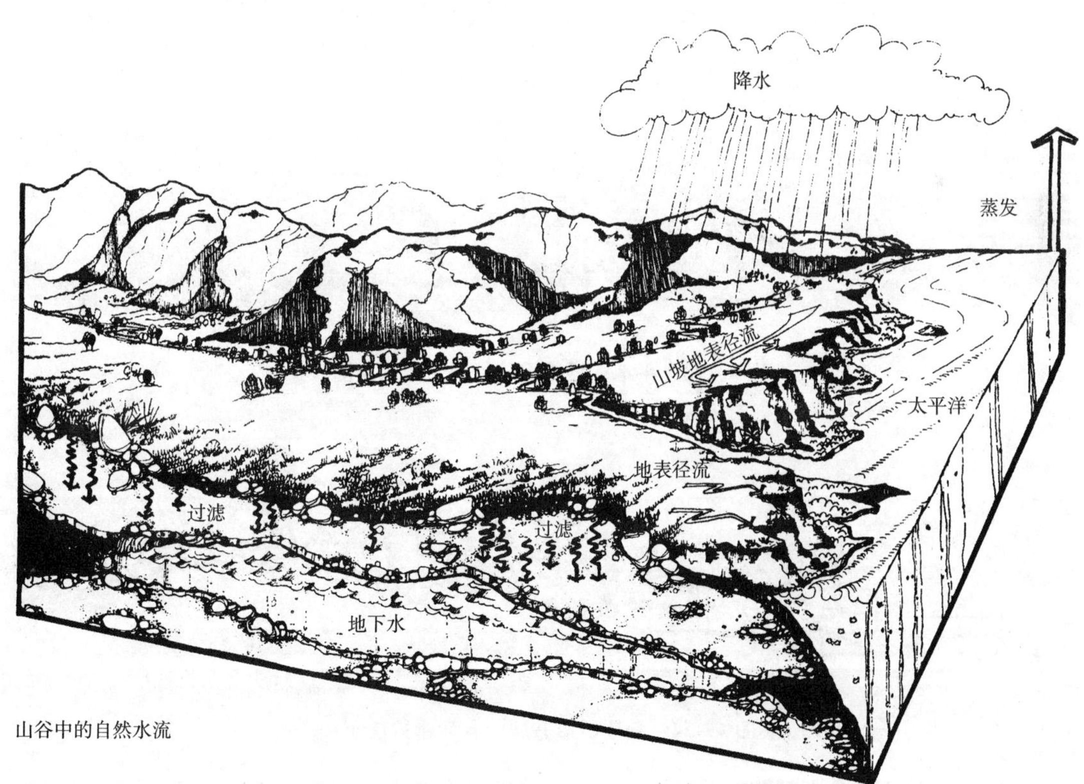

图4-21　各种地形的组合所形成的自然水流循环

艾莉森溪流开发案例研究，项目研讨606号，波莫纳的加利福尼亚州立理工大学建筑系（Lyle，1985）

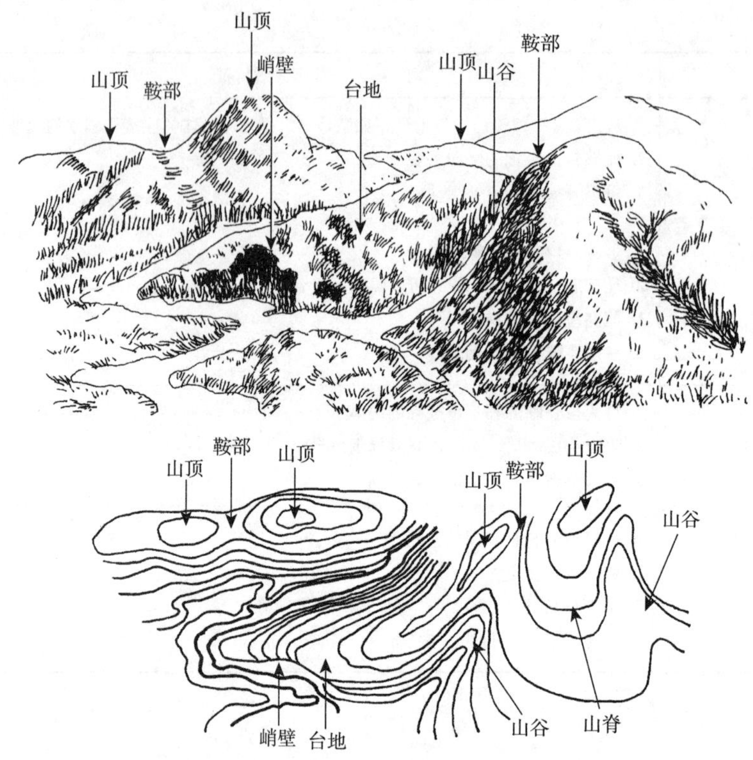

图 4－22　各地形示意图

图 4－23　平地、缓坡、陡坡、山体示意图

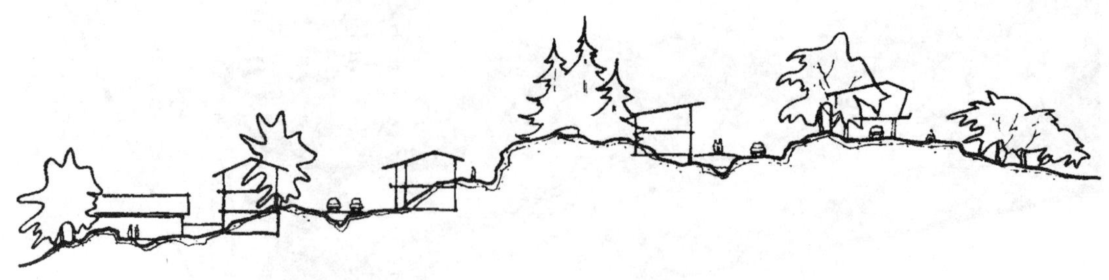

图 4－24　顺应地形开展的各类建筑活动

三、园林地形的表现方式

1. 等高线法

是地形最基本的图示表示方法。等高线法是以某个参照水平面为依据，用一系列等

图 4-25　扬州个园假山石景观

距离假想的水平面切割地形后所获得的交线的水平投影图表示地形的方法。两条相邻等高线之间的垂直距离称为等高距；水平投影图中两相邻等高线之间的垂直距离称为等高线平距。地形等高线图上只有标注比例尺和等高距后才能解释地形（见图 4-26）。

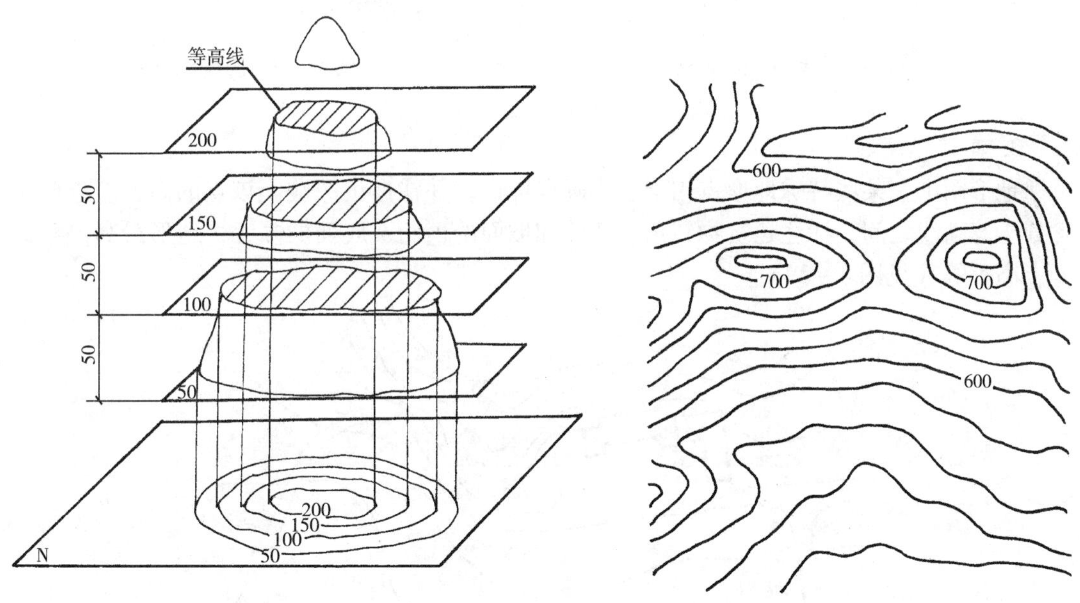

图 4-26　地形等高线图

2. 坡级法

是用坡度等级表示地形的陡缓和分布的方法。此法较直观，便于了解和分析地形，常用于基地现状和坡度分析图中。坡级法绘制地形的步骤是：首先，定出坡度等级，即根据拟定的坡度值范围，用坡度公式 $\alpha = (h/l) \times 100\%$，算出临界平距 $l_{5\%}$、$l_{10\%}$ 和

$l_{20\%}$，划分出等高线平距范围；然后，用标注好的硬纸片或直尺去量找相邻等高线间的所有临界平距位置；最后，根据平距范围确定出不同坡度的范围内的坡面，并用线条或色彩加以区别。常用的区别方法有影线法和单色或复色渲染法（见图 4 –27、图 4 –28）。

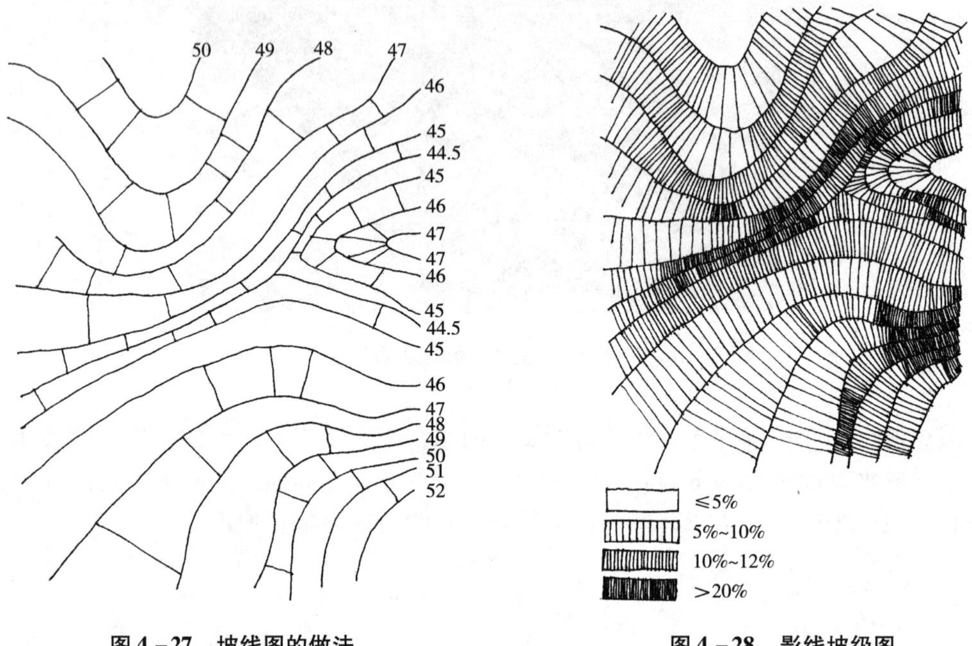

图 4 –27　坡线图的做法　　　　图 4 –28　影线坡级图

3. 高程标注法

地形图中，某些特殊地形点用十字或圆点标记，并在标记旁注上该点的高程。这些点常处于等高线之间，标注建筑物转角、墙体和坡面的顶面及底面的高程，地形最高点和最低点高程等（见图 4 –29）。

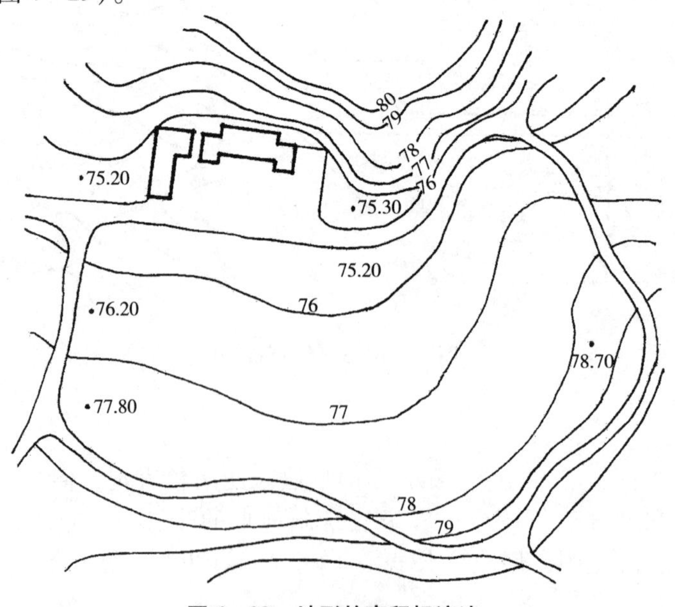

图 4 –29　地形的高程标注法

第二节　水体

水是风景园林设计中变化较多的要素，能形成不同的形状和态势，如自然的湖面、规则的水池、静态的湖泊、动态的瀑布喷泉等。东西方的园林景观都将水作为不可缺少的内容，东方园林水景崇尚自然的情境，西方园林水景则崇尚规整华丽，各具意趣。

一、水体的功能作用

1. 统一作用

水面作为景观基底时，可以统一许多分散的景点。例如，在苏州拙政园和杭州西湖中，众多的景点均以水面作底，形成良好的图底关系，从而使景观结构更加紧凑（见图4－30、图4－31）。

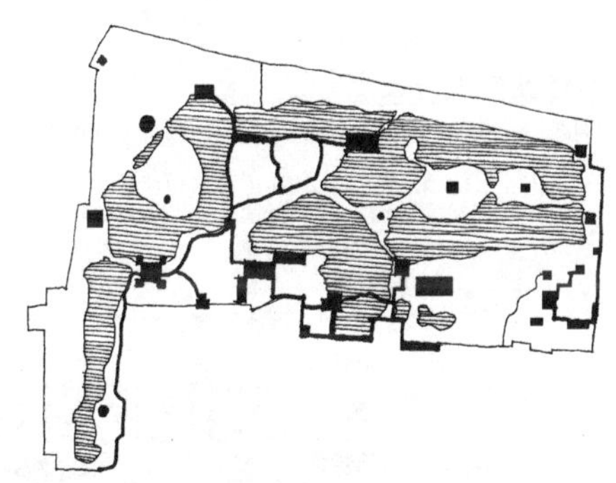

图4－30　拙政园中水体统一各分散的景点

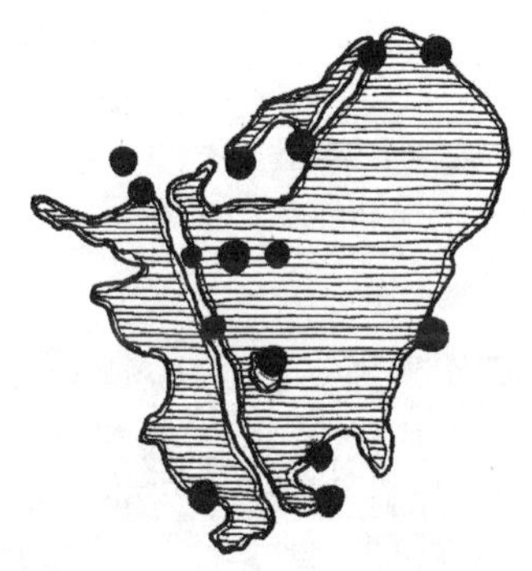

图4－31　水体的统一作用在杭州西湖中的体现

2. 系带作用

水体可以连接不同的园林空间，避免景观分散。例如，扬州瘦西湖风景区就是以瘦西湖作为联系纽带，将各个分散的景点联系起来，从而形成优美的景观序列（见图4－32、图4－33、图4－34）。

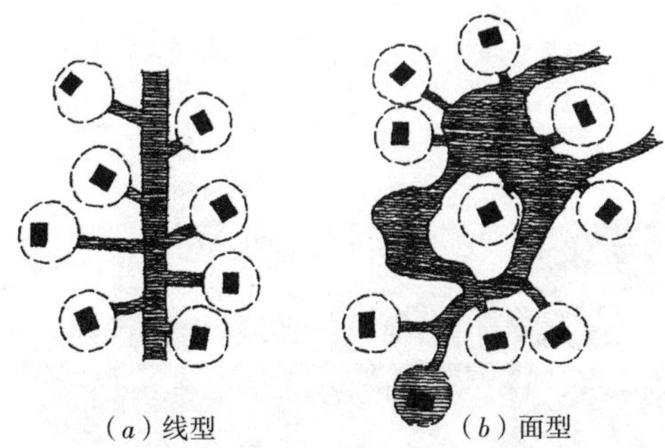

（*a*）线型　（*b*）面型

图4－32　水体的系带作用示意图

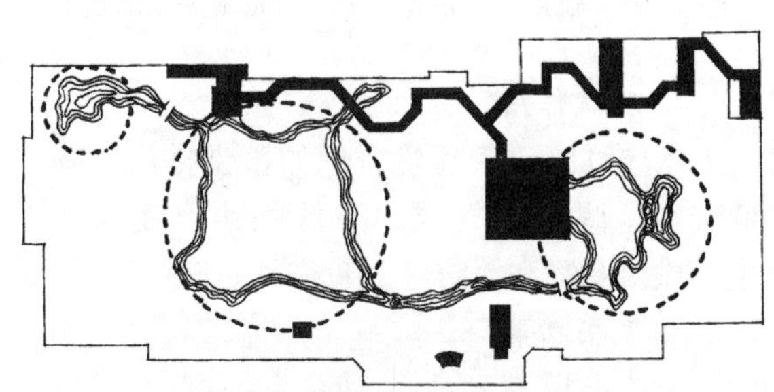

图4－33　瞻园中水体连接各景点

3. 景观焦点作用

一些动态的水景如喷泉、瀑布、水帘和水墙等，其特殊的形态和声响常常引人注意，有时结合环境小品而成为景观的焦点（见图4－35、图4－36）。

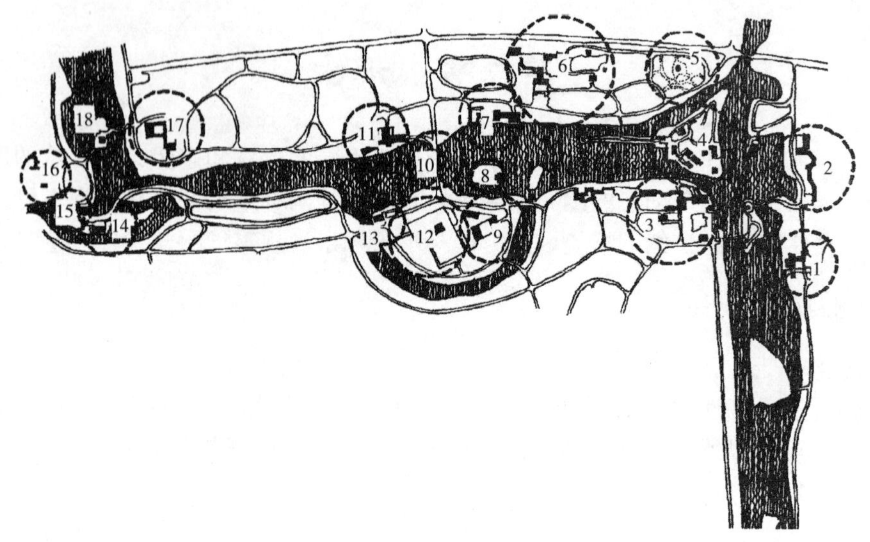

图4－34　扬州瘦西湖水体连接沿岸景点

1—荷薄薰风；2—四桥烟雨；3—徐园；4—小金山；5—牡丹园；6—天香岭；7—春水廊；8—凫庄；9—法海寺；10—五亭桥；11—白塔晴云；12—白塔；13—回水轩；14—平流涌泉；15—二十四桥；16—熙春台；17—望春楼；18—湖心亭

图4－35　借助于地形建造的水景形成景观的焦点

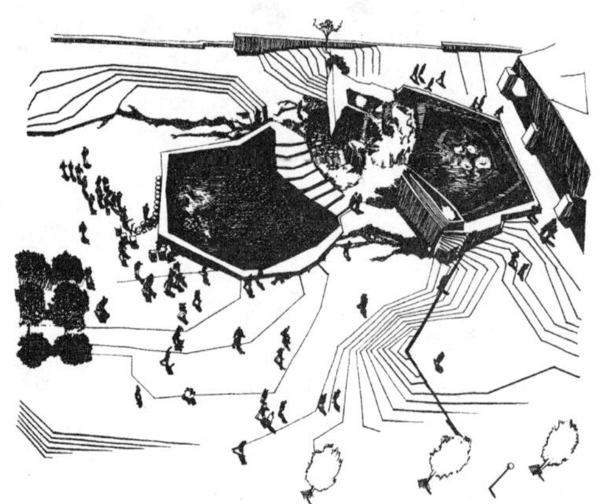

图4－36　拉夫乔伊广场水景鸟瞰图

4. 环境作用

水体可以改善环境，例如蓄洪排涝、降低气温、调节小气候、降低噪声、吸收灰尘、供给灌溉和消防等（见图4－37）。

5. 实用功能

水体可以养殖水生动物和种植水生植物，还可以为人们提供垂钓、游泳、戏水、泛舟和赛艇等各种娱乐活动场所（见图4－38、图4－39）。

图4－37　可以降低城市噪声的瀑布

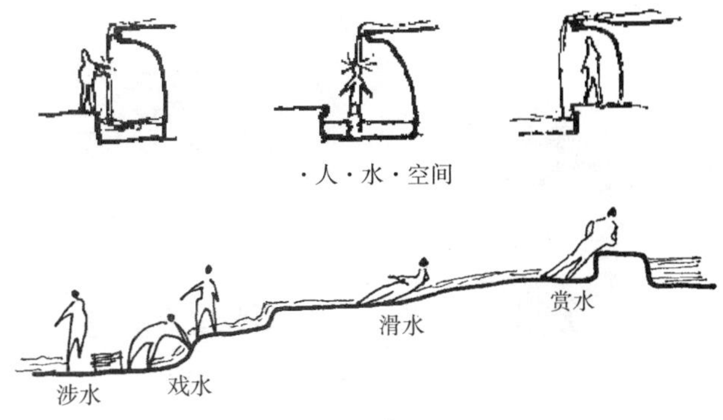

图 4－38　人、水、空间

图 4－39　戏水涌泉（丁绍刚摄）

二、水体的类型及景观特性（图 4－40）

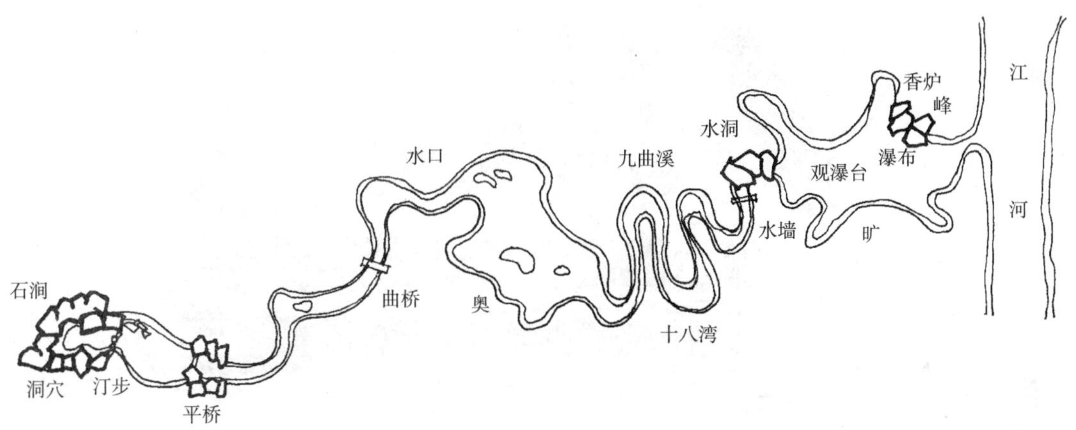

图 4－40　水体的类型

（一）按水体边界形态分

1. 自然式水体

水体的边界自然曲折多变，如天然的或模仿天然的湖泊、河流、溪涧、泉瀑等。自然式园林常采用这类水体，如中国古典园林、英国自然风景园及现代城市公园（见图 4－41）。

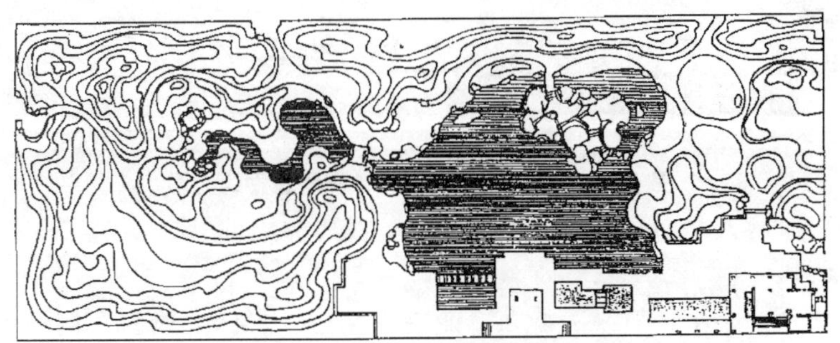

图 4－41　某庭园中的自然式水体

2. 规则式水体

水体的边界呈规则的几何形状，如规整的水池、水渠、几何形的喷泉、瀑布等。西方古典园林中常常采用矩形或圆形水池、水盘或水钵等，城市开放空间也常采用规则式水景，从而与周边硬质环境取得统一感（见图4－42、图4－43）。

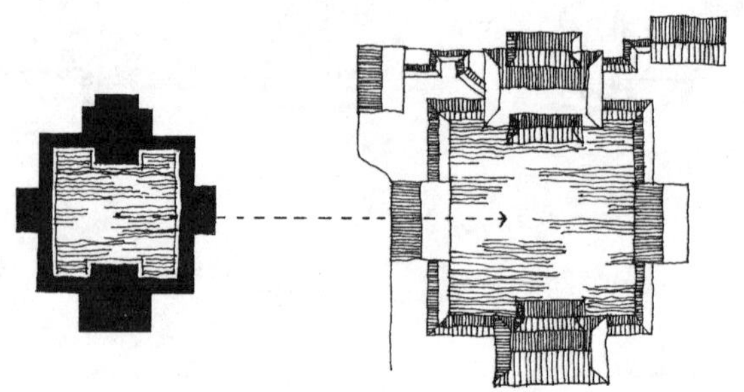

图4－42　中国古典园林中规则式水体

（二）按水流的状态分

1. 静态的水

如湖泊、水池，能反映出周边景观以及建筑的倒影，给人宁静、开朗或幽深的感受（见图4－44）。

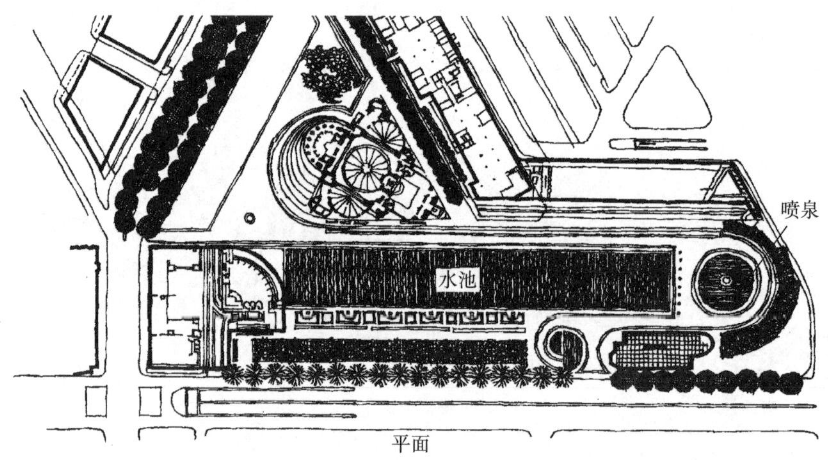

图4－43　城市开放空间中规则式的水池和喷泉

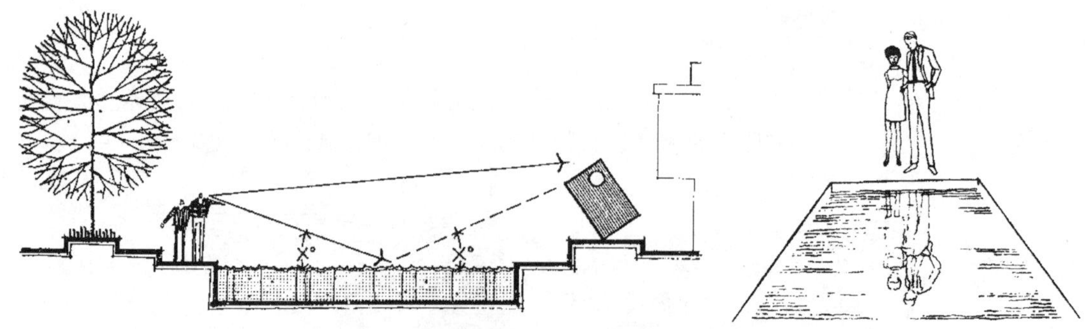

图4－44　静态的水可以反映周围景物的倒影

2. 动态的水

如河流、溪涧、叠水、喷泉、瀑布，能给人动感、轻快、愉悦、刺激或震撼的感受（见图4－45）。

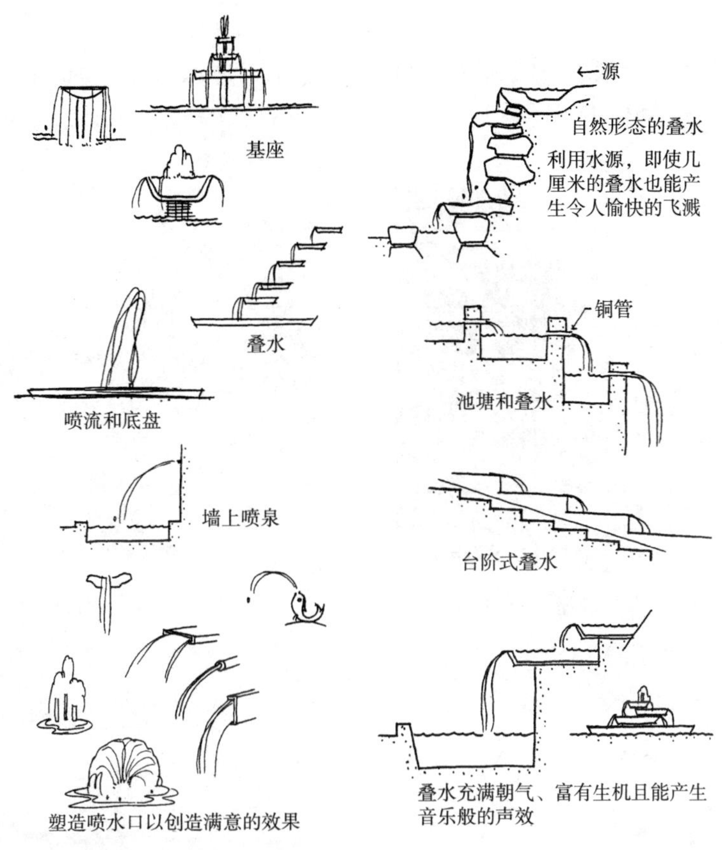

图 4－45 动态水的各种形式

三、园林水景相关要素

1. 驳岸

驳岸具有防护堤岸、防洪泄洪的作用，驳岸的处理能够直接影响到水景的面貌，由于人们易于接近，其自身的形式和材质往往成为景观的重要组成部分。驳岸分为自然式和规整式两类，自然式驳岸有草坡、自然山石和假山石驳岸，规整式驳岸有石砌和混凝土驳岸（见图 4－46、图 4－47、图 4－48、图 4－49）。

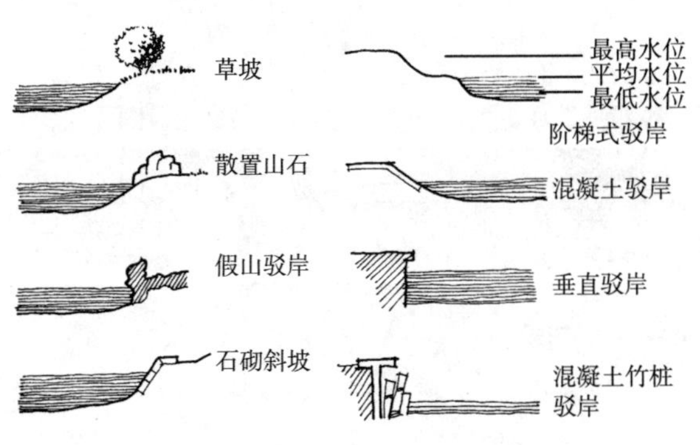

图 4－46 驳岸的各种形式

图 4－47 苏州留园假山石驳岸（麻欣瑶摄）

2. 堤

堤可将较大水面分割成不同区域，又能作为通道，使人亲近水体，例如杭州西湖的白堤和苏堤（见图4－50、图4－51）。

图4－48　混凝土和草坡驳岸（丁绍刚摄）

图4－49　驳岸（丁绍刚摄）

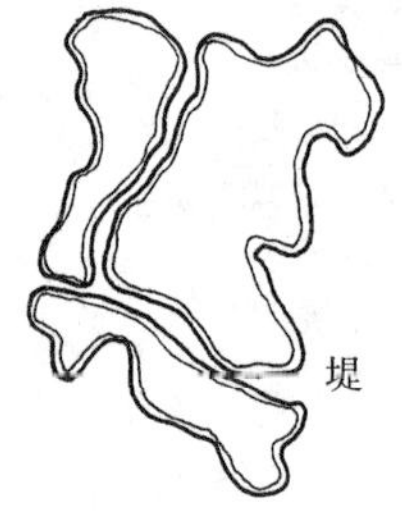

图4－50　杭州西湖的白堤和苏堤

图4－51　绍兴镜湖的长堤（麻欣瑶摄）

3. 桥

桥可以分隔和联系水面，又是道路交通的组成部分。桥的形式和材质多种多样，有拱桥、曲桥、廊桥、吊桥，木桥、石桥、竹桥、索桥等，因此常常成为风景构成的点睛之笔，例如颐和园的十七孔桥。有些桥还具有游乐功能，如桥趣园的独木桥和滚筒桥等（见图4－52、图4－53、图4－54、图4－55、图4－56）。

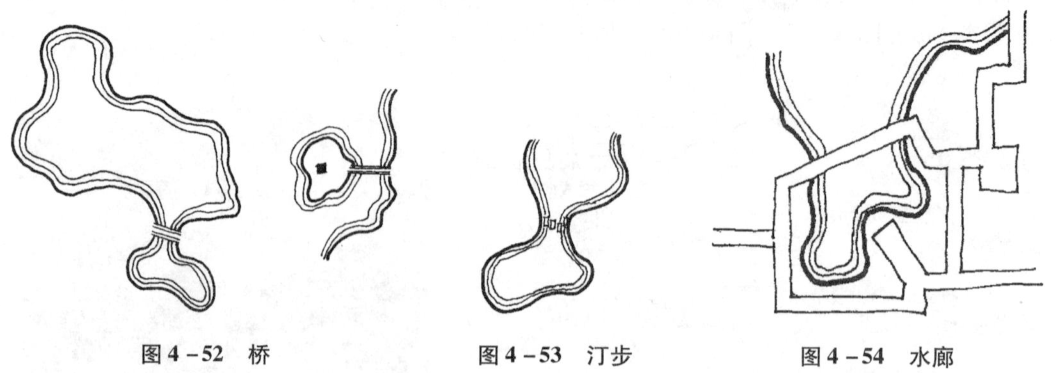

图4－52　桥　　图4－53　汀步　　图4－54　水廊

图 4 -55　汀步（丁绍刚摄）

图 4 -56　景桥（丁绍刚摄）

四、水体的表现方式

（1）线条法：可将水面全部用线条均匀布满，也可以局部留空白或局部画线条。线条可采用波纹线、直线或曲线。

（2）等深线法：在靠近岸线的水面中，依岸线的曲折做两三根类似等高线的闭合曲线，成为等深线。此法常用于不规则水面。

（3）平涂法：用色彩平涂水面的方法。可类似等深线效果，水岸附近色彩较深，水体中部色彩较浅。

（4）添景法：利用与水面相关的一些内容来表现水面。如水生植物、船只、驳岸和码头、水纹等（见图 4 -57）。

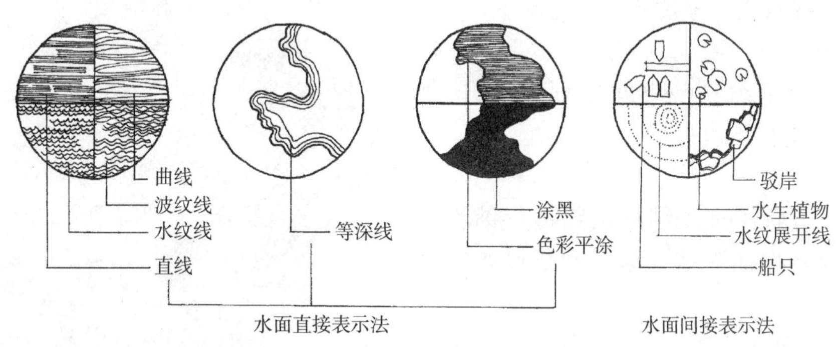

图 4 -57　水体的表现形式

第三节　园路及场地

园林道路是风景园林的骨架和脉络，是联系各景点的纽带。园路具有交通、引导、组织空间、划分景区等功能，园路的布局、宽度应满足人车通行、消防和综合管线排布的需要。园林场地是交通集散、开展各类活动和进行生产管理的硬质开敞区域。园路和园林场地应考虑造景、提供活动和休息场所、组织排水等功能作用，其铺面材料及纹样应体现景观的要求。园路和园林场地还应充分考虑无障碍设计的要求。

一、园路

（一）园路的功能作用

1. 组织交通

园路具有与城市道路相连、集散疏通园区内人流与车流的作用（见图4－58）。

图4－58　园路组织交通的作用

2. 引导游线

园路可以引导人们到达各个景点景区，从而形成游赏路线（见图4－59）。

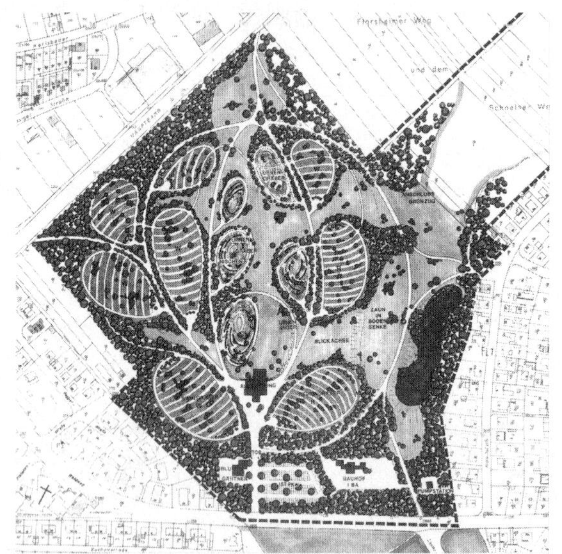

图4－59　园路引导游线的作用

3. 组织空间

园路可以组织景观空间序列的展开，又起到分景的作用。

4. 工程作用

许多水电管网都是结合园路进行铺设的，因此园路设计应结合综合管线设计同时考虑。

（二）园路的分类

1. 主园路

是从园区入口通向各主要景区中心，通向各主要广场、建筑、景点及管理区，是大量游客和车辆通行的道路，同时满足消防安全的需求。宽度一般为4～6m。

2. 次园路

是主园路的辅助道路，分布于各景区内，通向各个主要建筑及景点。宽度3～4m。

3. 游步道

供游人散步休息的道路，引导游人深入园区各处，多自由布置，形式多样。宽度

1.2～2m，小径也可小于1m（见图4－60、图4－61、图4－62）。

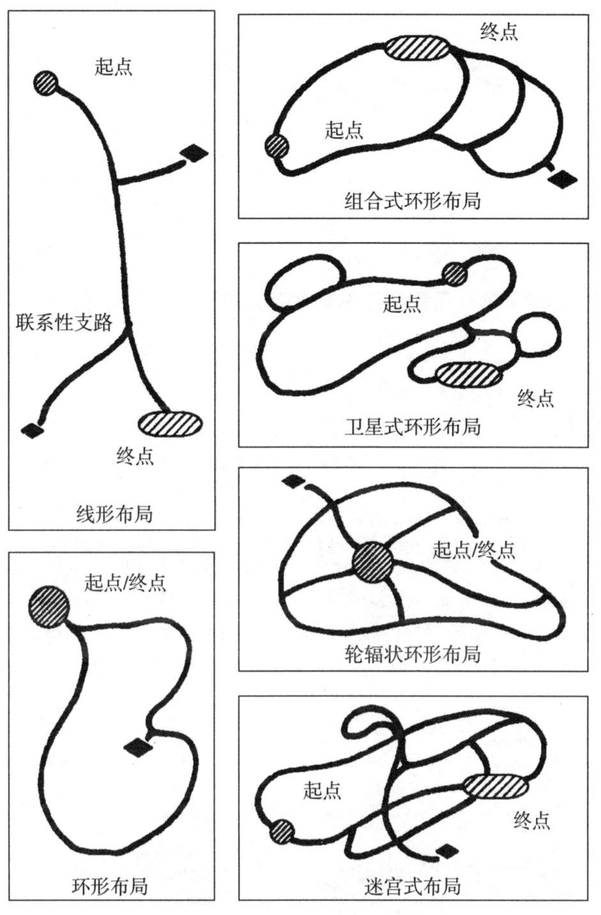

图4－60 园路的布局形式

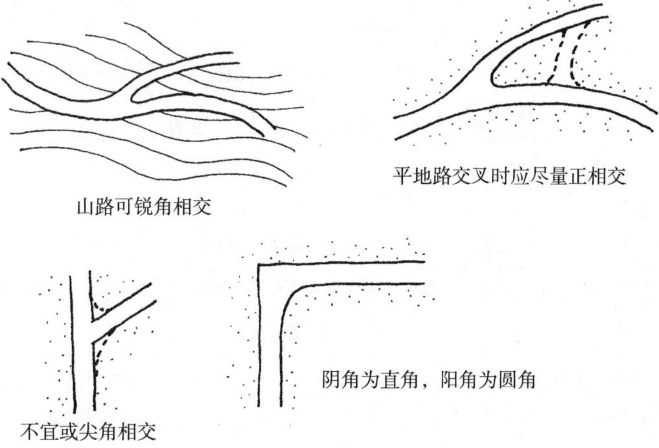

图4－61 园路相交转角的处理

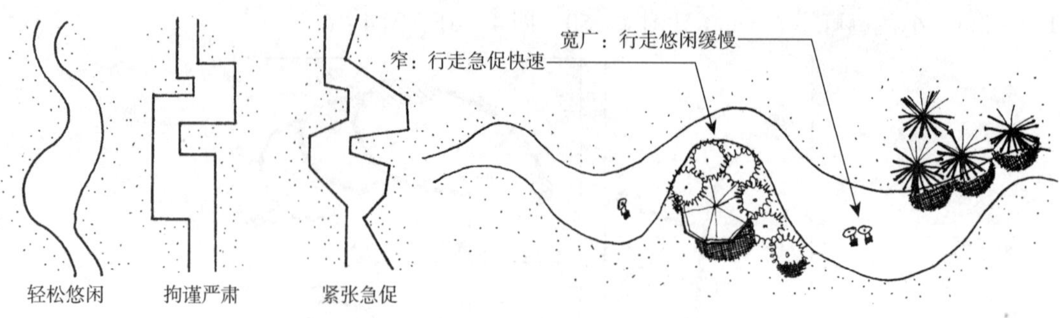

图 4－62　不同的园路形式可以带给游人不同的感受

（三）园路的铺面

1. 园路的铺面材料

沥青、混凝土、砖砌块、天然石、花岗岩、卵石、木材等（见图 4－63、图 4－64）。

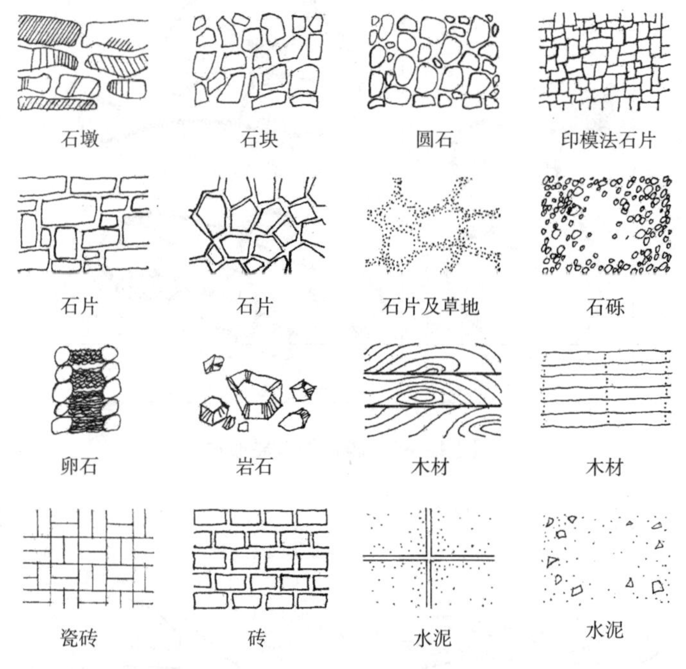

图 4－63　园路铺面材料平面图

2. 园路的铺面形式

单一色彩、条带、花街、特殊图案等（见图 4－65）。

二、场地

（一）场地的功能作用

1. 景观构建作用

场地铺装的材料和色彩纹样能够丰富场地的景观变化，成为视觉的焦点，场地中的景观小品、建构筑物，能够增强空间感，丰富广场的立面形象。

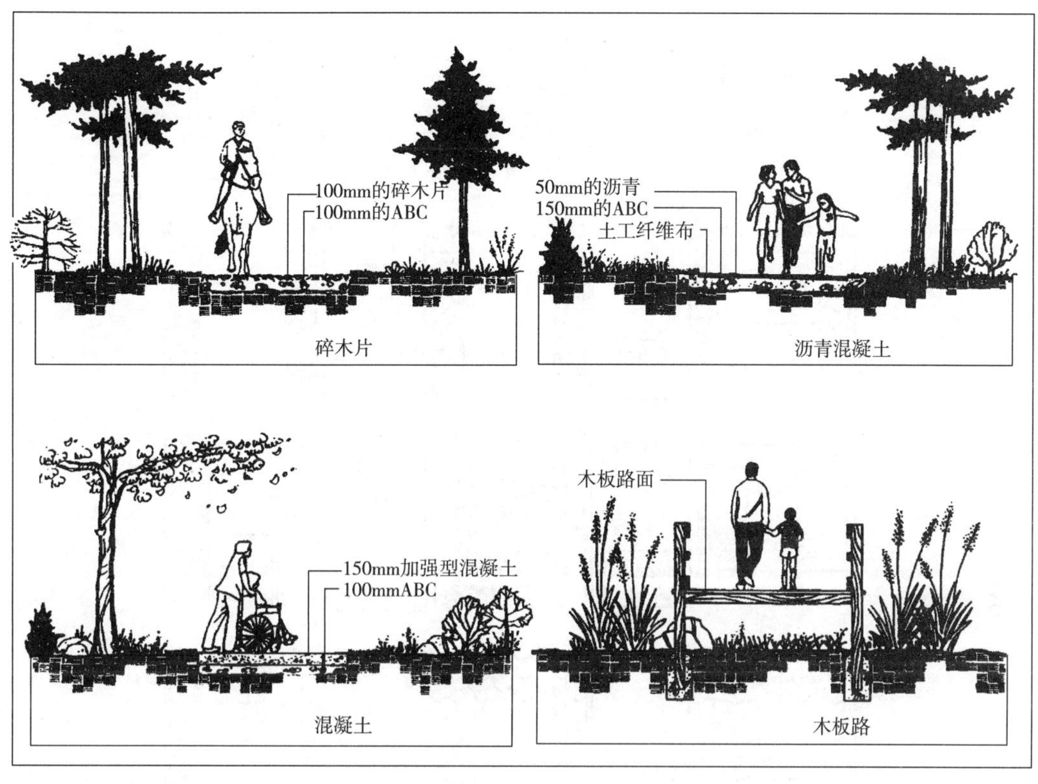

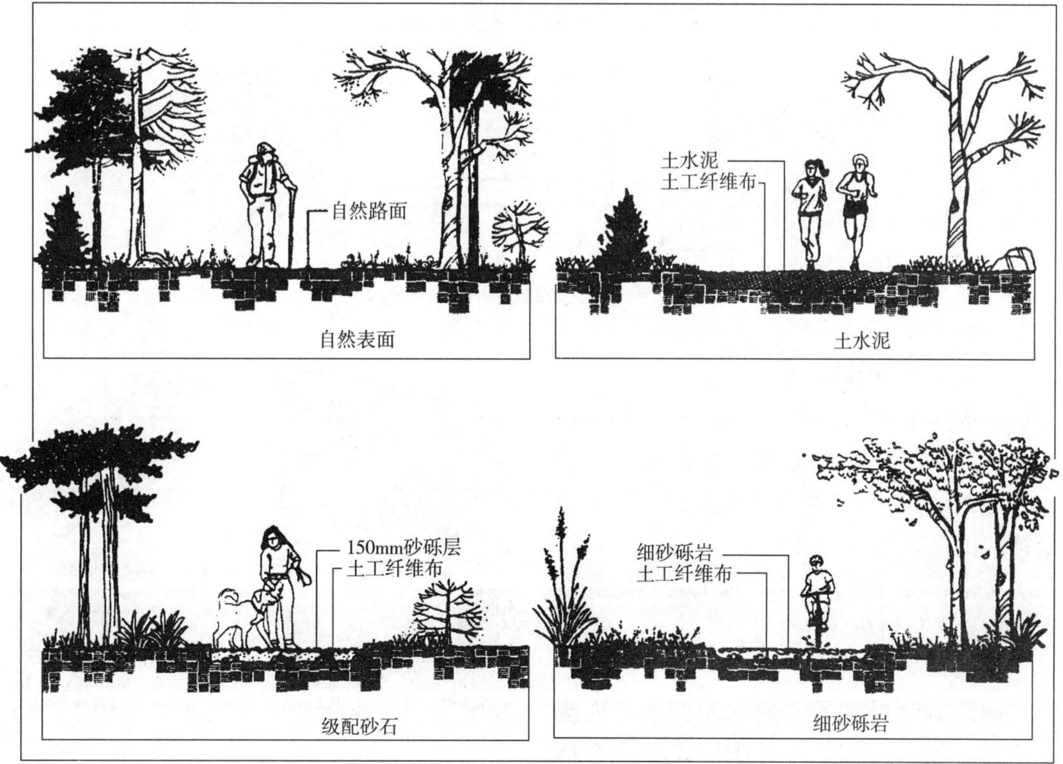

图 4－64　园路铺面材料剖面图

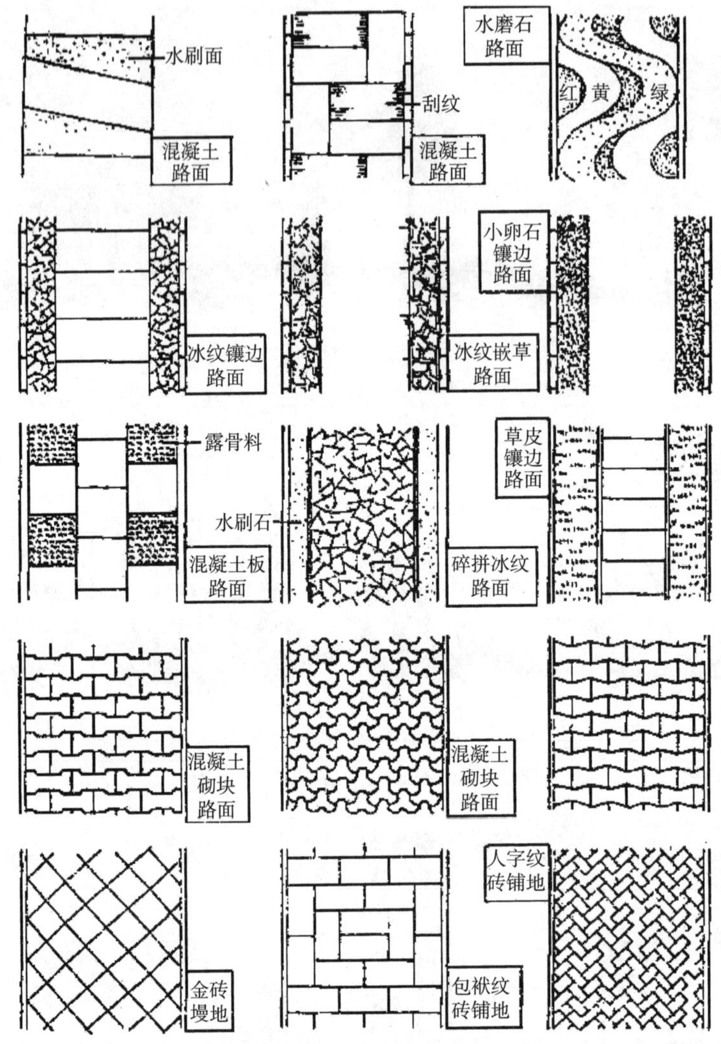

图 4－65　园路铺面形式示例

2. 人文构建作用

广场往往承载着所在区域的精神和文化特征，是场所精神和地方文脉的载体。例如，意大利圣马可广场是文艺复兴时期文化精神的代表（见图 4－66、图 4－67），都江堰水文化广场凝聚了中国西部的自然地貌特点和地方文化特色。

3. 实用功能

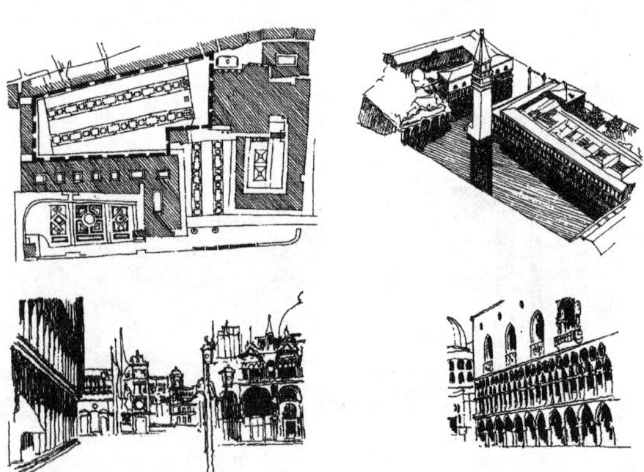

图 4－66　意大利圣马可广场

硬质场地提供了开敞空间，便于人流车辆的集散，还为地方节庆、大型文娱活动和各项展览活动及生产管理提供了场所

（见图 4－68、图4－69）。

图 4－67　意大利圣马可广场（丁绍刚摄）

图 4－68　场地上举行的民俗活动（丁绍刚摄）

（二）场地的类型

1. 交通集散广场

主要起组织人流、分散人流的作用，一般不考虑游人长久停留休息，如出入口广场、建筑前广场（见图 4－70）。

图 4－69　场地的人流和车辆集散分析

图 4－70　建筑前场地起到组织分散人流的作用

2. 游息活动广场

供人们开展各种休闲游憩活动的场地。

3. 停车场

供车辆停留的场地（见图 4－71）。

4. 生产管理场地

供园务管理、生产需要的场地。

（三）场地的铺面形式（见图 4－72、图 4－73、图 4－74、图 4－75）

1. 场地的铺面材料

与道路铺面材料相似。

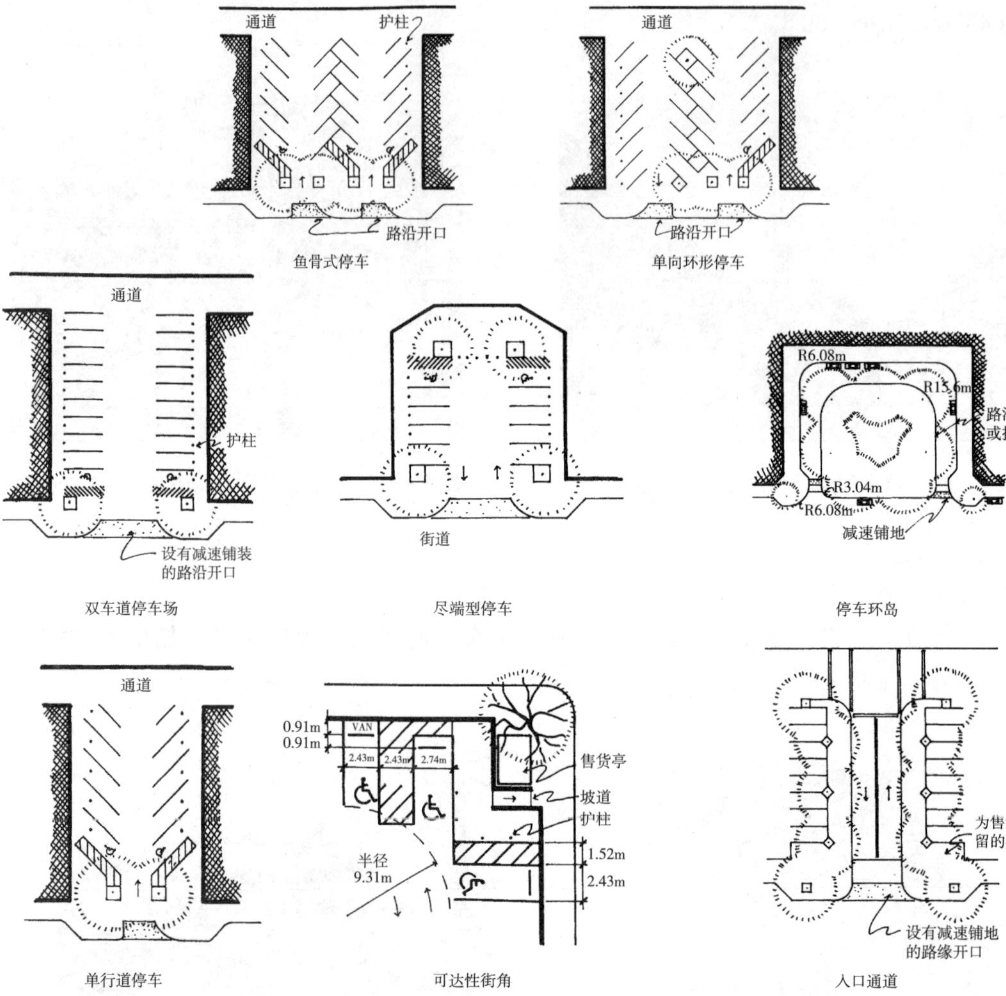

鱼骨式停车　　单向环形停车

双车道停车场　　尽端型停车　　停车环岛

单行道停车　　可达性街角　　入口通道

图 4 -71　不同形式的停车场设计

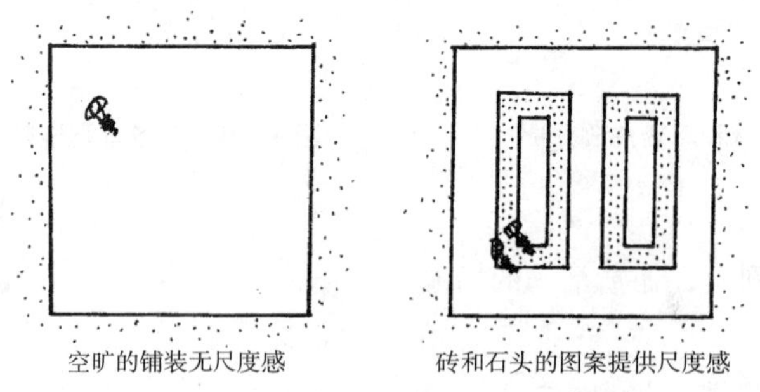

空旷的铺装无尺度感　　砖和石头的图案提供尺度感

图 4 -72　场地铺面图案影响空间的比例

2. 场地的铺面形式

单一色彩、条带、艺术铺地等（见图 4 -76、图4 -77、图4 -78、图 4 -79、图 4 -80）。

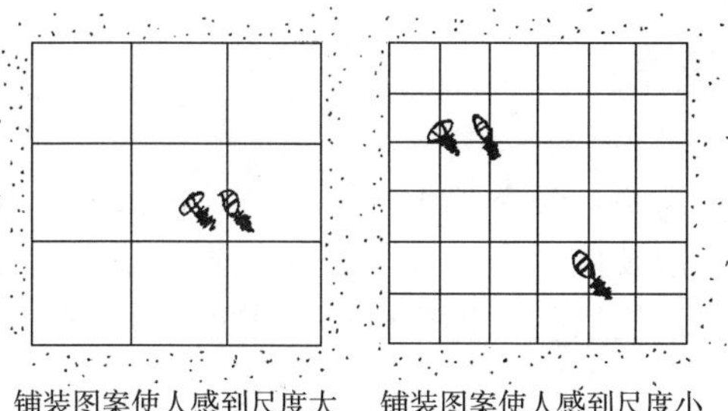

图 4－73　场地铺面形式影响空间的尺度

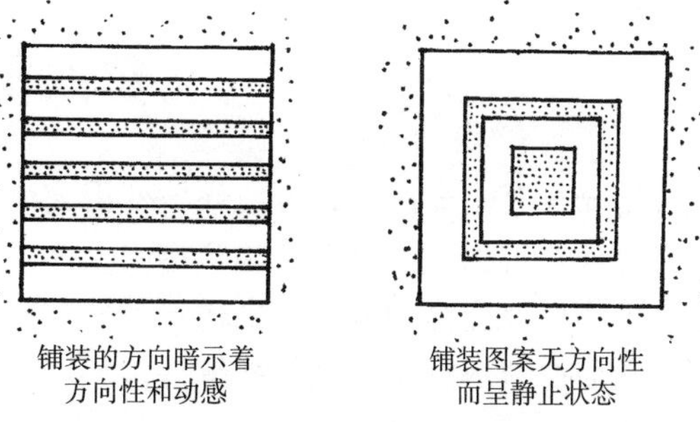

图 4－74　铺装的动感和静感

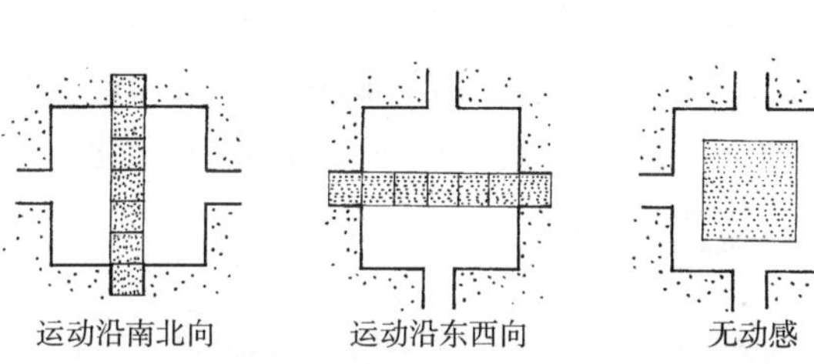

图 4－75　铺装图案暗示十字路口的运动方向性

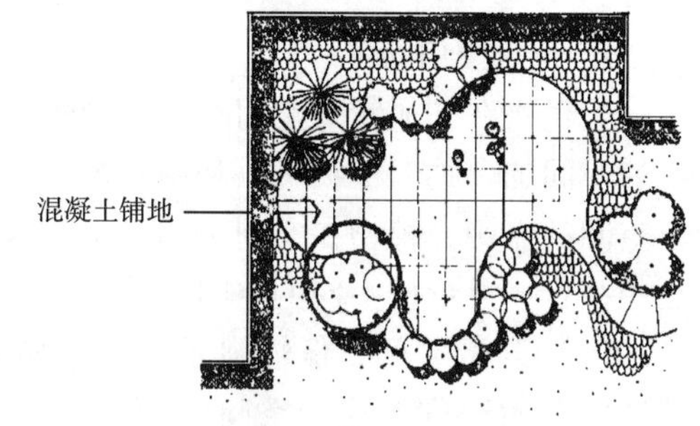

图 4－76　混凝土材料适合自然形状的铺地

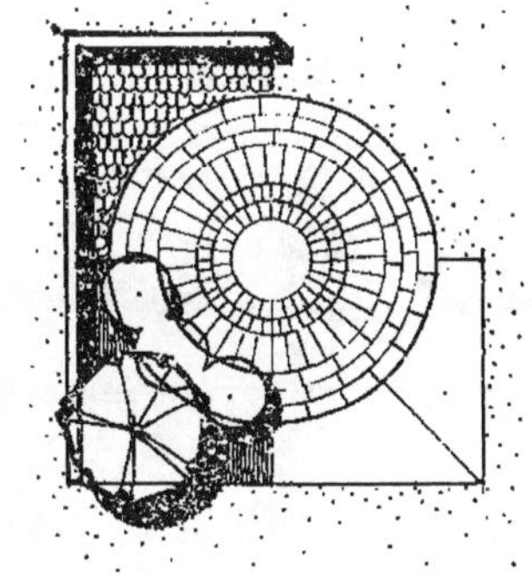

图 4－77　混凝土砖形成圆形图案

图 4－78　丹·凯利设计的某广场铺面形式

图 4－79　玛莎·施瓦茨设计的地面铺装图案

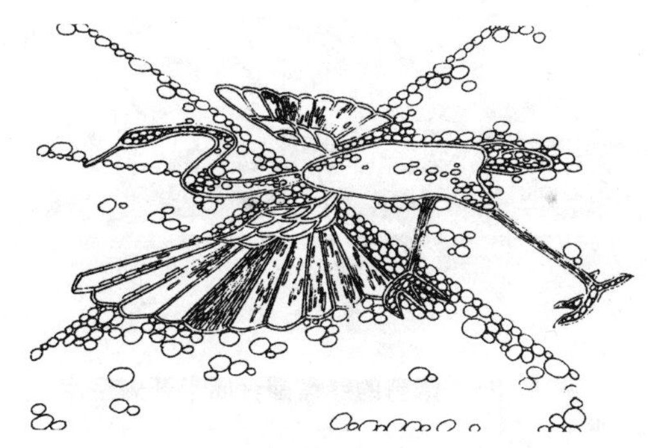

图 4－80　中国古典园林中的拼花铺面

第四节　植物

植物具有生命活力，可使环境变得充满生机和美感，是景观中最富于变化的元素。植物具有观赏价值，可以软化建筑空间，为呆板的城市硬质空间增添丰富的色彩和柔美的姿态。植物可以充当构成要素来构建室外空间，遮挡不佳景物，还可以调节温度、光照和风速，从而调节区域小气候，缓解许多环境问题。

一、园林植物的功能作用

1. 构建空间功能

指植物在构成室外空间时，如同建筑物的地面、天花板、墙壁、门窗一样，是室外环境的空间围合物。植物可以利用其树干、树冠、枝叶控制视线、控制私密性，从而起到构成空间的作用，植物在空间中的3个构成面（地面、垂直面、顶平面），以各种变化方式互相结合，可形成不同的空间形式。

（1）开敞空间：低矮灌木与地被植物可形成开敞空间。这种空间四周开放，外向，无隐秘性，完全暴露（见图4－81）。

图4－81　低矮的灌木和地被植物形成开敞空间

（2）半开敞空间：一面或多面受到较高植物的封闭，限制了视线的穿透，可形成半开敞空间。这种空间与开敞空间相似，不过开放程度较小，具有一定的方向性和隐秘性。如一侧大灌木封闭的半开放空间或两侧封闭的封闭空间（见图4－82、图4－83）。

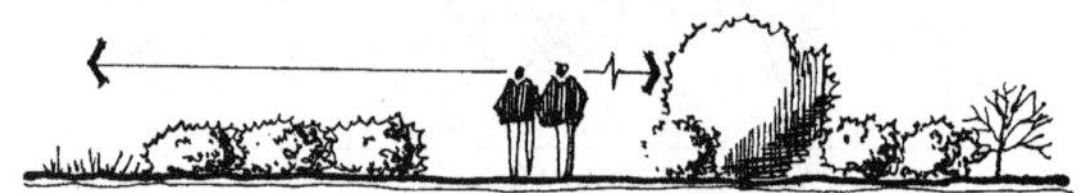

图4－82　大灌木、小灌木形成半开敞空间

（3）覆盖空间：利用具有浓密树冠的遮荫树可构成顶部覆盖、四周开敞的覆盖空间。这种空间类似于森林环境，由于光线只能从树冠的枝叶空隙及侧面渗入，因此在夏季显得阴暗幽闭，而冬季落叶后则显得明亮开敞（见图4－84）。

图4－83　修剪的绿篱围合成半开敞空间

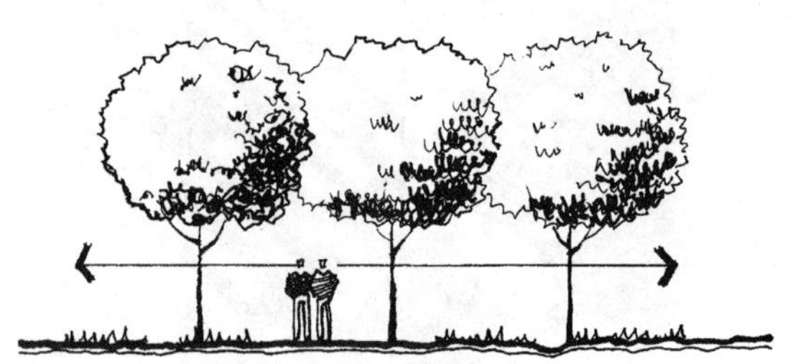

图4－84　大乔木形成的覆盖空间

（4）垂直空间：利用高而密的植物可构成一个四周直立、朝天开敞的垂直空间，这种空间能够阻止视线发散，控制视线的方向，因此具有较强的引导性（见图4－85、

图4－86、图4－87、图4－88）。

（5）封闭空间：这种空间与覆盖空间相似，区别在于四周均被小型植物封闭，形成阴暗、隐秘感和隔离感极强的空间（见图4－89）。

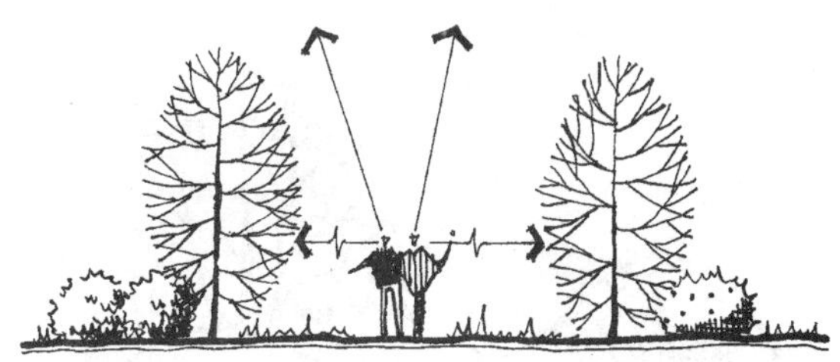

图4－85　大乔木、小灌木形成封闭垂直面，开敞顶平面的垂直空间

在室外环境中，植物如同门、墙，可以引导游人进出与穿越各个空间，引导或阻止视线；可以缩小或扩大空间，形成欲扬先抑的空间序列（见图4－90）；可以增强或削弱地形变化（见图4－91）；还可以通过围合和连接，改善由建筑构成的空间（见图4－92）。

图4－86　建筑和植物组合形成垂直空间

图4－87　大乔木成行、成列种植形成垂直空间

图4－88　大乔木成多行种植形成垂直空间的空间序列

图4－89　各种植物组合形成完全封闭的空间

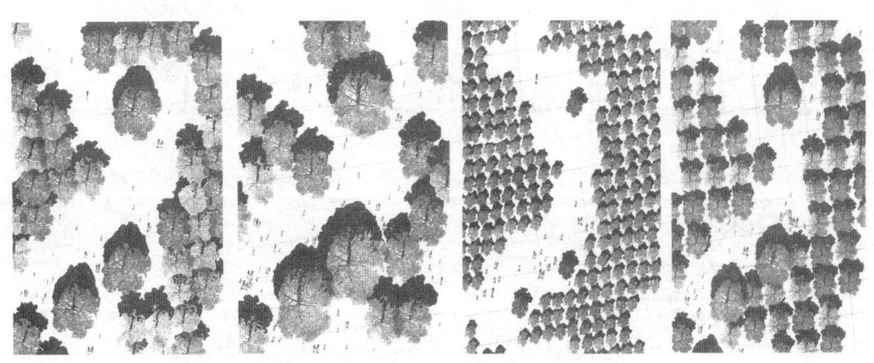

图4－90　欲扬先抑的空间序列

种植与地形改造结合来创造景观趣味

图 4－91 增强或削弱地形变化

2. 观赏功能

植物的观赏功能主要反映在植物的大小、外形、色彩、质地等方面。

(1) 植物的大小

直接影响空间的范围和结构关系、影响设计的构思与布局。例如，乔木形体高大，是显著的观赏因素，可孤植形成视线焦点，也可群植或片植；而小灌木和地被植物相对矮小浓密，可成片种植形成色块模纹或花境。

图 4－92 建筑构成的空间

(2) 植物的外形

植物的外形多种多样，大体可归纳为下面 7 种（见图 4－93，表 4－2）：

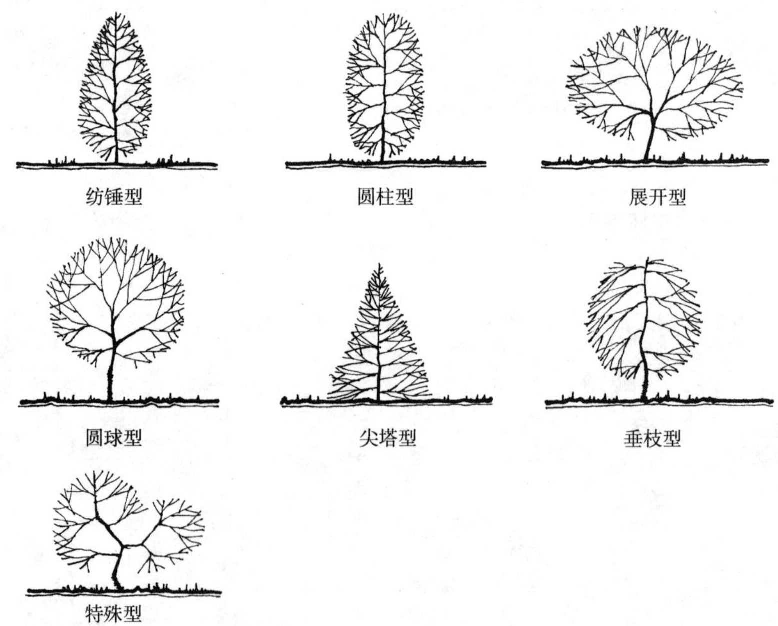

图 4－93 常见树的基本类型

植物的外形　表4-2

基本类型	特征及应用
纺锤形	形态细窄长，顶部尖细；有较强的垂直感和高度感，将视线向上引导，形成垂直空间；如龙柏
圆柱形	形态细窄长，顶部为圆形；如紫杉
水平展开形	水平方向生长，高和宽几乎相等；展开形状及构图具有宽阔感与外延感；如鸡爪槭、二乔玉兰
圆球形	圆球形外形，外形圆柔温和，可以调和其他外形；如桂花、香樟
尖塔形	圆锥形外形，可形成视觉的焦点；如雪松
垂枝形	具有悬垂或下弯的枝条；如垂柳、龙爪槐
特殊形	具有奇特的外形，如歪扭式、多瘤节、缠绕式、枝干扭曲等，可成为视觉的焦点；如盆景植物

（3）植物的色彩

植物的色彩具有情感象征，引人注目，直接影响着一个室外空间的气氛与情感，鲜艳的色彩给人轻快、欢乐的气氛，而深暗的色彩则给人郁闷、幽静、阴森沉闷的气氛。植物色彩是通过树叶、花朵、果实、枝条、树皮等各个部分呈现出来，并随季节和植物年龄变化而变化的（见图4-94）。

（4）植物的质地

根据树叶的形状（针叶、阔叶）和持续性（落叶、常绿）可以将植物分为以下几类：落叶阔叶、常绿阔叶、落叶针叶、常绿针叶。落叶阔叶植物种类繁多，用途广泛，夏季可用于遮荫，冬季产生明亮轻快的效果。常绿阔叶植物色彩较浓重，季节变化微小，可以作为浅色物体的背景。落叶针叶植物多树形高大优美，叶色秋季多为古铜色、红褐色，如水杉、落羽杉、池杉。常绿针叶植物多为松柏类，常给人端庄厚重的感觉，有时也会产生阴暗、凝重之感。

3. 生态功能（图4-95）

（1）净化空气、水体和土壤（见图4-96、图4-97、图4-98、图4-99）。

① 吸收二氧化碳、放出氧气；

② 吸收有害气体；

③ 吸滞烟灰和粉尘；

④ 减少空气中的含菌量；

⑤ 净化水体；

⑥ 净化土壤。

（2）改善城市小气候（见图4-100、图4-101、图4-102、图4-103、图4-104）。

图 4-94 植物的色彩

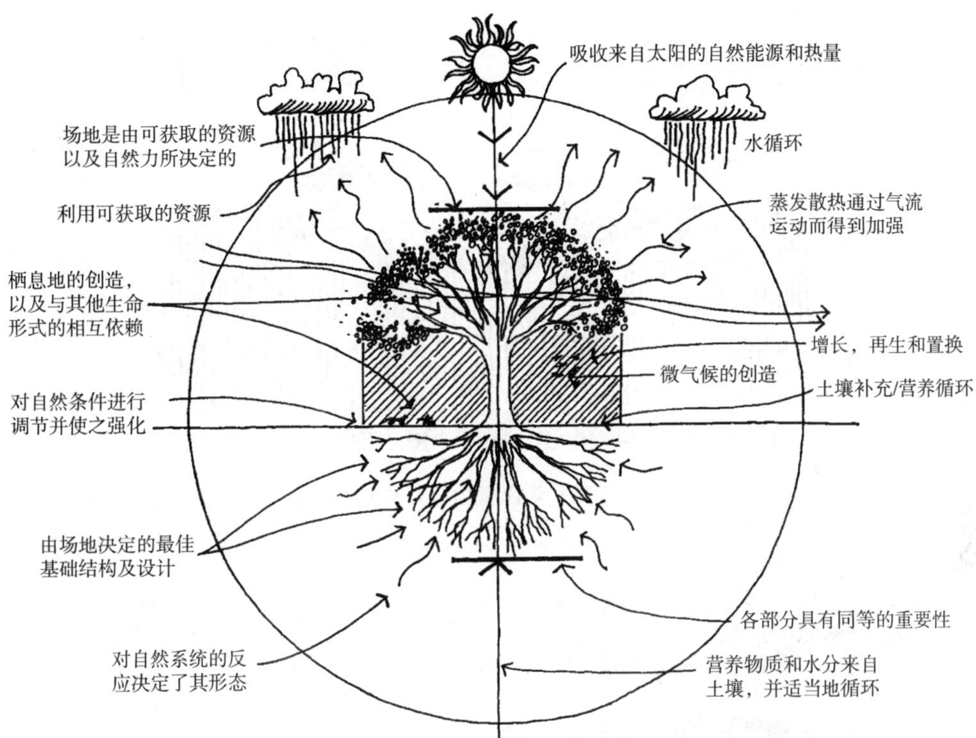

图 4 –95　植物面向设计的自然系统模型（美国公园局，1995）

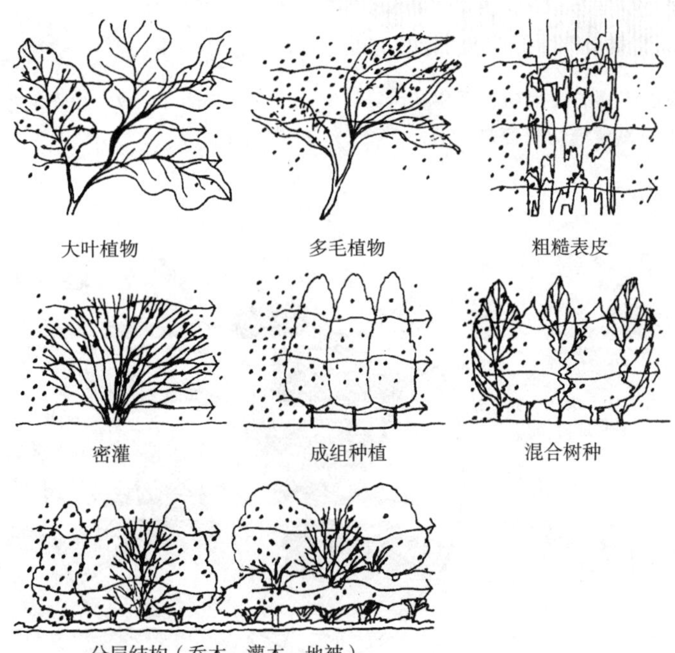

图 4 –96　植物对污染颗粒物的过滤作用

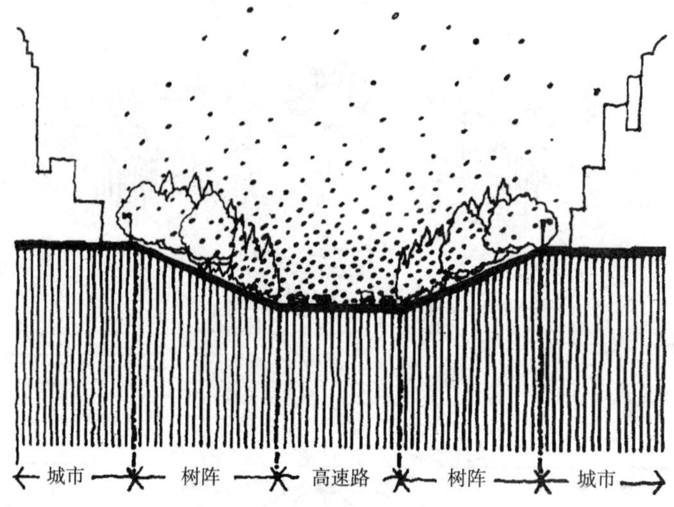

图 4 –97　倾斜的高速路护坡隔离林带有助于过滤空气中的污染物

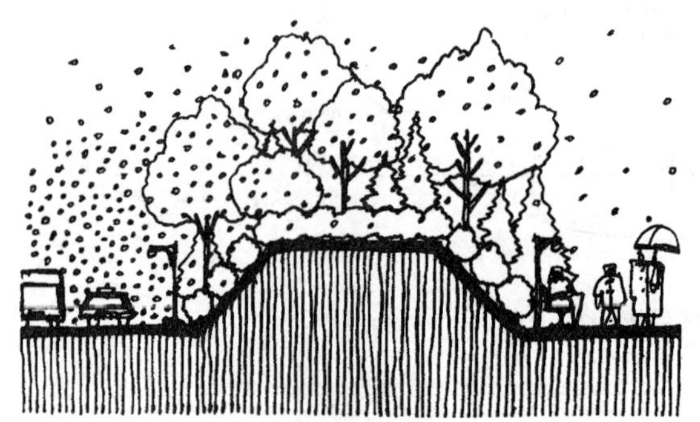

图 4 –98　对污染很敏感的使用功能区和高污染区域之间设置植物隔离带

图 4 –99　植物的根系能净化地下水

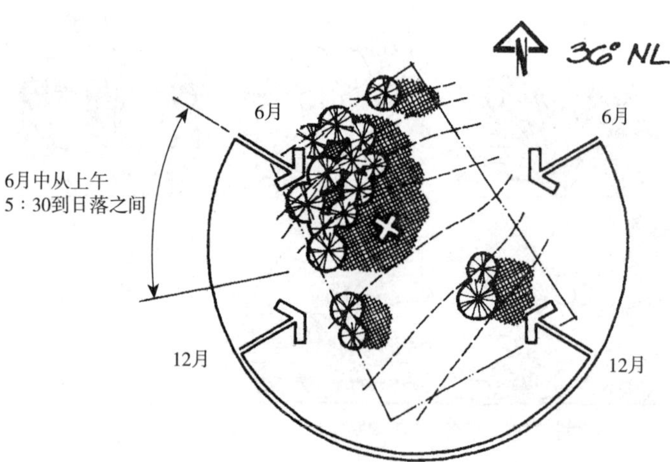

图 4 –100　树木位于西面的高处，强化了其遮阴能力

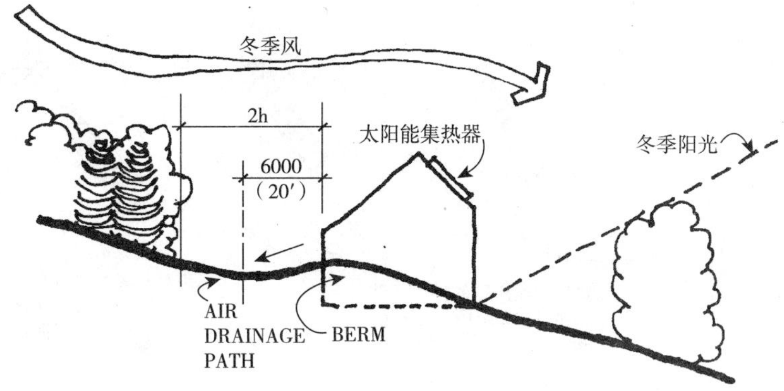

图 4－101　植物距离建筑合适的距离能够形成区域范围内良好的小气候

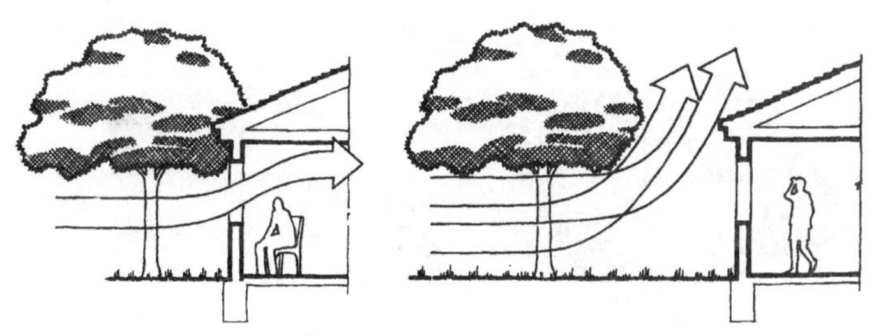

图 4－102　树木距离建筑物窗外合适的距离可以引导气流进入屋内

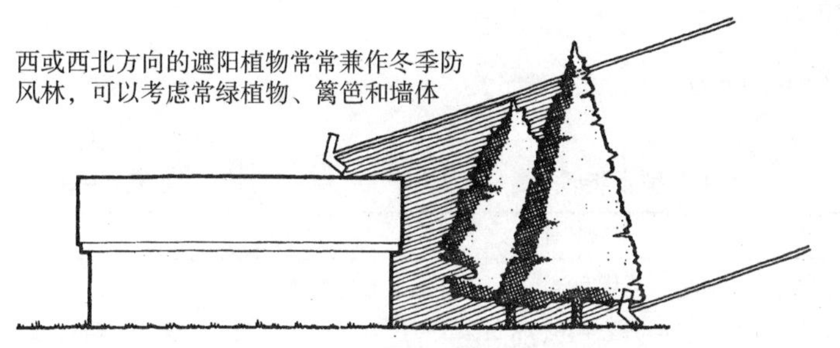

图 4－103　在房子的西侧种植高密度的树木、灌丛和绿篱来遮挡下午的阳光

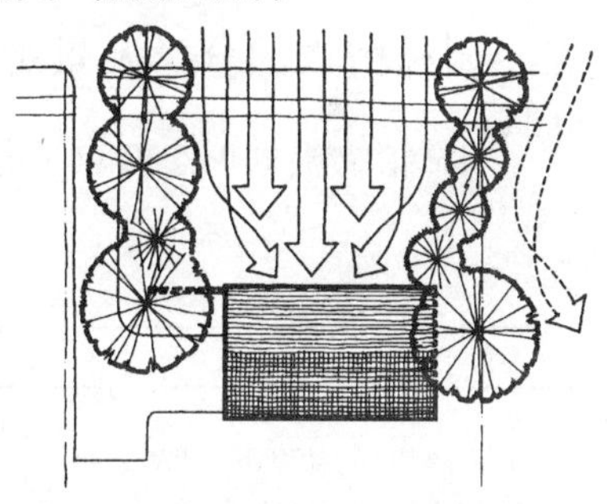

图 4－104　可以通过树木种植来引导风进入场地

① 调节气温；

② 调节湿度；

③ 通风防风。

（3）降低城市噪声（见图 4－105）。

（4）安全防护（见图 4－106、图 4－107）。

① 蓄水保土；

② 防震防火；

③ 防御放射性污染及防空。

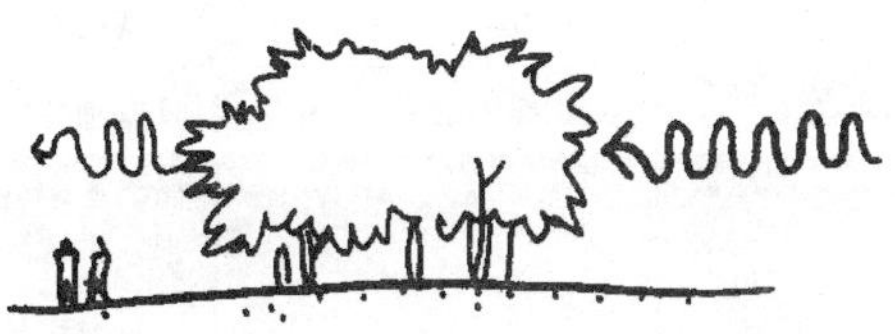

图 4－105　树木群植可以削弱噪声

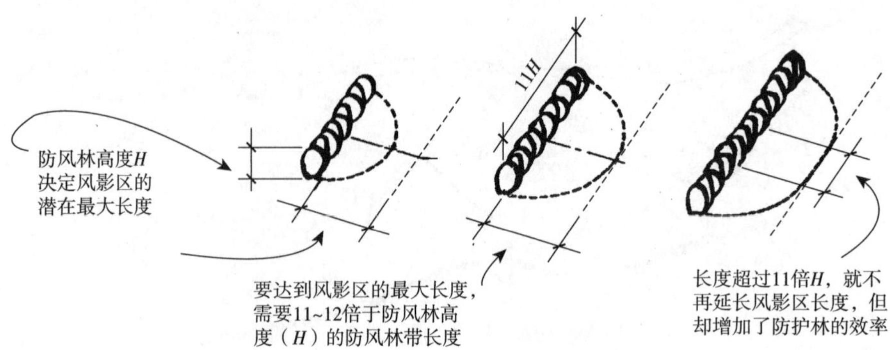

图 4－106 防风林高度和风影区的关系

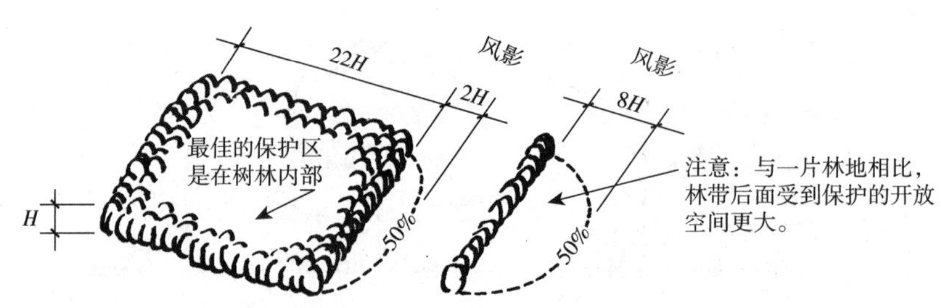

图 4－107 树木防护的有效距离

二、园林植物的分类及景观特性

园林植物根据形态特点可分为下面 6 大类（表 4－3）：

植物类型及特性 **表 4－3**

类型	高度	景观特性	实例
乔木	大乔木 >20m 中乔木 8~20m 小乔木 <8m	形体高大、主干明显、分枝点高、寿命长，是显著的观赏因素，是构成室外空间的基本结构和骨架。可作为“骨干树种”或“基调树种”，也可孤植形成视线焦点。可从顶平面与垂直立面上封闭空间，形成覆盖空间	香樟、银杏、榉树、女贞、鸡爪槭
灌木	大灌木 >2m 中灌木 1~2m 小灌木 <1m	没有明显的主干，多呈丛生状态，可阻隔视线，形成垂直空间、半开敞空间；可障景，控制私密性；还可作为特殊景观的背景	桂花、石楠、小叶黄杨、栀子花
草坪地被		具有独特的色彩、质地，似地毯，可形成植物模纹或缀花草坪。通过暗示形成虚空间。在不宜种草坪处，如楼房阴影、常绿阔叶林下可栽植地被植物，丰富景观层次	高羊茅草、红花酢浆草
藤本		也称攀援植物，常用于垂直绿化，如花架、篱栅、岩石和墙壁上的攀援物	常春藤、爬山虎
花卉		具有姿态优美、花色艳丽、香气馥郁的特点，通常多为草本植物。可形成自然的花丛、花带和缀花草坪，也可结合硬质景观配置花坛、花台、花境、花箱和花钵等	金盏花、一串红、矮牵牛

续表

类型	高度	景观特性	实例
竹类		竹类形态优美，叶片潇洒，干直浑圆，具有很高的观赏价值和文化价值	刚竹、毛竹、佛肚竹

三、园林植物种植设计

1. 规则式种植

成行成列或按几何图案种植植物，形成秩序井然的规整式植物景观。植物有时还被修剪成各种几何形体，甚至动物和人的形象，体现人工美，如西方古典园林中的刺绣花坛。现代城市开放空间的景观设计也常运用规整式种植以增强空间感，形成与城市硬质景观统一协调的景观效果（见图4－108、图4－109、图4－110）。

图4－108 用灌木修剪成的规则式图案

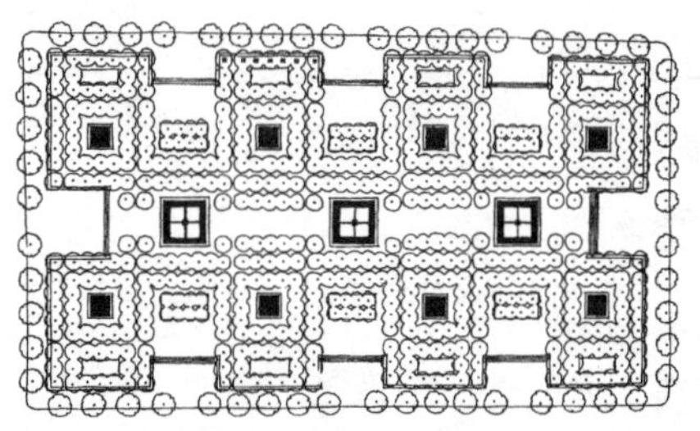

图4－109 城市中的规则式种植

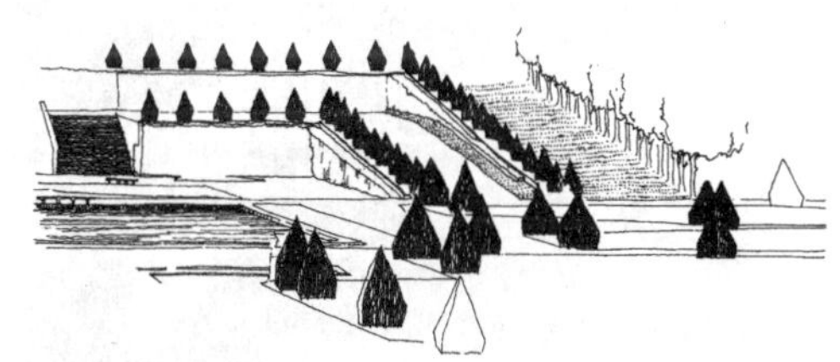

图4－110 修剪成几何形体的常绿树

2. 自然式种植

模拟自然群落的结构和视觉效果，形成富有自然气息的植物景观，如树丛、疏林草地、花境等。中国传统园林和英国自然风景园中常常运用这种种植模式（见图4－111、图4－112）。

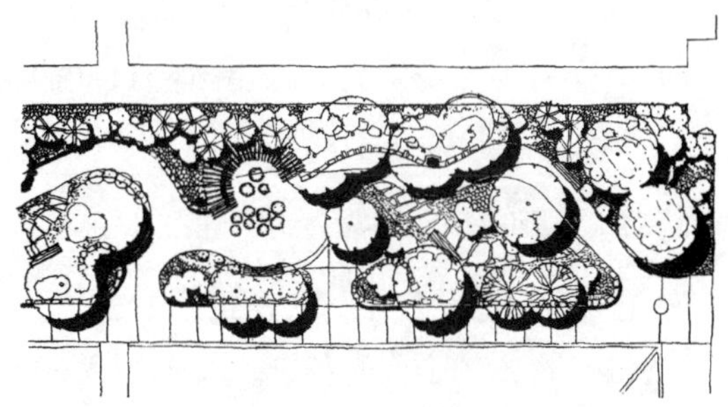

图4－111 自然式种植的小花园

3. 抽象图案式种植

现代景观设计中，常将植物作为构图要素进行艺术加工，形成具有特殊视觉效果的抽象图案。如巴西布雷·马尔克斯的植物模纹设计。

4. 生态设计

强调乡土植物的运用，应充分考虑周边区域植物分布的空间格局和自然演化的进程，延续当地植物的风貌和自然过程，按照科学的规律进行配置和种植。

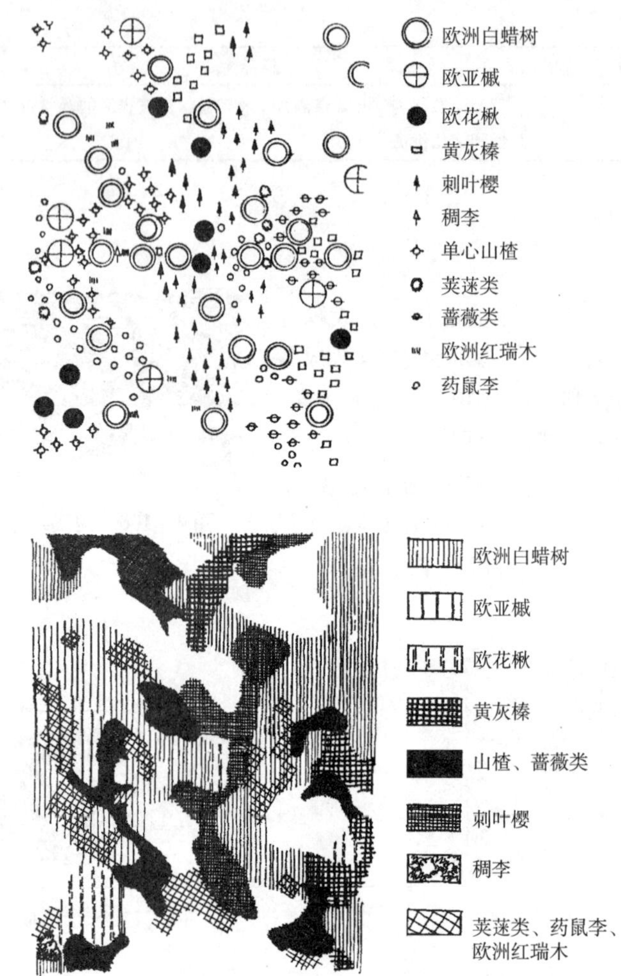

图 4－112　自然植物群落及构成分布

四、园林植物的表现方式

1. 园林植物平面表现方式

(1) 树木的平面表现方式（如图 4－113）

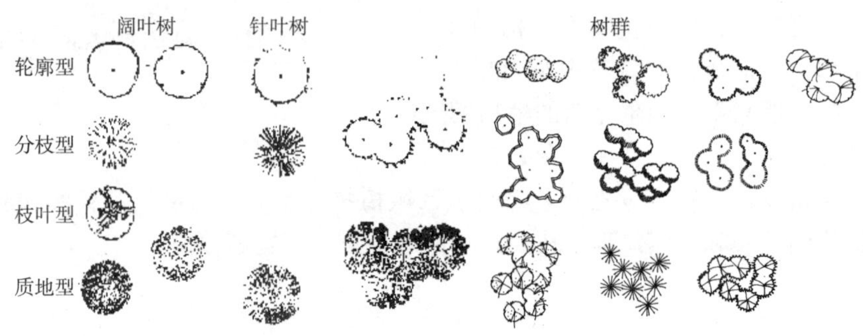

图 4－113　树木的平面表现方式

① 轮廓型：只用线条勾勒出轮廓。
② 分枝型：只用线条的组合表示树枝或树干的分叉。
③ 枝叶型：表示分枝及树冠，树冠用轮廓表示。
④ 质地型：只用线条的组合表示树叶。
（2）灌丛的平面表现方式（如图 4 – 114）
（3）草坪及地被的平面表现方式（如图 4 – 115）

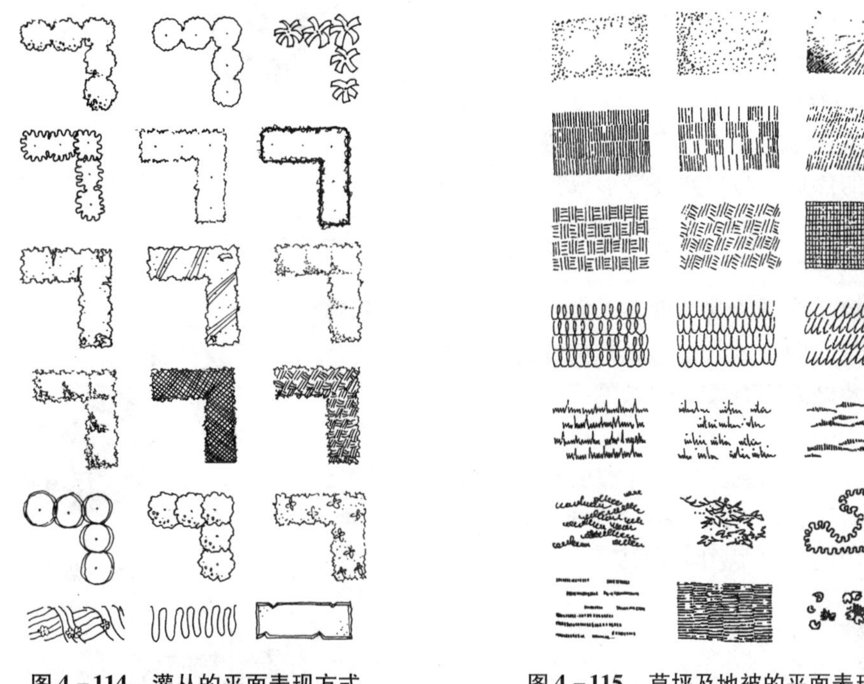

图 4 – 114　灌丛的平面表现方式　　**图 4 – 115　草坪及地被的平面表现方式**

2. 园林植物立面表现方式

也分为轮廓型、分枝型、枝叶型和质地型，但区分并不十分严格（如图 4 – 116）。

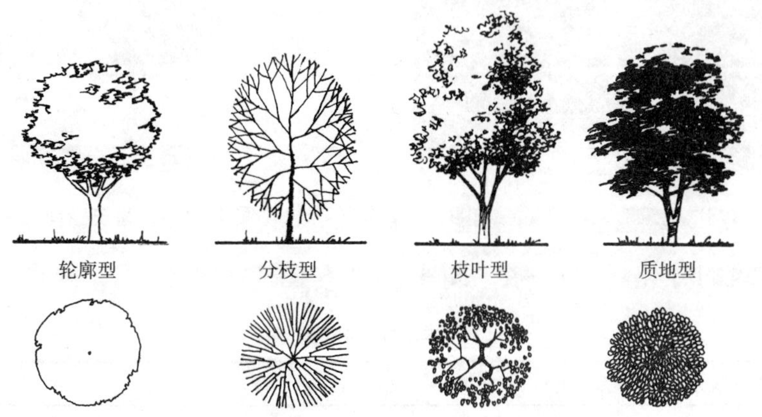

图 4 – 116　园林植物立面表现方式

第五节　建筑

一、园林建筑的功能作用

1. 使用功能

满足人们休息、游览等各种活动的需求。如满足餐饮需求的茶室、餐厅，满足游览休息的亭廊等，满足文化需求的展览馆，满足文娱活动需求的体育馆等。

2. 成景功能

园林建筑体形或庞大或轻盈或奇特，往往成为园区或景点的焦点，与自然环境形成强烈的对比而产生美感（见图4－117、图4－118）。

3. 观景功能

园林建筑是重要的观景点，人们通常会在休息或就餐时欣赏周围的风景，因此其位置选择常常要考虑视线所及之处应有美好的景色。

4. 组织游线

一些园林建筑布局巧妙，能够引导游人按照一定游线进行游览，从而获得特殊的景观感受。如中国古典园林中的廊（见图4－119）。

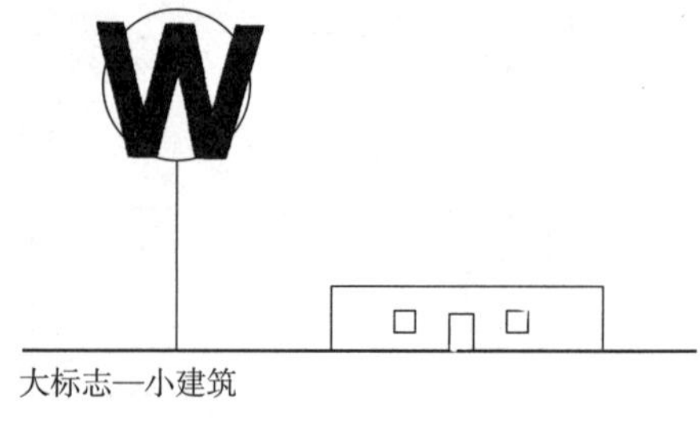

图4－117　标志形成焦点

图4－118　建筑形成焦点（丁绍刚摄）

图4－119　建筑空间形成游线

二、园林建筑的分类（表4－4，图4－120～图4－127）

园林建筑的分类　　表4－4

	园林建筑分类	举　例
1	点景游憩类	亭、廊、榭、舫、楼阁、厅堂、塔
2	文教展示类	展览馆、博物馆、纪念馆、文物保护点、动植物展览建筑、剧场

续表

	园林建筑分类	举　例
3	文娱体育类	体育馆、俱乐部
4	服务类	餐厅、茶室、码头、小卖部、摄影服务部、厕所、旅馆、电话亭
5	管理类	大门、办公室、广播站、医疗卫生、温室荫棚、变电室、垃圾污水处理场、供电及照明、供水与排水

图 4-120　亭（丁绍刚摄）

图 4-121　廊（丁绍刚摄）

图 4-122　小木屋（丁绍刚摄）

图 4-123　水廊（丁绍刚摄）

图 4-124　博物馆（丁绍刚摄）

图 4-125　电话亭（丁绍刚摄）

图 4－126　售卖亭（丁绍刚摄）

图 4－127　公共厕所（丁绍刚摄）

第六节　园林设施

园林设施属于风景园林设计中硬质景观的重要组成部分，硬质景观是相对于以植物、水体等为主的软质景观而言的。按照使用功能的不同，可以分成实用性、装饰型和综合功能型硬质景观。其中综合功能型硬质景观在现代景观设计中被广泛应用，它们体现了形式与功能的协调统一。这类具有综合功能的硬质景观具有艺术装饰效果，同时，结合实用功能的景观设施能够满足更多的需求和视觉美感。

20 世纪 70 年代以后，后现代主义进入艺术设计领域，丰富了当代景观设计的语汇。现代科技手段的进步、造园材料的丰富及景观设计思潮的不断创新，使硬质景观材料和设计思潮都发生了巨大的变化，并向新的方向不断完善。许多材料和形式在它们刚出现时让人感到不可思议，如今已经频繁出现在景观作品中，并受到人们的喜爱。

实用型硬质景观包括道路环境、活动场所和设施小品三类。其中，道路环境又由步行环境和车辆环境组成，主要包括人行道、游路、车行道、停车场等；活动场所包括游乐场、运动场、休闲广场等；设施小品即照明灯具、休息座椅、亭子、公共停靠站、垃圾箱、电话亭、洗手池等。这类景观主要是以应用功能为主而设计的，突出地体现了硬质景观使用功能的强大且经久耐用等特点。

装饰型硬质景观包括雕塑小品和园林小品等。现代雕塑作品种类、材质、题材都十分广泛。园林小品即园林绿化中的假山置石、景墙、花盆等。苏州古典园林中，芭蕉、太湖石、花窗、石桌椅、楹联、曲径小桥等是古典园艺的构成元素。在当今园林绿化中，园林小品更趋向多样化，一处体现现代构成意味的座椅都可成为现代园艺中绝妙的配景，其中有的是供观赏的装饰品。这类景观是以装饰需要为主而设置的，具有美化环境、赏心悦目的特点，体现了硬质景观独有的美化功能。

一、园林设施的功能作用

园林是人进行户外活动的场所，舒适美观、充满人性化的园林环境需要由各类园林设施来营造，这些设施既要满足使用的要求，还需同环境相协调，因此其外形和色彩的选择应与景观设计统一考虑。此外，还应充分考虑无障碍设计。

二、园林设施的分类（表 4 – 5，图 4 – 128 ~ 图 4 – 141）

园 林 设 施 分 类　　**表 4 – 5**

	园林设施	举　例
1	交通设施	台阶，园桥，路缘石，阻隔物
2	休息设施	园椅，园凳，园桌，花架
3	照明设施	园灯
4	信息类设施	展览牌，解说牌，指示牌，路标，广告
5	管理设施	大门，围墙，栏杆，篱
6	卫生设施	垃圾箱，饮水池，洗手池
7	装饰性设施	雕塑，景墙，景窗门洞，水景，石景，标志物或纪念物，花坛
8	体育运动设施	儿童游乐设施，运动场（网球场，篮球场，田径场，足球场），游泳池

图 4 – 128　台阶（丁绍刚摄）

图 4 – 129　座椅（丁绍刚摄）

图 4 – 130　座凳（丁绍刚摄）

图 4 – 131　广场景观灯（丁绍刚摄）

图 4 – 132　信息牌（丁绍刚摄）

图 4 – 133　围墙（丁绍刚摄）

图 4－134　自行车停放管理设施（丁绍刚摄）

图 4－135　雕塑（一）（丁绍刚摄）

图 4－136　雕塑（二）（丁绍刚摄）

图 4－137　构筑小品（丁绍刚摄）

图 4－138　水景（一）（丁绍刚摄）

图 4－139　水景（二）（丁绍刚摄）

图 4－140　儿童游乐设施（一）（丁绍刚摄）

图 4－141　儿童游乐设施（二）（丁绍刚摄）

街道小品对城市景观具有重要的视觉影响，街景设计的目的是要有序地组织环境需要的小品，在色彩、尺寸、比例、质感、造型等方面协调，并与周围环境融合。街道小品包括街道范围内的照明设施、休息座椅、招牌广告、花池、公交停靠站场、电话亭、垃圾箱、邮筒、自行车停车场等众多的项目设施。其中，街道照明及招牌广告设计为影响街道整体景观特征的重要因素，本身应具有较高的艺术欣赏价值，灯柱的高度、间距以及灯的造型，必须根据街道的宽窄、道路功能性质、两侧的建筑形式及照明要求来确定。招牌、广告和各种信号的花色繁多，很容易使城市街道在视觉上产生混乱，同一街道、街坊，须采用具有一致外观和字体的设计良好的广告、招牌，结合功能要求，把它们紧凑地组织起来，使它们对城市景观产生较好的效果。街道小品设计同样须结合周边环境的要求，根据街道的景观特征及功能要求，在颜色、形式等方面协调统一，从而对街道景观起到画龙点睛的作用。

硬质景观的设计包括对基地自然状况的研究和利用，对空间关系的处理和发挥，与园林绿地整体风格的融合和协调等。也包括园路的布置、水景的组织、路面的铺砌、园林建筑小品的设计、公共设施的处理等。这些方面既有功能意义，又涉及视觉和心理感受。在进行硬质景观设计时，应注意整体性、实用性、艺术性、趣味性相结合的原则，具体是：

1. 空间组织统一立意的原则

硬质景观的设计必须呼应整体设计整体风格的母题，也要同绿化等软质景观相协调。不同空间形式设计风格将产生不同的硬质景观配置效果，现代风格的环境适宜采用现代景观造园手法，地方风格的环境则适宜采用具有地方特色和历史语言的造园思路和手法。当然，城市设计和园林设计的一般规律诸如对景、轴线、节点、路径、视觉走廊、空间的开合等都是通用的。同时，硬质景观设计要根据空间的开放度和私密性组织空间。景观设计要追求开阔、大方、闲适的效果，私密空间为特定区域的人群服务，景观设计则须体现幽静、浪漫的意趣。

2. 体现地方特色的原则

硬质景观设计要充分体现地方特征和基地的自然特色。我国幅员辽阔，自然区域和文化地域的特征相去甚远，硬质景观设计要把握这些特点，营造出富有地方特色的环境。如青岛，“碧水蓝天白墙红瓦”体现了滨海城市的特色；海口，“椰风海韵”是一派南国风情；重庆，错落有致应是山地城市的特点；苏州，“小桥流水”则是江南水乡的韵致。同时，硬质景观还应充分利用居住区的地形地貌特点，塑造出富有创意和个性的景观空间。

3. 空间组织协调相结合的原则

硬质景观中的点是整个环境设计中的精彩所在，这些点元素经过相互交织的道路、河道等线性元素贯穿起来，点线景观元素使得空间变得有序。在特定环境的入口或中心等地区，线与线的交织与碰撞又形成面的概念，面是立体空间中景观汇集的高潮。点、线、面结合是对空间景观设计的基本原则。在现代城市规划中，传统空间布局手法已很难形成有创意的景观空间，必须将人与景观有机融合，从而构筑全新的空间网络：亲地空间，增加人们接触地面的机会，创造适合各类人群活动的室外场地和各种形式的屋顶花园等；亲水空间，环境的硬质景观要充分挖掘水的内涵，体现东方理水文化，营造出人们观水、听水、戏水的场所；亲绿空间，硬软景观应有机结合，充分利用地形与环境，构造充满活力的场地和意境。

第五章　细部景观设计基础理论

第一节　细部景观设计的概念

一、概说

创新是设计的灵魂，细部是设计的生命。人认识事物的过程往往是一种由粗到细、由表及里的过程，或者说是一个不断从整体到局部再到细节的认知过程。在这一过程中，人通过对局部、细节的不断探索和认知来达到对事物整体的把握。这种层级性的认知过程，在建筑、城市和风景园林中表现得尤其突出。

“细部”是一个相对的概念。例如，对于一座城市来说，公园、街区、建筑等都是其“细部”；而对于该城市中的公园来说，其中的各个景区又成为公园的“细部”，各景点又成为景区的“细部”，一些主要景观标志节点又成为景点的“细部”，材质、颜色、工艺等又成为景观标志物的“细部”……以此类推，最后形成一个完整的细部层级网络，使得城市中的每一个细部都成为该网络中的一个层级因子。

任何一个园林景观都是由各种精妙细部组成的完整的统一体。无论是气势恢宏的市政广场，还是朴素雅致的私家庭院，几乎都是由各种精美细部组成的一个完整的细部层级网络。如中国古代园林在营造大小不同、情趣各异的宜人空间方面具有独特的技法。各种宜人空间的创造，基本上都是从建筑的布局、地形的塑造、花木的配置、山石的堆叠、水景的处理等细部入手。可以说，能否创造出宜人的园林空间主要在于这些细部处理的程度。

二、细部景观设计的概念与范畴

所谓细部景观设计，就是在场地规划的基础上，对具体的特定的小尺度的场地、空间及设施进行深入的构思、分析，进而得出具体的实施方案。也就是将设计概念转化为环境，明确各个部分的形态和组合，确定与材料结合的方式以及最终品质展现的过程。具体的细部景观设计工程类型主要有各类小型场地、小游园、停车场、道路、景观设施小品等小尺度的空间和实体景观。具体设计内容如地形设计、铺装设计、水体设计、停车场设计、种植设计、雕塑设计、小品设计等。具体设计细节如材料的选择与搭配、质感的表达、不同的构造方式、色彩、光影、气味等。

由于细部设计和人的关系最为密切，因此本阶段更为注重满足使用者的生理和心理需求，对尺度的人性化、设施的舒适度、视觉的美感等方面有很高的要求。与前期的规划相比，设计师的主观创造性将得以更多的发挥，很多富有特色的景观亦是通过这些个性而丰富的细部体现出来的。“细部决定品质!”说的就是这个道理。

另外，景观是由物质构成的，这些物质材料的营建细节是影响建成效果的最终环节。因此，设计师在进行细部景观设计时，要对重要细节的材料搭接、施工工艺及材质、色彩等要素进行认真推敲，同时最终的施工质量必须得到保证。

三、基本的评价标准

那么，什么样的细部景观设计算是好的设计呢？最基本的评价标准是：实用、经济、美观。

实用主要指的是考虑使用的环境条件，满足使用要求，即解决功能问题。对于风景园林设计，设计者要考虑协调人与环境的关系、人的舒适度、大众行为与心理，创造满足不同人的各种活动、休憩等行为要求的空间。

经济则要考虑制作和生产的因素（材料和制作工艺）。设计者必须解决诸如选择合适的材料、尺寸和做法，实现耐久性、坚固性及建造经济等问题。

创造令人愉悦的形式及能令大众喜爱、给大众以享受的环境。

除了上述基本原则外，还要考虑时间、生态、文化、风俗等因素以及新科技、新材料、新工艺、新方法对于设计的影响。好的细部景观设计，不仅体现城市精神，同时肩负着培养、塑造公众品格的重任，因此，这里所指的实用绝不仅仅限于使用功能方面，而应进一步扩展到精神领域。做好细部景观设计不仅需要设计者具有一定的基本技能，还需要能够熟练运用许多基础理论，主要有空间、人体工程学、环境心理学、艺术法则、材料与构造、文化等理论知识。以下就此作一一简述。

第二节　空间

一、空间的基本概念

老子在《道德经》中有言："埏埴以为器，当其无，有器之用。凿户牖用以为室，当其无，有室之用。故有之以为利，无之以为用。"表明无论是器皿还是房子，人们要用的，不是别的，而是它的空间。什么是空间？以下是空间的一些心理感受特征：

（1）空间是容积，和实体相对存在；

（2）人们对于空间的感受是借助实体得到的；

（3）人们常用围合或分隔的方法取得自己所需的空间；

（4）空间的封闭与开敞是相对的；

（5）不同的形式的空间的形成可以使人产生不同的感受。

一般意义上的几何空间（物理空间）定义：指由底平面、垂直面、顶平面单独或者共同组合成的具有实在的或暗示性的范围围合，其形态从开敞到封闭有无穷多。

如果可以把空间看作容纳人的活动的"容器"的话，那么空间就存在三个方面的要求（图5－1）：

"量"的要求——合适的尺度

"形"的要求——合适的形状

"质"的要求——合适的氛围

图5－1　容器与空间

不同的活动需要不同性质（量、形、质）的空间；相反，不同性质的空间会产生不同的活动，空间的功能和空间的形式是相互影响的。

二、图底理论

对“形”的认识是依赖于其周围环境的关系而产生的。人们在观察某一范围时，采用把部分要素突出作为图形而把其余部分作为背景的视知觉方式。“图”指的就是我们看到的“形”，“底”就是“图”的背景。图的形象称为正的形象，底的形象就称为负的形象。一般情况下，分辨形是图还是底，主要看形所占面积的大小。画面中所占面积大的形容易成为底，反之，面积小的容易成为图。另外，颜色也会起到一定的作用，颜色浅的如白色，容易成为底，反之，颜色深的如黑色，容易成为图。图底关系对于强调主体、重点有重要的意义。了解了这个规律，我们就能把需要突出强调的部分安排为“图”，把不需要强调的部分安排成“底”。当“图”和“底”在画面中所占比重差不多时，图和底的关系并非总是很清楚，某个形既可以成为图，也可以看成是底，这种现象我们称之为“图底反转”。鲁宾之壶就是一个著名的图底反转的例子（图5－2）。这幅图非常形象地说明了图形和背景的相互依存关系。

图5－2　鲁宾之壶

图底理论（或称图形—背景分析、实空分析）主要研究的就是作为实体的“图”和作为空间的“底”之间的相互关系。在设计图中，一般颜色较深表示的是实体，可能是建筑或构筑物或植物，而外部空间往往就是“空空的部分”，这有利于我们对实体要素的把握，但却往往忽略了外部空间。如果我们将建筑等实体要素留白，而将外部空间填色，如将空间涂黑，作为图形看待，空间就成了积极的图形，就可以更好地进行空间把握及设计（图5－3）。

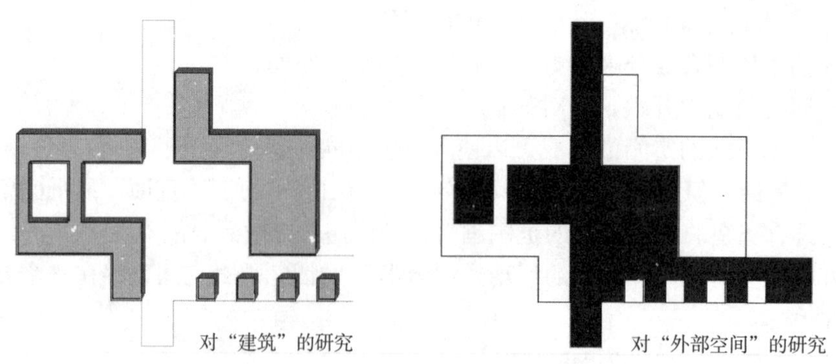

图5－3　图形与背景关系的应用研究

三、空间的限定类型

对于单一空间而言，空间限定的手段，最常见的是按照相位，从形成空间的底面、侧面和顶面的变化进行分类。从构成空间的最终物质形态来看，空间的限定类型大概有以下7种（图5－4）：围合、设立、覆盖、凸起、挖掘、托起和变化质地。

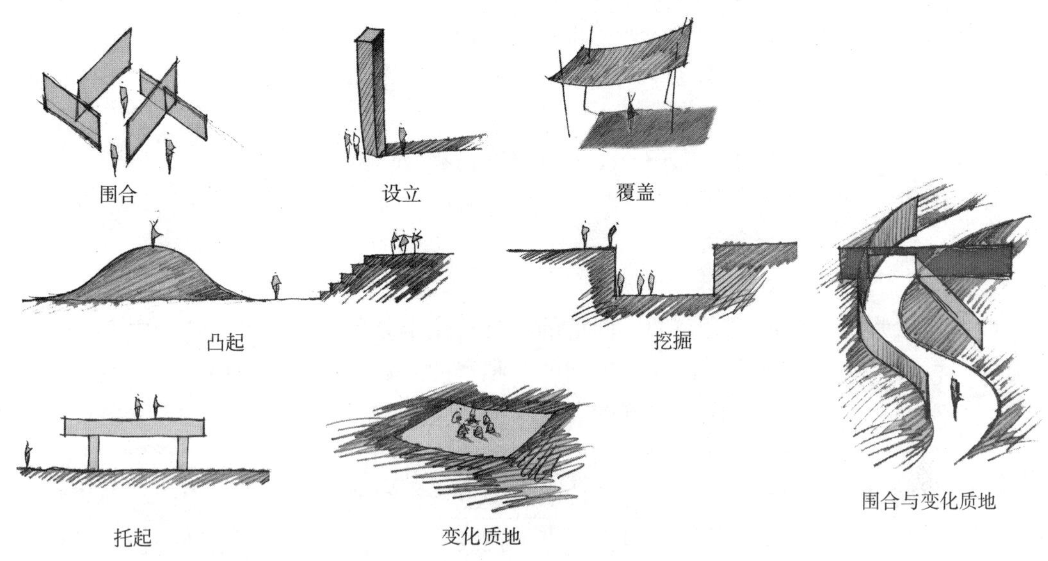

图5－4　空间的7种限定类型图示

（1）围合：最基本的限定方式，垂直界面的运用是形成空间最明显的手段。根据围合的不同方式，空间感呈强弱不等的变化。大体上有：围合的相位变化、围合的构件特点、阴角和阳角等限定问题。

（2）设立：以高度明显的柱状形体（标志物）所形成的空间，离形体越近，空间感越强。如果不加上其他限定手段，设立所限定的空间边界是模糊、不清楚的。

（3）覆盖：相当于概念中的"顶"，顶界面所提供的下部空间称为覆盖空间。一般来说，有顶的空间可作为室内空间或室内与室外的过渡空间（灰空间）。

（4）凸起：以底面抬起的标高变化区别不同的空间感。凸起的部分具有体量感。

（5）挖掘：与凸起相反方向运动形成的空间。挖去的部分便形成空间容积。

（6）托起：将底面与地面分离，以某种方式架构起来，呈悬浮状。

（7）变化质地：在不改变标高的情况下，以材料、颜色、肌理等的改变区别不同的空间。

采用一种限定方式形成的空间是一次限定空间，复杂的空间需要多次的限定。丰富多彩的空间环境的形成主要就是由上述限定类型单独或组合而形成的（图5－5）。设计师可以有意识地运用不同的限定类型塑造公众需要的多样化的空间。

图5－5　园林空间（围合、挖掘、设立、变化质地）

四、空间的分类

根据不同参照标准可对空间做不同分类：

（1）使用的性质：公共空间——城市共享空间
半公共空间——公共空间与秘密（专用）空间的中介体，过渡空间
秘密空间——个人或家庭占有

（2）社会交往：个人空间
社会空间
公共空间

（3）组合形式：外向组合空间：向群的、公共或半公共，面向外、背向内
内向组合空间：内向的、私密的，背向外、面向内
开放空间：泄气的、敞露的、空透的
封闭空间：聚气的、内包的，围合的

（4）空间态势：动态空间——无明确的安定点，视线流动，产生一定的心理趋向
静态空间——有交汇点，视线着落点，心理安顿于某一领域

（5）边界形态：积极空间——内向、收敛
消极空间——扩散的、暗示的
虚拟空间——发散的、无明确领域的

（6）空间的位置：内部空间——建筑内部空间
外部空间——建筑外部空间
灰空间——半内部、半外部空间

风景园林设计研究的主要是外部空间。在细部景观设计中既要考虑空间本身的构成要素（形态、形状、大小、色彩、质感、构成材料）产生的空间品质，还要考虑整体环境中各空间之间的关系。

五、场地与空间

（一）场地的空间围合

场地的围合有单面围合、两面围合、三面围合与四面围合4种形式，其中以后二者的封闭感较好，有较强的领域感（图5－6）。但围合并不等于封闭，应注意场地本身的二次空间组织变化处理。围合场地常见的要素有建筑、树木、柱廊和有高差的特定地形等，其中以建筑围合的场地领域感较好。

（二）“阴角”与“阳角”

如图5－7所示，“阴角”是指其内侧凹进去的空间，“阳角”是指其外侧凸出来的空间。在外部空间中，“阳角”空间形成要把人挤出去似的非人性城市空间。相反，用“阴角”空间可以创造出一种把人拥抱在里面的温暖、完整的城市空间。在城市的公共空间中多保持转角的“阴角”空间，能为城市增添美丽和吸引力。

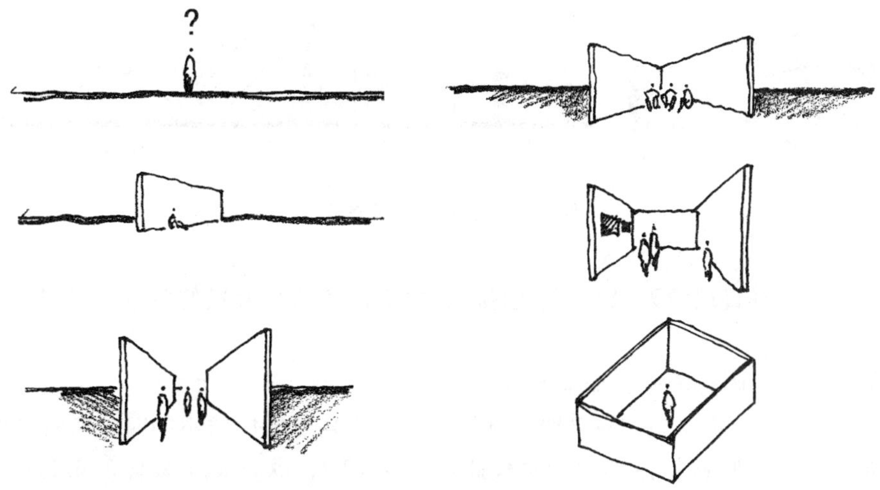

图 5－6　面要素的增加或减少所形成的不同空间形态

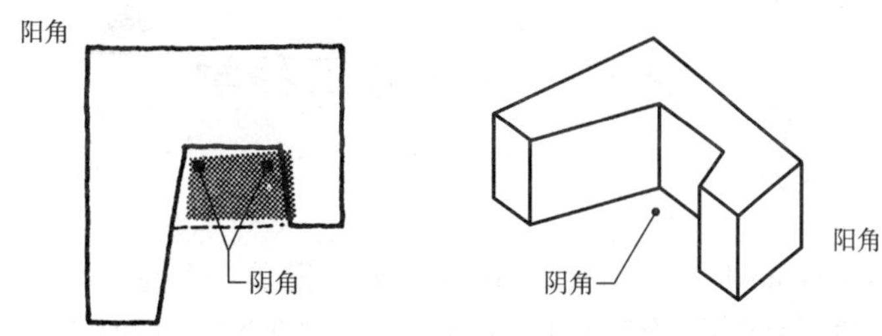

图 5－7　“阴角”与“阳角”图示

(三) 场地的尺度

场地的尺度处理关键是场地与周边围合物的尺度匹配关系，场地与人的观赏、行为活动与使用的尺度配合关系。没有合适的尺度就没有舒适的场地。尺度太大，场地太空旷，会让人产生无助、漠然、逃离的想法。

尺度的处理应依据环境、人流、围合度等因素综合决定。根据不同功能的需要，有着舒适尺度的场地的高宽比有如下关系：

L——场地的长度；*W*——场地的宽度；*H*——周边围合物的高度

$1 < W/H < 2$

$L/H < 3$

(四) 人的尺度

如图 5－8，以人的感受为标尺看空间的尺度。当围合物界面高度与人与界面的距离比例不同时，人的感受如下：

H——周边围合物界面的高度；*D*——人与界面的距离

$D/H = 1:1$　垂直视角为 45°，封闭感强，可看清实体细部，有一种内聚、安定感。

$D/H = 2:1$　垂直视角为 27°，半封闭感，可看清实体整体，内聚向心而不至于产生离散感。

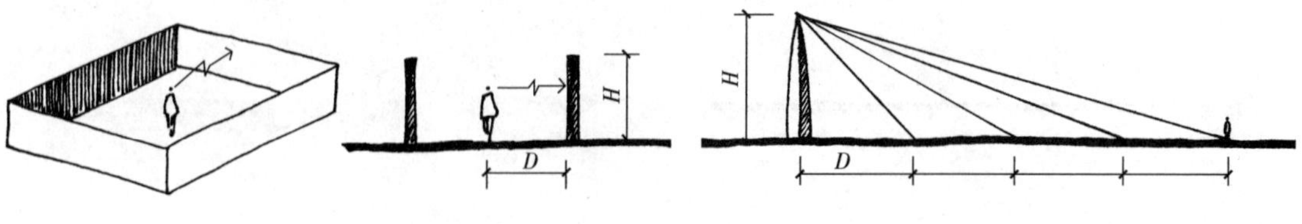

图 5－8　视距与物高的关系

$D/H=3:1$　垂直视角为18°，封闭感小，可看清实体与背景的关系，空间离散，围合感差。

$D/H=4:1$　封闭感消失，场地开阔。

据此，当人们欣赏一主体景观时，其视距与物体高度的比值不同时，所看到的景观效果亦不同。$D=H$，欣赏物体细部的最佳距离；$D=2H$，欣赏整个物体的最佳距离；$D=3H$，欣赏物体及其周围环境的最佳距离；$D>4H$，超出了人们欣赏物体的最佳视距。因此，广场中各景观要素的设计更要以人的尺度为依据进行设计。

第三节　人体工程学

一、人体工程学概说

人体工程学（Human Engineering），也称人类工程学、人间工学或工效学（Ergonomics）。人体工程学的研究内容主要有以下几个方面：生理学、心理学、环境心理学、人体测量学、时间与工作研究。按照国际工效学会（IEA）所下的定义，人体工程学是一门"研究人在某种工作环境中的解剖学、生理学和心理学等诸方面的各种因素；研究人—机器—环境系统中的相互作用的各组成部分，在工作条件下，在家庭生活中，在休假的环境里，如何达到最优化的问题，即怎样统一考虑工作效率、人的健康、安全和舒适等问题的科学"。

人体工程学起源于欧美，原先是在工业社会中，开始大量生产和使用机械设备的情况下，探求人与机械之间的协调关系。第二次世界大战后，各国把人体工程学的实践和研究成果，迅速有效地运用到空间技术、工业生产、建筑及室内设计中去，1961年创建了国际人体工程学协会。及至当今，社会发展向后工业社会、信息社会过渡，科技重视"以人为本"。人体工程学强调从人自身出发，在以人为主体的前提下研究人们衣、食、住、行以及一切生活、生产活动中综合分析的新思路，可以说凡是人迹所至，就存在人体工程学的应用问题。

由于细部景观设计要研究和分析人、设计要素和环境的整体统一关系，更加贴近人的活动，因此人体工程学的相关知识是做好细部景观设计的理论基础之一。具体联系到细部景观设计，其含义为：以人和人的活动为出发点，运用人体计测、生理、心理计测等手段和方法，研究人体结构功能、心理、力学等方面与室外环境之间的合理协调关系，以适合人的身心活动要求，取得最佳的使用效能，其目标应是安全、健康、高效能和舒适。

要使建筑更好地为人所用，就要懂得人的心理和行为要求。要使景观环境很舒适，就要懂得人的知觉特性。如园林景观的尺度具有多重性。即一个细部同时在多个尺度上起作用——如人体的尺度、基地的尺度和整体大景观环境的尺度。首先是人体的尺度，因为景观设计的主体是人，成年人、儿童、老人、残疾人等。细部设计必须考虑各种人的使用方便，因此人体的基本尺寸、人的心理活动方式和运动规律是细部形式设计以及制作的尺寸依据，例如：座椅的形式、材料的选择、安放的位置、台阶踏步的宽度与高度、地面铺装的材料等。只有充分了解人体与环境之间的相互关系，了解人体活动的各种功能尺寸和行为特征，才能提高景观设计的合理性和有效性。景观细部的大小取决于基地的尺度，过大或过小的细部形象都会破坏整体环境的协调感，从形形色色矗立在街心广场或公园的雕塑中，我们不难看到这一点。可见，要使景观形态符合人的审美要求，就要懂得人的视觉特征，以及人和环境交互作用的特点等。

二、人体工程学在细部景观设计中的应用

由于人体工程学是一门新兴的学科，人体工程学在景观环境设计中应用的深度和广度，有待于进一步认真开发，目前已有开展的应用方面如下：

（1）确定人和人际在场地活动所需空间的主要依据

根据人体工程学中的有关计测数据，从人的尺度、动作域、心理空间以及人际交往的空间等，确定空间范围。

（2）确定景观小品、设施的形体、尺度及其使用范围的主要依据

小品设施为人所使用，因此它们的形体、尺度必须以人体尺度为主要依据。同时，人们为了使用这些服务设施，其周围必须留有活动和使用的最小余地，这些要求都由人体工程科学地予以解决。场地空间越小，如果使用频率越高、停留时间越长，对这方面内容测试的要求也越高，例如城市公交候车空间、车站等交通性出入口空间、商业步行空间等的细部设计。

（3）提供适应人体的物理环境的最佳参数

物理环境主要有热环境、声环境、光环境、重力环境、辐射环境等，依据上述要求的科学的参数进行景观设计，就有可能有正确的决策。

（4）对视觉要素的计测为视觉环境设计提供科学依据

人眼的视力、视野、光觉、色觉是视觉的要素，人体工程学通过计测得到的数据，对光照设计、色彩设计、视觉最佳区域等提供了科学的依据。

人体工程学的基础数据主要是有关人体构造、人体尺度以及人体的动作域等的有关数据。如果说人体尺度是静态的、相对固定的数据，人体动作域的尺度则为动态的，其动态尺度与活动情景状态有关。景观设计时人体尺度具体数据尺寸的选用，应考虑在不同空间与围护的状态下，人们动作和活动的安全，以及对大多数人的适宜尺寸，并强调其中以安全为前提。例如：对廊架高度、栏杆扶手高度等，应取男性人体高度的上限，并适当加以人体动态时的余量进行设计；对踏步高度、饮水器高度等，应按女性人体的平均高度进行设计（图5-9）。

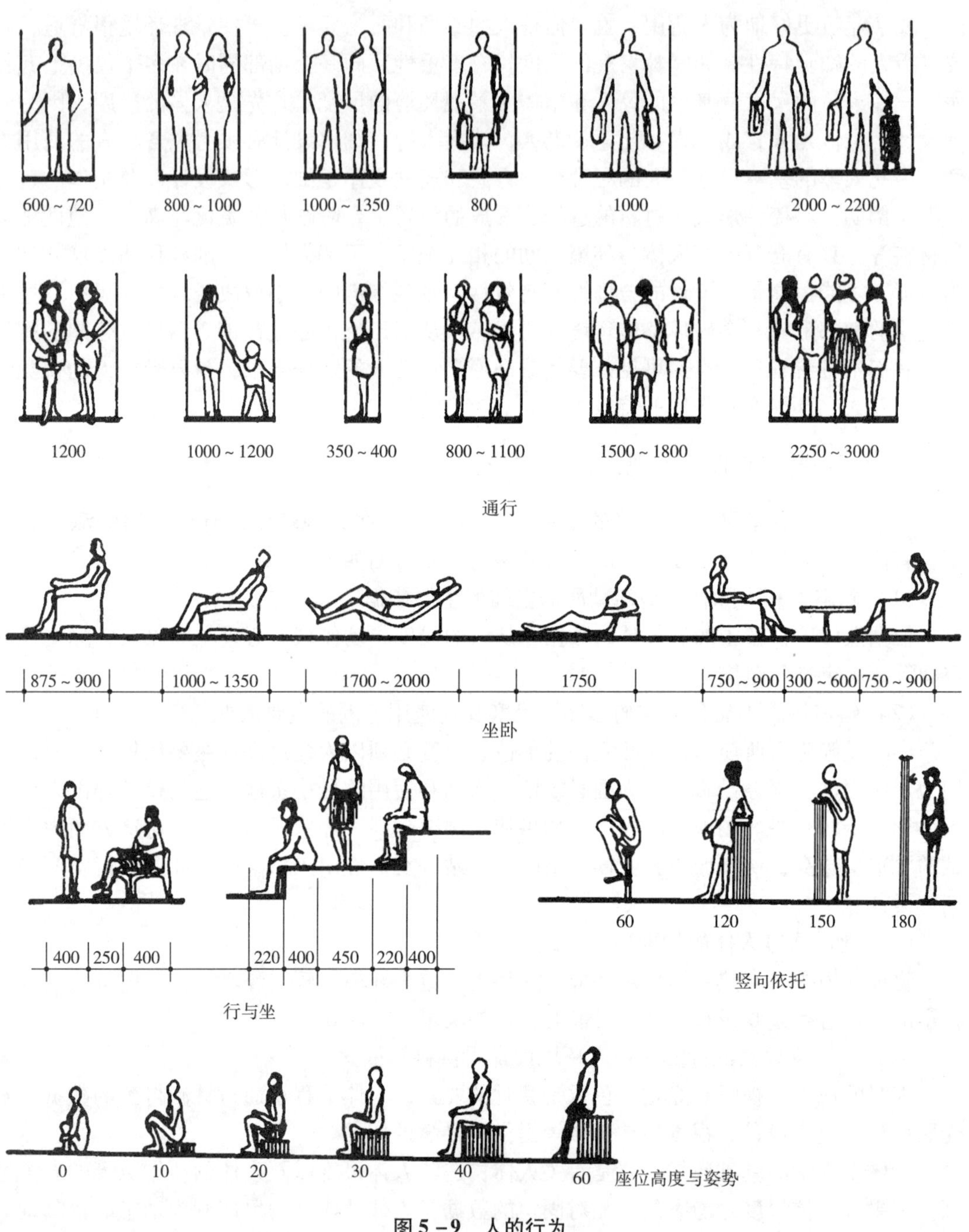

图 5－9　人的行为

（引自《建筑外环境设计》）

第四节　环境心理学

环境心理学是人体工程学的研究内容之一，由于其重要性，在此单列一节。环境即为“周围的境况”，相对于人而言，环境可以说是围绕着人们并对人们的行为产生一定影响的外界事物。环境本身具有一定的秩序、模式和结构，可以认为环境是一系列有关的多种元素和人的关系的综合。心理学则是“研究认识、情感、意志等心理过程和能力、性格等心理特征”的学科。人们既可以使外界事物产生变化，而这些变化了的事物，又会反过来对行为主体的人产生影响。例如，人们设计创造了简洁、宽敞、舒适、有序的广场环境，相应的环境也能使在这一氛围中停留的人们有良好的心理感受，能诱导人们更为文明、更为有效地进行活动。可见空间环境与行为是相辅相成的关系，没有特定的环境与场所，人的许多行为也就不会发生，设计的空间如果没有人的参与也就没有任何意义。空间服务于人，人是活动和行为产生的真正动因。我们要有意识地运用行为和心理的因素，根据人的需求、行为规律、活动特点、心理反应和变化等进行空间的构思，设计创造符合人们心理的空间。

一、含义

环境心理学是研究环境与人的行为之间相互关系的学科，它着重从心理学和行为的角度探讨人与环境的最优化，即怎样的环境是最符合人们心愿的。环境心理学是一门新兴的综合性学科，与多门学科（如医学、心理学、环境保护学、社会学、人体工程学、人类学、生态学以及城市规划学、建筑学、室内环境学等）关系密切。

环境心理学非常重视生活于人工环境中人们的心理倾向，把选择环境与创建环境相结合，着重研究下列问题：（1）环境和行为的关系；（2）怎样进行环境的认知；（3）环境和空间的利用；（4）怎样感知和评价环境；（5）在已有环境中人的行为和感觉。

对细部景观设计来说，上述各项问题的基本点即是如何组织空间，设计好界面（底界面、垂直界面、顶界面），处理好场地环境中的各景观要素，使之符合人们的心愿。

二、环境心理学在景观设计中的应用

环境心理学的原理在细部景观设计中的应用面极广，例如：

1. 环境景观设计应符合人们的行为模式和心理特征

例如商业步行街的设计，顾客的购物行为已从单一的购物，发展为购物—游览—休闲—信息—服务等行为。由此，步行街的设计结合休憩、茶座、游乐等需求便应运而生。

2. 认知环境和心理行为模式对组织外部空间的提示

从环境中接受初始刺激的是感觉器官，评价环境或作出相应行为反应的判断是大脑，因此，“可以说对环境的认知是由感觉器官和大脑一起进行工作的”。认知环境结合上述心理行为模式的种种表现，设计者能够比通常单纯从使用功能、人体尺度等起始的设计依据，有了组织空间、确定其尺度范围和形状、选择其光照和色调等更为深刻的提示。

3. 外部环境设计应考虑使用者的个性与环境的相互关系

环境心理学从总体上既肯定人们对外界环境的认知有相同或类似的反应，同时也十分重视作为使用者的人的个性对环境设计提出的要求，充分理解使用者的行为、个性，在塑造环境时予以充分尊重。但也可以适当地运用环境对人的行为的“引导”，对个性的影响，甚至一定程度意义上的“制约”，在设计中辩证地掌握合理的分寸，毕竟城市外部空间大多为公共空间。

三、人的行为心理和空间设计

（一）行为与空间

空间是现代设计师在进行设计时最为关心的元素，我们追求空间的美感、层次、多变，却经常忘记我们设计空间的目的是什么，空间的主人经常被我们抛之脑后。许多城市景观设计过分注重视觉的东西而忽略了使用者即公众，“看起来很美，用起来很差”。如某些城市广场设计地面铺设大面积抛光大理石，也许看上去熠熠生辉，亮如镜面，是那样的气派与美丽，实际上不安全，不实用，不够人性化。

园林中公共空间设计的目的就是促进人与人、人与环境之间的广泛交流，如果仅有空间而没有人的活动和身心投入，空间就只有物理的尺度概念而无实际的社会效益，只有空间与行为相结合，才能构成某种行为场所——观赏、休憩、交谈、活动等。

空间与行为是相辅相成的关系，没有人的空间也就没有任何意义。反之，没有空间和环境作为依靠，人的行为也就不会发生。因此，了解和研究人与环境，空间与行为、心理的关系，研究人的特定行为需要什么样的特定空间环境，空间环境究竟会对人的行为和心理产生多大的影响，也是风景园林设计师必需的工作。只有了解和掌握了这方面的知识，才可能有依据，按照人的行为特征和心理特点创造符合人的需要的空间环境。空间的组织和设计实际上是充当行为导演的工作，我们要有意识地运用行为和心理的因素，根据人的需求、行为规律、活动特点、心理反应和变化等进行空间的构思，设计创造出人性的空间，以满足人的各方面需要。

（二）人的三种活动类型

扬·盖尔在《交往与空间》一书中认为，人们每天都要展开和进行自身的各种行为，按照性质的不同，人们的户外活动主要有必要性活动、自发性活动、社会性活动三种类型（表5－1）。其特点如下：

活动与物质环境质量的关系　　表5－1

	物质环境的质量	
（活动的频率）	差	好
必要性活动	●	●
自发性活动	·	⬤
社会性活动	•	•

必要性活动指多少有点不由自主的活动，与外部环境关系不大，选择余地很小，如上班、购物、候车、上课、吃饭等日常学习、生活和工作等活动。

自发性活动则需要有适宜的外部条件，人们有参与的意愿，在时间地点允许的情况下才会发生，如散步、晒太阳、驻足停留等活动。

当户外空间的质量不理想时，就只能发生必要性活动。

社会性活动是指公共空间中有赖于他人参与的各种活动，如交谈、展览、儿童游戏等各类公共活动、广泛的社会活动、被动式接触（以视听来感受他人）。

社会性活动又称连锁性活动，因为在绝大多数情况下，它们都是由另外两类活动发展而来的。

只要改善公共空间中必要性活动和自发性活动的条件，就会间接促成社会性活动。这些随意或者有组织的社会性活动是人格培养和精神放松的良好时机，社会精神的体现更多地在于这些活动。

（三）空间环境中人的行为和心理

由上可知，人的行为与空间有联系，人的心理与空间环境更加密切相关。人对空间环境的一些基础性的心理需求，如开敞感、封闭感、舒适感、可识别性等是比较容易理解的。另外，在细部景观设计时必须认真考虑以下几点：

1. 领域意识与人际距离

人有领域的本能和意识，人的周围好像有一个“气泡”。例如，在草地上，当你支着一把伞或铺着一块毯子，人们就不会随意进入这个范围，因为这是领域的标识；在候车室里，互不相识的人总是先选择相间隔的位子坐，只有在没有其他选择的情况下，后来的人才会去填补空着的座位。

研究分析表明，人与人的接触距离由于人不同的活动类型，接触的对象不同，所处的环境不同而表现出差异。细部景观设计的大小、尺度、空间分隔、城市家具的布置、座位的排列等必须要考虑领域性和人际距离因素。以下是人的感官与心理的常用参考尺度：

触觉：0～0.45m　比较亲昵的距离

0.45～1.3m　为个人距离或私交距离

嗅觉：2～3m　发生作用

听觉：7m以内　相当灵敏，聊天的合适距离

3～3.75m　社会距离，邻居/朋友/同事

3.75～8m　公共距离

35m以内　演讲距离

35m以外　隔绝距离

2. 安全性和依靠感

人出于防卫的本能而要求保证自己的安全范围或领域（空间泡），会尽量隐蔽自己而面向公众，从而让自己处于一个安全的位置。例如：在悬挑过长的雨篷下，人们不愿意长时间停留，尽管知道它并不会垮下来。在许多公共的空间里，可以发现空间中人的分布并不是平均的，往往是边角、墙边、廊、绿地等滞留的会较多。这体现了人们对于依靠感的需求。研究和掌握人的这些行为和心理特征，有助于在空间设计中考虑人流的运动、人群的分布、空间的中心位置等，利于有效而合理地组织空间及安排相应的功能设施。

3. 私密性与尽端趋向

除了上述的安全性外，人还有保证自己或小团体的私密要求，在各种空间场合里，人

会有各种不同的私密要求，从视、听方面保持隐秘性，不希望别人去了解他们。

在没有独立空间的情况下，人们会有尽端趋向。如在餐厅里，人们一般不希望在门口和人流来往频繁的地方就座，喜欢找尽端的地方；公众公寓里，也往往是尽端的床位先被占有，这样能使自己处于一个相对安静、避免被人打扰的环境。

4. 参与和交往愿望

人具有社会性，参与和交往的愿望是每个人都具有的。合适的空间环境将有助于人的交流，反之，将会制约人的相互交流。“共享空间”是美国著名建筑师约翰·波特曼根据人们的交往心理需求而提出的空间理论。“共享空间”的本质意义在于，将各种空间要素和性质集合在一起，设计一个便于人们进行各种不同层次交流的空间场所，如图 5－10 打破室内外的界限，将自然景物引进室内，将休憩所需的静态空间和动态的活动空间相结合，空间的相互流通和渗透等。共享空间使人们有观赏和活动参与的自由选择机会，符合人们进行交流的各种心理需要。

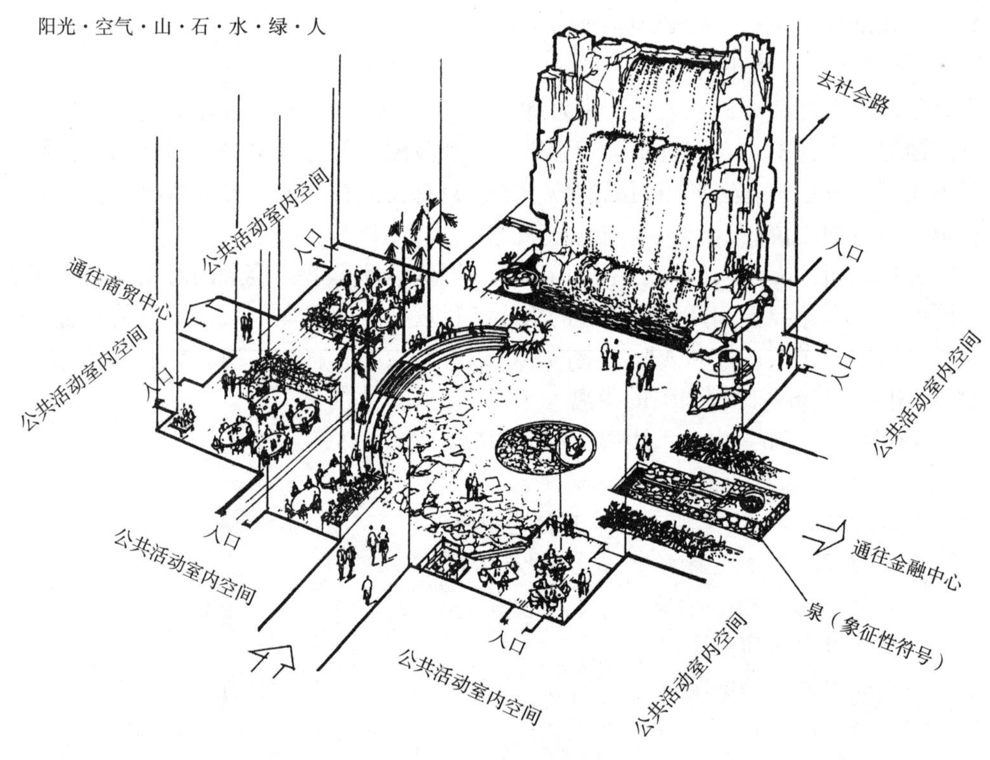

图 5－10　某公共庭院场景

（引自《建筑外环境设计》）

人的参与活动有两种情况：一是直接参与，二是间接参与。直接参与是指人喜欢直接加入一种活动，譬如公共广场中锻炼身体、跳舞等；间接参与指人喜欢作为观众或听众介入活动。在许多自发的社会性活动中，人们往往先是作为观众或听众处在空间的边界位置，随后情绪被调动，最后自己参与活动，进入到空间的中心位置，因此，边界具有行为的诱导性和扩散性，这就是“边界效应”。了解和合理运用边界效应也是在空间设计中考虑人们心理因素的重要方面，许多广场的设计就合理地利用边界，把“观赏”和“参与”两种活动所需空间有效地组织起来。

5. 从众心理

人还有从众的心理倾向，如紧急事件中，火灾或突发事件的混乱中，人们往往会盲目地随着大多数人奔跑，在商场、展览会上，当人们没有明确方向的时候，也往往是随大流。因此，在一些公共空间里，要有意识地组织和安排交通和人流的运动去向。

6. 喜新、求异心理

常见的事物或者特征不明显的环境往往不会引起人们注意，甚至视而不见。但一件新奇的事物和从没有见过的、特征鲜明的环境却让人留下深刻印象。利用这一心理特征，在细部景观设计中，应充分利用形、色、光的手段创造新的、变化的、具有个性的形象，来吸引人们的注意。

7. 边界效应

心理学家德克·德·琼治（Derk de Jonge）提出了“边界效应”理论。他指出，森林、海滩、树丛、林中空地等的边缘都是人们喜爱逗留的地方，而开敞的旷野或滩涂则无人光顾，除非边界区已人满为患。在城市空间中同样可以观察到这种现象。人站在广场边缘或建筑物四周，比站在外面的空间中心理更为安定和舒服。因此，休憩设施一般安置在广场边缘或建筑物四周。在细部景观设计中，场地边界设计得越丰富，人们停留的概率越大、时间越长。

图5－11、图5－12是广场上公众对于“座位”的选择的调查结果图示，图示表明人

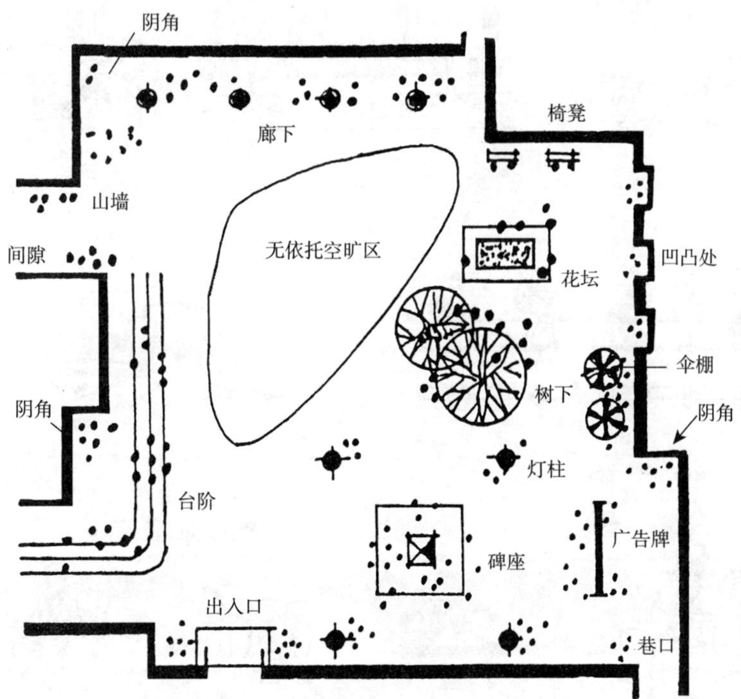

图5－11　广场上公众对于“座位”的选择

（图中黑点表示人的停留和休憩位置）

们习惯于选择如下的座位：场地边界的座位、后背安全的座位、有依靠的座位、有顶覆盖的座位、能很好观赏周围活动的座位、面向道路而不是背向道路的座位、室内临窗的座位。无依托空旷区，则不受人们的欢迎。

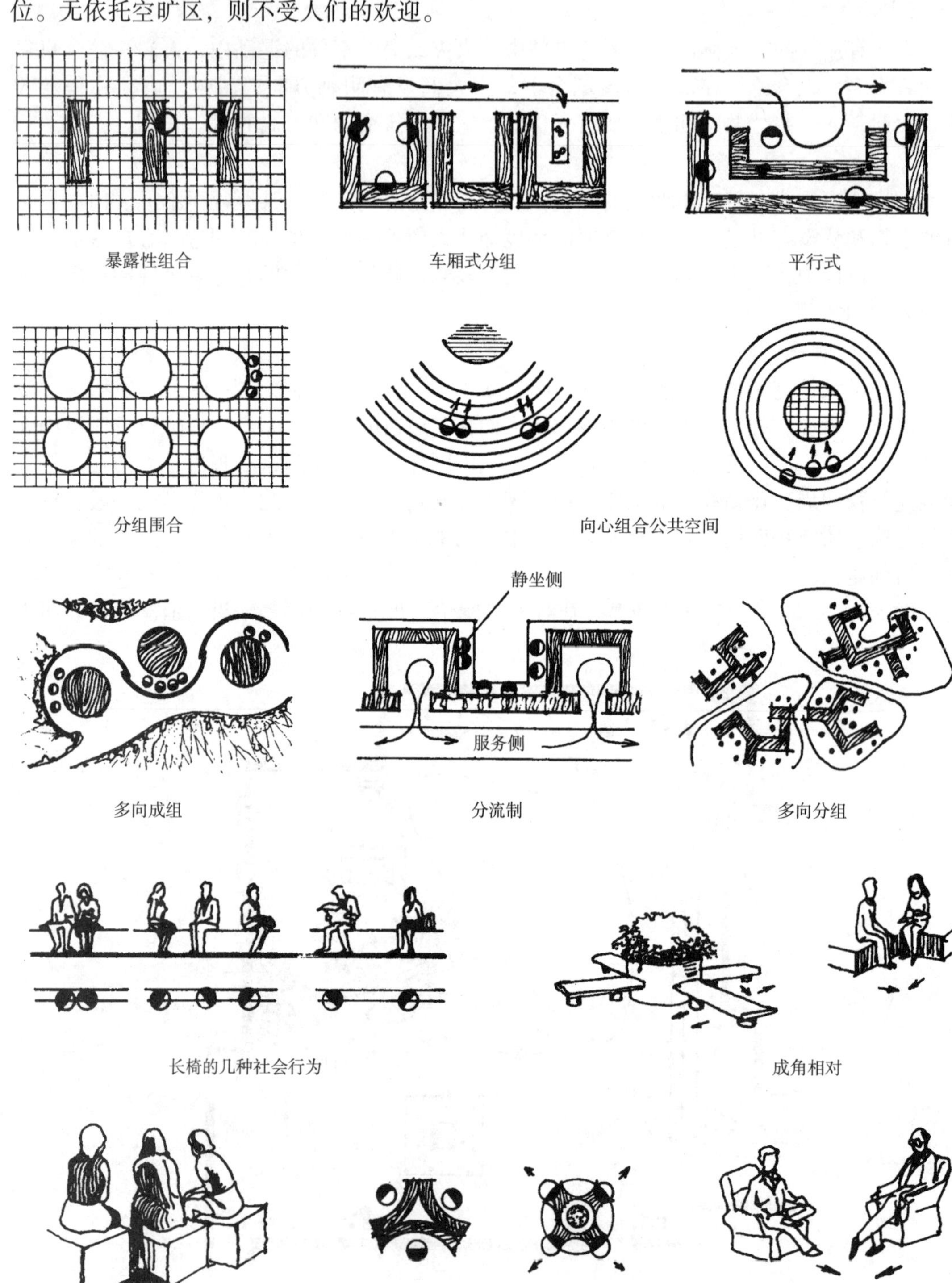

图 5-12　座位布置对行为的影响

（引自《建筑外环境设计》）

第五节　艺术法则

探讨形式美的基本原则，是所有设计学科共通的课题。对于园林景观而言，和其他艺术形态一样，优秀的景观都应该让人看起来是舒服的。当然，园林景观的形象问题还涉及文化传统、民族风格、社会思想意识等诸多方面的因素，并不单纯是美观的问题。但是，一个良好的园林景观首先应该在视觉上是美观的。

一、统一和多样

美就是和谐，和谐就是美。当判断两种以上的要素，或部分与部分的相互关系时，各部分所给我们的感受和意识是一种整体协调的关系，就叫和谐。和谐的组合也保持部分的差异性，但当差异性表现得强烈和显著时，和谐的格局就向对比的格局转化。达到和谐就是要做到统一和多样，统一和多样是美的基本规律的总原则（图5－13）。

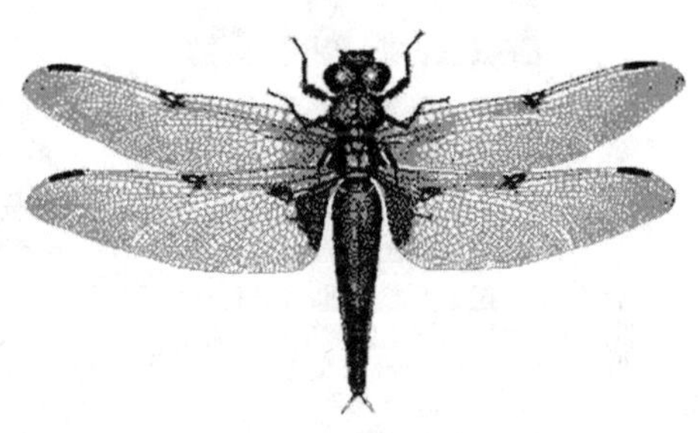

图5－13　蜻蜓的造型将美的原则体现得淋漓尽致（秩序井然又变化丰富）

如果把众多的事物，通过某种关系联系在一起，获得了和谐的效果，这就是多样统一（图5－14）。它包含两层含义：

（1）秩序——相对于杂乱而言，体现要素之间的相互制约性；

（2）变化——相当于单调而言，要素丰富而不杂乱。

在风景园林设计中，达到统一的具体的手法有：

（1）秩序的建立

以简单的形式可以取得统一：圆、方、三角；调和：以共同的要素形成统一；轴线对位；格网控制；对称手法等。

（2）变化的产生

对比的应用：以异质的要素互相衬托形成统一；等级、主从、统摄：通过主体形式或主空间的强势支配全局或附属空间，可以通过大小、多寡、明暗、虚实、远近等处理方法达到目的。至于变化的具体方面，要从形和空间的基本要素着手，即从形状、颜色、肌理、位置、方向等入手。

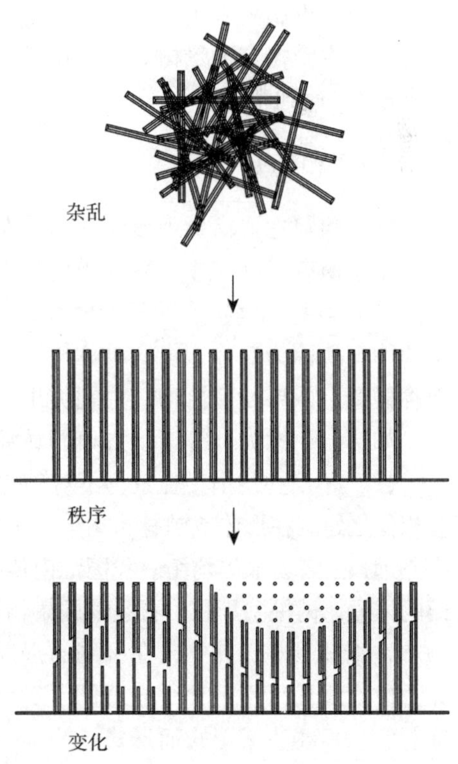

图5－14　统一就是既有秩序又有变化

园林设计中的多样化是客观存在的，而要把势在难免的多样化组成引人入胜的统一，却是比较困难的。要有意识地去学会控制，合理有序地安排各设计要素，做到整体统一。

二、主从与重点

在一个有机统一的整体中，各不同组成部分应该加以区别对待。它们应当有主与从的差别，有重点与一般的差别，否则，各要素平均分布、同等对待，即使很有秩序，也难免会流于单调、呆板（图 5－15）。

（a）一组正方形平面，没有一个比别的更重要，组合形式显得单调、呆板；

（b）一个正方形比别的大得多。分出了等级，因此在构造中有了主次，有了更强的统一感

（c）一个正方形比别的大得多。分出了等级，因此在构造中有了主次，有了更强的统一感

图 5－15　主从与重点

在园林景观中也要有明确的主从关系，如：要有主景区和次要景区，要有主要景点和次要景点，堆山要有主、次、宾、配，园林建筑要主次分明，植物配置要有主体树种和次要树种、主景树与配景树等。无论是整体布局还是细部处理，都应该做到“主从分明、重点突出”，达到整体统一。

三、均衡和稳定

均衡问题主要指景观形体的前后左右各部分之间的关系，要给人安定、平衡和完整的感觉。均衡有对称和非对称均衡两种类型（图 5－16），现分述如下：

（1）对称均衡：有明显的轴线，形体在轴线的两边作对称布置。凡是由对称布置所产生的均衡就称为对称均衡。对称均衡在人们心理上产生理性的严谨，条理性和稳定感。在园林构图上如果处理恰当，主题突出，井然有序，则能显示出由对称布置所产生的非凡的美，如法国、意大利等诸多古典园林那样的千古佳作（图 5－17～图 5－19）。

（2）不对称均衡，在景物不对称的情况下取得均衡，其原理与力学上的杠杆平衡原理颇有相似之处。在形体或园林布局上，重量感大的物体离均衡中心近，重量感小的物体离均衡中心远，二者易取得均衡。我国江南传统园林的布局，都以不对称均衡的状态存在，园中假山的堆叠，树桩盆景和山石盆景的景物布置等也都是不对称均衡，轻松、自然、随性。

在细部景观设计中，在构图布局时，可以采用对称均衡或不对称均衡或者综合运用，如总体对称局部不对称，或总体不对称局部对称。具体运用哪种形式要根据功能要求，因地制宜，不要为了形式而形式、为了构图而构图。对于实体的景观形态设计，要综合考虑其形体、虚实、色彩、光影、质感、疏密、线条等视觉要素，切忌单纯考虑平面构图或立面构图（图 5－20）。

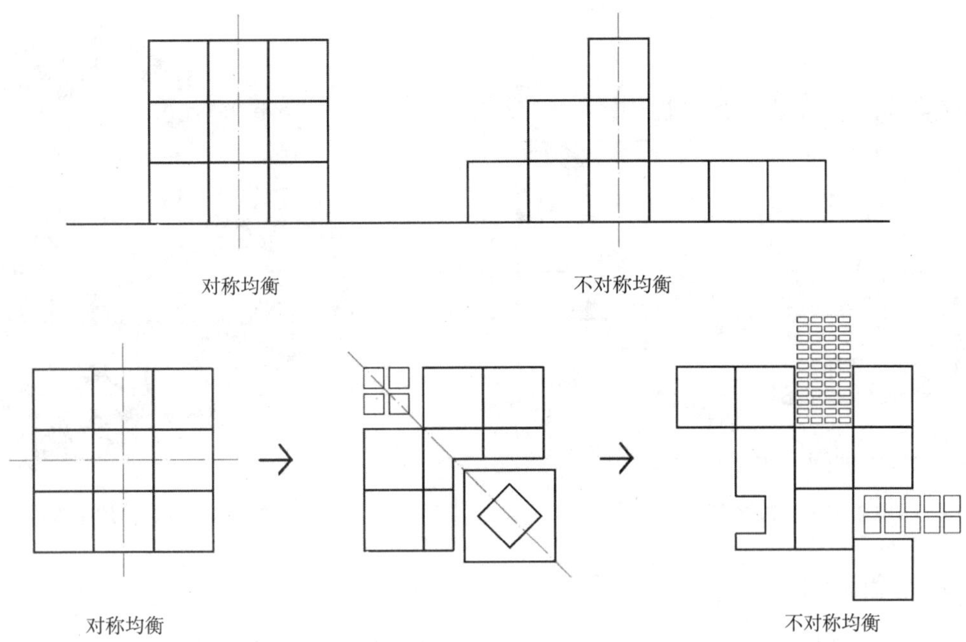

图 5－16　对称和非对称均衡两种类型图示

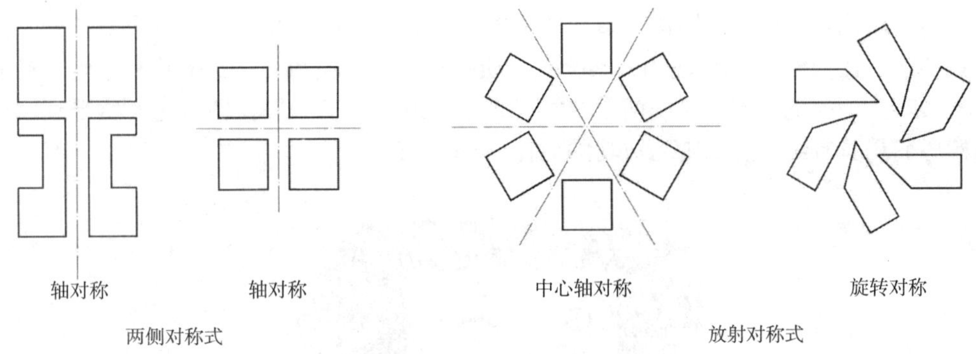

图 5－17　对称的方式

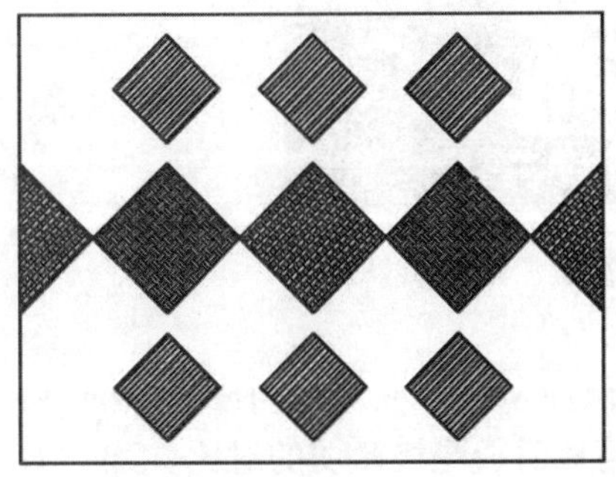
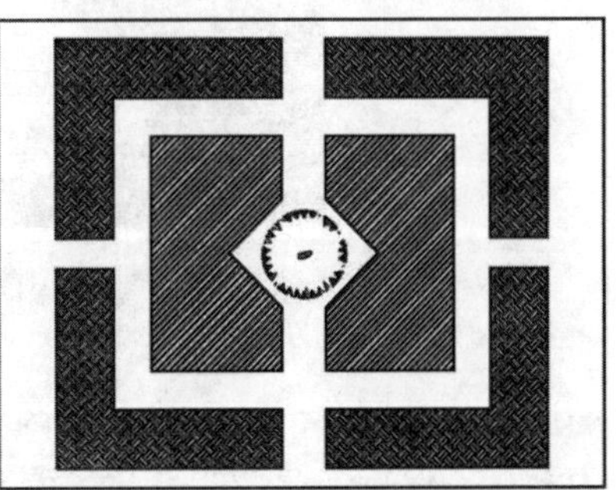

图 5－18　对称式构图

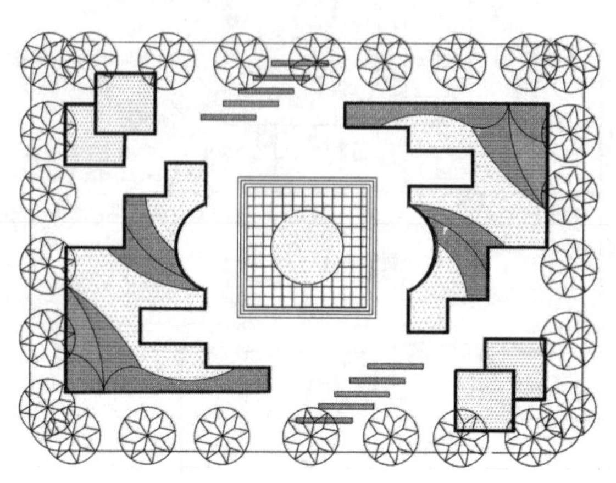

图 5－19　旋转对称式绿地设计

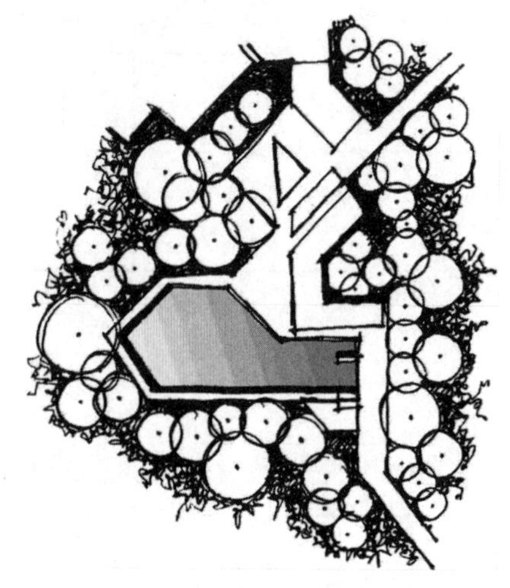

图 5－20　不对称均衡设计

四、对比和调和

对比，就是强调“差异性”——相反或相对的事物组合产生对比，对比表现为突变、连续性的中断。在园林艺术中对比的方面有很多，如：明暗对比——幽暗的廊道和明亮的庭院；体量对比——小空间与大空间，大中见小、小中见大；方向对比——水平、垂直、倾斜；虚实对比——厚重的墙体与疏朗的漏窗，山和水，植物和建筑；色彩对比——黑和白、黄和紫、蓝和橙，“万绿丛中一点红”；质感对比：粗糙和细腻；柔软和坚硬；动静对比；疏密对比……把反差很大的两个视觉要素成功地配列于一起，虽然使人感受到鲜明强烈的感触而仍具有统一感，则为成功的对比（图 5－21）。

图 5－21　景观中明暗、虚实、曲直等的对比

对比的反面就是调和，调和就是强调“相似性”——性质相同或类似的事物相配合，调和表现为渐变、保持连续性的变化。调和也可以看成是极微弱的对比。

对比与调和强调的是对立因素之间的渗透与协调，因此可采用“总体调和、局部对比”，做到对比与调和的统一（图 5－22～图 5－24）。

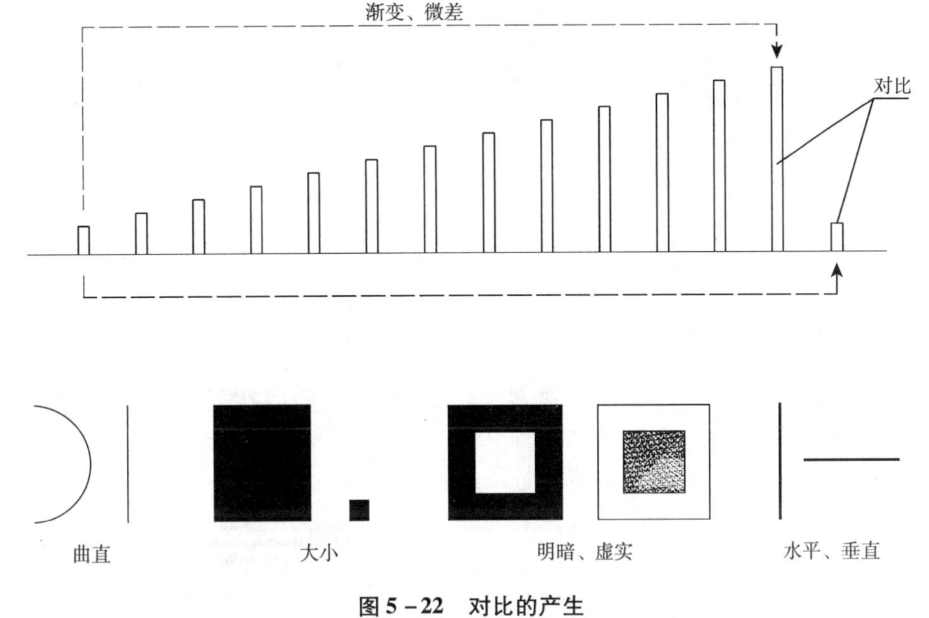

图 5－22　对比的产生

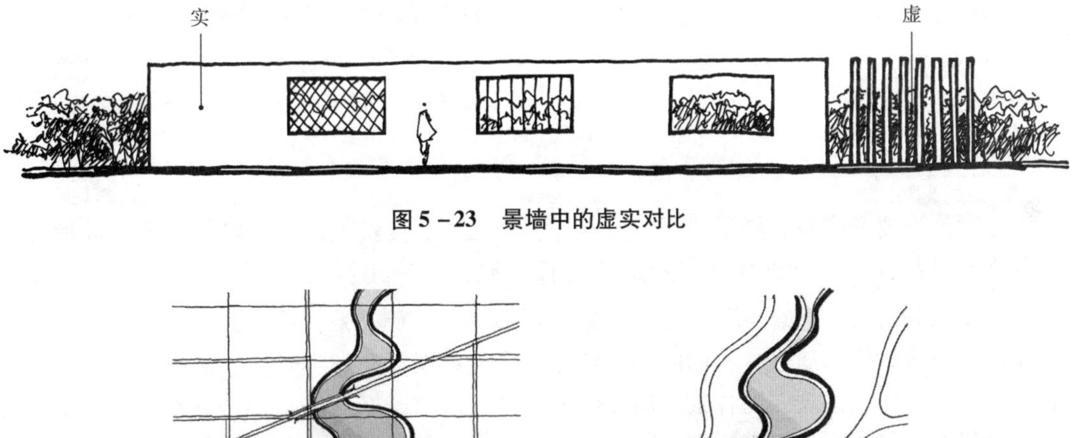

图 5－23　景墙中的虚实对比

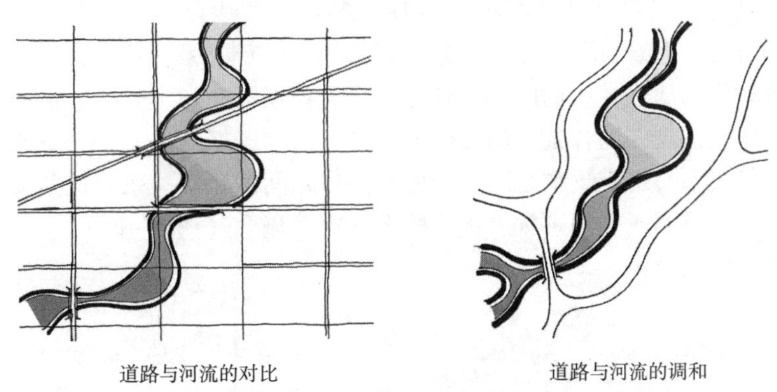

图 5－24　景观设计中的对比应用

五、韵律和节奏

韵律和节奏在设计上是指同一视觉要素有规律地连续重复时所产生的律动感，条理性、重复性、连续性是韵律的特点。

韵律美按其形式特点，主要可以分为两种类型（如图 5－25、图 5－26）：

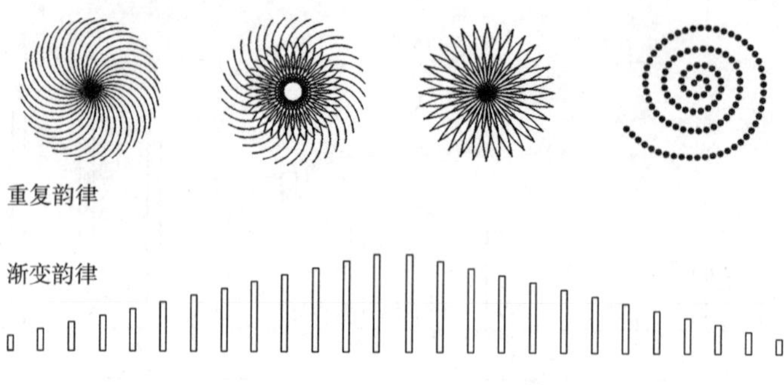

图 5－25　2 种韵律类型图示

（1）重复韵律：以一种或几种要素连续、重复排列而形成，各要素之间保持恒定的距离和关系，可以无止境地连绵延长。重复韵律又可分为绝对重复和相对重复。

（2）渐变韵律：连续的要素在重复的过程中在某一方面或某几个方面按照一定的规律而变化，如距离增加或缩短，形状变大或变小，或色彩、方向等方面有规律的变化。

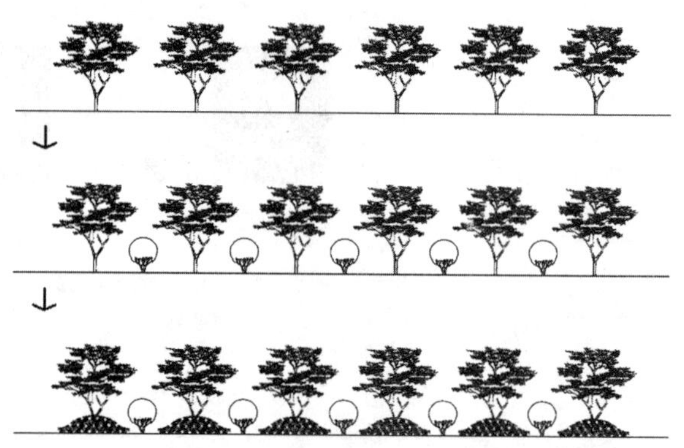

图 5－26　韵律感的强化——行道树景观

六、比例和尺度

比例是指要素本身、要素之间、要素与整体之间在度量上的一种制约关系，即形体各部分之间以及各部分自身都存在着这种（长、宽、高）比例关系。圆、正三角形、正方形、$1:\sqrt{2}$的长方形、黄金分割比等常用来分析形体的比例关系。黄金分割比并不是美的唯一比例，随着时代的演进，人们的审美观念及审美习惯都在发生变化。恰当的比例有一种和谐的美感。比例体现在园林景物的形体上，具有适当美好的关系，其中既有景物本身各部分之间的比例关系，也有景物之间、个体与整体之间的比例关系。这些关系难以用精确的数字来表达，而是属于人们感觉上和经验上的审美概念（图 5－27）。

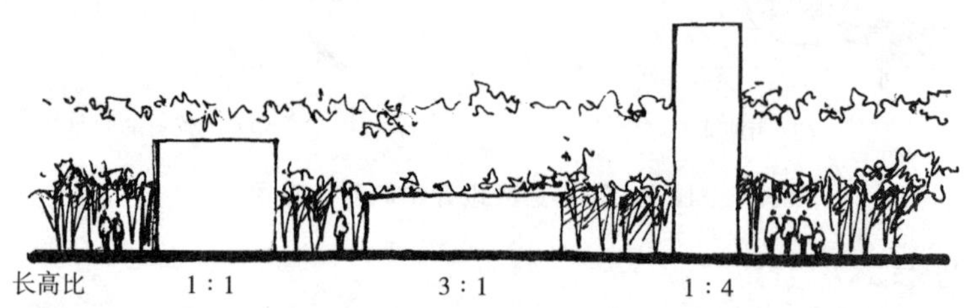

图 5－27　不同长高比例关系的景观——方正、水平延伸、垂直向上

尺度是指景物的大小与人体大小之间的相对关系以及景物各部分之间的大小关系形成的一种大小感，涉及具体尺寸。因为人是具有众所周知的真实尺寸的，而且尺寸变化不

大，以“人”为“标尺”是易于为人们所接受的。例如，在野外摄影，为了要说明所摄对象的真实大小，常常旁立一人为标尺，使观者马上能判断出对象有几人高的真实大小来（图5－28）。

图5－28　有了人，景观就有了尺度感

生活中许多构件或要素与人有密切的关系，如正常门高2～2.5m、栏杆高0.9m、座凳高0.4m等，景物在不同的环境中应有不同的尺度，在特定的环境中应有特定的尺度。设计中，景观都应该使它的实际大小与它给人印象的大小相符合，则能让人感觉很亲切。如果任意放大或缩小会使人产生错觉，而让人们在使用和心理上觉得不舒服——但有时为了设计需要，也会这样做。运用尺度的原理可以创造出具有高大或小巧的景观效果（图5－29）。

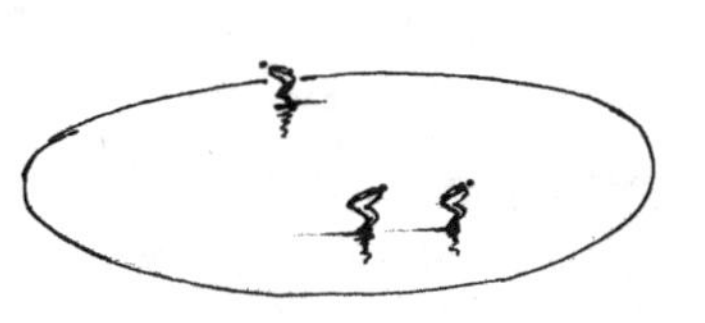

活动与尺度

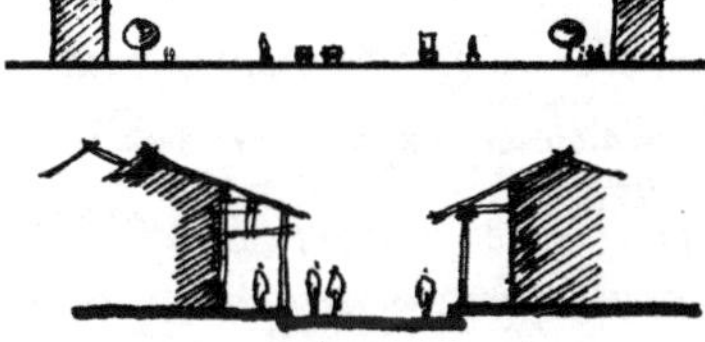

街道与尺度

大尺度的拱门

小尺度的坐凳

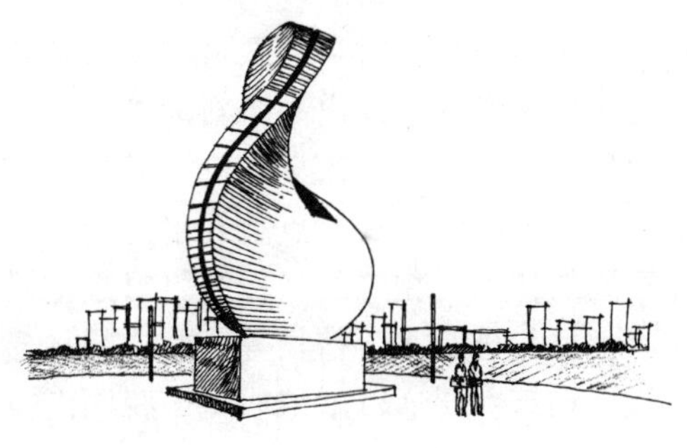

苏州金鸡湖“圆融”雕塑

高大的尺度

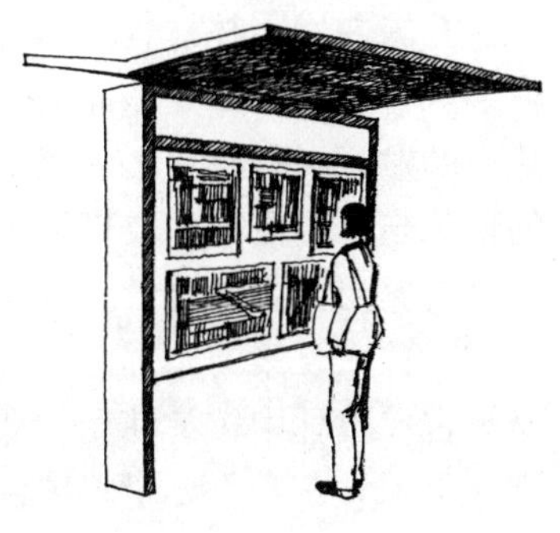

街头报栏

亲切的尺度

图5－29　尺度的运用

在细部景观设计中须综合运用各种手法，因地制宜、因情制宜地调整好主从关系，正确运用调和、对比、韵律、均衡、比例、尺度等在设计中最基本最常见的手法，使设计达到“多样统一”，方能实现最佳效果。

第六节 材料

园林材料作为园林建设的物质基础，也是表达园林设计理念的客观载体。一切设计理念最终都要通过各种形式的物质材料来表达，“品质源自细节”——材料和施工工艺。园林设计师对材料的选择与运用需要产生足够的重视和关注，应注重环保、经济、美观。材料的使用是设计中美学动机、项目性质与设计工作的核心，因为细部设计的最终效果是通过材料来实现的。目前建材业生产日新月异，各种新型材料很多，笔者认为在景观细部材料的使用中应该注意两方面的问题，即适用性和实用性。适用性即适合使用，适合于项目性质、适合于美学价值的体现以及适合于施工。在最初的设计中应该特别注意材料来源和特殊纹理的选择，因为不同质感的材料给人不同的触感、联想感受和审美情趣。例如，花岗岩坚硬、沉重，给人以厚重稳定的美感；大理石纹理自然，光泽柔润；木材朴素无华。只有熟悉材料的性质与纹理特征，才能在施工中恰到好处地运用镶嵌、排列、并置等构成方法，形成富有特点的细部表面层次。同时，必须熟悉材料的加工方式与施工特点，以保证今后的施工简便易行。实用性即实际使用价值。园林景观是在季节和时间流逝中作为自然持久的作品而存在，但由于它的放置和使用始终处在暴露而严酷的户外条件之下，因此材料的选择不仅要有美学上的价值，更需要具有实际使用的价值，即在当地气候条件下较为长久的使用效果，以及方便今后的清洁与维修。正确地使用材料源自于设计师对材料的认识。材料本身的成分有着内部与外部变化，例如混凝土、金属或塑料的氧化、侵蚀和化学不稳定性；昆虫或人为的袭击造成损坏；材料的收缩和徐变造成的尺寸改变。只有充分了解材料的特性，才能在今后的施工中对材料进行科学的加工处理，才能恰当地将自然与合成材料并置、结合和使用。

一、材料类型

我国古代园林材料选用有两种基本方式：一是以对天然材料的利用和简单加工为主的就地取材方式；二是依靠当时工程技术条件研发出满足要求的材料的取材方式。随着园林建设的发展和科技水平的提高，现代园林材料的运用和发展呈现出一番新面貌。对于材料的认识与运用更多地要借助工程实践中的经验积累。

古典园林要素可归纳为建筑、山水、花木。东西方国家在这一点上几乎是统一的，只是在对这三要素的布局、安排、结构上各有其不同的特点。相应的，传统材料是指沿袭和继承古代园林中较常使用的那些材料，如石材、木材、土、水、植物等。古典园林建筑大都是由木、石为主要材料来构筑，假山堆叠与驳岸砌筑主要通过就地取材，我国南方园林大多用太湖石和黄石，在北方园林中，用北方盛产的北太湖石和青石居多。在植物材料的选择上，南方因为气候的原因比北方要丰富得多，古代北方皇家园林为了弥补植物景观的单调，常常从南方搜集大量的奇花异草，很多由于不适应当地的气候而死亡。因此，在植物材料的选择上要“因地制宜，适地适材，材尽其用”。这些常见又普通的材料在现代园林中不但依然焕发着旺盛的生命力，而且在园林中应用的领域也越来越广泛。与传统材料相对应的是现代材料，主要指混凝土、金属、玻璃、陶瓷制品等近现代在园林中广泛使用的材料。

石材——就石材来说，我国园林中应用石材有着悠久的历史，从掇山、置石到园林建筑的营造，石材的应用都比较广泛。除了继承和保留的掇山、置石的功能外，现代工程技术的发展使石材还广泛应用到各种建筑、道路、小品等构筑物的面层装饰，以及根据需要加工制作成各种景观小品。铺装和花坛的面层材料运用，经过加工处理后的花岗岩板材，使整个环境显得整洁、优雅。因地制宜选用当地石材进行加工和处理，可形成各种不同色彩和质感的园林景观小品。同时，随着钢筋混凝土等现代工程材料的出现，加上石材的不可再生性，作为结构工程材料而应用在园林中的石材已经逐渐地减少了。

木材——从古到今，因其来源丰富并易于加工，木材一直是古建筑和古园林的主要用材。木材的自然特性给人以亲切感。在越来越讲求生态的今天，木材更是被大量地使用（似乎是一种反讽），从铺地、木栈道、坐凳座椅、花架凉亭、游乐设施到小品建筑等，都可以看见木材的身影。

植物——园林中的花木，以其特有的色、香、形构成园林美妙动人的景观。园林中有了花，色彩就丰富了，姹紫嫣红，粉白鹅黄，五光十色，美不胜收；闻香也是一种享受，空气中的花香似轻音乐使人陶醉；花木的形态婀娜多姿；花木的内在品质，蕴含深层次的美，正所谓春花、夏荫、秋色、冬姿……除此之外，花木的生长是有季节的。不同的季节，花木都有不同的表现特征即植物的季相性，配合园林其他各要素，使人在朝暮阴晴中都能欣赏到各具魅力的良辰美景。

在园林空间的营造上，由于植物形态与属性的多样性，亦可以有多种景观形式而产生不同的景观效果。不同的植物有不同的形态：圆球形、圆柱形、圆锥形、纺锤形等，同时植物又分为：常绿的、落叶的；针叶的、阔叶的；乔木、灌木、地被……不同植物的搭配所形成的垂直界面是丰富多彩的，并为环境划分出各式各样的空间。

陶瓷制品——目前，园林中应用的陶瓷制品，主要有彩釉砖、无釉砖、劈离砖、麻面砖、玻花砖、渗花砖、陶瓷锦砖、陶瓷壁画以及琉璃制品等。琉璃瓦自古以来就被作为园林中建筑物、构筑物的优良装饰材料。此外，近年来不断涌现出的陶瓷制品的种类和品种真可谓应有尽有、目不暇接。而常应用于园林道路广场铺装中，产生较好效果的主要种类有麻面砖、劈离砖等；应用于建筑、小品、景墙立面装饰的材料有彩釉砖、无釉砖、玻花砖、陶瓷艺术砖、金属光泽釉面砖、黑瓷装饰板、大型陶瓷装饰面板等种类。另外，由陶瓷面砖、陶板、锦砖等镶拼制作而成的陶瓷壁画，表面可以做成平滑或各种浮雕花纹图案，兼具绘画、书法、雕刻等艺术于一体，具有较高艺术价值，在一些园林中已经逐步推广使用。运用不同色彩的陶瓷砖在水池底铺成的图案，大大增强了水池的景观表现力。坐凳水洗石面层上镶嵌当地产的陶瓷片，粗糙的水洗石与光洁、亮丽的瓷片形成鲜明的对比，增添了景观的特色。

值得一提的是近年来开发研制出的陶瓷透水砖，由其铺设的场地在下雨时能使雨水快速渗透到地下，增加地下水含量，调节空气湿度，净化空气，对缺水地区尤其具有应用价值。目前，应用于园林中的有环保透水砖和高强度陶瓷透水砖两种类型。前者不适应载重车通行，一般用于公园休闲无重承载场所以及园林游步道等。后者采用了两次高温煅烧，强度高，耐磨，防滑性能佳，可用于停车场、人行道、步行街等处。

混凝土——混凝土具有良好的可塑性和经济实用的优点，除作为结构材料使用的普通混凝土外，可运用在园林建设中的类型和品种也是层出不穷。如运用于装饰路面的彩色混凝土，较好地活跃了环境的气氛。压印混凝土，是在施工阶段对未硬化混凝土运用彩色强化剂、彩色脱模剂、无色密封剂等3种化学原料对混凝土进行固色、配色和表面强化处理，其强度优于其他材料的路面，其图案、色彩的可选择性强，可以产生较为完美的视觉效果和耐久性。

此外，其他的混凝土制品，诸如混凝土路面砖、彩色混凝土连锁砖、仿毛石砌块等品种也较多，再加上不同的外形、尺寸、色彩等，其可选择的范围相当广泛。

目前，一些在传统园林中很少被运用的材料，也开始在园林中使用了，如金属、玻璃、塑料等材料。玻璃和金属的质感与现代气息非常吻合，因此在现代园林中得到了广泛的应用。

金属——铸铁、不锈钢、铜、铝及各种合金材料，除作为结构材料被广泛运用外，金属材料加工制作而成的园林小品在园林中越来越多，在园林环境中也别具一番魅力。

玻璃——由于其透明或半透明的特性显得与众不同，往往能够取得与众不同的效果，如今同样被广泛地运用于园林景观设计中，如地面的处理，各式园林景观及设施小品——景墙、景观灯、景观廊架、电话亭、售卖亭等。在室外大面积使用玻璃时要注意安全性，建议使用有机玻璃或钢化玻璃。

在现代园林中，可运用的新材料层出不穷，更需要越来越多地开发和运用一些生态环保型材料。随着现代科技的发展与进步，越来越多的先进技术被引用到园林中，无论在施工工艺还是在创造景观方面，材料与现代科技的有机融糅，大大增强了材料的景观表现力，使现代园林景观更富生机与活力。

二、材料与结构

细部景观设计和构造之间的关系主要在于细部形式功能的合理性。有时在设计中稍稍改变结构的形式将有助于保持景观的持久完整性，如景观构造中的转角。在街道和广场中常可以看到小道、花坛和路缘在转角处的豁口和破损，究其原因无非有两点：一是直角应力集中，在外力的作用下容易破损；二是施工水平差，使石材等材料在拼接时缝隙过大。在设计时可以改变分割与聚合的常规方式，将直角改变为弧形，将使应力分散，从而使转角受力面增大，加强转角的抗撞能力；或者利用材料排列形式的改变，使材料在转角处不形成节点，这样既可避免因施工水平形成的破损隐患，也可发展出一种既具表述性又有功能性的构造语言。

园林设计中的结构问题主要发生在硬质景观设计中。柱、梁板结构和拱券结构是人类最早采用的两种结构形式。随着科学技术的进步，人们能够对结构的受力情况进行分析和计算，相继出现了桁架、刚架和悬挑结构。在园林设计中，常采用轻质高强的复合材料，这类材料塑性好、延性大，从而使结构构思和空间的创造有了新的突破，如薄壳、V形波折板、悬索、充气结构、膜结构等。无论采用上述哪一种结构形式，最终都要把重量传给土壤。只有掌握了相关结构技术及其选型设计，才能做到真正的创新（图5－30）。

图 5－30　不同材料与结构在风景园林中的运用（张清海摄）

第七节　文化

每一处景观都应该具有自己的场所特征。特征是指地区自然景观与历史文脉的总和，包括：气候条件、地形地貌、历史文化资源和人们的各种活动、行为方式等。作为细部景观设计，不仅要关注一个物质空间形态的确立，还更应注重在现有自然环境中展现其历史文化的品位。遵守“尊重场地、因地制宜，寻求与场地和周边环境密切联系”的现代景观设计的基本原则。因此，在一定意义上来说，细部设计是体现文脉特征的重要部分。

人文背景主要包括设计地域范围内社会文化背景及历史背景方面的内容。文化具有民族性、区域性和时代性。在设计一定的社会文化下的景观构造时，一定要深入分析该区域的社会文化特点，使景观设计与该区域的社会文化很好地融合在一起。

文化性——体现地方性：自然环境、建筑风格、社会风尚、生活方式、文化心理、审美情趣、风俗传统、宗教信仰。文化是一种精神需求。

“文化”，大而言之，泛指人类创造的一切事物。按照广义的“文化”概念，人们建造园林本身就是创造文化，传统园林、现代园林、东方园林、西方园林……都有不同的文化体现和文化归属。中国江南古典园林就是人化的自然、文化的结晶、艺术的综合——建筑艺术、绘画艺术、文学艺术、书法艺术、园林艺术……都得到了充分的体现。可见，园林本身就代表一种文化，如中、西传统园林在文化上追求的不同意趣之简单比较：

人工美与自然美——中、西园林从形式上看，其差异非常明显。西方园林所体现的是人工美，不仅布局对称、规则、严谨，就连花草都修整得方方正正，从而呈现出一种几何图案美，从现象上看西方造园主要是立足于用人工方法改变其自然状态。中国园林则完全不同，既不求轴线对称，也没有任何规则可循，相反却是山环水抱，曲折蜿蜒，不仅花草树木任自然之原貌，即使人工建筑也尽量顺应自然而参差错落，力求与自然融合。

形式美与意境美——由于对自然美的态度不同，反映在造园艺术上的追求便有所侧重了。西方造园虽不乏诗意，但刻意追求的却是形式美；中国造园虽也重视形式，但倾心追求的却是意境美。

“一种深刻的文化能力同一种普遍的社会需求相结合，造就了世界一流的国家。当有能力而没有需求的时候，或有需求而没有能力的时候，都不可能发展。”这里所谓“文化能力”，其实就是人的创造能力，“社会需求”则指的是人的生活在物质上和精神上的需求。按照这个思路，造就一流园林的必要条件，应该是创造园林的文化能力和社会对园林文化的普遍需求相结合。认真学习和研究古今中外一切有益的经验，提高创造园林文化的能力，以适应社会对园林文化日益普遍、日益深刻的需求。

目前许多园林设计更多关注的是形式，缺失了文化。现代园林设计如果只有物质外壳而没有“文化”，就没有内涵。文化更多的是指设计师在设计中赋予景观的“文化价值符号”。

那么，设计如何体现文化？方法可归为两种：显性的文化体现和隐性的文化体现。

（1）显性的文化体现：需要设计师设计的，通过直观的视觉文化景观要素来表达，如雕塑、文化墙、文化柱、文化铺地等文化景观或符号。这种文化的设计与挖掘应尽可能地体现时代的要求、社会的要求、公众的要求，而且应该是民族的、本土的、地方的，而不是放之四海而皆可。很多地方和传统的文化可以通过现代的方式和艺术形式来表现，以取得社会的认同。

（2）隐性的文化体现：园林建成后需要公众参与的社会文化，如文艺表演、民俗活动、文化展示、商业宣传、社会交往、游乐休憩等。这类文化本身的体现一般不需要设计师的预先设计，但其发生的场所和可能性则是需要精心研究与设计的。

中篇　实践范畴

第六章 风景评估与风景规划

第一节 风景及风景规划的内涵和意义

一、风景的内涵

风景园林学中，风景涵盖的范围极其广泛，与通常意义上所指的大自然的风光美景不同，风景园林学中所探讨的风景指的是有人的情感渗入自然的产物。这与奥古斯丁·伯克（Augustin Berque）的认识一致。他认为："经人类加工过的空间与原生空间的最大区别在于其文化性。前者加入了想象力，赋予物质环境以某种意义，使之成为风景。"由此我们可以看出，风景首先是物质对象；其次，这一对象必须能被人感知或引起人们的想象；最后，这一对象必须具有审美价值。如宇宙中某星体的自然景观是客观存在的，但因目前人类无法感知，不能称其为风景。同样，我们城市的垃圾，虽然能被人感知，但不具有审美价值，也不能称其风景。所以，本文风景是指，在一定条件之中，由自然要素、自然现象、人类、人工物及人工现象所构成的能引起人们的想象和审美的风光景色和景致的统称。

相对于风景，景观一词涵盖的范围比较狭小，正如日本东京大学西村幸夫教授所说："'风景'一词不仅意味深长，而且其作为所指地形、地貌等对象的范围更为广泛。在'风景'的范畴内可以论及'景观'，反之则不妥。"

二、风景规划的内涵及意义

（一）风景规划的内涵

规划（Planning）被定义为运用科学、技术以及其他系统性的指示，为决策提供待选方案，同时它也是一个对众多选择进行考虑并达成一致意见的过程。

现阶段我国一些学者认为风景规划主要指风景名胜区规划，这显然是不全面的。那么，何为风景规划（Landscape Planning）呢？

克罗（Crowe）认为风景规划比土地使用规划所涵盖的范畴更广泛，它包含了外观和使用、愉悦和土地可育性等内容。克罗认为风景规划的目的在于处理错综复杂的功能和居住的问题，并且将无法相容的土地使用形态区隔，协调各种不同的土地使用形态，使其在景观上具有整体性。伊恩·麦克哈格认为，人类对风景的人为改变应着重创造性，人既是自然中的一部分，在整个风景演化过程中就需具有创造性，同时这种改变应以自然演化的法则加以严判。麦克哈格认为风景规划体系应基于"自然是一个自然进程，其对人类展现使用机会和限制两种价值"的理念。通俗地说就是，自然为人类提供了赖以生存的场所与给养，但人们在利用自然的时候必须依据自然演化的法则，否则自然就会遭到破坏，从而使人类受到惩罚，这就是自然的"限制"价值。

本章所谓的风景规划，指的是区域尺度或大尺度的规划，是人类在开发利用土地与自然环境的过程中，依据自然、生态、社会行为等学科，能科学全面地对目的地的环境所在的系统所有因素进行评判，分析可能对自然环境、社会发展等产生的影响和冲击，进而制定多方案并进行比较，最终找到最适宜土地内在使用的方式。风景规划是创造性地开发利用自然，保护人类赖以生存的环境的有效的开发策略和方法。这一概念涵盖所有涉及风景特征、过程及系统并与土地利用、规划活动相关的宏观环境。

传统的规划是总量平衡的方法，规划不顾土地内在的自然属性，目的是为了建设的方便，一般以规划者主观判断及其爱好的定性描述为主，对自然、社会等的客观性缺少科学的分析方法。而本书所称的风景规划是要根据土地的内在属性寻找出适合它的建设内容，比如哪些土地适宜于保护，哪些土地适合作为游憩用地，哪些土地适合作为交通、居住或工商业用地等。规划者往往采取各种科学的分析方法，尽量做到对土地的内在属性、社会人文等理性、客观的定量分析，对那些难以定量分析的因素才辅以定性化描述，在这些分析的基础上作多方案比较、评估，最终提出对自然、社会影响最小的最佳方案。

（二）风景规划的意义

中国正进入一个风景园林蓬勃发展的全速时期，各方面理论和实践经验正逐步完善。让规划工作者了解国际上风景规划的真正内涵，尤其是风景规划的客观性、科学性以及规划过程中定量分析等科学方法的运用，这是创造我国可持续发展景观的基础。同时，广泛普及这一认识，积极发展公共参与，有利于获得社会大众积极支持和配合，从而更好地建设和谐的社会环境。

第二节　风景评估

一、风景评估（Landscape Evaluation）的概念

风景评估就是指在调查分析的基础上，针对土地使用的潜力和自然体系所能承受外在作用的程度，分析风景以前使用的方式和各种与土地内在适用性符合的方式，在规划许可的范围内为各种使用方式寻求最好的对应区域，最终使规划地区土地利用与管理达至最佳的生态适宜性、健康、美观和利用性最优化的目标。风景评估属于风景规划非常关键的一部分，是风景规划的前期准备，为检验所有规划方案提供最基础的资料。

这里需要解决两个基本问题：一是对各种经适当界定的土地使用形态制定最适宜的风景准则，一般分三类，即：经济性，健康和安全性，以及生态和视觉关系；二是界定出不同的土地使用对不同风景形态的冲击。

二、适宜性分析（Suitability Analysis）

风景评估过程的一个重要内容是适宜性分析。这里我们首先要了解两个概念，即承载力（Capacity）和适宜性（Suitability）。这也是两个经常被互换使用的概念。但是当这两个概念分别用于土地分类定级时，仍有不少细微的差别。

（一）承载力（Capacity）

承载力是指有能力而有条件或适宜承担、接受某类影响。土壤科学家把土地承载力定

义为：根据土地的潜在用途和对于可持续利用的不同要求，将多种不同类的土壤组合成特定的单元、亚类和类。与此类似的另一个定义是：根据资源的内在和固有的性能以及其由于过去的改造和当前的管理实践而具有的新性能进行综合评价，从而确定其未来的使用方式。第三种定义由美国地质调查局提出，它更多地建立在单纯的地质和水文信息基础上。根据这种定义，土地承载力分析是在某一特定的地质和水文允许成本标准上，评价土地对于不同开发模式的适应能力。第四种定义是由美国林业局执行 1974 年《森林和牧场可再生资源规划法案》时提出并完善的。根据这种定义，承载力是指"在一定的管理措施和管理强度下，一定区域的土地提供资源、产品、服务以及允许资源利用的能力"。

（二）适宜性（Suitability）及其分析

适宜性是指其本身合适、相称。土地适宜性指某一特定地块的土地对于某一特定使用方式的适宜程度。适宜性程度的不同是由收益和不同使用方式需要的土地改造成本之间实际与预期的关系决定的。另外一种对适宜性分析的定义由美国林业局提出，是指"由经济和环境价值的分析所决定的、针对特定区域土地的资源管理利用实践"。这里所谓的适宜性分析被看作确定特定地块对某种特定使用方式的适宜性的过程。

适宜性分析的手段及方法大致有三种：（1）美国自然资源保护局体系；（2）麦克哈格的适宜性分析方法；（3）在荷兰发展起来的一些适宜性分析方法。

下面以上述第二种为例，对适宜性分析的步骤与方法进行简要阐述（表 6 – 1，图 6 – 1）：

适宜性分析步骤 **表 6 – 1**

适宜性分析步骤
1. 确定土地利用方式和每一利用方式的需求
2. 找到每一土地利用需求相对应的自然要素
3. 把生物物理环境与土地利用需求相联系，确定与需求相对应的具体自然因子
4. 把所需求的自然因子叠加绘制成图，确定合并规则以能表达适宜性的梯度变化。这一步骤中应完成一系列土地利用机遇分析图
5. 确定潜在土地利用与生物物理过程的相互制约
6. 将制约和机遇的地图相叠加，在特定的结合规则下制成能描述土地对多种利用方式的内在适宜度的地图
7. 绘制综合地图，展示对各种土地利用方式具高度适宜性的区域的分布

资料来源：Berger 等，1977 年，有修改。

三、风景视觉品质分析评价（Landscape Visual Survey & Assessment）

（一）风景视觉分析评价的产生

在传统的规划中，有关风景视觉的分析因涉及美学层次，使得人们的分析评价结论因人而异，甚至偏差很大，对风景美学的评价往往是感性的，客观性、科学性不够。为了解决这一难题，美国在 20 世纪 50—60 年代率先对如何更客观、科学地给风景尤其是大规模地区或区域范畴的风景进行视觉评价作了深入的研究，因此，美国也率先在规划师队伍中产生了一批有特长的视觉资源评估方面的设计师，并创造了一系列风景视觉评价的理论与方法，在风景规划中得到了广泛运用。

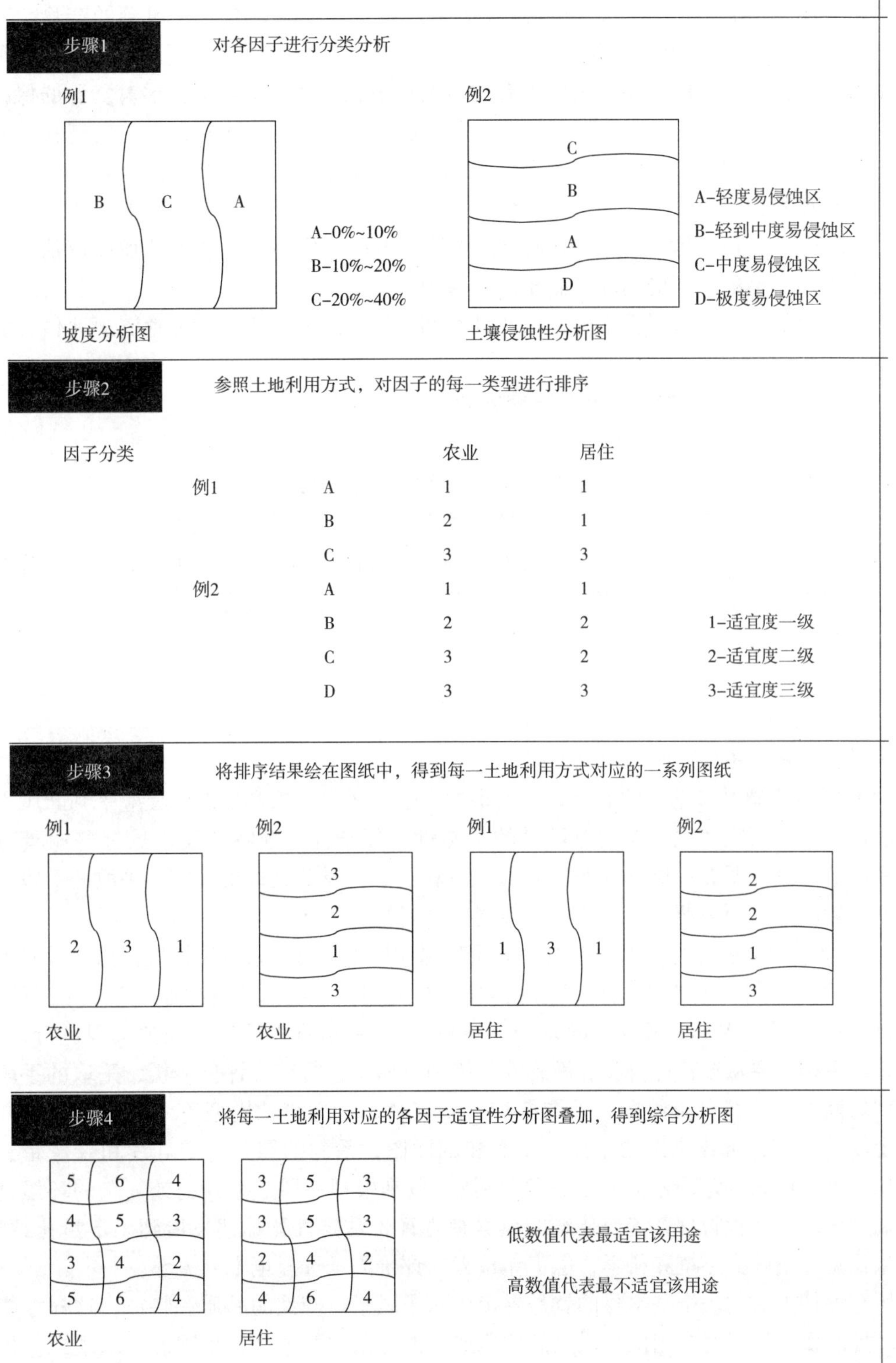
步骤1
对各因子进行分类分析
例1
B
C
A
A-0%~10%
B-10%~20%
C-20%~40%
坡度分析图
例2
C
B
A
D
A-轻度易侵蚀区
B-轻到中度易侵蚀区
C-中度易侵蚀区
D-极度易侵蚀区
土壤侵蚀性分析图
步骤2
参照土地利用方式，对因子的每一类型进行排序
因子分类
农业
居住
例1
A 1 1
B 2 1
C 3 3
例2
A 1 1
B 2 2
C 3 2
D 3 3
1-适宜度一级
2-适宜度二级
3-适宜度三级
步骤3
将排序结果绘在图纸中，得到每一土地利用方式对应的一系列图纸
例1
2 3 1
农业
例2
3
2
1
3
农业
例1
1 3 1
居住
例2
2
2
1
3
居住
步骤4
将每一土地利用对应的各因子适宜性分析图叠加，得到综合分析图
5 6 4
4 5 3
3 4 2
5 6 4
农业
3 5 3
3 5 3
2 4 2
4 6 4
居住
低数值代表最适宜该用途
高数值代表最不适宜该用途

图 6－1　适宜性分析过程

1965年，美国的自然美景研讨会和《交通公路美化法》即是这一风潮的产物。完成于1970年的美国《国家环境政策法》要求，“当前尚未定量的环境舒适和价值”必须在政策中予以考虑。美国的一些州政府也有类似的法案，这些法案除了要求对资源的保存和不良冲击加以考虑和控制，如土壤冲蚀、砍伐森林、洪灾、野生生物栖息地的迁移、空气及水的污染、有害的社会经济变迁等外，也将风景的视觉品质视为环境影响的一项因子，要求必须在项目或方案中作环境影响评估（简称EIR），并写成“环境冲击说明书和报告书”。如美国《加州环境品质法》中规定，必须对不可量化的环境舒适性加以评估，并对具有美感的、自然的、历史的环境品质加以保护。

现在，除美国外，欧洲若干国家以及日本都产生了一批有特长的视觉资源评估方面的设计师。

（二）风景视觉评价的流派及其研究方向

1. 风景视觉评价流派

欧文·楚贝等认为风景视觉评价有四个基本的“学派”：

（1）专家学派，包括设计、生态和资源管理方面的专家进行视觉质量的评价。

（2）心理物理学派，主要根据风景的物理特征对特定的风景质量进行大众偏好分析。

（3）认知学派，强调观察者在过去的经验、未来的期望和社会文化背景等人文意识下的风景特征。

（4）经验学派，考虑人与风景相互作用下的风景价值。

2. 研究方向与方法

风景视觉评价主要有两个研究方向：

（1）对景观感受和偏好的研究，即是根据人们对风景意象和形态的反应来判断风景的视觉品质。根据研究发现，人们对风景的自然性、复杂性、独特性及水景等普遍具有偏好。采取的方法主要有：道路（车窗）调查分析法、视觉公共评价法等。采取的手段主要有：现场勘测，系列的照片、绘图，公共调查访问等。

（2）通过对地形地貌、水、植被、土地利用和聚落形态等来对风景进行描述，并根据美学和专业性的判断准则来进行风景视觉的评估。1974年，美国林业主管部门开发了“视觉管理系统”（Visual Management System）。为了能给难以评价的视觉景观进行评估，视觉管理系统主要从多样性分类和敏感性等级两方面来进行综合评价分析，采取的手段主要有现场勘测、等级分类绘图、地图叠加、幻灯片和录像带、模型等。一般采取的方法是：现场勘测，建筑或风景的平面、立面和剖面图，系列的照片、幻灯片和录像带、模型，现在可以用3D模型或虚拟现实等高科技手段来模拟一些成系列的或复杂的环境，以进行视觉评估。视觉管理系统使传统的风景视觉评价从定性化描述发展到了定量化评价，对风景视觉评价较为系统和科学，但工作量大，评价因子选择也十分关键。

所有评估方法的一个基本目的就是界定出赋予风景可变性的品质和特征，这样才能预测出环境改变或发展对规划区域风景品质所造成的冲击，并据此提出限制、减缓或保护等对策。随着科学技术的日新月异，计算机模拟、GIS系统等科学技术不断运用到风景视觉评价中来，使得评价方法愈来愈客观，风景视觉品质在风景规划中的分量也将越来越重要。

第三节 风景规划的方法与步骤

美国著名风景园林大师伊恩·麦克哈格在宾夕法尼亚大学曾提出风景规划的方法与步骤，得到广泛认同，经后人略作调整后得到风景规划的流程图，如图 6－2 所示：

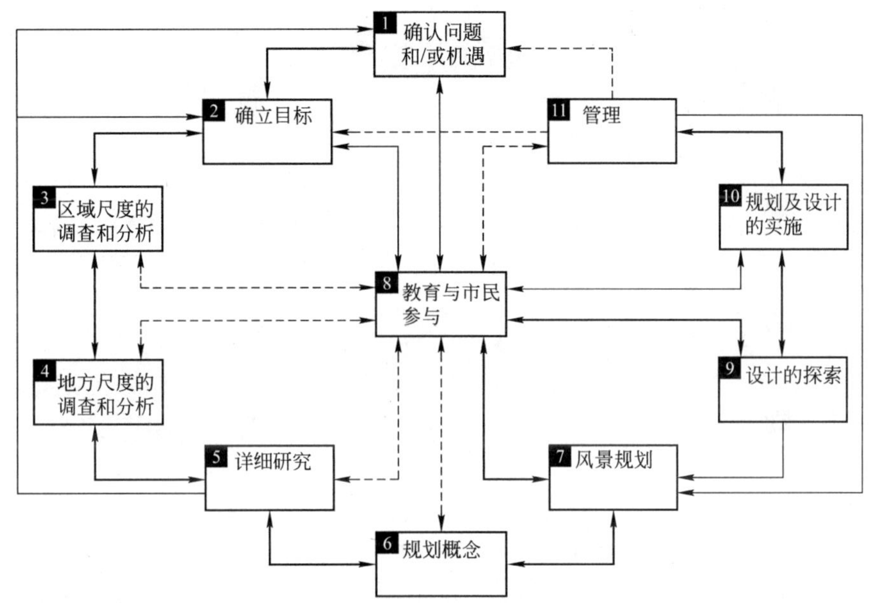

图 6－2 风景规划的流程

图中的粗箭头表示这一流程是从第 1 步一直到第 11 步。每个步骤之间的细箭头代表一种反馈系统，因此，每一步可以对前一步骤进行调整。相应地，也可以在下一步对其进行修改。虚线上的箭头则表示整个过程中其他可能的调整。

由上可以看出风景规划是一项十分复杂的工作，为了方便说明，我们把风景规划的方法、步骤简化为 5 个最核心的内容，即：确立目标、风景调查与分析、风景评估、风景规划以及实施。

一、确立目标（Goal Setting）

对于任何规划，首先要确立的就是规划的目标，这是规划的方向。在我国，一个规划的目标往往是由政府或开发商确定的。在欧美发达国家，规划目标的确定往往还需要当地居民的参与，因为这涉及规划地区每一个人的切身利益。当然，这一点存在争议，有人认为，民众参与者一般时间有限，有些规划目标是法定的，有些是代表利益集团的，政府与民众对规划目标往往存在较大的差异。为此，美国的雷·迈克奈尔（Ray MacNair）提出了一个联系机构规划和市民组织的架构来共同确定规划目标（1981 年），值得提倡（图 6－3）。

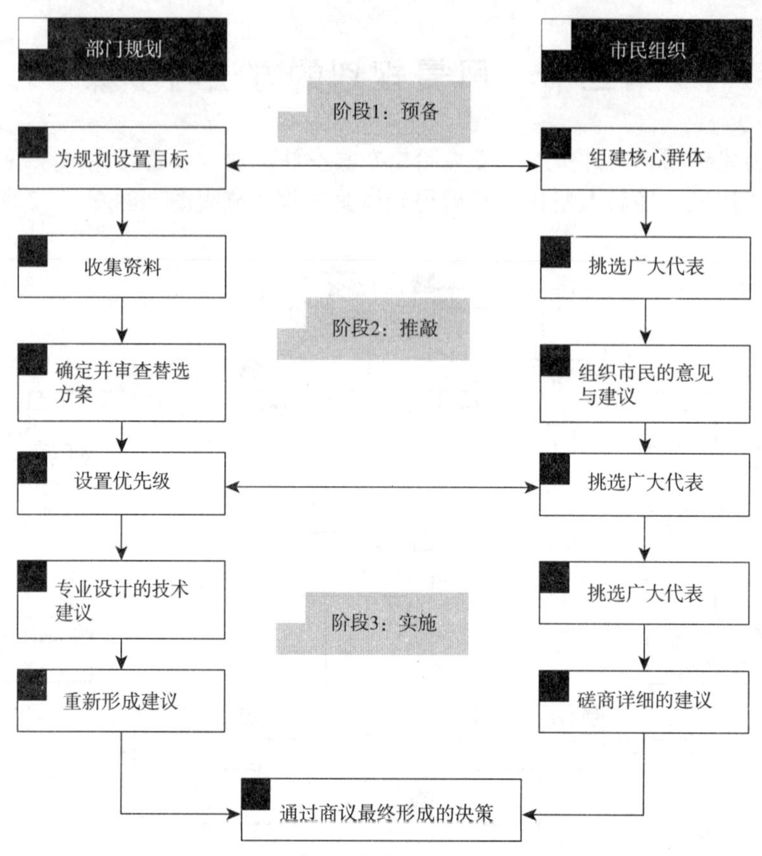

图 6－3 协同规划和组织（资料来源：MacNair，1981 年）

二、风景调查与分析（Survey and Analysis）

（一）风景调查（Landscape Survey）

调查与分析是科学地进行风景规划的重要前提，与规划相关的资料收集得越丰富、客观，其分析才会越深入、透彻，最终形成的规划方案和决策也就越科学、合理。调查的内容主要分为三个部分，即自然环境、社会经济与人文历史因素。

伊恩·麦克哈格（In. McHarg）及其合作者提出了一种千层饼模式，其中包含了风景规划学调查的因子，如图 6－4 所示。联合国教科文组织（UNESCO）在其人与生物圈计划中，提出了一个更为详细的可能调查的因子目录，如表 6－2 所示。

联合国教科文组织的环境调查清单：成分与过程 **表 6－2**

自然环境——成分	土壤 水 大气 矿产资源
自然环境——过程	生物地球化学循环 辐射 气候过程

续表

自然环境——过程	光合作用 动植物生长
人口数量——人口统计方面	人口结构 • 年龄 • 种族 • 经济 • 教育 • 职业
人类活动及机械的使用	迁徙活动 日常流动性 决策 能源 动物 植物 微生物 动植物生长的波动 土壤肥力、盐分、碱度的变化 宿主/寄生虫的相互作用及传染过程 人口规模 人口密度 出生率及死亡率 健康统计 矿业 工业活动 商业活动 权利的运作与分配 管理 农业、渔业
社会群体	政府群体 工业群体 商业群体 政治群体 宗教群体 教育群体
劳动成果	人工环境 • 建筑 • 道路 • 铁路 • 公园

续表

文化	价值观
	信仰
	态度
	知识
	信息
	军事活动
	交通
	休闲活动
	犯罪率
	信息媒体
	司法群体
	医疗卫生
	服务社区群体
	家庭群体
	食物
	药品
	机械
	其他产品
	技术
	文学
	法律
	经济系统

资料来源：Boyden，1979 年。

（二）风景分析

在获取了资料以后，就需对资料进行筛选与分析，以便为进一步的评估工作做好铺垫。分析包括了对自然环境因子、社会经济与人文因素的分析与评价。分析与评价的形式包括文字解释、表格和分析图纸等形式，其中定量化分析是目前国际主流，定性化评析只起辅助作用。

三、风景评估（Landscape Evaluation）

在上述调查分析的基础上进行风景评估，为检验所有方案制订依据资料。传统的规划提供的许多标准仍停留在原则依据的定性纲领阶段，经常是模棱两可、含糊不清的，而风景评估这一环节能为寻找土地最适宜的利用方式及符合土地内在发展特质的多用途地区提供翔实的基础资料。

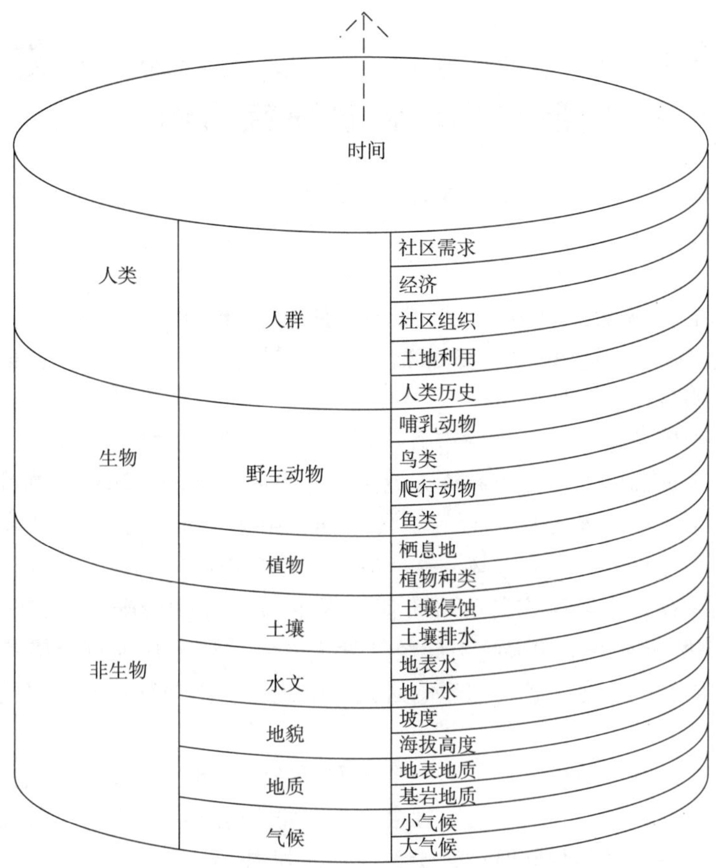

图 6－4　千层饼模型（资料来源：Ian McHarg，有修改）

四、风景规划与实施

（一）规划

前面的工作为整个规划提供了一个能够指导土地合理利用、变化发展的全面框架；阐明了土地利用、经济发展、环境影响、人口及交通等相关问题；并进行了全面的现状分析，为后面的政策陈述、战略制定打下基础。

现在要做的工作是制定规划方案，并对多种备选方案进行测试，最终目的是要找出最优化规划方案。风景规划一般有四个关键的组成要素：认可并采纳规划前一阶段的研究成果、政策陈述、战略和一张表现风景空间组织结构的图纸。

（二）实施

风景规划方案的执行必须以民主的方式制定法律与政策，建立管理和监督机制，实行奖罚措施，吸引广大民众的积极参与，以防止开发过程中造成环境的冲击。

虽然我国的风景建设也取得了不少成果，但是以往实施的风景对策极少具备法律的约束力，造成了对环境的巨大冲击，使本来可以更加美好的环境失去了应有的价值。现在风景事业的发展已经引起了社会的广泛关注，相信随着相关行业标准的制定和政策的健全，一定可以产生真正适宜中国本土特色的风景规划思想和机制。

第四节　案例分析——以美国纽约斯塔腾岛环境评价研究为例

本案例选自伊恩·麦克哈格的《设计结合自然》。

一、案例场所简介

美国纽约斯塔腾岛，又称里士满区，是纽约市第5个区。岛长约14英里（22.53km），最宽处7.3英里（11.75km），岛上风景优美，东部及东南部有许多优良海滩，为纽约市民假日休憩之处。

斯塔腾岛自然资源富足，在为城市人口提供的丰富资源中排位很高。志留纪（Silurian）的页岩形成了该岛的脊，岛上有许多冰川湖、海滩、河流、沼泽、森林、老沙丘和许多分散的岛屿。第二次世界大战之后的一段时间，由于城市化扩张、过度开发、污染加剧，使得岛上许多宝贵资源遭到破坏。庆幸的是，许多极好的场所，如绿带和岛上南部许多优美地区得以保存。为保存该岛珍贵价值，揭示出将对该岛产生危害的有害方案，19世纪60年代，该区所有者纽约市政当局及其管理者园林局委托麦克哈格等人对该地区进行研究，找出它内在的适合于各种用途的研究，由此得出土地利用和布局的结论，指导土地开发的决策。

该项研究遵循的基本前提是：任何一个地方都是历史的、物质的和生物的发展过程的总和，这些过程是动态的，它们组成了社会价值；每个地区有它适应于某几种土地利用的内在适用性，而某些地区本身同时适合于多种土地利用。

二、研究步骤

（一）资料收集分类

包括气候、地质、地貌、水文、土壤学、植被、野生生物、土地利用八大类资料，每一大类资料中，选出对斯塔腾岛具有重要影响的因子，如气候大类资料中选择了空气污染和潮汐飓风，因为其他气象因素对该地区造成的影响没有多大意义。

（二）分析评价

将选出的多种因素加以评价解释。将各个因素对该地区影响程度大小进行等级划分。对某些土地利用来说，有些因素越高价值越高，有些越低价值越高。如受潮汐泛滥影响最少的地区宜受建设的青睐，但受潮汐泛滥影响的地区最多的地方往往风景品质最高。

（三）参照土地利用方式，对因子的每一类型进行排序

本研究是要选出适合用作保护、城市化及游憩的地区。其中游憩地区包括消极性娱乐游憩活动区和积极性娱乐游憩区，城市化地区包括居住建设区和工业与商业开发区。

在斯塔腾岛的各个因子中，选出的重要因子分为五个等级，用蓝点表示对应的因子对该土地利用方式的影响等级和因子排序等级顺序相同，黑点相反。蓝点和黑点的深浅不同代表评价因素的重要程度，最蓝和最黑的代表这些因素具有最重要的意义和最高的价值。如表6－3。

斯塔腾岛风景规划影响因子排序表（注：只列入部分因子）　表6-3

生态的因素	等级标准	现象序列					土地利用价值				
		Ⅰ	Ⅱ	Ⅲ	Ⅳ	Ⅴ	C	P	A	R	I
具有风景价值的地貌	独特性：最大→最小	维拉萨诺桥（The Verazzano Bridge）	海岸线水道（海岬）（Ocean Liner Channel）	曼哈顿轮渡（Manhattan Perry）	1. 戈赛尔斯桥（The Goethals Bridge） 2. 外桥渡口（the Outerbridge Crossing） 3. 贝水桥（The Bayonne Bridge）	缺少	●	●	●	●	●
现有的和潜在娱乐游憩资源	可利用的程度；最高→最低	1. 现有的公共空地 2. 现有的公共机构	未城市化的、潜在的娱乐游憩地区	城市化的、潜在的娱乐游憩地区	空地（较低的娱乐活动的潜力）	城市化地区	●	●	●	●	

（四）将排序结果绘在图纸上，得到每一土地利用方式对应的一系列图纸

为寻找适合保护的地区，选出的重要因素有：历史价值特征、高质量的森林、高质量的沼泽、海滩、河流、滨水而生的野生生物及生存环境、潮汐间野生生物生存环境、独特的地质特征、独特的地形地貌、风景优美的地貌、风景优美的水面风光、稀有的生态群落。将这些因素的分析反映在图纸上，得到一系列因子分析图，如图6-5所示。

最主要的开发建设限制因素确定为：坡度、森林地区、地表排水不良、土壤排水不良、易受冲蚀的地区、易遭洪泛的地区，可绘制成系列图，如图6-6所示。

（五）将每一种土地利用对应的各个因子适宜性分析图叠加，得到每一土地利用方式的综合分析图

如图6-7所示，为确定游憩区而选出的重要因素包括：

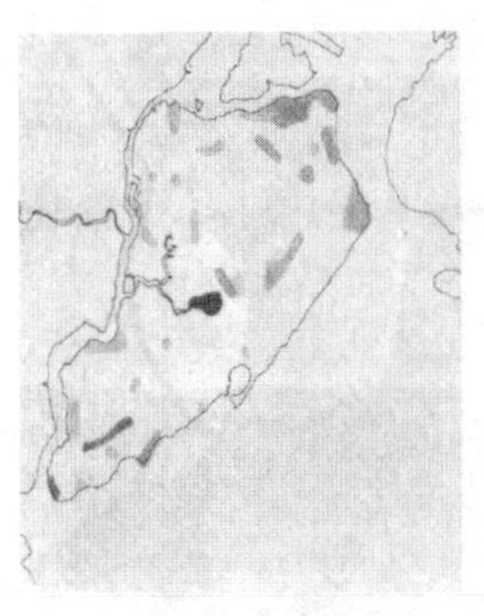

有历史意义的地貌

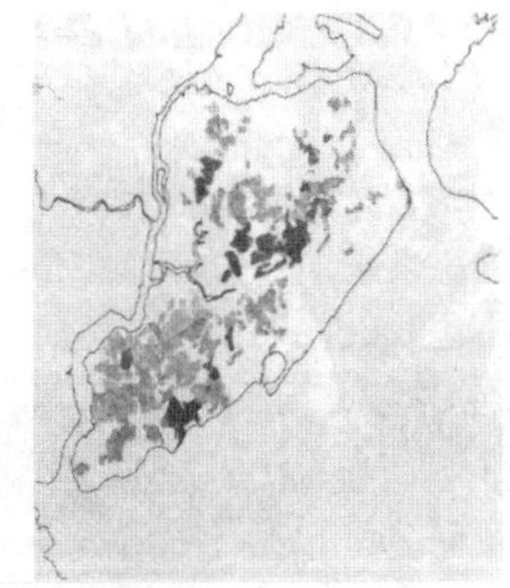

现有森林质量

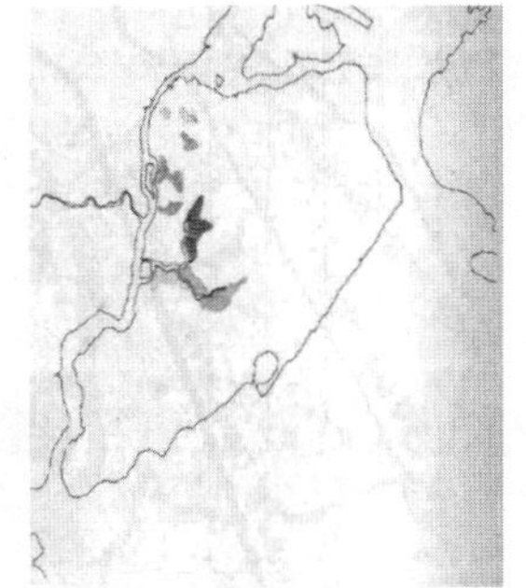

自然沼泽地质量

图6-5a　斯塔腾岛因子分析图

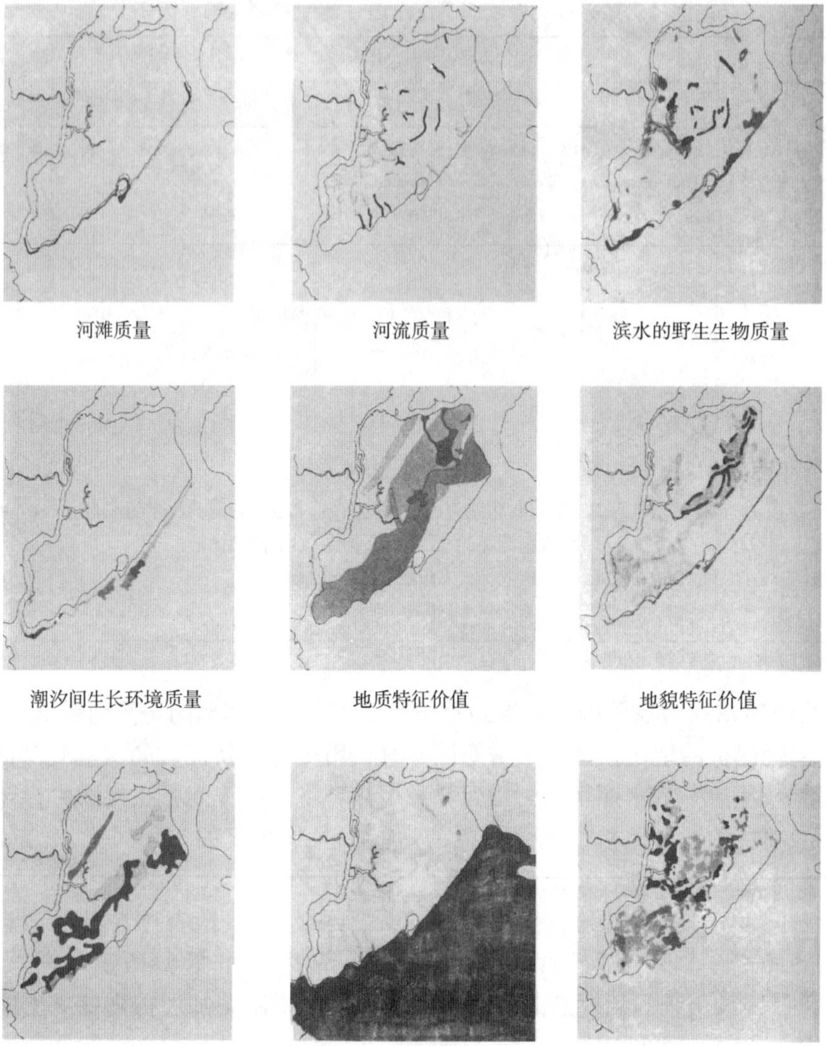

河滩质量

河流质量

滨水的野生生物质量

潮汐间生长环境质量

地质特征价值

地貌特征价值

风景价值（土地）

风景价值（水面）

生态群落价值

图 6－5b 斯塔腾岛因子分析图

现有植被

森林：生态的群落

图 6－6a 最主要的开发建设限制因素图

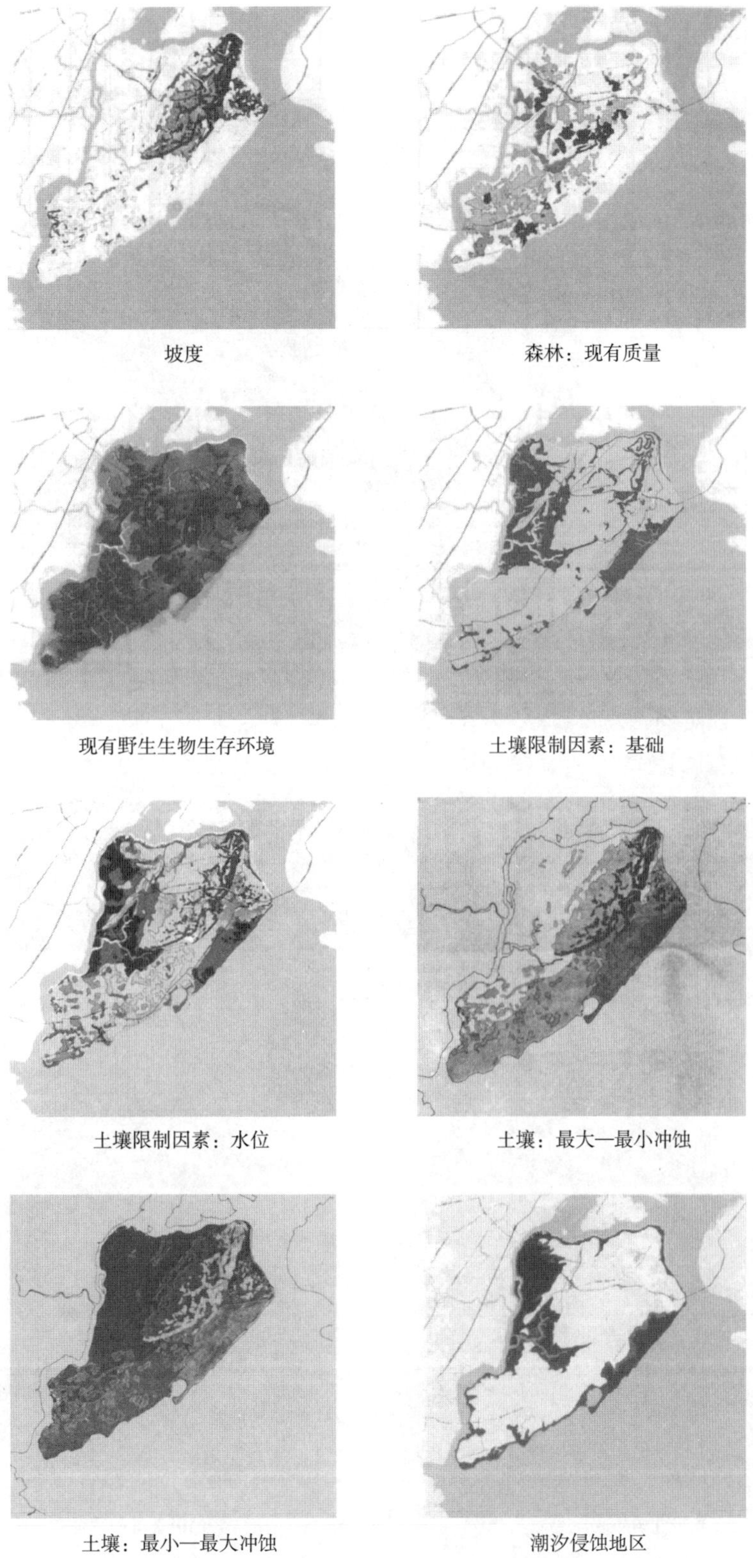

坡度　森林：现有质量

现有野生生物生存环境　土壤限制因素：基础

土壤限制因素：水位　土壤：最大—最小冲蚀

土壤：最小—最大冲蚀　潮汐侵蚀地区

图6-6b　最主要的开发建设限制因素图

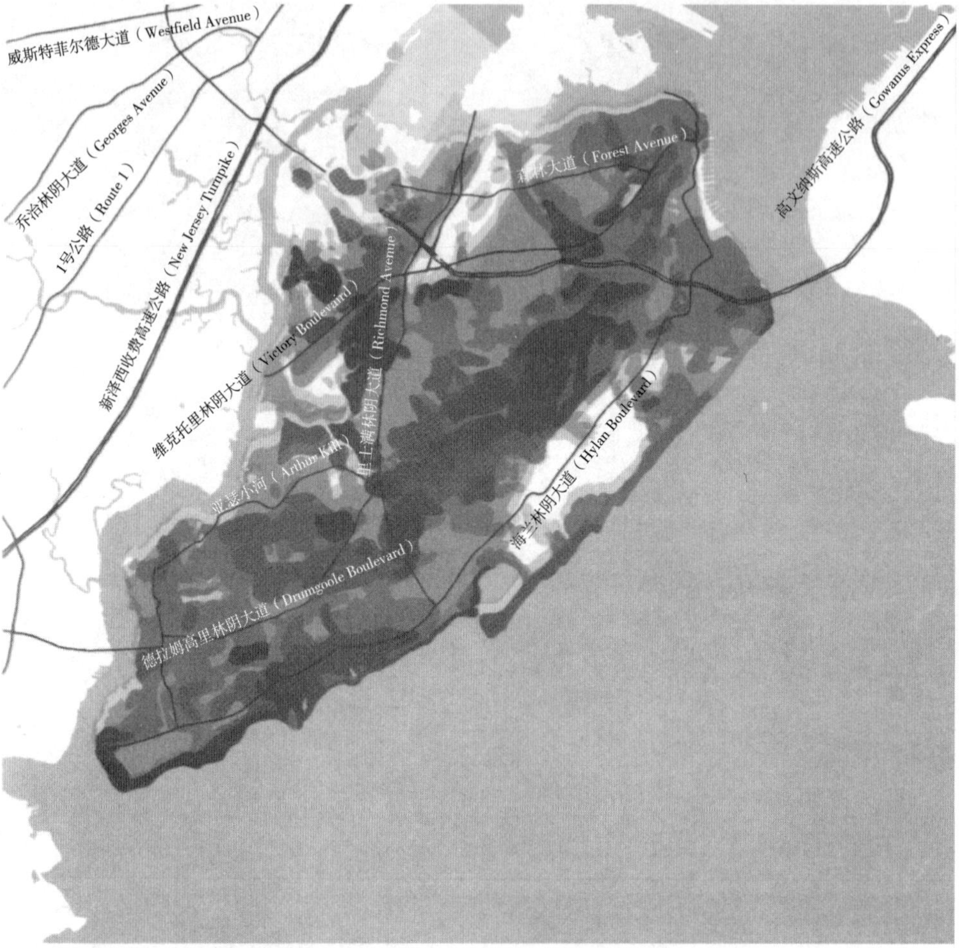

保护地区

积极性游憩适合度

消极性游憩适合度

图 6 –7a　不同用途的土地利用方式综合分析图

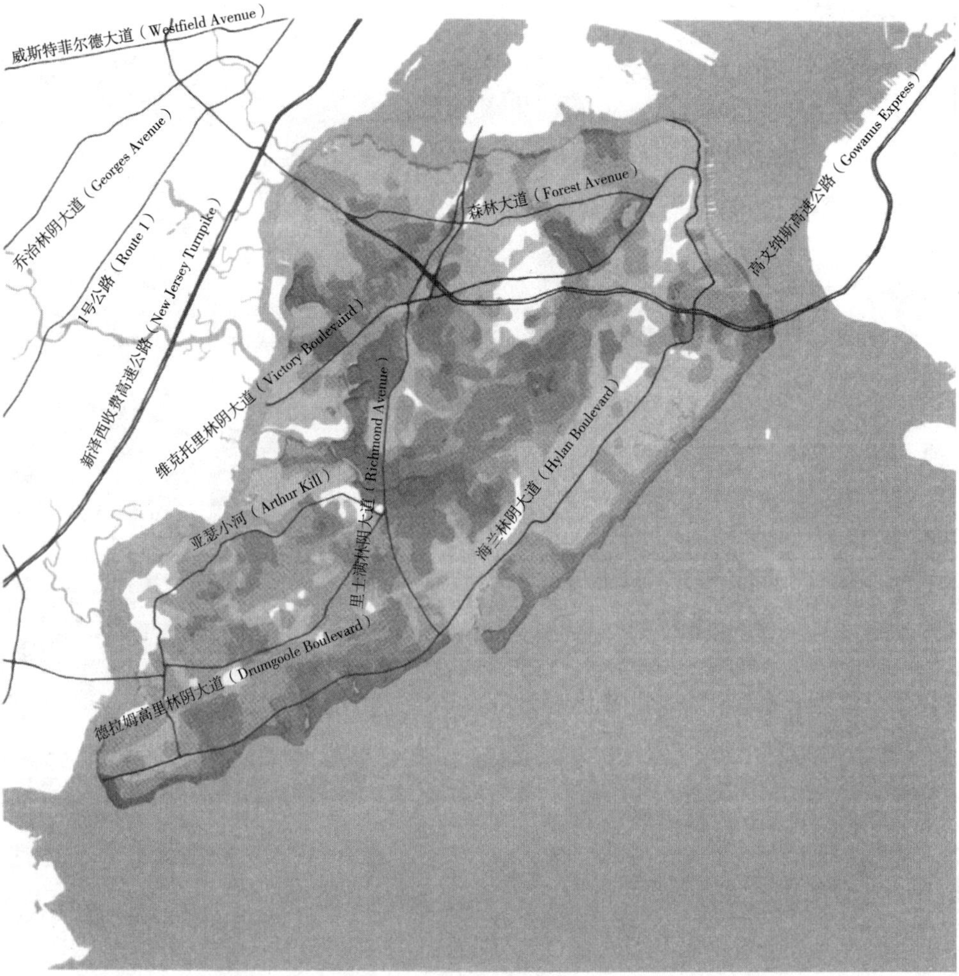

游憩地区

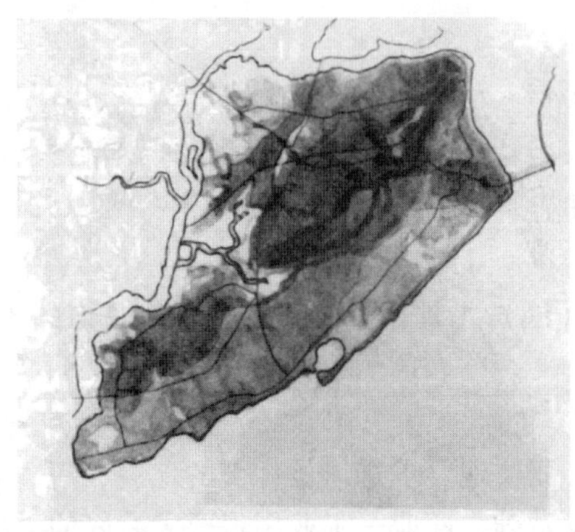

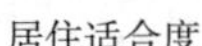
居住适合度

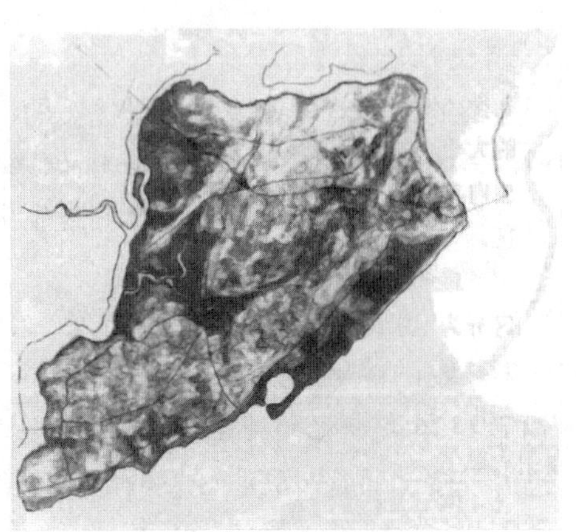

城市化不适合度

图 6－7b　不同用途的土地利用方式综合分析图

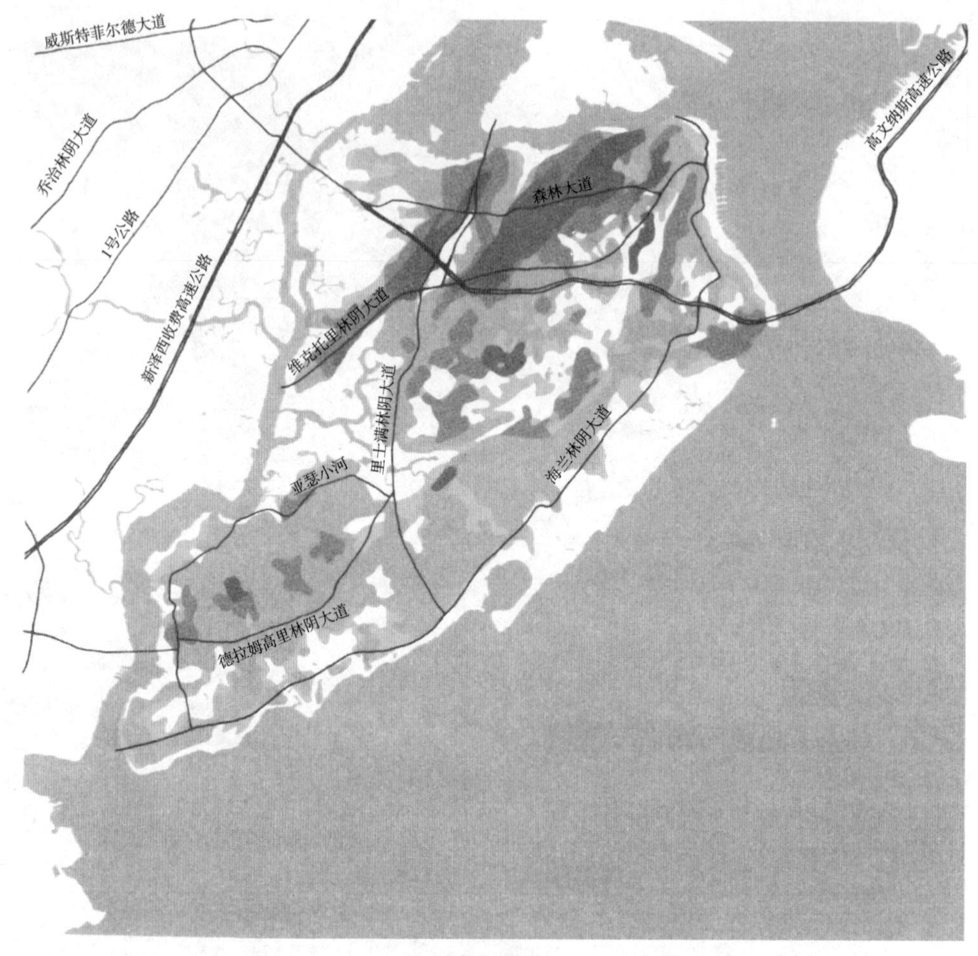

城市化地区

图 6 – 7c 不同用途的土地利用方式综合分析图

1. 消极性游憩

即独特的自然地理地貌、风景优美的河光水色、历史价值特色、高质量的森林、高质量的沼泽、风景优美的地貌、优美的文化特色、独特的地质特征、稀有的生态群落、滨水野生动植物生存环境、田野和森林的野生生物生存环境。

2. 积极性游憩

即湾滩、可容游艇航行的辽阔水面、新鲜（淡）水地区、岸边的土地、平坦的土地、现有和未开发的游憩地区。

3. 最适合城市化的地区

包括居住、工业—商业开发两部分。其中，居住地要求有风景优美的地貌、河边的土地、优美的文化特色、好的岩石基础、好的土壤基础；商业—工业用地要求有好的土壤基础、好的岩石基础、通航的水道。

（六）将每种土地综合分析图叠加，得到斯塔腾岛保护—游憩—城市化地区适宜性综合图

如图 6 – 8 所示（参见文前彩图），黄色代表保护区，灰色代表城市化区，蓝色代表游憩区，深浅的不同代表了价值的高低。颜色叠加的地区代表该地区多种利用方式互补共存，如游憩和保护，蓝和黄结合产生绿，绿色的明亮度反映了它们的价值大小；城市化地区和游憩地区，即灰色和蓝色结合，会显示出蓝灰色及其明亮度的变化；灰绿色地区代表了三种利用方式均适合该地区，明亮度的变化反映其价值高低。对于那些没有颜色叠加的土地，在实施时应该遵循预先占有土地的方法，即首先安排所有具有最主要适宜性利用方式的土地，然后再画第二等及第三等价值的用地，一直到综合显示出所有一致的、互补的和竞争的土地利用特性为止，那些同时显示适合多种用途的地区，可能既是竞争的又是共存的。

图6-8　保护—游憩—城市化地区适宜性综合图

通过上述案例不难看出，麦克哈格的风景规划通过大量的科学分析、评估，得出规划区域内不同土地开发利用的“适宜性”，这与目前国内的最终结果大多必须落实到具体的“功能安排”与“实体形象”的“风景或景观”规划有着很大甚至本质性的差异。

（七）该研究工作的意义与不足

20 世纪 60 年代，麦克哈格《设计结合自然》一书在真正意义上扩展了风景规划的内容，建立了较为科学的以生态原理为基础的评估方法。与传统规划的定性描述及普通的只能概括土地利用类别的土地利用规划相比，该方法显然更加科学、准确，将传统的规划提升至生态科学的高度，使风景规划真正向综合性学科的方向发展。在他所做的案例研究中，每一个项目都综合了环境学科的科学家、社会科学家及经济学家的共同智慧。

因受当时条件限制，麦克哈格所采用的这种适宜性分析方法还不十分完美，麦克哈格采用的“地图因子叠加法”，由于分析图纸采用手绘，图纸叠加到三四层后就会显得模糊不清，使得分析结果的精确度并不是很高。

从 20 世纪 60 年代中期开始，人们利用地理信息系统（GIS）和空间分析技术，大大提高了评估工作的准确性，给风景规划和评估带来光明。现在这种计算技术正越来越普遍地运用到现代风景规划与评估的工作中。未来的 GIS 技术将朝向实时三维可视化、动态化方向发展，借助于此，可以对环境进行更清晰的分析评估，对规划方案进行更科学的模拟评判。但所有这些都是在麦克哈格“地图因子叠加法”基础上建立起来的，可见麦克哈格的风景规划思想精髓到现在还有鲜明的借鉴和指导作用。

第七章 场地规划

风景规划一章讨论的是区域尺度的土地利用和较大生态体系之间的关系，以及发展中可能的环境冲击评估。而区域性土地利用规划中的诸多土地使用评估准则是建立在相对较小的地方性尺度的“最适宜”场地规划、具体的细部景观设计与施工管理的准则之上。

场地规划是风景园林的一种传统类型，如游园、校园、居住区等的土地利用与规划都属于场地规划的范畴。与风景规划相比，它是在小尺度的、地方性尺度的场地上进行各种使用功能的布置，包括建筑的安排、入口、停车场、交通、种植的各种功能的分析与安排。它有时由风景园林师主持，有时由规划师或建筑师主持，但不论是何种性质的场地规划项目，最理想的情况是风景园林师在第一时间参与其中。也正是由于不同专业人员的共同智慧，才能创造一个个独特的、合理的场地布局，从而为进一步的细部景观设计奠定良好的基础。

第一节 场地规划的方法与步骤

一、项目策划、编制任务书

任何一项规划都要有明确的目标，而这一目标的内容往往是由业主（开发商或政府机构）给定。作为设计师，为了使项目得以成功，我们首先应理解项目的特点，了解业主的具体要求和愿望。并通过研究和调查（包括市场与社会的调查），向业主、潜在用户、管理维护人员、同类项目的规划人员、合作者以及任何能提供建设性意见的人进行咨询。进行前瞻性的预想，如新技术、新材料、新理念和新方法的运用，市场的潜力、环境的影响等。然后，根据这些资料进行分析，对业主确立的目标提出建设性的修改意见，进而编制一个全面的规划任务书。设计师不能只是盲目接受业主的观点，待项目实施遇到问题时推卸自己的责任。

二、场地规划调查与分析

基地调查一般包括选址、基地调查、基地分析三个方面。

（一）选址

任何规划项目的成功，其场址选择都是首要因素。场址选择的原则首先要最能有利达成项目的目标，如位置、交通、地质条件、小气候、植被、周边环境等，都需要进行充分考虑与评估；其次是要在业主指定或已被评估适宜的区域内进行具体的场址筛选。传统的办法是现场勘察，现在还可以利用地质测量图、航空和遥感照片、各种地图和规划图等，从而使得筛选过程更准确和方便。了解并熟悉场地情况，充分理解供选方案。这样，规划师就能提出有说服力的论据来说服业主在场地选择上更尊重规划者的决定，理性的选择就更为可能。否则，如果出现选址不当的情况，那过错将更多地归咎于规划师而非业主。

（二）基地调查

场地规划需要调查的内容与风景规划调查类似，但资料更趋于特定的范畴，其表达与场地规划任务书要求的内容更为相关，主要包含以下几个方面的内容：

1. 基地位置、范围和界线

利用缩小比例的地图以及现场勘测掌握如下要点：（1）基地在区域内所处的位置；（2）基地与外部连接的主要交通路线、方式与距离；（3）基地周边的工厂、城市、居住、农田等不同性质的用地类型；（4）基地的界线与范围；（5）基地规划的服务半径及其服务人口情况。

2. 气象资料

包括基地所在地区或城市长年积累的气象资料和机动范围内的微域气象资料两个部分，具体掌握如下要点：

（1）日照条件

① 根据基地所处的地理纬度，查表或计算出冬至日与夏至日的太阳高度角、方位角、并计算水平落影长率；

② 根据上述计算，界定出全年夏至日与冬至日基地内阳光照射最长的区域，夏至日午后阳光暴晒最多区域以及夏至日与冬至日遮荫最多的区域，这些与场地中不同活动场地的安排、建筑布局以及植物栽植等有关。

（2）风的条件

① 整年的季风情况，主导风向强度与风频，一般利用风玫瑰图；

② 在基地图上界定并标出夏季微风、冬季冷风吹送域并划出保护区域。

（3）温度条件

① 年平均温度，一年中最高与最低温度；

② 月最高与最低温度及月平均温度；

③ 持续低温与高温的阶段及历时天数；

④ 冬季最大的土壤冻土层深度；

⑤ 白天与夜晚的极端温差。

（4）降水与湿度条件

① 年平均降水量，降水天数，阴晴天数；

② 最大暴雨的强度、历时、重现期；

③ 最低降水量与时期；

④ 年平均空气温度、最大最小空气湿度及历时。

（5）地形影响的微域气候

地形的起伏、凹凸、坡度和坡向、地面覆盖物（如植被、混凝土、裸土等）的不同都会影响基地对阳光的吸收，湿度与温度的变化，形成空气流动，甚至带来干燥或降水。在分析微域气候时，应充分加以考虑，在规划中加以运用。在地形分析的基础上先作出地形坡向和坡级分布图，然后分析不同坡向和坡级的日照情况，通常选冬季和夏季分析。基地通风状况主要由地形与主导风向的位置关系决定。作主导风向上的地形剖面可以帮助分析地形对通风的影响。最后把地形对日照通风和温度的影响综合起来分析。

3. 基地的自然条件

主要包括地质、土壤、地形、水文与植被条件。

(1) 地质条件

① 地层的年代、断层、褶皱、走向、倾斜等；

② 岩石的种类、软硬度、孔隙度；

③ 地质的崩塌、侵蚀、风化程度、崩积土情况等。

这些关系到地质结构的稳定度、自然危害的易发程度及建筑设施建设是否适宜等。

(2) 土壤条件

① 土壤的类型、结构、性质、肥力、酸碱度；

② 土壤的含水量、透水性、表土层厚度；

③ 土壤的承载力、抗剪强度、安息角；

④ 土壤冻土层深度、冻土期的长短；

⑤ 土壤受侵蚀状况。

这些与植物栽植、设施建设、地形坡度设计、排水设计有关。

(3) 地形条件

① 地形的类型、特点、(山) 谷线和 (山) 脊线，界定排水方向、积水区域；

② 划分基地的坡度等级，作地形坡级分析，以界定不同坡度区域的活动设施限制(如表7-1~表7-3)；

各种设施的理想坡度　　**表7-1**

各种设施 \ 理想坡度	最高 (%)	最低 (%)
道路 (混凝土)	8	0.50
停车场 (混凝土)	5	0.50
服务区 (混凝土)	5	0.50
进入建筑物的主要通道	4	1
建筑物的门廊或入口	2	1
服务步道	8	1
斜坡	10	1
轮椅斜坡	8.33	1
阳台及坐憩区	2	1
游憩用的草皮区	3	2
低湿地	10	2
已整草地	3:1 坡度	—
未整草地	2:1 坡度	—

坡度与土地的利用 表7-2

坡度	土地利用类型
0~15%（8°32′以下）	可建设用地、农地
15%~55%（8°32′~28°49′）	农牧用地
55%~100%（28°49′~45°）	林农用地
100%以上（45°以上）	危险坡地（其下方不准有建筑物）

坡度对于社区使用及活动限制表 表7-3

项目 / 坡度	土地利用	建筑形态	活动	道路设施	车速（km/h）		水土保持
					一般汽车	公共汽车或货车	
5%以下（2°52′以上）	适于各种土地使用	适于各种建筑	适于各种活动	区域或区间活动	60~70	50~70	不需要
5%~10%（2°52′~5°43′）	只适于住宅或小规模建设	适于各种建筑或高级住宅	只适于非正式活动	主要或次要道路	25~60	25~50	不需要
10%~15%（5°43′~8°32′）	不适于大规模建设	不适于大规模建设	只适于自由活动或山地活动	小段坡道	不适于汽车行驶	不适于公共汽车或货车行驶	不需要
15%~45%（8°32′~24°14′）	不适于大规模建设	只适于阶梯住宅与高级住宅建筑	不适于活动	不适于道路建设	不适于汽车行驶	不适于公共汽车或货车行驶	应铺草皮保护
45%以上（24°14′以上）	不适于大规模建设	不适于建筑	不适于活动	不适于道路建设	不适于汽车行驶	不适于公共汽车或货车行驶	水土保持困难

③ 坡度与视觉特性分析：（视线、视向、端景）眺望良好的地点，景观优美的道路、地形、林木、溪流、深谷、雪景等。

另外，独特的景物也可由坡度产生。

（4）水文条件

① 现有基地上的河流、湖泊、池塘等的位置、范围、平均水深、常水位、最低和最高水位、洪涝水面范围和水位；

② 现有水系与基地外水系的关系，包括流向、流量与落差，各种水利设施（如水闸、水坎等）的使用情况；

③ 水岸线的形式、受破坏的程度、驳岸的稳定性，岸边植物及水生植物情况；

④ 地下水位波动范围，地下水位、有无地下泉与地下河；

⑤ 地面及地下水的水质、污染情况；

⑥ 了解地表径流的情况，包括径流的位置、方向、强度，径流沿线的土壤、植被状

况以及所产生的土壤侵蚀和沉积现象。

根据地形及水系情况，界定出主要汇水线、分水线、汇水区，标明汇水点或排水点。

（5）植被条件

① 基地现状植被的调查，如：现有植物的名称、种类、大小、位置、数量、外形、叶色以及有无古树名木等；

② 基地所在区域的植被分布情况，可供种植设计使用；

③ 历史记载中有无特殊的植物，代表当地文化、历史的植物可供利用；

④ 评价基地现有植被的价值（包括景观与经济两个方面），有无保留的必要。

4. 基地人工设施条件

① 基地现有建筑、构筑物的情况，包括平、立面标高等；

② 基地现有道路、广场的情况，如大小、宽度、布局、材料等；

③ 各种管网设施，如电线、电缆线、通讯线、给排水管道、煤气管道、灌溉系统的走向、位置长度以及各种技术参数、水压及闸门井的位置等。

5. 视觉与环境质量条件

① 基地现有景观情况，如有无视觉品质较高或具有历史人文特征的植物、水体、山系或建筑等；

② 基地自身与外部的视线关系，如在基地每个角落观察的景观效果，从室内向室外观看的景观，由邻里观看的视野，由街道观看的视野，基地中何处具有最佳或最差视野等；

③ 空间感受，包括基地周边及内部的空间围合、有无特殊气味、有无噪声、有无流水、林涛、海（湖）涛声等；

④ 基地周边污染情况，包括污染源、种类与方位等。

上述这些关系到基地的美学与环境质量，可作出分析图。

6. 特殊的野生动植物条件

① 除了古树名木之外，有无当地独特的植物群落，稀有植物品种，乡土植物群落及其演替，这些都是具有保护价值的独特景观与资源；

② 野生动植物的种类、分布、数量、栖息地、稀有及特殊品种的种类的分布情况等，同时要保护野生动物迁徙通道。

上述两点在我国当代城市与区域建设中最不受重视，我们的建设不仅破坏了原有野生动植物的栖息地，植被演替规律及动物迁徙通道，还破坏了当地生态循环的链条，风景园林师对此应加以特殊关照。

7. 社会、经济、历史文化条件

（1）人口

① 人口总数、平均每户人口数、男女比例、年龄分布、种族及其所占总人口的比例等；

② 政治结构、社会结构与组织；

③ 经济结构，包括人均收入、主要经济来源、产业分布与就业情况等；

④ 人口增长情况，包括自然增长与机械增长等。

（2）历史文化

包括历史演变、典故、传说、名人诗词歌赋等，这些都可在规划中为场地增添人文精神，使场地规划更具人文品质。

（3）政策与法规

① 有关基地所在地政府所做的各项土地利用的规划，如战略规划、区域与土地规划、城市规划、环境保护规划等；

② 基地的所有权，地段权与其他权利，行政地界线与范围等；

③ 基地的土地价值、经济价值、环境价值等；

④ 国家或当地政府的一系列法律、法令，如防洪防灾、环境保护等相关法律、法令。

（三）基地分析

基地调查只是手段，其目的是基地分析。基地分析在场地规划中具有重要地位，基地调查得越全面、客观，基地分析就会越全面、深入，从而使方案设计更趋合理。

较大规模的基地，一般是进行分项调查，其分析也是先进行单项分析，并绘制成单项因子分析图，最后把各单项分析图进行综合叠加，绘制出一张基地综合分析图，这一分析方法也称为“叠加”方法。这一分析方法较为系统、细致、深入，同时很直观。避免了传统方法中的“感性”成分过高的弊端，尤其现在可利用计算机分析，使得分析更加准确便捷。基地综合分析图上应着重表示各项的主要和关键内容，各分项内容可用不同线条或颜色加以区分。不过，一般草图以线条表示，而正式图纸以颜色区分较为多见。

（四）基地土地使用功能及其关系

通过对基地的调查和分析，设计师已基本掌握了场地的自身需求及人群需求，可以进入场地规划方案阶段。在规划阶段设计师应主要考虑：（1）各土地使用功能分类，并理清各功能间的关系及其关系的强弱；（2）基地最适合使用功能的分布情况；（3）各种功能空间的序列或关系的最佳组合方式。

基地土地使用的功能一般都不是单一的，而是综合的，将居住、游憩、教育、自然保护、运动等集于一身。这些功能之间有的是兼容的，如游憩与运动；有的是必须分割的，如自然保护和运动；有的虽兼容，但关系的强弱不同，如教育和自然保护之间是兼容的，而教育与游憩之间也有兼容性，但前两者的关系明显强于后两者之间的关系。因此在规划时，应首先列出不同功能，然后根据各功能之间的逻辑关系及其强弱进行功能分析。

（五）方案构思与多方案比较

场地规划，尤其较大规模的场地功能和基地条件都十分复杂，各功能关系布局也没有绝对唯一的标准，如何对功能关系进行分析与评价，最终得出最合理的方案呢？解决的方法就是多方案比较，把各种可能的布局方式以图解方式表达出来，同时把不同布局方式的优缺点一一列出来，最后进行综合评价，根据业主的需求选择最佳的方案，并作出最终的场地规划平面图。

第二节　案例研究

下面结合某城市广场规划设计的例子详细说明场地调查与分析、功能关系图解、方案构思的方法及过程。

（一）基地现状

1. 项目建设条件：规划设计中的项目位于江苏省长江以南地区某地级市。项目位于城市主干道附近，某中心小学和消防站以西，规划总面积大约 5 万 m^2。

该区位于东经 119°31′～120°36′，北纬 31°7′～32°00′，属亚热带季风海洋性气候，温和湿润，四季分明，年平均气温 15.5℃，雨量充沛，年平均降雨量为 1000mm，全年无霜期为 230 天左右，年平均日照时数为 2000 小时左右，主导风向为西南风。

该市是一个有着千年历史的文化古城。有着诸如水文化、茶文化、吴文化、耕作文化、蚕文化等丰富的文化因素。城市定位为滨海城市，有着如太湖、京杭大运河、古运河道等丰富的水资源。正由于这种独特的历史社会文化特征，导致了吴地吴人千百年来物质文明、精神文明持久不衰的繁荣昌盛，而且也使它具有较其他地方文化更强的开放性、吸收性与融汇性的特点。

2. 场地现状：场地现状为一片荒地，地势平坦，成双三角形，其中北部的三角区域较大，近中心为一片水塘，小学围墙处有高压线穿空而过，南部三角形地块相对面积较小，北面与某中学正对，东南侧为消防大队楼，再东是农贸市场，城市主干道西面为沪宁高速公路，有防护林带相隔（如图 7－1、图 7－2）。

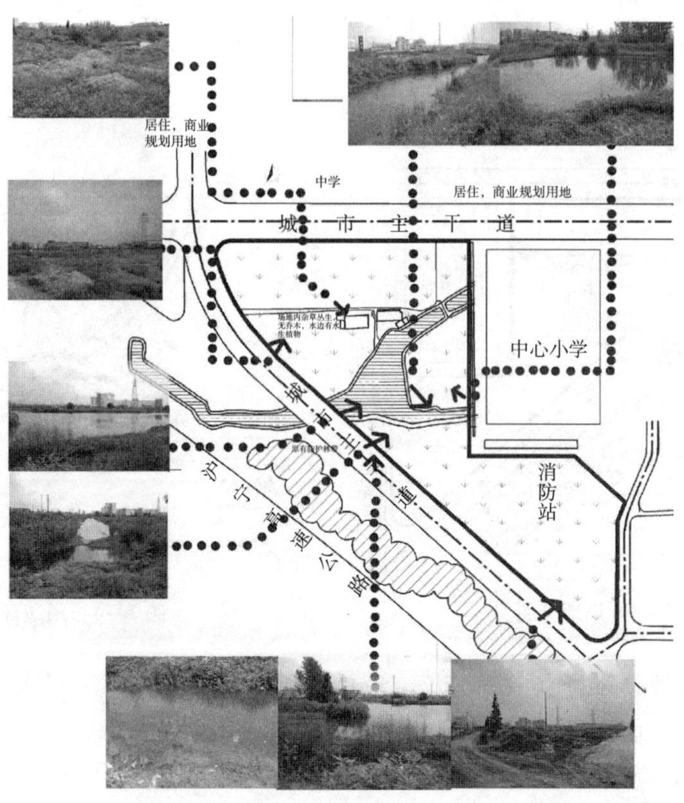

图 7－1　场地现状

（二）任务书

任务书是甲方根据城市总体规划及相关法律和法规提出的。该案例中甲方提出设计一个健康、积极、有效、安全、充满生机与乐趣的城市广场。成为该区域市民活动休憩之地，兼中小学生户外科教场所。内容包括休闲、娱乐、教育、体育锻炼等。

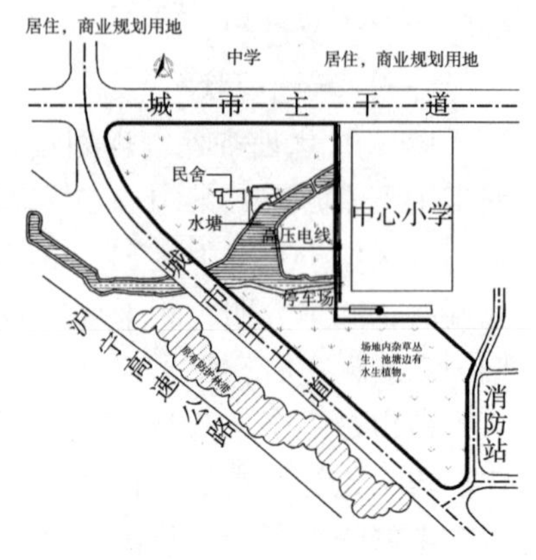

图7－2　场地现状

（三）场地分析

通过对场地的调查，已经掌握场地的基本资料，接下来应该对整个场地的条件、周边环境和场地内发生活动加以分析，作出能反映基地潜力和限制的相关分析。

1. 场地分析（如图7－3）：

（1）场地为双三角形，连接两三角形为一狭长过渡空间。

（2）原有水质良好、清澈，应该保留为主，改造为辅。

（3）有保留价值的树、水边的杂草适当保留。

（4）场地内仅一荒废农舍，据甲方要求拆除。

2. 周边环境分析（如图7－4）：

（1）主干道有噪声及灰尘干扰，需要有一定的绿色屏障。

（2）场地盛行西南风，需留取风道，屏障阻挡西北风。

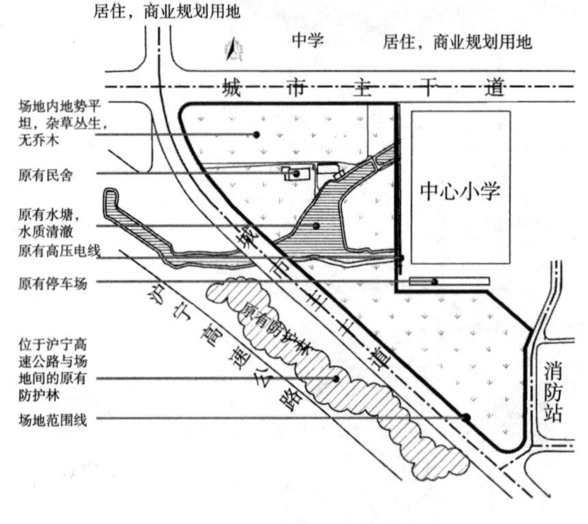

图7－3　场地分析

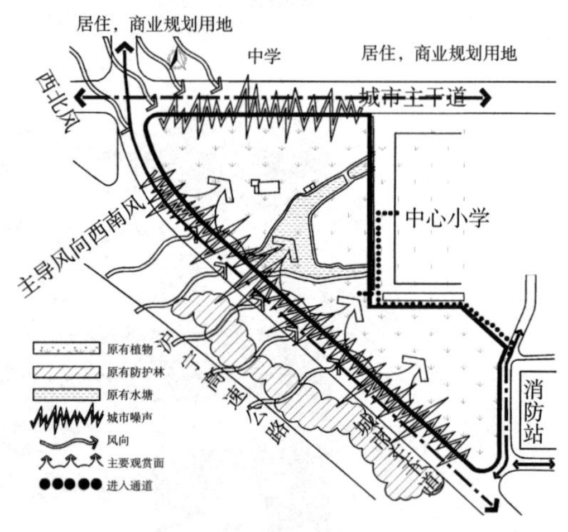

图7－4　周边环境分析

3. 场地内发生活动分析（如图7－5）：

必要性活动：通行

选择性活动：参观、游赏、休憩、学习、锻炼

社交性活动：聚会、群体活动

（四）功能关系图解

根据甲方的要求及场地的现状调查分析，广场设置六大功能分区——草坪休闲区、文

化广场区、生态娱乐区、水趣过渡区、游园区和体育锻炼区。其中：

A——草坪休闲区，包括草坪休息空间、入口及停车场；

B——文化广场区，包括休闲广场及文化广场；

C——生态娱乐区，包括亲水平台、水岸、餐饮建筑及茶室；

D——水趣过渡区，包括步道及休息空间；

E——游园区，包括老人活动、各类型休息空间；

F——体育锻炼区，包括儿童活动、体育锻炼。

根据各分区的内容，可以得出各功能关系图解（如图 7 –6）。

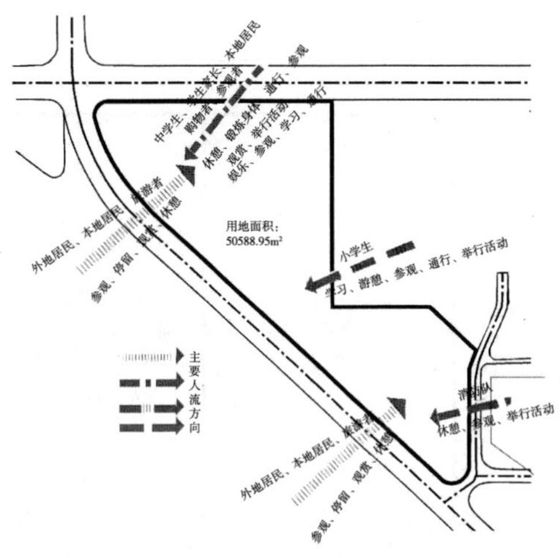

图 7 –5　场地内发生活动分析

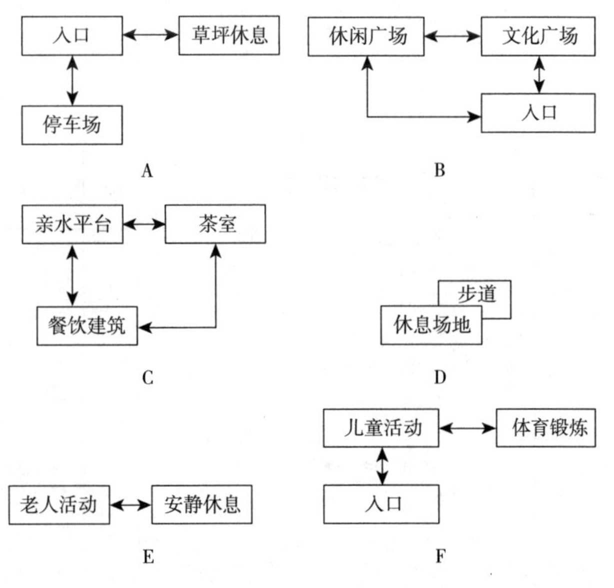

图 7 –6　功能关系图解

（五）进行功能布局的多方案比较

场地的功能布局没有唯一的标准，只有把各种可能的布局方式表达出来，并找出不同布局的优缺点，进行综合评价，才能找出最合理的功能关系。本案列出两种功能关系图，并将关系合理的标以“ + ”，不合理的标以“ – ”（如图 7 –7、图 7 –8），功能关系图解只是一种抽象的图式方法，注重相互之间的理想关系，而不涉及平面的大小、位置。通过对两种功能关系分析和评价，得出后一个功能关系最合理，最后根据业主的需求作出最佳方案（图 7 –9）。

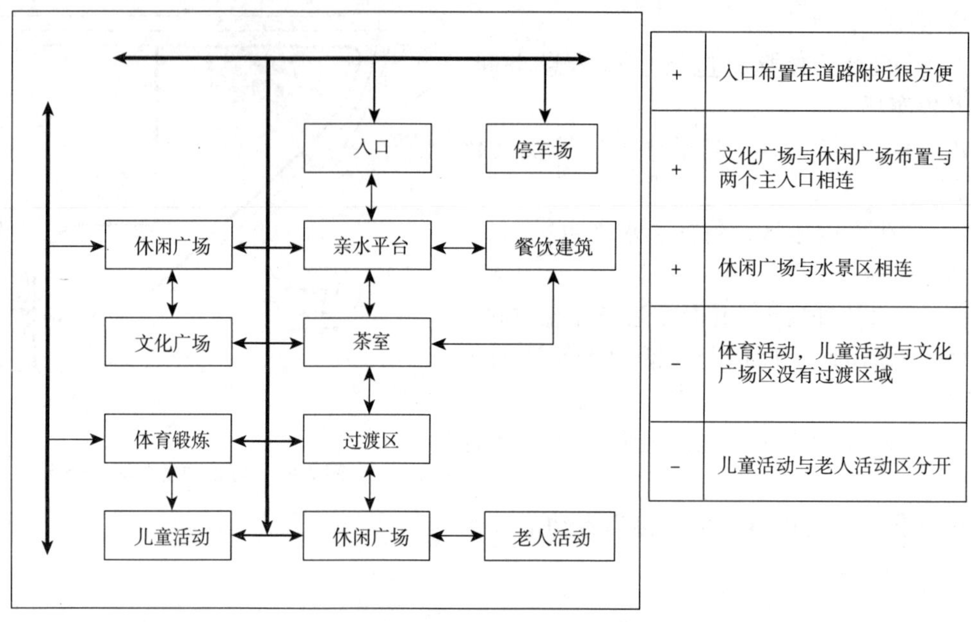

+	入口布置在道路附近很方便
+	文化广场与休闲广场布置与两个主入口相连
+	休闲广场与水景区相连
–	体育活动，儿童活动与文化广场区没有过渡区域
–	儿童活动与老人活动区分开

图 7－7 功能关系分析及评价 I

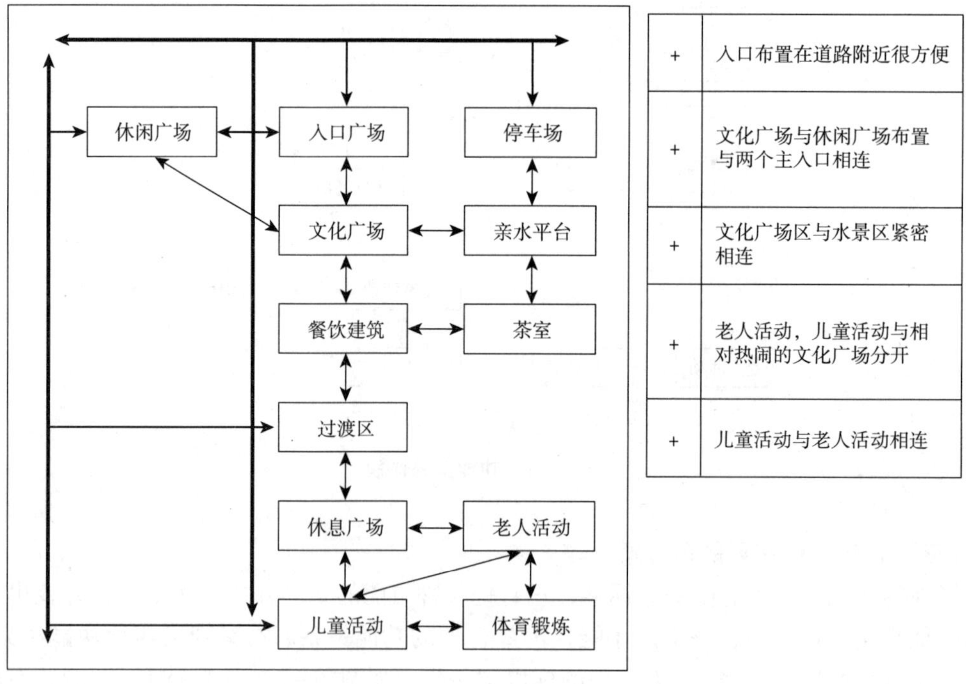

+	入口布置在道路附近很方便
+	文化广场与休闲广场布置与两个主入口相连
+	文化广场区与水景区紧密相连
+	老人活动，儿童活动与相对热闹的文化广场分开
+	儿童活动与老人活动相连

图 7－8 功能关系分析及评价 II

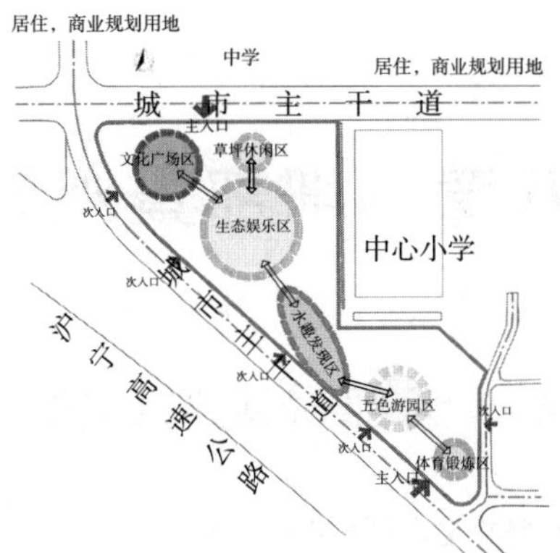

图7－9　功能关系图

（六）最终方案的形成

在基地分析和功能关系分析和评价后，可以为特定的内容安排相应的场地位置，在特定的基地条件上布置相应的内容。然后进一步深化，确定平面形状、各使用区的位置和大小，作出场地规划设计总平面图（如图7－10）。

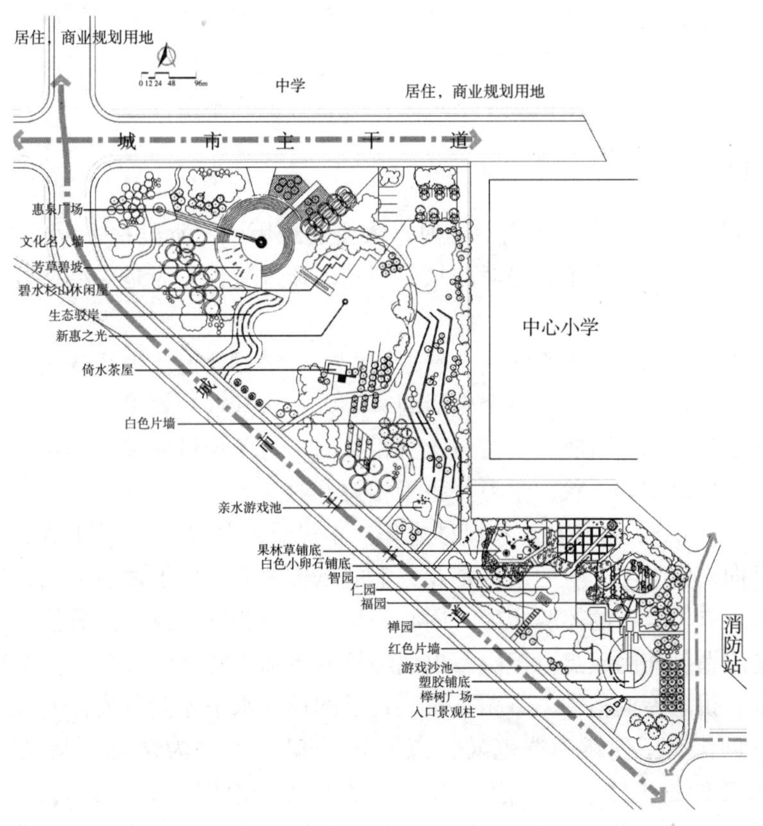

图7－10　总平面图

第八章　细部景观设计

第一节　细部景观设计方法入门

设计方法实际上是风景园林设计师解决问题的办法，设计本身并没有固定的模式，不同的设计师有千差万别的思考方式和工作方式，只能是凭自己的职业素养和生活经验。对于初学者而言，掌握一定的方式方法能够尽早地进入设计状态，知道该如何去设计，如何把握设计，在实践中积累经验。

设计的本质是寻求尚不存在的东西，也是解决问题的过程，设计求解的一个显著特征就是它没有唯一解。设计者须对问题详加分析，探索各种可能的答案，经仔细评价后从中筛选出最合适的答案。与设计有关的活动大致有四个阶段，即产生问题的阶段、设计阶段、制作阶段和使用阶段。作为风景园林师，除了要熟练掌握与风景园林有关的设计原理和方法，还要关注其施工实践以及后期的使用与养护管理，这有利于更好地从事设计。在进行风景园林设计时要有整体概念，学会换位思考，设计整体概念的强弱来自我们的设计经验、生活经验，因此热爱生活是学习风景园林设计的基本条件。

一、入门初步

由初学者到专业设计人员（或设计师）大概要经历三个阶段：一看、二“抄”、三创作。这三个阶段，实际上并不是绝对的从一到三的渐进过程，而是穿插往复，伴随整个设计生涯。

看——看书刊杂志，看工程实例，看人间百态。学习就得从生活开始，设计源于生活又服务生活，注意观察生活，做一个生活的有心人；从基本功着手，特别要注重以往的经验，注重景观史学的基本事实，关注与人身相关的、与景观材料和科学技术相关的、与现代艺术相关的历史事实与现状；学习并积累相关专业知识经验。

“抄”——抄优秀，抄经典，抄可抄之作。学风景园林设计离不开早期拷贝临摹的过程。抄，就是向别人学习，有的甚至是业务上的承传关系。抄了之后就用，用了之后便有了自己的体验。有了自己的体验之后，用心去思考，就会形成自己的看法，而那些点滴的看法就可能是所谓创作的起点。但决不提倡纯粹的不加思考地照搬照抄，而是“抄”而不袭、注重体验，讲求专业精神，日积月累，自己的设计水平才会蒸蒸日上。

创作——创作属于创新创造范畴，以一定的现有条件为基础，从“无”到“有”的过程，所仰赖的是主体丰富的想象力和灵活开放的思维方式，其目的是通过不断地创新来完善和发展其工作对象的功能和形式，这些是重复、模仿等行为所不能替代的。景观设计的创作性是人（设计者与使用者）及景观（设计对象）的特点属性所共同要求的。

二、基本设计方法

在现实的景观创作中，设计方法是多种多样的。针对不同的设计对象与建设环境，不同的风景园林师会采取完全不同的方法与对策，并带来不同的甚至是完全对立的设计结果。

具体的设计方法可以大致归纳为“先功能后形式”和“先形式后功能”两大类。两者的最大差别主要体现为方案构思的切入点与侧重点的不同。但无论是先功能还是先形式，最后的定案设计必须满足前文提及的细部景观设计的基本要求（如图8－1）。

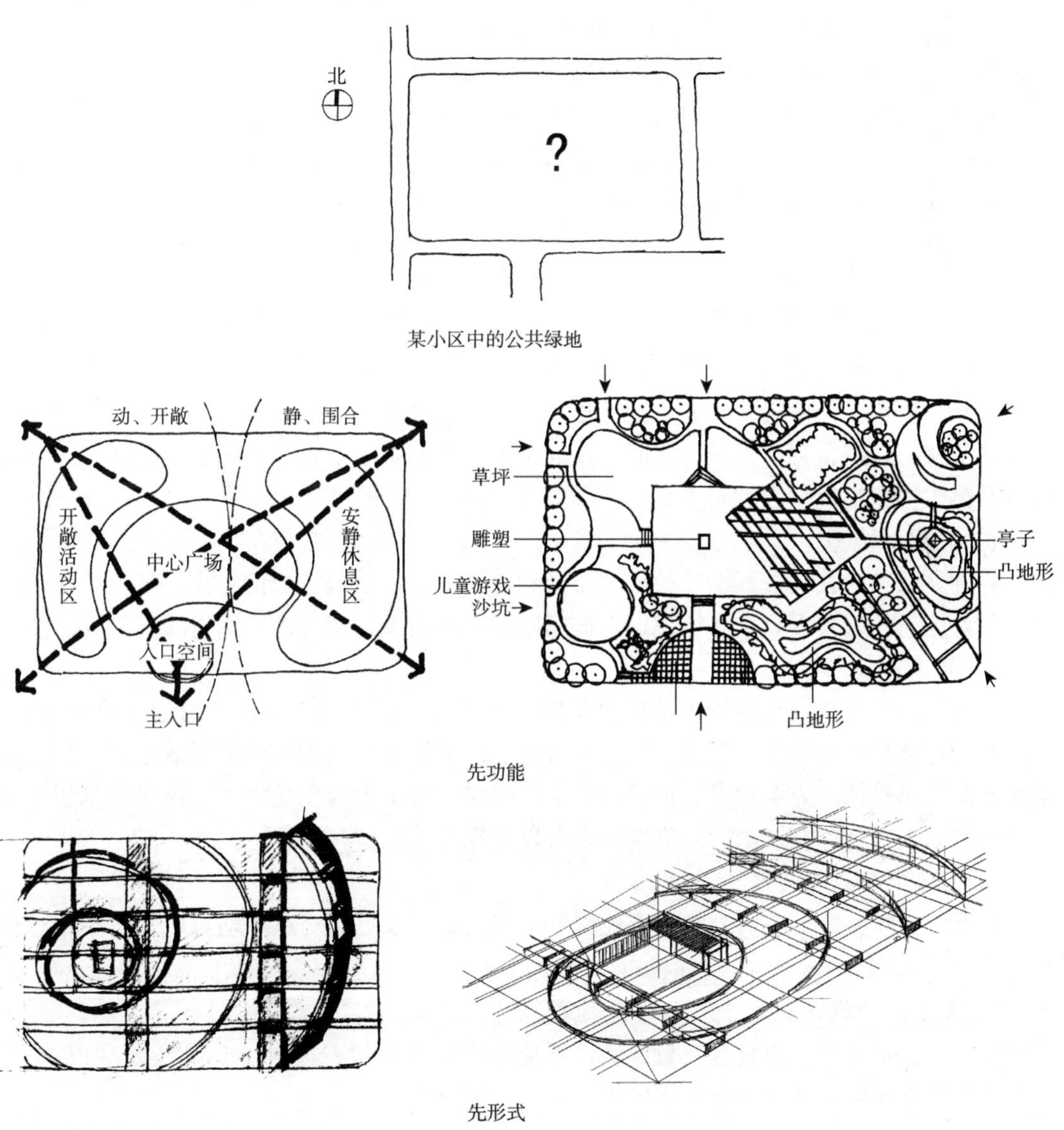

图8－1　对于同一场地的不同方案构思方法

先功能是以平面设计为起点，根据环境现状把各种活动需求纳入整体设计中去，重点研究景观的功能需求，当确立比较完善的平面关系后再据此转化成空间形象，然后再反过来对平面构图作相应的调整，直到满意为止。先功能的优势在于：有利于各种资源的安排，有较高的舒适性。先功能的不足之处在于，空间形象设计滞后可能会制约景观形象的创造性发挥。

先形式是从景观的构图入手，重点研究空间和形式，当确立一个比较满意的形式关系后，再反过来填充完善功能，并对总体环境进行相应的调整。如此循环往复，直到满意为止。先形式的优点在于，益于自由发挥个人丰富的想象力与创造力，从而不乏富有新意的空间形象的产生。其缺点是由于后期的“填充”、调整工作有相当的难度，对于功能复杂、规模较大的项目有可能会事倍功半。因此，该方法比较适合于功能简单、场地不大的环境。但上述两种方法并非截然对立的，因为形式和功能本身就是相互影响的。

从细部景观设计的入门阶段起，应该抵制并坚决反对形式主义的设计方法与设计观念，不能为了片面追求空间形象，而不惜牺牲基本的功能与环境需求，甚至完全无视功能环境的存在，只追求构图和画面效果。

三、方案的构思与选择

任务分析作为细部景观设计的第一阶段工作，其目的就是通过对设计要求、场地环境、经济因素和相关规范资料等重要内容的系统、全面地分析研究，为方案设计确立科学的依据。完成第一阶段后，我们对设计要求、环境条件及前人的实践已有了一个比较系统全面的了解与认识，并得出了一些原则性的结论，在此基础上可以开始方案的设计。本阶段的具体工作包括设计立意、方案构思和多方案比较。

（一）设计立意

设计立意作为我们方案设计的行动原则和境界追求，是很重要的一点。评判一个设计立意的好坏，不仅要看设计者认识、把握问题的立足高度，还应该判别它的现实可行性。

（二）方案构思

方案构思是方案设计过程中至关重要的一个环节。方案构思借助于形象思维的力量，在立意的理念思想指导下，把第一阶段分析研究的成果落实成为具体的景观形态，以形象思维为其突出特征的方案构思，依赖的是丰富多样的想象力与创造力，它所呈现的思维方式是开放的，多样的和发散的。方案构思有以下操作方法：

1. 从环境特点入手进行方案构思

富有个性特点的环境因素如地形地貌、景观资源以及道路交通等均可成为方案构思的启发点和切入点。

2. 从具体功能特点入手进行方案构思

更圆满、更合理、更富有新意地满足功能需求一直是风景园林设计师所梦寐以求的，具体设计实践中它往往是进行方案构思的主要突破口之一。

3. 依据具体的任务需求特点、地方文化与特色等作为设计构思的切入点与突破口

需要特别强调的是，在具体的方案设计中，同时从多个方面进行构思，寻求突破，或者是在不同的设计构思阶段选择不同的侧重点。例如，在总体布局时从功能环境入手，在

平面设计时从形式构图入手等都是最常用、最普遍的构思手段，这样既能保证构思的深入和独到，又可避免构思流于片面，走向极端。

（三）多方案比较

方案构思是一个过程而不是目的，其最终目的是取得一个尽善尽美的实施方案。只有通过多角度、多方案构思的比较与分析，最后的方案才可能是尽善尽美的。

为了实现方案的优化选择，设计者应在满足功能与环境要求的基础之上提出数量尽可能多，差别尽可能大的方案。多角度、多方位来审视设计要求，把握环境，通过有意识有目的的变换侧重点来实现方案在整体布局、功能安排、形式组织以及空间设计上的多样性与丰富性。当完成多方案后，通过对方案设计要求的满足程度、个性特色是否突出等方面的分析比较，从中选择出理想的发展方案或综合方案。

四、方案的调整与深入

发展方案虽然是通过比较选择出的最佳方案，但此时的设计还处在大想法、粗线条的层次上，某些方面还存在着较多问题，还需要调整和深化。

（一）方案的调整

方案调整阶段的主要任务是解决多方案分析、比较过程中发现的矛盾与问题，并弥补设计缺陷。在力求不影响或改变原有方案的整体布局和基本构思的情况下进一步提升方案已有的优势水平。

（二）方案的深入

方案构思设计的深度仅限于确立一个合理的总体布局、交通流线组织、功能空间组织、形体风格与定位等，要达到细部景观设计的最终要求，还需要进一步深化的过程。如具体的空间形态设计、建筑及各种构筑形体的设计、确定植物种类及铺装材质等。

深化过程主要通过放大图纸比例，由面及点，从大到小，分层次分步骤进行。方案深化阶段其比例应放大到1∶200甚至1∶50。方案的深入过程必然伴随着一系列新的调整，除了各个部分自身需要适应调整外，各部分之间必然也会产生相互作用、相互影响。

方案的深入过程不可能是一次性完成的，需经历深入——调整——再深入——再调整，多次循环过程。要完成一个高水平的方案设计，要求具备较高的专业知识、较强的设计能力、正确的设计方法以及足够的细心、耐心和恒心。

细部景观设计是一个由浅入深循序渐进的过程，需要不断地推敲、修改、发展和完善。必须综合平衡园林景观的社会效益、生态效益、经济效益与个性特色四者的关系，努力寻找一个可行的结合点，才能创作出尊重环境，关怀人性的优秀设计。

第二节　细部景观设计

相对于整体公共空间而言，细部设计只是构成景观形象的局部，但小中见大，它包含的本土文化内涵、地域特色以及是否可持续发展、低耗节能的设计形式，已确定了景观品质的优劣，对整体景观效果影响较大。因此，细部景观设计不容忽视。大自然赋予地域不尽相同的风光，设计师应该尊重自然、顺应自然，怀着对历史与文化的尊重以及对人文的关怀，精心营建适合这片土地的景观类型，细心琢磨细部设计的方式，只有这样，才能使景观作品具有优美与长久的生命。

细部景观设计的任务只是告诉大家：细部景观跟人一样，有习性、有表情、有客观的尺度，通过一定的方式方法是可以把握的。具体的设计可能场所不同、环境不同、使用者不同、尺度不同、精神不同、氛围不同……细部景观设计本身的研究对象就是空间环境、人以及人与空间的关系。因此，细部景观设计跟人的活动、行为方式、心理状态相关。

为了论述的方便，我们从两个角度来探讨细部景观设计：细部空间设计（细部空间）和材料细部设计（物质细部）。但两者实际是共生共存，互为影响的。相对而言，细部空间设计主要关注小尺度的空间营造以及空间与空间的关系研究；材料细部设计主要关注物质景观细部的研究：材料的选择与搭配、质感的表达、不同的构造方式、色彩、光影、气味等的研究。如图 8－2 属偏空间的设计，图 8－3 属偏物质细部的研究。

图 8－2　一块沙地、一副秋千、一个告示牌再加几棵大树，形成了一个良好的儿童游戏场所

图 8－3　沃肯伯格事务所设计的蒙太纳大街 50 庭院局部景观，既具感性、人性，单纯而美丽，又属于公众，服务公众，美观但绝不是单纯的视觉艺术品

一、细部空间设计

（一）单一空间的营造

细部景观设计首先要尊重场地、因地制宜，充分利用地形的差异，结合功能的需求，通过坡道、台阶等富有个性的细部设计，使不同高度的空间过渡、连接，连贯成新的空间形态，最大限度地丰富景观空间的立面造型。地形的水平差异是丰富细部设计的重要条件，但当前有些项目建设中填塘平地的做法，则将自然的地形差异摧毁了，使景观建立在同一平面上。这造成了景观间的空间连续缺少跌宕起伏的视觉感受，缺少竖向上的空间划分。这种做法的弊端是不利于提高景观效果。

细部景观设计的核心问题是空间的营造，解决问题的终结是以提出一个或若干个能满足设计条件的空间为标志的。无论是铺装设计、水体设计、小品设计、植栽设计、地形设计等最后都要统一于空间。可以这样理解细部景观设计的渐进往复的过程：即形式与造型→形和形的关系→因形而产生的空间→空间与环境→环境与人→人与形→形式与造型。

显然，细部景观设计是一个有目的的行为，是将空间意识视觉化、具体化的操作过程，也就是凭借一定的物质手段对空间加以限定以支持特定的行为活动要求。所谓空间构思，就是在基地上初步划分和组织空间，借助于空间容积、墙面、构筑物及植物等造型要素，合理地安排流线及活动分区，创造积极的空间形式。空间构思的具体化取决于空间限定方式的研究，空间的数量要求，空间的质量，通过底面（草地、铺装、水面、踏步、标高变化……）和垂直界面（植物、建筑、墙体、构筑物……）限定等方式创造不同品质的空间环境。无论多简单或者多复杂的细部景观设计，最终都可以理解为上述不同要素的空间构成，并可在现实中切实进行这样的操作（如图 8－4 ~ 图 8－10）。

图 8－4　细部景观设计空间构成模型：通过底界面、垂直界面或顶界面的处理形成丰富的场地空间（制作：杜一钠、虞莳君）

（二）多空间的连续性

空间连续性是指通过垂直界面与底平面上的景观细部把场地的不同部分联系起来，形成统一整体的空间环境。由于公共空间的性质是综合性强、功能多元化，如广场，有散步或赏景的小径，有小聚聊天的空间，有晨练休息的场所。如何组织这些空间是细部景观设计中需要思考和解决的问题。而空间连续性的建立需要借助于视觉连续性的表达。视觉连续性是指通过运动性、方向性、穿透性和封闭性的细部设计把场地的不同部分联系起来。

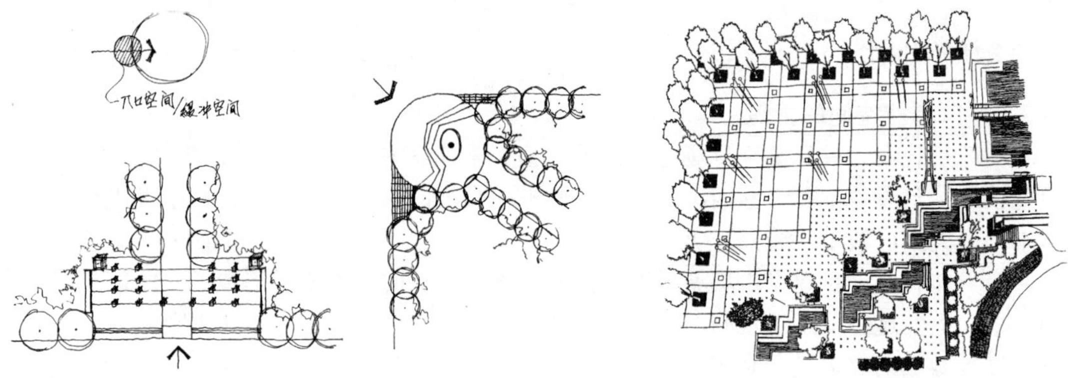

图 8-5　通过不同构成手法处理的园林环境入口空间设计

图 8-6　突出底界面的细部设计

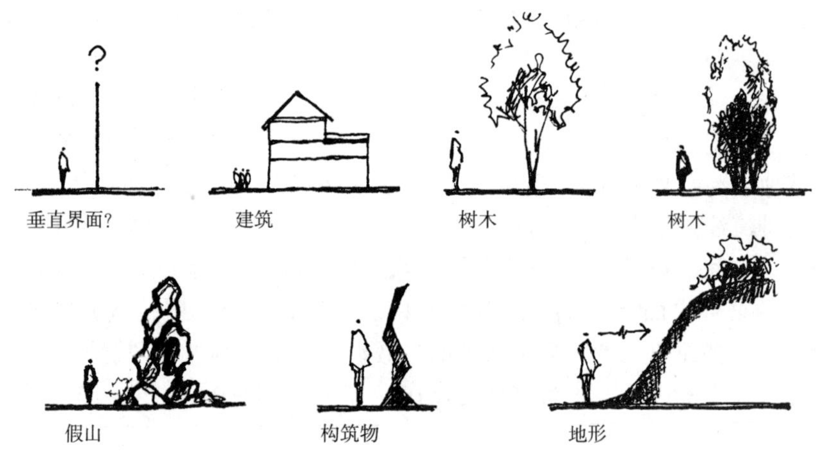

图 8-7　垂直界面的不同物质构成要素

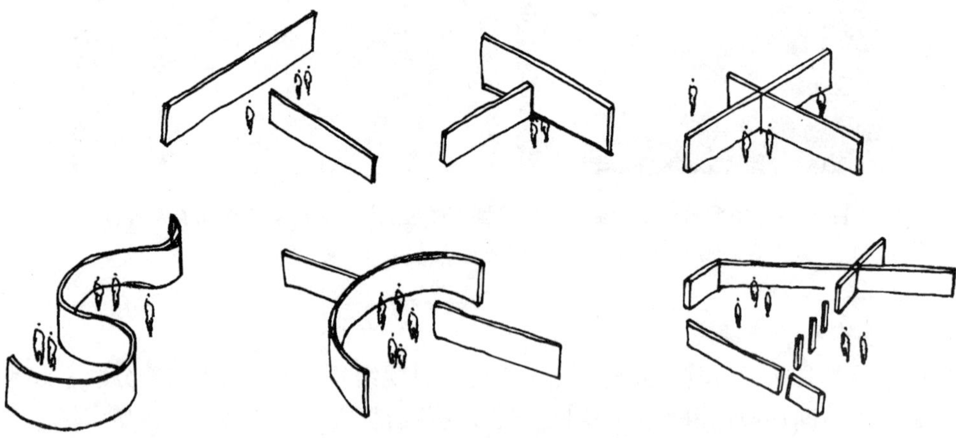

图 8-8　垂直界面的不同形式和组合关系可形成多样的空间

图 8-9　底面下沉与竖向围合形成的场地空间

图 8-10　质地变化、竖向和顶的虚构形成的空间，远处的雕塑强化了空间轴线

如何在细部景观设计中体现视觉连续性，本节介绍以下两种方法：

（1）注重空间的设计，即景观细部元素构成的实体，以及由实体之间形成的空间。实体与空间是相辅相成，实体往往规定着空间所蕴含某些物象的可能性，而空间又丰富、充实着实体。在景观中，实体不会因观赏者的改变而改变，但空间则会因观赏者的不同而变幻，空间较之实体更具备“情”的内涵。但正如古人所云：“实处易，虚处难。”这是因为我们在设计时，大都容易注意那些实体景物的塑造，而对实体景物之间所形成的空间形态关注不够，从而造成了实体的堆砌，使视觉连续不够流畅（图 8-11）。

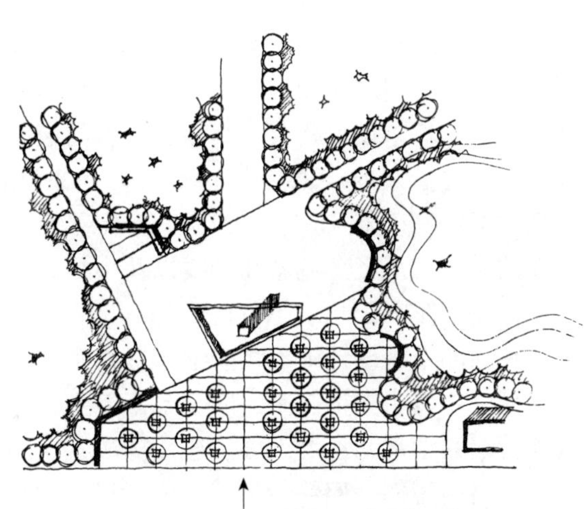

图 8-11　通过不同构成手法处理的园林环境多空间设计

（2）加强对垂直界面设计的研究。“空间实体”是由不同垂直界面的围合而形成的，如建筑、围墙、栏杆以及植物的种植，它们割断了空间中视线的连续性，产生了视野的屏障。但是在具体物体营造过程中，设计者如将界面进行艺术处理，通过构成形式的变化——镂空的墙体、通透的格架或低矮的植物，亦可创造出似隔非断、相互交融的立面形式以及富于流动、连贯的视觉效果（图 8-12、图 8-13）。

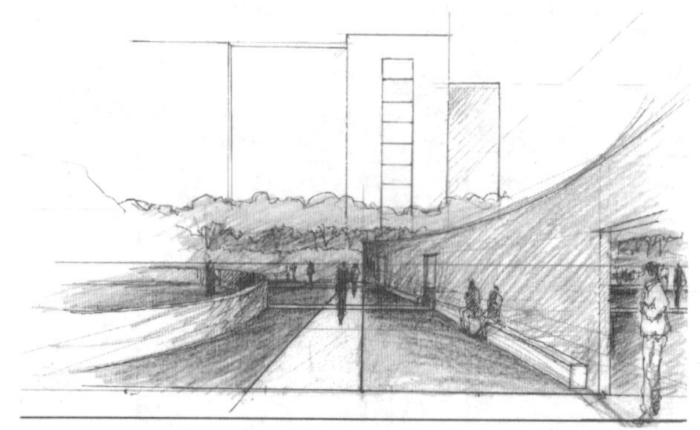

图8－12 垂直界面的处理分隔出不同的空间

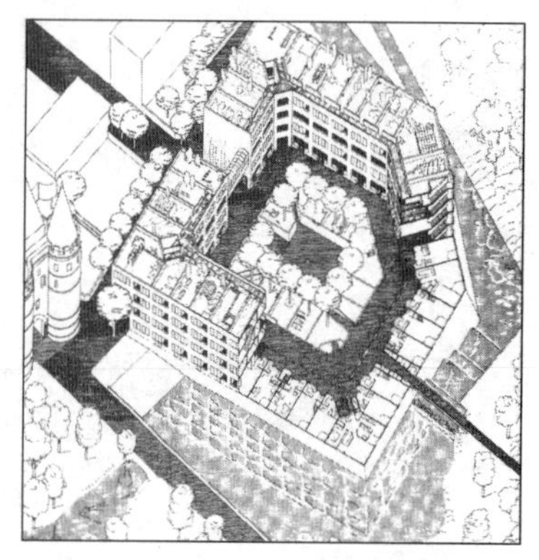

图8－13 建筑和乔木的围合形成的“内外”空间

二、材料细部设计

材料细部是整体的一个局部，是一种在“特写”和“直接”尺度上的景观物质纹理。从远处或从整体上看这个局部，它们可能并没有很强的个性，然而当人们逐渐贴近它们，就会发现一个全新的世界，这样的局部就是物质细部。它们既具有片断性又具有独立性，承担着功能、结构、构造的责任，同时又表现出自身的精美与细致，本身也具有欣赏价值，具有个性，体现着设计者的匠心，传递给使用者最直观的信息。

“物质细部”不仅仅是设计最后阶段才进行的景观感受的“细化”，或是在已经设计好的结构或空间之间增加一个装饰，而且是在空间、路径、边界、中心和节点的概念发展之后的一个基本设计要素。其在设计上的潜能是通过独特的有吸引力的细部景观感受来实现的，这种景观的“直接”感受或许是景观设计概念的起点，这里我们把“物质细部”定义为提供“直接”或“特写”的景观感受的元素，小尺度的结构性景观的组成要素，表面的质感、图案、色彩和光线以及小品。

（一）细部设计的个性化表达

在细部景观设计中，某些细部形式是广泛运用的景观元素。由于它们在不同地点、不同类型的项目中大量使用，以及维修需要的连续性，它们常常以标准的形态出现，通过与其他特定的细部元素的组合、连接构成景观的一部分。

以路缘为例（路缘指道路与人行道之间的过渡，多以单级台阶的形式出现），它们通常以固定的尺度和形态以及连续的组合方式出现在街头巷尾和城市的各个角落。这一类设施细部经过长期使用的证实，其使用性和基本形式都很成功。但是这类标准细部往往被人们指责缺乏美学价值，导致了城市景观在视觉上的单调乏味。其实作为物质材料的标准路缘，本身没有对错，关键在于设计师是否在合适的环境中，以合适的方式将它与其他细部元素加以组合、连接，以一种个性化表达形式来构建景观形态。如普通沥青或混凝土平整而光洁的铺面，配以条文肌理的石质路缘，整体效果呈现出较高的理性秩序；富有韵律美感的彩色几何图形铺面，配以混凝土路缘，简朴的灰色路缘烘托出邻近色彩的活力，又含蓄地显示了自身，形成较好的空间层次；将普通的混凝土铺面通过处理，形成具有自然石块色泽的、凹凸不平的表面，再配以花岗岩路缘，其肌理和灰色间的色彩对比，美妙而耐人寻味。

（二）细部景观设计中的技术思考

细部景观设计效果必须通过工程手段来实现，因此，它的设计表达不仅涉及美学规律上的问题，还牵涉到很多技术、工程实施的问题。例如：采用什么样的材料和加工手段来实现设计构想？它们能否适应日常和季节性气候变化的影响，经受住阳光、风雨、湿度和冰冻的考验？建成后的道路能否为步行者活动提供便利？对项目的功能、使用、材料、结构等有关的技术思考，直接影响到工程的实施以及景观效果的持久性。

（三）细部设计及其感受

细部往往是最引人注目和最激发兴趣的部分。细部也如同画面中最精彩的点睛之笔，不同的材质搭配、不同的构造方式、不同的质感、色彩等都能促使人们从中理解并鉴赏细部对场地特征和场所精神的贡献。细部不仅具有功能性、自身的艺术特性，还可以贯通和体现整体，帮助参与者更好地感知景观个性和空间体验。景观细部的特写感受有时同宏观场所一脉相承，有时亦可以完全不同甚至形成对比。

我们密切关注景观的细部元素，它能创造非凡的景观印象，并且我们欣赏这种细部的变化。在直观尺度上接收景观传达给我们的信息不仅仅来自视觉，能够触摸参与和互动是欣赏和体验景观非常重要的方面，触摸土地、沙子；在草坪上散步小坐，身边环绕可爱的植物和水中的嬉戏都能使人们深切地感受场所，好像孩子与景观的表面及其关联元素会有特别密切的关系，不仅在于儿童更贴近地面，而在于他们通过接触地面来尝试学习、调查和研究自然。

在细部层面上，通过设计思考能够强化整体景观的感受，而我们也常常低估视觉之外的其他感受对设计的影响力，如气味、声音和触觉等感受，强烈地影响和暗示人们如何感受和使用空间，特别是在城市景观中，尝试和触摸能够提供非常特征化的特质联系，将人与环境连接起来。结合不同的景观性质和使用功能，这些非视觉的感受同样引起人的兴奋和其他感受，强化场所的主题，提升景观的品质。

同时，细部设计常常带有一定时期的历史烙印，与当时的建造技术条件、材料加工条件和某个特定地域人们的欣赏倾向有关，以丰富的历史文化信息在人的头脑中产生共鸣，给人带来视觉上和人文精神上的审美感受。当然，细部设计还是实用美的体现，大部分的细部并不完全是设计者的主观创造，其自身特定的功能要求、构筑方式、结构特征也会直接或间接地被人们感受，成就另一种审美享受。

于是，我们用各式植物和人工材料以各种形式来处理景观细部，细部中的不同构成要素也呈现其自身不同特性的美，同时体现着与整体、与自然环境以及人的和谐之美。

（四）材质要素的景观细部感受

景观材料的表面质感、图案、色彩和光影是细部处理得以实现的有效手段，研究细部设计也就必须从材质要素的不同特性入手，不同颜色和质感的材料赋予景观不同的风格。这些要素不仅能促进景观感受活动的丰富性、多样性和复杂性，更重要的是它同样能够提供与整体相通的感受。这里，我们把图案、色彩、质感和光影作为设计中基本的抽象因素来考虑，它们是设计必要的组成部分，解析这些要素在细部设计中的潜能，体会它们所创造的景观感受，并不断尝试其在设计实践中的不同运用，将会为景观的细部设计积累丰富的素材，拓展思路。

1. 图案或构图

图案可以定义为材质表面的组织。构图则是有意识的图形创作。图案或构图能够使人们认同或创造秩序。正如人行道或广场的铺装，重复的形式和类型会延伸至整个区域一样，它的视觉特征同时能够把握整体性和多样性。在景观设计中，图案产生的动因会受到几何形式、自然形式及其过程和图案的使用等几方面的影响。丰富的凹凸进退和疏密变化形成长短粗细的点、线、面的图案，并且其同光线结合后产生的或宽或窄的阴影效果都丰富着景观细部的美学含义。另外，绘画与雕刻也是细部设计的一项重要艺术元素，它们往往能给人持续深远的记忆，并反映历史及时代的烙印。

2. 质感

材料的形体和表面纹理给人们造成视觉和触觉的印象，称为质感。场地的质感修饰有助于形成其视觉特征，人们将其所看到和所感受到的联系起来，增进景观的生命活力，并能成为它的愉悦感的源泉。

在城市景观中，它能表现地面活动的布局，材质的不同组合和变化，也会暗示着功能或场地性质的改变，有引导提示的作用，它既能传递触觉，又能传递视觉。物质要素的表面质感虽然不影响空间构成的具体形态，但却在很大程度上影响了人对空间的视觉感受。表面质感的粗细、轻重、冷暖都会在视觉和触觉上影响空间的效果。充分挖掘材料的触摸性特质，在极冷的气候中，木材的感受是暖的，或者在炎热的气候中，材料的热性会消退；混凝土对触摸者而言则是无情的；玻璃和钢都是冰冷、光滑和有光泽的。鼓励触摸能够提升场所的欣赏价值，并强化人与场所的关系，使景观与人更为亲近。

在景观环境中，平整的铺砌带会引导人通过大草坪的广场；平面的高差变化起着限定空间和改变使用功能的作用；中心型的盆地则给人静止之感；长满苔藓的整石铺砌或密植的草皮强调着下部场地的形与体，增强其可见的尺度感，对于拔地而起的物体起着背景的作用；粗糙的草皮、卵石或石块所起的作用却正相反，它会使人更多地注意地面本身等。

无论是各种质地的硬质铺面，还是像草皮或植被覆盖的软质地面，经过精心的设计、不同的铺砌组合方式，或是在看似不经意却是精心经营的草皮中进行局部的修剪，乃至嵌入有韵律的铺装以用作小路或活动频繁的场地，各种要素千变万化，令人流连忘返。

当人们从砖砌踏步逐级而上，进入木板铺面的场地时，所感受的不同声响和质感会同时引发人们的多种感官感受，使人们认识场所的刺激是多重的。在尺度上，质感可以从粗糙向光滑转变，并且这两种质感可以并置。

质感、光影与距离的改变有密切关系。这种随不同距离尺度而出现不同层次质感的概念——“重复质感”在城市景观的地面铺装上时常出现，例如，较远处的地面铺装，呈现出的质感可能是较大尺度下的正方形交错分格；而当参与者进一步走近时，其质感则会显现出自身具有的细腻与丰富。这样的“一次质感”和“二次质感”更是可以被我们仔细推敲、巧妙运用，或跳跃或贯通或鲜明抑或模糊，营造丰富的感受体验和景观的层次感。

垂直界面的竖向围合可以像碎石垒起来的墙面一样粗糙，也可同玻璃面一样光滑，或同花瓣、叶子的脉络一样轻盈。形式和材料的范围是无限的。但是，无论这种围合是巨大的还是小巧的，是粗糙的还是精致的，最根本的是要使围合适于空间的用途或使空间的用途适应于预定的围合。

在传统的思维定式中，厚重的材质面坚固稳定，给人以安全感；相反，轻盈的材质面给人的感受是漂浮不定，受力模糊。材质面的轻重之感源于人们对材料的亲身体验，是人们在与材料接触过程中的经验积累而形成的习惯性的心理感觉。古典园林多采用天然材料，建筑以木材为主，辅以少量的石材，另外就是大量植物的栽培。显然，石材的稳定性和坚固性远大于木材，前者厚重封闭，后者轻盈通透。

3. *色彩*

物体能够引起人们注意的往往首先是色彩，细部设计也是这样。色彩作为传递审美信息的中介，有其特定的暗示功能，使人心理产生不同的情感，引起不同的意境、激情，既受到人们使用心理的影响，又影响使用者的心理感受。设计色彩的时候，气候和光线是必须考虑的因素。与质感相似，色彩与光线有密切的关系；随着光线的变化，色彩有明显的变化。设计者设计色彩图案时，应当考虑各种要素：色彩季节性变化、有声和无声、单调的还是鲜艳的，通过设计来调整色彩的关系，通过色彩设计来体现景观含义。

一般说来，冷色调对人的眼睛刺激作用较小，容易使人心理平和，感觉舒适；暖色调对人的眼睛刺激作用较大，容易令人紧张与兴奋，感情热烈。此外，冷色调有后退远离的感觉，而暖色调则与之相反，因此冷色调的空间显得相对宽敞开阔，暖色调的空间显得相对紧张收缩。同时，景观界面的冷暖和材料的明度及光洁程度也有关，明度高且表面光洁的垂直面偏向冷色调，明度低且表面粗糙的垂直面偏向暖色调。材料质感的冷暖可以根据不同的心理需求和空间使用功能加以应用。采用冷暖色调不同的处理可以改善空间效果。局促狭小的空间采用冷色调处理可减小压迫感，如多种植深色的常绿灌木；宽敞的空间可采用一些暖色调来增加亲切感，如建筑或构筑物外立面的处理，以及花灌木和彩色叶树种的运用。

4. *光影*

在白昼园林空间环境中的光线基本为自然光线，不同气候下的光线对景观的感受亦不相同，对于每一个细部的展现更是丰富且变化万千的。我们应当尝试和研究各种不同的自然光或人工光下的景观所呈现的不同感受。谈到光线，就必须考虑相对的“阴影”设计，随光线而变化的阴影关系不仅影响人们的使用行为，同时会成为景观整体构图的一部分，在视觉上形成丰富的图案效果，但也有可能破坏原有的秩序感，或产生出乎意料的景观感受。在夜间照明上，除景观美学上的考虑外，其安全性和功能性是首要的，并且这样的夜景灯光可以延长公共空间的使用时间，提供安全多样的活动场地和内容。

（五）景观细部设计中的实体要素

一切设计最终都要通过物质要素来表达，具体的设计要素（地形、建筑、植物、水体、铺装、构筑物等）经过精心设计和巧妙搭配，是实现细部设计的具体方式，这些元素直观、具体地体现了景观的设计思想。由于在风景园林设计要素的章节里已经对各要素作了较详细的论述和分析，下面仅就个别要素在细部上的设计作简单阐述。

1. *石头*

石头的色彩、质感、图案和地面，提供独具特征的景观感受。特别是光线变化的时候，沉寂的色彩和质感具有软硬两种自相矛盾的方面。石头的表面讲述着石头形成的过程，因此，石头含有永久的含义，是具时间感的设计元素。当我们触摸石头或让沙子从手指间滑落，能使人深刻体会到时间及其过程，这是令人愉悦的事；石头铺地则感觉踏实和厚重。

2. 植物

在多样性和动态变化的生态环境中，植物的类型、色彩、质感、图案成为多样性和复杂性设计的素材。植物以自身独特的视觉品质而显现多姿多彩的形态。植物细部设计的一个非常重要的层面是线性效果和时间循环。植物在生长过程中，其习性、质感和形式会发生变化，而且随气候的季节性变化而变化；而在风中，植物又具有动态的特征，将植物的味道、质感同动态相结合会创造出变化丰富的景观感受。植物的质感吸引人们去触摸它，比如，运用带刺的植物、尖叶植物、有羽毛的植物、有气味的植物、光滑的植物和蜡质的植物来创造景观。在风中或当触摸植物的时候，植物的晃动也会产生声音，比如芦苇、竹子的沙沙声，以及雨水敲击树叶的声音等。不同植物的味道也不同，植物的香味同样会使人愉悦。同时，在景观中，采摘植物果实的快乐感在设计中也应当始终予以关注，这样便会更好地将景观同人的活动联系起来。前文已提及植物更是围合空间和创造亚空间的重要元素。树篱是相对密实的空间围合要素，树篱的质感或者是粗糙、棘手和漏空的，或者是光滑、黑暗和鲜嫩的，这些都是非常具有特征性的边界，并且依赖质感，树篱能够意指设计特征的功能。在风景园林设计中，它被作为一道绿色的、具有生命的墙来考虑，有很长的生命力。

在城市景观中，草坪是最常见的植物地面应用形式，草本植物更是能够创造非常具有个性的和梦幻般的底界面；灌木可以形成人体高度的屏障或种植实体；在膝盖高度下，柔软的植物亦可围合开敞场地空间；而乔木则是竖向围合或分隔空间以及形成顶界面最为常用的手段。就仰视角度而言，因为天空与植物结合，设计者能够创造令人难忘的景观感受。透过叶子和花看天空是非常浪漫的感受，在绿白相间的光线与阴影图案下休憩会给人以特别的印象。植物顶棚能够创造出独具特征的空间，能够吸引人们来这里遮阴，尤其是在阳光灿烂的日子里，这种效果更为突出。

3. 水

与植物类似，水的形态也是多样和动态的，但水的形态能够被控制。水的形象可以是高速流动的、安静的、波光粼粼的、蜿蜒闪动的。水还可以折射物象。水亦会凝结成冰，在冬天呈现不同的景观效果并提供冰上活动。寂静的而又被细微的叮当喧哗的水声所包围的环境能够使人放松心情；急速流水飞溅的水花和怒吼又使人兴奋，人们喜爱用水来制造声音。潺潺的流水声可以在安静的环境下被人们听到并吸引人们的注意力，有时甚至引人探究声音的来源，起到引导的作用，同时可以消除过于安静而带来的恐惧感，带来生命和活力的感受。水亦可以是有节奏和韵律的，无论是有规律的“嘀嘀”声，还是结合音乐营造的水声，都可以在场所中提供丰富的景观体验。人和水的关系是密切的，水的活跃性吸引人们用手和脚去触摸，触摸水有“凉”的感受，或许还会下水游泳。设计者应当考虑流水与静水的对比，使人们能够在喷泉中淋水，或者能够坐在水中光滑的石头上用脚戏水，或把脚放在石头上晒干。水能改变空气的味道，水蒸气能够传递水的味道和气味，薄雾与雨天的空气味道与晴朗的天空下的空气味道也完全不同，清晨的露水又与植物完美结合，呈现非凡的意境。

4. 景观小品

设计和安排景观小品是景观设计中的复杂工作，如灯具、座凳、座椅、垃圾箱等设施小品，或艺术雕塑，或景观构筑物。在设计中既可以很杂乱，也可以很整齐。要使它们满足使用的要求，同时自身或具有独立的景观价值，或掩映于植物和环境之中，应尽力避免不适宜的小品设置破坏场所的感受或场所的气氛。如休憩小品设计，大部分公共空间缺乏足够、适当的休憩设施小品。景观中任何地方都应当提供可坐的地方，在这里人们可以等待、约会、停留或进行社会活动。在城市景观中，休憩设施小品设计可与其他景观形式相结合，如台阶、花台、围挡、路障等。而且应当与空间、植物和铺地等的细部有更密切的联系，特别应当建立通过触摸建立起来的联系（图 8 – 14）。

图 8 – 14　细部景观设计（绘图：郁聪）

直接置身景观环境之中的，绝大多数并非是直接设计它的人，而是广泛的城市市民。他们对场所的最终感受是设计的最终目的和评价设计好坏的根本标准。因此，充分地观察体验生活，从人性化的角度出发是设计的前提。作为城市景观，其主要的目的是为人们在城市中进行广泛的社会性娱乐活动和相互交往创造宜人的条件，因此仅仅创造出让人们进出的空间或表面的视觉艺术形象是不够的。城市景观中的每一部分都起着关键的作用，从大尺度的空间设计到最小的细部处理都是决定性的因素。作为它的设计者，在关注大尺度的设计概念和空间形式的同时，更应当注重与参与者最直接接触的景观细部的设计——质感、光影、节奏、线条和色彩，以及细部的功能性、结构性和艺术性的人性化处理手法。任何一点能够激发想象和使用乐趣的细部设计都会使景观增色不少，任何一个转折点、明显的突出和凹进点以及视线焦点也都应当成为细部设计和装饰的重点。因此，景观细部正是传达设计思想、提供场所感受最直接的媒介，只有那些在细部规划设计层面上精心处理的、充分考虑到使用者的空间体验和多重触觉感受的城市公共景观才能受到公众的广泛认可和喜爱，并发挥其潜力，城市景观也才能起到积极的作用，令人感到温馨、亲切、宜人。

第九章　自然与文化资源保护与保存

第一节　自然与文化资源概述

一、自然与文化资源的概念

（一）自然资源的概念

自然资源有狭义与广义两种解释，广义的自然资源就是在一定的经济技术条件下，自然界中能为人类所利用的一切物质，如土壤、水、草场、森林、野生动植物、矿物、阳光、空气等。而在风景园林中往往引用其狭义的解释，即能引起人们审美活动的自然事物、因素及自然现象的总称，包括天象、地质地貌、水体、生物景观等（图 9－1）。自然资源是人类赖以生存的基础，缺少了这些资源，我们将失去水源、食物、空气、庇护所等一切。自然是一个复杂的系统，各自然要素之间亿万年来形成的复杂而微妙的生态链条是迄今为止人类无法复制的，一旦某个环节遭到破坏，后果将是惨重甚至无法逆转的。

图 9－1　优美的自然资源景观（丁绍刚摄）

（二）文化资源的概念

文化资源指的是人类社会的各种文化现象与成就，包括物质性的文化资源，如人类史迹遗址，历史建筑与街区，历史园林，各类文物、资料，具有重要价值的历史农地、水利工程等（图 9－2）；非物质性的文化资源如民风、民俗、歌舞、曲艺等。文化资源是由我们的祖先留给后人的最大财富，是人类精神与文化的源泉，是连接自然与历史的纽带，如果遭到破坏，将不可能完全恢复。

图 9－2　浓郁的文化资源景观（丁绍刚摄）

二、自然与文化资源保护的分类

目前国际上主要存在两种分类方法：一种是根据保护对象进行的分类；另一种是根据保护管理的目标进行的分类。为了便于各国进行信息交流，世界保护联盟（IUCN）曾在1978年提出过按保护区管理目标进行分类的分类系统，后来又于1994年对该分类系统进行了调整。

（一）IUCN早期的分类系统

1. 绝对保护区
2. 自然保护区或受控自然保护区
3. 生物圈保护区
4. 国家公园或省立公园
5. 自然纪念物保护区
6. 保护性景观
7. 世界自然历史遗产保护地
8. 自然资源保护区
9. 人类学保护区
10. 多种经营管理区或资源经营管理区

（二）IUCN近期的分类系统

1. 严格的自然保护区

a. 严格的自然保护区

b. 未受破坏的区域

2. 国家公园
3. 自然纪念地
4. 栖息地/物种管理区
5. 保护性陆地景观/海洋景观
6. 资源管理保护区

三、自然与文化资源保护与保存的意义

自然与文化资源是国家的精神物品或精神产品，具有唯一性、不可替代性及不可再生性的特殊资源，两者往往你中有我，我中有你，很难将彼此分开对待。需要指出的是“保护”与“保存”两者具体的含义有别，在国内往往将两者混为一谈。“保护”一词是说它不仅意味着要致力于维持各种文化表达形式的存在，而且要为它们的发展和繁荣创造必要的条件，它强调变化是不可避免的。而“保存”一词的词源意为“封存”，强调对变化进行限制。对自然与文化资源的保护与保存要慎之又慎。

遗憾的是，我们现在依然在不断破坏着人类赖以生存和生活的自然与文化资源。能源的消耗，人口的膨胀，致使资源与人口的矛盾愈来愈紧张，全球气候变暖、海啸、泥石流、沙尘暴、水体污染、酸雨、地表下沉等——因人类生活方式与资源破坏而带来的灾难无一不给人类敲响了警钟。科学合理地保护自然与文化资源和利用土地，为地球及子孙留下一部分有独特自然文化保护价值的，并满足当代人欣赏、了解自然文化资源的需要的地

区，是风景园林工作者责无旁贷的职责。

当然，自然与文化资源保护工作不是风景园林师就能够独立完成或完全胜任的，它涉及很多专业人员的相互协作，如建筑学、城市规划、历史学、考古学、地理、生物学（动物和植物）等方面专业人员的合作，但风景园林师无论是过去还是现在，对自然资源的保护与保存都曾做过或正在承担着重要使命，尤其是与自然资源的保护以及风景规划有关的文化资源保护方面发挥着重要作用。

第二节 美国自然与文化资源保护与保存

一、美国自然与文化资源保护与保存的概况

世界各国对自然与文化资源的保护各有不同。就近现代的情况来说，美国走在了世界的前列，并在全世界首次创立国家公园来对自然与文化资源进行保护与保存。国家公园实际上是对自然与文化资源进行保护而设定的区域的一种称谓。具体地说，国家公园是指面积较大的自然地区，自然资源丰富，有的还包括一些历史遗迹。公园内禁止狩猎、采矿和其他资源耗费型活动。国家公园原则上应有超过 20km^2 的核心区，核心区保持原始景观，除此之外还需要有若干生态系统未因人类开发和占有而发生显著变化，动植物种类及地质地形地貌具有特殊科学教育娱乐等功能区域。其发展历程可以说是很多有识之士长期努力的结果，是值得全世界学习的范例。

（一）保护与保存运动的兴起

美国对自然资源进行保护与保存的思想可以追溯到 19 世纪的自然主义者对美国开拓自然态度的思考。早在 1819 年，园艺学家和开拓者弗兰克·安德烈·米肖（Francois Andre Michaux）预见到美国的开拓者们对森林破坏的速度将会加快，因此，他建议政府建立一种土地承包制，就像一个运河公司，而去种植“有用的树”，这是早期对于环境的关注。

1832 年，美国发生了两件重要的保护自然资源事件，开启了自然资源保护与保存运动。第一件事就是在美国政府支持下，由私营机构在阿拉斯加对一个温泉地进行了保护，起初保护的面积虽只有约 26 万亩，但其意义及其影响却十分重大。第二件事则是画家乔治·卡特林（George Catlin）在前往达科他州旅行途中，见到美国的开拓者们肆意捕杀野牛，从而对印第安文明产生剧烈影响而深表忧虑。他写道：“他们可以被保护起来，只要政府通过一些保护政策设立一个大公园（a magnificent park）……一个国家公园（a nation's park），其中有人也有野生动物，所有的一切都处于原生状态，体现着自然之美。”

“这个世界可以看见过去的岁月，土著印第安人穿着民族服装，骑野马飞驰，拿着强弓、矛、盾，瞄准野牛、鹿群”（图 9－3）。他主张这些场景都应该受到保护，为此需开辟“国家公园”。

这一具远见的思索在当时虽然没有被政府立即采纳，但对后来的国家公园设立起到了积极的影响。1864 年乔治·帕金斯·马什（George Perkins Marsh）的专著《人与自然》（*Man and Nature*）出版。马什通过对动植物群落内部关系之间的均衡进行调查后认为：“人们的破坏摧毁了自然环境所建立的均衡关系。”他还特别关注对树的破坏，讨论了筑坝拦水道，排干湿地的后果。他深信唯有人们以智慧来管理资源，才能使自然的均衡关系得以重新建构起

图9－3　乔治·卡特林（George Catlin）的油画《被弓和标枪追逐的野牛》

来。他的作品主要讨论的是19世纪美国的环境问题，毋庸置疑应是早期的风景园林。

正是由于马什等人的努力，1872年美国确立了世界上第一个国家公园——黄石公园（Yellowstone Park）（图9－4）。加拿大于1885年在班弗（Banff）设立了第一个国家公园（图9－5）。1891年美国公共土地法案（Public Lands Bill）得以通过，并促使美国联邦政府把森林及其周边带列为公共保存地区。1891年美国还颁布了森林保存法（Forest Reserve Act），把百万英亩的森林列为公共保存区，这不仅使美国未来的木材供应得到了保证，也使风景区得以保存，避免了被破坏性地规划与垦殖。

图9－4　美国黄石国家公园（Yellowstone Park）（引自美国黄石公园网站）

（二）保护与开发的争论

美国在自然资源保护与保存运动历程中并非一帆风顺，而是有争论的，其争论的焦点就是保护与开发的矛盾问题。这一争论起初是因海切河谷（Hetch Valley）引起的。保护主义者认为自然是一种资源，需要完全维持自然的现状，而不需要考虑其他需求。而开发主义者则认为自然是一种可被使用的资源，自然地区中的个别区域应保持不被人类干扰，但其他区域可以为人类所使用，这样能与经济发展相协调，但人类的利用应该是明智、有限制地使用。这一争论也导致负责资源保护的两个美国联邦机构即林业局与国家公园局之间的分歧，前者被限定为“保存（Reserves）”，而后者则是在保护的同时提供游憩，正如F·L·奥姆斯特德所说的：“保存美景是为了欣赏（Enjoyment），为了使生活在那里的野生动物不减少，这也可给下一代提供欣赏。”由此可见，当时国家公园局在保持与利用之间找出平衡点是多么的困难。

图9－5　加拿大班弗（Banff）国家公园

但是1897年通过的森林管理法（Forest Management Act）则提倡多元化使用，规划森林除了持续供应木材之需外，还要开放采矿和放牧。这导致了一系列环境问题，据估算，当时每年因生产导致土壤冲刷所产生的损失约4亿美元。这引起了很多人士的关注，于是，在1930年成立的土壤保育局以及民众保育团体都积极开展森林土壤与水源的保育运动。

（三）设计结合自然——科学时代的到来

20世纪60年代，自然主义者、保护主义者又活跃起来，生态学成为环境问题的时髦词语，由卡尔逊著写的《寂静的春天》一书，关注了二战后被滥用的化学药品、杀虫剂等对环境的危害，它引起公众的普遍关注，这对当时美国活跃的环境立法起到了重要的影响。如1967年的空气质量法，1972年的水污染法，1973年的英格兰物种法等都是十分重要的法案，但最具深远影响的法案应属1970年的国家环境政策法（National Environment Policy Act，简称NEPA）。NEPA要求由政府出资的各项工程都必须向各个联邦机构提交环境影响报告（Environment Impact Statement，简称EIS）。EIS是一种估计人类行为对环境潜在影响的方法，报告上必须写明工程对环境的潜在影响，无论是自然、社会或是环境的，同时需要对项目进行公众评价。

同样在20世纪60年代，菲利普·勒维斯（Philip Lewis）和伊恩·麦格哈格（Ian McHarg）开始使用土地利用分析体系，研究自然和文化现象，提出设计必须结合自然，用一系列因子的方法来研究各种自然与社会因子对规划区域的影响与冲击，以便选择最佳的规划方案。《设计结合自然》一书系统地阐述了这一理念和实践方法，对自然保护规划产生了巨大的影响。

当代，人们利用计算机、航空图片等一系列高科技手段进行重大环境项目的规划，尽量找出人的行为对环境影响最小的规划，可持续发展的理念成为当今的流行词。由此我们可以看出，美国对于自然资源保护与开发的方针已从当初的感性认识逐步走上理性思考，进而进行科学分析。事实上，科学已成为美国自然资源保护与开发的潮流。

二、美国自然文化资源保护与保存

（一）美国自然文化资源保护与保存内容的演变

美国的历史才200多年，其文化资源保护与保存是伴随着自然资源保护与保存运动而开始的。一开始，这些来自欧洲的殖民者并没有欣赏美洲原住民的文化杰作，而是大规模地掠夺和破坏。

20世纪30年代以前，美国的保护运动更多地关注自然特色，如国家公园部就是如此，而且这一时期美国保护工程大多是个人努力的结果。但这之后，情况发生了改观，美国政府把“人造工程（Make - Work）”定义为既是文化又是自然资源。政府也通过立法或设立机构对文化资源进行保护和管理。

第一处与文化景观有关的保留地是美国内战的战场，其中的大部分在19世纪末成了国家纪念地的一部分，在同一时期，由于在美国西南部对美洲原住民定居点的科学探索，也使得这些原住民的遗址地域得到了保护。在约翰·巴特（John Bartram）的后代及实业家安登·埃斯特科（Andren Eastuick）的努力下，约翰·巴特的家以及其种植园也被列为历史公园而受到保护。

在20世纪70—80年代，历史保护工程不仅关注建筑和小规模遗址，还包括了整个文化景观。更为重要的是美国还把一些农业用地纳入保护之列，认为农业用地既是文化景观也是资源。

1949 年在美国风景园林协会（ASLA）下成立的历史保护国家信托（National Trust for Historic Preservation）准政府组织就是一例。1960 年，美国议会制定了第一个历史遗迹保护法（Antiquities Act）。1966 年国家历史保护法案（National Historic Preservation）的制定是美国政府进行文化资源保护的一个最重要工具。1981 年制定的联邦农用地保护政策法（Federal Farmland Protection Policy Act）就要求有一个专业组织去研究把农用地变成其他用途工程的影响（表 9－1）。

美国历史环境保护主要制度一览表　　**表 9－1**

层面（机构名称）		联邦层面（国家公园局）	州层面（马萨诸塞州历史委员会）	地方政府层面（波士顿地表委员会）
调查		1）国家登录前的调查 2）美国历史建筑调查（HABS） 3）美国历史工程技术记录（HAER）	全州的基础调查（粗略调查） 城镇报告 地区报告	自治体内的综合调查（详细调查） 为划定历史地区的调查
基本规划			1）管理模式：保护规划的综合研究 2）马萨诸塞州历史保护规划	自治体保护规划 马萨诸塞州内的 7 个自治体分别编制
登录、指定		1）国家登录 建筑（Building） 地区（District） 史迹（Site） 构筑物（Structure） 物件（Object） 2）国家历史性地标	1）马萨诸塞州历史及考古学资产目录 2）州登录 国家登录中的登录项目 值得国家登录的项目 国家历史性地标 州的考古学上的地标、历史性地标 自治体地标 历史地区内的项目 保护控制（地役权）的项目	1）城镇目录（登录制度）（自治体调查结果的汇总） 2）地方性地标、地方的历史地区（制定制度）
审查		106 条审查（以国家登录项目为对象）	州登录审查（以州登录项目为对象）	1）延期拆除条例（以城镇目录的登录项目为对象） 2）与地方性地标、地方的历史地区相关的设计审查
经济优惠措施	税收优惠	1）修复费用的 20% 可从所得税扣除 2）加速折旧制度	保护控制（地役权）	为保护历史资产的财产税减免
	补助金	历史保护基金	1）调查、规划补助金 2）马萨诸塞州保护事业基金	[立面改善的贷款项目]

注：[ ] 内的制度是在马萨诸塞州波士顿市外的其他地方政府所采用的制度。

（二）美国自然文化资源保护与保存体系

美国是世界公认的最早以国家力量介入自然文化遗产保护和最早提出世界遗产地概念的国家，也是自然文化遗产保护与保存较为成功的国家。目前，美国的自然文化遗产体系主要由国家公园（由内务部国家公园管理局管理）、国家森林（由农业部林业局管理）、国家野生动物保护区（由内务部鱼和野生动物管理局管理）、国土资源保护区（由内务部土地管理局管理）、州立公园（一般由各州政府的自然资源部管理）和某些博物馆等组成，其中的国家公园体系（表9－2）规模最大，制度最先建立、最完善，且包括了自然资源和文化资源两大部分，几乎涵盖了其绝大部分已确定的国家自然与文化资源。

美国国家公园体系构成 **表9－2**

序号	类别名称	特征
1	国家公园（National Park）	通常是大面积的自然区域，拥有丰富的资源类型，其中也包括一些重要的人文资源。在国家公园内，不允许从事狩猎、放牧、采矿及其他生产活动
2	国家纪念地（National Monument）	特征与国家公园相似，经国会批准可以升格为国家公园
3	国家保存地和保护地（National Preserves and National Reserves）	显著区别于由内务部鱼和野生动物管理局管理的国家野生动物保护区，与国家公园的特征相似。但在国家保存地内，国会允许进行大众狩猎、石油和天然气的开采等直接利用自然资源的开发活动。若资源被发现具有重大的保护和保存价值，经国会批准可以升格为国家公园
4	国家历史地（National Historic Site）	通常是与某单一历史事件有直接联系的地段，是在1935年国会通过《历史地法案》后建立起来的
5	国家历史公园（National Historic Park）	以历史文化价值作为主要特征的公园
6	国家古迹地（National Memorial）	包含那些位于政府所有或控制的地域范围内的、具有重大历史意义或科学价值的地标、建筑或其他景物的地域
7	国家游憩区（National Recreation Area）	以为市民提供游憩活动为主要目的的休闲区域
8	国家海岸、湖岸（National Seashore and National Lakeshore）	具有重大价值的海岸和湖岸
9	国家河流（National River）	某些河流中具有重大生态价值的一段，主要是1968年颁布《原始和风景河流法案》以后建立的
10	原生态及自然风景河流（Wild and Scenic River）	某些河流中未受开发或景观价值重大的一段
11	国家风景大道（National Parkway）	一些与国家公园区域基本平行或连接不同国家公园的自然风景良好的大道。游客可以开车观光一些线形的公园地，1968年通过《国家游径系统法案》后开始建立
12	国家游径（National Scenic Trail）	一些线形的公园地，1968年通过《国家游径系统法案》后开始建立
13	国家战场（National Battlefield Site）	包括国家战场、国家军事公园、国家战场公园和国家战场纪念地，已由单纯的文化遗产，逐渐演变为自然、文化并重的遗产

续表

序号	类别名称	特征
14	国际历史地 (International Historic Site)	跨越国界的历史文化遗产
15	国家墓地 (National Cemetery)	国家公园体系内的墓地并非独立单位，而是从属于其他相关部分统一管理
16	相关的附属区域 (Affiliated Area)	与国家公园关系密切但土地权属暂时还不属于国家公园管理局的遗产资源，国家公园管理局对其给予技术和资金支持
17	其他 (Other Designations)	国家公园体系中的有些成员采用其他特定的名称或使用组合名称，如国家首都公园（白宫）等

三、美国自然文化资源保护的策略

（一）整体保护策略

威廉·A·R·古德·文（William A. R. Good Win），一个威廉斯堡的牧师在开发维吉利亚的布鲁顿巴黎教堂（Bruton Parish Church）时，看到了旅游的经济效益，说服美国石油大亨洛克菲勒（John D. Rockefeller）提供资金，恢复和重建了梯德沃特全镇。这一项目对保护运动具有重要的意义，就是提出了对文化资源保护的整体论。早期的保护运动集中于孤立的构筑物和景观片断，但威廉姆斯工程是对全部景观环境的整体考虑，其指导原则是在档案和文物研究的基础上再现准确的历史，把所有部分结合起来，不仅仅只是重复历史，而是重现当时的氛围，当然，那时的考古还不够成熟，但他开创了一个全新的时代。

（二）博物馆式保护策略

在文化资源保护方面还有一种模式，即博物馆村庄（Museum Village）。最早的情况是把大批在原址受损的建筑集中布置，例如绿野村庄（Greenfield Village）就是其中一个重要案例，他们运用了时间和地点的主题元素，当然其中也再现了许多虚构的地方。人们在普利茅斯种植园（Plymouth Plantation）进行的规划更强调精确的定位，这里在1627年就有大量的移民，根据考古学，开始了与原始场景类似的规划，再现当时真实的场景，不仅每个讲解员都扮成早期移民，同时还重建了具有刺鼻气味的垃圾场和腐烂的建筑。

第三节　欧洲自然与文化资源保护与保存

一、对城市风景资源的保护与保存

与美国不同，欧洲有着悠久的历史与丰富的文化资源。欧洲不仅对自然资源十分珍惜，其城市风景资源更是古老而丰富。欧洲各国对自然与文化资源保护对象与措施也不尽相同，综合起来有如下两类：

（一）历史建筑及历史环境的保护与保存

对具有纪念价值的建筑、历史环境或其他纪念物的保护是欧洲各国都十分重视的，并实行了历史建筑登录注册制度，也就是把具有保护价值的建筑、历史环境等进行注册申报，以便更好地维护与管理。欧洲的登录制度大致有两种：一是由国家统一实行一元化指定的登录方式，英国与法国实行的就是这一方法；另一种方法则是由各州自行行使职权、负责管理的登录方式，如德国就使用这种分权型的方式。除了上述两种之外，还有一些国家实行的是由国家和地方自治体进行分层管理的多层登录管理方式。

法国对登录建筑的认定数量有严格控制（约 2 万件），并作为制定列级文物的候补清单，一般可从国家获得修缮补助金；而英国则把登录建筑作为城市规划的基础资料，相对宽泛，涉及面也很广，因此仅英格兰就约有 44 万件。

为了保持点状分布的纪念物与周围环境协调，法国规定以纪念物周围 500m 为半径的范围都是实施控制的对象，进行保护。另外，这些纪念物的登录注册分为文化遗产保护和城市景观资源保护两个类别，这也决定了对历史建筑的评价标准。

（二）街道景观的保护与保存

早在 1784 年巴黎就开始实施有关建筑线和建筑外包线（1903 年后称 gabarit）的控制管理，也就是建筑外轮廓的墙面线位置、高度及屋顶超出檐口线部分的斜坡限制的规定。规定屋顶上部空间的高度由檐口线引出 45°斜线至高度 5m 处，1884 年则规定半径在 6m 的 1/4 圆弧内，1902 年又进一步规定 1/8 圆弧线及切线内，内院一侧高度可上升到同样的位置，这便是标准的建筑外轮廓线（图 9－6）。显然这一规定在街道空间保护上起到了积极作用，但也因立面上的建筑檐口线及平面上建筑线的不连续性，使得巴黎的街景显得零乱。

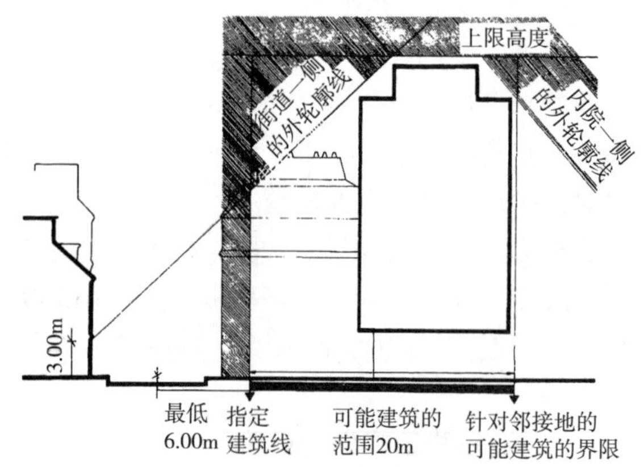

图 9－6　巴黎市指导性城市规划中建筑外轮廓规定方法

（引自西村幸夫＋历史街区研究会著风景规划）

（三）眺望景观的保护与保存

所谓眺望景观，是指城市中具有地标性可供眺望的景观。眺望景观的保护包括对眺望城市内外地标景观的保护与保存和对由地标向外眺望景观的保护与保存。

各国城市均通过战略性选择，力求保护代表城市特色的眺望景观来保持各自的城市特征（Identity）。如从伦敦的眺望点观赏的景观，被直接称为战略性景观（Strategic View）从而加以保护的多达 10 处。

所谓战略性眺望景观，是国家重要的风景资源，其保护工作始于 1992 年。战略性眺望景观由作为中央政府的环境、交通和区域部（Department of the Environment，Transport and the Regions）指定，根据区域规划方针（Regions Planning Guidance，RPG）以及相关指令（Direction）执行。在伦敦，现今指定的战略性眺望景观有 10 处。根据中央政府的指示，地方政府将景观保护措施体现于各自的城市规划（即开发规划与开发管理规定）中。伦敦指定的战略性眺望景观如表 9－3 所示。

伦敦已指定的10处战略性眺望景观（出处：City of Westminster，1994）　**表9-3**

序号	眺望点	眺望对象
1	普里姆罗斯山	圣保罗大教堂
2	普里姆罗斯山	国会大厦
3	国会山	圣保罗大教堂
4	国会山	国会大厦
5	肯伍德故居	圣保罗大教堂
6	亚里克山大宫殿	圣保罗大教堂
7	格林威治公园	圣保罗大教堂
8	里士满公园	圣保罗大教堂
9	西敏寺	圣保罗大教堂
10	黑石楠尖岬（Black Heath Point）	圣保罗大教堂

战略性眺望景观是具有国家意义的眺望景观，但有的眺望景观是地方政府通过普通的城市规划，即开发规划与开发管理等进行保护的。这指的是距离相对较近、在各地区范围内有特色的眺望景观，一般称之为地方的眺望景观（Local View）。

在地方眺望景观保护中，作为英国眺望景观保护的先驱，有始于1938年的伦敦圣保罗大教堂及伦敦大火纪念塔周边环境高度控制（分别称为圣保罗高度和纪念塔高度）（图9-7）。除此之外，近年来新的尝试也日益增多。

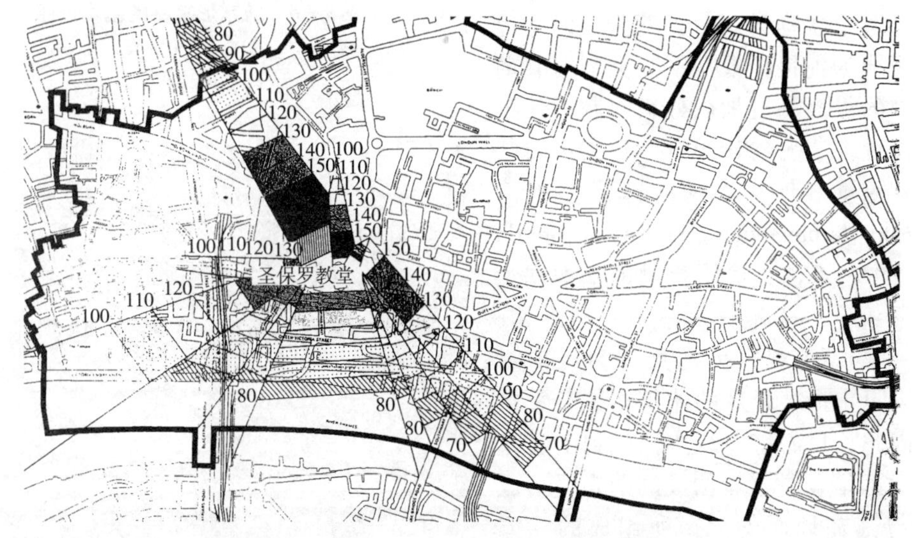

图9-7　伦敦圣保罗大教堂周边的景观控制概念图

（引自西村幸夫+历史街区研究会著《风景规划》）

地方眺望景观，主要有以下四种类型：

1. 自特定的眺望点眺望特定的单体建筑。也就是前面提到的战略性眺望景观的地方版。眺望对象的单体建筑，以代表地区的建筑物（地方性地标、市政厅等）以及与地区特征密切相关的建筑物（如教堂、市场等）居多。

2. 眺望对象与第一种相同，也是特定的单体建筑，但不是从特定地点出发的眺望，而是由沿街建筑出发的眺望，即展望型眺望。

3. 与前面两者不同，眺望对象并非单体建筑，而是范围广阔的整个城市街区（有时包括自然景观）；对象物的水平视角较大，即所谓的全景型眺望，多为自一定标高的特定眺望点的俯视眺望。

4. 虽未达到全景的程度，但对象物具备一定程度水平视角，如森林、山脊等自然、地形特征以及城市街区特定天际线（如伦敦城的中高层建筑群）等。

这些地方眺望景观保护，通过在开发规划中确定眺望景观及其保护方针，并在具体开发控制审查中贯彻执行，从而实现保护目标。

巴黎对纪念物景观分为三类，以不遮挡眺望视线为前提，根据不同类别对其前后区域内的最高高度加以分级限制，并限定墙面位置线。截至1999年，巴黎市内已划定45处景观保护点的纺锤形控制区（Le fuseaux de protection géné rale du site du Paris）。图9－8将纺锤形控制的基本理念落实到图纸上，表示针对某历史纪念物，以从某一眺望点观察大的景观为保护对象，力求阻止损害景观的建筑在其背景中出现。因此，只需将建筑体积放到由建筑物屋脊线两端与眺望者构成的两直线形成的平面与其在地面的投影所组成的立方体——也就是“纺锤形”透视体内即可，这就是纺锤形控制的基本想法（图9－9）。

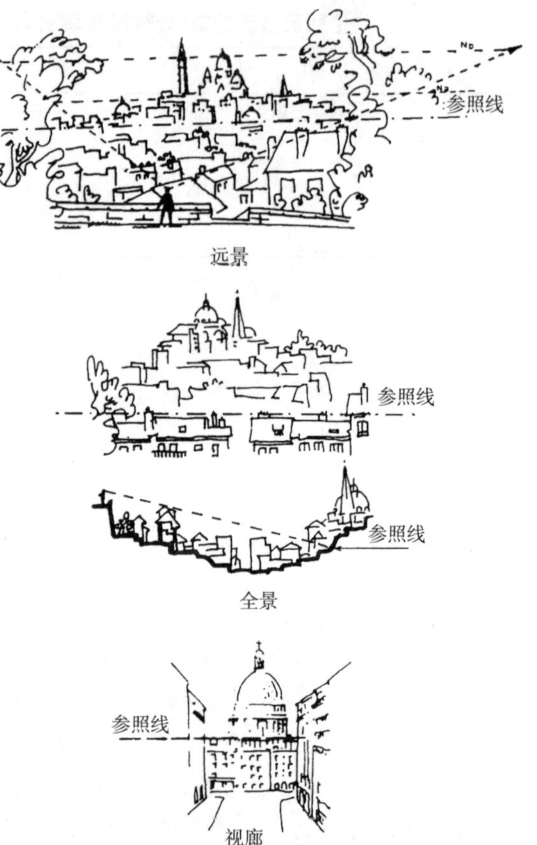

图9－8　纺锤形控制的基本设想

（引自西村幸夫＋历史街区研究会著《风景规划》）

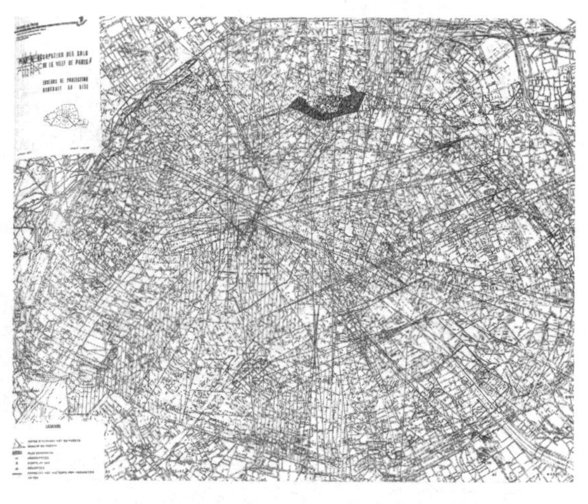

图9－9　巴黎纺锤形控制图

（引自西村幸夫＋历史街区研究会著《风景规划》）

(四) 区域景观与城市轮廓线保护

在欧洲，各国不仅对城市内部自然与文化资源进行保护，还对环绕城市周边大范围内风景进行保护与控制，其目的是保护环绕城市周边的农地、山林，以达到城市与周边的自然环境浑然一体，保证人们在城市外围能观看城市整体或轮廓，以及让人们从城市中能够切身体验到城市周边的自然之美，如河川、山脉、农田都是这一美景保护的对象。如以教堂等纪念物为中心的城市轮廓线保护，是法国城市设计的重要战略思想之一。

意大利则要求各大区政府有义务制定各自的风景规划，把分散在各大区内的历史资源进行确定合理规划，这就是著名的《加拉索法》，根据这一法律，各大区都制定了区域景观资源的保护规划。如图 9－10 所示，是意大利阿西西市的风景资源保护规划。

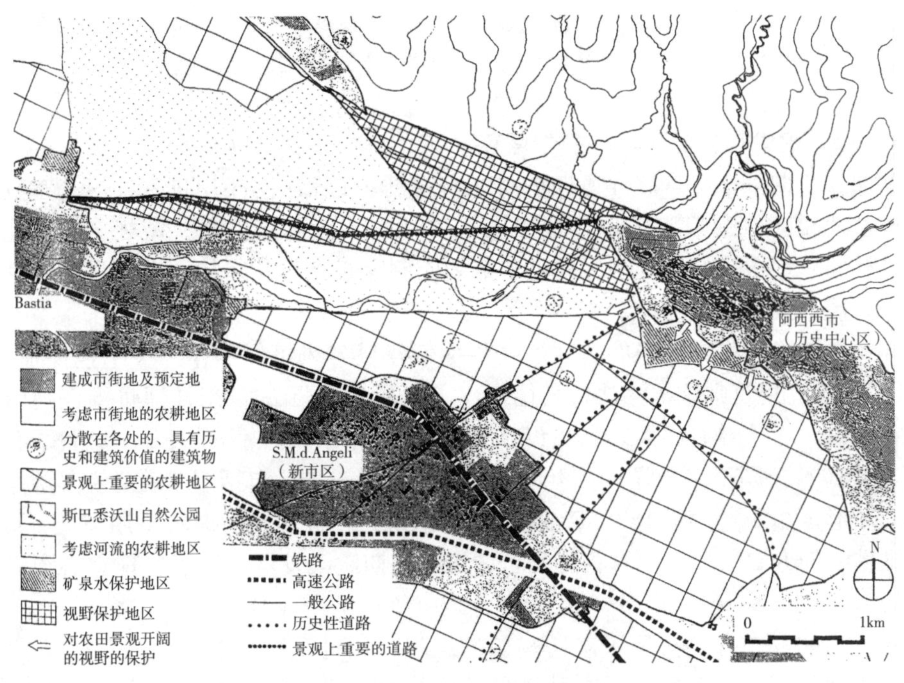

图 9－10　意大利阿西西市的风景资源保护规划

（引自西村幸夫＋历史街区研究会著《风景规划》）

阿西西市（人口约 2.5 万）自 20 世纪 60 年代就依《自然美景保护法》制定了风景规划，以保护眺望景观。《加拉索法》颁布之后，翁布里亚区督促各省制定了规划，并将著名的历史城市阿西西市的历史地区作为范例予以介绍（图 9－11）。将位于山冈的历史中心区与建成区车站周边的开发区分隔来开，中间的用地规划为受保护的农田，并将历史中心区后的斯巴希奥山作为大区自然公园来保护。这样，当整个历史中心区成为视野保护对象时，不单是文化性的人工物聚集形成的历史中心区成为风景保护的对象，而且还需重视与周围自然和农田等环境的协调。根据图 9－11 所示的风景规划图，在西部两个邻村的边界地区附近划定视廊保护。

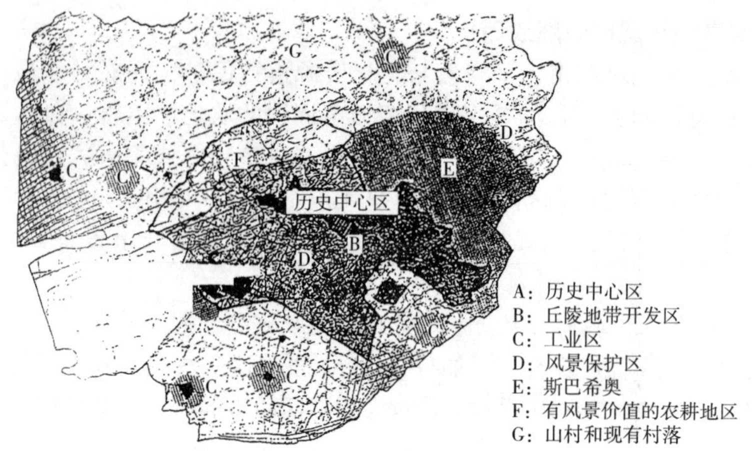

图 9－11　1963 年阿西西市风景规划

（引自西村幸夫＋历史街区研究会著《风景规划》）

（五）绿带建设与自然环境保护与保存

在欧洲，长期以来，自然环境保护与城市规划一直采用不同的管控体系，但近年来，两者正迅速地相互靠拢。如 1986 年法国制定的《联邦自然保护法》就规定，土地利用规划与风景规划、地区详细规划与绿地整治规划的制定必须相互衔接，即使是阶段性规划成果也必须有风景园林专家参与。

同样，奥地利首都维也纳的规划也是将绿带建设与风景保护作为一个整体加以考虑。如早在 1893 年，建筑师欧根·法斯宾德提出了“国民环”的设想，即将维也纳市划分成七个环状区域，自外侧起第二个环设定为绿化区，名曰“国民环”。“国民环”宽约 750m，自普拉特公园至兴勃隆宫，再延伸至新多瑙河，最后包括旧多瑙河及其两岸在内形成完整的环形。法斯宾德于 1898 年细化了“国民环”的设想，提出了用宽约 600m 的绿带环绕维也纳的方案。他认为这将有利于城市的长期健康发展，为了实现它必须将规划范围确定为禁建区（Bausprre）。这一设想便是现今维也纳市绿带的最初设想。

1905 年维也纳市议会接受了法斯宾德的思想，通过了“森林、草原绿带保护区”的指定及《土地征用法》草案。后来虽经过一些修改，但这种“森林草原绿带保护区”的思想，被原封不动地写进了 1930 年的《建设法》中，这成为维也纳市绿带建设的法律依据。这一绿带建设已不仅局限于城市，而是把农田、森林、河流等自然地段统筹考虑并纳入保护之列，这也为“维也纳绿带 1995”规划（图 9－12）提供了基础。

二、对城市以外自然文化资源的保护与保存

（一）挪威的自然文化资源保护与保存

1970 年，挪威通过了现行的《自然保护法案》，在全境建立特殊的保护性区域，对其生物多样性给予永久性保护。1993 年，挪威议会通过了新的国家公园国家规划，新规划提出要建立 40 个新的国家公园和大型保护区。可见，挪威的自然文化资源保护与保存经过多年的努力已取得了重大的成就。其对资源的保护主要通过三种途径：

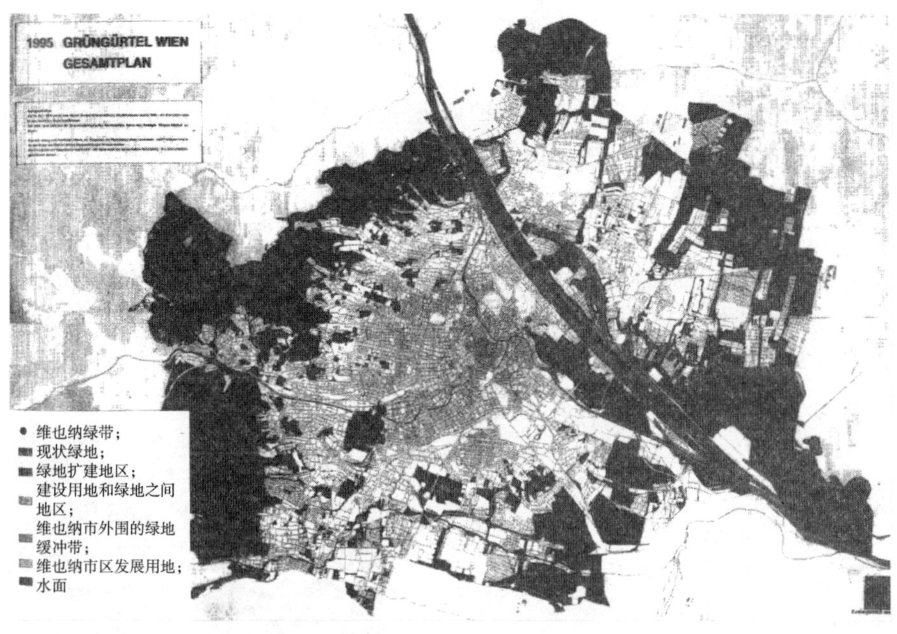

图 9－12　维也纳绿带 1995

（引自西村幸夫＋历史街区研究会著《风景规划》）

1. 国家公园建设

挪威从 1962 年开始建立国家公园，目的是保护从沿海到山区所有类型的野生环境，严格保护挪威乡村的物种多样性，使某些特殊的乡村地区免遭徒步旅行和其他传统类型的人类户外活动的破坏。完整的环境概念应包括景观、植物、野生动物以及自然和文化遗址。保护环境就是要使其免遭建筑、开发、污染或其他人类活动的破坏。国家公园（图9－13）内保存着一些挪威最宝贵的自然财富，各个国家公园中心负责国家公园的管理并提供其自然历史和文化遗产方面的信息。到 1998 年底，已建成 13778km^2 的国家公园，面积占国土面积的 4.25%。

图 9－13　挪威冰河国家公园

2. 保护景观区

挪威任何自然或人造景观，只要的确与众不同或景色优美，确要保护其特征，即被辟为保护景观区。传统上对保护景观区的资源利用方式，现在一般还在沿用，但是任何有可能改变景观特征的人类活动都将被禁止。

3. 自然保护区

在挪威建立自然保护区通常有特殊的目的，如针对需要保护的林地、沼泽、鸟类等。

而在国家公园内，景观和野生动植物两者都要得到保护。一般自然保护区的面积较小，并且已经建立了所有自然环境类型的保护区。

另外，针对建成后的自然文化资源保护地还建立了评价系统，其内容包括区域自然地理方面的批评性评论和所在地区域评论。

（二）法国自然文化资源保护与保存

法国作为欧洲一个历史悠久的大国，其自然与文化资源丰富多样，且对自然与文化资源的保护与保存工作也开展较早，法国是最早提出、制定文化遗产保护法律和设立“文化遗产日”的国度。早在1913年法国就颁布了世界上第一部遗产保护法——《保护历史古迹法》。目前，法国的自然文化资源保护与保存主要有以下几种形式：

1. 国家公园
2. 自然保留地
3. 地方自然公园
4. 保护区与遗址地
5. 森林公园（图9－14）
6. 地质公园

图9－14　枫丹白露森林公园

这个完整的自然与文化保护网络由环境部负责管理和监督。值得一提的是法国的地方自然公园，它是法国自然与文化资源保护网络中的一大特色。

法国拥有广袤的乡村土地，那里有弥足珍贵的自然文化资源。然而，这些地区正面临着一些严重的问题，如大批农民离开土地、旅游业与基础设施的建设等问题可以在短短几年中破坏自然景观、自然环境以及凝结着几千年人类智慧和劳动的文化遗产。因此法国地方政府与中央政府相结合，创造了创新的保护形式——地方自然公园。法国的地方自然公园概念发端于1967年，其建立目的是为了保护和保存法国自然、景观和生物多样性。法国地方自然公园一般都是围绕一个保护项目而建立。保护项目旨在在地方自然公园的领土范围内，明确对保护对象提供合理的保护管理和开发。如果一个地区具有丰富的自然文化资源，且现行的保护形式比较脆弱而且受到许多威胁，就被特许设立一个地方自然公园。其主要职责是：保护国家遗产，特别注意有自然和景观管理部门参与；提出合理的土地利用计划；推动经济、社会和文化的发展，改善人民的生活质量；吸引公众游览、教育和启发公众；不仅为上述各方面的实践提供示范，而且还进行科学项目的研究。

第四节　中国的文化自然资源保护与保存

一、中国自然文化资源的保护与开发历程

中国自古就有保护“圣山”、“圣水”的传统。据《史记》记载，早在五帝时代轩辕黄帝就开始在自然原野中圈地驯养和训练野生动物，“轩辕乃修德振兵，……教熊罴貔貅……，以与炎帝战于阪泉之野”。这不仅是人类驯化野生动物的开端，还是中国古代人

工“囿”的开始，也是我国对自然进行保护与开发的雏形。

公元前22世纪左右的大禹治水，在我国民间广为流传，《史记·夏本纪》记载：“禹命诸侯百姓行人徙以傅土，行山表木，定高山大川。……左准绳，有规矩，载四时，以开九州，通九道，陂九泽，度九山。”《尚书·禹贡》又载：“禹别九州，随山浚川，任土作贡。”“禹敷土，随山刊亩，奠高山大川。”这其实是我国最早的国土环境综合治理规划与工程实践，不仅整治了河流、陆上交通，治理了洪泛灾害，还对我国国土首次进行了区划，也即我们所熟知的全国分为“九州”一说，并依各州土地与资源情况，定其应交税与贡赋的多少，同时确立了我国的山川骨架与秩序。也正是这个时期确立了我国重要的山川，其中，高山有五岳，即嵩山、岱山（泰山）、衡山、华山、恒山五座名山，大川则指四渎，即江、河、淮、济四条注海的河川及其主要支流。这些大都延续至当代中国。

由此可以看出，我国对自然资源的保护与开发保护历史悠久，由于国力的增强，在公元前17世纪至公元前11世纪，我国出现了台、沼、囿、园圃等“自然保护区”，其主要目的是供皇帝与诸侯开展一定农业生产，兼具游憩、狩猎以及封禅祭祀或自然崇拜等而设立的规模宏大的地域，加以保护（图9－15）。当然，上述都是统治阶级的特权场所，普通百姓难以得到惠及。

图9－15　泰山

（引自明朝（1633年）《名山图》）

而从我国对自然资源的保护与保存的内容来看，无疑是起始于对自然风景名胜区的保护，由于战争、经济等因素对其的保护曾一度被遗忘，新中国成立以后才真正得以复兴。中华人民共和国成立后，国家对自然文化资源的保护和管理十分重视，20世纪50年代，首先实现从公共卫生和劳动保护出发，在山海湖滨和有温泉分布的地区开发了一批休疗养型的风景名胜区，如太湖、西湖、北戴河、太阳岛、旅顺大连、青岛海滨、湛江海滨以及从化温泉等风景名胜地。1956年建立鼎湖山国家级自然保护区。

1964年4—9月，来自建筑、风景园林、城市规划、生物、园艺、林业、水利、测绘、地质、文物等专业的共70多人所组成的桂林规划组，对桂林山水风景资源和社会经济进行了大规模跨专业的普查，并依据此次调查完成了桂林的风景规划，这是我国具有现代意义的一个里程碑式的风景规划实践，为桂林山水风景取得持续发展奠定了基础。

1978年后，随着我国改革开放，应接待外宾之需开发了一批旅游游览地，如苏州、杭州、桂林等城市。1982年全国人大颁发《文物保护法》，并经国务院批准公布了第一批国家重点风景名胜区，至今已有187处，占国土面积的1%左右，其中绝大部分是历史上的名山大川。所以，我们应继承名山的优秀传统、保护遗产、传承山水文明活动——游览、审美、创作体验，加强科研、教育功能，与国际上的国家公园接轨。

1985年国务院相继颁发了《风景名胜区管理暂行条例》和《森林和野生动物类型自然保护区管理办法》，展开了全国性的风景资源普查，并相继颁布了国家重点风景名胜区119处。1985年国务院签署《保护世界文化与自然遗产公约》，1989年全国人大通过《环境保护法》，此后的1994年颁发了《自然保护区管理条例》，1995年开始实行《地质遗迹保护管理规定》，1996年执行《森林公园总体设计规范》，1999年又颁布了国家强制性技术标准《风景名胜区规划规范》，2004年8月1日水利部颁布的《水利风景区评价标准》开始生效，2005年10月1日开始实施《历史文化名城保护规划规范》，2006年国土资源部颁布《国家地质公园总体规划工作指南（试行）》，2006年12月1日开始执行新的《风景名胜区条例》，1985年6月7日国务院发布的《风景名胜区管理暂行条例》同时废止。

正是上述的这些法规、条例的实施，为我国对自然文化资源进行科学化、规范化、社会化建设、保护与管理提供了保证。截至2005年12月，中国经政府审定命名的风景名胜区已有677个，其中国家重点风景名胜区187个（总面积9.6万km^2，占全国陆地面积的1%），在这些风景名胜区中，由联合国教科文组织列入《世界遗产名录》的中国国家重点风景名胜区已达16处。另外，到2006年底，全国共建设国家森林公园660处，自然保护区2395个，其中国家级自然保护区265个，省级793个。而到2007年底，已批准成立的国家地质公园则有138处，国家水利风景区272处。

二、中国自然文化资源保护与保存体系建设

我国在自然文化资源的保护与保存方面取得了不小的进步，经过近几十年的建设发展已建立起自己的自然文化资源保护与保存体系。根据我国学者苏杨的观点，自然文化资源保护与保存体系应包括：风景名胜区（由建设部管理）、自然保护区（由林业局、农业部、水利部、国土资源部、国家环境保护总局管理）、森林公园（由林业局管理）、地质公园（由国土部门管理）、水利风景区（由水利部门管理）、旅游风景区（由国家旅游局管理）、自然状态下不可移动的文物（由国家文物局、国家宗教事务局管理）、历史文化名城（由建设部、国家文物局管理）八大类。

（一）风景名胜区

风景名胜区是以具有科学、美学价值的自然景观为基础，自然与文化融为一体，主要满足人对大自然精神文化与科教活动需求的地域空间综合体。无论是农耕文明时代的天下名山，工业文明时代的国家公园，还是迈向生态文明时代的自然文化遗产，主要是满足人类在不同发展阶段对大自然精神文化和科教活动的需求，是人与自然精神往来的理想场所。在我国，往往将国家级风景名胜区（National Park of China）与国际上的国家公园相对应，但它们并不能完全吻合。我国建立风景名胜区的目的，是要为国家保留一批珍贵的风景名胜资源，同时科学地建设管理，合理地开发利用。

1. 风景区按照不同的分类方法或标准，有不同的分类方式

（1）按等级特征分类

主要是按风景区的观赏、文化、科学价值及其环境质量、规模大小、游览条件等，划分为三级：

① 市、县级风景区，由市、县人民政府审定公布，并报省级主管部门备案；

② 省级风景区，由省、自治区、直辖市人民政府审定公布，并报建设部备案；

③ 国家重点风景区（图9－16），由省、自治区、直辖市人民政府提出风景资源调查

评价报告，报国务院审定公布。

在此基础之上，近年又延伸出并实际存在的有两类：一类是列入“世界遗产”名录的风景区，这是经过联合国教科文组织世界遗产委员会审议公布，俗称世界级风景区；另一类是暂未列入三级风景区名单的准级风景区，这些风景区已由各级政府审定的国土规划、区域规划、城镇规划、风景旅游体系规划所划定，但因某种原因尚未正式确定其级别。

图 9－16　贵州黎平侗乡国家级风景名胜区

（2）按用地规模分类

主要是按风景区的规划范围和用地规模的大小划分为四类：

① 小型风景区，其用地范围在 $20km^2$ 以下；

② 中型风景区，其用地范围在 21～$100km^2$；

③ 大型风景区，其用地范围在 101～$500km^2$；

④ 特大型风景区，其用地范围在 $500km^2$ 以上。此类风景区多具有风景区域的特征。

2. 景源评价

在进行风景名胜区申报、规划等工作前必须进行景源评价，其具体要求如下：

（1）景源评价的基本内容

包括：①景源调查；②景源筛选与分类；③景源评分与分级；④评价结论。

（2）景源评价的原则

① 风景资源评价必须在真实资料的基础上，把现场踏勘与资料分析相结合，实事求是地进行；

② 风景资源评价应采取定性概括与定量分析相结合的方法，综合评价景源的特征；

③ 根据风景资源的类别及其组合特点，应选择适当的评价单元和评价指标，对独特或濒危景源，宜作单独评价（表 9－4）。

景源评价指标层次表　　表 9－4

综合评价层	赋值	项目评价层	因子评价层
1. 景源价值	70～80	（1）欣赏价值	①景感度；②奇特度；③完整度
		（2）科学价值	①科技值；②科普值；③科教值
		（3）历史价值	①年代值；②知名度；③人文值
		（4）保健价值	①生理值；②心理值；③应用值
		（5）游憩价值	①功利性；②舒适度；③承受力
2. 环境水平	20～10	（1）生态特征	①种类值；②结构值；③功能值
		（2）环境质量	①要素值；②等级值；③灾变率
		（3）设施状况	①水电能源；②工程管网；③环保设施
		（4）监护管理	①监测机能；②法规配套；③机构设置

续表

综合评价层	赋值	项目评价层	因子评价层
3. 利用条件	5	（1）交通通讯 （2）食宿接待 （3）客源市场 （4）运营管理	①便捷性；②可靠性；③效能 ①能力；②标准；③规模 ①分布；②结构；③消费 ①职能体系；②经济结构；③居民社会
4. 规模范围	5	（1）面积 （2）体量 （3）空间 （4）容量	

景源评价应对所选评价指标进行权重分析，评价指标的选择应符合下列规定：

① 对风景区或部分较大景区进行评价时，宜选用综合评价层指标；

② 对景点或景群进行评价时，宜选用项目评价层指标；

③ 对景物进行评价时，宜在因子评价层指标中选择。

（3）景源分级标准

必须符合下列规定：

①景源评价分级必须分为特级、一级、二级、三级、四级5个级别；

②应根据景源评价单元的特征，及其不同层次的评价指标分值和吸引力范围，评出景源等级；

③特级景源应具有珍贵、独特和世界遗产价值与意义；

④一级景源应具有名贵、罕见、国家重点保护价值和国家代表性作用，在国内外闻名和有国际吸引力；

⑤二级景源应具有重要、特殊、省级重点保护价值和地方代表性作用，在省内外闻名和有省际吸引力；

⑥三级景源应具有一定价值和游线辅助作用，有市县级保护价值和相关地区的吸引力；

⑦四级景源应具有一般价值和构景作用，有本风景区或当地的吸引力。

（二）自然保护区

中国的自然保护区与世界上其他国家的自然保护区一样，是政府为保护自然资源和自然环境，拯救濒于灭绝的生物物种和进行科学研究，长期保护和恢复自然综合体及自然资源整体而划定的特定区域，并在该区域内设置管理机构，采取保护措施，使其成为保护环境及自然资源特别是生物资源，开展科学研究及环境保护意识教育的重要基地。这种特定的自然区域包括那些具有代表性、典型性和稀有性的森林、草原、水域、湿地、荒漠等各种生态系统类型、珍稀濒危野生动植物的天然分布区及其自然历史遗迹等（图9－17）。

1. 自然保护区分类

（1）按管理级别划分

①国际级保护区：已加入国际生物圈保护区网络、世界重要湿地名录、文化遗产地名录的保护区均属该类型；

图 9－17　青海玉树隆宝滩国家自然保护区

②国家级自然保护区（图 9－17）：经国务院批准的保护区；

③省部级自然保护区：经省（直辖市、自治区）政府或各部委批准的保护区；

④地市级自然保护区：经地区和地级市政府批准的保护区；

⑤县级自然保护区：经县级政府批准的保护区；

⑥小自然保护区（保护点）：由县级以下政府批准并报上级政府备案的保护区。

（2）按保护区的对象划分

国家环保总局在前人工作的基础上，提出将自然保护区依其主要保护对象划分为 3 个类别 9 个类型：

①生态系统类保护区

森林生态系统类型自然保护区

草原与草甸生态系统类型自然保护区

荒漠生态系统类型自然保护区

内陆湿地和水域生态系统类型自然保护区

海洋和海岸生态系统类型自然保护区

②野生生物类自然保护区

野生动物类型自然保护区

野生植物类型自然保护区

③自然遗迹类自然保护区

地质遗迹类型自然保护区

古生物遗迹类型自然保护区

2. 自然保护区的评价标准

为认识保护区的特点和价值，在建立保护区时，通常采用一系列指标对其进行综合评价。常用的标准有 11 个因子。

（1）典型性：指保护对象对于所要保护的类型是否具有典型代表性，这是保护区评价的重要标准。

（2）稀有性：反映的是保护对象分布特征，特别是对珍稀濒危生物种及其生境保护区来说尤为重要。

（3）多样性：说明保护区内保护对象的类型和组成的丰富程度。

（4）脆弱性：指保护对象对环境改变的敏感程度，脆弱的生态系统和生境具有高的保护价值，要求特殊的管理方式。

（5）自然性：反映保护对象受人类活动影响的程度。

（6）面积大小：根据保护对象的不同，保护区必须满足维持保护对象的最小面积。

（7）生态价值：说明保护对象的生态服务功能大小及维护区域生态安全方面的作用。

（8）科学价值：反映保护对象在不同层次上的科学研究价值。

（9）社会经济价值：保护对象在资源利用、旅游开发、宣传教育方面的重要意义。

（10）管理条件：是否具备开展保护管理的基础条件，如人员、机构、设施等。

（11）科研基础：是否开展过保护区的考察工作，对资源、环境的了解和掌握情况，有无科学考察研究报告。

以上标准在评价保护区时，作用是不同的，可根据具体情况选择并赋不同的分值，最终确定保护区的等级。

3. 保护区规划设计的理论基础

（1）岛屿生物地理学理论

（2）Diamond 等的保护区设计原则

（3）最小存活理论

（4）景观生态学理论

4. 自然保护区功能分区

保护区是一个具有多种功能的机构，除了保护管理外，还具有科研、教育、资源开发利用和生态旅游等功能。这就要求必须按照保护对象的空间分布特征和要求、经营管理的内容和方法等将保护区划分为不同的功能区域（图 9－18）。根据"人与生物圈计划"提出的生物圈保护区思想，一个科学合理的保护区应由 3 个功能区构成。

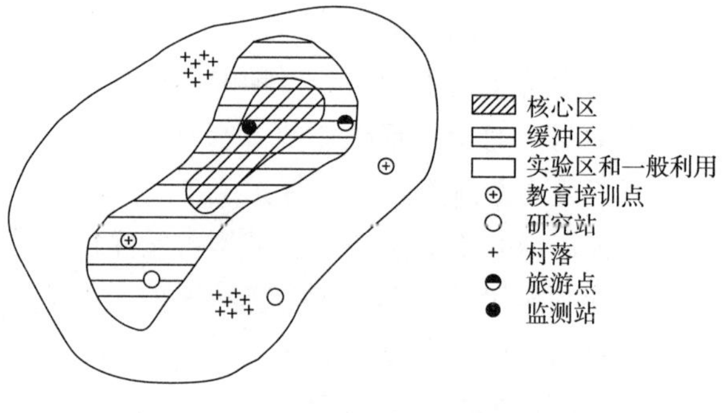

图 9－18　理想的保护区结构

（1）核心区

核心区是保护区最重要的地段，主要是原生性生态系统类型保存最完好的地方，或是保护对象分布最集中的地方。该区域受绝对保护，禁止一切人类活动的干扰，或可有限度地进行以保护核心区质量为目的的活动及无替代性的科研活动。

（2）缓冲区

缓冲区一般位于核心区的周围，可包括部分原生性的生态系统类型和由演替类型所占据的半开发地段。其功能一是起缓冲作用，保护核心区，防止其受外界的影响和破坏；二是进行一些试验性或生产性的科学试验研究；三是开展生态旅游活动或进行有限度的资源采集活动。

（3）实验区（过渡区）

位于缓冲区外围，可以开展有关科学研究和经济活动，以协调当地居民、保护区及科研人员的关系，同时为当地资源的保育、提高居民的生活水平起示范推广作用。

（三）森林公园

森林公园是以森林及其组成要素所构成的各类景观、各种环境、气候为主的，可供人们旅游观赏、避暑疗养、科学考察和研究、文化娱乐、美育、军事体育等活动，对改善人类环境，促进生产、科研、文化、教育、卫生等项事业的发展起着重要作用的大型旅游区和室外空间。森林公园是一种以森林景观为主体、融其他自然景观和人文景观于一体的生态型郊野公园。由于森林公园从属于林业部门，有时还承担着森林抚育及森林采伐的任务。在国外，如美国，森林公园一般分布在国家公园的附近，相对来说保护价值稍低，因此更多地承担了旅游功能，包括狩猎等旅游延伸活动，大大减轻了国家公园的旅游压力。

1. 森林公园分类

目前，我国森林公园分类尚无统一的方法和标准。一些学者曾进行研究探讨，提出了多种分类方法。如按管理级别分类：

（1）国家级森林公园（图9－19）

森林景观特别优美，人文景物比较集中，观赏、科学、文化价值高，地理位置特殊，具有一定的区域代表性，旅游服务设施齐全，有较高的知名度，并经国家林业局（原林业部）批准的为国家级森林公园。

图9－19 湖北神农架国家森林公园

（2）省级森林公园

森林景观优美，人文景物相对集中，观赏、科学、文化价值较高，在本行政区内具有代表性，具备必要的旅游服务设施，有一定的知名度，并经省级林业行政主管部门批准的为省级森林公园。

（3）市、县级森林公园

森林景观有特色，景点景物有一定的观赏、科学、文化价值，在当地有一定的知名度，并经市、县级林业行政主管部门批准的为市、县级森林公园。

2. 森林公园功能分区

根据森林公园综合发展需要，结合地域特点，应因地制宜设置不同功能区。

（1）游览区：为游客游览观光区域。主要用于景区、景点建设；在不降低景观质量的条件下，为方便游客及充实活动内容，可根据需要适当设置一定规模的饮食、购物、照相等服务与游艺项目。

（2）游乐区：对于距城市50km之内的近郊森林公园，为填补景观不足、吸引游客，在条件允许的情况下，需建设大型游乐与体育活动项目时，应单独划分区域。

（3）狩猎区：为狩猎场建设用地。

（4）野营区：为开展野营、露宿、野炊等活动用地。

（5）休、疗养区：主要用于游客较长时间的休憩疗养、增进身心健康之用地。

（6）接待服务区：用于相对集中建设宾馆、饭店、购物、娱乐、医疗等接待服务项目及其配套设施。

（7）生态保护区：以涵养水源、保持水土、维护公园生态环境为主要功能的区域。

（8）生产经营区：从事木材生产、林副产品等非森林旅游业的各种林业生产区域。

（9）行政管理区：为行政管理建设用地。主要建设项目为办公楼、仓库、车库、停车场等。

（10）居民生活区：为森林公园职工及公园境内居民集中建设住宅及其配套设施用地。

（四）地质公园

地质公园是以具有特殊的科学意义，稀有的自然属性，优雅的美学观赏价值，具有一定规模和分布范围的地质遗址景观为主体；融合自然景观与人文景观并具有生态、历史和文化价值；以地质遗迹保护，支持当地经济、文化和环境的可持续发展为宗旨；为人们提供具有较高科学品位的观光浏览、度假休息、保健疗养、科学教育、文化娱乐的场所。同时也是地质遗迹景观和生态环境的重点保护区，地质科学研究与普及的基地。

1. 地质公园分类

（1）按管理级别划分

地质公园可分为县市级、省级、国家级和世界级（图9－20）4个级别。

图9－20 安徽黄山世界地质公园

（2）按用地规模划分

可分为小型地质公园（20km^{2}以下）、中型地质公园（21～100km^2）、大型地质公园（101～500km^2）、特大型地质公园（500km^{2}以上）。

2. 地质公园功能分区

根据地质公园综合发展需要，结合地域特点，应因地制宜设置不同功能区。

（1）生态保护区：保护地质遗迹及生态环境，涵养水源，保持水土，维持公园生态环境为主要功能的地区。

（2）特别景观区：具有独特的地质遗迹景观和自然、人文景观的地区。

（3）史迹保存区：地质遗迹与历史遗迹需要特别突出保护的地区。

（4）地质游览区：为游客游览观光区域。主要用于景区、景点建设；在不降低景观质量的条件下，为方便游客及充实活动内容，可根据需要适当设置一定规模的饮食、购物、照相等服务与游艺项目。

（5）野营区：为开展野营、露宿、野炊，模拟野外地质科考调查的生活区。

（6）休、疗养区：利用特殊的地质条件与自然环境和资源，为游客提供较长时期的休憩疗养、增进身心健康之用地。

（7）游乐区：对于距城市50km之内的近郊地质公园，为吸引游客，在条件允许的情况下，需建设大型游乐与体育活动项目时，应单独划分区域。

(8) 接待服务区：用于相对集中建设宾馆、饭店、购物、娱乐、医疗等接待服务项目及其配套设施。

(9) 生产经营区：从事石材生产、矿产开发等非地质旅游业的各种生产活动区。

(10) 行政管理区：为行政管理建设用地。主要建设项目为办公楼、仓库、车库、停车场等。

(11) 居民生活区：为地质公园职工及公园境内居民集体建设住宅及其配套设施用地。

(五) 水利风景区

水利风景区以水域（水体）或水利工程（如水库、灌区、河道、堤防、泵站、排灌站、水利枢纽及河湖治理等）为依托，具有一定规模和质量的风景资源，在保证水利工程功能（如防汛、灌溉、供水、发电等）正常发挥前提下，配置以必要的基础设施和适当的人文景观，可供开展观光、娱乐、休闲、度假或科学、文化、教育活动的区域。

1. 水利风景区分级

水利风景区划分为两级：

(1) 国家级水利风景区（图 9-21）

由景区所在市、县人民政府提出水利风景资源调查评价报告、规划纲要和区域范围，省、自治区、直辖市水利行政主管部门或流域管理机构依照《水利风景区评价标准》审核，经水利部水利风景区评审委员会评定，由水利部公布。

(2) 省级水利风景区

由景区所在地市、县人民政府依照《水利风景区评价标准》，提出水利风景资源调查评价报告、规划纲要和区域范围，报省、自治区、直辖市水行政主管部门评定公布，并报水利部备案。

2. 水利风景区的评价

水利风景区的总体评价主要包括风景资源评价、环境保护质量评价、开发利用条件评价和管理评价。为了体现水利风景区的特点，表明水利风景资源为水利风景区的主要影响因素，故在总体评价中风景资源评价所占比重较大。同时，为了促进水利风景区的可持续发展，对环境保护和管理也给予了适当的强调。

(六) 旅游区

旅游区（图 9-22）是以旅游及其相关活动为主要功能或主要功能之一的空间或地

图 9-21　内蒙古黄河三盛公国家水利风景区

图 9-22　南京玄武湖旅游区（周之静摄）

域。为了保护、开发、利用和经营管理旅游区，使其发挥多种功能和作用，需对各项旅游要素进行统筹部署和具体安排。应当编制旅游区发展规划和旅游区规划，旅游发展规划包括近期发展规划（3～5年）、中期发展规划（5～10年）或远期发展规划（10～20年）。旅游区规划按规划层次分总体规划、控制性详细规划、修建性详细规划等。

（七）自然状态下不可移动的文物

自然状态下不可移动的文物是指那些保护、保存价值极高的古文化遗址、古墓葬、古建筑、石窟寺、石刻、壁画、近代现代重要史迹和代表性建筑等，是我国文化遗产的重要组成部分，也是我国文明起源与发展史的遗存精华。将其保存在原生状态下的，以保护其本来面貌和原始风貌的地域。其中经各级政府公布保护等级的不可移动文物称为“文物保护单位”。

目前，我国自然状态下不可移动的文物按管理级别可分为：全国重点文物保护单位（图9－23）、省级文物保护单位和县市级文物保护单位三个层次。保护即是现代人对这些物质实体实施的干预，其目的是延缓物质实体的蜕变，从而使历史文化信息更真实完整，更长久地传递下去。其保护规划是以国家文物保护的法律、法规为依据，以已公布保护等级的不可移动文物为保护对象，实现其“整体保护”的具有纲领性意义的科技手段；是将文化遗产保护理念和保护要求落实到保护具体措施的关键环节。

（八）历史文化名城

历史文化名城是指保存文物特别丰富并且具有重大历史价值或者革命纪念意义的城市。其保护的内容应包括：历史文化名城的格局和风貌；与历史文化密切相关的自然地貌、水系、风景名胜、古树名木；反映历史风貌的建筑群、街区、村镇；各级文物保护单位；民俗精华、传统工艺、传统文化等。其保护规划以保护历史文化名城、协调保护与建设发展为目的，以确定保护的原则、内容和重点，划定保护范围，提出保护措施为主要内容。一般的保护规划应建立历史文化名城（图9－24）、历史文化街区与文物保护单位三个层次的保护体系。

图9－23　苏州拙政园借景北寺塔
（周之静摄）

三、中国自然文化资源保护与保存面临的挑战

（一）掠夺性开发，破坏性建设

把国有资源作为一般物质或土地资源进行掠夺性利用或占有，造成资源的直接破坏，违反国家法规和有关批准程序，进行破坏国家资源或其景观形象、生态环境的建设项目。

（二）出让土地所有权

名义上国家所有，实际为部门和地方所有制，不少风景区出让国家风景资源及其景区土地，承包开发，分片经营，门票上市，使其企

图9－24　历史文化名城——河北邯郸

业化、股份化，加重游人经济负担，改变其精神文化功能和社会公益事业的性质。

（三）滥用产业政策

套用经济学的一般概念和框架来简单化理解非经济现象的自然文化资源保护，片面地误导或硬把国家遗产推向行业市场，造成遗产性质的异化及其保护管理的失控甚至失效。

（四）多部门管理，政府职能弱化

我国的自然文化资源保护管理部门主要由建设部、林业局、农业部、国土资源部、文物局、环保局、水利部等多部门负责管理和指导工作，而具体管理并掌握规划、建设决策权的是各级地方政府及其管理机构，这就造成许多决策和管理水平不高以及政出多门，并带来管理上的不协调和人、财、物的浪费。

（五）科研工作薄弱，专业人才缺乏

在许多自然文化保护地，既缺乏管理科学的“软科学”研究，也缺乏生态环境和生物多样性等“硬科学”。遗产研究与开发人才培养出现空缺，训练有素、能在第一线保护修复的人员更为稀缺。

（六）正确处理资源—旅游—地方经济的关系

资源是源，旅游、地方经济是流，这是源与流的关系，只有正本清源，保护好源，流才能长流不息，永不枯竭。如今，旅游经济进入资源核心区破源开发、竭泽而渔的做法，不顾大局，终将贻害无穷。

（七）无法可依与有法不依

虽然我国已颁布了多部针对具体的保护对象的《条例》、《办法》，但其往往属于法律意义上较弱的行政法规文件。到目前为止，尚没有一部有关自然文化遗产的正式法律。即便是有这些行政法规文件可以参照，但由于缺少强有力的执法主体和存在行政上的归属关系，造成有法不依。

（八）针对自然文化资源保护与保存的风景园林教育及专业实践相对滞后

目前，在我国各类院校的风景园林专业教学中，开设自然文化资源保护与保存课程的院校很少。加之有的专业教育工作者对此也是一知半解，也就造成学生往往对此知之甚少。另外，在专业实践领域真正由风景园林师主导或直接参与的该类项目并不多，由此导致风景园林教育、专业实践相对滞后。

四、中国国家公园体制试点方案

为加强对自然与文化资源的保护力度，摆脱我国长期以来在自然与文化资源保护方面存在的体制与机制问题，2017 年 9 月 26 日，中共中央办公厅、国务院办公厅印发了《建立国家公园体制总体方案》（简称《方案》），我国正式启动中国国家公园体制建设试点。

（一）国家公园体制试点的内容与目标

《方案》明确定位国家公园是我国自然保护地最重要的类型之一，属于全国主体功能区规划中的禁止开发区域，纳入全国生态保护红线区域管控范围，实行最严格的保护。国家公园的首要功能是重要自然生态系统的原真性、完整性保护，同时兼具科研、教育、游憩等综合功能。

《方案》确立建立国家公园的目的是保护自然生态系统的原真性、完整性，始终突出自然生态系统的严格保护、整体保护、系统保护，把最应该保护的地方保护起来。国家公园坚持世代传承，给子孙后代留下珍贵的自然遗产。坚持国家代表性。国家公园既具有极其重要的自然生态系统，又拥有独特的自然景观和丰富的科学内涵，国民认同度高。国家公园以国家利益为主导，坚持国家所有，具有国家象征，代表国家形象，彰显中华文明。坚持全民公益性。国家公园坚持全民共享，着眼于提升生态系统服务功能，开展自然环境教育，为公众提供亲近自然、体验自然、了解自然以及作为国民福利的游憩机会。鼓励公众参与，调动全民积极性，激发自然保护意识，增强民族自豪感。

《方案》提出了试点目标是试点区域国家级自然保护区、国家级风景名胜区、世界文化自然遗产、国家森林公园、国家地质公园等禁止开发区域（以下统称各类保护地），交叉重叠、多头管理的碎片化问题得到基本解决，形成统一、规范、高效的管理体制和资金保障机制，自然资源资产产权归属更加明确，统筹保护和利用取得重要成效，形成可复制、可推广的保护管理模式。

根据方案要求，到2020年，建立国家公园体制试点基本完成，整合设立一批国家公园，分级统一的管理体制基本建立，国家公园总体布局初步形成。到2030年，国家公园体制更加健全，分级统一的管理体制更加完善，保护管理效能明显提高。

（二）首批进行体制试点的中国国家公园

1. 三江源国家公园

三江源是长江、黄河和澜沧江的源头地区。作为“中华水塔”的三江源，是我国重要的淡水供给地，维系着全国乃至亚洲水生态安全命脉，是全球气候变化反应最为敏感的区域之一，也是我国生物多样性保护优先区之一。三江源国家公园体制试点是我国第一个得到批复的国家公园体制试点，面积12.31万平方公里，也是目前试点中面积最大的一个。

2. 大熊猫国家公园

顾名思义，这个试点就是为保护“国宝”大熊猫的栖息地而设立的。总面积达2.7万平方公里，涉及四川、甘肃、陕西三省。尽管大熊猫的灭绝风险从“濒危”下调为“易危”，但其栖息地碎片化问题严重。国家公园体制试点加强大熊猫栖息地廊道建设，连通相互隔离的栖息地，实现隔离种群之间的基因交流。

3. 东北虎豹国家公园

野生东北虎是世界濒危野生动物之一，目前仅存不到500只。东北豹属金钱豹东北亚种，是目前世界上最为濒危的大型猫科动物亚种之一，被世界自然保护联盟濒危动物红皮书列为极危物种，其野生数量只有50只左右，大部分生活在中俄边境地带。东北虎豹等大型野生动物的活动半径非常大。东北虎豹国家公园体制试点选址于吉林、黑龙江两省交界的广大区域。

4. 湖北神农架国家公园

神农架国家公园体制试点位于湖北省西北部，拥有被称为“地球之肺”的亚热带森林生态系统、被称为“地球之肾”的泥炭藓湿地生态系统，是世界生物活化石聚集地和古老、珍稀、特有物种避难所，被誉为北纬31°的绿色奇迹。这里有珙桐、红豆杉等国家重点保护的野生植物36种，金丝猴、金雕等重点保护野生动物75种。试点区位于神农架林区，面积为1170平方公里。

5. 浙江钱江源国家公园

钱江源国家公园体制试点位于浙江省开化县，这里是钱塘江的发源地，拥有大片原始森林，是中国特有的世界珍稀濒危物种、国家一级重点保护野生动物白颈长尾雉、黑麂的主要栖息地。试点区包括古田山国家级自然保护区、钱江源国家级森林公园、钱江源省级风景名胜区等范围。

6. 湖南南山国家公园

位于湖南省邵阳市城步苗族自治县，试点区整合了原南山国家级风景名胜区、金童山国家级自然保护区、两江峡谷国家森林公园、白云湖国家湿地公园 4 个国家级保护地，还新增了非保护地但资源价值较高的地区。这里植物区系起源古老，是生物物种遗传基因资源的天然博物馆，生物多样性非常丰富；还是重要的鸟类迁徙通道。

7. 福建武夷山国家公园

武夷山是全球生物多样性保护的关键地区，保存了地球同纬度最完整、最典型、面积最大的中亚热带原生性森林生态系统，也是珍稀、特有野生动物的基因库。武夷山国家公园试点位于福建省北部，试点范围包括武夷山国家级自然保护区、武夷山国家级风景名胜区和九曲溪上游保护地带等。

8. 北京长城国家公园

目前，北京长城国家公园体制试点区总面积是 10 个试点中最小的，也是少有地展现了八达岭长城世界文化遗产这种人文景观的国家公园。试点区位于北京市延庆区内，整合了延庆世界地质公园的一部分、八达岭 - 十三陵国家级风景名胜区的一部分、八达岭国家森林公园和部分八达岭长城世界文化遗产。试点区要追求人文与自然资源协调发展。

9. 云南普达措国家公园

位于云南省迪庆藏族自治州香格里拉市的普达措国家公园试点，光听名字就令人神往。普达措拥有丰富的生态资源，拥有湖泊湿地、森林草甸、河谷溪流、珍稀动植物等，原始生态环境保存完好。

10. 祁连山国家公园

祁连山是我国西部重要生态安全屏障，是我国生物多样性保护优先区域、世界高寒种质资源库和野生动物迁徙的重要廊道，还是雪豹、白唇鹿等珍稀野生动植物的重要栖息地和分布区。试点包括甘肃和青海两省约 5 万平方公里的范围。祁连山局部生态破坏问题十分突出，多个保护地、碎片化管理问题比较严重。试点要解决这些突出问题，推动形成人与自然和谐共生新格局。

第十章　城市设计

第一节　城市设计概述

一、城市设计的定义

城市设计顾名思义就是对城市进行的设计，它虽然几乎与城市的产生和发展一样源远流长，但是城市设计的理论自近代工业革命以来才得到了空前发展。然而，由于城市系统的复杂性及城市建设是一个不断发展变化的过程，“城市设计”到目前为止还没有一个公认的定义，并且它的内涵也一直随着城市发展而不断发生变化。那么，城市设计的内容是什么呢？

根据《中国大百科全书》（建筑、园林、城市规划卷），城市设计是对城市形体环境所进行的设计，城市设计的任务是为人们各种活动创造出具有一定空间形式的物质环境。内容包括各种建筑、市政公用设施、园林绿化等方面，必须综合体现社会、经济、城市功能、审美等各方面的要求。

《不列颠百科全书》则认为，城市设计是指为达到人类的社会、经济、审美、技术等方面要求在形体方面所做的构思，它涉及城市环境所采取的形式。就其对象而言，城市设计包括三个层次的内容：一是工程项目的设计，是指在某一特定地段上的形体改造；二是系统设计，即考虑一系列在功能上有联系的项目的形体；三是城市或区域设计，包括了区域土地利用政策、新城建设、旧区更新改造保护等设计。这一定义包括了几乎所有的城市形体环境设计，是典型的“百科全书”式的大汇集。

我国学者王建国认为：“城市设计是与其他城镇环境建设学科密切相关的，关于城市建设活动的一个综合性学科方向和专业。它以阐明城镇建筑环境中日趋复杂的空间组织和优化为目的，运用跨学科的途径，对包括人和社会因素在内的城市形体空间对象所进行的设计研究工作。”

1976年，美国规划学会城市设计部出版的《城市设计评论》杂志创刊号对城市设计有较完整的论述：“城市设计是在城市肌理的层面上处理其主要元素之间关系的设计，目的是寻求一种指导空间形态设计的政策框架。它与空间和时间有关并由不同的人建造完成，所以城市设计又是对城市形态发展的管理。然而，由于它有多个甲方，发展计划不是很明确，控制只能是不彻底的，并且没有明确的完成状态，所以这种管理是困难的。城市设计的对象既包含城市人工环境，也包含城市发展中涉及的自然环境。”这个定义强调城市设计既是一种设计又是一种管理：作为一种设计，它是城市形态上的三维设计；作为一种管理，它的目的是制定一套指导城市建设的政策框架，并且建筑师和风景园林师在此基础上进行建筑单体和环境的设计。

总而言之，城市设计关注的是建筑物的布置和彼此间的关系，以及建筑物之间的公共空间，它与人的认知体验和城市建筑环境有关。在所有关于城市设计的定义中，它们都把城市空间的组织和城市形态的表现作为其核心内容，并将其根本目标定位于改善城市空间质量，提升城市环境品质，促成空间形态的可持续发展。自近代工业革命以来，城市设计从最初的注重空间的艺术处理到综合的空间发展，城市设计的范畴从对物质空间的关注到对人与环境互动的重视，表明了对城市设计的认识在深度和广度上都有很大的拓展。

二、城市设计与其他学科的关系

（一）城市设计与城市规划和建筑设计的关系

城市设计是从城市规划和建筑设计中分离出来的学科，并与它们在知识和技能上相互渗透，但三者涉及的范畴又有所区分。具体地讲，城市规划是战略性的、宏观的，以社会、经济、环境要素为主，主要在广泛的文脉中关注公共领域的组织；建筑设计关心私人领域或单体建筑的形式，并实现、完善和丰富城市设计；而城市设计则是战术性的、微观的，以形体环境为主，通过建筑群体的安排使它们达成一定的秩序，为建筑设计提供指导和框架，并在有限的城市地区内关注公共领域的物质形式，是对城市规划的继续和具体化。

（二）城市设计与风景园林的关系

由于城市设计自身的复杂性，它与风景园林有不少交叠的领域。

随着风景园林与现代艺术、建筑、科学等相关领域的不断渗透与融合，现代风景园林在人与自然的和谐关系以及人类未来的可持续发展中起到了重要的协调作用。同时，风景园林师的工作范围也逐渐从传统的花园、庭院、公园扩展到了城市广场、街道、街头绿地、大学校园和工厂园区，以及国家公园、风景名胜区甚至整个大地景观规划。而现代城市设计以提高人的生活质量、城市的环境质量、景观艺术水平为目标，体现社会公平，强调为人服务的目的，这就使城市设计与风景园林有了更多的切入点和交叉点。目前从事城市设计主要是建筑师、城市规划师和风景园林师，而风景园林师的专业背景更有利于城市设计目标的顺利实现。

三、城市设计的对象

城市设计的对象是建筑物与建筑物之间的空间组织和城市形态的表现。目前，处理建筑物和城市空间的关系主要有两种不同的态度：第一种态度认为建筑物是“图”而城市空间是“底”，即把城市作为一个开放的景观，而把建筑物作为三维物体如雕塑一般地安置在这种公园式的开放环境中；第二种态度认为具有三维特性的空间是“图”，它构成了城市的主体，而建筑物反过来是城市的背景，并界定城市空间，提供了二维的建筑立面。也就是说，它把城市作为一个完整的实体，街道和广场是从这个实体中挖出的空间。第一种态度就是以建筑为主体甚至把建筑当作纪念碑来创作，这种做法20世纪下半叶在全世界被广泛采用，但它对城市外部空间的忽视产生的问题是有目共睹的。而第二种态度则是以城市空间为主体的设计观念，它源自传统城市形态，从佛罗伦萨、威尼斯、罗马等传统城市中得到体现。这些城市中的城市空间是城市形态的主角，建筑不是作为纪念碑，而是作为实体根植于城市肌理之中，广场和街道是构造城市发展的主要元素，而建筑物仅仅是界定这些城市空间的“外墙”，也就是说城市空间才是设计者应该关注的对象。尽管这两种概念各有所长，适用于不同的场所，但第二种态度显然在当代城市设计中应得到更多的关注。

城市设计的对象范围包括宏观的整个城市、中观的城市设计如中心区设计以及局部的城市地段如居住社区、步行街、城市广场、公园、建筑组群乃至界定这些公共空间的建筑界面。从城市设计的项目类型而言，常见的城市设计项目包括市政设施设计、新城设计、城市更新（包括滨水区再开发）、园区设计（包括校园、企业园、工业园等）、郊区发展、公园和主题乐园，以及国际性盛会场地的规划设计等。

四、城市设计基本要素

城市设计基本要素是在设计中经常被用以构筑城市形态环境的主要素材，一般可分为自然要素、人工要素以及社会要素。从城市设计的宏观、中观、微观三个层次上分析应考虑的最基本方面有：土地使用与交通、建筑实体、街景和外部公共空间、社会经济因素、使用者的感受和行为、历史（包括场所和建筑空间的历史）等方面。以上各方面既考虑到城市各个空间及其之间的相互关系等物质形态，又涉及城市的社会问题、精神文化和人的活动等精神层面以及城市设计组织管理机制、法律机制、财政机制等政策管理机制。对这些基本要素的组织与利用，体现在不同层次的城市设计中，详见表 10 – 1。

基本要素对各层次城市设计的影响　　　　**表 10 – 1**

<table>
<tr><th rowspan="2">层次</th><th rowspan="2">主要设计内容</th><th colspan="4">基本要素及其影响</th><th rowspan="2">备注</th></tr>
<tr><th>城市用地</th><th>建筑实体</th><th>开放空间</th><th>使用活动</th></tr>
<tr><td rowspan="7">宏观城市设计（总体城市设计）</td><td>城市格局</td><td>●</td><td>●</td><td>●</td><td>○</td><td rowspan="7">与城市总体规划相匹配</td></tr>
<tr><td>城市形象、景观特色</td><td>○</td><td>●</td><td>●</td><td>○</td></tr>
<tr><td>城市开放空间体系</td><td>●</td><td>○</td><td>●</td><td>○</td></tr>
<tr><td>历史保护</td><td>○</td><td>●</td><td>●</td><td></td></tr>
<tr><td>旧区改造</td><td>●</td><td>●</td><td>●</td><td>○</td></tr>
<tr><td>新区开发</td><td>●</td><td>●</td><td>●</td><td>○</td></tr>
<tr><td>城区环境</td><td>●</td><td>●</td><td>●</td><td>●</td></tr>
<tr><td rowspan="8">中观城市设计（局部范围或重点片区的城市设计）</td><td>城市中心区</td><td>●</td><td>●</td><td>●</td><td>○</td><td rowspan="8">与城市分区规划、历史保护、绿地系统等专项规划相融合</td></tr>
<tr><td>城市主轴地区</td><td>●</td><td>●</td><td>●</td><td>○</td></tr>
<tr><td>城市分区、开发区</td><td>●</td><td>●</td><td>●</td><td>○</td></tr>
<tr><td>滨水区</td><td>●</td><td>○</td><td>●</td><td>●</td></tr>
<tr><td>历史保护地段</td><td>●</td><td>●</td><td>●</td><td>○</td></tr>
<tr><td>居住区</td><td>●</td><td>●</td><td>●</td><td>●</td></tr>
<tr><td>绿地系统</td><td>●</td><td>○</td><td>●</td><td>●</td></tr>
<tr><td>步行街区</td><td>●</td><td>●</td><td>●</td><td>●</td></tr>
<tr><td rowspan="5">微观城市设计（重点地段或节点城市设计）</td><td>城市广场</td><td>●</td><td>●</td><td>●</td><td>●</td><td rowspan="5">与城市详细规划相协调</td></tr>
<tr><td>标志性建筑及建筑群</td><td>●</td><td>●</td><td>●</td><td>○</td></tr>
<tr><td>小型公园绿地</td><td>●</td><td>○</td><td>●</td><td>●</td></tr>
<tr><td>城市节点</td><td>●</td><td>●</td><td>●</td><td>●</td></tr>
<tr><td>商业中心</td><td>●</td><td>●</td><td>●</td><td>●</td></tr>
</table>

注：○表示影响较小；●表示影响较大。

五、城市设计的成果

城市设计是一个周期比较长的设计过程，它的成果可以归纳为四个方面：(1) 政策。城市设计的政策反映社会经济条件并对投资设计建设的整个过程进行规范，设计者在其提供的限定性框架的基础上进行具体的设计。(2) 规划。规划仍然是城市设计的主要成果，是城市设计政策在三维上的表述。有效的规划方案应该结合实施的可能性，保持一定灵活性的框架，能预见到项目在发展过程中出现变化的可能性并有调整的余地。(3) 准则。准则是政策和规划在实际操作层面的具体化，是指导城市空间形态中具体元素设计的文件，因而是保证城市设计能在实施中得到贯彻的关键步骤。设计准则往往针对某个特定的区域或者某些特定的设计元素进行详细的甚至量化的规定，并配以图表说明。(4) 计划。城市设计中产生的计划是对项目执行过程的安排以及项目完成以后的管理，包含建设资金的安排，建设分期实施的可能性以及建成后居民的组织管理等方面，这是保证城市设计达到预期效果的必要步骤。

六、城市设计的评价体系

传统的城市设计主要按美学质量评价，后来随着设计实践的不断深入，经济和效率也充实到美学标准中。现在城市设计成果的评估标准大致分为可测量标准和不可测量标准两类。可测量标准是那些可以量化的指标，包括环境标准和形态标准两组。前者是对自然因素的衡量，如城市气候、城市生态、城市水文等，实现对这些自然因素的控制需要特殊的专业知识的配合。形态标准是对三维城市形态的衡量指标，如高度、体量、容积率、覆盖率、密度等，通过制定这些标准可以对城市形态施加直接的影响。不可测量标准和人们感知环境的特性有直接关系，是针对城市空间视觉质量的评估标准。从广义上表述，城市设计中有关美观、心理感受、舒适、效率等的定性原则，均属于不可测量的标准范畴。

1977 年美国城市系统研究与工程公司发表了一套标准，将不可测量指标分为八类。

(1) 与环境相适应：评估所提出的设计是否在位置、密度、颜色、形式和材料方面与它所处的城市或居住区环境相协调，在文化上是否匹配。

(2) 表达可识别性：对使用者或社区的个性、地位和形象的视觉表现，使人们能掌握城市的特性。

(3) 可达性和方向性：设计的入口、道路、重要的视觉目标是否明确和安全，能否指引使用者到达主要的公共空间，有没有清晰的地标。

(4) 行为的支持：空间的划分、尺度、位置以及提供的设施是否对设想的行为提供视觉结构上的支持。

(5) 视景：设计是否对现存有价值的景观加以保存和利用，或在建筑物和公共空间中创造新的景观视野。

(6) 自然要素：通过地貌、植物、阳光、水和天空景观所赋予的感觉，保存、结合或创造富有意义的自然表现。

(7) 视觉的舒适度：使人们避免受到场地内或场地外的不舒适的视觉因素的干扰，如眩光、烟雾、过于耀眼的灯光或标志、疾速行驶的车辆等。

(8) 维护：设计是否方便建成后的维护和管理等。

城市建设是社会活动的载体和社会文化的具体体现，具有很强的公共性和政治性。提升城市的物质环境是一个和社会与权力结构紧密相连的过程，因此，除了上述这些可测量标准和不可测量标准外，城市设计也必须反映社会和经济需求。

第二节　城市设计历程

一座城市的发展历史几乎就是其城市设计史，按照城市建设方式，历史上建设较成功的城市一般分为两类：一类是经过规划的城市，经过人们自觉的设计；另一类是自发生长的城市，经过人们不自觉的渐进的设计。实际上有许多城市兼具以上两个发展类型。

一、西方古代城市设计简史

（一）古希腊的城市设计

古希腊之前的欧洲缺乏城市设计的完整模式和系统理论，古希腊时期的城市建设几乎都出自实用目的，城市规模较小，当面积达到一定限度时就停止发展并在另一个合适的地点建立新的城镇。城市总体房屋低矮、建筑的群体和细部都以人体为尺度标准，街道狭小、不规则，并把大自然作为组成城市的要素，使城市本身处于整个自然背景之中。

图 10－1　雅典

公元前 5 世纪，希腊步入鼎盛时代。希波丹姆对米利都城在西方首次系统地采用了正交的街道系统，形成了十字网格，建筑物都布置在网格内，该系统被认为是西方城市设计理论的起点，并对后来的古罗马城建设有所影响。

雅典（图 10－1）及雅典卫城（图 10－2）是古希腊时期城市建设的传世之作。

图 10－2　雅典卫城

（二）古罗马的城市设计

古罗马时代领土跨欧、亚、非三大洲，政治、经济、军事实力达到了西方奴隶制社会的最高峰。该时期的城市设计形成了正式的城市布局规划，由选址、分区规划布局、神学思想和街道、建筑的方向定位四个要素组成。

古罗马城市更强调以直接实用为目的，设计指导思想体现政治力量和组织性，其最大贡献是城市开敞空间的创造和城市秩序的建立，其城市设计的最成功之处是不再强调和突出单体建筑的个体形象，而是使建筑实体从属于广场空间，并照顾到与其四邻建筑的相互关系。古罗马城市设计的方法和建筑群体秩序的创造成为后世城市设计的典范。

（三）中世纪的城市设计

中世纪即从5世纪的罗马帝国灭亡到14世纪开始的文艺复兴，历时大约1000年。中世纪早期的城市大多是自发形成的，布局以环状和放射状居多，教堂、修道院以及统治者的城堡多位于城市中心，整体布局自然。自由弯曲的街道具有丰富而细致的视觉和听觉效果，排除了狭长单调的感觉。后来随着工商业的发展，也建造了一些方格网状城市。特别是无历史遗迹的新建城市常采用方格网状的规划布局。整个中世纪的城市建设充分利用了城市制高点，各种水体及自然景色，从而形成了各自独特的城市个性。这个时期的城市设计没有超自然的神奇色彩和象征概念，也没有按统一的设计意图建设，由于城镇环境注重生活，并具有美学价值，所以有人称中世纪的欧洲城镇为“如画的城镇”，它所取得的成就在西方城市建设史上有着很重要的地位。

（四）文艺复兴和巴洛克时期的城市设计

文艺复兴发生在14—16世纪，核心是人文主义，提倡人性、人权、人道，反对禁欲主义、蒙昧主义，主张个性解放，试图把人从宗教的束缚中解放出来。

从这个时期开始，西方城市设计思想越来越重视科学性，地理学、数学等学科的知识对城市发展起了重要促进作用，规范化意识日益浓厚。人们在古希腊、古罗马的基础上对城市广场和建筑群的设计提出了更为详尽的设计法则和艺术原则，并出现了许多星形的理想城市设计。城市内部出现了拓宽的街道，并有了商业、手工业等分区。

建筑师阿尔伯蒂的“理想城市”思想引人注目，他主张应从城市的环境因素，如地形、土壤、气候等，来合理地考虑城市的选址和选型，而且结合军事防卫的需要考虑街道系统的安排。他是用理性原则考虑城市建设的开创者，并奠定了后世城市设计的思想基础。

16世纪以后的欧洲属于巴洛克时期，它的城市设计属于巴洛克风格，以整齐的、具有强烈秩序感的城市轴线系统彻底打破了中世纪自然、随机的城市格局，笔直宽阔的大街连接起壮观的城市广场，放射性大道通向巨大的交通节点，这种形式与效果迎合了当时君主、教皇们和贵族的心理需求，同时对后世的城市设计产生了巨大影响。

二、中国古代城市设计简史

（一）周代的城市设计

中国早期的农业文明成熟于周代，农业文明的成熟直接影响到国家的都城建设。周代的城（图10－3）内部布局一般按不同分区来组织，大致可分为宫廷区、居住区、手工作坊区、仓廪区、陵墓区、宿卫区和市等，城市的总体布局以宫廷为中心，其他分区按各自的功能分布在宫廷的外围。

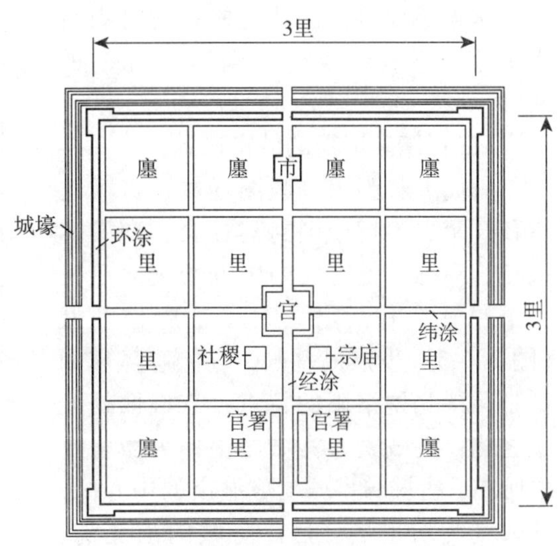

图10－3　西周城市设计图

有的城市以宫廷的中轴线作为整个城市的主轴，强化其对全局的控制作用。这一时期的宫城布局以奴隶社会宗法血缘政治体制为基础，包括城邑建设体制、礼制营建制度、城乡关系以及井田方格系统。

中国传统城市设计思想自春秋开始，有两条基本的线索：一条是以《考工记·营国制度》为代表的理想城市，它反映了尊卑、上下、秩序和大一统思想的理想城市模式，对我国以后历代的城市设计特别是都、州和府城的设计建设产生了深远影响；另一条是《管子》为代表的“自由城”思想。《管子》的城市设计思想重点体现在其因地制宜地确立城市形制，在城市布局上提出按职业组织聚居，同时，其对城市生活的组织及工商经济的发展也相当重视。

（二）北魏的城市设计

魏晋南北朝是中国历史上的一个大动乱时期，也是思想十分活跃的时期。儒、道、佛、玄诸家争鸣、彼此影响，突破了儒教礼制城市空间规划理论一统天下的局面。具体影响有两个方面：一方面城市布局中出现了大量的宗庙和道观，城市的外围出现了石窟，拓展和丰富了城市空间理念；另一方面城市的空间布局强调整体环境观念、形体观念，强调城市人工和自然环境的整体和谐以及城市的信仰和文化功能。

北魏时期的洛阳城（图 10－4）是中国封建社会时期城市设计的杰作。洛阳城加强了城市的全面规划，并成功继承了中国前期城市宫、城、廓三者层层环套的配置形制及城、廓分工的规划布局传统。城是政治中心，以宫为主，结合布置官署衙门等政治性功能分区。廓为经济中心，以市为主，结合布局手工作坊、服务行业区等经济性分区及工商业者居住区和其他居住区。全城整体设计采用方格网系统布置各类分区，合理控制城市用地及协调城市各个主要部分的比例关系。洛阳城通过延伸城市南北主干道加强了城市南北中轴线的主导作用，这种做法对后世城市设计的影响极大，并为唐长安城的建设奠定了坚实的理论与实践基础。另外，洛阳城完全恢复了魏、晋时的城市供水设施而且更加完善，水资源得以充分利用。水渠不仅接济宫廷苑囿，而且引流入私宅、寺观，为造园创造了优越的条件。

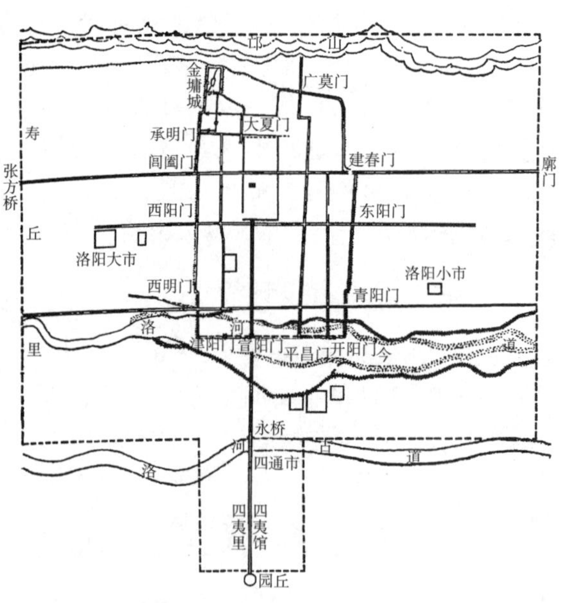

图 10－4　北魏洛阳城市平面图

（三）隋唐时期的城市设计

唐代国势强大、版图辽阔，贞观之治和开元之治把中国封建社会推向发达兴旺的高峰，是古代中国继秦汉之后又一个昌盛时代。隋大兴城是唐长安城（图 10－5）发展的基础，它的总体规划形制保持北魏洛阳的特点：宫城偏处大城之北，皇城紧邻宫城之南，为衙署区之所在。宫城与皇城构成城市的中心区，其余则为坊里居住区。全城的南北街、东西街纵横交织成方格网状的道路系统，形成居住区的108个“坊”和2个“市”，采取市、坊分开制。坊内不设店肆，所有商业活动均集中于东、西二市。唐长安历经几次大规模的修建，人口逐渐增加，总人口近百万，成为当时世界上最大的城市。

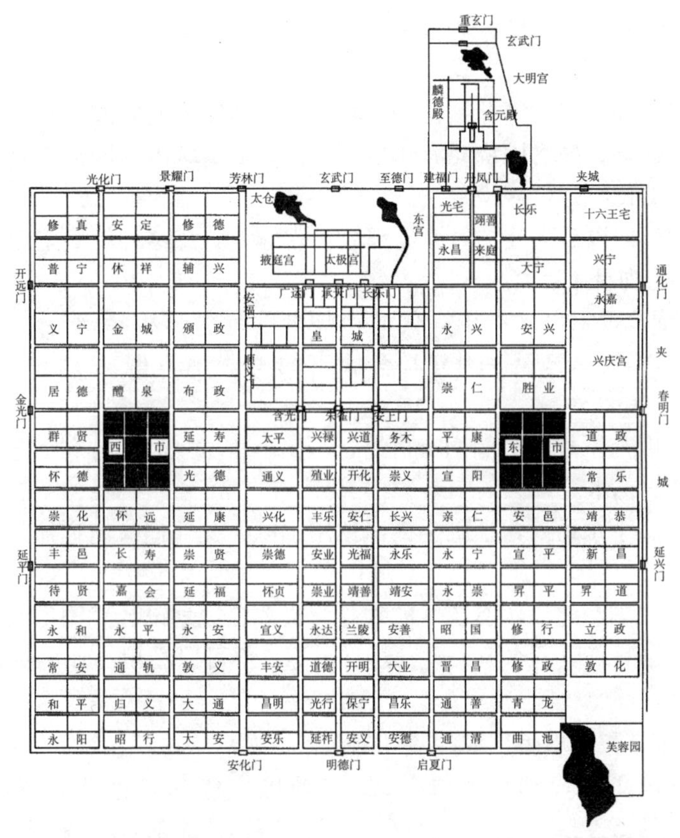

图10－5　唐长安城平面

（四）北宋的城市设计

宋代在中国五千年的文明历史中，无论经济、政治、文化都占有重要的历史地位：城市商业和手工业繁荣；儒学转化为新儒学——理学；佛教衍生为完全中国化的禅宗；文化在一种内向封闭的境界中实现着从总体到细部的不断自我完善。

宋代的都城东京共有三重城垣：宫城、内城、外城，每重城垣的外围都有护城河环绕。外城又称新城，为后周扩建，略近方形，是市民和市肆之所在；内城又称旧城，即唐汴州旧城，除部分民居市肆外，主要为衙署、王府邸宅、寺观之所在；宫城又称大内，为宫廷和部分衙署之所在。

东京的规划沿袭了北魏、隋唐以来的皇都模式，但城市的内容和功能已经由单纯的政治中心演变为商业兼政治中心。到北宋中期，随着后来经济的发展逐渐废除了延续千年的城市里坊制，东京走向了较为开放的街巷制体系。内城、外城的主要街道除城市中轴线上的主要干道——天街外几乎都是商业大道，住宅和店铺均面临街道建造。由于手工业和商业的发展，有些街道已成为各行各业相对集中的地区。东京城的模式形成了中国封建社会后期的城市结构形态。

（五）元大都和明代北京城的城市设计

北京城最早的基础是唐朝的幽州城，辽代北京升格为“南京”，并成为边疆上的一个区域中心。公元12世纪，金人攻破北宋后模仿都城东京的城市形制，在辽南京的基础上，扩建为“金中都”，使北京成为半个中国的政治、经济和文化的中心。

1. 元大都的城市设计

从元朝定都北京并改名大都开始，北京城开始了其发展的辉煌历程。元大都由原来金中都的位置向东北迁移，皇宫围绕北海和中海布置。整个城市则围绕皇宫布局成一个正方形，继承了金中都的传统，但规模更大。

元大都是自唐长安以后兴建的最大的都城，它继承、总结并发展了中国古代都城规划的优秀传统，其特点如下：

（1）继承发展了唐宋以来中国古代城市规划的优秀传统手法——三重方城、宫城居中、中轴对称的布局。这反映封建社会儒家的“居正不偏”、“不正不威”的传统观点。

（2）规则的宫殿与不规则的园囿有机结合。整个宫城规划充分利用已经形成的海子绿化区，取得了高度的艺术效果。

（3）完善的上、下水道。河道既为人民饮用水源，又使通航河道伸入城内，便利商旅及城市供应。水面又与绿化相结合，丰富城市景色。排水系统完善，施工考究。

（4）元大都在规划和建设中有统一的领导与指挥，规划设计意图得到执行与贯彻。从选点、地形勘测到先铺筑地下水道，再营建宫殿等，都可以看出工作的周密，同时也保证了元大都一气呵成。

2. 明代北京城（图10－6）的城市设计

明代北京城继承了历代都城规划传统，是我国古代都城建设最光辉的典范。它呈“凸”字形，北部是内城，以皇城为中心，皇城也是全城的布局重心，南部为外城。皇城前左建太庙、右建社稷坛，并在城外四方建天（南）、地（北）、日（东）、月（西）四坛。皇城北门的玄武门外有内市，这完全符合“左祖右社、前朝后市”的传统城制。城市全城通过南北中轴线营造出前后起伏、左右对称的体形和空间景象，整个布局重点突出，主次分明。

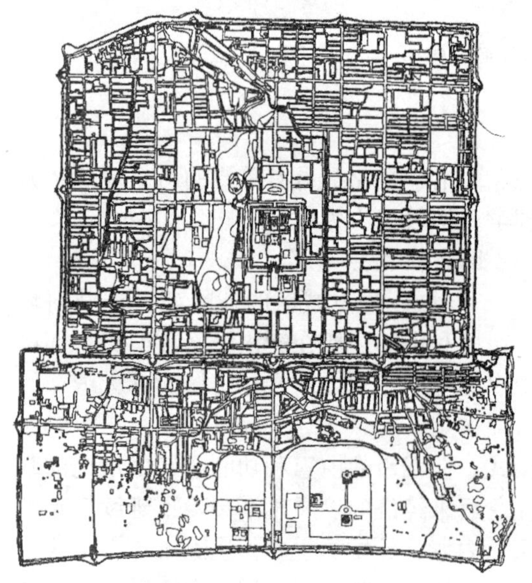

图10－6　明北京城

（六）风水思想影响下的城市设计

风水是中国独特的复杂的风俗文化，是原始社会至奴隶社会的人们选择理想居住地址的经验总结，兼有风俗、科学和迷信。风水有关人居环境模式（图10－7）的构成主要有“龙、砂、水、穴”四大要素，龙即山脉，城市依傍之山；砂即前后左右环抱城市的群山，与城市后倚的“来龙”呈隶从关系；水在城市空间中为血脉，并可分隔空间；穴是山脉或水脉的集结处，通常是城市或建筑选址的落脚点。

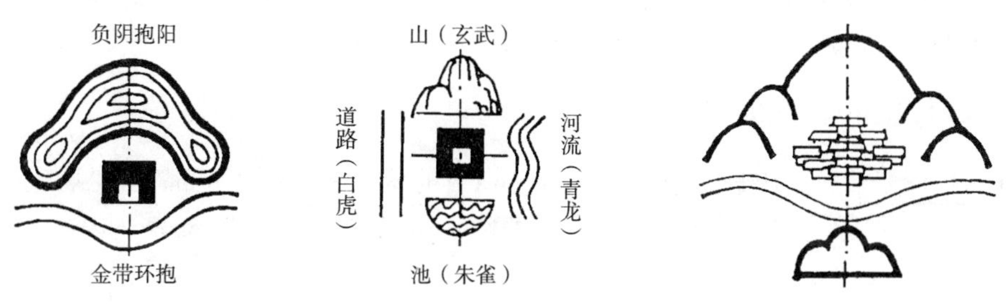

图 10 –7　最佳住址选择与最佳村址选择

中国古代城市建设在风水思想的影响下形成了独具中国特色的城市布局。许多城市有意模仿动物形状，一般这些动物都有长寿吉祥的象征意义。比如历史上重要的港口城市——福建泉州就被营造为鲤鱼的形状，鱼的生殖崇拜含义十分明显。“龟”也是风水学中以物取象的对象之一，苏州（图 10 – 8）、昆明、平遥等都有“龟城”之象。也有一些城市模仿其他形状，比如：明末清初时期，位于伏牛山之南、汉水之北的南北要冲——南阳（图 10 – 9），形成了“六关”环绕的梅花形状，交通便利、商业繁荣，而且还有很强的军事防御和防洪功能。

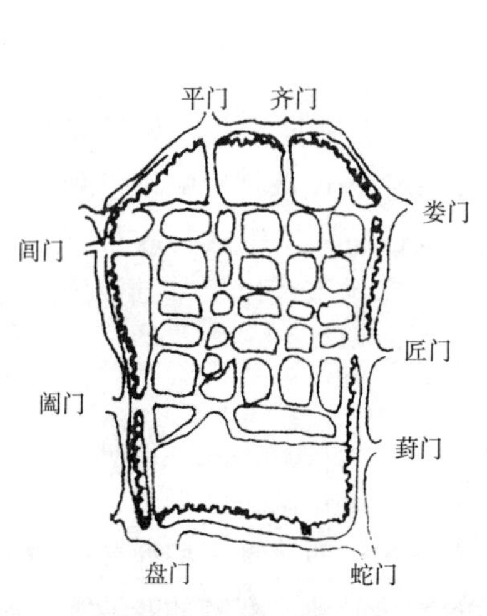

图 10 –8　苏州龟城平面

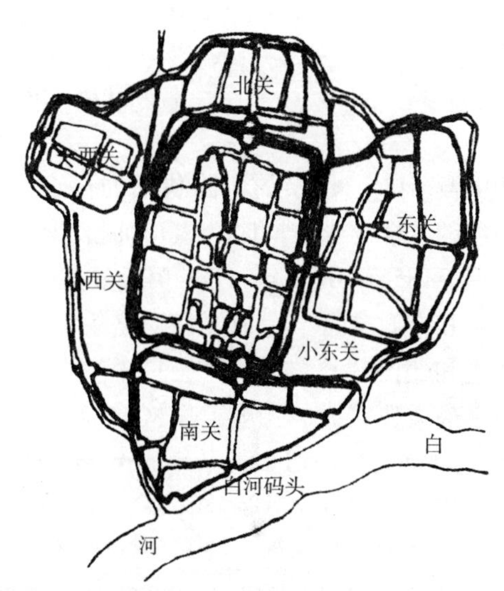

图 10 –9　南阳六关梅花城

第三节　近现代城市设计理论与实践

19 世纪中期到二次世界大战之间，工业革命给社会发展带来了巨大的变化。随着资本主义的发展，城市规模急剧扩大，人口不断增加，汽车等现代交通工具的产生也进一步加速了城市扩张并改变了城市的结构布局。然而，城市规模的扩大带来了诸多矛盾和弊病：人口拥挤、住房紧缺、城市贫民窟大量出现以及由之造成的社会混乱和犯罪率剧增等社会问题。由此，近现代城市设计理论思想诞生了。近现代城市设计理论来源有三个：一是传统城市的理想形态；二是乌托邦思想；三是艺术和科学。

一、关注城市空间和秩序的城市设计

宏伟的构图是传统都城的设计思路，在东西方的城市建设历史上都很常见。这类城市设计以设计城市形象为基本任务，注重艺术性，通过城市空间形象表达内在的秩序和观念。

巴黎改造

B·奥斯曼主持的巴黎改造是城市建设史上划时代的事件（图 10－10）。

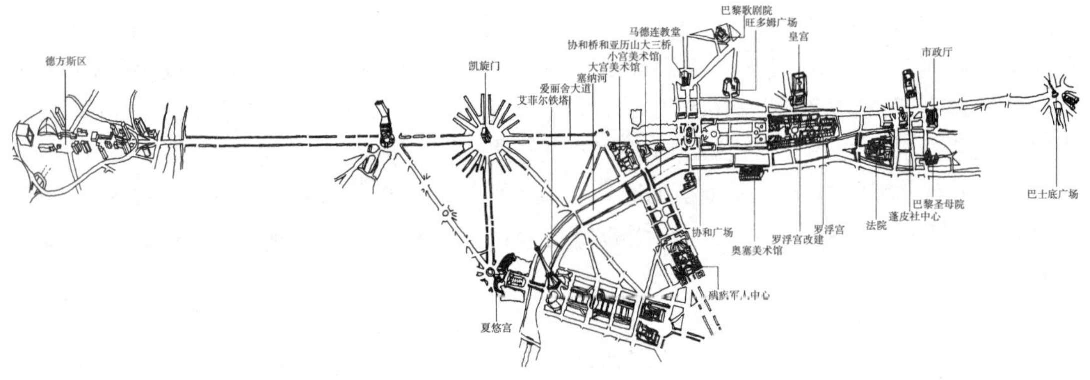

图 10－10　巴黎改造图

19 世纪中叶，巴黎的弯曲狭窄的街道、密集的建筑已经满足不了巴黎作为欧洲最大交通枢纽的功能要求。同时，人口拥挤、住房紧缺、贫民窟等现象都影响了巴黎的城市形象和发展。1853—1870 年，B·奥斯曼被 L·拿破仑三世任命为塞纳区行政长官后，在强大的权利和财政支持下完成了在道路系统、绿化、公园、广场系统以及基础设施等方面的全面改造和建设。

奥斯曼主要完成了三项工作：

（1）重整巴黎城市街道系统，废弃一些老路，重辟新路，将巴洛克式的林荫大道与城市的其他道路连成统一的道路体系，完成了巴黎的大十字干道和两个环形路，奠定了现代巴黎的城市构架。具体做法是：宽阔的爱丽舍田园大道向东、西延伸，把西郊的布伦公园和东郊的维星公园引进市中心，并增加了塞纳河沿岸的滨河绿地和宽阔的花园式林荫大道两种绿地。巴黎大十字干道和两个环形路：东西向干道东至圣安东区，西达爱丽舍田园大道，形成巴黎的东西向主轴，与垂直的南北干道形成大十字交叉，并穿越市中心，成为椭圆形市区的长轴和短轴。在塞纳河南岸修建弧形道路并与北岸原有的半弧形道路相连，包括巴士底广场和协和广场形成了内环线；而外环则是西边明星广场东边以民族广场为两极形成的一环，这就构成了巴黎的内外二环。

（2）进一步完善城市中心区改建，将城市道路、广场、绿地、水面、林荫带和大型纪念性建筑物组成一个完整的统一体。为了美化巴黎城市面貌，除了注重公园绿地建设外，还规定了主要的林荫大道宽度以及道路两侧的建筑高度及比例，对屋顶坡度也有规定，同时要求广场四周建筑物的屋檐等高，以便形成协调统一的立面效果。

（3）新建了巴黎主要的城市基础设施，建造了技术完善的地下排水管道系统和改善自来水供应，开办城市公共交通事业，增加街道照明等。

二、关注三维空间艺术效果的城市设计

卡米罗·西特与“城市建造”

奥地利建筑师卡米罗·西特（Camillo Sitte）被公认为现代城市设计鼻祖，主张城市建设者向丰富而自然的传统城镇形态学习。他通过对传统城市空间特别是中世纪和文艺复兴时期经典的城市广场和街道的研究，总结了一系列城市设计的原则。

1889 年，卡米罗·西特在《城市建设艺术》一书中对城市形态的设计进行了系统论述：主张城市空间在组织上应具备最高的秩序，主要从视觉及人们对城市空间的感受等角度来探讨城市空间和艺术组织原则。他以广场和街道为主体，以人的活动和感知为出发点，倡导不规则、非轴线、适当尺度的城市空间设计，并提出空间形态之间组合的规律，认为城市设计的技术问题与艺术问题同样重要。他运用传统建筑学和形态艺术的方法来设计和塑造现代城市的思想，促使城市设计者从醉心于辉煌的大构图转向重视城市环境中宜人的生活尺度。

三、乌托邦式的城市设计

（一）霍华德与田园城市

霍华德（Ebenezer Howard）是 20 世纪城市规划历史上影响深远的人物。当时由于英国的城市到处有贫民窟、环境日益恶化，而景色优美的农村却经济萧条。因此，他把城市和农村的优点结合起来，倡导在大城市周围建设一系列中等规模、经济上能自我维持并且介于城市与农村之间的田园城市，借以缓解大城市的人口和产业压力。这样的城乡结合体既有高效率和高度活跃的城市生活，又有空气清新，美丽的乡村风景。他用“疏散”的方法力求达到“公平”的目标，使得“城乡协调、均衡发展”，并通过人类向自然的回归最终建立新型的、良好的社会经济关系。他的理论为以后的新城建设、卫星城镇、有机分散等理论的产生打下了基础，是现代城市规划和设计的重要财富。

（二）赖特与广亩城市

弗兰克·劳埃德·赖特（Frank Lloyd Wright）提出“广亩城市”的概念，是一种自给自足的经济模式，追求土地和资本的平民化——人人享有资源。他主张把城市分化到农村之中，每家每户占地一英亩，相互独立，1400 户为上限。在这样的分散式城市应利用直升机作为交通工具，同时还有穿越城区的架空干道和高速单轨铁路。城内道路为一英里见方的网格式布置，其间还有相隔半英里的次一级道路和更次一级的街巷。中心区基本上是 1～3英亩的独院组成，建筑均为美国风格并由住户自己建造，形式多样。城市外层为私人手工业工场、工人住宅和果园植物园。工业用地布置在城市边缘区，在湖泊、山地等风景优美的地方布置娱乐、休憩、文化、体育、卫生、宗教等设施。广亩城市没有大企业和城

市中心，主张瓦解城市，抛弃城市的所有结构，真正融入自然乡土中。它是后来欧美中产阶级的居住梦想和郊区化运动的根源。

（三）勒·柯布西耶与光明城市

勒·柯布西耶的“光明城市”理论被称为城市集中主义，与前两个分散或消解城市的思想相反。他主张充分利用技术成就，建造高层高密度的建筑群，建筑底部架空，全部用地均由行人支配，建筑屋顶设置花园，地下通地铁，居住建筑位置处理得当，形成宽敞、开阔的城市空间，从而使城市能够集中发展，以求得最好的生活环境和最高的工作效率。

四、关注行为与心理的城市设计

（一）城市意象

1960 年，凯文·林奇出版了《城市意象》一书，从视觉心理和场所的关系出发，利用居民调查和实地体验的方法研究使用者认知图式（Cognitive Map）与城市形态的关系，从而确定了一种全新的城市分析与设计方法。

城市意象由客观形象和人的主观感受共同作用而成，人们对城市形象的认知是城市生活的基础。凯文·林奇认为城市的意象由道路、边界、标志、节点和区域构成，其中道路最为重要，是具有统治性的、极有活力的城市因素。道路展露和预示了区域，联系着许多节点，人们常常会依据道路和道路的相互关系去发展印象。凯文·林奇的开创性工作为城市设计提供了独特途径，从市民的环境体验出发的工作方法使城市设计摆脱高高在上的姿态，切实深入到普通人当中去，真正实现人本主义的城市设计价值原则。

（二）交往与空间

与“意象”的视觉分析相比，行为与空间关系的探讨更多地注重空间的使用方法，探讨人们的行为与空间的相互关系。杨·盖尔的著作《交往与空间》从当代社会生活中的室外活动入手进行研究，对人们如何使用街道、人行道、广场、庭院、公园等公共空间进行深入的调查分析，同时进行社会关系、社会结构、基本尺度等前提研究，进而从城市与小区规划到空间、小品、人的活动距离、路线等细部设计进行全面的剖析，研究怎样的建筑和环境设计能够更好地支持社会交往和公共生活，提出户外空间规划设计的有效途径。

五、可持续发展的城市设计

（一）概念

可持续发展是既满足当代人的需要，又不对后代人满足其需要的能力构成危害的发展。这一思想以人的需要和环境的限度两个关键因素为基础，发展的目的是满足人类（包括当代人以及后代人）的需要；在城市设计中，可持续发展的概念包括自然环境和社会资源的合理利用等社会文化范畴，它要求发展不破坏自然与人居环境，并且能促进社会和经济结构的稳定。可持续性和优良的城市环境是相互支持的两个方面，并构成了城市设计的两个支柱。

满足可持续发展目标的城市设计强调对自然和人工环境的保护，具体体现在以下几个原则：首先，在开发中尽可能利用已经开发过的土地并有效地把它们改造成适宜居住和工作的场所，尽量利用已有建筑、道路和市政设施，使用可循环使用的材料；其次，尽量减少不可再生资源的消耗，交通系统优先考虑公共交通；最后，新的建筑应采用灵活的设计，以便日后在需要时转化成其他用途。这些规范对城市形态有直接影响，主要表现为紧凑城市、混合功能和以公共交通为主导等方面。

（二）吴良镛的有机更新理论

吴良镛在研究中国传统城市设计思想的基础上，主张按照城市内在的发展规律，顺应城市的肌理，在可持续发展的基础上，探求城市的更新与发展。在北京旧城菊儿胡同、白塔寺等历史文化地段的实践中，针对历史地段的改造，有机更新理论提出保护、整治和改造相结合，在建筑空间布局上分析地区建筑群构成的肌理，探索与环境相结合的可能性，因地制宜地以不同的方式针对性地解决不同地区的问题。

第四节　风景园林及风景园林师在城市设计中的地位

一、从城市设计的概念看风景园林在城市设计中的地位

在第一节关于城市设计概念的论述中，我们知道，所有关于城市设计的定义都把城市空间的组织和城市形态的表现作为其核心内容，并将其根本目标定位于改善城市空间质量，提升城市环境品质，促成空间形态的可持续发展。由于城市设计并不涉及建筑本身的设计，而关注建筑物的布置和彼此间的关系以及建筑物之间的公共空间，所以风景园林以其在处理各种活动空间、整合人与环境的融合关系等方面的特长必然能在城市设计中找到用武之地，发挥风景园林营造景观的功能。

二、从城市设计学科构成看风景园林在城市设计中的地位

1956 年哈佛大学在格罗皮乌斯的倡导下召开了第一次城市设计会议，参加会议的人员中就有风景园林师。1960 年美国哈佛大学首次开设“城市设计”课程，其课程以建筑学、风景园林和城市规划 3 个系的课程为基础来培养建筑师、风景园林师或规划师，以使他们在城市及城乡环境设计工作中有更好的协调和领导能力。另外，对美国城市设计教育推动最具影响力的凯文·林奇教授认为城市设计专业应该以建筑师、风景园林师以及城市规划师来开展，这也反映了风景园林在城市设计中举足轻重的地位。

随着城市的不断发展，城市设计在组织和优化日趋复杂的城市空间中，需要密切结合现实的自然环境、社会经济条件、人的行为活动、心理特征以及包括历史文化等诸要素进行设计。因此，它与其他相关学科和实践领域也就必然要有密切的相互关系，也要越来越多地融入其他专业和学科的内容。而由于风景园林在进行实践中必然涉及以上诸要素并已经把它们纳入自己的学科理论和实践范围，所以风景园林与城市设计在实践中的交叉必然影响到其学科构成。

三、从风景园林理论看风景园林师在城市设计中的地位

风景园林尤其是风景规划的理论不仅对风景园林学科产生了积极的推动作用，有些对城市设计也产生了重大影响，其中最著名的理论应属《设计结合自然》及《大地景观》。

（一）麦克哈格与《设计结合自然》

麦克哈格的理论将风景规划提高到一个科学的高度，他的生态思想促使风景园林师关

注这样一种思想：景观不仅仅是艺术性布置的植物和地形，风景园林师需要时刻提醒自己将所有技巧与整个地球生态系统密切联系。

1969 年，麦克哈格写成了《设计结合自然》一书，该书集中体现了他的思想理论。书中运用生态学原理研究大自然的特征，证明了人对大自然的依存关系；提出从自然演进的角度找出土地形态上的差别及各自的价值和限制并由此选出开放空间，进一步提出一个包括大城市地区的开放空间布局和确切的建设用地的布局，要求风景园林师向自然科学家、生态学家学习并与他们协作；提倡自然与社会价值并重，通过建立一种价值体系把社会价值和自然价值放在统一的标尺下衡量，把城市的自然要素和人工要素统一起来；麦克哈格指出城市和建筑等人造形式的评价与创造应以“适应”为标准，形式与过程相结合，是对过程有意义的表现。麦克哈格是第一个把生态学应用在风景园林上的人，他的关于利用生态学建立土地利用规划的模式，同时注重保护视觉特征的思想，不仅对后世的风景园林而且对城市设计产生了重大影响。

（二）西蒙兹和《大地景观》

西蒙兹是美国当代受到广泛尊敬的风景园林师，在生态景观规划与城市设计的结合及其实际操作上提出了系统而富有现实意义的建议和主张。

西蒙兹的学术思想集中反映在《大地景观——一部环境规划手册》一书中，该书思想内涵深刻，全面阐述了生态要素分析方法、环境保护、生活环境质量提高，乃至于生态美学的内涵，从而把景观研究推向了“研究人类生存与视觉总体的高度”。他认为，改善环境的意思不仅仅是指纠正由于技术与城市的发展带来的污染及其灾害，应该是一个创造的过程。通过这个过程，人与自然和谐地不断演进。在它的最高层次，文明化的生活是一种值得探索的形式，它帮助人重新发现与自然的统一。他的风景园林规划方法已经远远超出了一般狭义的景观概念，广泛涉及生态学、工程学乃至环境立法管理、质量监督、公众参与等社会科学知识。随着城市设计的深入发展，风景园林师越来越需要在其中担任重要的角色。

四、从风景园林实践看风景园林师在城市设计中的地位

城市设计从“开放空间（open space）”入手，配合这一空间再把建筑一个个放进去，然后考虑一系列的形象问题。从古代尤其近现代以来风景园林师在城市设计中起到了不可估量的作用。19 世纪后半期，现代风景园林的先驱者在奥姆斯特德等人的倡导下坚持从城市和国土的整体角度出发，一开始便将专业实践范畴定位于包括城市公园和绿地系统、城乡景观道路系统、居住区、校园、地产开发和国家公园的规划设计管理在内广阔的社会和环境背景中。自 1970 年以来，生态的理念越来越深入到城市设计中来，随着风景园林实践领域的不断扩展，诸如废弃地的生态重建、历史场所的复兴、城市公共广场、大地生态规划、区域景观保护与战略规划、国土景观资源的调查评价与保护管理等实践使得风景园林师在更广泛的层面和更公共的尺度上进行实践活动，同时，风景园林也成为一个几乎涉及人类生活中所有尺度和众多实践范畴的基础性学科。

（一）法国古典园林对城市设计的贡献

法国造园大师勒·诺特尔在凡尔赛宫花园（图 10－11）设计中，将宫殿、花园、城镇以及周围的自然景观纳入到一个巨大的轴线体系和园林景观中，建筑、园林与城市三位

一体。凡尔赛宫的整个园林及周围的环境都被置于一个无边无际、由放射性路径和接点组成的系统网络中。理性、清晰的几何秩序扩展至自然当中，控制着整个园林的形态，突出了人工秩序的规整美。凡尔赛的整体设计对欧洲各国的城市设计产生了深远的影响，巴黎确立的由纪念性地标、广场和景观大道多构成的星型规划在以后几个世纪风行欧美，也成为后来许多殖民地国家城市设计的样板。

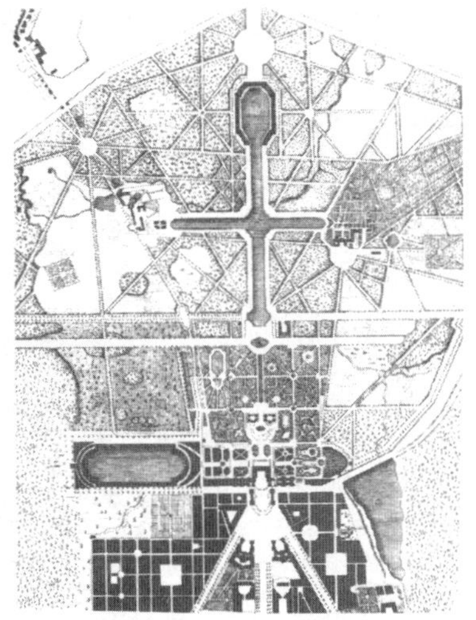

图 10－11　凡尔赛宫花园平面

（二）纽约中央公园

1857 年，美国风景园林之父——奥姆斯特德接受了纽约市中央公园的设计任务，提交了以“绿草地”为题的规划方案并获得头奖。

纽约中央公园（图 10－12）位于市中心区——纽约曼哈顿岛，约 344hm^2。它与城市关系密切，改善了城市中心环境，保护了自然，并在公园中间布置了几片大草坪，形成开阔的视野，便于市民来往。纽约中央公园的建成对纽约城市设计起到了重大的影响，成为纽约之“肺”。

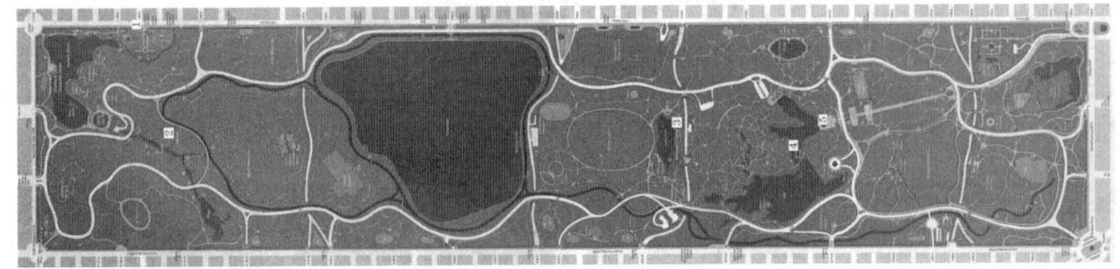

图 10－12　纽约中央公园平面

此外，奥姆斯特德还为波士顿、芝加哥等一些大城市拟定了成片的公园系统与大型公园，并在后来得以实现。百年后的今天，这些分布在人口密集、高楼林立、车辆喧嚣的城市之中的园林绿地为城市环境的改善起到了不可估量的作用。

（三）合肥城市绿地系统

合肥在中华人民共和国成立初期只是一个县级城市，城墙内保留着新中国成立前的房屋与街道，总面积仅 5.3km^2。20 世纪 50 年代成为省会以来，城市工业、文教等各方面都有了快速发展，这也构成了合肥城市发展的基本框架，其绿地系统规划由我国早期著名风景园林大师吴翼主持完成，并成为中国城市设计中的典范。

合肥旧城周长 8.3km，拆除古城墙后保留护城河形成了环城绿化带，并在旧城环形绿带的东北角和东南角有古迹的地方建立两个公园，丰富了环旧城河绿化带的景观效果。这既改善了旧城卫生，又为居民创造了休息场所。西部森林水库地区在原有林木的基础上开辟发展森林公园，并在水库周围发展经济林，将开辟郊区风景区与发展经济生产结合在一起。东南巢湖与市区相连形成引风林区，有利于城市的自然通风。在环绕西郊、东南郊绿地的内、外边缘拟建立二、三环绿化带，将郊区绿地联系起来（图 10－13）。

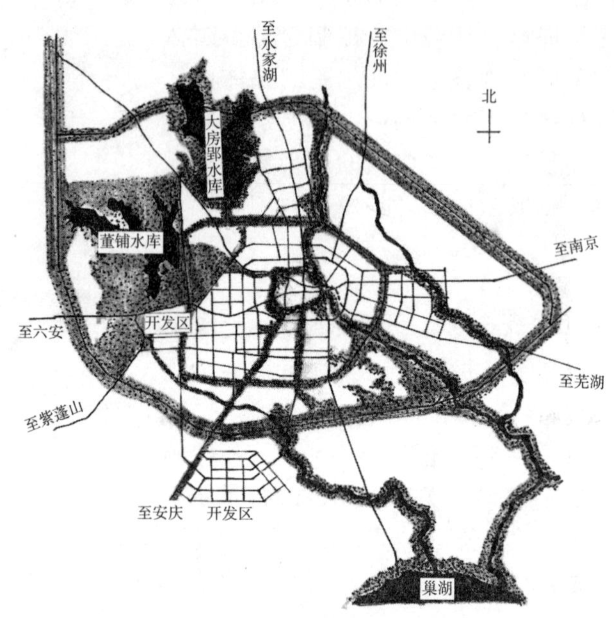

图 10－13　合肥城市绿地系统

合肥绿地系统规划不仅改善了原来的城市景观，而且为城市的可持续发展创造了良好的条件。风景园林师在合肥的城市设计中起了主导作用。

（四）金鸡湖滨水景观规划（图 10－14）

金鸡湖处于苏州古城东部苏州工业园区内，占地约 7km²。整个金鸡湖区域的城市设

图 10－14　金鸡湖滨水景观规划平面

计围绕着两条轴线展开：一条东西向轴线是原来苏州市轴线的自然延伸，另一条是南北向的绿化轴。景观规划沿环绕金鸡湖岸线设置了城市广场、湖滨大道、水巷邻里、望湖角、金姬墩、文化水廊、玲珑湾和波心岛 8 个景观区，分别赋予了不同的功能和特点，并通过绿地系统和步行系统连接为一体。这样，湖畔景区向四周的地块辐射，将景观和四周的建筑活动融合起来。

金鸡湖本身具有无与伦比的风景资源，其滨水景观规划的定位为一个城市湖泊公园并向全市乃至周边地区的居民和旅游开放，其环湖地区开发成为一个现代的临水区域性休闲场所，同时提升了城市的文化品位。它的建成对苏州工业区的环境、文化和旅游等都具有不可估量的作用。

（五）通向自然的轴线——北京奥林匹克公园（图 10－15）

2008 年北京奥林匹克公园的中标方案是由曾任美国哈佛大学风景园林系主任的风景园林师佐佐木（Sasaki）主持完成的。

该公园位于北京市中轴线的北端，整个公园分为南、北两个部分：南部是奥林匹克中心区，集中了国家体育场、国家游泳中心、国家体育馆等重要场馆；北部为奥林匹克森林公园，占地约 680hm^2，以自然山水、植被为主，它将成为北京市中心地区与外围边缘组团之间的绿色屏障，对进一步改善城市的环境和气候具有举足轻重的生态战略意义。

历史上的北京城以其南北轴线为基础，城市发展都是围绕这个轴线展开，北京奥林匹克森林公园总体规划将北京举世无双的城市轴线完美地消融在自然山林之中。奥林匹克森林公园将城市的绿肺和生态屏障、奥运会的中国山水休闲后花园、市民的健康大森林、休憩大自然作为规划目标，以丰富的生态系统、壮丽的自然景观终结这条举世无双的城市轴线，达到了中国传统园林意境、现代景观建造技术、环境生态科学的完美结合，为市民百姓营造生态休闲乐土。

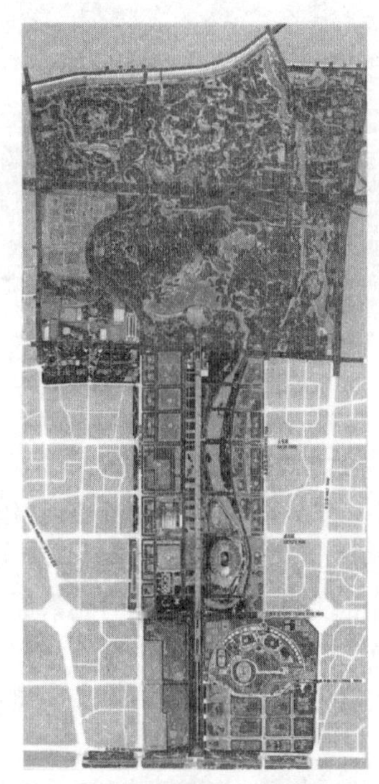

图 10－15　北京奥林匹克公园平面

五、从城市设计的成功案例看风景园林在城市设计中的地位

在当代很多成功的城市设计案例中，公共空间的处理都是它们成功的关键之一，这些公共空间的处理手法很多都运用或借鉴了风景园林的设计原理、方法，有些本身就是由风景园林师完成的。

（一）柏林索尼中心

索尼中心位于柏林市核心区，占地 26444m^2，呈楔形（图 10－16），东面尖角正对波茨坦广场。它遵守了波茨坦广场城市设计的一些基本原则，如临街面的限高和平整严谨的界面，但在内部极力发挥了空间上的创造力：利用一系列不同形态的单体组成一个连续的建筑体量，然后在其中央设计了一个巨大的椭圆形公共空间——罗马广场（图 10－17），它的面积达 4000m^2，并在广场之上覆盖着一个巨型扇形采光屋顶，形成了一个内聚式的公共空间，这样就把人的各种活动集中在一个内在场所中并能激发出更多的活力。罗马广场的景观设计由极简主义风景园林大师彼得 · 沃克设计，中心广场从若干方向与街道建立联系，不但整合了索尼中心的景观环境，而且集中式的大空间可以最大限度地发挥信息时代的特点。

图 10 – 16　柏林索尼中心鸟瞰

图 10 – 17　柏林索尼中心中庭

（二）芝加哥千年公园

千年公园位于芝加哥 1909 年大芝加哥规划中建立的大公园（Grand Park）的西北角，占地 16.5 英亩（图 10 – 18）。大公园是美国城市美化运动时期的作品，有严谨的构图、清晰的轴线和古典园林的元素如大喷泉等。千年公园的整个方案基本延续了大公园的传统布局，以矩形分区和轴线为特征，并呈现了“园中有园”的特色（图 10 – 19）。由于公园中各部分由不同设计师设计，风格迥异，同时统一于网格中，因而也形成了另一种特色。

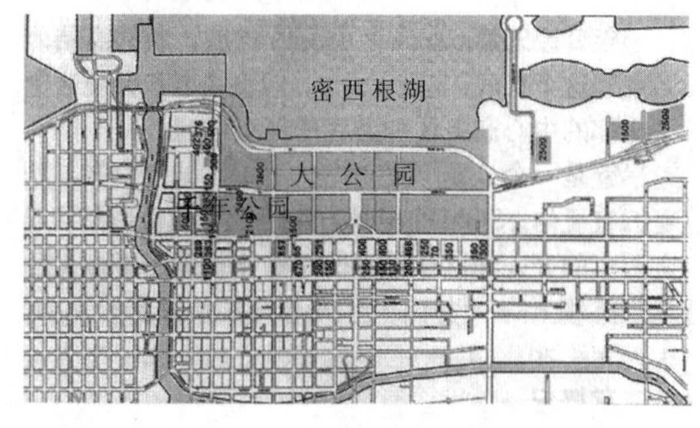

图 10 – 18　千年公园所在位置

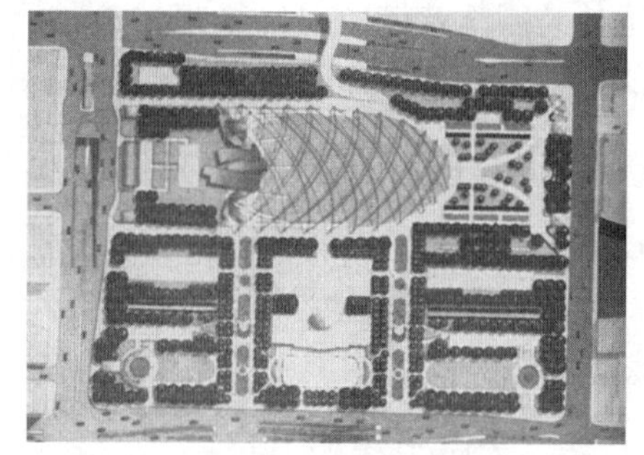

图 10 – 19　千年公园平面图

总体上来说，千年公园延续了大公园的古典风格和芝加哥的文脉，是芝加哥又一次重要的城市变迁，成为新世纪的一次“城市美化”运动。它的建成带动了周边的发展，并吸引了更多的游客慕名前来，新的大型地下停车场解决了周围中心商务区和游客的停车问题。尽管只是一个公园，但是它却具备了与城市发展和开发相同的特点，即城市作为一个逐渐演变的有机体，同时经济环境和人文因素的介入也使其更多地展示了城市开发与发展的复杂性和多元性。

（三）世界贸易中心重建

2001 年 9 月 11 日世界贸易大楼被毁后，美国决定重建世界贸易中心。李布斯金设计组的方案在世界贸易中心重建的诸多方案中最后胜出。该方案提出，修复历史上曾经存在的两条街道，并以街道为中心强调街道在联系该项目和周边环境中的作用。在双塔原址上建造的纪念碑安排在地平线之下，这既可以使原来建造的挡水墙暴露出来，又能把参观者从周围喧闹的街道活动中分离开来。

该方案还包括五座呈螺旋形分布并高度逐级上升的高层建筑，最高的建筑“自由塔”造型模仿隔纽约海港相望的自由女神像的形态和动势（图 10－20）。纪念碑的方案“反射的无物”（图 10－21）由迈克尔·阿拉德设计，它包括了一个地面广场和地下的博物馆，并保留双塔遗留下来的两个空洞。这虽然在许多方面和原来的规划方案不同，但是它仍然在城市设计提供的可能性基础上做出了创造性的诠释。

图 10－20　从自由女神像遥看世界贸易中心

图 10－21　反射的无物

李布斯金设计组的方案的一个吸引力在于实施的灵活性：它可以分解成多个小地块分期设计，并在市场允许的时候建造；该方案对纪念性空间也提供了多种可能性。总之，它可以让不同的设计师和开发商在一个共同的框架下进行操作。

第十一章　当代风景园林理论与实践发展

第一节　绿色基础设施与绿道

一、绿色基础设施

（一）绿色基础设施（Green Infrastructure，简称 GI）

绿色基础设施起源于20世纪90年代中期的美国，强调自然环境在土地使用中的决定作用，尤其是自然生态系统作为一种网络对生命的支撑作用，强调相互的联系性以便取得长期的可持续发展。绿色基础设施概念与生态基础设施（Ecological Infrastructure，EI）基本一致。1999年8月，美国保护基金会和农业部林务局（The Conservation Fund and the USDA Forest Service）首次提出绿色基础设施的定义："绿色基础设施是国家自然生命保障系统，是一个由下述各部分组成的相互联系的网络，这些要素有水系（Waterways）、湿地、林地、野生生物的栖息地以及其他自然区；绿色通道（Greenways）、公园以及其他自然环境保护区；农场、牧场和森林；荒野和其他支持本土物种生存的空间。它们共同维护自然生态进程，长期保持洁净的空气和水资源，并有助于社区和人群提高健康状态和生活质量。"

绿色基础设施是"灰色基础设施"概念的拓展，作为一种生命支撑系统，是生活的必需品。它具有生态作用，对自然有益，对人也有益。

（二）绿色基础设施的组成

绿色基础设施是一个主要由自然景观要素组成的系统，其系统组成主要有中心（Hub，Core）和连接（Corridor，link）两部分（图11－1）。其中，中心承担多种自然过程的作用，是野生生物的来源和目的地。中心可以是自然保护区、国家公园、农场、森林、牧场、城市公园、公共空间、城市林地、采矿场、垃圾填埋场等。连接是中心之间关联的纽带，提供生态过程的流动或生物迁徙的作用，呈线形形态，使绿色基础设施具有网络的功能。可以作为连接的有：

（1）地景联系：即自然保护区与城市公园之间的较大尺度的连接，起到自然生态系统通道的作用，为本土植物和动物提供生存和繁衍之地，同时又可以为大众提供休闲娱乐空间。

（2）自然保护廊道（Conservation Corridors）：如河流，它是野生生物生态廊道，同时又适宜大众用于休息娱乐。

（3）绿色通道（Greenways）：线形的可供人和自行车通行的绿地空间。

（4）城市绿带（Greenbelts）：在城市的周边或近邻地带，特意保留的较大面积未被开发的荒野或是农业用地，具有线形特征，既用于防止城市蔓延，同时又保护野生环境和城市农业。

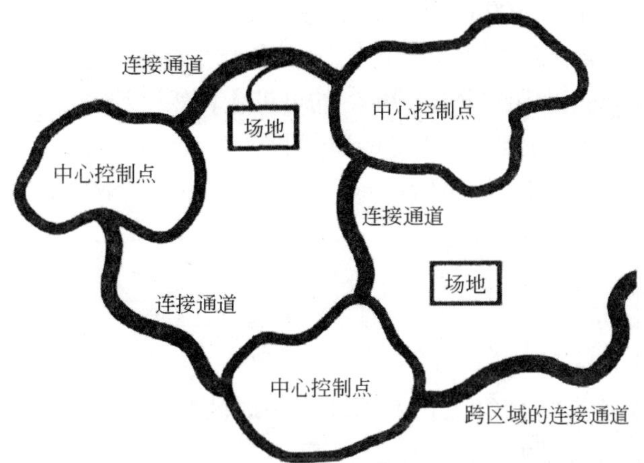

图 11-1　绿色基础设施系统组成示意图

(5) 生态链 (Ecobelt)：在城市社区和农田间的绿化缓冲区或廊道口，具有生态和社区休闲功能，为城市和农村居民共同享用。

(三) 绿色基础设施的类型和尺度

绿色基础设施具有不同的类型与尺度，一般分为四级：区域级、次区域级、市区级和邻里级，具体见表 11-1。

绿色基础设施的分级　　表 11-1

尺度级别	绿色基础设施主要构成
区域级 (Regional)	国家公园、国家自然保护区、主要河流廊道、国家文化遗产、国家徒步旅行网络、国家自行车道网络
次区域（市级）或县级 (Subregional/County)	重要的大规模公园、森林公园、当地的自然保护区、河流廊道、文化娱乐走廊、海岸线
市区级 (District/Borough)	城市公园、花园、河流廊道、绿色通道、自行车道、运动场、其他绿地、林地、水库、水体、湿地、海滨
邻里级 (Neighborhood)	街景（树木、花坛）、庭院、墓园、小的水体、河流、农田、林地

来源：C Davies，R Macfarlane，C McGloin，M Roc

(四) 绿色基础设施规划相关标准

2009 年 12 月，Donna F. Edwards 等提出了《2009 促进清洁水质的绿色基础设施法案》(Green Infrastructure for Clean Water Act of 2009，HR4202)，建议在全美成立 5 个绿色基础设施建设卓越中心 (Centers of Excellence)，投资绿色基础设施并为地方政府和社区提供资金，同时增强和扩大绿色基础设施项目。该法案界定了绿色基础设施的定义，并规定了资金的接受方，同时要求提出绿色基础设施投资组合标准 (Green Infrastructure Portfolio Standard)。

欧盟国家提出《绿色基础设施规划标准》(Accessible Natural Green space Standard Plus)，是在原有英国《自然英格兰可进入自然绿地标准》的基础上进行的修改和补充而成的，其核心内容有：

（1）居住地距离不超过300m，至少有一块面积不小于2hm^2 的自然绿地。

（2）每1000人口至少提供面积不小于2hm^2 的自然绿地。

（3）离居住地20km以内至少有20hm^2 的可进入自然绿地。

（4）离居住地5km以内至少有100hm^2 的可进入的自然绿地。

（5）离居住地10km以内至少有500hm^2 的可进入的自然绿地。

（6）近邻的绿地需要互相连接。

二、绿道

（一）绿道（Greenway）

19世纪中期，奥姆斯特德等人在美国波士顿地区规划了一条呈带状分布的城市公园系统，即通过连续不断的绿色空间——公园道（Parkway）将各城市公园之间以及公园与查尔斯河之间联系起来，这就是著名的“翡翠项圈”规划（图11－2），由此产生了西方国家所公认的第一条真正意义上的绿道。

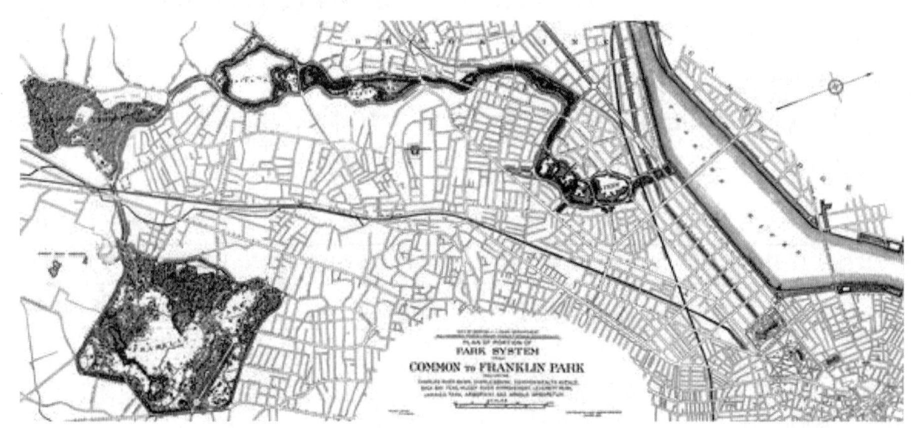

图11－2 “翡翠项圈”

绿道（Greenway）是将公园、自然保护地、名胜区、历史古迹等与高密度聚居区之间进行连接的开敞空间纽带，包括自行车线路、野生动物廊道、滨水恢复区或者从城市中延伸出来的沿着溪流或港湾的林荫小径等。这些绿道使得景观从破碎化走向整体化，为人类的游憩活动和动物繁衍、迁徙提供了空间，并且具有遮阳降温、风道、防治污染等重要生态功能以及极佳的城市美化效果。

国际上诸多学者都曾提出过绿道的分类，如早期福曼·戈德龙（Forman Godron）依据绿道的形态将其分为线状廊道、带状廊道、河流廊道三类。其中，利特尔（Little）在《美国的绿道》一书中的论述较为经典，认为绿道依据其形成条件、功能可分为五类：a）城市河流型绿道；b）游憩型绿道（休闲绿道）；c）自然生态型绿道；d）风景名胜型绿道；e）综合网络型绿道。法布士（Fabos）则按功能将绿道分为生态型绿道、游憩型绿道、遗产型绿道三类。表11－2对国外绿道的分类思想进行了简单归纳。国内方面也有相关的理论，如俞孔坚教授认为，按照绿道的形式与功能，中国存在着三种类型的绿道：沿着河道或水域边界分布的滨河绿道；公园道路绿道或具有交通功能的道路绿道；沿田园边界分布的田园绿道。

国外绿道的分类　　表 11 -2

分类标准	分类类型	提出者	时间
形态	线状廊道、带状廊道、河流廊道	福曼·戈德龙（Forman Godron）	1986
形成条件、功能	城市河流型、游憩型、自然生态型、风景名胜型、综合网格型	利特尔（Little）	1990
功能	保护生物多样型、水资源型、游憩型、历史文化资源型	阿赫姆（Ahem）	1991
功能	生态型绿道、游憩型绿道、遗产型绿道	法布士（Fabos）	1995

戴菲、胡剑双在《绿道研究与规划》一书中，依据法布士的分类方法将绿道的类型进一步进行了梳理（图 11 -3）。这里就慢行交通进行简要介绍。

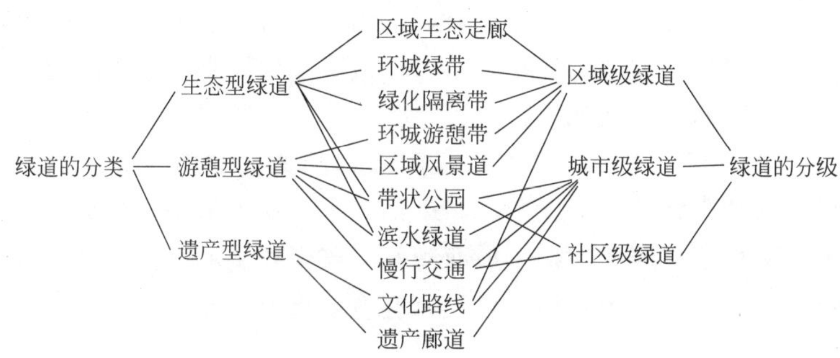

图 11 -3　相关概念与绿道之间的关系

慢行交通通常指的是步行或自行车等以人力为空间移动动力的交通。城市慢行交通系统（即“慢行系统”）是城市绿色交通系统的首要构成及综合交通体系的重要组成部分，由步行系统与非机动车系统两大部分构成，在完善与提升城市空间功能，提高居民生活品质方面具有重要作用。这一词是国内提出的概念，国外绿道研究中与此类似的概念是游径（Trail）。

根据我国《城市道路工程设计规范》（CJJ37 -2016）在慢行交通方面的规定，人行道宽度必须满足行人安全顺畅通过的要求，并应设置无障碍设施。人行道最小宽度应符合表 11 -3的规定。自行车道纵坡度宜小于 2.5%，宽度应按车道数的倍数计算，每条车道宽度宜为 1m，靠路边的和靠分隔带的一条车道侧向净空宽度应加 0.25m，双向行驶车道最小宽度宜为 3.5m。

人行道最小宽度　　表 11 -3

项目	人行道最小宽度（m）	
	一般值	最小值
各级道路	3.0	2.0
商业或公共场所集中路段	5.0	4.0
火车站、码头附近路段	5.0	4.0
长途汽车站	4.0	3.0

（二）国际绿道理论的发展历程

对于西方绿道的起源，一种观点是源于 1867 年的波士顿公园系统规划（Boston Park System），以西恩斯为代表的一些学者则认为可以追溯到 18 世纪欧洲的一些景观轴线和林荫大道。笔者较认同将欧洲早期的林荫道作为一种绿道的萌芽形态而纳入阶段体系，则国际绿道理论的发展历程可大致划分为以下五个阶段（表 11－4）：

国际绿道理论发展历程　　表 11－4

	阶段	时间（年）	作用
1	林荫大道时期	1833—1867	萌芽时期，绿道作为城市轴线
2	公园路时期	1867—1900	出现了真正意义上的绿道，用于构建城市公园系统
3	区域、社区绿道时期	1900—1960	控制市区蔓延，形成了社区绿道的规划模式
4	生态廊道、文化保护路线时期	1960—1985	保护城市中的自然生态和文化遗迹
5	多功能、多目标发展时期	1985 至今	绿道运动逐渐走向国际化

随着绿道理论的发展，国际上绿道的空间形态已逐渐网络化，众多省立绿道、城市绿道、社区绿道等交织在一起构成了绿道网络，即绿网（Greenways）。绿道网络是经规划、设计、管理的线状网络用地系统，具有生态、娱乐、文化、审美等多种功能，是一种可持续性的土地利用方式（埃亨，1995）。

美国新英格兰绿道网（图 11－4）是绿网规划的典型案例。该规划建立在奥姆斯特德、埃里沃特的传统规划特色之上，通过新增加的 12700 英里步行道将新英格兰地区 6 个州的开放空间串联起来，扩展了保护土地面积并完善了相关的立法工作。这种多层次多功能的州际绿道网络，对全美绿道网络的建立具有重要指导意义。

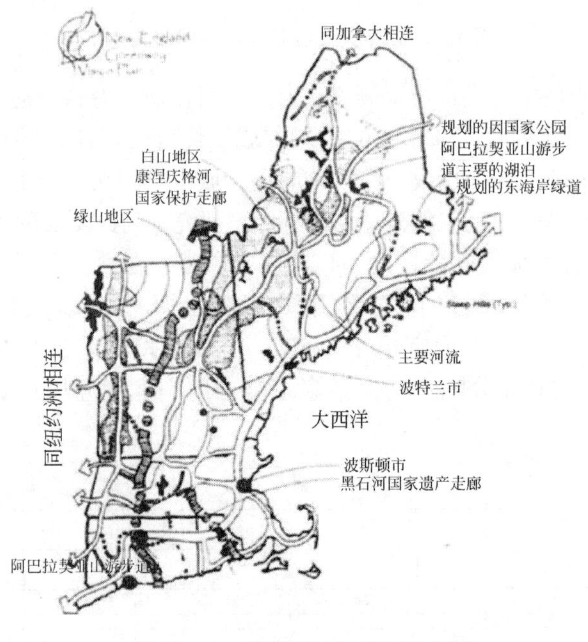

图 11－4　新英格兰绿道网规划图

（三）我国的绿道规划

中国绿道规划思想可以追溯到公元前 1000 多年的周代，西周修建了最早的大道“周道”，并在系统路网和绿化养护方面开创了先河。剑门蜀道“翠云廊”自秦代起先后开展了 8 次大规模的行道树种植与维护，这是迄今为止世界上最古老、保存最完好的古代绿道，比奥姆斯特德等人规划的波士顿公园体系还要早近 2000 年。

然而中国对于现代绿道的研究起步较晚，国外这一新的绿地建设思想在20世纪末才介绍到国内，目前尚处于探索阶段。其中，广东珠三角绿道网的规划建设是国内先行之例（图11－5）。该规划以山、林、江、海为要素，形成“两环、两带、三核、网状廊道”的珠三角区域绿道规划框架，并以此串联多元自然生态资源和绿色开敞空间，营造了多层次、多功能、立体化、复合型、网络式的珠三角“区域绿网”，为后续的城市级绿道建设、社区级绿道建设奠定了基础。继广州之后，深圳、无锡、佛山等城市也积极投入到绿道绿网规划的实践探索之中。

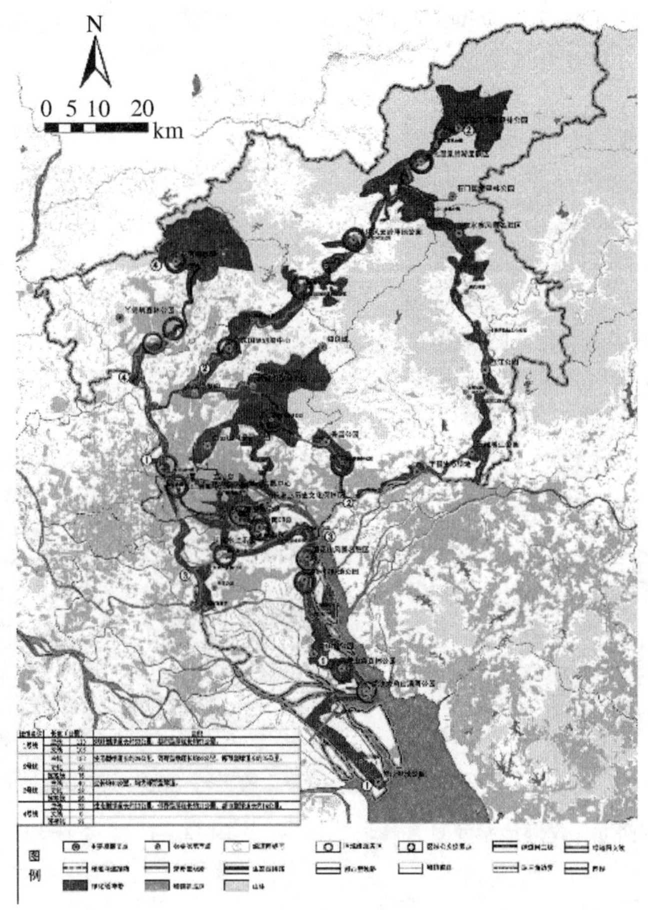

图11－5　珠三角绿道网（广州段）指引图

第二节　雨洪管理

一、雨洪管理的概念

雨洪是指流经街道、草坪或其他场地的雨水，本应被回渗到地面，通过过滤，最终补充地下水或流入溪流。但随着城市发展，更多不透水表面建设阻止了雨水下渗，表面径流会引发污染、洪水、河岸侵蚀、破坏生物栖息地等问题。

传统的雨洪管理利用竖向设计，以“管网收集”加“终端处理”模式排出雨水使其进入管网。至20世纪70年代，发达国家经研究产生了新的雨洪管理理念，最具代表性的有美国的最佳管理措施（BMPs）和低影响开发（LID）、英国的可持续排水系统（SUDS）、澳大利亚的水敏性城市设计（WSUD）、新西兰的低影响城市设计与开发（LIUDD）等。

美国马萨诸塞州塞勒姆州立大学湿地走廊景观（图11－6）设施由525小块湿地组成，将校园景观与毗邻的湿地滩涂重新连于一体，除休闲开放的空间功能外，还有助于改善场地排水情况。

雨水汇入狭长的生态草沟中，过滤淤泥和杂质，雨水渗流回地面并缓缓流入滩涂湿地中。斜坡式草坪（图11－7）提供了蓄水空间。合理配置的公共设施提供了怡人的户外场所；扩增新鲜土壤，创建生态草沟等举措营造了更为健康的生态环境。

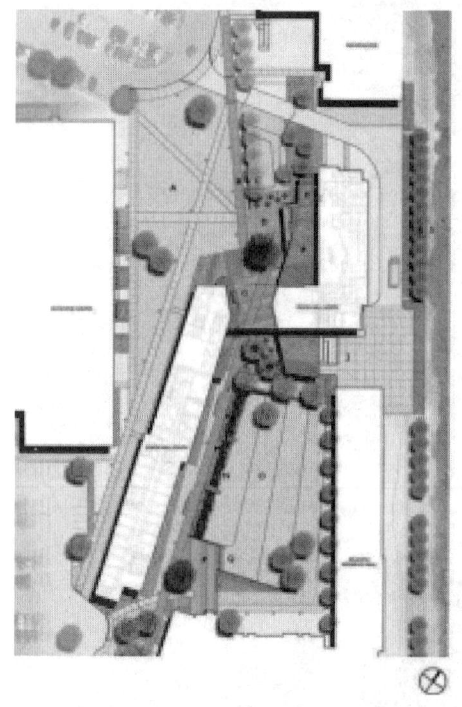

图11－6 塞勒姆州立大学湿地平面图

图11－7 生态草沟及斜坡式草坪

二、雨洪管理的方法

（一）低影响开发

20世纪90年代，低影响开发（Low Impact Development，LID）在美国马里兰州孕育而生。低影响开发是一种自然的、景观式的雨水管理方法，强调尊重场地开发前的自然水循环功能，其主要通过雨水控制、雨水阻滞、雨水滞留、雨水过滤、雨水渗透、雨水处理等分散的控制设施从源头控制因开发产生的地表径流及径流污染，减少非点源污染排放，实现开发区域可持续水循环。具体措施包括雨水花园、屋顶花园、植被浅沟、减少场地不透水面积等。

与国外相比，低影响开发技术目前在国内应用较少，但已列入国家“十二五”水专项重大课题进行研究。

德国弗莱堡市的扎哈伦广场（Zollhallen Piazza）是一个基于低影响开发理念的生态广场。该广场摒弃了传统的管道排放和污水处理系统，采用大面积的透水铺装及增大铺装间隙以增加植被种植的方式增加透水面积。其低影响开发设计主要包括化态树池、下凹式绿地、植草沟、透水铺装和地下储水设施（图11-8）。

图11-8　扎哈伦广场中局部的LID技术

中国哈尔滨市群力公园（图11-9）的低影响开发主要体现在以下几个方面：（1）公园保留了现存湿地的大部分区域，禁止人类干预，让植被在其中自然演替。（2）设计尊重原有场地形态，通过湿地边缘土方平衡技术，创造出一条曲线优美的植被缓冲带（图11-10）。（3）环湿地城市管网收集雨水资源后，雨水经过充分过滤后汇入核心湿地储存，保持水质优良，同时成为天然巨大的储水湿地。（4）深入的高架栈道的设置可使游人近距离体验公园自然美景，减少了铺装对雨水循环的阻碍，也为湿地自然生态循环系统提供了保障。

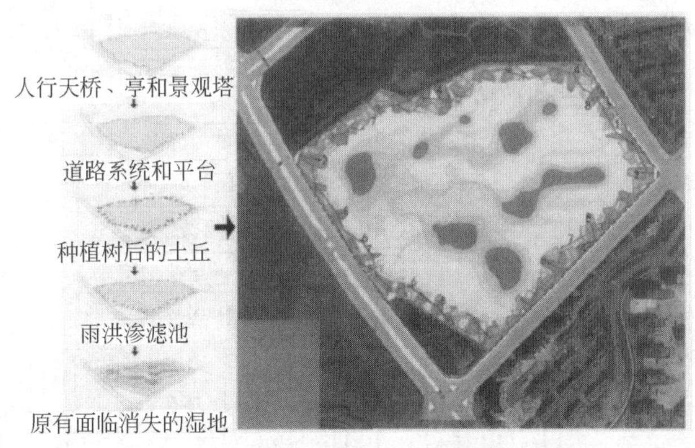

图11-9　群力公园方案

（二）水敏性城市设计

水敏性城市设计（Water Sensitive Urban Design，WSUD）是一种通过对所有水资源的精细管理来实现健康的生态系统和生活与生存方式的城市环境规划和设计方法。

对于水敏性城市设计的官方定义有如下两种：

国际水协会定义：WSUD是城市与城市水循环的管理、保护和保存的结合，从而确保

图 11－10　公园植被缓冲带

了城市循环管理能够尊重自然水循环和生态过程。

澳大利亚水资源委员会定义：WSUD 是从城市规划的各个阶段将城市开发建设与城市的水循环相结合的一种城市规划新途径。

WSUD 的基本原则：（1）提高可渗透性地表；（2）保持水体流动性；（3）保持水体溶解态氧含量；（4）降低水体溶解态营养物；（5）降低水体不溶物负荷；（6）建立稳定水生态系统。

新加坡水敏性城市设计（图 11－11）旨在从空间设计的角度，将城市的开发建设和城市可持续的雨洪管理相结合，来减少其对城市水循环的影响。近年来，新加坡开始以城市集水区为关注点，将空间设计手段融入水源管理中，这种水敏性城市设计实践不仅以优化生态环境为目标还提高了城市空间环境的质量。

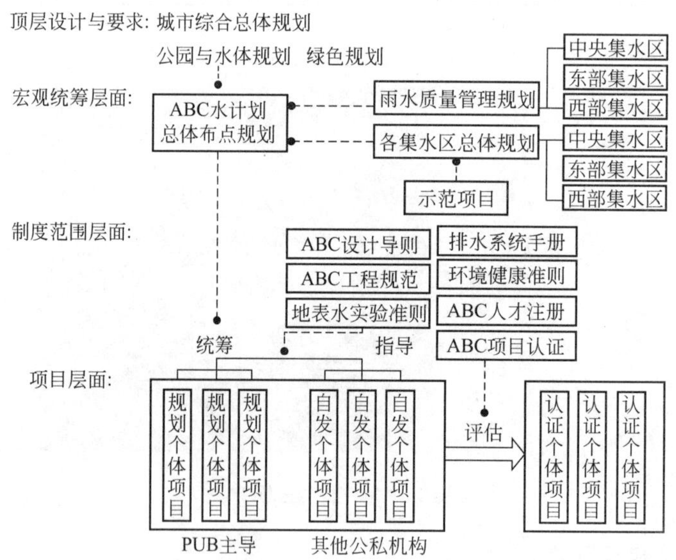

图 11－11　新加坡水敏性城市设计行动框架

（三）海绵城市

海绵城市是指城市能像海绵一样，在适应环境变化和应对自然灾害等方面具有良好的

“弹性”，下雨时吸水、蓄水、渗水、净水，需要时将蓄存的水释放并加以利用。海绵城市建设应遵循生态优先等原则，将自然途径与人工措施相结合，在确保城市排水防涝安全的前提下，最大限度地实现雨水在城市区域的积存、渗透和净化，促进雨水资源的利用和生态环境保护（图 11－12）。

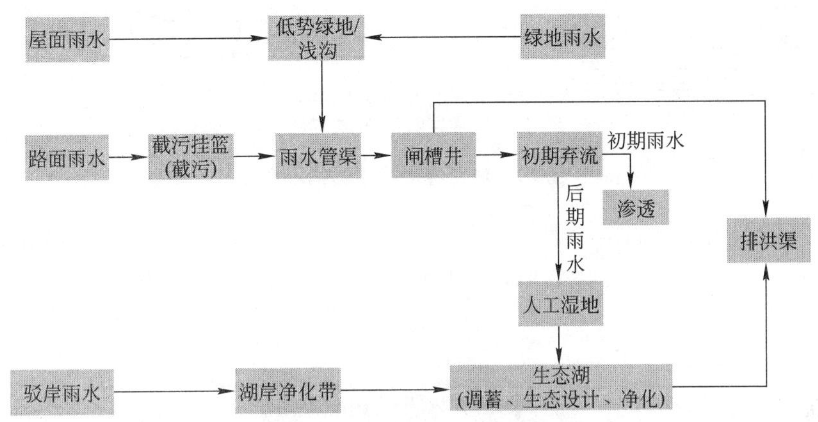

图 11－12　海绵城市水循环图解

以北京奥林匹克公园为例，整个公园是一个“海绵体”，将雨水收集系统与地形地貌、水系湖泊等自然要素相结合，做到雨水的自然净化、下渗和回用：（1）建筑屋顶与运动场均设有利用率高达 95% 的雨水收集系统（图 11－13）；（2）园内道路多选用多孔的沥青混凝土透水材料（图 11－14），下渗雨水用于灌溉和道路喷洒；（3）自然低洼地形成汇水区，种植水生植物；（4）采用自然生态驳岸；（5）运用下沉式绿地；（6）采用信息化雨水调度等。

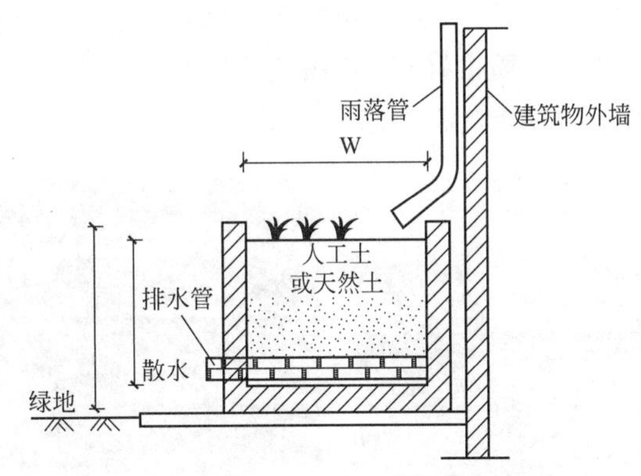

图 11－13　雨水花坛结构示意

（四）雨水花园

雨水花园是自然形成的或人工挖掘的浅凹绿地，被用于汇聚并吸收来自屋顶或地面的雨水，通过植物、沙土的综合作用使雨水得到净化，并使之逐渐渗入土壤，涵养地下水，或使之补给景观用水、厕所用水等城市用水。雨水花园是一种生态可持续的雨洪控制与雨水利用设施。

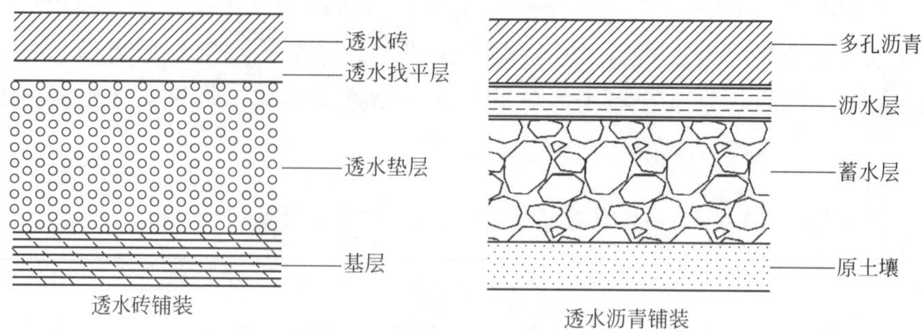

图 11－14 透水路面结构示意

雨水花园的结构由下而上一般为砾石层、砂层、种植土壤层、覆盖层和蓄水层，同时设有穿孔管收集雨水，设有溢流管以排除超过设计蓄水量的积水（图 11－15）。

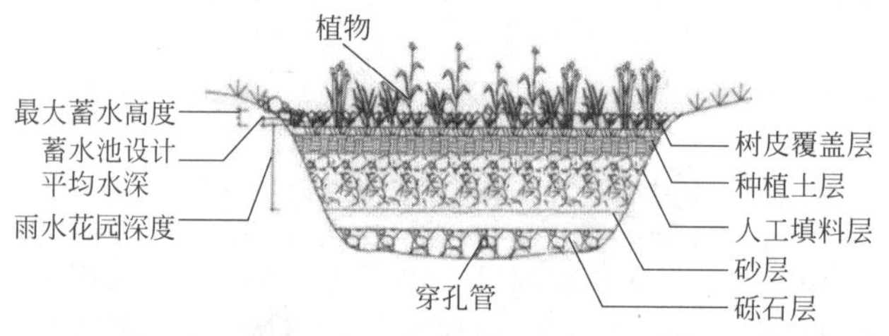

图 11－15 雨水花园结构图

德国波茨坦广场水景设计（图 11－16）让雨水在降落之际就地使用。其绿化屋顶和非绿化屋顶结合设计可获取全年用水量。雨水从建筑屋顶流下，作为冲厕、灌溉和消防用水。过量的雨水则可以流入户外水景的水池和水渠之中，为城市生活增添色彩。

植被净化群落（图 11－17）用以过滤和循环流经街道和步道的水质、水体，而无任何化学净水制剂的使用。湖水水质很好，为动植物创造了一个自然的栖息场所。同时，由于净化雨水的再利用，也使得建筑内部净水使用量得以减少。

图 11－16 波茨坦广场

图 11－17 植被净化群落

美国新的摩尔广场（图 11－18）通过打造中心城市地形拓展其空间上、经验上和规划上的范围，成为一个多维度的开放草地，具有良好的前景和广阔的绿地，既可用于紧急避难，还可用于休闲娱乐场所。广场的改造尽可能多地保留原来地形及基础设施，保持原有环境特征及景观形态。规划还设计了一系列可持续项目，比如：将雨水收集到雨水花园、在自然区增加生物栖息地等，确保该设计有利于生态系统，同时打造一个安静的阅读环境和赏鸟胜地。

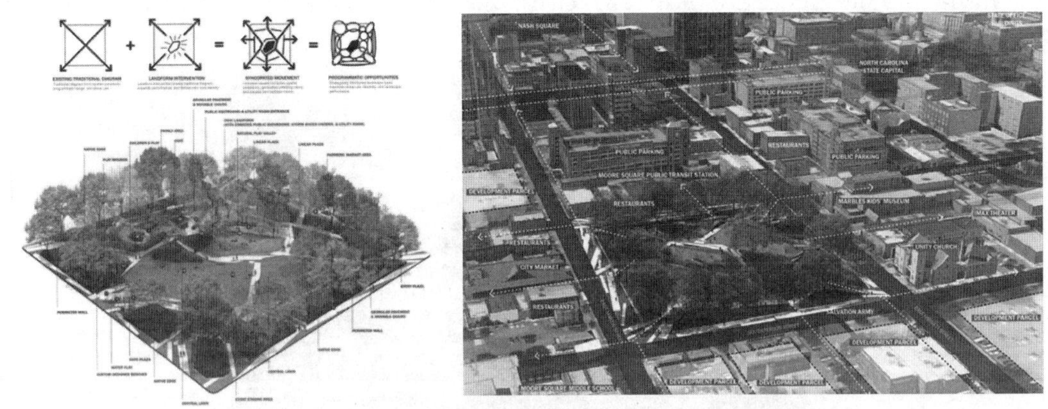

图 11－18　广场分析

第三节　可持续发展理念的风景园林

可持续发展是指生态平衡、经济稳定和社会公平三者的有机统一，也即可持续发展需要注意生态要素、社会要素以及经济要素。

风景园林可持续发展是指将可持续发展的理念融入风景园林规划设计、建造和日常维护过程中，在不破坏原有生态的基础上，充分利用自然环境条件，合理选用景观材料，对资料的适度开发与利用的园林设计管理方法。具有生态持续性、经济持续性和社会持续性。

一、节约型园林

"节约型园林"这一概念是在建设"节约型社会"的背景下，由建设部在 2007 年 8 月 30 日出台的《关于建设节约型城市园林绿化的意见》中首次提出，旨在扭转当前的园林绿化建设方向，促进园林绿化行业的可持续发展。

（一）节约型园林的概念

节约型园林绿化就是指"以最少的地、最少的水、最少的钱，选择对周围生态环境最少干扰的园林绿化模式"，具有可持续、自我维持、高效率、低成本等基本特征，即根据现有资源的情况，按照合理与循环利用的原则，在规划到完成的各个环节中，实现资源最大化合理利用，降低能源消耗量，提高资源利用率。

（二）国内外节约型园林建设的研究进展

国外对于节约型园林景观建设的理论研究还未有成文论述。但相关理论如景观生态学、行为建筑学等方面诸多论述，形成了完整而深入的理论体系，对于行为场所、开敞空间、城市景观等方面有着深入而系统的研究，这些都是营建节约型园林景观的重要理论依据。国外很多城市景观的生态建设实践为节约园林景观的建设和可持续发展进程提供了可贵的经验。例如，新加坡长久以来一直致力于节约型园林绿化建设，从源头上通过整体结构的协调实现人工生态系统的高效能，做到科学规划、合理使用土地资源。新加坡本着建设“花园城市”的先进理念，在不同的发展时期都提出相应的目标，宏观规划，并最终打造出高水平的园林城市（图 11－19）。

图 11－19　“花园城市”新加坡

目前国内节约型园林建设在节水型、节能型、节材型上均有体现与尝试，但整体处于摸索阶段。节水型材料的推广、新能源的不断研发与实践以及废弃物的回收再利用等，都有或成功或失败的尝试。例如北京奥林匹克森林公园中透水铺装的使用、雨水收集系统的规划、太阳能电池板的使用等，都是比较成功的案例（图 11－20，图 11－21）。而上海后滩公园的棕地恢复湿地改造工程，在短时间内成功地改造了环境，长期实践后的现状却令人惋惜（图 11－22）。

图 11－20　北京奥林匹克森林公园太阳能光伏电板

图 11－21　北京奥林匹克森林公园室外木塑复合地板

图 11－22　上海后滩公园

另一方面，立体绿化的打造，也逐步成为节约型园林绿化建设的重点项目。随着国内技术的不断完善，相应的法律法规也在逐步完善中。例如 2009 年深圳通过政府公报发布并实施《屋顶绿化设计规范》标准，称屋顶绿化要保证有足够的绿化面积，深圳城市屋顶绿化面积已经超过 100 万平方米。同年，上海徐汇区绿化局把实施屋顶绿化的重点放在学校和机关事业单位。到 2009 年，徐汇区绿化局已经完成了屋顶绿化 5060 平方米(图 11－23)。

（三）节约型园林的设计理念

1. 体现地方性

尊重乡土知识，适应场所的自然过程，使用乡土建筑及建材进行设计。

2. 保护与节约自然资源

保护不可再生资源，尽可能减少包括能源、土地、水以及生物资源的使用，提高使用效率，利用废弃的土地以及原有材料，实现物质、能量及土地利用方式的循环与再生。

图 11－23　徐汇区绿地缤纷城空中花园

3. 让自然做工

自然界没有废物，它具有自组织或自我设计能力，并且具有能动性和生物多样性。我们还可以充分利用生态系统之间的边缘效应，来创造丰富的景观。

4. 显露自然

设计节约型园林，不单设计形式和功能，还应显露其自然和生态过程、线路土地上的历史与人文过程。

（四）节约型园林的分类与做法

就资源与能源节约而言，“节约型园林”可分为挖潜、保土、节水、节能、节材 5 种模式。

1. 挖潜型园林绿化

我们一方面要充分利用现有的园林绿地，追求园林绿地综合效益的最大化；另一方面还应充分挖掘潜力，通过大量种植乔木，结合道路、墙面、屋顶等设施绿化和垂直绿化（图 11－24），最大限度地提高城市的绿化覆盖率。

2. 保土型园林绿化

一方面，要扭转当前“平原城市堆山、山地城市推山”的反自然倾向，将保持地形地貌的完整性和典型性作为“节约型园林”建设的重要内容；另一方面，要少用客土，尽量做到土方就地平衡，并将场地原有的肥沃表土收集回用，保护土壤中原有的生物物种。

3. 节水型园林绿化

在园林绿地的建设和管养环节中应充分重视水资源的节约利用，同时在园林绿地建设中应“开源节流”。一方面，治理水体污染并补充地下水，提高雨水的利用率和再生水的回用率，提高可利用的水资源总量；另一方面，要在植物选择、水景营造、水的运输、浇灌植物等环节减少水资源的消耗（图 11－25）。

4. 节能型园林绿化

在园林绿地的建设、管理和运营中，减少对电、热等能源的消耗，并结合各地的自然

图 11－24　垂直绿化墙

图 11－25　节水型园林：墨尔本爱丁堡雨水花园

条件，积极开发太阳能、风能、地热、水力等可再生能源。还要认识到，建筑周围适宜的小气候环境也是降低建筑能源消耗量的有效手段。

5. 节材型园林绿化

建设“节材型园林”，首先，应鼓励使用在开采、生产、加工、运输等环节中对环境影响较小的环境友好材料；其次，提倡使用各种地方材料、挖掘传统工艺，在减少运输消耗的同时突出园林绿化的地方风格；最后，将园林绿化建设和运营中产生的各种废弃物，如碎石、混凝土、枯枝、落叶、树皮等，做到合理的回收利用。

中国幅员辽阔，地区差异较大，建设“节约型园林”应本着“因地制宜”的原则，探索具有地方特色的“节约型园林”建设模型。

（五）节约型园林建设评价体系

以功能过程为导向的开放式城市绿地生态理论是节约型园林技术体系的主要理论依据，包括生态绿地格局理论、群落营造理论、循环工艺理论、生物修复理论、立体绿化理论等主要内容（图11－26）。

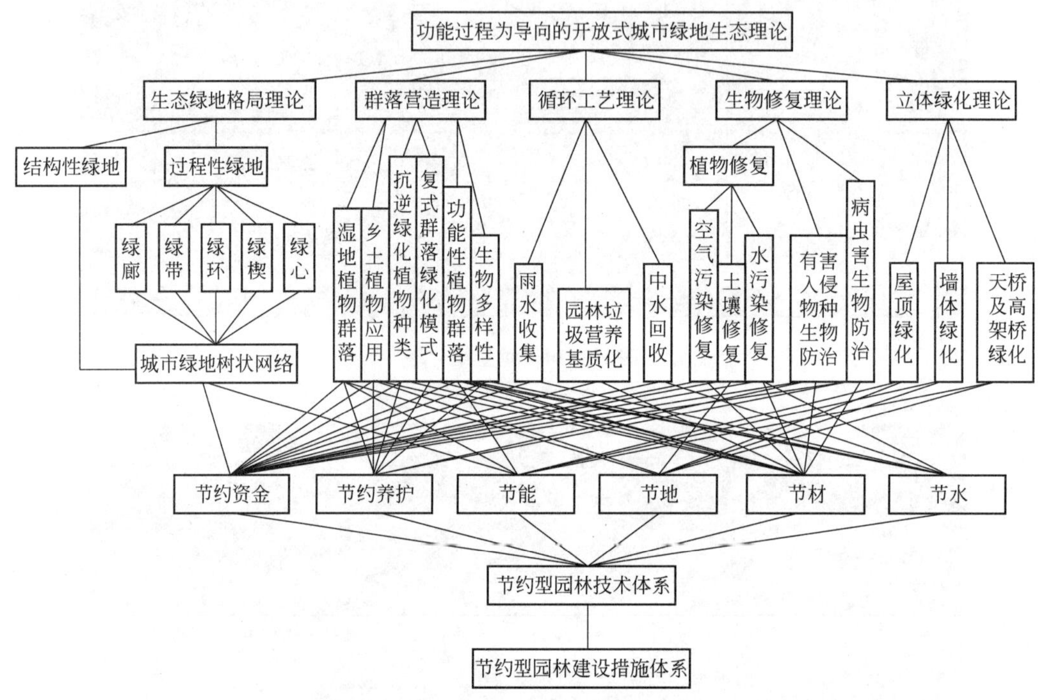

图11－26　节约型园林建设措施体系

以功能过程为导向的开放式城市绿地生态理论，指的是作为城市唯一有生命的城市基础设施系统，城市绿地必须通过构建具备开放性、流动性、均匀性的绿地格局体系，形成以绿地植物群落为基本功能单元、物质循环与生物修复为主要功能过程的绿地动态运行系统，从而满足和实现城市社会、经济、生态复合系统对于城市绿地在景观、文化、休闲、安全，尤其是生态环境改善方面的功能需求（表11－5）。

节约型园林评价指标体系　　**表11－5**

<table>
<tr><th rowspan="2">A</th><th rowspan="2">B</th><th rowspan="2">C</th><th rowspan="2">D</th><th rowspan="2">指标值意义及计算方法
index and its calcalation methed</th><th rowspan="2">综合权重
weight</th><th colspan="5">分级 grade</th></tr>
<tr><th>Ⅰ</th><th>Ⅱ</th><th>Ⅲ</th><th>Ⅳ</th><th>Ⅴ</th></tr>
<tr><td rowspan="2">节约型园林建设水平（A）</td><td rowspan="2">B1 规划水平（0.4）</td><td rowspan="2">C1 选址（0.6）</td><td>D1 营造条件（0.28）</td><td>从原场地状况对园林格局形成、功能设计的影响程度加以评价，专家咨询法</td><td>0.0672</td><td>1.0</td><td>0.8</td><td>0.6</td><td>0.4</td><td>0.2</td></tr>
<tr><td>D2 施工难易程度（0.22）</td><td>从原场地条件对后序施工的影响程度加以评价，专家咨询法</td><td>0.0528</td><td>1.0</td><td>0.8</td><td>0.6</td><td>0.4</td><td>0.2</td></tr>
</table>

续表

A	B	C	D	指标值意义及计算方法 index and its calcalation methed	综合权重 weight	分级 grade				
						Ⅰ	Ⅱ	Ⅲ	Ⅳ	Ⅴ
节约型园林建设水平（A）	B1 规划水平（0.4）	C1 选址（0.6）	D3 群落稳定性（0.28）	植物累计种类倒数与累计相对频度的比值（Godmn 法[13]）	0.0672	0.25	0.4	0.5	0.6	0.7
			D4 可达性指数/%（0.22）	园林的服务面积/研究区总面积[14]	0.0528	100	80	60	40	20
		C2 布局（0.4）	D5 整体和谐度（0.4）	从绿地与周围环境之间的和谐程度加以评价，专家咨询法	0.0640	1.0	0.8	0.6	0.4	0.2
			D6 空间结构合理度/%（0.3）	开敞空间面积/绿地总面积	0.0480	50	40	30	20	10
			D7 绿地连接度（0.3）	运用绿道与城市的其他绿地进行连接，用具体绿道数量衡量	0.0480	4	3	2	1	0
	B2 功能水平（0.3）	C3 生态功能（0.6）	D8 净化空气指标/%（0.21）	（有害气体初始浓度 - 有害气体终止浓度）/有害气体初始浓度	0.0378	50	40	30	20	10
			D9 小气候改善指标/%（0.21）	0.38 × 遮光率 + 0.32 × 降温率 + 0.18 × 相对湿度 + 0.12 × 风速降低率	0.0378	50	40	30	20	10
			D10 物种丰富度指数（0.19）	（*S* 为物种数目，*N* 为绿地中植物总株数）	0.0342	1.0	0.8	0.6	0.4	0.2
			D11 群落郁闭度/%（0.19）	林冠覆盖面积/绿地地表面积	0.0342	100	80	60	40	20
			D12 吸声降噪率/dB（0.20）	绿地的噪声衰减量 - 同距离的空地上噪声自然衰减量	0.0360	15	12	10	8	6
		C4 社会功能（0.6）	D13 美化环境（0.4）	从活动空间、道路、自然水体、人工水量、植物、园林小品的美观性加以评价，专家咨询法	0.0480	1.0	0.8	0.6	0.4	0.2
			D14 游憩吸引度/%（0.35）	绿地年游人量/绿地可容纳年游人量	0.0420	100	80	60	40	20
			D15 防灾避难[16]（0.25）	从环境的安全性、植物种类、绿地规模、应急避难系统的设置等角度加以评价，专家咨询法	0.0300	1.0	0.8	0.6	0.4	0.2
	B3 节约水平（0.3）	C5 节地（0.2）	D16 非草坪绿地占有率/%（0.4）	非草坪绿地面积/绿地总面积	0.0240	100	80	60	40	20
			D17 立体绿化率/%（0.3）	建筑物表面已绿化面积/建筑物表面积	0.0180	40	30	20	10	0
			D18 复层绿化率/%（0.3）	复层绿化面积/绿地总面积	0.018	50	40	30	20	10

续表

A	B	C	D	指标值意义及计算方法 index and its calcalation methed	综合权重 weight	分级 grade				
						Ⅰ	Ⅱ	Ⅲ	Ⅳ	Ⅴ
节约型园林建设水平(A)	B3 节约水平(0.3)	C6 节水(0.2)	D19 非硬质地面铺装率/%(0.2)	非硬质地面面积/地面总面积	0.0120	100	80	60	40	20
			D20 透水透气性路面铺装率/%(0.22)	透水透气性路面面积/路面总面积	0.0132	50	40	30	20	10
			D21 耐水耐旱植物应用率/%(0.18)	耐水耐旱植物量/植物总量	0.0108	100	80	60	40	20
			D22 节水技术/%(0.22)	微喷、滴灌、渗灌和其他节水技术的灌溉面积/总灌溉面积	0.0132	100	80	60	40	20
			D23 浇灌用水来源/%(0.18)	浇灌用水非传统水源量/浇灌用水总量	0.0108	50	40	30	20	10
		C7 节材(0.2)	D24 乡土植物应用率/%(0.4)	乡土树种数量/绿化树种数量	0.0240	100	80	60	40	20
			D25 材料循环利用率/%(0.2)	废弃物利用量/废弃物总量	0.0120	40	30	20	10	0
			D26 原地形利用率/%(0.2)	原地貌特征保持面积/原地形面积	0.0120	50	40	30	20	10
			D27 原表土应用率/%(0.2)	场地原表土作种植土的回填量/原表土土方量	0.0120	50	40	30	20	10
		C8 节能(0.2)	D28 可再生能源利用率/%(0.5)	可再生能源消耗量/能源消耗总量	0.0300	20	15	10	5	0
			D29 节能装置与技术/%(0.5)	节能产品使用数量占总数量的比率	0.0300	100	80	60	40	20
		C9 节力(0.2)	D30 修剪植物应用控制率/%(0.3)	(植物总量 - 修剪植物量)/植物总量	0.0180	40	30	20	10	0
			D31 易培育植物应用率/%(0.3)	易培育植物量/植物总量	0.0180	50	40	30	20	10
			D32 管理措施(0.4)	从绿地养护标准和养护水平加以评价，专家咨询法	0.0240	1.0	0.8	0.6	0.4	0.2

注：B、C、D 层（ ）中数据为各指标权重。

二、低碳园林

低碳（Low—carbon），意指较低（更低）的温室气体（CO_2）排放。低碳的核心在于减少碳排放和增加碳汇量，随着城市化的迅速发展，城市碳排放比重和数量也持续上升。因此，低碳是城市可持续发展的必然选择，也是全球减缓气候变化行动的关键。

（一）低碳园林的定义

我国“低碳园林”相关理论研究尚处于探索阶段，其含义为：在风景园林的规划设计、材料与设备制造、施工建造与日常管理以及使用的整个生命周期内，尽量减少化石能源的使用，提高能效、降低二氧化碳排放量，形成以低能耗、低污染为特征的“绿色”风景园林。

例如，泰国的学农幼儿园（Farming Kindergarten）绿化设计，屋顶花园的设计不仅使绿化率增大，碳排放量降低，经过处理后的屋顶还成了学校的菜园，增添了经济以及教育方面的效益（图 11－27、图 11－28）。

图 11－27　泰国学农幼儿园

图 11－28　泰国学农幼儿园屋顶农场

（二）低碳园林的功能

1. 降低园林建设中的能源消耗；
2. 提高园林营造与使用过程中的能源效率；
3. 增强园林的碳汇功能。

（三）低碳园林的营造方法

1. 雨水储存利用

保持和修复自然界的水循环是低碳设计的重要目的之一。在园林设计中，雨水利用包括雨水的集蓄和渗透两种途径：

a. 雨水的渗透包括地面渗透池、渗透沟和可渗透铺装。

b. 雨水的集蓄设施主要包括集雨系统、蓄水池及净化设施等，园林中经常使用的集雨系统有绿地滞蓄汛雨回补系统、道路集雨人工湖系统、屋面集雨系统等。

例如，纽约高线公园的设计，将植物的灌溉需求降到最低点。在绿色屋面系统和留缝铺装的共同作用下，至少80%流入高线公园的雨水在这里就已经得到消化（图11－29）。

2. 绿色园林构筑物

园林构筑物可以通过形式的巧妙构思达到增汇的目的。园林建筑采用半地下、地下或底层架空的设计，以及墙面、屋顶立体绿化，增加绿化面积或绿地面积，达到减排效果。也可利用太阳能采光板为框架面、顶篷等结构，将太阳能与构筑物巧妙地结合，达到减排、增加可再生能源目的，也可创造新的构筑物形式，风能设备的恰当布置与设计也可成为园林新景观。

例如，2010年上海世博会英国零碳馆。零碳馆是以英国最大的环保生态小区、世界上第一个零碳社区——贝丁顿社区零碳社区为原型进行设计的。整个馆区使用太阳能发电板和生物能等可再生资源产生的能源维持馆区的日常需要，很大程度上减少了碳排放，实现了低能耗的目标。零碳馆中雨水收集系统的应用，不仅减少了雨水的流失与污染，还为建筑提供了大于建筑消耗量的水源（图11－30）。

图11－29 纽约高线公园种植铺装

3. 污水净化循环

具有净化功能的人工湿地系统可以设计成污水处理地。将城市污水排入湿地系统，通过具有净化功能的水生植物和多层异质土壤的共同作用，使污水得到净化。污水净化后可以作为园林的景观或灌溉用水，实现污水的可循环利用。这一过程简便易行且能耗极低，可以节约大量电能。

例如，浙江长桥溪水生态修复公园，将生态、观赏、休闲、科普教育和水生修复示范功能集为一体，长桥溪的入湖水质得到了明显的改善，污水的日处理量达到1000～1500m^3，雨季可达3000m^3，运行管理简便，节省能耗（图11－31、图11－32）。

图 11－30　上海世博会英国零碳馆屋顶

图 11－31　长桥溪水生态修复公园（一）

图 11－32　长桥溪水生态修复公园（二）

4. 选择建造材料

低碳排放量的最直接方法就是通过选择碳成本低、耐久度高、后期维护少以及可以进行循环利用的材料进行园林建设。选择本地或就近材料尽量采用木材、竹藤等“低碳”材料，少用钢材、玻璃、水泥等“高碳”材料，寻求已成型、已使用的材料进行改装、重构等，使园林材料实现可持续利用；还可以将可再生的废料回收，重新锻造成新的材料，节约开采、炼铸成本。

5. 植物增汇措施

植物的光合作用吸收二氧化碳、释放氧气，并产生有机物，为植物生长提供最基本的物质和能量来源。栽种植物是唯一不消耗能量的碳汇方法，增加碳汇措施是低碳园林的重要功能，也是建设低碳城市的重要措施。

（四）低碳园林绿地评价体系

低碳园林绿地评价指标体系涵盖了一块园林绿地从设计、施工、现状到管理维护等几个方面的内容，由规划设计、施工组织与管理、现状及管理与维护 4 个一级指标及 25 个二级指标共同构成评价指标体系（表 11 –6、表 11 –7）。

低碳园林绿地评价指标体系　　表 11 –6

一级指标（X）	二级指标（Y）
规划设计（X1）	规划设计方案完整性（Y1）
	竣工图与规划设计图的一致性（Y2）
施工组织与管理（X2）	施工组织设计合理性（Y3）
	施工进度与施工进度计划的一致性（Y4）
	工程施工规范性（Y5）
	施工安全文明及环保情况（Y6）
现状（X3）	本地植物指数（Y7）
	植物多样性指数（Y8）
	乔灌木覆盖率（Y9）
	低碳材料使用率（Y10）
	当地和就近材料使用率（Y11）
	透水性铺装材料利用率（Y12）
	大树移植率（Y13）
	绿地率（Y14）
	立体绿化率（Y15）
	水体岸线自然化率（Y16）
	节水技术利用率（Y17）
	再生水利用率（Y18）
	可再生能源利用率（Y19）
管理与维护（X4）	植物成活率（Y20）
	植物生长状况（Y21）
	设施良好率（Y22）
	绿色废弃物利用率（Y23）
	生物防治推广率（Y24）
	管理制度建设（Y25）

低碳园林绿地评价标准　　表 11－7

项目 Items	规划设计指标（X1）Indexes of Lanning and Design			
	优（4）Best	良（3）Good	中（2）Modrate	差（1）Worst
规划设计方案完整性（Y1）	规划设计方案科学合理，严格按照设计图施工	规划设计方案基本科学合理，基本能做到按图施工	有规划设计方案，施工时能有图纸施工	无规划设计方案
竣工图与规划设计图一致性（Y2）	规划设计图与竣工图完全一致，施工过程中无变更	规划设计图与竣工图基本一致，有少量变更	规划设计图与竣工图存在重大变更	规划设计图与竣工图完全不一致
施工组织设计合理性（Y3）	施工组织设计科学、合理、规范	施工组织设计基本科学、合理、规范	施工组织设计存在很多缺漏，但尚能指导工程的施工	施工组织设计不能指导工程的施工
施工进度与施工进度计划的一致性（Y4）	施工进度同施工进度表完全一致	施工进度与施工进度表基本一致	施工进度与施工进度表相差较大	施工进度与施工进度表明显不一致
工程施工规范性（Y5）	施工完全遵照园林工程施工规范	施工基本与园林工程施工规范要求相一致	施工不太符合园林工程施工规范的要求	施工不符合园林工程施工规范的要求
施工安全文明及环保情况（Y6）	有科学的安全文明及环保管理制度，并严格执行	全文明及环保管理制度基本合理且能基本遵守	安全文明及环保管理制度不健全且未能全部遵守	无安全文明管理及环保制度，施工时不遵守相关制度
本地植物指数（Y7）	≥0.90	≥0.70	≥0.50	<0.50
植物多样性指数（Y8）	≥0.70	≥0.60	≥0.50	<0.50
乔灌木覆盖率（Y9）	≥0.75	≥0.65	≥0.55	<0.55
低碳材料使用率（Y10）	≥0.60	≥0.50	≥0.30	<0.30
当地和就近材料使用率（Y11）	≥0.0	≥0.90	≥0.30	<0.30
透水性铺装材料使用率（Y12）	≥0.60	≥0.40	≥0.30	<0.30
大树移植率（Y13）	≥0.10	≥0.50	≥0.25	<0.25
绿地率（Y14）	≥0.70	≥0.15	≥0.50	<.50
立体绿化率（Y15）	≥0.80	≥0.60	≥0.20	<0.20
水体岸线自然化率（Y16）	≥0.80	≥0.40	≥0.60	<0.60
节水技术利用率（Y17）	≥0.70	≥0.70	≥0.50	<0.50
再生水利用率（Y18）	≥0.70	≥0.60	≥0.50	<0.50
可再生能源利用率（Y19）	≥0.25	≥0.20	≥0.15	<0.15
植物成活率（Y20）	≥0.95	≥0.85	≥0.75	<0.75

续表

项目 Items	规划设计指标（X1）Indexes of Lanning and Design			
	优（4）Best	良（3）Good	中（2）Modrate	差（1）Worst
植物生长状况（Y21）	生长健壮，病虫危害程度控制在 5% 以下	生长基本健壮，病虫危害程度控制在 10% 以下	长势一般，病虫危害程度在 10% 以上	长势不好，病虫危害程度在 15% 以上
设施完好率（Y22）	≥0.85	≥0.75	≥0.65	<0.65
绿色废弃物利用率（Y23）	≥0.80	≥0.70	≥0.60	<0.60
生物防治推广率（Y24）	≥0.50	≥0.40	≥0.30	<0.30
管理制度建设（Y24）	绿地维护管理制度合理完善，并严格执行	绿地维护管理制度基本完善，并基本能执行	绿地维护管理制度不健全，部分未能执行	没有维护管理制度，城市绿地的维护管理无章可循

第四节　防灾避险绿地

一、防灾避险绿地的概念

中国自古就是一个多灾重灾之国，《国语·周语》中有记载“囿有林池，可以御灾也”，说的就是城市中保留树林和水池，可以抵御灾害。可见我国古代就对绿地的防灾功能有了一定的认识，但这并没有使绿地在我国作为防灾避险设施来建设和利用。

真正的城市防灾避险绿地建设最早可以追溯到文艺复兴时期，一般是指当地震、火灾、洪灾等灾害发生时，能减轻灾害危害程度及用于紧急疏散和临时安置灾民的绿地空间。它在城市防灾、为受灾民众提供避灾、进行紧急救援场所和保障灾后城市复兴建设方面有着不可忽视的作用。

（一）防灾避险绿地的类型及主要技术指标

根据 2010 年发布的《四川省城市防灾避险绿地规划导则》，防灾避险绿地可分为防灾公园、临时避险绿地、紧急避险绿地、隔离缓冲绿带和绿色疏散通道 5 种类型，其具体规划技术指标如下（表 11－8）：

防灾避险绿地规划技术指标　　表 11－8

编号	名称	布局要求				
		小城市（人口不足 20 万）		中等城市（人口 20 万～50 万）	大城市（人口 50 万～100 万）	特大城市（人口多于 100 万）
		（人口少于 10 万）	（人口 10 万～20 万）			
1	防灾避险绿地	防灾公园—紧急避险绿地	防灾公园—紧急避险绿地	防灾公园—临时避险绿地—紧急避险绿地	防灾公园—临时避险绿地—紧急避险绿地	防灾公园—临时避险绿地—紧急避险绿地

续表

编号	名称		布局要求				
			小城市（人口不足20万）		中等城市（人口20万~50万）	大城市（人口50万~100万）	特大城市（人口多于100万）
			（人口少于10万）	（人口10万~20万）			
2	防灾公园	数量规模	1座/20万~25万人 不小于5公顷				
		服务半径	不大于5000米				
3	临时避险绿地	规模	不小于2公顷				
		服务半径	不大于1500米				
4	紧急避险绿地	规模	不小于1000平方米				
		服务半径	300~500米				

1993年，日本提出把发生灾害时作为避难场所和避难通道的城市公园称为防灾公园，是防灾避险绿地的一种重要形式。作为一个灾害频发的国家，日本防灾公园已建成较为成熟的公园体系。防灾公园依据其功能、规模、面积、形态、道路宽度及服务半径等可划分为不同的类型，例如日本在1995年阪神大地震后，将防灾公园划分为6种类型（表11－9）。

日本防灾公园的类型 **表11－9**

序号	种类	作用	公园类别	规模	道路宽度	服务半径
1	具广域防灾据点机能的都市公园	在广域范围内发挥赈灾活动据点作用	广域公园	$50hm^2$	15m以上	200m以上
2	具广域防灾用地功能的城市公园	大规模地震、火灾发生时在广域范围内供避难使用	都市基础公园、广域公园	$10hm^2$	10~12m	200m以内
3	具临时避难用地功能的都市公园	大规模地震、火灾发生时提供临时避难使用	邻里公园、地区公园等	$1\sim2hm^2$	5~10m	500m
4	提供避难疏散通道功能的都市公园	提供通向广域避难场地的疏散通道功能	绿道等		10m以上	
5	在加油站及石油相关工业用地和一般城市用地之间起隔离作用的缓冲绿地	以防止灾害为目，具有缓冲绿地功能	缓冲绿地			
6	具有近便的防灾活动据点功能的都市公园	作为自家附近的防灾活动据点	街区公园等	$300\sim500m^2$	未满3m	500m以内

1995 年 7 月，兵库县制定了《阪神・淡路震灾复兴计划》，其中三木综合防灾公园作为日本首个广域防灾据点，可以容纳城市大规模灾害的大型救援队、接纳和运送全国及世界范围的救援物资和大型器械，是县域防灾网络的核心和开展灾后救援复兴活动的后方基地，平时则作为防灾教育的主要场所，可谓防灾公园建设的典范（图 11 - 33）。另一个佳例是东京都城北中央公园，始建于 1957 年，是东京城北地区最大的综合公园，2003 年东京首都圈修订新的地域防灾规划后，被指定为大规模营救赈灾活动据点候选地。公园管理中心及其相关组织针对抗灾赈灾的活动展开，以不同时间的赈灾形态为基点，进行了空间规划（图 11 - 34 ~ 图 11 - 36）。

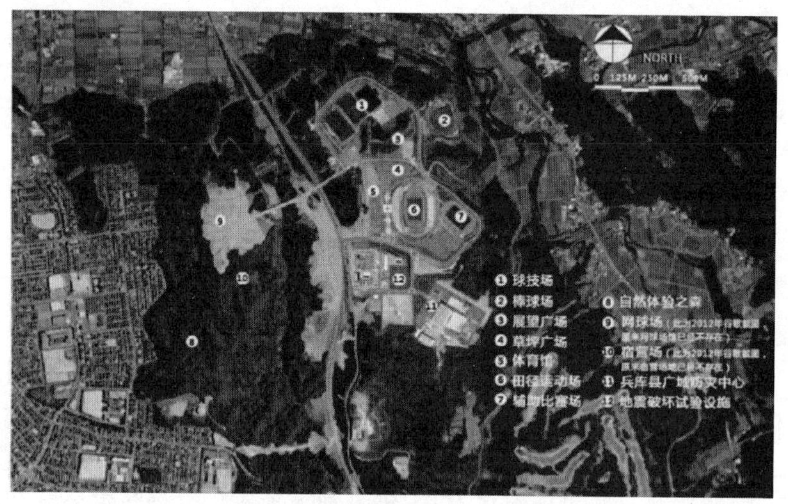

图 11 - 33　三木综合防灾公园平面图

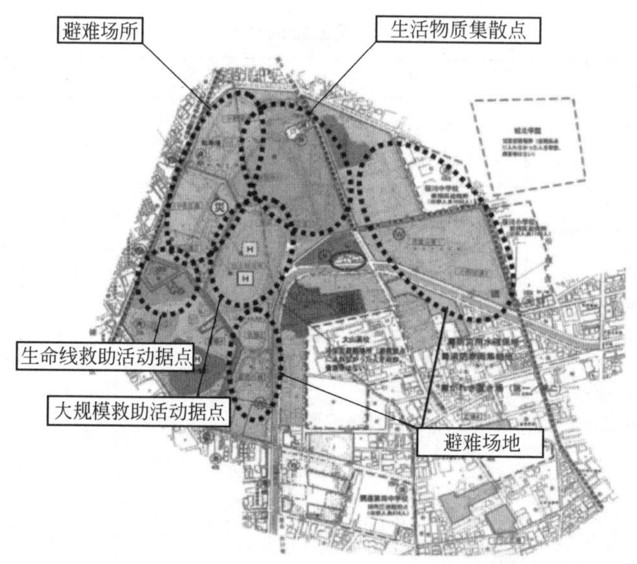

图 11 - 34　城北中央公园赈灾时利用规划（灾害发生 3 日之内）

2003 年，我国于北京建成了第一座防灾公园——元大都城垣遗址公园，但至今城市绿地系统中完整的防灾避险体系构建尚未有实质性的进展。

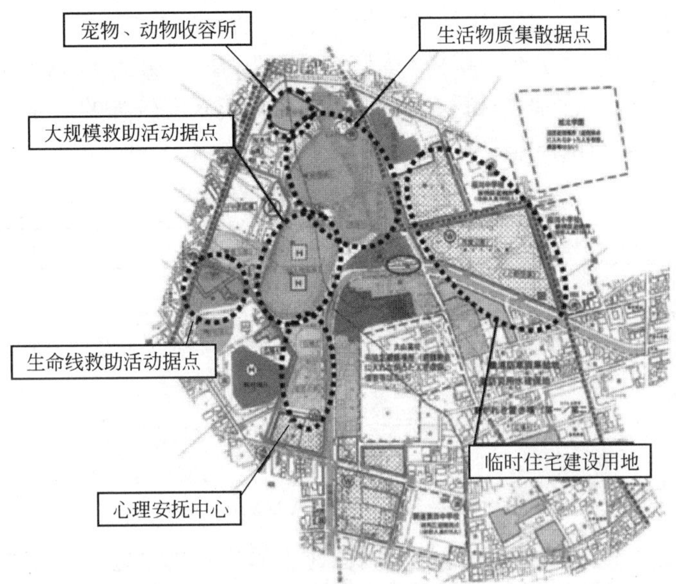

图 11－35　城北中央公园赈灾时利用规划（灾害发生 3 日至 3 周）

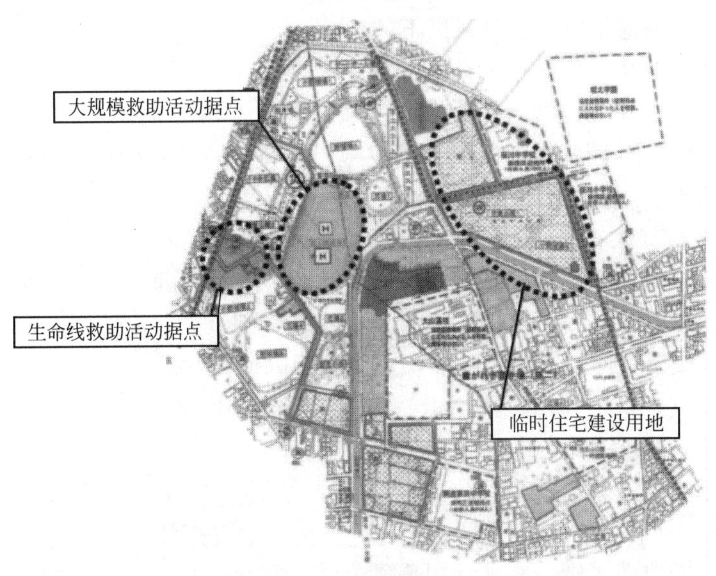

图 11－36　城北中央公园赈灾时利用规划（灾害发生约 3 周之后）

（二）防灾避险绿地的植物种植设计

根据《四川省城市防灾避险绿地规划导则》的相关规定，防灾避险绿地的植物种植设计主要应满足以下三方面的要求：

（1）减轻火灾危害。防火林带选用的植物应具备较高的遮蔽率、较高的含水率和较低的含油率的植物。种植方式应乔灌草三层结合，林带的厚度应不少于三排（交互种植）乔木。此外，还应该确保其通透性，便于避灾人员必要时的紧急疏散。

（2）支援避险生活。由于树木可以起到支撑帐篷的支柱、断电盘和照明器具的安装固定处，及代替电线杆、告示板的固定支柱等作用，所以，在防灾公园和临时避险绿地内部，应结合避险露营等防灾避险生活的实际需求来进行植物配置。

（3）利于救灾行动。防灾公园内至少应有一个开阔平坦的草坪以承受紧急车辆、物资搬运车辆等技术要求。草坪地被植物应耐踩压、对环境具有较强的适应性。

具体的植物材料选择，可参考以下推荐使用的种类（表11－10）。

植物材料选择建议表　　**表11－10**

防火隔离乔木	防火隔离灌木
银杏、水杉、悬铃木、罗汉松、国槐、刺槐、夹竹桃、三角枫、珊瑚树、香榧、紫薇、刺桐、泡桐、乐昌含笑、柳树、红楠、榆树、槭树、桤木、喜树、小叶榕、黄葛树、栾树、广玉兰、白玉兰、枇杷、臭椿、桑树、苦楝、枣、女贞、楠木、香樟、皂角树、朴树、三叶木、杜英等	山茶花、海桐、冬青、桃叶珊瑚、十大功劳、八角金盘、黄杨、小叶女贞、鸭脚木、鹅掌柴、杜鹃、小腊、六月雪等

二、防灾避险绿地系统

防灾避险绿地并不是单纯地被动地利用已建成的公园或绿地，而是主动地有前瞻性地规划和配置公园绿地于城市之中，形成一个在灾害来临时能有机互相联系、并能独立运转的系统。城市防灾避险绿地系统一般由防灾公园、临时避险绿地、紧急避险绿地、隔离缓冲绿带和绿色疏散通道组成。应具备以下特点：

（1）充分发挥各类防灾公园的防灾作用。

（2）分级配置、按需配置各种物资、设施。

（3）由临时防灾公园到固定防灾公园或中心防灾公园的转移过程符合避难疏散的基本规律，有较高的科学性、可行性和安全性。

（4）满足避难疏散的安全要求。

此外，城市防灾避险绿地系统规划必须在城乡总体规划的框架内，在城市抗震防灾等规划的指导下，对市域、市区、街区的各级防灾避险绿地进行定性、定位、定量的统筹安排，以有效提升城市整体防灾避险功能。具体的规划原则如下：

（1）综合防灾、统筹规划原则。相关机构、部门应共同协商、悉心谋划，明确各避难场所担当的任务，进行统筹安排。

（2）与城市规划的整合原则。防灾避险型绿地系统规划是城市总体规划空间规划的重要组成部分，因此要与城市总体规划相配套，以更好地发挥其综合作用。

（3）普通公园改造原则。充分利用普通公园的空间和原有的防灾减灾功能，可明显减少建设投资。

（4）平灾结合原则。防灾避险绿地应当兼有普通公园的基本功能，融入市民的日常生活中。

（5）安全性、公平性与自愿原则。安全性是配置防灾公园的首要条件。

（6）家喻户晓原则。通过平时的宣传教育与避难演习，培养居民的安全技能与遵纪守法的自觉性。

（7）就近避难原则。防灾避险绿地的分布应比较均匀，具体设置标准还要考虑人口密度。

（8）步行原则。居民到避难场所避难一般步行而至。

（9）应急避难与长期防灾协调原则。应合理统筹临时避难场所与长期避难场所的建设。

防灾避险绿地体系是在各种城市灾害及其次生灾害发生的各个时序中，能减轻灾难对城市的危害程度，为城市居民提供紧急疏散通道和临时安置场所，并为城市灾后救援和重建提供有力保障的城市绿地空间体系。它是诸多防灾避险绿地系统的总和，主要由点、线、面和体等要素组成。其中，“点”是指避难场所，主要由居住区公园、居住小区游园和街旁绿地组成；“线”是指绿色疏散通道，主要由防护绿地和道路绿地等组成；而“面”则是指收容场所，主要由综合公园、专类公园和带状公园等组成；“体”是指隔离缓冲绿带，包括由城市外围的山体、自然林带等非城市建设绿地组成的城市外围防御圈和由防护绿地等组成的城市内部防御圈。（表 11－11）

防灾避险绿地体系与城市绿地类型对应表　　表 11－11

要素 类别	点	线	面	体
防灾避险绿地体系	避难场所	绿色疏散通道	收容场所	隔离缓冲绿带
对应的城市绿地类型	居住小区游园和街旁绿地等	防护绿地和道路绿地等	综合公园、专类公园和带状公园等	城市外围的山体、自然林带等非城市建设绿地防护绿地等

自然灾害具有多重性，对于多数城市来讲可能存在两种以上自然灾害类型。根据主要设防的灾害类型不同，防灾避险绿地体系又可以分为城市防震避灾绿地体系、防火避灾绿地体系、防洪避灾绿地体系、防台风绿地体系、防沙尘暴绿地体系、防滑坡绿地体系等不同的类别。以地震灾害体系为例，城市防震避灾绿地体系应根据居民的避难行为特征及城市绿地建设现状，遵循“平灾结合”的建设原则，按照“点、线、面”相结合的模式进行合理布局（图 11－37），且应由不同规模层次的绿地共同构成（表 11－12）。

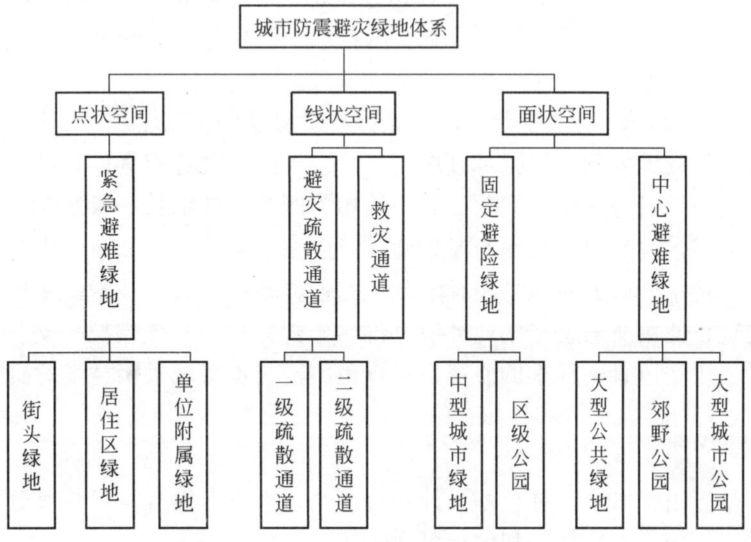

图 11－37　城市防震避灾绿地体系示意图

不同类型防震避灾绿地规模需求　表 11-12

功能定位	绿地类型	绿地规模
避难绿地	紧急避难绿地	0.1hm^2 以上（不小于 1m^2·人$^{-1}$）
	固定避难绿地	10hm^2 以上（短边不小于 300m 且人均 2m^2 以上）
	中心避难绿地	50hm^2 以上
救援疏散通道	救灾通道	道路两侧缓冲绿地宽度不小于 10m
	一级疏散通道	道路两侧缓冲绿地宽度不宜小于沿路两侧建筑物高度的 1/3 且不小于 5m
	二级疏散通道	道路两侧缓冲绿地宽度不宜小于沿街两侧建筑物高度的 1/3

第五节　数字景观

一、数字景观的概念

数字景观是运用各种数字显示技术、3D 技术模拟表现的虚拟景观空间，是借助计算机技术，综合运用 GIS、遥感、遥测、多媒体技术、互联网技术、人工智能技术、虚拟现实技术、仿真技术和多传感应技术等数字技术，对景观信息进行采集、监测、分析、模拟、创造、再现的过程、方法和技术，是区别于传统的用纸质、图片或实物来表现景观的技术手段。

二、数字景观的发展历程

早在 20 世纪 70 年代，麦克哈格就曾提出将景观作为一个包括地质、地形、水文、土地利用、植物、野生动物和气候等决定性要素相互联系的整体，即"千层饼模式"，第一次较为系统完整地提出了基于场地信息因子分析的设计方法（图 11-38、图 11-39）。地理信息系统（Geographic Information System 或 Geo-Information System，GIS）的完善和发展为场地要素的参数化因子分析提供了强大的技术手段，使得传统的手工叠图向数字化叠图跃进。

20 世纪 90 年代以来，"数字化"为风景园林学科发展带来了新的契机，"数字化"由建筑和城市规划领域延伸到风景园林领域，开始进入风景园林规划设计的视野，并渗透到风景园林各过程中用以解决城市问题。其中的相关概念有数字化、参数化、数字景观、计算机模拟等，数字景观是数字技术与风景园林专业相结合的产物。可借助计算机技术，综合运用各类数字技术分析解决风景园林学领域的各类问题。数字技术的主要作用是实现信号的传播和处理，使场所信息采集、环境评价与分析、复杂系统模拟、交互式实时呈现系统等先进技术手段在风景园林学的研究中得以运用，逐步将风景园林学的研究引向系统。

三、数字景观技术

数字园林是应用于风景园林规划设计和管理的数字技术集合，可将其分为三大类：景观信息采集技术、分析评估技术和模拟可视化技术。

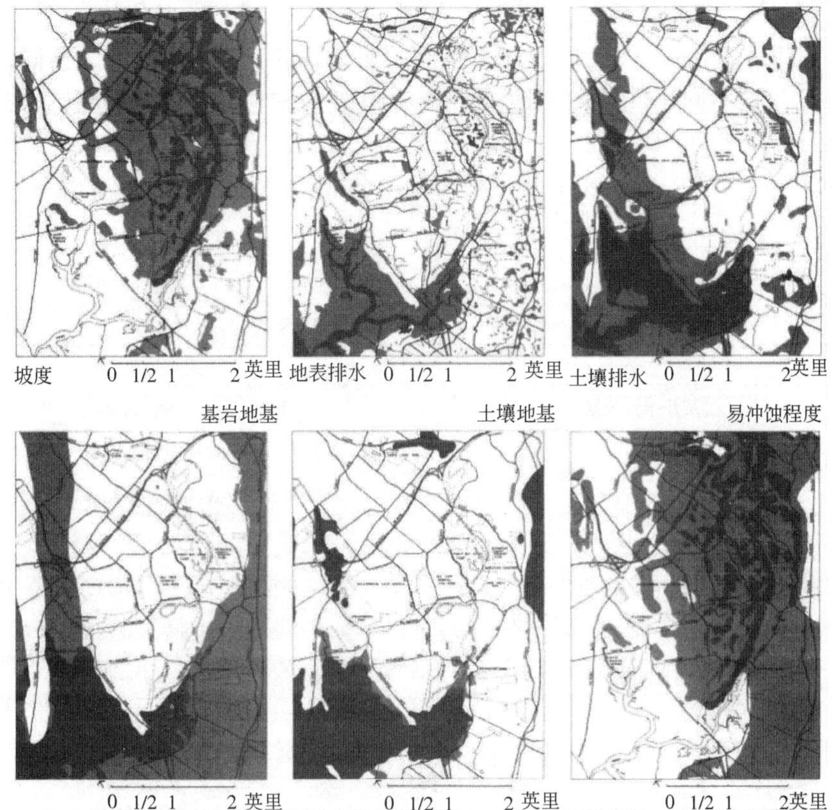

图 11－38　里士满园林大路研究中的各地理障碍分层图（源自《设计结合自然》）

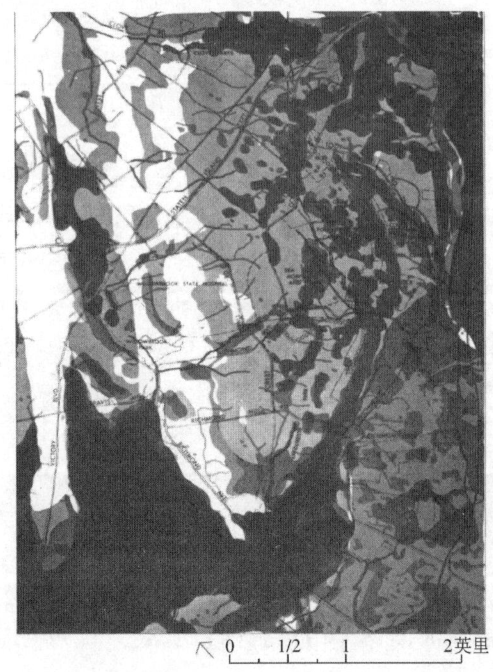

图 11－39　里士满园林大路研究中的各地理障碍复合图（源自《设计结合自然》）

（一）景观信息采集技术

对现状信息的采集描述是风景园林研究和设计过程的基础，研究对象不同，数据的类型及其获取手段也不同，按照信息来源可以分为主体数据和客体数据，其中的主体数据主要指研究范围内，与景观环境产生互动的个体或集合相关的信息。传统的主体数据收集主要是通过问卷访谈、抽样调查等方式来推演整体特征。近几年，利用大数据进行的风景园林相关研究新的数据尝试主要集中在社交网络数据、移动终端数据和生理监测设备测析数据等三个方面（表 11 -13）。

基于景观的大数据形式分类　　表 11 -13

数据形式	大类	小类
传统数据	统计年鉴数据	传统数据查询及景观专题制作
	遥感解释	用地性质识别
		植被、水文等生态要素识别
	现场调研终端	采集景观节点、用地、道路矢量信息
		采集现场照片和多媒体信息
		空间定位信息、定向、专题图制作
	地形图	场地地形数据，等高线、高程点等
基于景观评价的大数据	公众参与平台与社交网络	收集景观空间主观评价
		自然语义分析景观空间形态
		基于语义分析景观空间形态
		基于移动终端 OD 调查的行为采集
		长时间积累的景观多媒体信息
		签到数据识别景观空间热点

（二）景观数字化及模拟技术

可视化技术是将来自测量或科学计算中产生的大量非直观的、抽象的或者不可见的数据，借助计算机图形学和图像处理等技术，用几何图形和色彩、纹理、透明度、对比度及动画技术等手段，以图形图像信息的形式，直观、形象地表达出来，并进行交互处理。

现在的景观数字化及模拟技术有：测量及影像处理技术；WEBGIS、虚拟现实、游戏引擎在景观环境的可视化技术；景观过程模拟与预测技术；3D 打印机、移动通信、互联网等新技术在景观设计中的应用等。

例如，北京林业大学学研中心景观就利用了模拟可视化技术进行景观设计（图 11 -40、图 11 -41）。学研中心“溪山行旅”庭院的流水台阶，高近 5m，使用了新一代计算流体动力学（CFD）模拟软件 Xflow 来模拟流水台阶的水景。（图 11 -42）

在学研中心南侧和东侧与城市的边界有不锈钢钢片组围栏，采用 Rhino + Grasshopper 参数化设计平台，编写图形化脚本程序，通过围栏的地面投影控制线及山体形状的折线（东侧水主题围栏的波浪图案采用正弦曲线生成）即可控制围栏模型的即时生成。（图 11 -43）

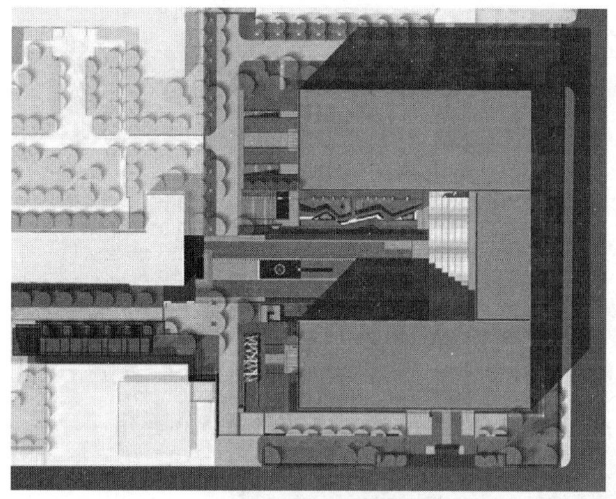

图 11－40　学研中心景观总平面图

图 11－41　学研中心中轴广场

图 11－42　流水台阶 CFD 分析及实际效果

（三）景观分析评价与参数化设计技术

风景园林学被认为是诠释人与自然之间的自然观、人文观和审美观的学科，景观价值评估一直是其理论研究热点，而研究方法也开始从定性评价转向定性与定量相结合。如以数字化的景观信息为研究对象，进行生态敏感区分析、用地适宜性分析、景观美感度分析、可达性分析等。地理信息系统技术（Geographical Information System，GIS）被认为是可嵌入各种分析模型的技术平台之一，它在存储管理景观信息方面有特殊的优势，有强大的空间分析和数据处理功能，无疑成为目前广为应用的分析评估技术。

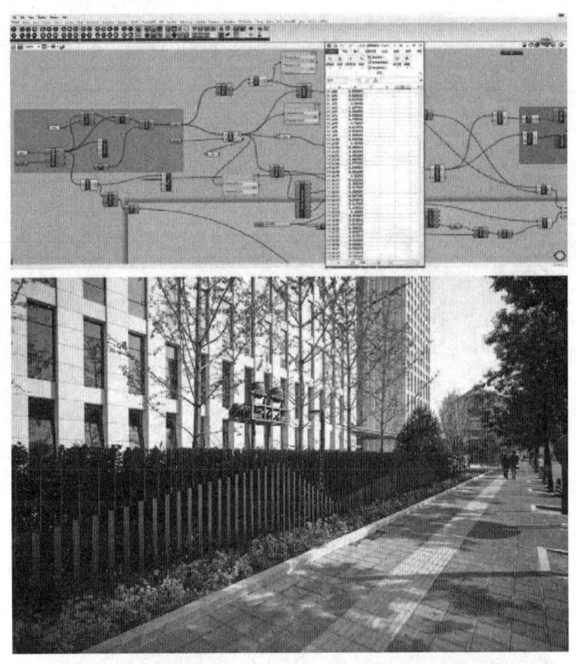

图 11 - 43　参数化设计的山水主题围栏

如今的景观分析评价与参数化设计技术有：基于 GIS 和模型分析的景观评价技术；参数化设计（Building Information Modeling，BIM）、地理设计和景观信息模型（Landscape Information Modeling）；公众参与评估途径和新方法等（图 11 - 44、图 11 - 45）。

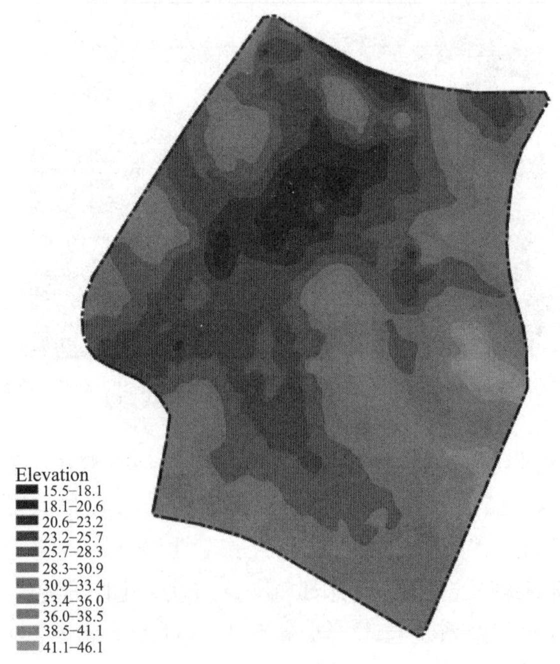

图 11 - 44　高程分析图

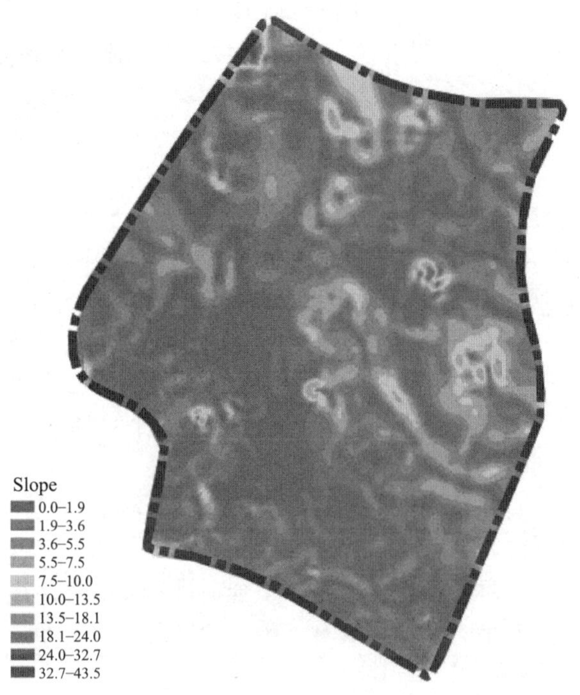

图 11－45　坡向分析图

（四）智慧园林

智慧园林是指利用“互联网＋”的思维，结合大数据、云计算、移动互联网、物联网、空间地理信息 GIS 等数字技术，实现园林智慧化服务与管理。其主要应用一方面表现在如通过利用物联网，设立各种传感点，感知园林的土壤水分情况、环境温度与湿度、二氧化碳程度等，通过数据分析，实现园林管理的智能灌溉、智能预警与分析、专家线上指导等等，实现园林管理的信息化、现代化、标准化、可视化、智能化、精细化。另一方面表现在如园林信息发布推送，园林网上虚拟游，园林绿化线上保护举报等市民服务。智慧园林的建设目标就是充分利用可视化、地理信息、网络技术等现代化的软硬件技术，对陆地资源的结构、种类、数量及分布的现状做详细的数据整理，建立一个完备的园林绿化大数据和可视化、网络化的服务管理平台，实行信息发布、古树名木动态跟踪系统，促进园林信息的共享性、时效性和开放性，提高园林绿化的整体管理水平，实现城市园林的社会、生态、经济、品牌效益。

（五）其他

随着技术的进步，数字技术在很多方面发挥着越来越重要的作用。运用视频分析技术进行园林空间及游人行为分析也是数字技术的一个新方向。

视频分析技术即机器视觉技术，是一种通过图像采集，并将场景中背景和目标分离，进而对目标的活动进行提取和分析，获取活动目标的运动特征的技术。对那些同一时间观测点多、游人密度大的风景园林场地，传统人工计数难度高、误差大，采用视频分析技术进行人群密度估计更具客观性和科学性。该方法可长期、可重复实验，并可随时调取视频以便对游人游赏行为进行深入分析。丁绍刚在国家自然基金项目“基于

‘驻点’分布规律的江南私家园林空间路径量化研究”中，首次运用视频分析技术对留园、网师园进行了研究，分析了游人分布、游憩行为等规律，对深化传统园林研究提供了新的视角。

四、数字景观相关理论

（一）BIM（建筑信息模型）

1975年C·伊士曼（Chunk Eastman）在其研究课题“建筑描述系统（Building Description System）”中首次提出并创建BIM理念，美国国家BIM标准（National Building Information Modeling Standard，NBIMS）给出的定义是：其一，它是设施物理和功能特性的数字表达；其二，它是一个共享的知识资源，面向全寿命周期的所有决策提供可靠信息依据的过程；其三，在项目不同阶段，不同利益主体通过此平台插入、提取、更新和修改信息，以支持和反馈各自负责的协同工作。

由该定义可以看出：首先，BIM不是将数字信息进行简单集成，其重点是将数字信息进行应用，用于建筑设计、建造、建筑管理的数字信息化方法；其次，BIM作为应用于工程设计建造管理的数据化工具，通过各相关方整合项目相关信息，在项目策划、运行与维护的全生命周期过程中起到信息共享与校对、传递的平台作用。

（二）LIM（景观信息系统）

针对BIM在具有多尺度特性的景观设计建造管理方向的技术局限性，景观行业的学者与实践者们在BIM技术与概念基础上，拓展研究适合多尺度适应性的场地景观设计、改造、建设、管理运营等行业相关活动的数字信息平台，其英文全称是Landscape Information Modeling，即景观信息模型。LIM这一概念于2009年的国际数字景观大会（Digital Landscape Architecture Conference）中由哈佛大学欧文（Ervin）首次提出，此概念的提出也标志着数字景观技术综合应用研究开始走向数字景观的主流趋势，景观数字技术应用趋于综合，由最初的GIS、建模等单纯的数字信息模型技术逐步转向明显带有参与性、基于知识架构的景观设计、协作、协调、特征的景观数字技术新方向。

（三）BIM与LIM的异同

LIM和BIM在概念和内涵上具有相似性，但LIM关注的角度是风景园林学科面向多尺度适应性的景观设计建造管理过程中相关利益方（设计方、建造方、管理方、私权方、公权方等）将涉及的面向全生命周期信息输入、更新、提取与校核管理统筹于一个平台，其本质是基于BIM技术的景观数字技术的拓展，是一种实践技术与工具，是一个具有可视化、协调性、模拟性、动态记录、优化性、多角度参与性等特征的景观设计建造管理信息平台。

第六节　开放式社区

一、概述

开放式社区是城市建设布局的一种形式，在学术界尚缺乏统一的定义。笔者认为它是指在城市社区建设中，由城市主次干道围合、中小街道进行组团分割所形成的无围墙城市社区。社区内部路网密度较高、街道尺度宜人、社区空间与城市空间无缝衔接。同时，开放式社区注重土地集约利用以及社区整体价值，提倡“窄路幅、密路网”，公共服务设施就近配套。

开放式社区通过打通社区内部与城市空间，形成一个和谐整体。提供城市共享的公共空间、交通资源及丰富多样的城市公共服务。它最常见的空间形式上层是私密的住宅空间，底层是商业空间或者公共空间。

二、开放式社区的形成背景

我国开放式社区多修建于20世纪80～90年代。由于修建年代较早，各种规划和配套先天不足，社区内居民成分复杂、人员流动性大，导致辖区内存在着乱搭乱建严重、基础设施不足等多种社会问题。开放式社区的出现、发展、转变，正映射着我国由计划经济体制向市场经济体制的转换过程。随着我国经济体制改革、经济市场化的深入，成熟的开放式社区正进一步形成。

三、意义

（一）缓解城市交通拥堵

开放式社区由于将社区内部高等级的道路向城市开放，实现社区内部道路与城市市政道路有机连接，形成“窄路幅、密路网”的城市道路系统结构，从而能实现加密城市支路网、促进城市交通微循环、避免主次干道拥堵等问题。

（二）促进公共资源共享

开放式社区建设能促进社区资源向社会开放，最大化保障城市公共资源使用的公平性和共享性，缓解配套设施供给不足的问题。

（三）实现社会阶层的融合

开放式社区的建设能打通封闭式社区内部道路网，实现公共空间的社会化共享，成为人们交往的有效载体。它消除了不同社会阶层交往的物质空间隔阂，有利于促进社区居民邻里交往的热情。

四、开放式社区与封闭社区的比较

开放式社区与传统的封闭社区在街道空间界面、功能混合、交通结构等空间特质方面有着显著区别（表11－14）。

开放式社区与封闭社区的空间特质比较　表11－14

类别		封闭社区	开放式社区
街道界面的实践处理方式	街道功能	通行性功能	步行空间及街角广场等休闲场所满足街道的多样化使用，易于集聚人气，充满城市生活气息
	街道空间	大尺度、单一、识别性差	多样性及秩序感统一、丰富的视觉体验及连续感
	街道侧界面	围墙封闭，且无变化，围墙内社区建筑与城市分隔	底层商业建筑或住宅建筑沿街布置，具有渗透性边界，自然通往社区内部空间

续表

<table>
<tr><th colspan="2">类别</th><th>封闭社区</th><th>开放式社区</th></tr>
<tr><td rowspan="3">街道界面的实践处理方式</td><td>街道底界面</td><td>单一行道树及较单一的街道断面形式</td><td>利用台阶、植物及地面铺装进行空间分割</td></tr>
<tr><td>街道顶界面</td><td>高低不齐，退线不一致的建筑导致凌乱的天际线</td><td>贴线布置的建筑顶部较易形成统一和谐的天际线</td></tr>
<tr><td>灰空间处理</td><td>无过渡的围墙分隔</td><td>应用各种手法实现建筑私密空间到街道公共空间的过渡</td></tr>
<tr><td rowspan="2">混合使用</td><td>建筑类型</td><td>类型单一，社区内形态色彩统一，与相邻社区显现出明显的风格差异</td><td>社区内多种类型的建筑形态满足不同年龄、阶层及收入居民的需求</td></tr>
<tr><td>用地性质</td><td>明晰的功能分区，城市空间的碎片化</td><td>居住、商业及办公的混合功能，提倡步行</td></tr>
<tr><td colspan="2">交通结构</td><td>人车分流的树状结构等级路网，不但将社区内外空间隔离，还隔离社区内部邻里空间，连接性的丧失导致出行效率低</td><td>传统街道路网布局，社区内部道路成为城市道路的部分组成</td></tr>
<tr><td colspan="2">入口大门</td><td>设有警卫处及门禁系统，24 小时监督，禁止社区外人员进入</td><td>没有明确的入口大门限定，社区向市民敞开，是城市的有机组成</td></tr>
<tr><td colspan="2">停车泊位</td><td>划分地块集中停车，或设置地下停车场</td><td>沿街停车，降低车速，保证步行安全</td></tr>
</table>

五、开放式社区的难点

开放式社区有其自身的特点，而且在实践中也成为社区建设中的薄弱环节和难点问题。社区意识不强、公共服务短缺、治理主体缺位、资金投入不足、环境设施老旧等一系列问题成为摆在基层管理者面前的一道道难题。一方面，社会管理研究领域中关于开放式社区管理的内容不足，这使得城市社区研究存在短板，缺少相应成果，体系不够完整；另一方面，开放式社区管理创新实践中的经验需要总结，所面临的问题需要认真分析。因此，我们希望通过对城市社区管理实践特别是开放式社区管理实践的研究来满足管理创新的要求，丰富社区管理的经验和理论。

六、案例

（一）普雷亚维斯塔社区

项目位于洛杉矶西部，是目前美国最大和最重要的城市再开发项目之一。街道是构成社区空间的基本骨架，为了满足步行舒适性和社区开放性要求，普雷亚维斯塔社区采取小尺度的街坊路网格局，快、慢速交通分离。

1. 小尺度的街坊路网

普雷亚维斯塔社区的街坊按 100 ~ 200m 的间距划分，步行方便，尺度宜人。街坊内部属于半私密空间，外人一般很少进入；街坊外部则属于开放空间。

2. 快、慢速交通分离

普雷亚维斯塔社区采取快、慢速交通分离的组织方式，满足不同交通出行的要求。社区道路分为城市干道、地方性道路、邻里干道和邻里支路等不同等级。路网形式以方格网为主，依据交通组织方式灵活处理，邻里支路一般不与城市干道相交（图 11－46）。例如，西杰弗逊大道是一条城市级交通干道，邻里支路在通向西杰弗逊大道时，车行道采取两条支路相互环通的办法，这样西杰弗逊大道的交叉口间距达到 300～500m，满足相对快速的交通要求。邻里干道和邻里支路属于慢速交通，交叉口间距为 100～200m 不等。这样的路网组织方便步行和自行车出行，满足相对慢速的交通要求。

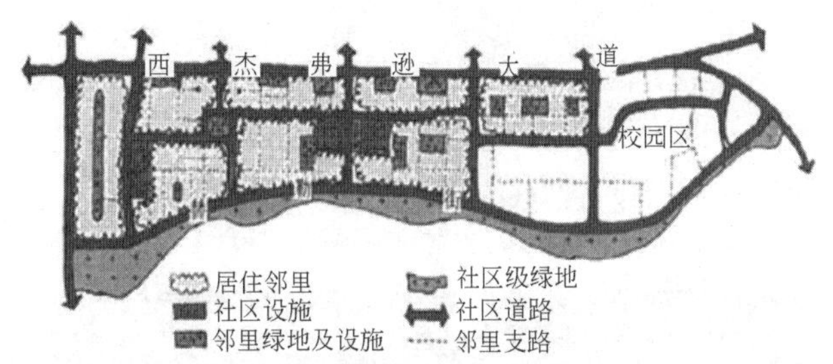

图 11－46　西杰弗逊大道以南地块道路组织

（二）佛罗里达州滨海（Seaside）小镇

佛罗里达州滨海小镇始建于 1980 年，是位于郊区的滨海居住度假小镇，被时代周刊列为美国近十年“十大设计成就之一”，也是开放型社区首个应用者（图 11－47）。小区以中央广场为核心，社区道路都通向海滩和城镇中心，公共服务设置在广场周边，供所有住户使用。城市界面以中高密度住宅为主，景观界面打造滨海低密度区（图 11－48）。

图 11－47　佛罗里达州滨海小镇平面

1. 规划布局

整体规划以城市道路分隔，形成城市界面和靠海边的景观界面两大部分（图 11－49）。城市界面：人口密度较高，靠近城市和人流、交通较好的方向，排布大量住宅和公共服务配套，营造活力繁华的小镇生活。

景观界面：保持海滩自然景观为主，设置少量低密度旅馆、凉亭、景观节点，形成纯粹的景观低密区。

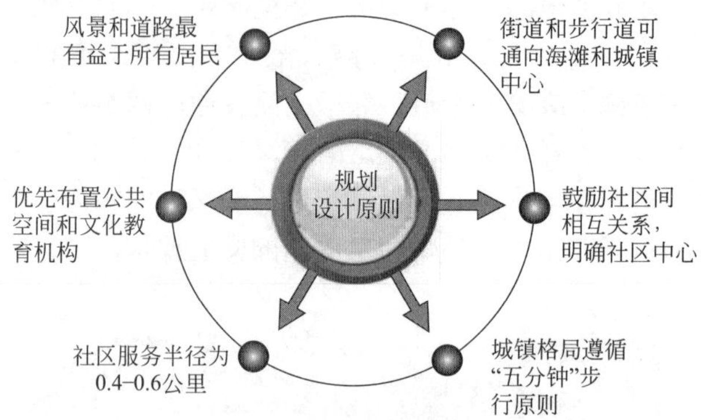

图 11－48　小区规划设计原则

图 11－49　小区总体规划设计布局

2. 公共空间打造

以核心中央广场为标志，设置大量商业体外摆、住宅小节点、凉亭等公共开放空间，这些地产成为邻里间聚会交流的场所，从而营造强烈的社区氛围。

3. 道路

社区道路系统没有区分主干道和次干道，且全部人车混行，它通过增加路网整体密度，降低道路等级，提高了每户的通达性，又降低了机动车的行车速度。

第七节　园林园艺博览会

一、发展历史

（一）国外展园发展概述

1883 年，荷兰阿姆斯特丹国际博览会首次以园艺为主题举办专业性园艺博览会，开始了真正意义上的国际园林园艺展会。20 世纪，欧洲等发达国家整个园林园艺产业都非常发达。法国接过国际园林展的接力棒，并建立了国际展览局，规范了世界园艺博览会的性质、规模和展期。国际上大型园艺展会的展览内容包括主题园艺花园、家庭园艺花园、观赏植物花园、经济植物花园、农作物展览、室外花卉展、室内植物展览、景观材料展览、园林设施展览、园林技术展览、墓园以及公共艺术展览等，展览内容极其丰富。

（二）国内展园发展概述

园艺展园是随着世界园艺博览会的出现而产生的。中国举办世界园艺博览会的历史追溯到1999年的昆明世界园艺博览会，随着时间的推移，2006年沈阳、2011年西安、2013年锦州和2014年青岛都举办了世界园艺博览会。中国经过15年的高速发展，国内已有中国国际园林花卉博览会、中国绿化博览会和中国花卉博览会三种形式的全国性园林园艺博览会，展园种类也发展为专类展园、温室展园、大师园、IFLA展园、城市展园等多个类别，其国际化、专业化和现代化水平在世界园艺博览会实践中得到逐步丰富与发展。

二、概念

园林园艺博览会是以促进园林园艺事业的交流发展、提高行业整体水平为主，同时提升公共空间质量，提供花园与城市融合的可能性，为举办地带来相应级别的城市发展的和综合效益的展览活动。包括国际级别的园艺博览会、国家级别的不同名称的园艺博览会和地市级园艺博览会，具有节事性、展示性和先进性等不同于其他园林景观的本质特征。人们可以观摩新颖的园林作品和新选育的植物品。如世界园艺博览会、中国国际园林博览会、中国绿化博览会和中国花卉博览会、英国切尔西花园展等。

三、分级

依据主办单位级别，可将园林博览会分为三种类别。

（一）国际\世界园艺博览会

这是最高级别的园林园艺专业性国际博览会，它由国际展览机构（BIE）批准，在世界各地每年只有一个国家举办。国际展览机构中的成员国都可以通过严格的申办手续举办国际\世界园艺博览会。在这类国际级别的园林博览会中，又可分为A1\A2\B1\B2四个级别。

A1——这个级别的展览会每年不超过一个，时间最短3个月，最长6个月，至少有10个不同国家的参展者参加，是最高级别的园林博览会。

A2——展期不超过20天，至少有6个国家参展。

B1——长期国内园艺展览会，展期最长可达6个月。

B2——短期国内园艺展览会

至今为止，国际\世界园艺博览会一共举办过20多届，其中德国举办的届数最多，至2003年已举办5届A1级国际\世界园艺博览会；而我国分别于1999年、2006年、2011年举办了三届A2+B1级国际\世界园林博览会（表11-15）。

中国历届世界园艺博览会概况一览表　　**表11-15**

名称	级别	主题	展期（d）	选址	面积（hm^2）	会后利用方式	会后管理	参观人数（人次）
1999年昆明世园会	A1	人与自然——迈向21世纪	184	金殿风景名胜区，距市区7km	218（95.6）	全部保留作为主题公园	云南省园艺博览集团有限公司	950万

续表

名称	级别	主题	展期(d)	选址	面积(hm^2)	会后利用方式	会后管理	参观人数(人次)
2006年沈阳世园会	A2+B1	我们与自然和谐共生	184	棋盘山国际风景旅游开发区，距市区25km	246	核心区作为世博主题公园，南区部分改造为游乐园	棋盘山开发区管委会	1260万
2010年台北国际花卉博览会	A2+B1	彩花，流水，新视界	171	台北市的圆山公园、美术公园、新生公园及大佳河滨公园	91.8	恢复原公园	/	890万
2011年西安世园会	A2+B1	天人长安·创意自然——城市与自然和谐共生	178	西安浐灞生态区，距市区15km	418	部分地块保留作为生态公园，园区内其他部分进行二次开发	浐灞生态区管理委员会－西安世博园运营管理有限公司	1280万
2014年青岛世园会	A2+B1	让生活走进自然	184	青岛百果山森林公园	241	作为旅游基地采用股份制公司化管理，展馆改变功能适应游客需求	青岛世园集团有限公司	1200万
2016年唐山世界园艺博览会	A2+B1	未知	未知	唐山南湖，距市中心南部2km采煤塌陷区	506	/	/	/
2019年北京世界园艺博览会	A1	未知	未知	延庆县	/	/	/	/

（二）国家级园林博览会

德国每隔两年举办一次联邦园林展（Bundsgartenschau，简称BUGA）；法国自1992年起每年在Chaumont小镇举办国际花园展；加拿大魁北克自2000年起每年在Métis市举办国际花园展；英国自1984年利物浦国际园林博览会后也曾举办了5届国家级园林博览会（表11－16）。

中国国际园林博览会概况一览表　　表11－16

届次	名称	时间	选址	主题	面积(hm^2)	会后利用方式	会后管理
1	大连园博会	1997年	大连星海会展中心、劳动公园、星海公园、森林动物园（未建专门展园）	无	无	恢复原公园	无

续表

届次	名称	时间	选址	主题	面积（hm^2）	会后利用方式	会后管理
2	南京园博会	1998 年	玄武湖公园	城市与花卉——人与自然的和谐	3.5	恢复原公园	玄武湖管理处
3	上海园博会	2000 年	上海世纪公园	绿都花海——人·城市·自然	50	恢复原公园	上海世纪公园
4	广州园博会	2001 年	广州市珠江公园	生态人居环境——青山·碧水蓝天花城	67	展览设施全部拆除	无
5	深圳园博会	2004 年	深圳市园博园、深圳市福田区华侨城东侧	自然家园美好未来	66	作为免费开放的市政公园	深圳园博园管理处
6	厦门园博会	2007 年	厦门市杏林湾中洲岛，距市区 15km	和谐共存·传承发展	676（水域 300）	主展区保留作为园林博览苑主题公园，其他区域作为城市建设用地分期建设	厦门市园博苑区管理处
7	第七届济南园博会	2009 年	济南市大学科技园核心区长清湖及其周边，距市区 25km	文化传承·科学发展	345（水域 96）	全部保留作为主题公园	济南市园林管理局园博园管理处
8	第八届重庆园博会	2011 年	重庆市北部新区龙景湖区，距离市区 15km	园林，让城市更加美好	220（水域 53）	全部保留作为主题公园	重庆园博园管理处
9	第九届北京园博会	2013 年	北京市丰台永定河畔，距离市区不足 20km	绿色交响、盛世园林	513（水域 246）	全部保留作为主题公园	北京市园博园管理中心
10	第十届武汉园博会	2015 年	长丰公园和金口垃圾场	生态园博、绿色生活	231	保留	/
11	第十一届郑州园博会	2017 年	/	/	/	/	/

我国的国家级园林博览会目前有三种类别：

中国国际园林花卉博览会：简称园博会，由建设部主办，1997 年创办；

中国花卉博览会：简称花博会，由中国花卉协会主办；

中国绿化博览会：简称绿博会，由全国绿化委员会主办。

（三）地方\区域级别园林博览会

由一个或几个国家中的区域、州（省）举办，由一个或两个城市承办的区、州（省）园林博览会。具有代表性的德国 16 个州都有自己的园林博览会，法国里昂也举办过街道园林展；我国也有多种形式的由省政府或市政府组织的相关园林博览会（表 11－17，王

向荣，2006）

江苏省园艺博览会一览表　　**表 11－17**

届次	时间	地点	选址
1	1999 年	南京	南京玄武湖公园
2	2001 年	徐州	徐州云龙公园
3	2003 年	常州	常州红梅公园
4	2005 年	淮安	淮安钵池山公园
5	2007 年	南通	南通“园博园”
6	2009 年	泰州	泰州“园博园”

四、基本特点

（1）有明确的建设范围和固定的场地；
（2）园区建设的多次性和周期性；
（3）园区景观多样性；
（4）园区功能多样化；
（5）生产、销售一体化；
（6）园区管理企业化。

五、功能

园艺类博览园是一个综合性园区，它的建设、管理和经营涉及园艺生产、园林绿化、生态保育、旅游观光、会展等多个学科的不同理论，因此园艺类博览园具有多样化的功能。园艺类博览园不仅是园艺生产和农业示范的场所，也满足了休闲观光、娱乐购物的需要，还具有农业文化传承和科普教育、生态示范和环境保护功能。

六、发展园艺博览会的意义

发展园艺类博览园对区域宏观经济和微观领域均具有非常重要的意义，园艺类博览园的建设运营能够拉动区域 GDP 增长，促进园艺会展业发展，带动区域旅游业发展，促进园艺经济结构优化，还能够加快区域基础设施建设，加大区域社会影响力等。

七、理论基础

（1）景观美学；
（2）园林学；
（3）心理学（环境行为心理学和旅游心理学）；
（4）景观生态学理论；
（5）农业区位理论；
（6）生态旅游理论；
（7）可持续的景观设计理论。

八、规划原则

（1）主题与园区规划相结合原则。一个明确的、极具有吸引力的主题已成为现代园艺博览会不可或缺的组成部分之一，所以园艺类博览园的空间规划和景观设计毫无疑问必须充分体现和传达园艺博览会的主题精神。

（2）博览性与展示性原则。博览性具体体现在展品范围的广泛、类别的全面、资源的丰富等方面，游人可以在一次的观赏中较为系统地了解一个行业当前发展的水平。展示性原则是指在景观的设计中应充分突出展品。展示的功能在于传承文明、启迪智慧、展现现代科学、促进经济和文化的交流。

（3）文化汇聚性原则。文化汇聚性既要体现现代园艺产业精神，又要充分展现举办地和参展单位的地域文化，因此园区空间规划和景观设计应着重文化景观的设计，突出景观的文化性特色。

（4）系统性原则。系统性的规划应将园艺类博览园的空间环境、区位大环境和园区内所有人员作为一个整体，分析三者间的相互关系，既要考察区位条件，还应调查其管理者、参与者和使用者，力求功能完整，并使新建空间同原有大环境完美融合。

（5）特色性原则。景观的特色性是园艺类博览园旅游发展成功与否的关键，取决于富有想象力的空间、多变的材料、奇特的小品、适宜的色彩和新颖的搭配方式。

（6）生态效益优先原则。规划应以生态效益为优先，以社会效益为首要前提，以经济效益为出发点，尽量减少资源的消耗，减轻对环境的破坏，实现近期效益与长远效益的结合，实现经济、生态和社会效益的统一，使园艺类博览园处于环境、经济可持续发展的良性循环中。

九、案例

（一）2011 年西安世界园艺博览会

西安世园会园址位于西安浐灞新区，共包括 5 个园区（长安园、创意园、五洲园、科技园、体验园）和 4 座标志性建筑（长安塔、创意馆、自然馆、四宝馆）（图 11－50～图 11－52）。此届世园会特别开辟了大师园展区（图 11－53），组委会在世界园林艺术最为发达的国家中邀请了 9 位有影响、有思想和探索精神的设计师，每人设计一个面积约 1000m^2 的展览花园，展示他们对园林艺术的独特思考和理解，探索园林艺术的新的表现形式和新的可能。这样的尝试使得园林园艺博览会的展示内容中关于园林艺术思想的互动与交流比重增加，并带来广泛的国际影响力。

（二）第七届北京花博会京华园

京华园占地面积约 4000m^2，主题为“京华双娇，古韵新装”，突出展现北京市市花——月季和菊花。该园分为入口雕塑区、月季花架区、岩石园、月季台地区和建筑区等（图 11－54）。院内各个区域的设计构思都着重于对北京市花月季和菊花的充分表达，并始终渗透到各个景观之中，形成鲜明的北京特色，是月季和菊花在京城广泛种植的集中体现（图 11－55～图 11－57）。

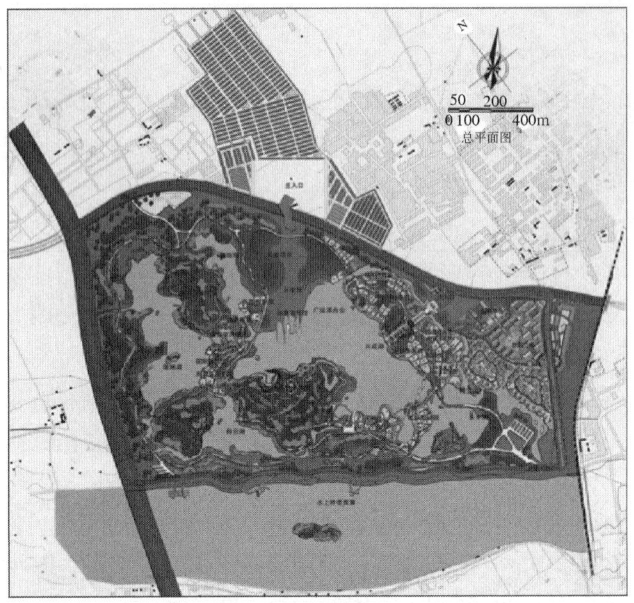

图 11－50　西安世园会总平面图

图 11－51　西安世园会大师园平面及部分展园实景

图 11－52　西安世园会景观结构图

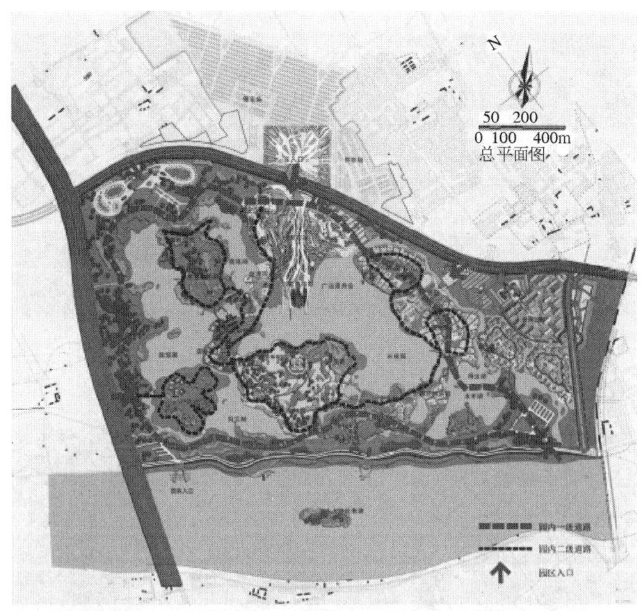

图 11－53　西安世园会交通分析图

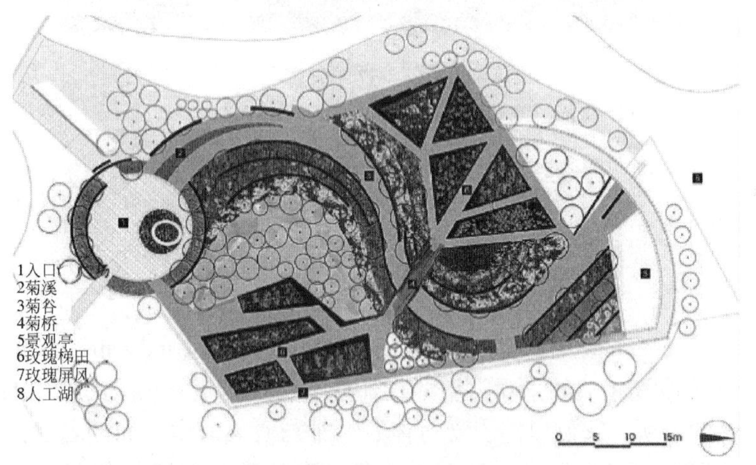

图 11－54　京华园总平面图

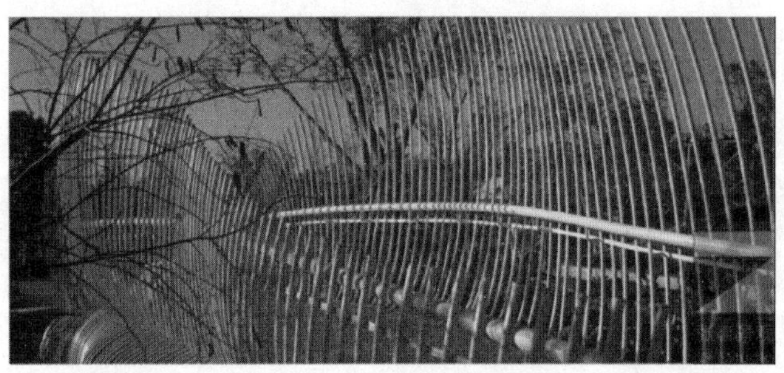

图 11－55　菊桥

图 11-56　花台

图 11-57　菊溪

第八节　康复景观设计

一、概述

康复性景观（Healing-landscape），又称 Therapeutic Landscape 或 Restorative Landscape，是与治疗或康复相关的景观类型，指那些与治疗或康复相关的物质的、心理的和社会的环境所包含的场所，它们以能实现身体、精神与心灵的康复而闻名。园艺疗法是对于有必要在其身体以及精神方面进行改善的人们，利用植物栽培与园艺操作活动，从其社会、教育、心理以及身体诸方面进行调整更新的一种有效的方法。广义地讲，园艺疗法是指通过植物（包括庭园、绿地等）及与植物相关的各项活动（园艺、花园等）达到促进体力、身心、精神的恢复疗法，它是艺术和心理治疗相结合的一种治疗方式。

景观治疗是籍由景观元素所组成的环境作为刺激感官的工具，也可以说是以外在的环境当作治疗的工具。

感官花园是常见的景观疗法场所。随着研究的深入，芳香疗法、洞穴疗法、森林疗法、矿泉疗法、沙漠疗法、泥浴疗法、日光疗法等也被纳入景观疗法的范畴。

二、发展历程

康复景观发展历程如表 11－18 所示。

康复景观发展历程　　**表 11－18**

发展阶段	时代背景	医学模式	医疗环境	园林与医学的关系	案例
萌芽期 公元5世纪前	（原始医学） 生产力低下，对自然充满恐惧和崇拜，认为疾病是鬼的作弄或神的惩罚，充满神秘的色彩	神灵主义医学模式	把自然和神话传说相结合，以宗教仪式来治疗生理和心理疾病，依靠心理寄托来康复，圣所是最原始的治愈景观	相对独立	/
雏形期 中世纪 （6－15 世纪）	（经验医学） 生产力落后，凭经验治病，自然成为医学的重要处方	自然哲学医学模式	自然的宗教色彩依旧，医疗环境伴随着医疗建筑开始独立出现，寺庙、教堂和家庭是医疗建筑的常见形式	结合	圣·加尔修道院
沉寂期 中世纪末 （14－15 世纪）	（试验机械医学） 形成比较完整科学的医学体系，用机械运动来解释生命活动，用物理和化学的概念来解释生物现象，忽视自然的力量。	机械论医学模式	一方面出现独立的医院类型，医疗环境忽视自然，重理性失人性；另一方面园林独立发展，在浪漫主义化思潮的影响下，重新认识自然	疏远	1. 西班牙萨拉戈萨医院 2. 日本禅宗园林
发展期 （17 世纪－现在）	（现代医学） 现代医学证实自然与人类之间的关系，医院功能由单一医疗型向复合型转换，康复医学出现，以科学的态度发挥自然身心兼具的康复作用	生物医学模式 生物－心理－社会医学模式	康复医学为景观设计提供了更科学、更人性化的设计依据，景观成为医疗手段之一。园艺疗法专业化，康复景观逐步的专业化发展	再次结合	1. 阿尔勒医院的庭院花园 2. 圣保罗医院的花园

三、康复景观的分类

治疗性的康复花园（表 11－19）是对医疗机构这个特定的用户群体所进行的环境护理治疗，有消极（Passive）与积极（Positive）两方面的属性。消极指的是使用者在场所内被动或半被动活动，如休憩、聆听、冥想、散步、探索等；积极指的是举行或开展有益身心的活动，如团体聚会、园艺疗法等。

康复花园的界定和分类　　**表 11－19**

类型	作用
医疗花园 （Healing Gardens）	花园为病人提供消极或积极地恢复身体功能的机会，重点强调的是从生理、心理和精神三方面或其中一方面，重拾人整体的健康
体验花园 （Enabling Gardens）	花园强调病人（残障人士或老年人）生理上的需求以维持和提高他们的身体条件。通过积极的活动，循序渐进地保持和提高他们的身体状况，强调生命特定的阶段，借助有意义的反思和认知活动来改善精神面貌
冥想花园 （Meditative Gardens）	花园特别的设计在于能使病患个人或群体放松心情静静思考，提供精神集中的焦点，在思考过程中转向内观。在这里，精神和心理的恢复就身体状况来说更为重要

续表

类型	作用
复健花园 （Rehabilitative Gardens）	花园的设计与患者的治疗方案相比，目的是达到期望的医疗效果。主要关注身体上的康复，其次才是心理和情感的恢复
疗养花园 （Restorative Gardens）	花园设计的目的是缓解压力，使病人重获动态平衡，关注病人的心理和情感健康，使他们在压力后重新达到身心平衡

康复景观按使用对象和参与方式分类如表 11－20 所示。

康复景观的分类　　表 11－20

分类方法			类型	服务对象
按使用对象分类	针对病人或残疾人		综合性和专科医疗机构的附属花园	患者、伤员、特定生理状态的健康人以及完全健康的人（如照顾和看望病人的人、医护人员）
			康复中心和疗养院等疗养机构的花园	慢性疾病的患者、处于大病恢复期的人以及休息调理的健康人
			临终关怀花园	临终人群
	针对健康或亚健康人群		公园绿地中的康复景观	不在医疗机构中的残障人士、病人和健康的人
			居住区绿地中的康复景观	居民
			学校与监狱中的康复景观	学员
按参与方式分类	观赏式康复景观		入口花园、中庭花园、风景区辽阔的自然背景	/
	体验式康复景观		冥想花园、医院的休憩绿地、各类公园和风景疗养景观	/
	参与式康复景观		园艺疗法花园、复健花园	/

四、康复景观设计的理论基础

（一）压力痊愈理论

美国得克萨斯州农工大学的罗杰·乌尔里希（RogerS. Ulrich）教授，1983 年提出压力痊愈理论。此理论又被称为心理进化论。这个理论指出，观看高度自然的景色能减轻压力，改善心情，并有益于增强免疫系统的功能（图 11－58）。

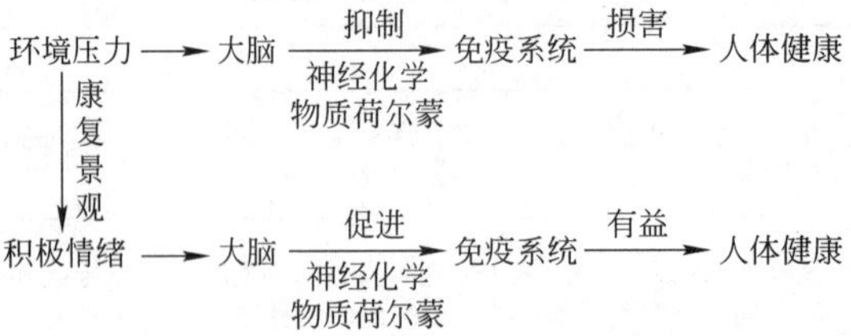

环境压力 → 大脑 —抑制（神经化学物质荷尔蒙）→ 免疫系统 —损害→ 人体健康
↓ 康复景观
积极情绪 → 大脑 —促进（神经化学物质荷尔蒙）→ 免疫系统 —有益→ 人体健康

图 11－58　压力痊愈论的康复原理

（二）注意力恢复理论

由于人类喜欢处理在自然环境中发现的信息，并且不费力气，自然环境能恢复我们的定向注意力机能，改善我们的心情和感知功能。由此发现了有助于复原的景观关键部分，如远离、范围、迷恋和兼容，与复原测量的相关性。

（三）传统中医相关理论

中医通过阴阳五行理论把自然环境与人以及人的身心全部联系在一起，通过阴阳五行理论来诊断治疗疾病。中医学的系统理论使自然与人相互联系，可以用于指导康复花园的设计，并且可以弥补目前康健花园理论的缺陷。

（四）环境行为学

环境行为学力图运用心理学的一些基本理论与方法来研究人在城市与建筑中的活动及人对空间环境的反应，由此反馈到城市规划与设计中去，以改善人类的生存环境。

五、康复花园的设计目标

以其有助于减缓压力为前提，包括以下方面：

（1）创造体育运动和锻炼的可能性；

（2）提供选择、探秘和体验控制感的设施；

（3）提供聚会和体验社交援助的场所；

（4）使人们最大限度地接近自然，开展其他积极的活动；

（5）道路宽度、坡度、植物及种植池高度与形式等要素，必须考虑便于弱势人群接近和进行园艺治疗；

（6）在花园的边缘空间和活动的特殊区域加强引导标识和温馨的说明语句；

（7）具色彩、芳香、诱导昆虫鸟类、无伤害性的多样性植物搭配；

（8）提供更加广泛的使用项目来刺激感官和提高活动机能，提升个人感官的全面健康；

（9）花园平和简洁，易于参与和维护。

此外，一处医疗花园若要物尽其用并发挥全部潜能，必须考虑的因素有：可见、通达、亲和、静谧、舒适、具有积极意义的艺术设计。

六、康复景观的共同特征

康复花园刺激五感，提供各种空间，调节病人的情绪，从根本上减缓压力，帮助身体达到更为和谐的状态，再配以适当的药物，便可以实现加速康复的目的。康复景观应该具有以下共同特征：

（1）明晰（Clarity）：康复花园设计应该是明确和鼓舞人心的，而不是模棱两可或是难以理解的抽象艺术。

（2）通达（Access）：花园应简单、方便，直接寻路到位，内有环形园路系统和全园无障碍设计的考虑。

（3）聚会场所（Gathering Spaces）：花园里必须有开放的活动空间，创造交流机会，鼓励与他人的互动和社交。

（4）私密空间（Private/Intimate spaces）：除了公共集合的空间，也需要适宜于独处的亲密空间，以放松、冥想或进行私下交谈。

（5）启示（Inspiration）：花园给予它的使用者不同的回应。除了减轻抑郁感，人们需要灵感和鼓励来完成康复的目标，运用雕塑、绘画和音乐等可以重振精神并使之更为强大。

（6）与自然相连（Connection to Nature）：能够带来绝佳治疗的花园必须有茂盛的植物，还应欣赏到天光云影、水波潋滟，能够倾听自然里的各种声音，这些和谐的自然景观提示患者生命不息。

七、康复景观的设计方法

（一）传统设计方法的伸延

以传统的设计方法为基础，生态设计、园艺疗法上的种植设计、功能细节上的以人为本（包括上述的明晰性、通达性等）的设计为进一步的关注点。

（二）配合园艺疗法

广义的园艺疗法包括通过五感（视、听、嗅、触、味觉）来调节人的身体健康。由于康复花园的特殊作用，园艺疗法中五感刺激的环境设计，将障碍人群融入一般人群考虑，让他们能一起在同一区域共同体验环境。

1. 环境治疗（Environmental Therapy）

视觉环境——视觉刺激中，最为重要的感受即是色彩的表现。如果绿色在人的视野中占25%，则能消除眼睛疲劳与心理疲劳，对人的精神和心理最适宜。

听觉环境——听觉刺激中，最重要的是反映自然声响的效果。可选择种植树叶在风中能发出悦耳声音的植物、鸟类喜好的花果植物、招引鸣叫昆虫的植物等；引入喷泉、壁泉、跌水、小溪、池塘等水景设计；设置吸引鸟类、昆虫的停留设施和趣味性的风铃、风车等装置。

嗅觉环境——嗅觉刺激通过植物的配置形成一定的生态结构，从而利用其分泌挥发物质，增强人体健康。可选择种植花香、果香或叶香的植物。

触觉环境——触觉感受是人们最基本、直观的经验，通过手、足、皮肤等触觉器官得到物体确实的感受。尽可能创造充分接触的氛围和空间，让需要者与植物、水体等自然元素亲密接触。

味觉环境——园林中的味觉刺激感受一般通过景观环境的体验行为和饮食活动结合实现。植物选择上可考虑供人食用的、具有食物意向的、作为食品原料的品种等，同时提供可采摘区域或开辟味觉花园。

2. 园艺治疗（Horticultural Therapy）

园艺治疗就是我们通常所说的利用植物栽培和园艺操作活动，从患者社会、教育、心理和身体诸方面进行调整更新。

（三）康健植物的选择和应用

（1）根据安全的原则选择植物。在人们能够参与接触到的空间中，要选择无毒、无刺、不易引起过敏的植物，如勿选夹竹桃、构骨、漆树等；在传染病病房周围应该避免选择易产生飞絮等的植物（如柳树、杨树、悬铃木），而应选常绿的防止病菌的扩散传播，能够释放杀菌素，驱逐蚊虫的植物，如松科、柏科、杉科、香樟、桉树。

（2）根据保健效果选择植物。不同的专科医疗康复机构，或功能分区应该选择不同的保健植物。根据植物的不同保健效果，把植物分为四种类型：杀菌消毒类、提神醒脑类、通经活络类、润肺养心类。种植药用植物，并设计植物名片，介绍植物的名称、形态特性和治疗效果，丰富病人的知识，增加病人的控制感，有利于身体的恢复。

（3）选择能够食用的植物，可以供人们采摘品尝，富有乐趣，这对儿童尤其有吸引力。常用的能够食用的植物如：樱桃、山楂、柿子、无花果等。

（4）提高三维绿化量。研究表明，空气负离子浓度与绿化三维量的P（Pearson）相关系数在0.94左右，增加三维绿化量可以明显增加环境负离子的含量。研究表明，乔木层种植能明显增加空气负离子浓度，因此，要增加乔木的配置。

八、案例

比勒体验花园（Buehler Enabling Garden）的宗旨是："不论年龄大小、身体状况如何，造园对您都不是挑战，感知花园通过细心设计的空间，让所有人都能享受花园的乐趣。"花园占地面积约1022m^2，该园于1999年建成，由芝加哥植物园园艺治疗中心主任吉恩（Gene Rothert）和园林设计师杰弗里（Geoffrey Rausch）共同设计。全园为一个雅致宁静的矩形空间，规则式布局（图11－59、图11－60）。通过一个园艺知识教育中心、园

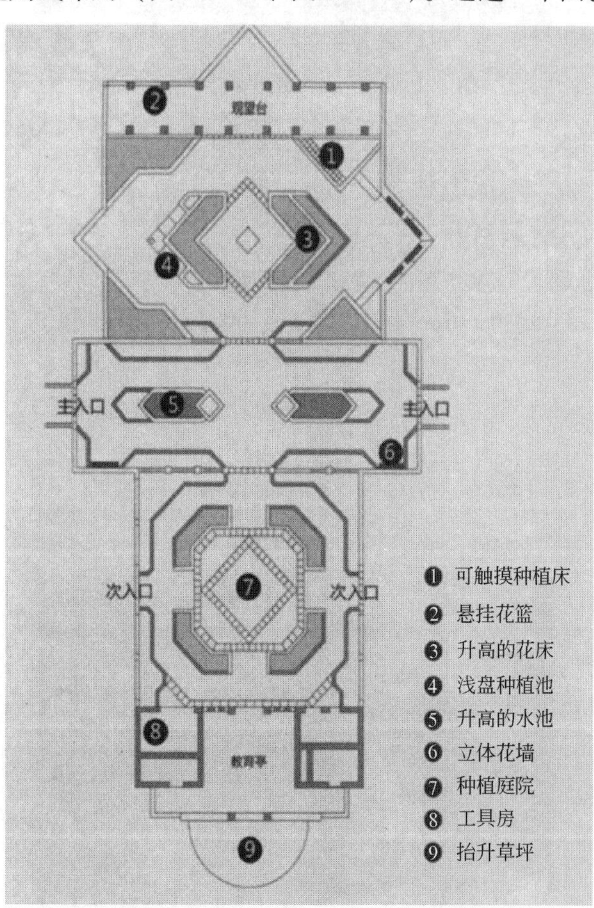

图11－59　比勒体验花园平面简图

艺工具展室，悬挂的种植钵、升高的种植池、方便触摸的水池、小瀑布、跌水等给各种身体状况的人提供欣赏、劳作的机会。还有许多植物通过鲜艳的色彩、愉悦的芳香或者别致的形状、质感引起人的感受。全园为无障碍设计，鼓励各种年龄和身体条件的人享受花园，参加园艺活动，所有设计的目的是让人容易接近。那些升高的种植池、悬挂的种植钵、可触摸的花床、水景都可以用在家庭花园中，让人容易接近，培养可以享用一生的园艺兴趣（图 11－61～图 11－64）。

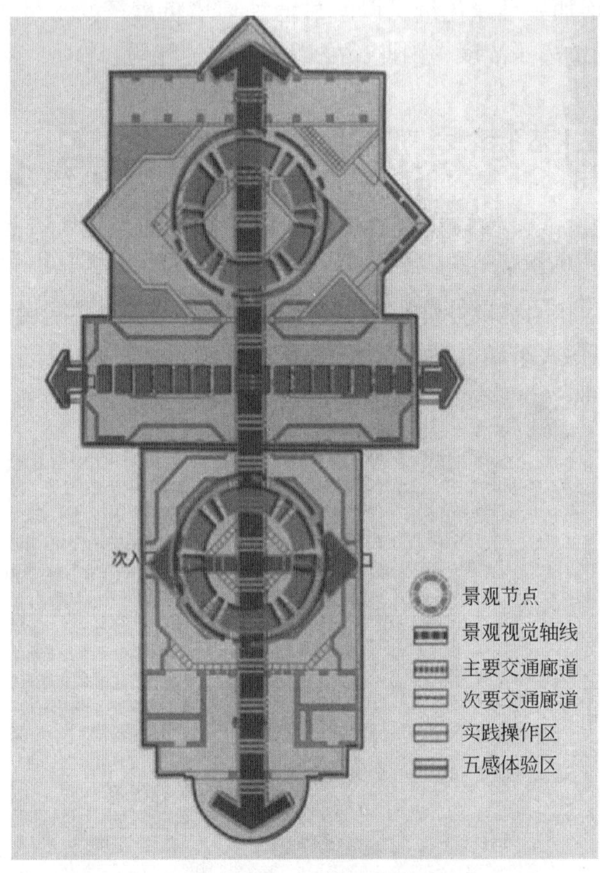

图 11－60　规划结构图

图 11－61　不同色彩的铺装暗示空间转换

图 11-62　抬升的水池和水墙

图 11-63　花园内的可触摸种植床

图 11-64　不同色彩的铺装暗示空间转换

第九节　美丽乡村、特色小镇与休闲农业观光园

一、美丽乡村

2005 年，党的十六届五中全会提出要按照“生产发展、生活富裕、乡风文明、村容整洁、管理民主”的要求，扎实推进社会主义新农村建设。2012 年 11 月，党的十八大首

次把生态文明纳入党和国家现代化建设“五位一体”的总体布局，并提出把生态文明建设放在突出地位，努力建设美丽中国，实现中华民族永续发展。在2013年中央一号文件中，中央第一次提出了建设美丽乡村的奋斗目标，要求进一步加强农村生态建设、环境保护和综合整治工作。

（一）美丽乡村的定义

国家标准GB/T32000—2015《美丽乡村建设指南》中将“美丽乡村”定义为：“经济、政治、文化、社会和生态文明协调发展，规划科学、生产发展、生活宽裕、乡风文明、村容整洁、管理民主，宜居、宜业的可持续发展乡村（包括建制村和自然村）。”

（二）美丽乡村建设的内容框架

美丽乡村包括了经济建设、政治建设、文化建设、社会建设、生态建设五个关键要义，涉及农村的产业发展、管理水平提高、传统文化传承、人居环境改善和生态环境政治五个方面，美丽乡村建设是集农村物质文明、精神文明、政治文明、社会文明、生态文明建设于一体的系统工程。总体上看，美丽乡村建设涵盖了五大内容体系：“乡村产业—农民生活—农村环境—乡村治理—乡村文化”，它们之间相互影响、相互支撑、相互促进（图11－65），各方面因素协调发展并促成“规划科学、生产发展、生活宽裕、乡风文明、村容整洁、管理民主，宜居、宜业的可持续发展乡村”。

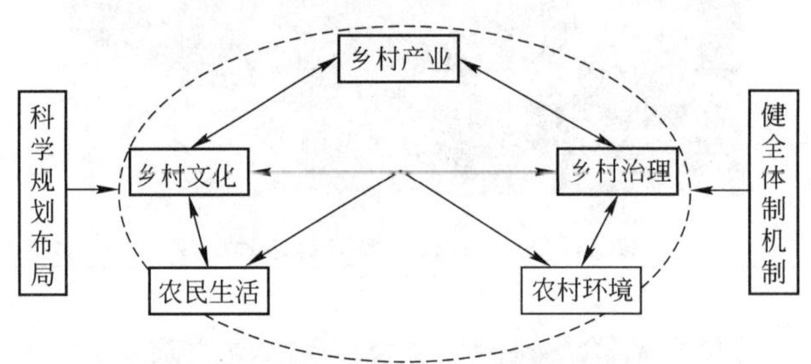

图11－65 美丽乡村建设的内容框架

（三）美丽乡村的典型模式

美丽乡村建设强调的是差异性，因而具体创建的模式类型很多，比较经典的有十大类型模式（表11－21）。每种模式都代表了某一类型的乡村在各自的自然资源禀赋、社会经济发展水平、产业发展特点以及民俗文化传承等条件下，开展美丽乡村建设的成功路径和有益启示。

美丽乡村建设模式表　　表11－21

典型模式	特点	适宜地区
产业发展型	基本实现“一村一品”“一乡一业”，产业特色明显、规模化程度高、农民收入高	主要适宜于我国东部沿海经济发达区、大中城市能够辐射带动的地区及产业基础好的地区
高效农业型	主要是优势农产品区，农业生产自然条件优越，农业生产规模化、产业化程度高	主要适宜于我国水稻、小麦、玉米、大豆、马铃薯、棉花、油菜、甘蔗、苹果、柑橘等农产品优势区
城郊集约型	以满足城市居民鲜活农产品供应为主要功能，种植业和养殖业集约化程度高、规模化水平高、公共设施较为完善、交通便捷、农民收入水平高	适用于位于大中城市郊区，尤其是具有一定土地、剩余劳动力、一定种养规模基础的乡村

续表

典型模式	特点	适宜地区
社会综治型	村庄人口数量多、规模大、居住较集中，基础设施齐备、公共服务完善、产业支撑有力、社会管理水平高	适宜于人口密度较大、居住相对集中、经济基础较好的广大农村地区
环境整治型	村庄农村生活明显改善，生产方式有效转变，环境整治长效机制日趋完善	适宜于我国农村环境脏乱差等问题突出的地区，以及“三河三湖”等重点流域
生态保护型	自然环境优势明显、生态条件良好，重点保护自然生态、改善人居环境、发展生态产业、建设生态新村	适宜于我国广大农村地区生态优美、环境良好的旅游区、生态保护区、自然保护区周边地区等
渔业开发型	集约养殖水平高，产业日益完善，挖掘传统渔文化，开发渔业旅游资源，以渔业促进就业	适用于沿海、江、河、湖、库和内陆水网地区以渔业为主导产业的地区
草原牧场型	以畜牧业为主导产业，人均草地资源丰富，生产方式、生活方式转变、草原休闲观光产业发展迅速	主要适宜于我国东北草原区、蒙宁甘草原区、新疆草原区、青藏草原区和南方草山草坡区等
休闲旅游型	旅游资源丰富，区位优势明显，休闲农业发达，基础设施完善	适宜于旅游资源丰富、休闲农业发达的城市郊区
文化传承型	文化资源丰富并得到有效保护，开发利用效益明显，群众活动健康丰富	适用于具有古村落、古建筑、古民居特殊人文景观以及历史人物、神话传说、民间故事、民间歌谣、民间艺术、园林艺术、民俗风情、风味餐饮、文化遗址等文化资源丰富的地区

（四）美丽乡村的规划原则

1. 以人为本的原则

始终把农民群众的利益放在首位，充分发挥农民群众的主体作用，尊重农民群众的知情权、参与权、决策权和监督权，引导他们大力发展生态经济、自觉保护生态环境，加快建设生态家园。

2. 因地制宜的原则

结合当地自然条件、经济社会发展水平、产业特点等，正确处理近期建设和长远发展的关系，切合实际地部署村庄各项建设。

3. 生态优先原则

遵循自然发展规律，切实保护农村生态环境，展示农村生态特色，统筹推进农村生态经济、生态人居、生态环境和生态文化建设。

4. 保护文化、注重特色的原则

保护村庄地形地貌、自然肌理和历史文化，引导村庄适宜的产业发展，尊重健康的民俗风情和生活习惯，注重村庄生态环境的改善，突出乡村风情和地方特色，提高村庄环境质量。

例如，浙江省美丽乡村的三大样本之一遂昌县，坚持生态立县、统筹城乡、建设长三角休闲旅游名城战略的理念，把全县作为一个大景区来打造，注重乡村经济发展与生态、传统保护相融合，重塑乡土村落，再造魅力故乡（图 11－66），逐步走出了一条现代与传统并举、发展与传承并重的科学发展之路。

图 11－66 遂昌神龙谷

二、特色小镇

（一）特色小镇的概念

特色小镇是相对独立于城市地区，具有明确产业定位、文化内涵、旅游功能和社区特征的发展空间载体，是实现生产、生活、生态融合的未来城市发展方向。它既有特色产业，又是一个宜居宜业的大社区；既有现代化的办公环境，又有宜人的自然生态环境、丰富的人性化交流空间和高品质的公共服务设施。它是地区发展过程中具有某类特色元素的聚集区（或居民点），试图用最小的空间资源达到生产力的最优化布局；是一个“产、城、人、文”四位一体、有机结合的功能平台，也是融合产业功能、文化功能、旅游功能和社区功能的城镇地区。在这样的地区，产业是支柱，文化是内核，旅游是生活，社区是归属。

（二）特色小镇的特征

特色小镇不同于过去的政策区，它必须有突出的发展主题，需要运用各种政策工具对符合这个主题的资源和要素进行空间重组，是对新型城镇化道路进行探索的实验区，贯穿着创新、协调、绿色、开放、共享五大发展理念在基层的探索与实践，体现着个性化、主题化、文化创意特色化的地方发展道路。特色小镇有以下六点特征：（1）产业发展环境为核心；（2）位置和空间优化；（3）功能复合性；（4）历史传承性；（5）居民多样性；（6）治理创新性。

（三）特色小镇的功能

在城市与乡村之间建设特色小镇，实现生产、生活、生态融合，是强化生产与生活功能配套，又实现自然环境美化的有效途径，是中国城镇化转型的具体措施，也符合现代都市人的生产和生活追求。因此，特色小镇在城镇化建设中，对于大城市和乡村，本土发展与外部力量，内发型与外向型发展方式都承担着承上启下和内连外通的节点作用，主要有以下三方面的功能：

1. 大城市疏解功能

大城市病日益严重，导致大城市的各项事业发展都受到了限制。疏解大城市功能，使之向周边地区扩散正在成为我国大城市可持续发展的重要举措。但是，在经过了卫星城、产业开发区和新城建设等一系列疏散措施后，这些问题并未得到根本解决，反而使城市摊大饼的局面愈演愈烈。

特色小镇试图通过空间与大城市地区相对独立，并与行政单元有错位的聚集中心，为基层摆脱行政单元束缚、实行创新性的基层自治提供条件，为聚集中心脱离行政中心开启可以探索的窗口。通过这个特殊的聚集中心，特色小镇进行创新实验，可以更灵活地采用公私合作伙伴（Public - Private Partnership，PPP）模式建设基础设施和完善公共服务，以此来实现卫星城和新区不能实现的城市功能转移。

2. 小城镇升级功能

我国城镇化的障碍之一就是乡镇发展滞后，小城镇发展薄弱一直是我国城镇化的短板，并且制约着城镇体系的发育和城镇化的整体进程，也成为大城市市民化程度低、城镇化质量不高的原因之一。

特色小镇可以选择条件好的地区，借助外部资本和技术等力量，为企业提供创业创新环境，为居民提供舒适、惬意的休闲和人居环境，为地区发展提供交通等基础设施和公共服务，并依赖周边大城市的人流和信息资源，先于其他乡镇在环境友好、绿色发展、产城融合、聚集创新等方面得到发展，并探索出城镇化的创新经验。与此同时，与美丽乡村建设相结合，分别对自上而下和自下而上的发展道路进行取长补短，从地方发展角度推动城镇化，提升基层发展能力，补充城镇化过程中底层发展不足的短板。

3. 聚集创新功能

作为经济发展的新平台，特色小镇的目的是推进产业转型升级，而转型升级的基础是技术创新，技术创新的关键是人才。所以，特色小镇首先要发挥自然环境优势，建设相当于或好于大城市的人文环境，完善基础设施和公共服务，通过良好环境和自由的创新氛围，吸引人才、资本与企业；注重宜居、宜产与易创的融合，为人才集聚、创新创业提供新的平台；通过城市人才与技术的植入，促进小镇产业的转型升级，使之成为我国经济可持续发展的新动能。

（四）特色小镇的类型

拥有一个特色鲜明、内容突出的发展主题是特色小镇的主要特征之一。由于不同主题需要的要素和成长路径各异，为了了解每种小镇的成长因素和发展路径，以及将来的发展方向和潜力，我们根据其发展主题和成长规律，将小镇划分为旅游、产业、事件、科教、创新空间等不同的类型，以便有针对性地了解其发展规律和存在的问题，总结发展模式和运行机制，寻找共同治理的解决办法。

1. 旅游型特色小镇

随着我国人均 GDP 的提高，进入了旅游业发展的高级阶段，旅游业不仅规模巨大、增长快，而且游客对旅游产品的要求更高，尤其注重旅游的地点、自然环境和人文环境、历史底蕴和文化内涵，属于体验式消费。旅游型特色小镇正迎合了居民收入水平提高后的这种高层次的旅游需求，是针对成熟期的旅游业发展需求而开发、建设、服务和管理的体验型和综合服务的城镇。根据小镇依赖的旅游资源，还可以将旅游型小镇划分为自然资源型和历史文化型。例如，徽州地区众多古村落群（图 11－67）就是徽文化的典型代表，拥有典型的古建筑和悠闲的古镇生活情趣。

图 11－67　安徽宏村

2. 产业型特色小镇

这里指的产业是除旅游外的所有基于本地居民的生产活动，如制造业、农业、服务业或金融业、文化创意产业等。特色小镇的核心是特色产业，其他如外形特色、文化特色、环境特色和服务特色都是为特色产业服务的。因此，特色产业的选择是对小镇命运的抉择。一般根据当地自然环境、地方发展特点和产业基础，以产业链的某个环节或某些有竞争优势的独特产品为主导，充分利用特色小镇的区位优势、政策和创新优势，形成该产业与城镇生产和生活相融合的特色产业功能聚集区。

例如，浙江省丽水市龙泉青瓷小镇（图 11－68），其青瓷迄今已有 1700 多年的历史，以瓷质细腻、色泽青翠晶莹、线条明快流畅、造型端庄浑朴著称，吸引着越来越多的世界陶瓷文化交流活动来此举办，成为龙泉青瓷对话世界的一个窗口。

3. 其他类型

特色小镇的独特之处，就是每个小镇都有其特殊的形成路径。按照小镇各自的形成路径会有很多不同类型。从目前已有的国内外小镇来看，依照其起源，除了旅游和产业型外，特色小镇还有重大事件型、科研教育型和众创空间型等类型。由于这类小镇多以某个新型行业为契机，难以按行业划分，又多以专业创新为主，是以某个有生命力的新兴行业为特点形成的聚集区，故这里暂且称为专业创新型小镇。

图 11－68　龙泉青瓷小镇

三、休闲农业观光园

我国农业观光园的发展普遍始于20世纪80年代末90年代初，90年代中期以来发展极为迅速，全国各地广为兴建，且一直是社会投资的热点。农业观光园是社会发展下的产物，是我国未来农业发展的重要模式。

（一）农业观光园定义

农业观光园，是以农业资源为核心依托，以旅游功能为核心展示，借助科技、相关辅助设施等进行创新性的规划、设计，从而形成的集聚科技示范、旅游观光、科普教育以及休闲娱乐功能为一体的综合型园区。

（二）农业观光园的类型

农业观光园分类的方式多样，有按开发内容、对农业的利用层次、旅游者的活动方式、分布上的地域模式和发展阶段模式不等的不同分法。

1. 按开发的内容

（1）观光农园。在城市近郊或风景点附近开发特色果园、菜园、花园、茶园、渔场等，让游客观光游览、入内采摘、拔菜、赏花、采茶等，享受田园乐趣。

（2）农业公园。按照公园的经营思路，把农业生产场所、农产品消费场所和休闲旅游场所相结合，把当地农业景观作为基础的综合性观光游览区。有的园子还在其中举行各种节庆，以展示各名优品种。

（3）教育农园。是兼顾农业生产与教育功能的农业经营形态。农园中所栽植的作物、饲养的动物以及配备的设施极具教育内涵。

（4）休闲农场。这是一种综合性的休闲农业区，游客不仅可观光、采果、体验农作、了解农民生活、享受乡土情趣，而且可住宿、度假、游乐。农场内提供的休闲活动内容一般有田园景观观赏、农业体验、童玩活动、自然生态解说、垂钓、野味品尝等。

（5）市民农园。由政府或农民提供农地，让市民参与耕作的园地。一般将位于都市或近郊的农地集中规划为若干小区，分别出租给城市居民，以种植花草、蔬菜、果树或经营家庭农艺，它主要是让市民体验农业生产过程，享受耕作乐趣。

（6）田园化农业。以园艺农业为主，种植蔬菜、花卉、果树，利用池塘进行水产养殖，结合村镇改善美化环境，集农田、菜地、花草、水面、果园、农舍于一体，辅以实验、实习、游览服务设施，创造出田园化农业景观，让游客饱览田园风光，为非农业者进行调剂性活动。体验农业生活、学生实习劳动，为国内外有兴趣学习交流等提供场所（田园化农业应主要在城市近郊发展）。

（7）农业科技园。这类农业观光园是农业旅游与科技旅游相结合的产物。它把农业与现代科技相结合，在科技引导生产的同时，向游人展示现代科技的无穷魅力。农业科技园将多种现代科学技术（譬如生物技术、基因工程、电子技术等）与农业相结合，并以此作为样板示范兼作旅游基地。

（8）花卉植物园。汇集多种花卉、经济植物和观赏植物的品种，保存野生植物资源和珍稀濒危植物，引进国外重要植物种类，合理配置，结合林草等优美景观的相间布局，使之成为种质资源丰富、园林景观优美、具有观赏游览、科研、科普教育功能的场所。

（9）民俗旅游。选择具有地方或民族特色的村庄，利用农村特有民间文化和地方习俗作为农业观光休闲活动的内容，让游客充分享受浓郁的乡土风情和浓重的乡土气息。

2. 按其发展阶段模式

按其发展阶段模式不同可分为：自发式、自主式、开发式（表 11－22）。

不同阶段模式对比表　　**表 11－22**

阶段模式	发展阶段	旅游主题	主导者	市场	市场消费强度（交通除外）
自发式	早期旅游萌芽阶段	不明确，仅作为休闲调剂	自发形式的个人或小群体	供求关系模糊；个人需求导向	每人每天少于 30 元
自主式	初级经营阶段	有一定的主题和活动安排	中、小旅行社主动参与经营	以短期盈利为目的；产品导向	每人每天 60～120 元
开发式	成熟的经营阶段	有明确的主题和系列活动策划	大型（旅游）企业集团开发与经营管理	以长期投资收益为目的；项目投资导向	每人每天 120 元以上

3. 按其分布上的地域模式

（1）依托自然型

区位和目标市场：距大中城市 20km 以外，交通便利；以多个大中城市为目标。

特点：农业基础较好，地貌类型齐全；能以独立完整的农业自然景观为依托；范围广阔，$6km^2$ 左右。

管理形式：基本保留原有的农村各级组织；分散管理；接近原生自然。

（2）依托城市型

市场区位及目标市场：距大中城市10km以内；以1个大中城市为目标市场。

特点：借助一定的农业基础；主要通过人工构造农业景观，以某一大中城市为依托；范围较小，2km^{2}左右。

管理形式：独立封闭的行政组织；集中管理，属性接近人工主题公园。

（三）农业观光园的规划原则

（1）总体规划与资源（包括人文资源与自然资源）利用结合，因地制宜，充分发挥当前的区域优势，尽量展示当地独特的农业景观。

（2）把当前效益与长远效益相结合，以可持续发展理论和生态经济学原理来经营，提高经济效益。

（3）创造观赏价值与追求经济效益相结合。在提倡经济效益的同时，注意园区环境的建设，应以体现田园景观的自然、朴素为主。

（4）综合开发与特色项目相结合，在农业旅游资源开发的同时，突出特色又注重整体的协调。

（5）生态优先，以植物造景为主，根据生态学原理，充分利用绿色植物对环境的调节功能，模拟园区所在区域的自然植被的群落结构，打破狭义农业植物群落的单一性，运用多种植物造景，体现生物多样性，结合美学中艺术构图原则，来创造一个体现人与自然双重美的环境。

（6）尊重自然，体现“以人为本”，在充分考虑园区适宜开发度、自然承载能力的情况下，把人的行为心理、环境心理的需要落实于规划设计之中，寻求人与自然的和谐共处。

（7）展示乡土气息与营造时代气息相结合，历史传统与时代创新相结合，满足游人的多层次需求。注重对传统民间风俗活动与有时代特色的项目，特别是与农业活动及地方特色相关的旅游服务活动项目的开发和乡村环境的展示。

（8）强调对游客“参与性”活动项目的开发建设。游人在农业园区中是“看”与“被看”的主体，农业观光园的最大特色是通过游人作为劳动（活动）的主体来体验和感受劳动的艰辛与快乐，并成为园区一景。

（四）农业观光园的详细规划

1. 分区规划

典型农业观光园分区和布局主要包括五大分区：生产区、示范区、销售区、观赏区和休闲区（表11－23）：

典型的分区和布局方案表　　**表11－23**

分区	占规划面积（%）	用地要求	构成系统	功能导向
生产区	40～50	土壤、气候条件较好，有灌溉、排水设施	① 农作物生产 ② 果树、蔬菜、花卉园艺生产 ③ 畜牧区 ④ 森林经营区 ⑤ 渔业生产区	让游人认识农业生产的全过程，参与农事活动，体验农业生产的乐趣

续表

分区	占规划面积（%）	用地要求	构成系统	功能导向
示范区	15～25	土壤、气候条件较好，有灌溉、排水设施	① 农业科技示范 ② 生态农业示范 ③ 科普示范	以浓缩的典型农业或高科技模式传授系统的农业知识，增长教益，让游客体验劳动过程，并以亲切的交易方式回报乡村经济
销售区	1～5	临园区外主干道	① 乡村集市 ② 采摘、直销 ③ 民间工艺作坊	
观赏区	30～40	地形多变	① 观赏型农田、瓜果园 ② 珍稀动物饲养 ③ 花卉苗圃	身临其境感受田园风光和自然生机
休闲区	10～15	地形多变	① 农村居所 ② 乡村活动场所	营造游人深入其中的乡村生活空间，参与体验，实现交流

2. 交通道路规划

交通道路规划包括对外交通、入内交通、内部交通、停车场地和交通附属用地等方面。

主要道路：主要道路以连接园区中主要区域及景点，在平面上构成园路系统的骨架。在园路规划时应尽量避免让游客走回头路，路面宽度一般为4～7m，道路纵坡一般要小于8%。

次要道路：次要道路要伸进个景区，路面宽度为2～4m，地形起伏可较主要道路大些，坡度大时可做平台、踏步等处理形式。

游憩道路：游憩道路为各景区内的游玩、散步小路。布置比较自由，形式较为多样，对于丰富园区内的景观起着很大作用。

3. 栽培植被规划

根据中国植被的分类，栽培植被包括草本类型、木本类型和草本木本间作这三大类型。典型的农业观光园栽培植被有：

（1）生态林区：包括珍稀物种生境及其保护区、水土保持和水源涵养林区。

（2）观赏（采摘）林区：往往是木本栽培植被，一般于主游线、主景点附近，处于游览视域范围内的植物群落，要求植物形态、色彩或质感有特殊视觉效果，其抚育要求主要以满足观赏或采摘为目的。如果范围内有生态敏感区域，还应加强生态成分，避免游人采摘活动，这时则作为观赏生态林。

（3）生产林区：为农业观光园区的内核部分，可为三大栽培类型中的任一类，以生产为主，限制或禁止游人入内。一般在规划中，生产林区处在游览视觉阴影区，地形缓、没有潜在生态问题的区域。

4. 绿化规划

绿化规划是一个较细的规划，在尊重区域规划、生态规划、栽培植被规划等的前提下进行。一般来说，农业观光园区的绿化规划参照风景园林绿化规划的理论进行，原则是点、线、面相结合，乔、灌、草搭配，要求尽量模拟自然，不留“人工味”。

下篇　基本技能与技术

第十二章　风景园林规划设计图纸表达

第一节　风景园林设计表现技法

风景园林设计在营造以及处理环境时，需要通过一定的方法来表达设计师的意图、想法，这些方法有：文字、模型、绘图。其中文字描述起到辅助表达的作用，模型制作是最为直观的表达方式，而最基本、最常规的手段就是绘图，即通过平面的线条、色彩来表达。常见的绘图方式主要有：徒手绘图、仪器绘图和计算机绘图。还有其他表现方法如拼贴等则不常用。

一、徒手绘图

徒手绘图需要绘制者具备良好的美术基本功和艺术审美能力。徒手绘图可以方便快捷地传达设计师的设计意图，也可以使设计师通过勾画设计草图对方案进行反复推敲完善，激发创作灵感。常见的表现方式如下：

（一）素描

用单一的颜色表现对象的造型、质地及色彩等元素，用来画概念表现草图时相当方便，简洁直观。应注意明暗调子的组织。

（二）钢笔画

钢笔线条不像铅笔那样依靠铅笔力度来区分色调，钢笔的特性就在于线条组织。通过线条及线条组织的粗细、快慢、软硬、虚实、刚柔、疏密等变化可以传递丰富质感及情感（图 12－1）。

图 12－1　钢笔画（张清海绘）

（三）色彩渲染

1. 线描淡彩：是以线描为主，辅之以颜色的表现技法。勾线一般采用针管笔或速写钢笔，图面表现要充分，上色以烘托效果为目的，技法要简捷方便，宜选用透明或半透明的颜料，如水彩、水粉、水溶性彩色铅笔、马克笔等。色彩使用概括、简洁（图 12 -2 ~ 图 12 -4）。

图 12 -2　线描淡彩（水彩）（绘图：李立）

图 12 -3　线描淡彩（彩铅）（绘图：张清海）

图 12 -4　线描马克笔绘画（绘图：朱亚澜）

2. 水彩表现：以水为媒介调和专门的水彩颜料进行艺术创作的绘画，具有明快、湿润、水色交融的独特艺术表现魅力。

3. 马克笔表现：马克笔是一种快速而有效的绘图工具，具有干得快、着色简便、色彩亮丽、透明度高、可以色彩叠加等特点，常用于快速表现图。马克笔可以在墨线稿基础上着色，也可以与其他色彩工具结合，运用非常灵活方便。

二、仪器绘图

在计算机绘图没有出现之前，为了更加精确、清晰、规范地表达设计方案，就需要借助一些绘图仪器，如尺、模板等。基本的绘图工具、仪器如下（图 12－5、图 12－6）。

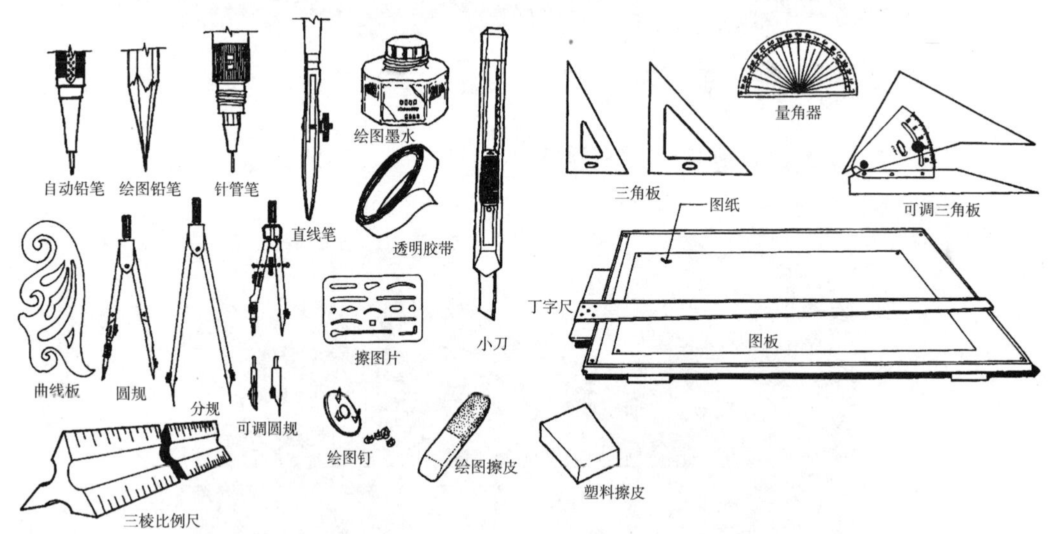

图 12－5　绘图工具

（1）图板、丁字尺和三角板。

（2）图纸：制图纸、硫酸纸、拷贝纸、铅画纸、水彩纸、卡纸等。

（3）笔：铅笔（注意削笔方法；运笔技巧：用力均匀、慢、平稳；分级：底稿 H～3H，加深 HB～B，草图 4B～6B）；针管笔（专门绘制等宽墨线，注意笔宽的选择：粗、中、细）；钢笔（多用于练习徒手线条和写字，做方案时多用）。其他笔：马克笔，喷笔（喷枪），彩色铅笔等。

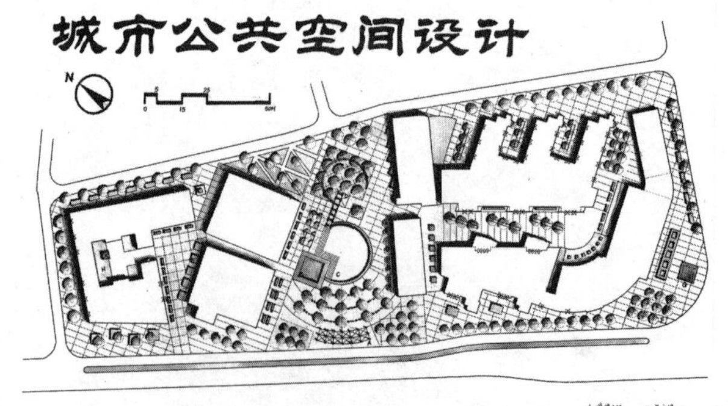

图 12－6　器画淡彩（绘图：王欣歆）

（4）绘图仪：圆规，分规（截取线段），鸭嘴笔，画墨线曲线板，模板（圆形、椭圆形、正多边形、建筑模板等），比例尺等。

（5）其他：刀片，胶带，擦线板，橡皮，墨水，清洁帚等。

三、计算机绘图

计算机辅助设计技术极大地提高了设计和绘图的工作效率，和手绘相比，计算机能将图纸迅速储存、修改、复制和发送。使用 Auto CAD 结合 Photoshop 及 3D、Sketch Up 等软件可以制作出精确且精美的风景园林图纸。目前在园林设计和工程制图中，计算机绘图已得到广泛的运用（图 12－7～图 12－9）。

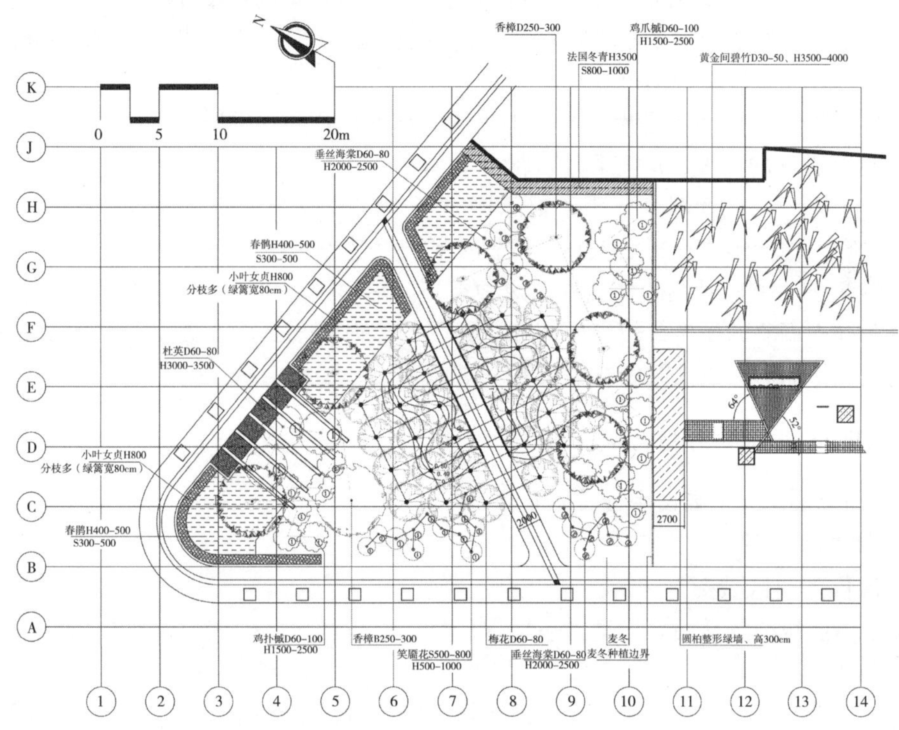

图 12－7　CAD 绘图（绘图：张清海）

图 12－8　3D、Photoshop 绘图（天和景观公司提供）

图 12－9　Sketch Up 绘图（绘图：张思庆）

第二节 风景园林规划设计图纸类型及表达规范

图纸是园林设计人员的语言，它能够将设计者的思想和要求直观地表达出来，人们可以形象地理解到其中的设计意图和艺术效果，并按照图纸去施工，从而创造优美的环境。

一、按图纸的生成性质（投影原理）分类

（1）平面图——平面图表明了一个区域范围内园林总体规划设计的内容，反映了组成园林各个部分之间的平面关系及长宽尺寸，是表现平面形式的基本图形。地形分析图、规划图中，比例尺、方位标记不可缺少。

（2）立面图——立面图是为了进一步表达园林设计意图和设计效果的图样，着重反映立面（竖向）设计的尺度、形态和层次的变化。

（3）剖面图——剖面图主要为了揭示园林场地和硬质景观的内部空间布置、分层情况、结构内容、构造形式、断面轮廓、位置关系以及造型尺度（图 12－10）。

（4）效果图——有轴测图和透视图两种类型。轴测图是以平行投影的原理绘制的立体图形，没有透视现象的发生，较平面图和立面图则显得直观易懂。透视图是以中心投影的原理绘制的立体图形，以人眼的视角直观表现园林设计场景，显得生活化、富有亲切感。

二、按图纸内容和作用的不同分类

（一）原始图纸（主要由甲方提供）

1. 区位与位置图

（1）区位图（区域图）

表示整体区域与场地关系，通常包括据研究中心半径 50km 的范围（图 12－11）。

（2）位置图

属于示意性图纸，表示该场地在城镇区域内的位置，要求简洁明了（图 12－12）。

2. 现状图

图纸应明确以下内容：设计范围（红线范围、坐标数字）；场地范围内的地形、标高及现状物（现有建筑物、构筑物、山体、水溪、植物、道路、水井，还有水系的进出口位置、电源等的位置）。现状物中要求保留利用、改造和拆迁等情况要分别说明。四周环境与市政交通联系的主要道路名称、宽度、标高数字以及走向和道路、排水方向；周围机关、单位、居住区的名称、范围以及今后发展状况。

（1）场地范围图：研究或设计的场地范围的图示。

（2）地形图：根据场地面积大小提供 1∶2000、1∶1000、1∶500 比例的场地范围内总平面地形图。

（3）局部放大图（1∶200）：图纸主要为提供局部详细设计用。该图纸要满足建筑单体设计，及其周围山体、水溪、植被、园林小品及道路的详细布局要求。

（4）要保留使用的主要建筑的平、立面图。平面图位置注明室内外标高；立面图要标明建筑物的尺寸、颜色等内容。

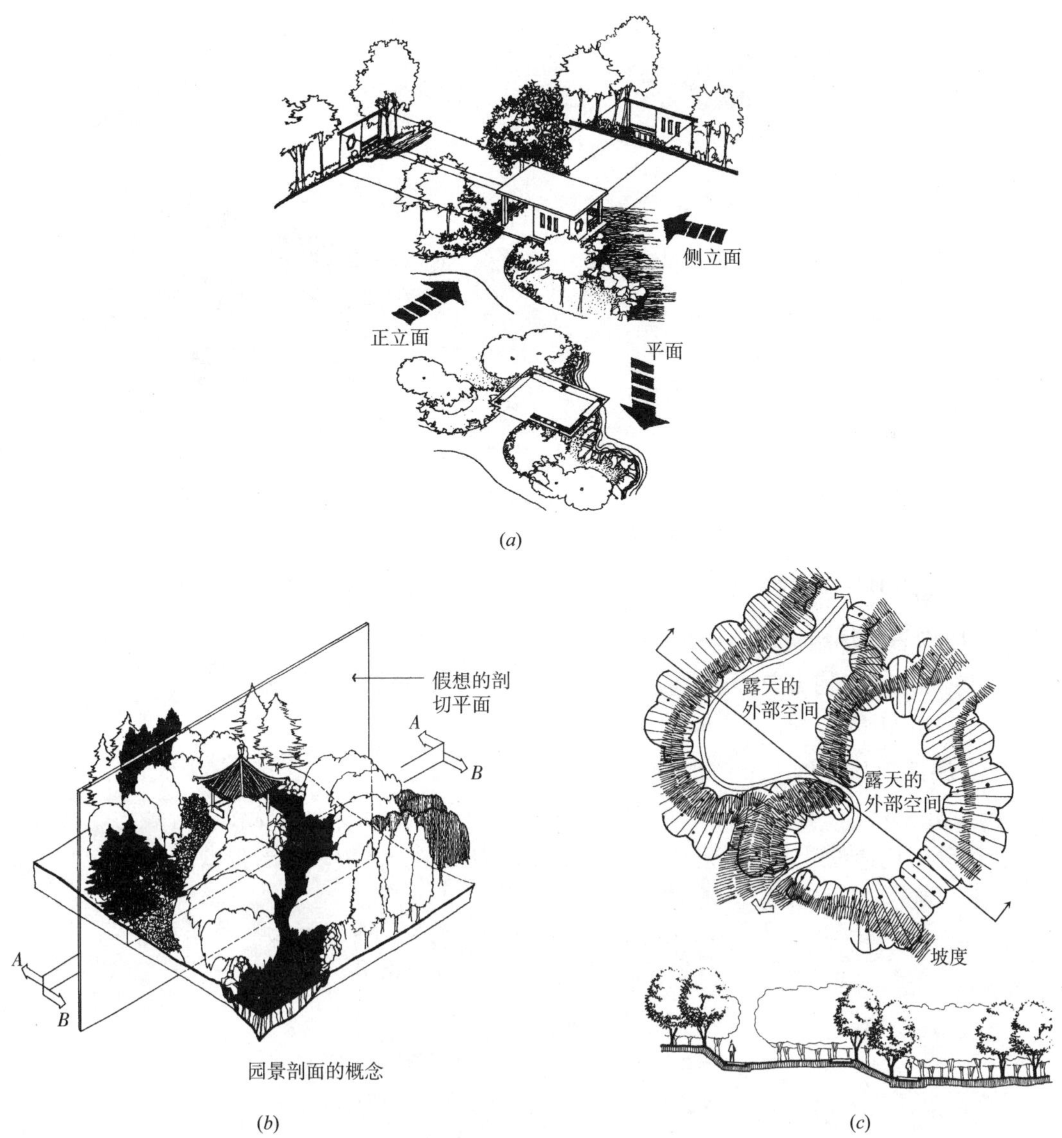

图 12－10　园林剖面图的生成图示

(5) 现状树木分布位置图（1:200，1:500）：主要标明要保留树木的位置，并注明品种、胸径、生长状况和观赏价值等。有较好观赏价值的树木最好附上彩色照片。

(6) 地下管线图（1:500，1:200）一般要求与施工图比例相同。图内应标明要表明的上水、雨水、污水、化粪池、电信、电力、暖气沟、煤气、热力等管线的位置及井位等。除了平面图外，还要有剖面图，并需要注明管径的大小 、管底或管顶标高、压力、坡度等。

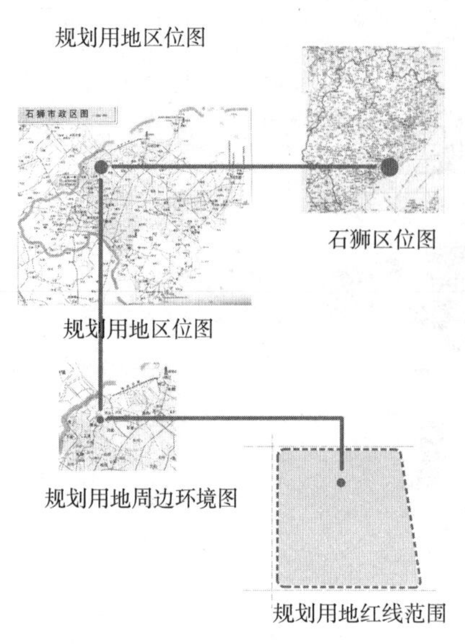

图 12－11　区位图

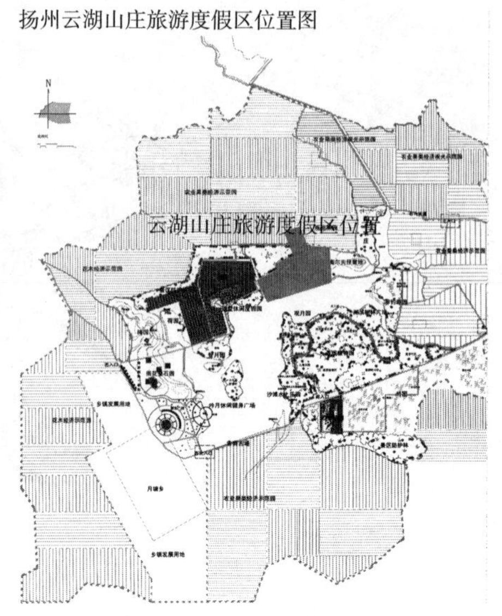

图 12－12　位置图

（二）构思、场地分析类图纸

1. 场地分析类图纸

场地分析图主要有如下几种类型：

（1）场地现状分析

根据已经掌握的全部资料，经分析、整理、归纳后，对场地现状作综合评述。在现状图上，可分析场地设计中有利和不利因素，以便为功能分区提供参考依据（图 12－13）。

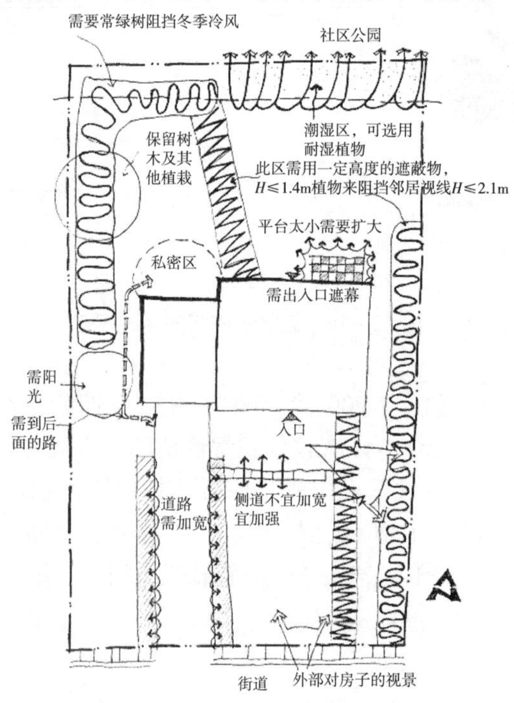

图 12－13　场地现状分析

（2）周围地块关系分析

对场地在城市地区图上定位，以及对周边地区、邻近地区规划因素进行分析，有利于确定设计基地的功能、性质、服务人群及确定场地主次要出入口的合理位置，及不同性质功能分区的位置等。

（3）交通分析

对场地与周边交通的联系、场地内原有道路、人流车流、进出口及停车场的合理位置等进行分析的图示（图 12－14）。

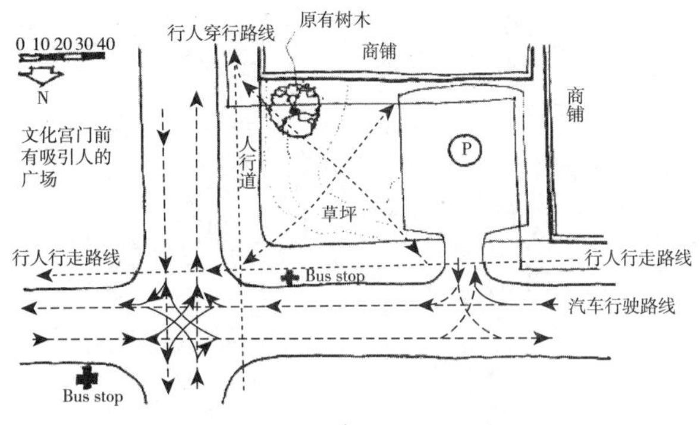

图 12－14　交通分析图

（4）环境分析

包括对场地气候条件、光照条件、污染状况（空气污染、噪声污染等）、地质条件等进行分析的图示（图 12－15）。

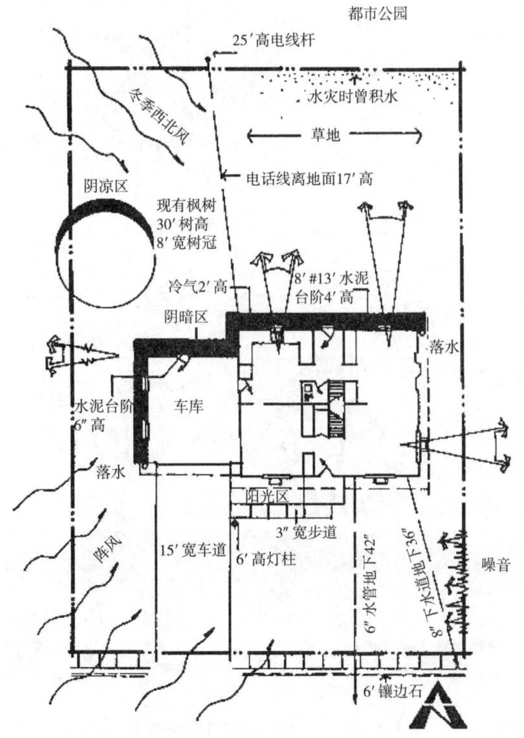

图 12－15　环境分析图

（5）管线及构筑物分析

对场地内建筑、墙体、地上地下管线等建筑物进行分析，以大体确定其保留及改造、拆迁状况。

（6）视线分析

对场地与周围空间的视线交流及场地内部各空间的视线关系进行分析的图示（图 12－16、图 12－17、图 12－18）。

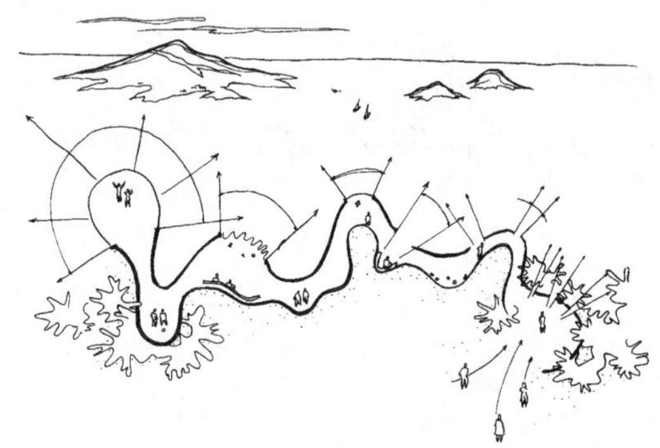

图 12－16　视线分析

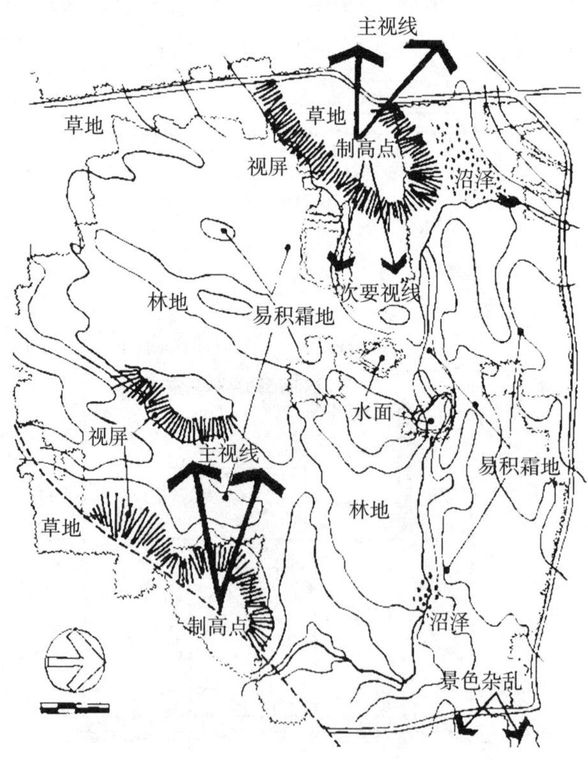

图 12－17　视线与环境分析图（一）

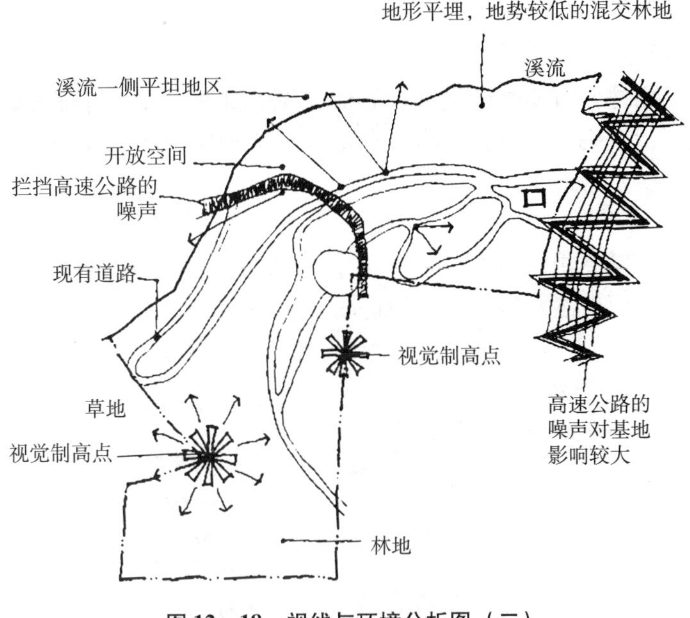

图 12－18　视线与环境分析图（二）

（7）地形及排水分析

对场地内现有地形及排水状况进行分析，并标出需改造及调整的部分（图 12－19、图 12－20）。

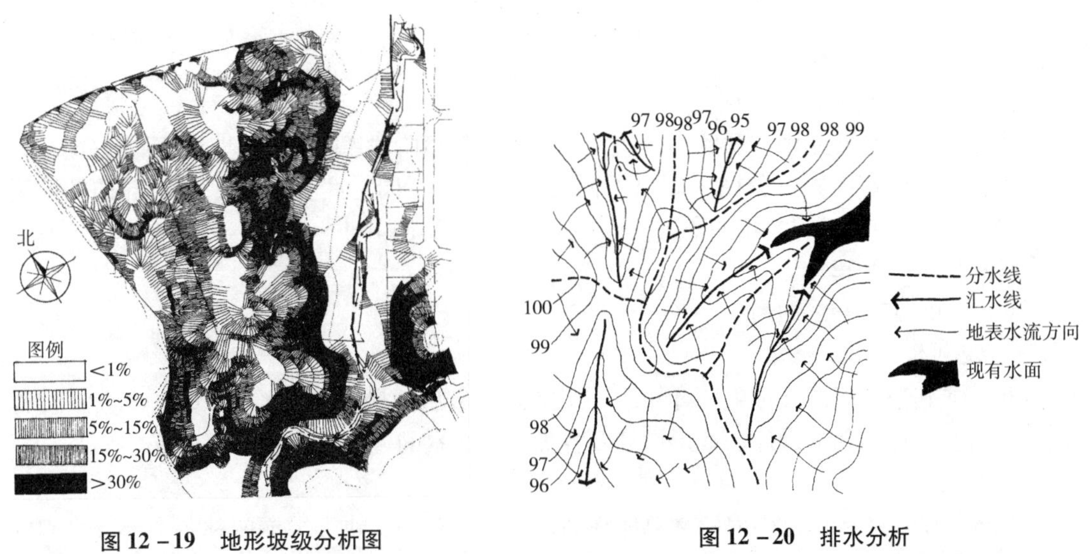

图 12－19　地形坡级分析图　　**图 12－20　排水分析**

（8）植被分析

根据基地现有自然环境及人工环境的分析，确定生态敏感区、植被类型及保留和移栽等并避开管线及某些构筑物。

（9）人文地域文化分析

在对场地所在的地域文化分析的基础上，挖掘当地的风俗文化、历史、场所精神等，为后续的构思设计服务。

2. 构思类图纸

构思草图是在场地分析的基础上进行的初步构想图纸，通常是对场地调查和分析阶段的成果进行分项图示解说，可以用泡泡（圆形圈）或抽象图形将其概括地表示出来，一般需要用文字加以注明以帮助了解。如：

（1）概念性构思草图

根据各项分析所发展出来的概念性规划设计方案。这一阶段的图纸通常需要反复调整，逐渐深入细化从而最终发展成为规划正图（图 12－21、图 12－22）。

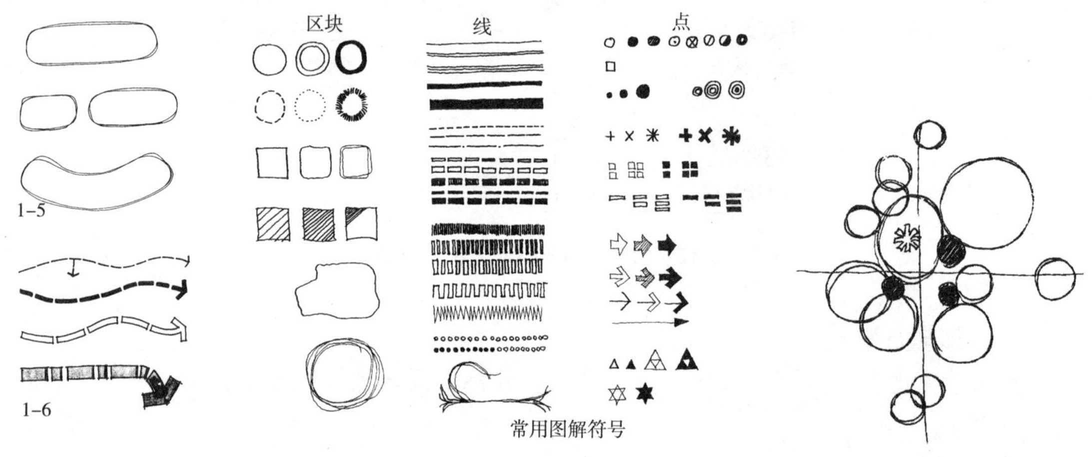

图 12－21　抽象符号与图形表示方法　　　　**图 12－22　概念性草图**

（2）空间分析与功能分区图

根据总体设计的原则、现状图分析，根据不同年龄阶段游人活动规划，不同兴趣爱好游人的需要，确定不同的分区，划出不同的空间，使不同空间和区域满足不同的功能要求，并使功能与形式尽可能统一。分区图可以反映不同空间、分区之间的关系（图 12－23、图 12－24）。

（三）正图或其他发展图

1. 规划设计图纸

正图或其他发展图又称主要计划图，用来表达最后的设计方案，应该包括建筑（群）设计、道路设计、栽植设计、地形设计及各类设计元素的位置、形状、尺度等。

（1）总平面图

它表明了一个区域范围内园林总体规划设计的内容，反映了组成园林各个部分之间的平面关系及长宽尺寸，是表现总体布局的图样（图 12－25）。总体设计方案图应包括以下诸方面内容：

① 场地与周围环境的关系。

② 场地主要、次要、专用出入口的位置、面积，规划形式，主要出入口的内、外广场，停车场、大门等布局。

③ 场地的地形总体规划，道路系统规划。

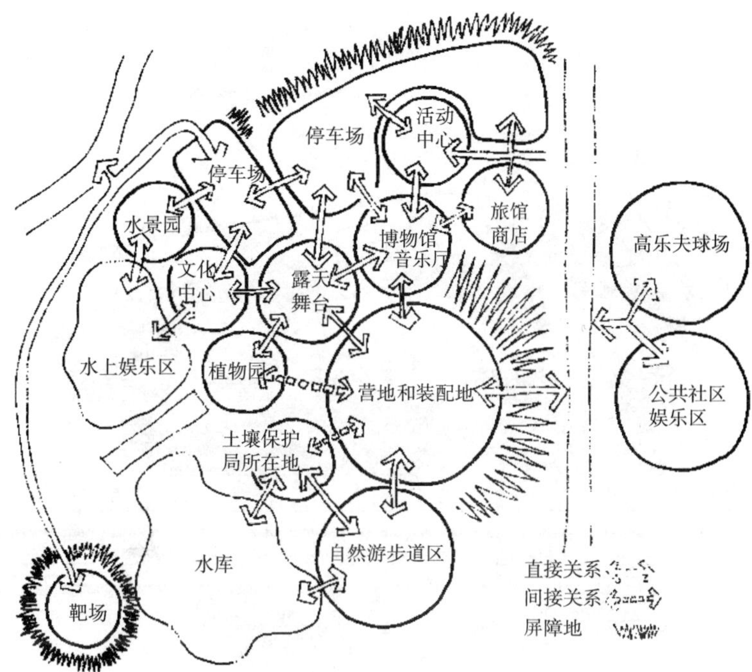

图 12－23　功能分区分析图

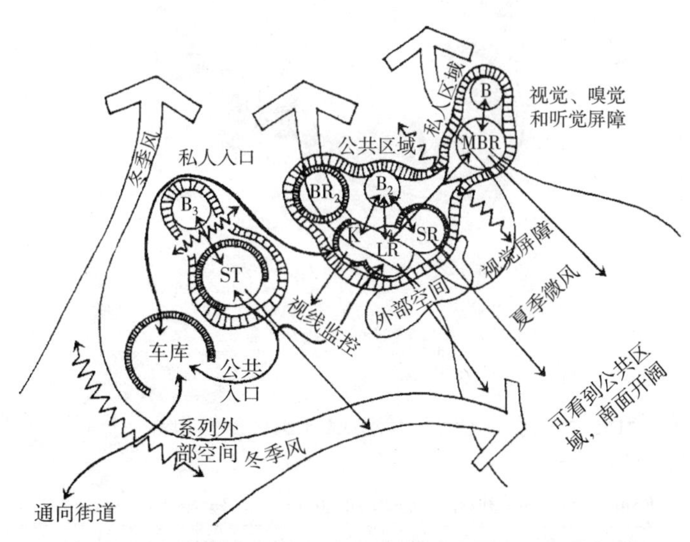

图 12－24　空间功能组合分析图

④ 全园建筑物、构筑物等布局情况，建筑物平面要反映总体设计意图。

⑤ 图上反映密疏林、树丛、草坪、花坛等植物景观。

⑥ 准确标明指北针、比例尺、图例等内容。面积 100hm^2 以上，比例尺多采用 1∶2000 ~

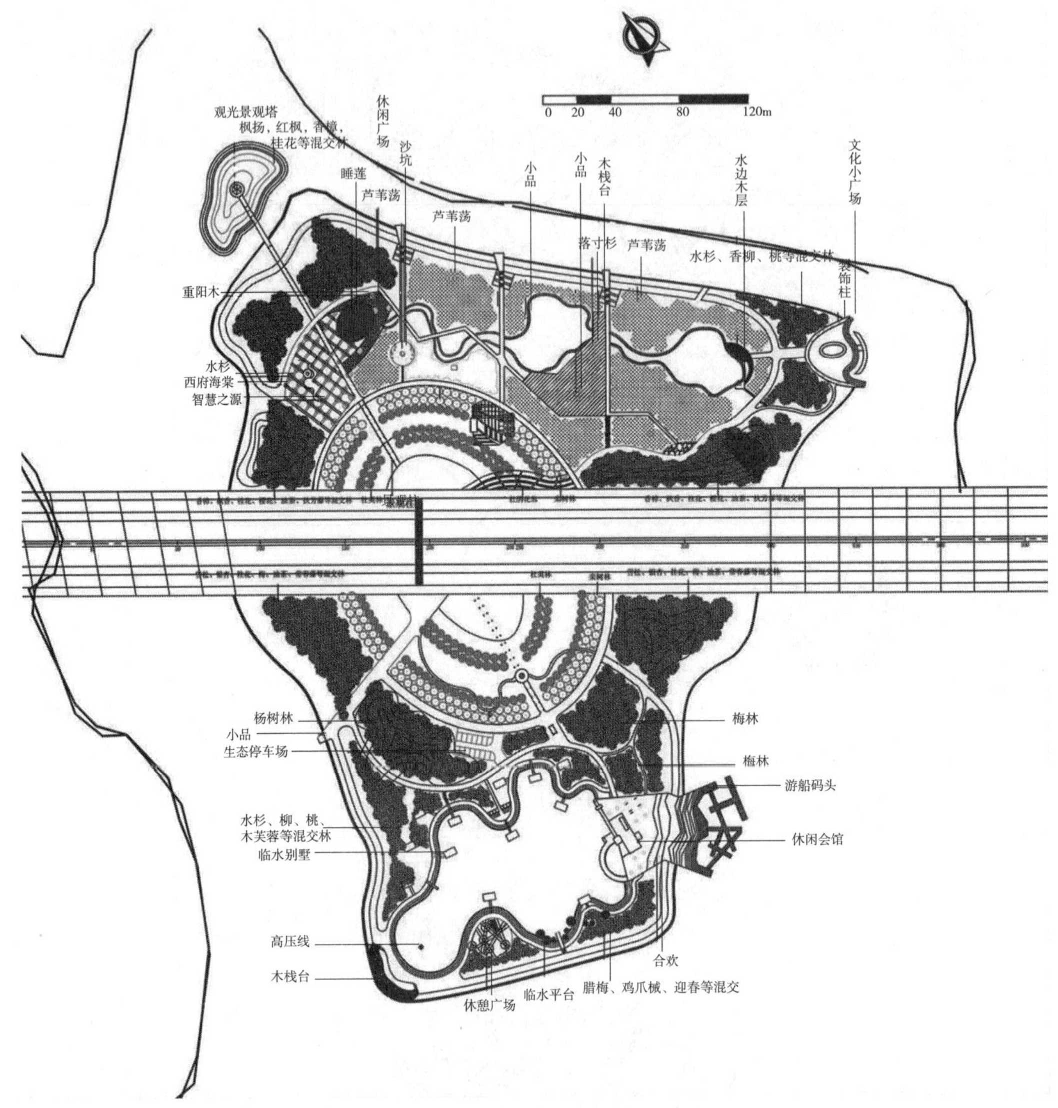

图 12－25　总平面图

1∶5000；面积在 10～50hm^2 左右，比例尺用 1∶1000；面积 8hm^2 以下，比例尺可用 1∶500。

（2）竖向规划图

地形是园林的骨架，图面要求能反映出场地的地形结构。

① 地形要表示出湖、池、堤、岛等水体造型，并要标明湖面的最高水位、常水位、最低水位线。

② 图上标明入水口、出水口的位置（总排水方向、水源及雨水聚散地）等。

③ 确定主要园林建筑所在地的地坪标高，桥面标高，广场高程，以及道路变坡点标高。

④ 注明场地与市政设施、马路、人行道以及场地邻近单位的地坪标高，以便确定场

地与四周环境之间的排水关系。

（3）道路规划图（图 12－26）

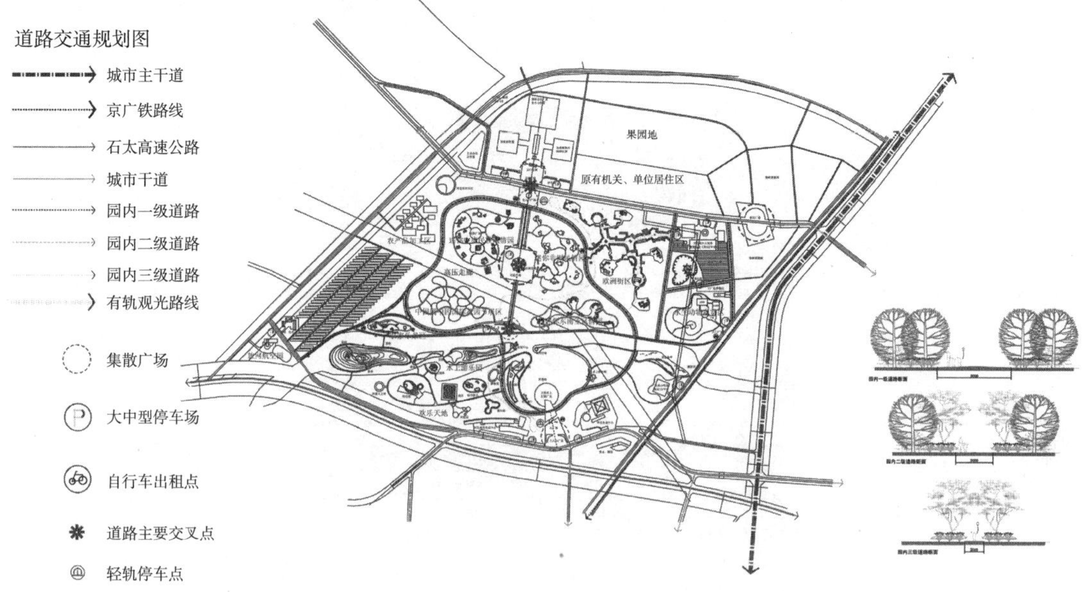

图 12－26　道路规划图

① 在图上确定场地的出入口及主要广场。

② 确定主干道、次干道等的位置以及各种路面的宽度、排水纵坡。

③ 初步确定主要道路的路面材料，铺装形式等。

④ 用虚线画出等高线，再用不同的粗线、细线表示不同级别的道路及广场，并将主要道路的控制标高注明。

（4）种植设计总平面图（图 12－27）

① 不同种植类型的安排，如密林、草坪、疏林、树群、树丛、孤立树、花坛、花境、行道树、湖岸树、园林种植小品等内容。

② 确定场地的基调树种、骨干造景树种，包括常绿、落叶的乔木、灌木、草花等。

③ 种植设计图上，乔木树冠以中、壮年树冠的冠幅，一般以 5～6m 树冠为制图标准，灌木、花草以相应尺度来表示。

（5）给排水规划图

① 解决整个场地的上水水源引水方式，水的总用量（消防、生活、造景、喷灌、浇灌、卫生等）及管网的大致分布、管径大小、水压高低等。

② 雨水、污水的水量、排放方式，管网大体分布，管径大小及水的去处等。

（6）电气规划图

解决总用电量、用电利用系数、分区供电设施、配电方式、电缆的敷设以及各区各点的照明方式及广播、通信等的位置。

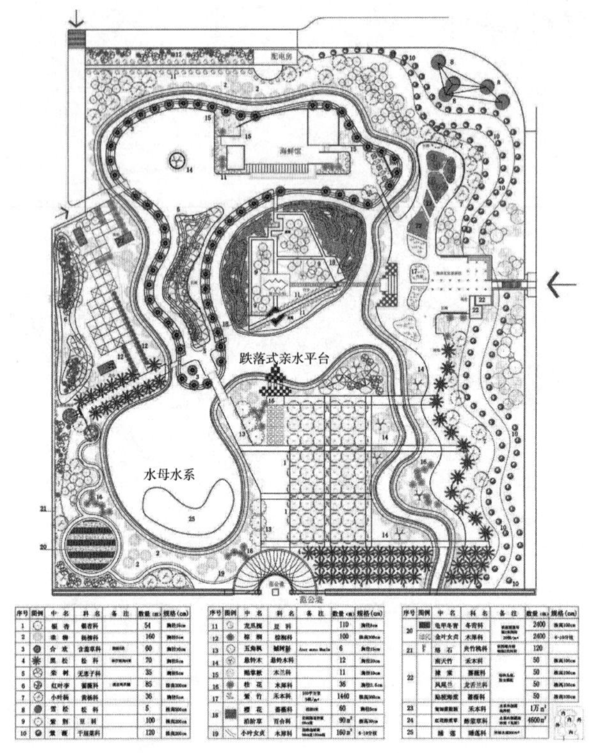

图 12－27　种植设计总平面图

（7）园林建筑布局图

反映场地总体设计中建筑的布局。应包括：

① 主要、次要、专用出入口的售票房、管理处、造景等各类园林建筑的平面造型。

② 大型主体建筑，展览性、娱乐性、服务性等建筑平面位置及周围关系。

③ 游览性园林建筑，如：亭、台、楼、阁、榭、桥、塔等类型建筑的平面安排。

④ 除平面布局外，应画出主要建筑的平、立面图。

（8）局部详细设计图

① 平面图

首先，根据场地或工程不同分区，划分若干局部，每个局部根据总体设计的要求，进行局部详细设计。一般比例尺为 1∶500，等高线距离为 0.5m，用不同等级粗细的线条，画出等高线、道路、广场、建筑、水池、湖面、驳岸、树林、草地、灌木丛、花坛、花卉、山石、雕塑等。

详细设计平面图要求标明建筑平面、标高及与周围环境的关系。道路的宽度、形式、标高；主要广场、地坪的形式、标高；花坛、水池面积大小和标高；驳岸的形式、宽度、标高。同时平面上标明雕塑、园林小品的造型（图 12－28）。

② 横纵剖面图

为更好地表达设计意图，在局部艺术布局最重要的部分，或局部地形变化的部分，做出断面图，一般比例尺为 1∶200～1∶500。

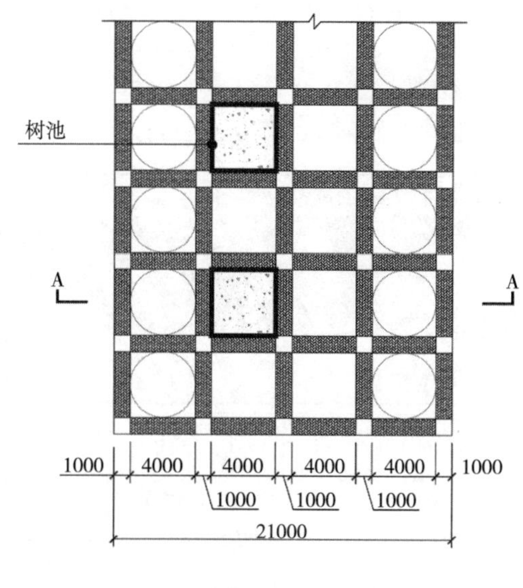

镜湖大道平面局部

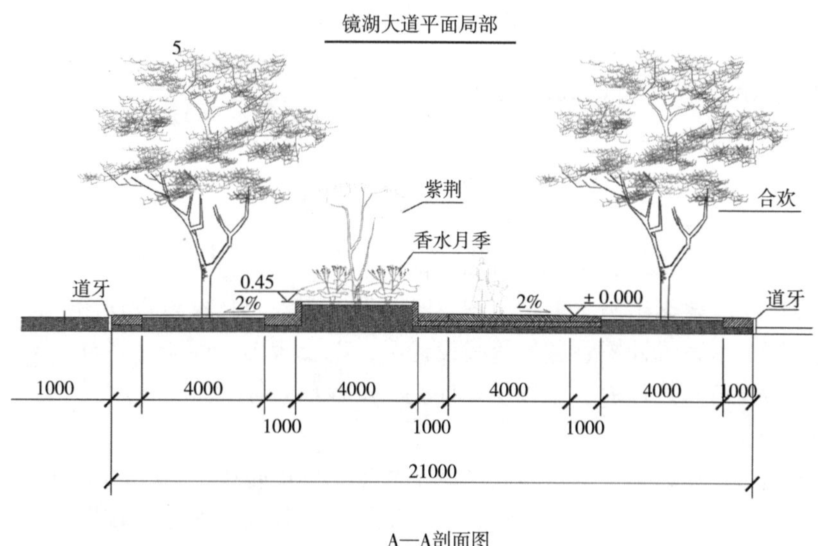

A—A剖面图

图 12－28　局部设计图

③ 局部种植设计图

在总体方案确定后，着手进行局部景区、景点的详细设计的同时，要进行 1∶500 的种植设计工作。一般 1∶500 比例尺的图纸能较准确地反映乔木的种植点、栽植数量、树种。树种主要包括密林、疏林、树群、树丛、行道树、湖岸树的位置。其他种植类型，如花坛、花境、水生植物、灌木丛、草坪等的种植设计图可选用 1∶300 比例尺，或 1∶200 比例尺（图 12－29）。

2. 施工设计图纸

施工图是依据设计图样本，以较小的比例尺，将建造过程的施工尺寸、材料性状、施工方式等，详细标明于施工图上。这些图应规范、准确、清楚地表达出设计内容的尺寸、

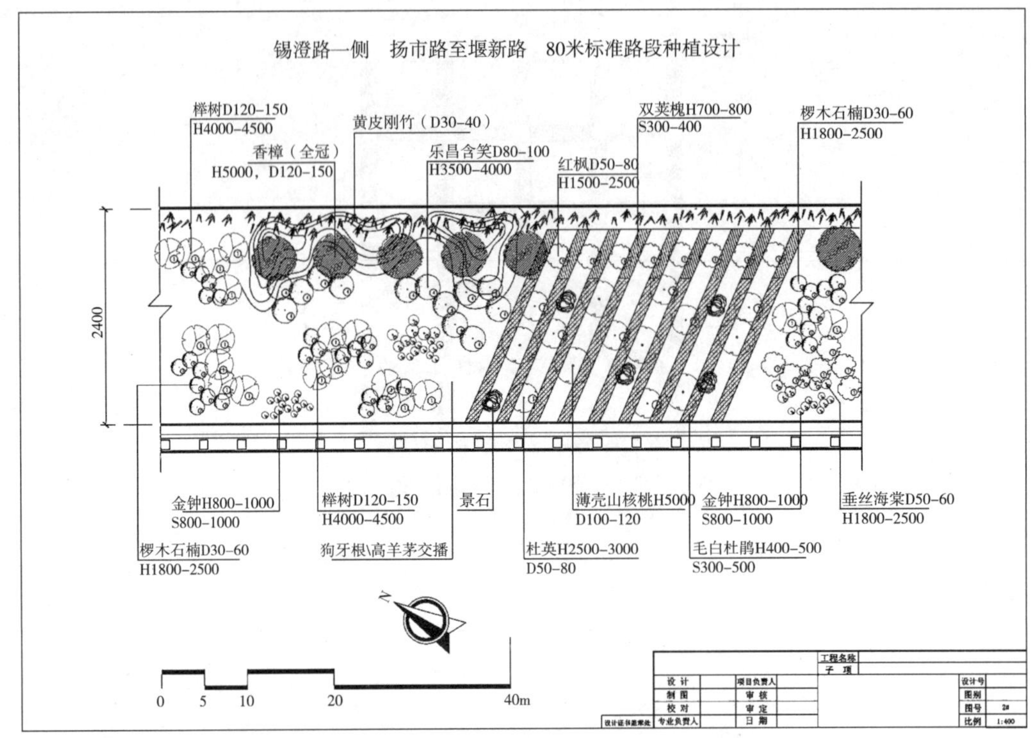

图 12－29　局部种植设计图

位置、形状、材料、种类、数量、构造和结构。

在施工设计阶段要做出施工总平面图、竖向设计图、园林建筑设计图、道路广场设计图、种植设计图、水系设计图、各种管线设计图，以及假山、雕塑、栏杆、标牌等小品设计详图。另外做出苗木统计表、工程量统计表、工程预算等。

（1）施工总平面图

施工总平面图是作为施工的依据和绘制平面施工图的依据（图 12－30），应表明各种设计因素的平面关系和它们的准确位置；放线坐标网、基点、基线的位置。施工总平面图图纸内容包括：

① 保留的现有地下管线（红色线表示）、建筑物、构筑物、主要现场树木等（用细线表示）。

② 设计的地形等高线（细墨虚线表示）、高程数字、山石和水体（用粗墨线外加细线表示）、园林建筑和构筑物的位置（用黑线表示）、道路广场、灯具、座椅、果皮箱等（中粗黑线表示）放线坐标网。

③ 做出工程序号、剖断线等。

（2）竖向设计图（高程图）

用以表明各设计因素间的高差关系，比如山峰、丘陵、盆地、缓坡、平地、河湖驳岸、池底等具体高程，各景区的排水方向、雨水汇集以及建筑、广场的具体高程等。为满足排水坡度，一般绿地坡度不得小于 5%，缓坡在 8%～12%，陡坡在 12% 以上。图纸内容如下：

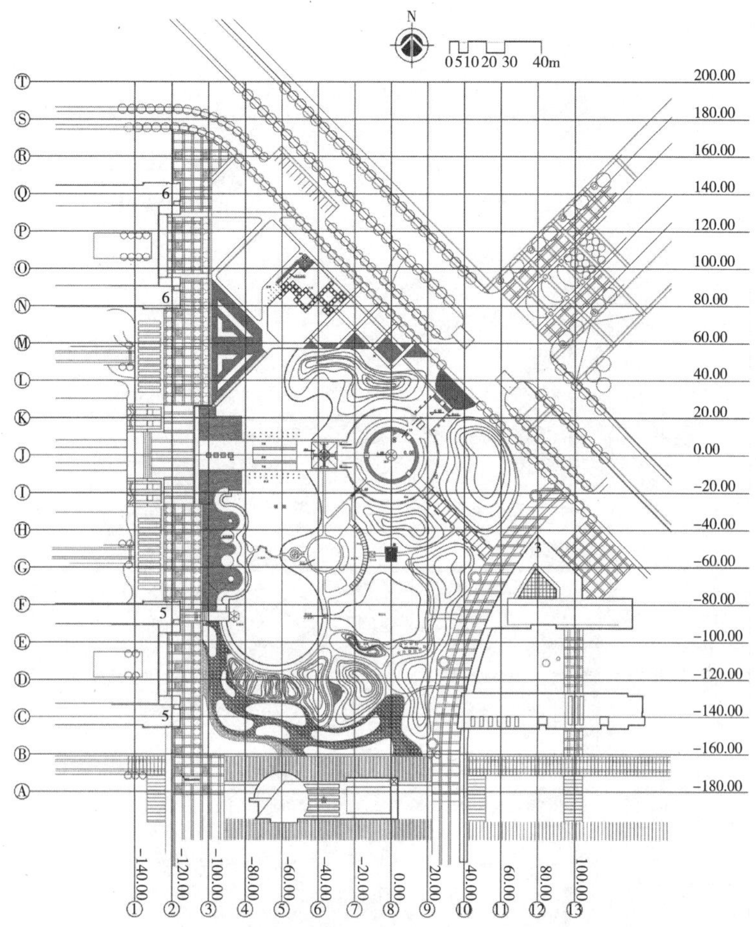

图 12-30　施工总平面图

① 竖向设计平面图（图 12-31）

根据初步设计之竖向设计，在施工总平面图的基础上表示出现状等高线，坡坎（用细红实线表示）；设计等高线、坡坎（用黑实线表示）、高程（用黑色数字表示），在同一地点的表示方法用△△/△△、（△△）通过红、黑线区分是现状的还是设计的；设计溪流河湖岸线、河底线及高程、排水方向（以黑色箭头表示），各景区园林建筑、休息广场的位置及高程；挖方填方范围等（填挖工程量注明）。

② 竖向剖面图（图 12-32）

主要部位山形，丘陵、谷地的坡势轮廓线（用黑粗实线表示）及高度、平面距（用黑细实线表示）等。剖面的起讫点、剖切位置编号必须与竖向设计平面图上的符号一致。

（3）道路广场设计图

道路广场设计图主要标明场地内各种道路、广场的具体位置、宽度、高程、纵横坡度、排水方向，道路平曲线、纵曲线设计要素，路面结构、做法、路牙的安排，以及道路广场的交接、交叉口组织、不同等级道路连接、铺装大样、回车道、停车场等(图 12-33、图 12-34)。图纸内容包括：

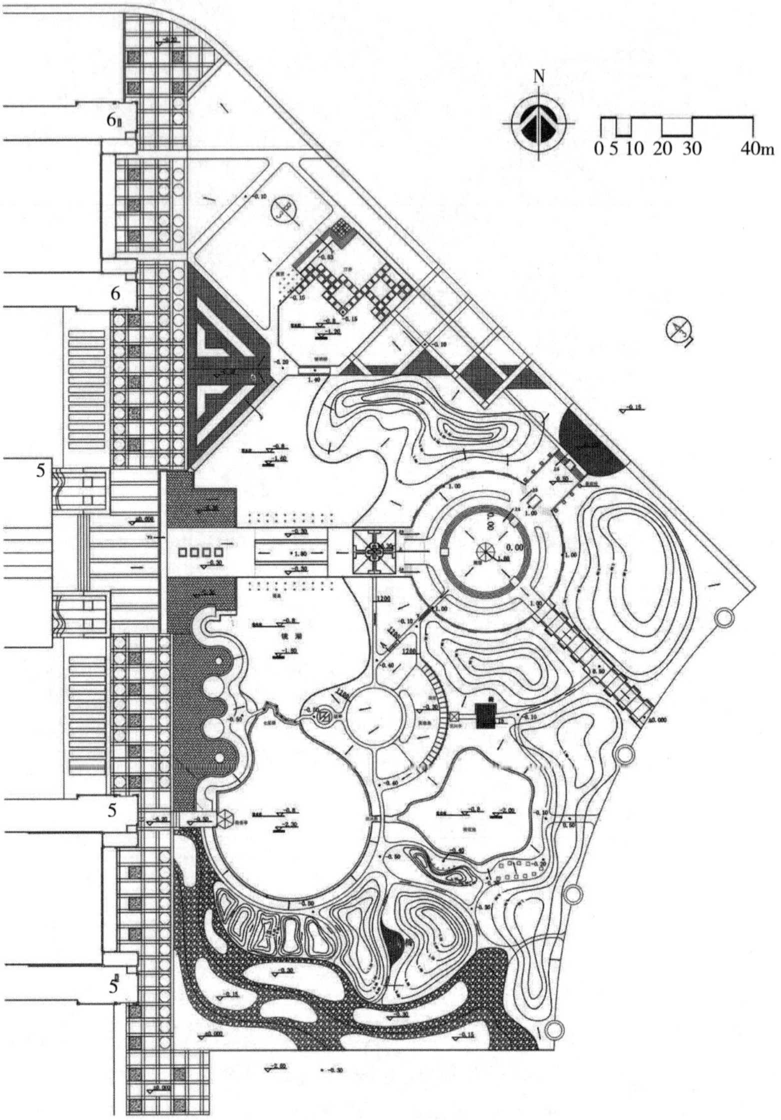

图 12－31 竖向设计平面图

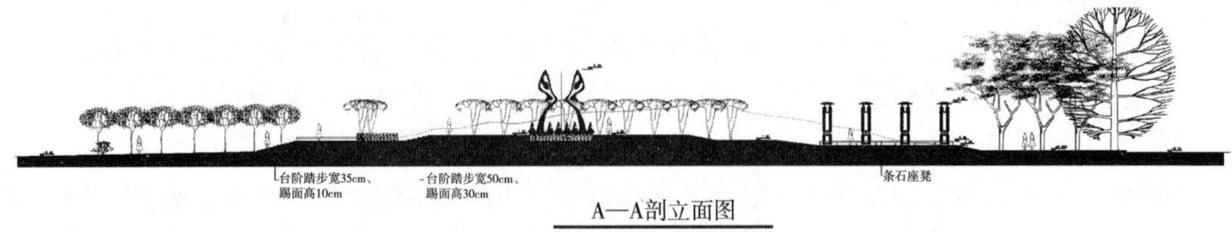

图 12－32 竖向剖面图

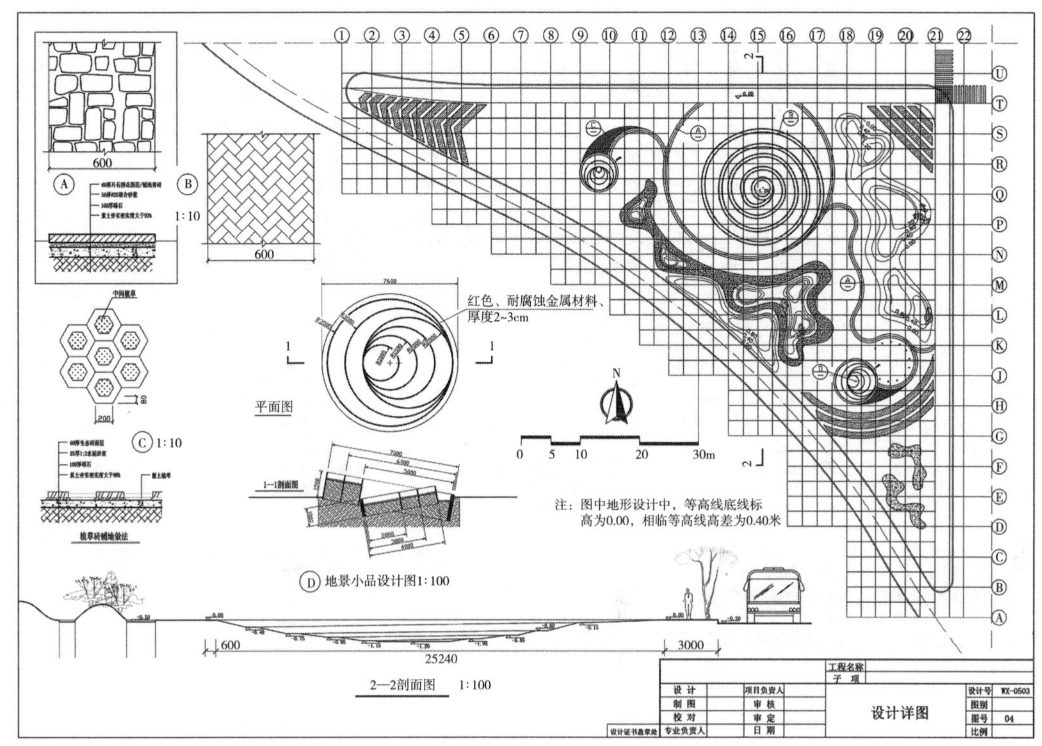

图 12－33　道路广场设计图

① 平面图

根据道路系统图，在施工总平面的基础上，用粗细不同的线条画出各种道路广场、台阶山路的位置，在转弯处，主要道路注明平曲线半径，每段的高程、纵坡坡向（用黑细箭头表示）等。混凝土路面纵坡在 0.3% ~0.5% 之间，横坡在 1.5% ~2.5% 之间；圆石、拳石路纵坡在 0.5% ~9% 之间，横坡在 3% ~4% 之间；天然土路纵坡在 0.5% ~8% 之间，横坡在 3% ~4% 之间。

② 剖面图

剖面图比例一般为 1∶20。在画剖面图之前，先绘出一段路面（或广场）的平面大样图，表示路面的尺寸和材料铺设法。在其下面作剖面图，表示路面的宽度及具体材料的构造（面层、垫层、基层等厚度、做法）。每个剖面的编号应与平面上对应。

③ 路口交接示意图

用细黑实线画出坐标网，用粗黑实线画路边线，用中粗实线画出路面铺装材料及构造图案。

（4）种植设计图（植物配置图）

种植设计图主要表现树木花草的种植位置、种类、种植方式、种植距离等。图纸内容如下：

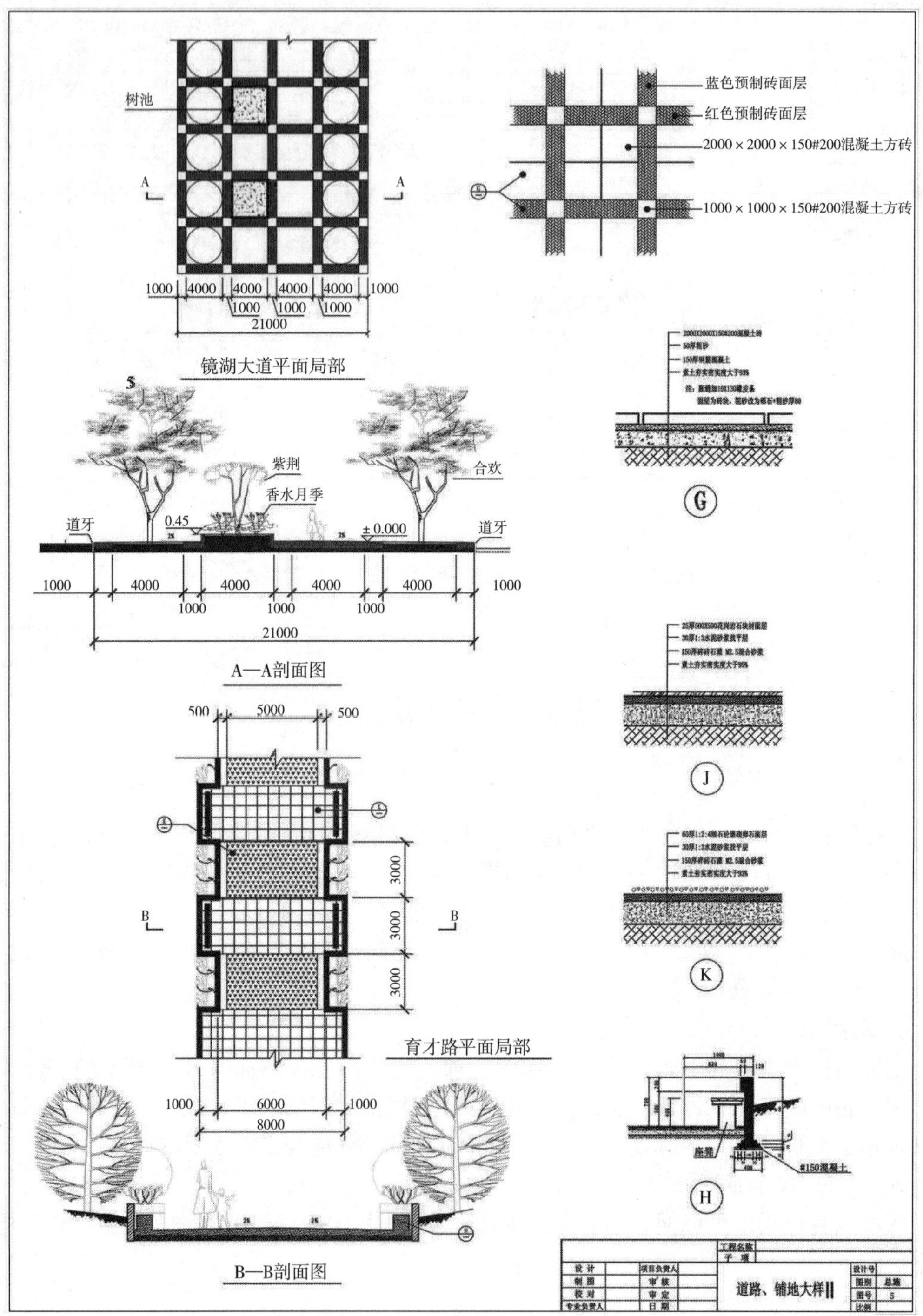

图 12－34　道路施工大样图

① 种植设计平面图（图 12 - 35）

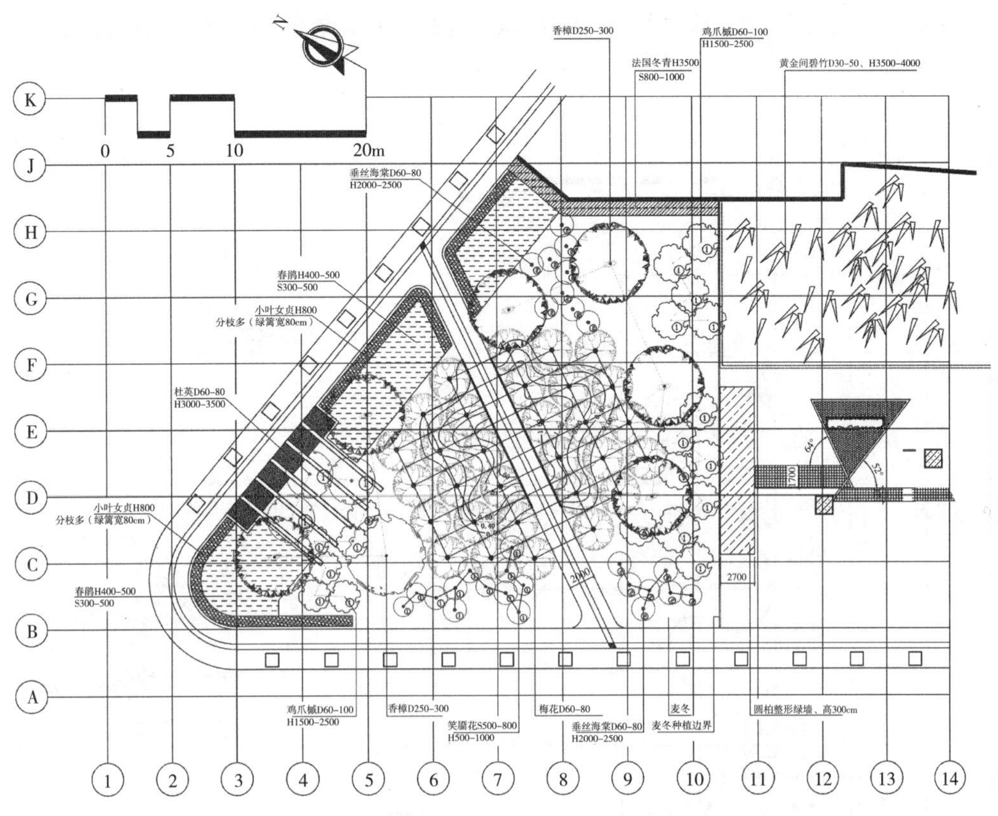

图 12 - 35 种植设计平面图

根据树木种植设计，在施工总平面图基础上，用设计图例绘出常绿阔叶乔木、落叶阔叶乔木、落叶针叶乔木、常绿针叶乔木、落叶灌木、常绿灌木、整形绿篱、自然形绿篱、花卉、草地等具体位置和种类、数量、种植方式，株行距等如何搭配。同一幅图中树冠的表示不宜变化太多，花卉绿篱的图示也应该简明统一，针叶树可重点突出，保留的现状树与新栽的树应该加以区别。复层绿化时，用细线画大乔木树冠，用粗一些线画冠下的花卉、树丛、花台等。树冠的尺寸大小应以成年树为标准。如大乔木 5 ~ 6m，孤植树 7 ~ 8m，小乔木 3 ~ 5m，花灌木 1 ~ 2m，绿篱宽 0.5 ~ 1m，种名、数量可在树冠上注明，如果图纸比例小，不易注字，可用编号的形式，在图纸上要标明编号树种名、数量对照表。成行树要注上每 2 株树距离。

② 大样图（1:100）

对于重点树群、树丛、林缘、绿篱、花坛、花卉及专类园等，可附种植大样图。要将群植和丛植的各种树木位置画准，注明种类数量，用细实线画出坐标网，注明树木间距。并作出立面图，以便施工参考。

（5）水景设计图

水景设计图标明水体的平面位置、水体形状、深浅及工程做法，包括：

① 平面位置图

依据竖向设计和施工总平面图，画出河、湖、溪、泉等水体及其附属物的平面位置（图 12－36）。用细线画出坐标网，按水体形状画出各种水景的驳岸线、水池、山石、汀

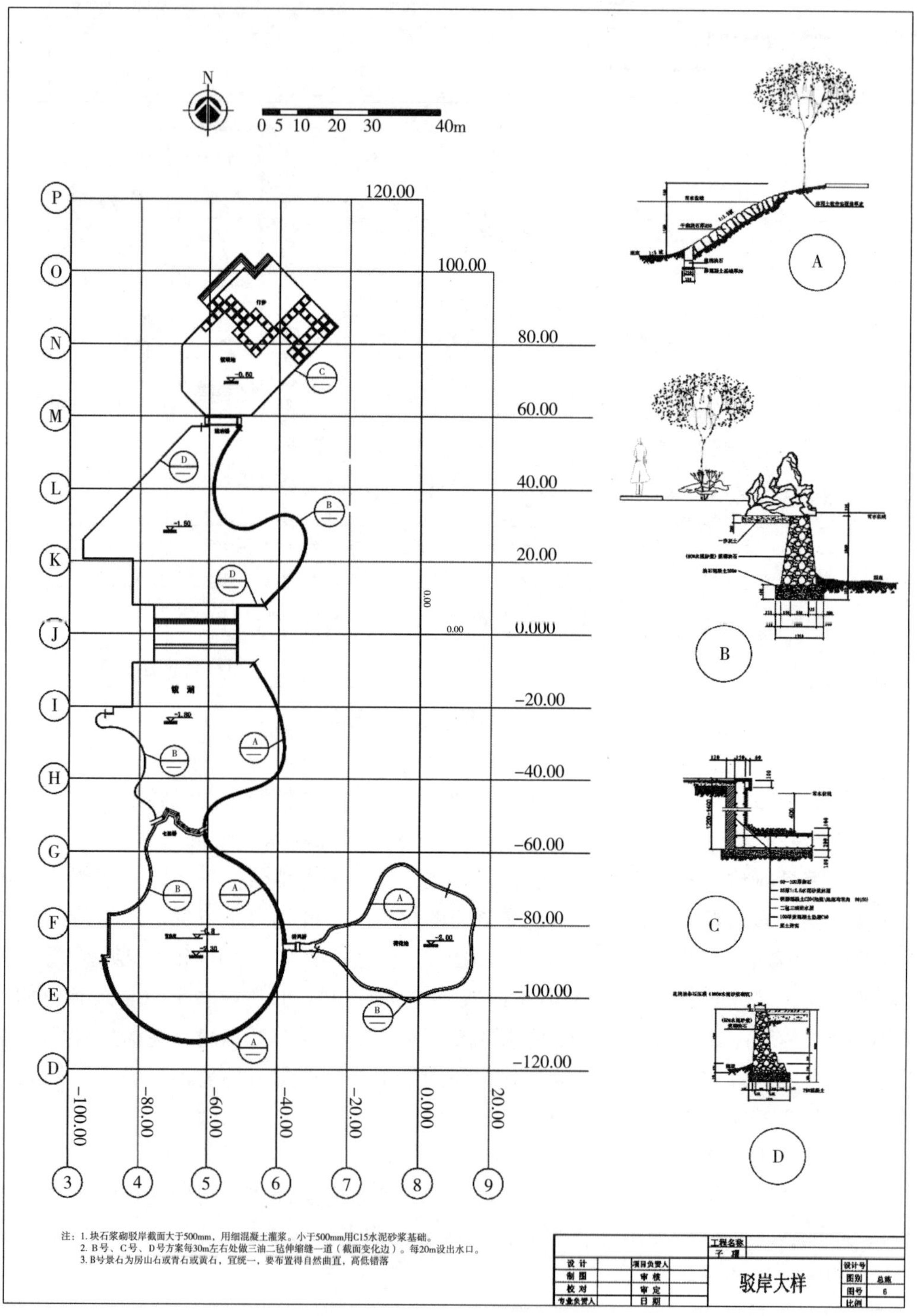

图 12－36　水体工程设计总图

步、小桥等位置，并分段注明岸边及池底的设计标高。最后用粗线将岸边曲线画成近似折线，作为湖岸的施工线，用粗实线加深山石等。

② 纵横剖面图

水体平面及高程有变化的地方要画出剖面图（图 12－37）。通过这些图表示出水体的驳岸、池底、山石、汀步及岸边的处理关系。

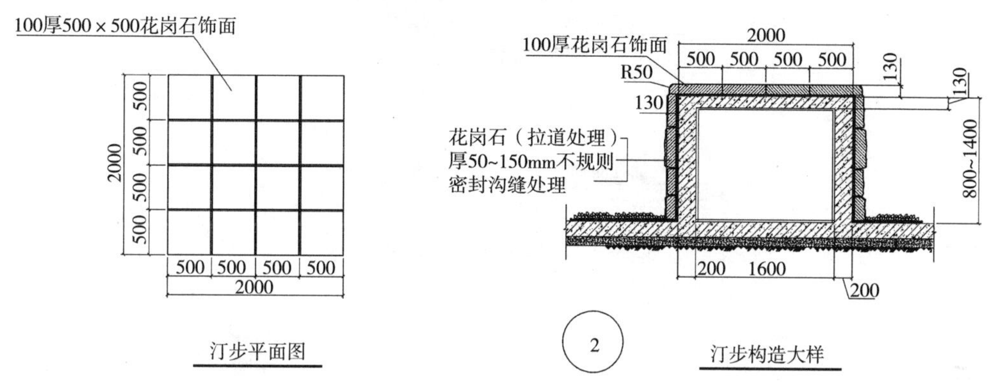

图 12－37　水体工程设计详图

某些水景工程，还有进水口、溢水口、泄水口大样图；池底、池岸、泵房等工程做法图；水池循环管道平面图。水池管道平面图是在水池平面位置图基础上，用粗线将循环管道走向、位置画出，并注明管径、每段长度，以及潜水泵型号，并加简单说明，确定所选管材及防护措施。

（6）园林建筑设计图

园林建筑设计图表现各建筑的位置及建筑本身的组合、选用的建材、尺寸、造型、高低、色彩、做法等（图 12－38）。如一个单体建筑，必须画出建筑施工图（建筑平面位置图、建筑各层平面图、屋顶平面图、各个方向立面图、剖面图、建筑节点详图、建筑说明等）、建筑结构施工图（基础平面图、楼层结构平面图、基础详图、构件线图等）、设备施工图，以及庭院的活动设施工程、装饰设计。

（7）管线设计图

在管线设计的基础上，表现出上水（生活、消防、绿化、市政用水）、下水（雨水、污水）、暖气、煤气、电力、电讯等各种管网的位置、规格、埋深等。电气设计图在电气初步设计的基础上标明园林用电设备、灯具等的位置及电缆走向等。管线设计图内容包括：

① 平面图

平面图是在建筑、道路竖向设计与种植设计的基础上，表示管线及各种管井的具体位置、坐标，并注明每段管的长度、管径、高程以及如何接头等。原有干管用红实线或黑细实线表示，新设计的管线及检查井则用不同符号的黑色粗实线表示（图 12－39）。

② 剖面图

画出各号检查井，从黑粗实线表示井内管线及截门等交接情况。

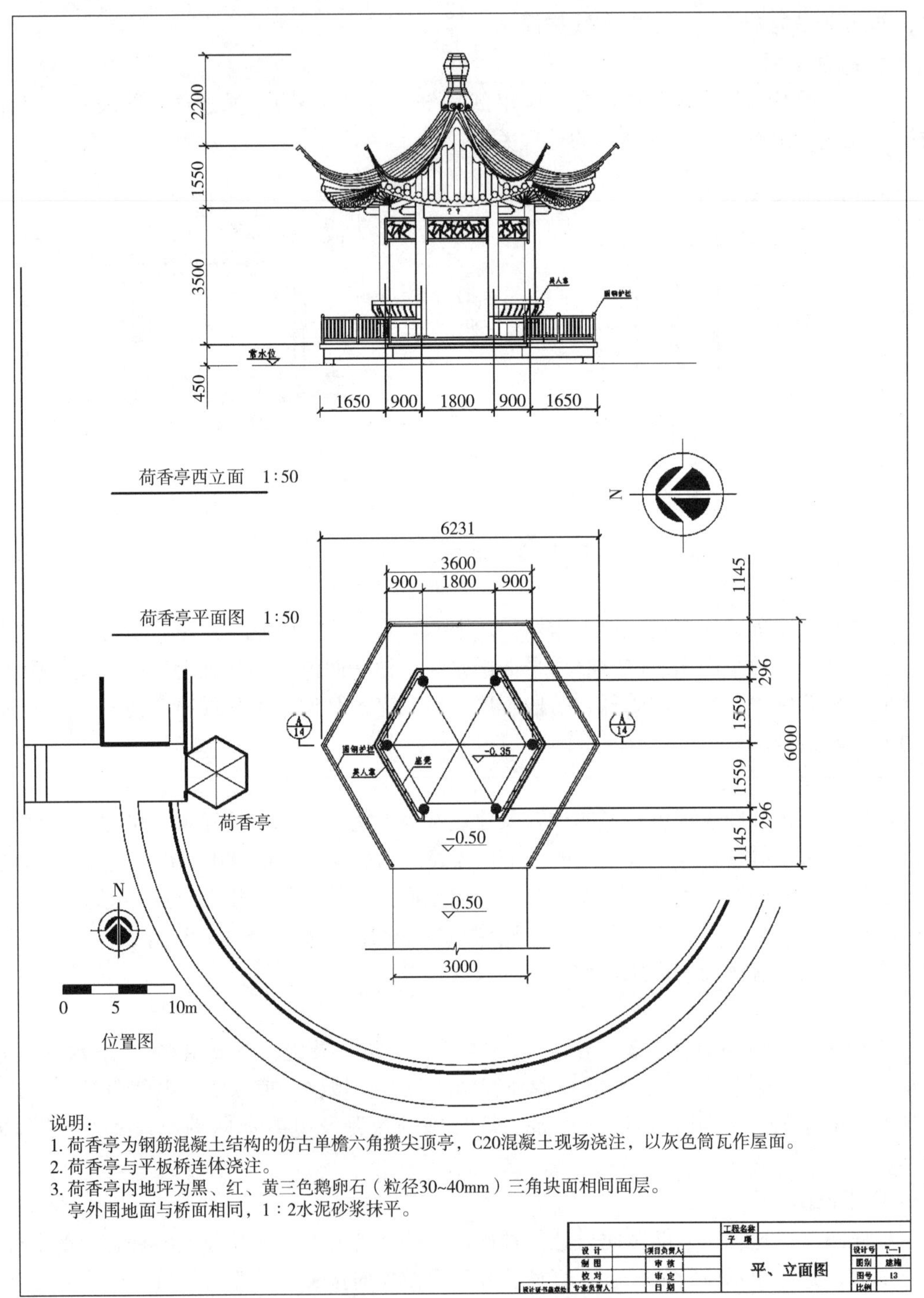

图 12－38a　园林建筑设计图

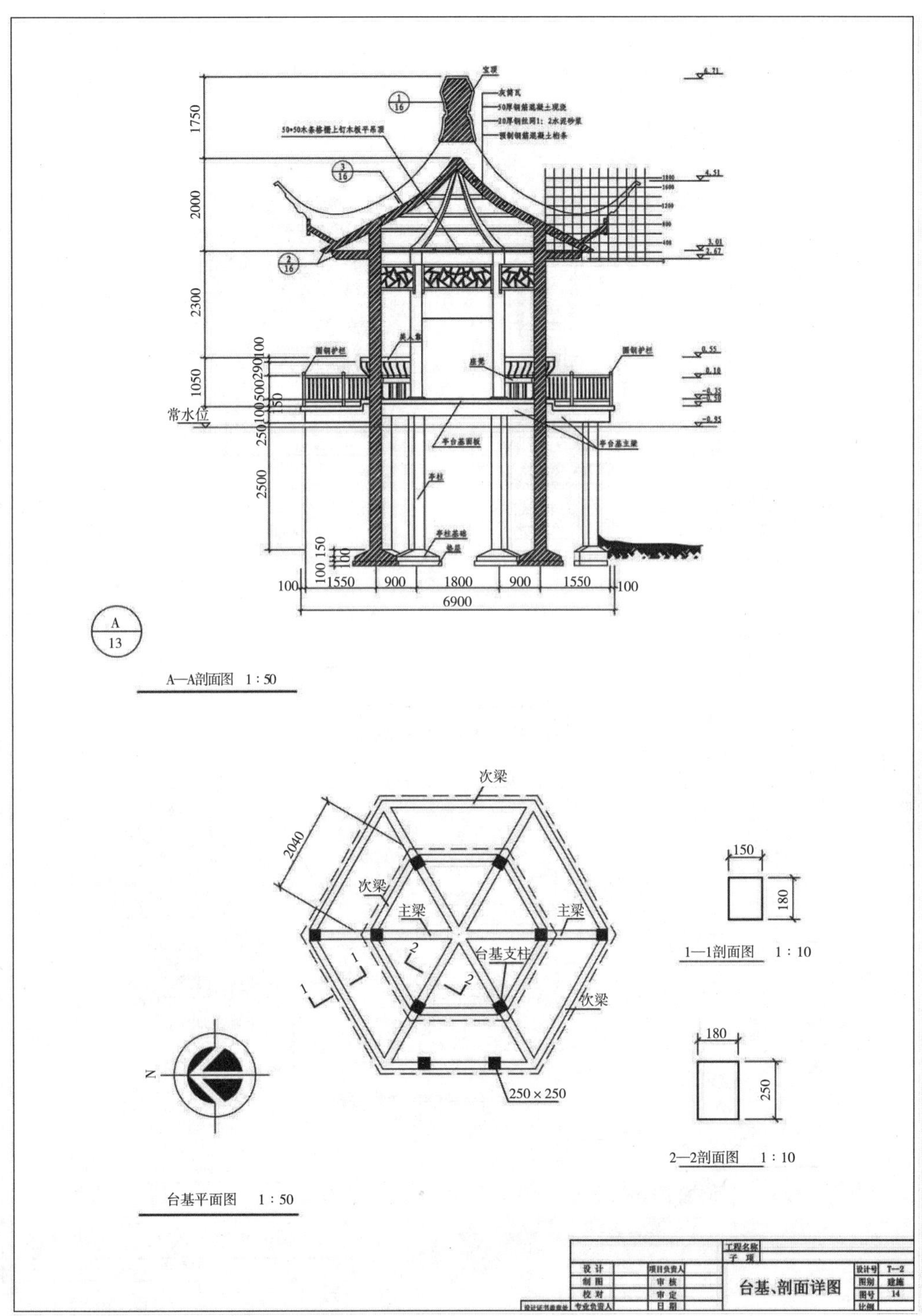

图 12－38b　园林建筑设计图

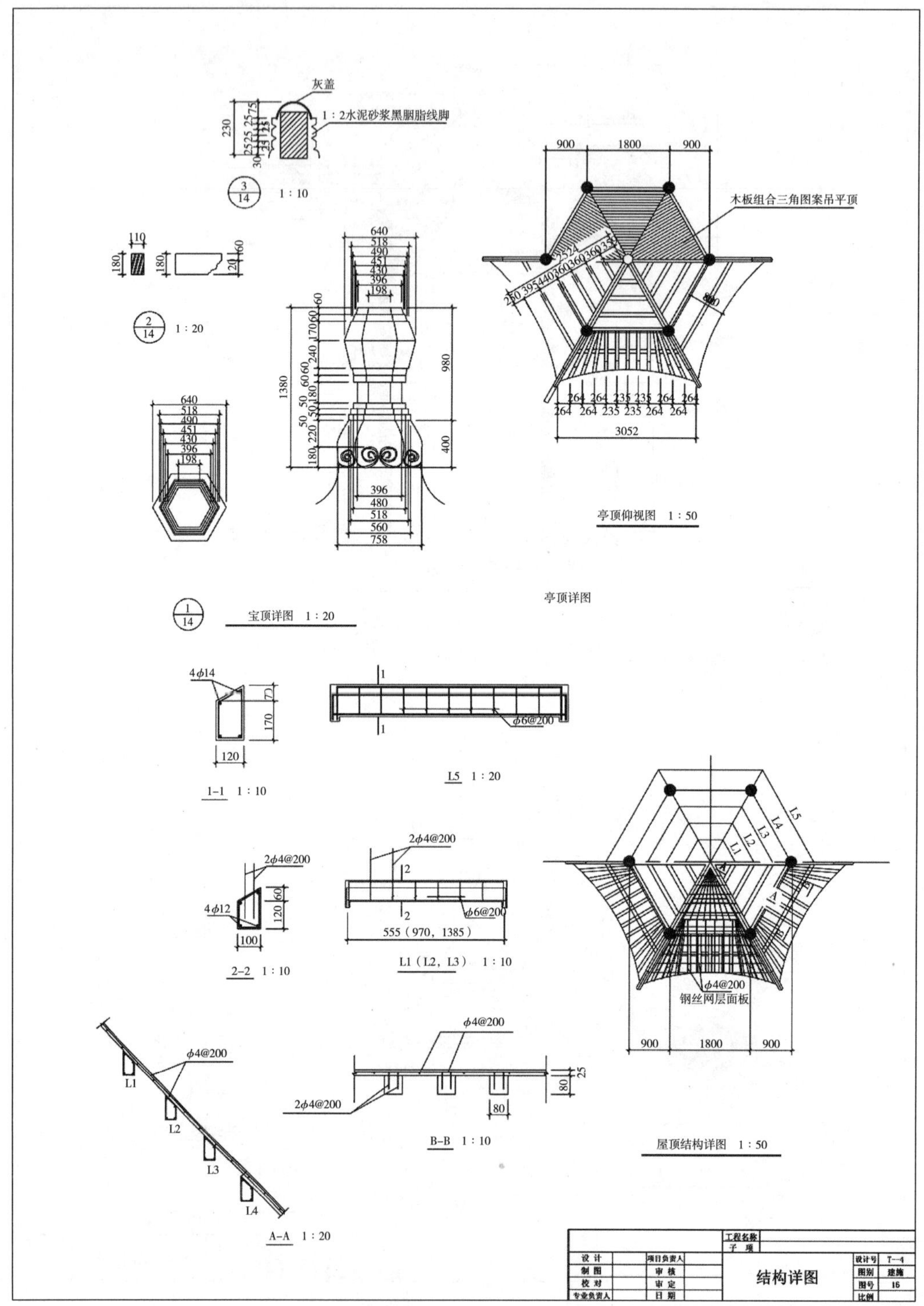

图 12-38c 园林建筑设计图

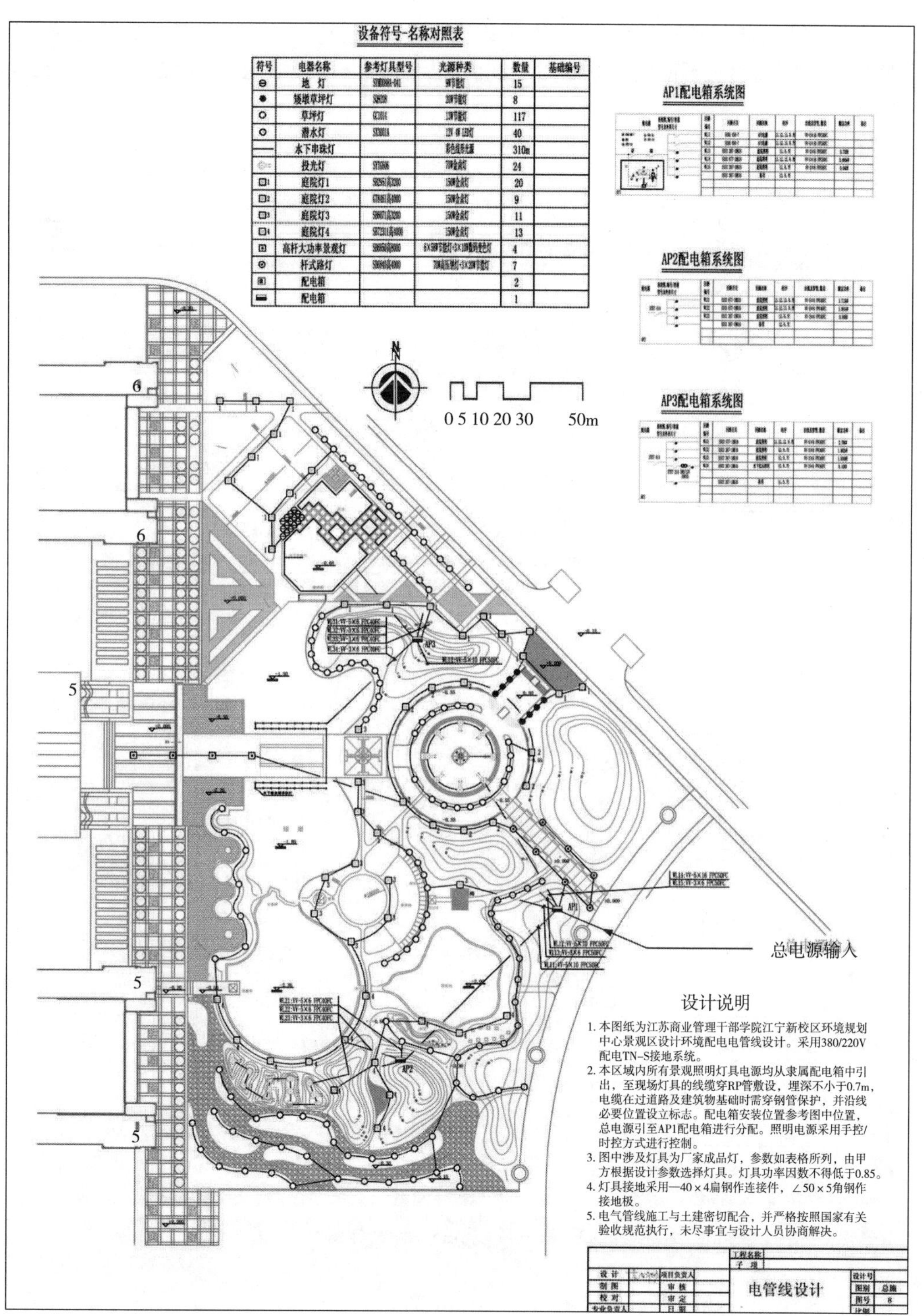

图 12－39　电管线设计图

（8）假山、雕塑等小品设计图

小品设计图必须先做出山、石等施工模型，掌握设计意图以便施工。参照施工总平面图及竖向设计画出山石平面图、立面图、剖面图，注明高度及要求（图 12－40、图 12－41、图 12－42）。

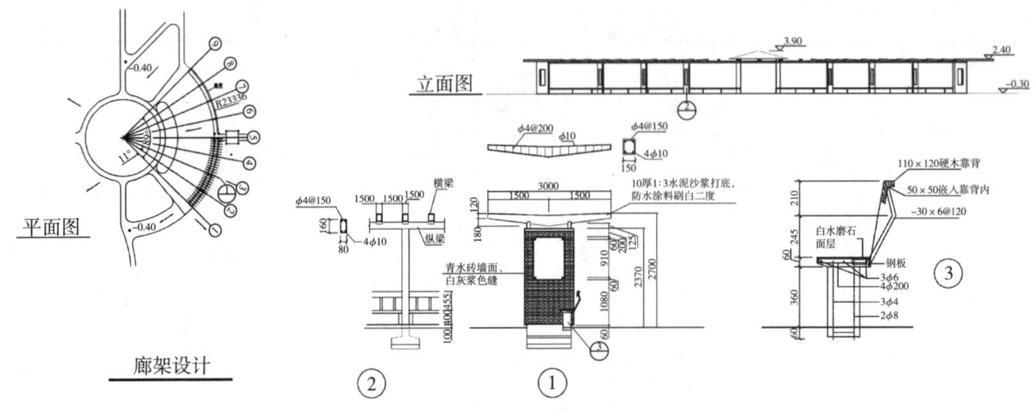

图 12－40　小品设计施工图

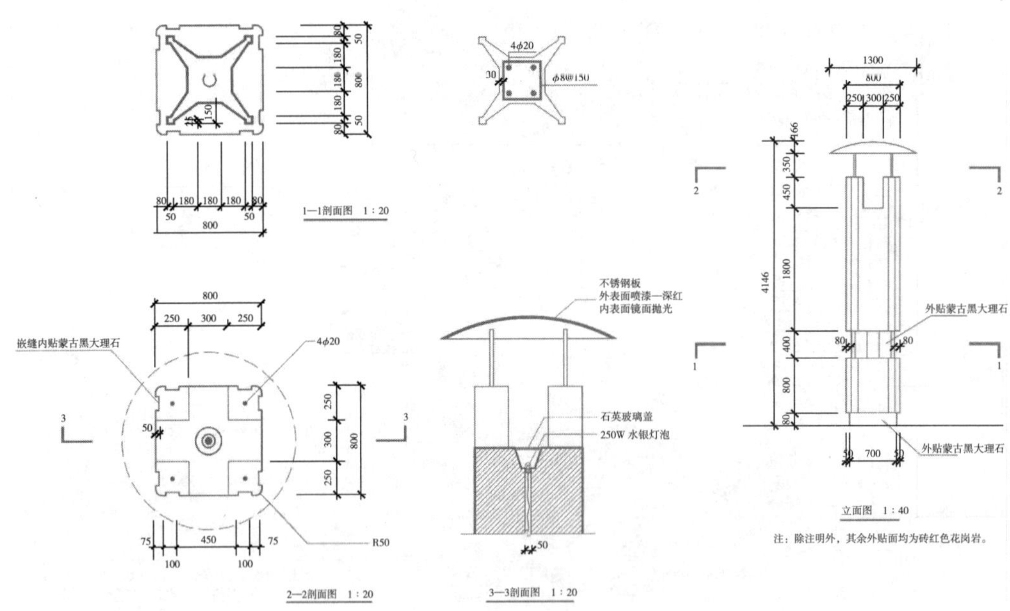

图 12－41　小品设计大样图

（四）表现图与模型

表现图又称效果图，它采用立体方式表现一般物象和场景，可以快捷和直接地表达设计师的意图。表现图可分为两类：轴测图和透视图。

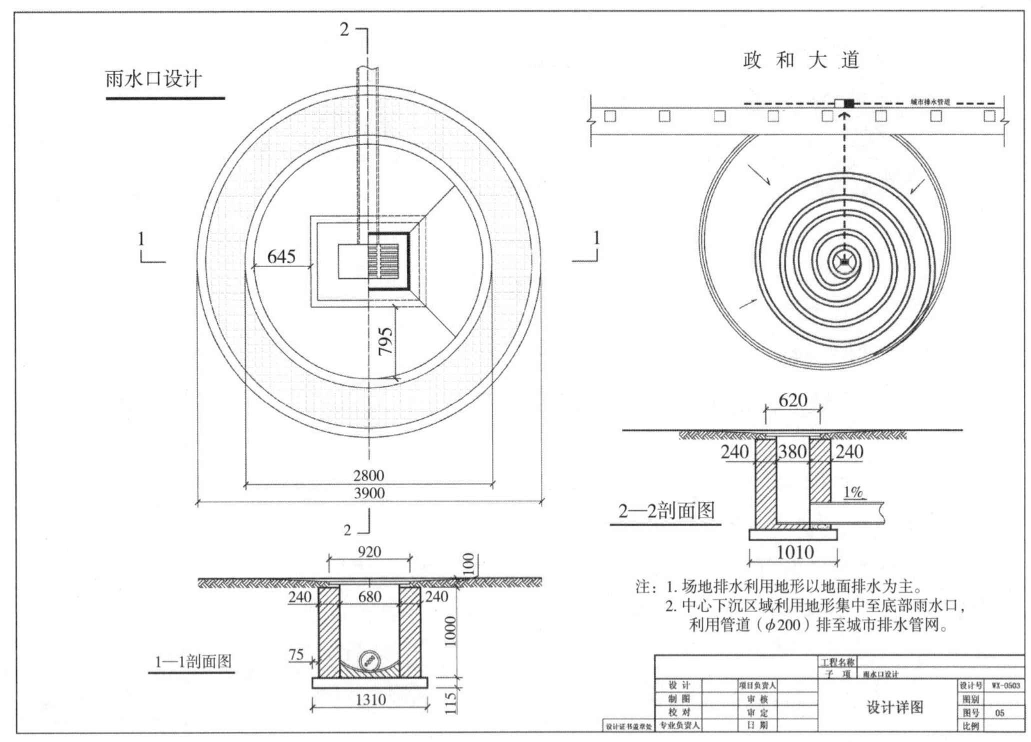

图 12－42　局部施工大样图

1. 轴测图

轴测图即轴测投影图，属平行投影范围。可分为两种：一种是轴测正投影（正轴测），一种是轴测斜投影（斜轴测）（图 12－43）。

2. 透视图

透视图是以人眼的视角反映某一透视角度设计效果的图样，绘制出的效果就像一幅照片。这种图具有直观的立体景象，能够清楚地表明设计意图。透视图一般针对画面所反映出的物像轮廓线主向灭点的多少，分为一点透视、两点透视和三点透视。根据视平面的高低不同，透视图又可分为：平视图、仰视图和俯视图。其中，俯视图又称为鸟瞰图，能够反映园林的全貌，帮助人们了解整个园林的设计效果（图 12－44）。

鸟瞰图制作要点：

（1）无论采用一点透视、两点透视或多点透视，轴测画都要求鸟瞰图在尺度、比例上尽可能准确反映景物的形象。

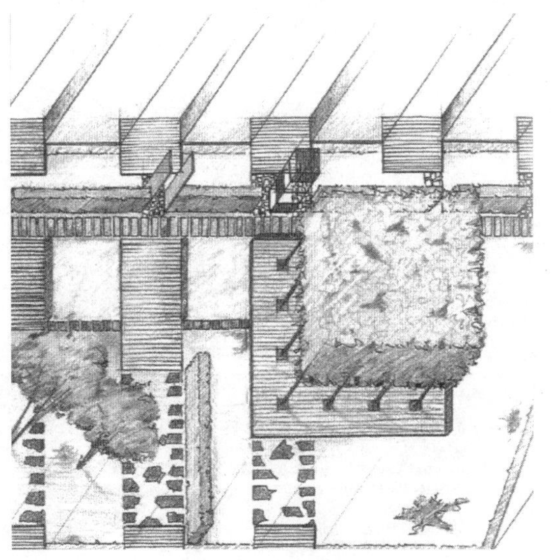

图 12－43　轴测图

图 12－44　透视图

（2）鸟瞰图除表现场地本身，又要画出周围环境，如：场地周围的道路交通等市政关系；场地周围城市景观；场地周围的山体、水系等。

（3）鸟瞰图应注意“近大远小、近清楚远模糊、近写实远写意”的透视法原则，以达到鸟瞰图的空间感、层次感、真实感。

（4）一般情况，除了大型场地建筑，城市场地的园林建筑和树木比较，树木不应太小，而以约 15～20 年树龄（成年树）的高度为画图的依据。

3. 模型

模型作为对设计理念的具体表达，可以将平面设计转化为立体表现，是根据园林设计工程的实际，以相同或相似的材料严格按照实际尺寸、形态和结构方式等，并按照一定的比例制作出来的，供工程工作及相关人员研究设计方案或欣赏的模型样式。模型是一种最直观的设计方案表现形式。制作模型的材料可以为木材、塑料、纸品、金属等（图 12－45）。

图 12－45　模型

第十三章　风景园林工程与管理

任何一座园林都要以物质材料、工程技术为依托，才能得以实现。古今中外风格各异、姿态万千的园林景观，正是在不尽相同的材料技术条件下，才展现出各自独特的艺术魅力。风景园林是一门艺术与技术并重的学科，风景园林工程一方面为园林建设提供物质保证和技术支持，另一方面也会影响园林景观设计，甚至制约其发展。例如，在材料运用方面，中国古典园林运用的造园材料通常是山石、水体、植物以及建造硬质景观的砖、石、木等，西方古典园林也不外乎如此。由于科技的发展，现代风景园林设计超越了传统材料的限制，选用新颖的建筑和装饰材料，例如陶瓷锦砖、不锈钢、合成塑料、光纤等，使一些现代园林景观呈现出五光十色、简约明快的艺术效果。

风景园林工程具有如下特点：(1) 技术与艺术的统一。风景园林工程应满足一般工程构筑物的结构要求，还应同设计立意相符，表现其内在的艺术感染力。(2) 规范性。风景园林建设所涉及的各项工程，从设计到施工均应符合我国现行的工程设计、施工规范。(3) 时代性。随着科技水平的发展以及人们需求的提高，如何创造优美的高质量生活环境对风景园林工程也提出新的要求，新的材料、技术、方法也不断应运而生。(4) 协作性。不论是园林设计还是建设施工，都需要多工种设计人员、多部门、多行业共同协作完成。

第一节　风景园林工程技术

一、土方工程

风景园林建设过程中，土方工程是第一步，例如场地平整、山水地形营造、挖沟埋管、开槽铺路。土方工程量较大，任务繁重，施工前应进行周密合理的设计，因此需要了解土壤特性、竖向设计、土方计算和土方施工等方面的内容。

(1) 土壤的特性与分类。不同种类的土壤具有不同的组成状态和工程特性。按土的坚硬程度（及开挖时的难易程度）分为：松土、半坚土、坚土。按土壤颗粒直径（即粒径）分为：砾石、沙土、淤泥、黏土。土壤的特性有：土壤容重、土壤的自然倾斜面和安息角、土壤含水量、土壤的相对密实度、土壤的可松性（见表 13－1）。

土的工程分类　　　　**表 13－1**

类别	级别	编号	土壤的名称	天然含水量状态下土壤的平均容量/kg/m^3	开挖方法、工具
松土	I	1	砂	1500	用锹挖掘
		2	植物性土壤	1200	
		3	壤土	1600	

续表

类别	级别	编号	土壤的名称	天然含水量状态下土壤的平均容量/kg/m³	开挖方法、工具
半坚土	Ⅱ	1	黄土类黏土	1600	用锹、镐挖掘，局部采用撬棍开挖
		2	15mm 以内的中小砾石	1700	
		3	砂质黏土	1650	
		4	混有碎石与卵石的腐殖土	1750	
	Ⅲ	1	稀软黏土	1800	
		2	15～50mm 的碎石及卵石	1750	
		3	干黄土	1800	
坚土	Ⅳ	1	重质黏土	1950	用锹、镐、撬棍、凿子、铁锤等开挖；或用爆破方法开挖
		2	含有 50kg 以下石块的黏土，块石所占体积<10%	2000	
		3	含有重 10kg 以下石块的粗卵石	1950	
	Ⅴ	1	密实黄土	1800	
		2	软泥灰岩	1900	
		3	各种不坚实的页岩	2000	
		4	石膏	2200	
	Ⅵ		均为岩石类，省略	7200	爆破
	Ⅶ				

（引自《园林景观工程》）

（2）竖向设计。竖向设计是指一块场地上垂直于水平面方向的布置与处理。风景园林竖向设计的任务就是充分利用原有地形并进行适当改造，统筹安排场地内各个景物、各种设施及地貌等，从而在高程上创造高低变化和协调统一的布局，使地上设施和地下设施之间、山水之间、园内和园外之间在高程上有合理的关系（图 13－1～图 13－3）。好的竖向设计还应该在满足设计意图的前提下，尽量少地动用土方工程量，从而节约建设成本投入（图 13－4）。竖向设计的具体内容有：陡坡变缓坡或缓坡变陡坡，平垫沟谷，削平山脊，平整场地，创造微地形，挖掘湖池，园路及广场的位置选择、高程设计、纵坡和横坡确定等（图 13－5）。

图 13－1　降低坡度从而开阔视野

图 13－2　平整地面，栽植灌丛遮挡不佳景观

图 13－3　增加地形变化更有利于植物生长

① 地形设计。地形设计是竖向设计的重要内容，例如地形骨架的塑造、山体、坡地、

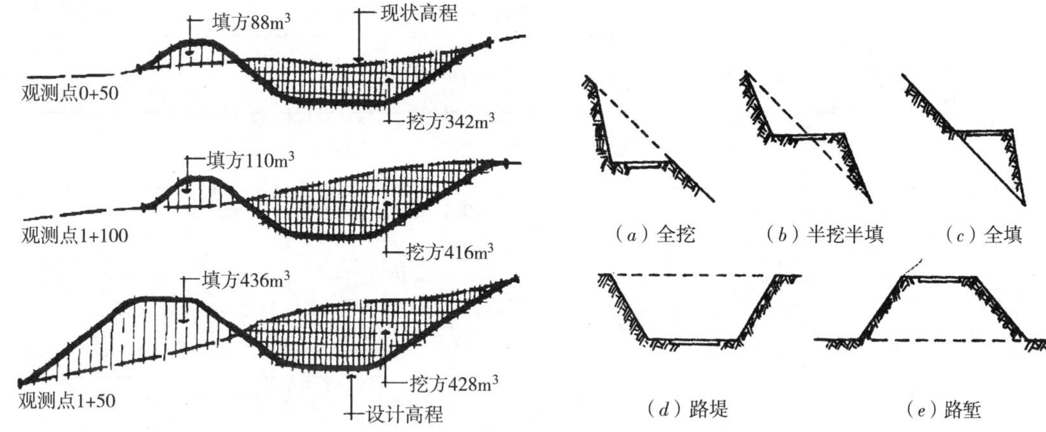

图 13－4　地形设计填挖方量平衡，能够节省工程投入　　**图 13－5　道路结合地形的几种情况**

河湖、溪流瀑布等地貌的营造（表 13－2、表 13－3）。地形设计对原有地形应充分利用改造，合理安排各要素坡度和各点高程点，使所在的山水、植物、建筑，场地和设施等要素满足观赏和各种活动的需求（图 13－6～图 13－8）。地形设计可以形成良好的排水坡面，又要避免地表径流对水土冲刷，造成滑坡或塌方。同时，地形设计还应考虑到山体的坡度不宜超过土壤的自然安息角，水体驳岸的坡度要按有关规范进行设计和施工，水体的设计应解决水的来源、水位控制和多余水的排放等问题。

园林地形设计坡度、斜率、倾角选用表　　**表 13－2**

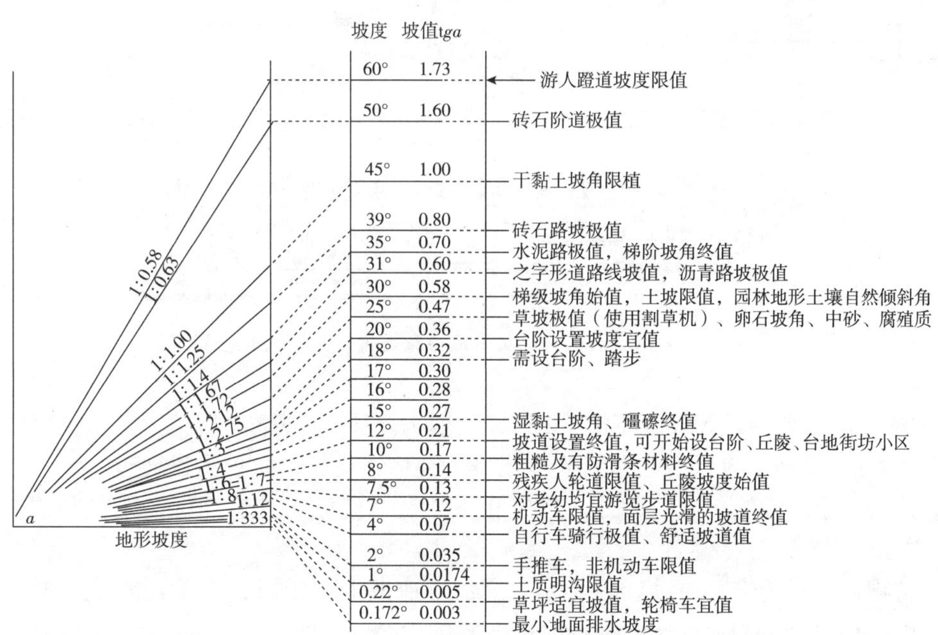

（引自《园林景观工程》）

② 道路、广场和桥涵的竖向设计。竖向设计图上应标明道路和广场的纵横向坡度、坡向和变坡点标高，桥梁应标明桥面和道桥连接处标高。一般广场的纵坡应小于 7%，横坡

地形设计中坡度值的取用　　表 13－3

项目 ＼ 坡度值 i		适宜的坡度（%）	极值（%）
游览步道		≤8	≤12
散步坡道		1～2	≤4
主园路（通机动车）		0.5～6（8）	0.3～10
次园路（园务便道）		1～10	0.5～15
次园路（不通机动车）		0.5～12	0.3～20
广场与平台		1～2	0.3～3
台阶		33～50	25～50
停车场地		0.5～3	0.3～8
运动场地		0.5～1.5	0.4～2
游戏场地		1～3	0.8～5
草坡		≤25～30	≤50
种植林坡		≤50	≤100
理想自然草坪（有利机械修剪）		2～3	1～5
明沟	自然土	2～9	0.5～15
	铺装	1～50	0.3～100

（引自《园林景观工程》）

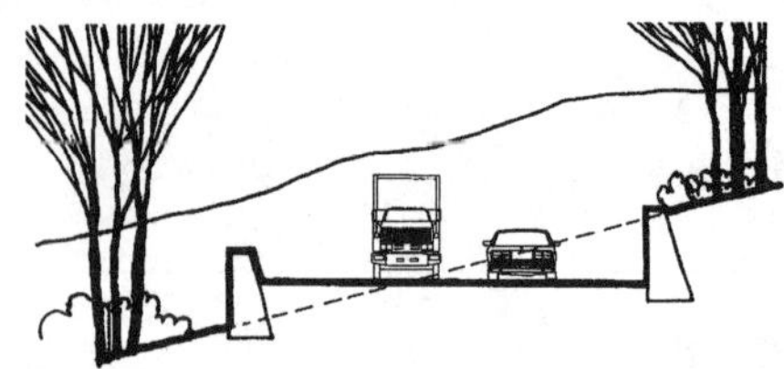

图 13－6　保留地形坡度仅进行道路建设

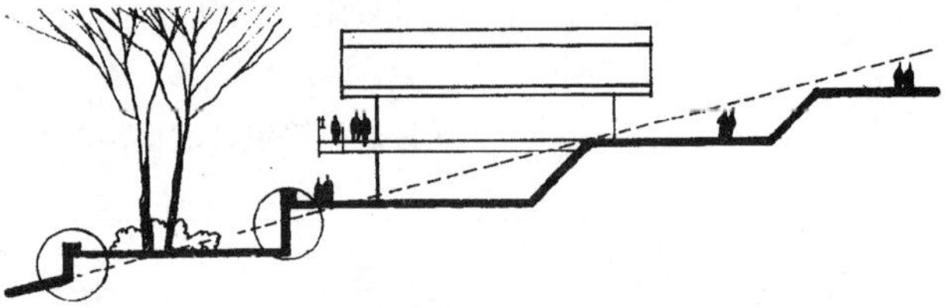

图 13－7　利用原有地形坡度进行大量建筑、台地景观建设

图 13－8　大量变动土方降坡形成平整场地，进行大规模建设

应小于 2%，停车场的最大坡度不大于 3%，一般为 0.5%。道路的坡度不宜超过 8%，否则应设置台阶。此外，从无障碍设计角度出发，还应在设置台阶处另设坡道。

③ 建筑和小品设施的竖向设计。建筑和小品设施应标出其地坪标高及其与周围环境的高程关系。

④ 植物种植对地形竖向设计的要求。植物对地下水很敏感，有的耐水湿，有的喜干旱不耐水，地形规划时应为不同植物创造不同的生境。不同水生植物对水深也有不同要求，分为湿生、沼生和水生等，如荷花适宜生活在水深 0.6～1m 的水中。

⑤ 排水设计。地形设计时要充分考虑地面水排放问题。一般无铺装地面的最小排水坡度为 1%，铺装地面的最小排水坡度为 0.5%。当然，还要根据土壤、植被等因素进行综合考虑。

⑥ 综合管线的竖向设计。园区内会有各种管线，如给水、雨水、污水管道，电力电讯管线，热力及煤气管道，为了统筹安排排布情况和交会时高程关系的协调，应结合地形竖向设计统一考虑。

（3）土方工程量计算。土方量计算一般是根据附有原地形等高线的设计地形来进行计算的，通过计算，有时又反过来可以修正设计中不合理的地方。计算方法主要有：估算法，断面法，方格网法。进行土方工程量计算时还应考虑到土方量的平衡及施工时土方调配。

① 估算法：主要适用于一些类似于锥体、棱台的地形单体，且对计算精度要求不高时，可以采用相近的几何体体积公式来计算（图 13－9）。

② 断面法：是以一组等距（或不等距）的互相平行的截面将拟计算的地块、地形单体和土方工程分截成段，分别计算再累加，以求得总土方量。广泛适用于山体、溪涧、池岛、路堤、路堑、沟渠、路槽等（图 13－10、图 13－11）。

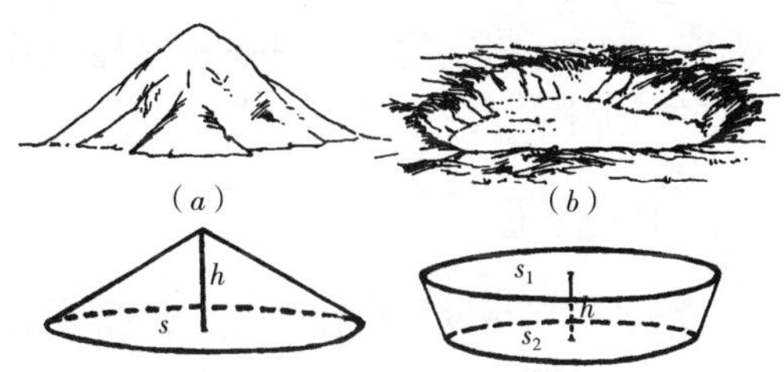

图 13－9　套用近似的规则图形估算土方量

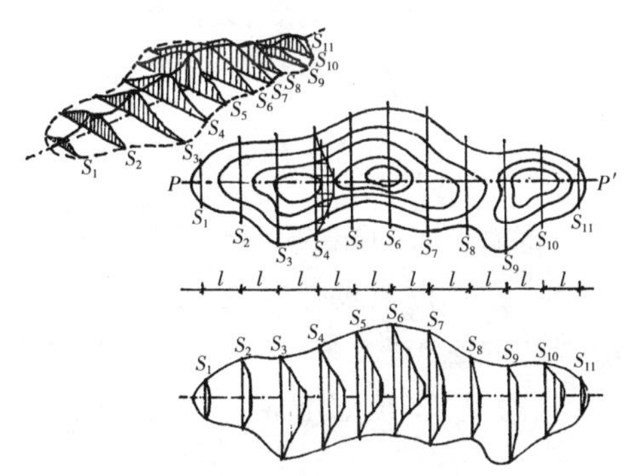

图 13－10　带状土山垂直断面取法

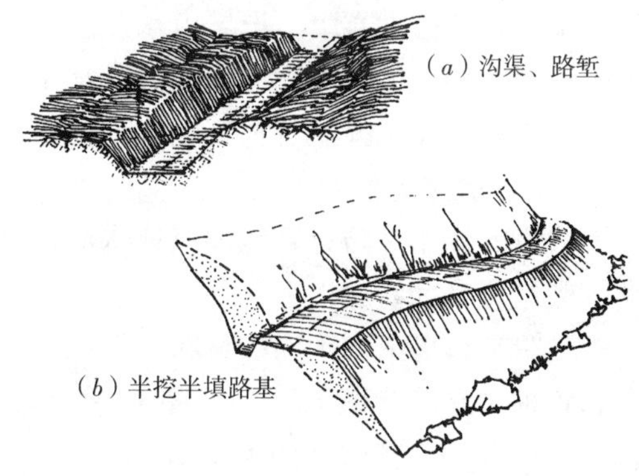

图 13－11　沟渠与路基垂直断面

③ 方格网法：主要适用于将原来高低不平的、比较破碎的地形整理成为平坦的但具有一定坡度的场地，如广场、停车场、体育场等（图 13－12）。

$$V=\frac{S_1+S_2}{2}\times L$$

但当 S_1、S_2 面积相差较大或当两相邻断面之间的距离大于 50m 时，计算结果误差较大，可改用：

$$V=\frac{L}{6}(S_1+S_2+4S_0)$$

S_0 为中间断面面积。

$$V=H_0\times N\times a^2$$

$$H_0=\frac{V}{Na^2}$$

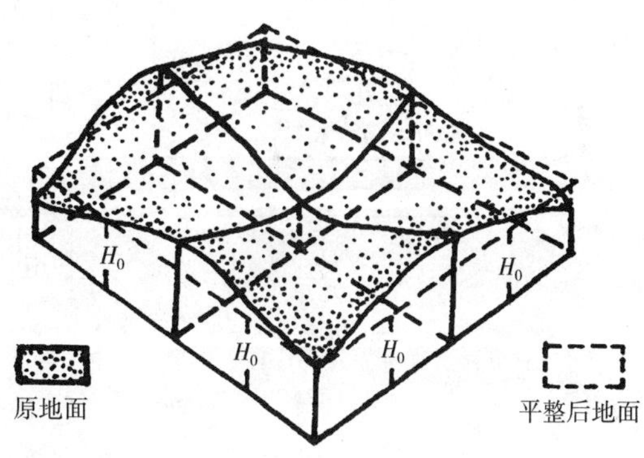

图 13－12　方格网法计算土方

式中：

V——该土体自水准面起算经平整后的体积；

N——方格数；

H_0——平整标高；

a——方格边长。

（4）土方施工。分为准备阶段和施工阶段。

① 准备阶段：制定施工计划，清理场地（伐除杂树、拆除废弃建构筑物、地下管线清查、清除地面杂物等），排水（排除地面积水、排除地下水等）和定点放线。

② 施工阶段：挖掘、运输、填埋、压实。

二、水景工程

水景工程是风景园林中与水景相关的工程的总称，主要包括水系规划、驳岸与护坡、水池、喷泉等内容。

（一）水系规划

水系规划是指对城市水体进行宏观规划，主要任务是保护、开发、利用城市水系，开辟人工河湖，排洪蓄水，把城市水体组成完整的水系。水系规划需要为各段水体确定一些工程控制数据，如最高、最低水位，常水位，水容量，桥涵过水量，流速，进水口、出水口的设施和位置选择及各种其他水工设施。

（二）驳岸与护坡

驳岸的作用是防止陆地被淹或水岸坍塌，多用岸壁直墙，有明显的墙身，岸壁大于45度。驳岸可分为水底以下地基部分、水底至常水位部分、常水位至最高水位部分。

驳岸工程可采用不同的材料，例如：浆砌块石驳岸、混凝土驳岸、山石驳岸、木桩驳岸和竹桩驳岸等（图 13－13～图 13－15）。为了增加变化，驳岸顶部可放置自然石块、卵石或假山石进行装饰（图 13－16）。

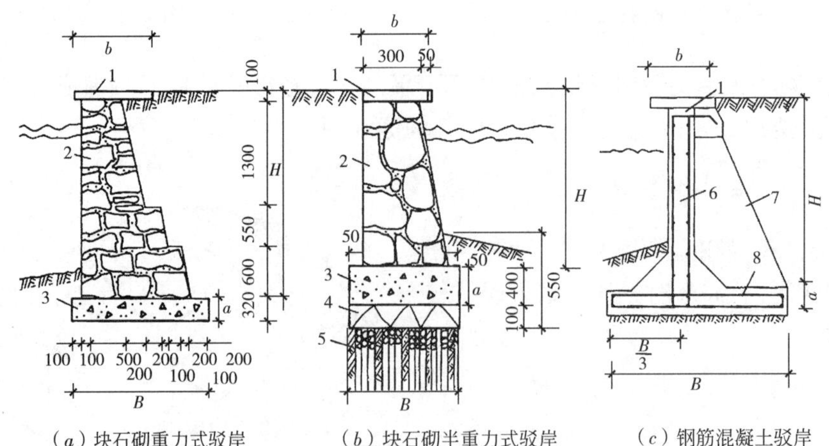

（a）块石砌重力式驳岸　（b）块石砌半重力式驳岸　（c）钢筋混凝土驳岸

图 13－13　规则式驳岸剖面详图

1—压顶；2—块石墙体；3—混凝土基础；4—块石或碎混凝土垫层；5—桩基；6—钢筋混凝土墙体；7—加强肋板；8—钢筋混凝土基础

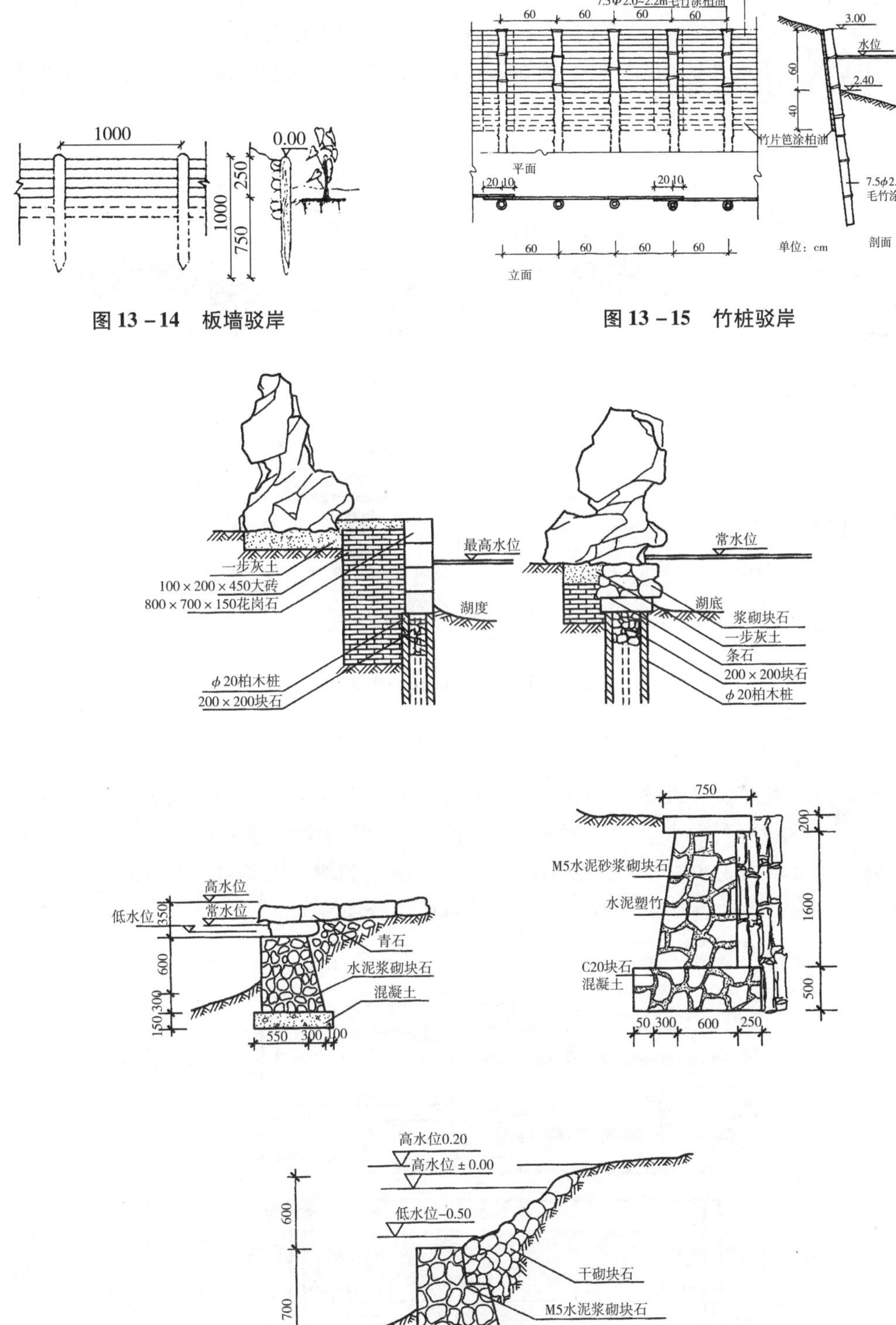

图 13－14　板墙驳岸

图 13－15　竹桩驳岸

图 13－16　其他形式驳岸

护坡的作用主要是防止滑坡、减少地面水和风浪的冲刷对岸坡的破坏，以保证岸坡的稳定，常用于一些不采用直壁式驳岸的非陡直水岸，土壤坡度在45度之内可采用护坡。

护坡工程也可采用不同的材料，例如：编柳抛石护坡、铺石护坡、草皮护坡和灌木护坡（图13－17）。

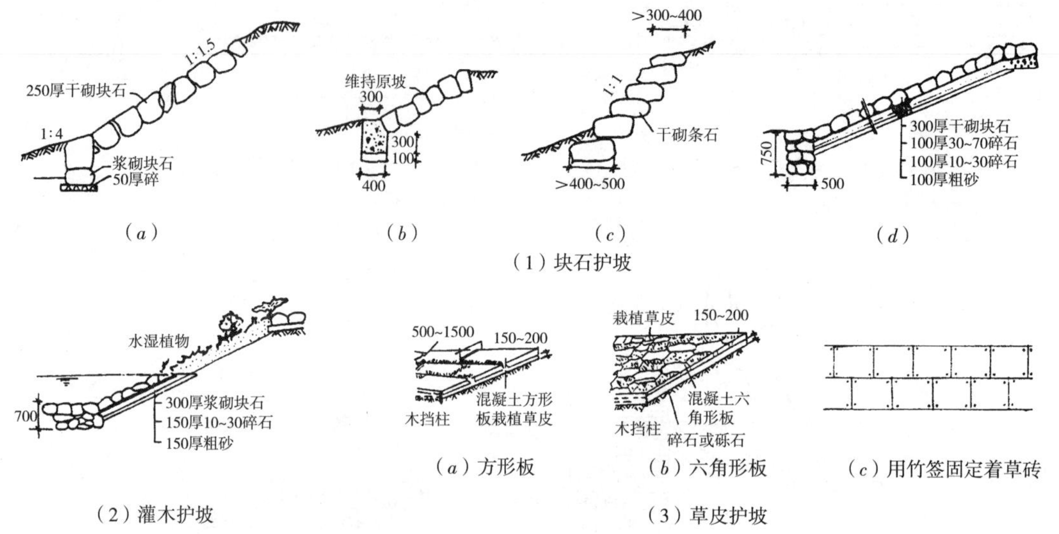

图13－17 各种形式的护坡

（三）水池工程

水池工程指人工水池的设计与施工，它不同于河、湖、池塘工程。河湖和池塘多利用天然水源，一般不设上下水管道，面积较大而四周只做驳岸护坡处理，水底一般不加处理。水池工程多取人工水源，因此必须设置进水、溢水和泄水的管线（图13－18），有的还设循环水设施，除池壁外池底也要人工铺设防止水分渗漏的底层，且池壁和池底要连成一体。

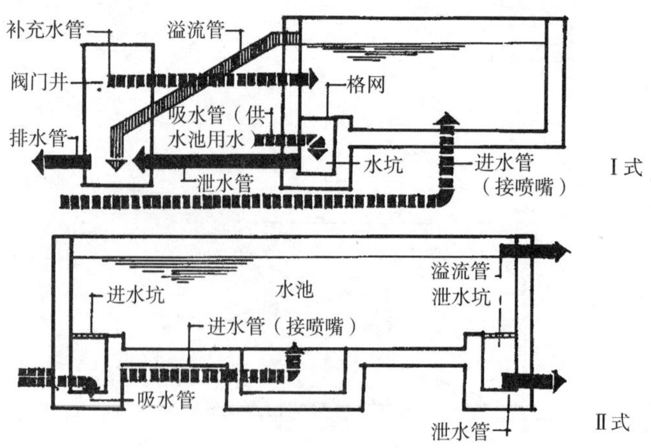

图13－18 水池管线布置示意图

人工水池在城市中运用广泛，装饰性较强，主要体现在丰富的立面造型和池壁的材料选择上，水池中还可种植水生植物、设置灯具和喷泉设施来丰富景观效果，形成视觉的焦点。

水池设计包括平面设计、立面设计、剖面设计和管线设计，具体涉及防水层做法、泵房设置、喷泉管线布设及水力计算等（图 13－19～图 13－23）。

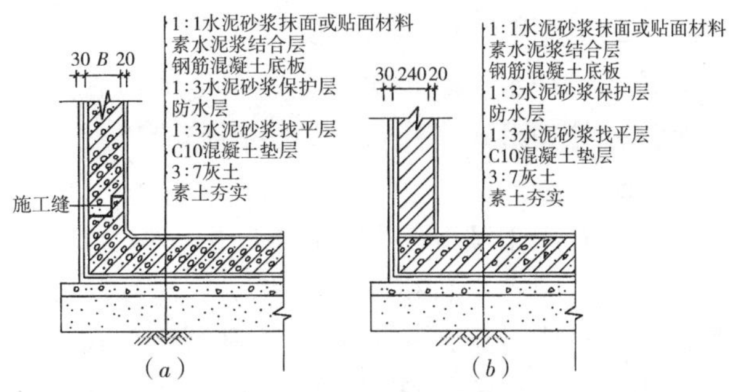

图 13－19　刚性结构水池建造详图

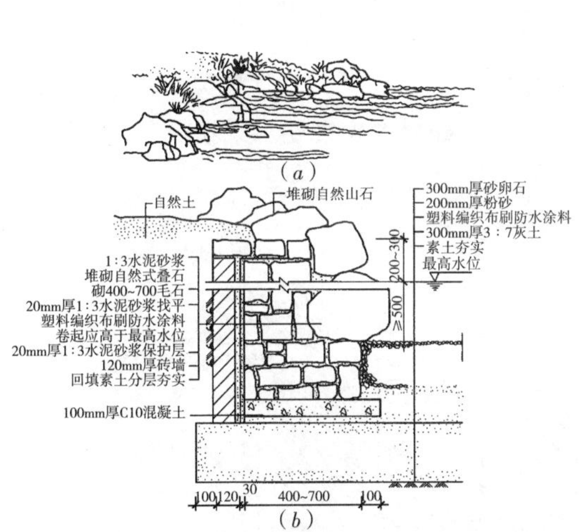

图 13－20　自然式水池做法

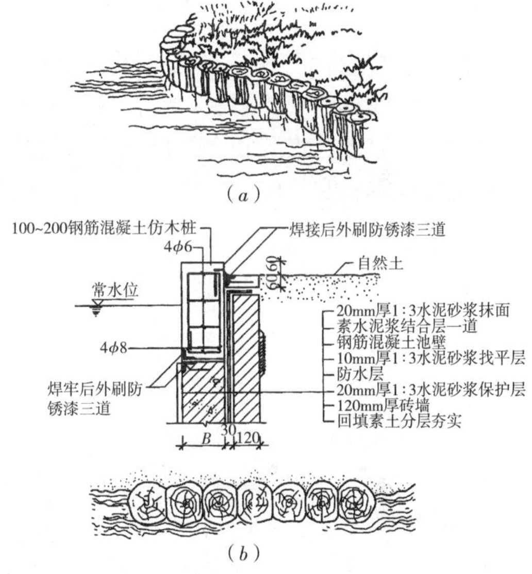

图 13－21　混凝土仿木桩水池做法

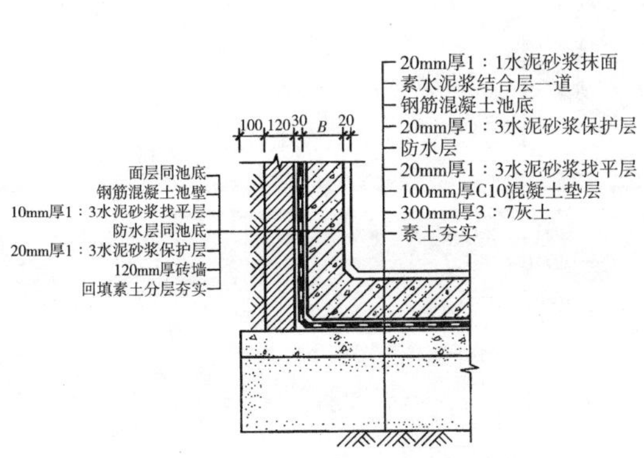

图 13－22　水池池底做法

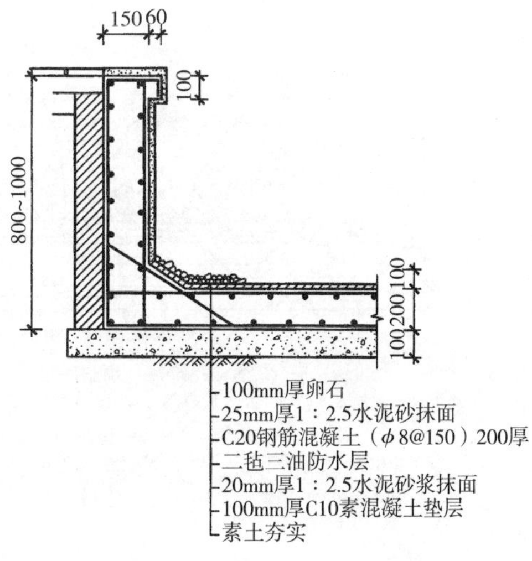

图 13－23　油毡防水层水池结构

（四）溪流、跌水及瀑布

溪流、跌水及瀑布实际上是水池池壁做法中一类特殊的处理形式（图 13－24～图13－26）。

（五）喷泉

喷泉常用于城市各类公共空间中，如城市广场、建筑周边、园林小品和室内外庭院，这种动态的水景结合灯光或音乐，常常成为景观的焦点和人们活动的兴奋点。传统喷泉的形式主要是装饰性以及结合雕塑设置，现代喷泉水景还包括旱喷泉、雾喷泉、音乐喷泉和水幕电影等多种新形式（图 13－27～图 13－30）。

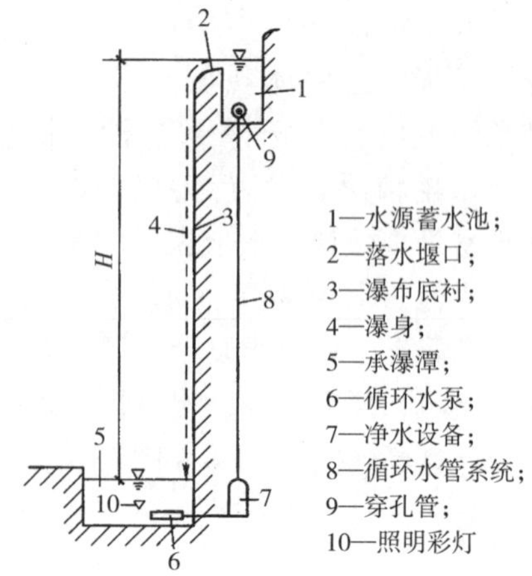

图 13－24　瀑布的基本构成示意

水景工程设计时还应考虑一些因素：安全问题，为防止儿童或其他人群溺水，应控制水深或设置护栏及障碍；干旱地区水源和水体循环利用问题；寒冷地区冬季无水时的景观效果；由于水景安装和维护成本较高，应结合防火、灌溉、雨水管理等内容综合考虑，使水景获得多种功能。

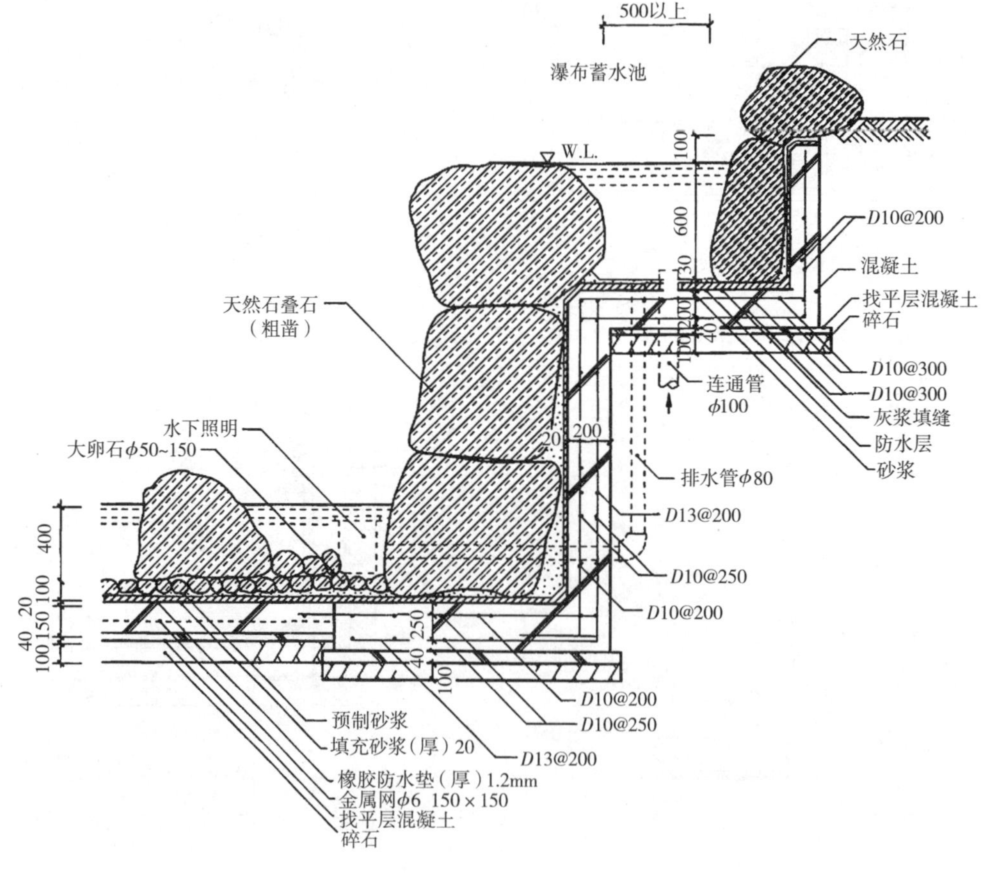

图 13－25　花岗石块石底衬跌水做法

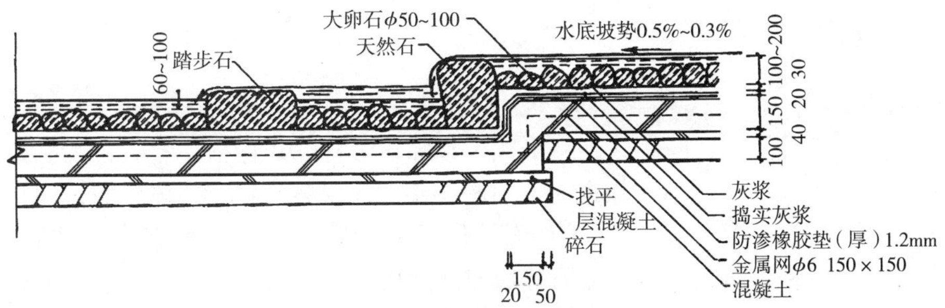

图 13－26　小型跌水做法

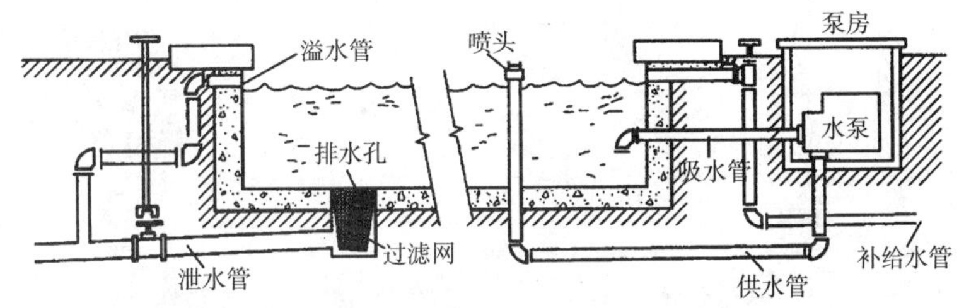

图 13－27　喷水池管线系统示意图

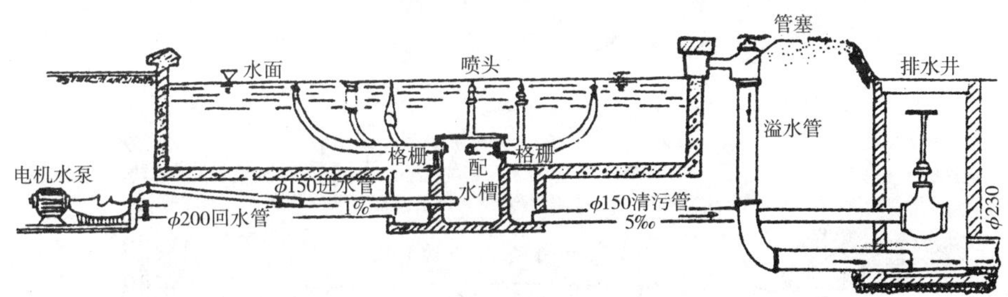

图 13－28　人工喷泉工作示意图

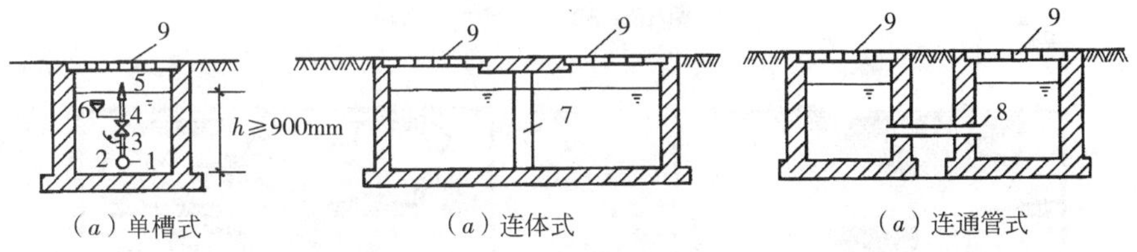

图 13－29　旱喷泉水槽断面形式

1—潜水泵；2—输水干管；3—电磁阀；4—球阀；5—喷头；6—彩灯；7—立柱；8—连通管；9—栅形盖板

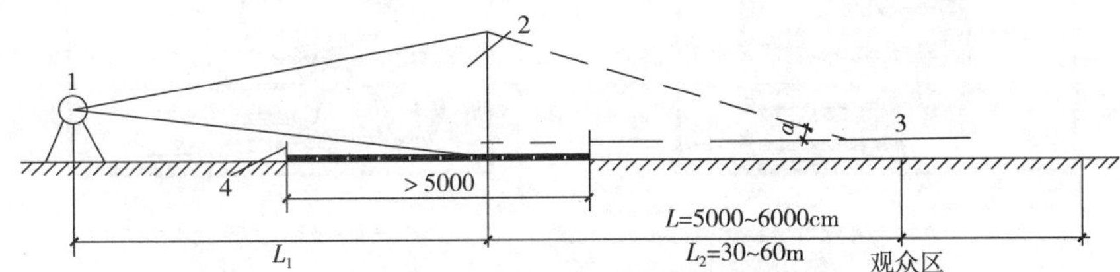

图 13－30　固定式水幕电影布置图

1—投射设备；2—水幕；3—观众区；4—水池

三、园路工程

（一）园路类型

园路一般有三种类型：路堑式，路堤式，特殊式。特殊式包括步石、汀步、磴道、攀梯等（图 13－31～图 13－35）。根据路面材料的不同还可分为：①整体路面，包括水泥混凝土路面和沥青混凝土路面；②块料路面，包括天然块石和各种预制块料铺装的路面；③碎料路面，用各种碎石、瓦片、卵石等组成的路面；④简易路面，用煤屑、三合土等组成的路面，多用于临时性园路（图 13－36～图 13－38）。

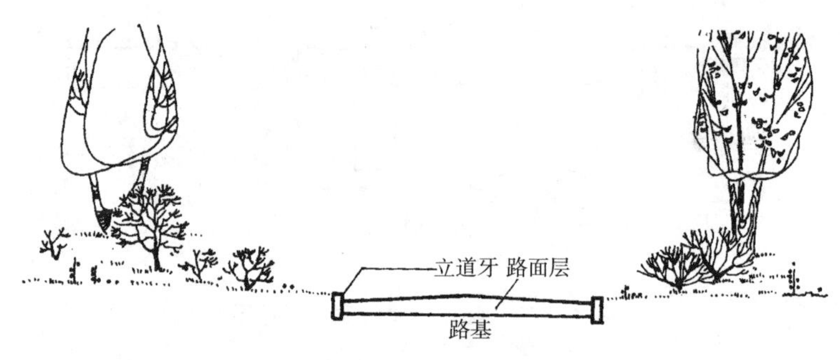

图 13－31　路堑式

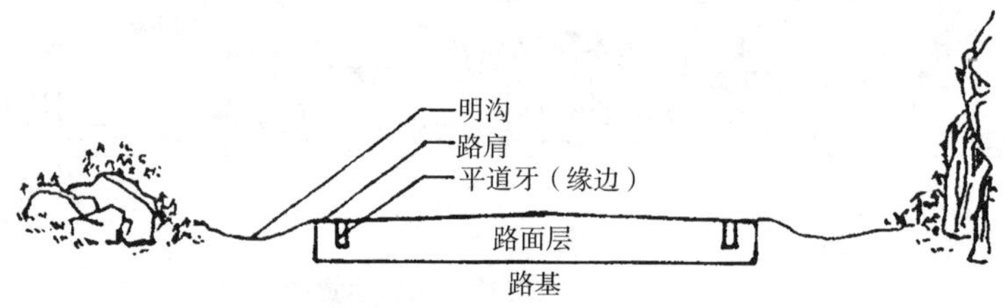

图 13－32　路堤式

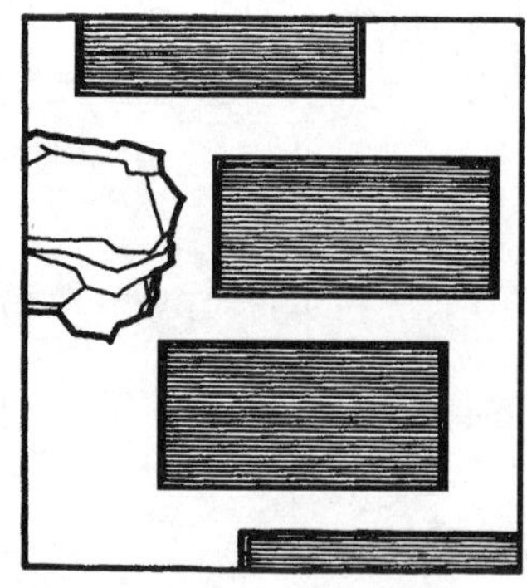

图 13－33　条纹步石路

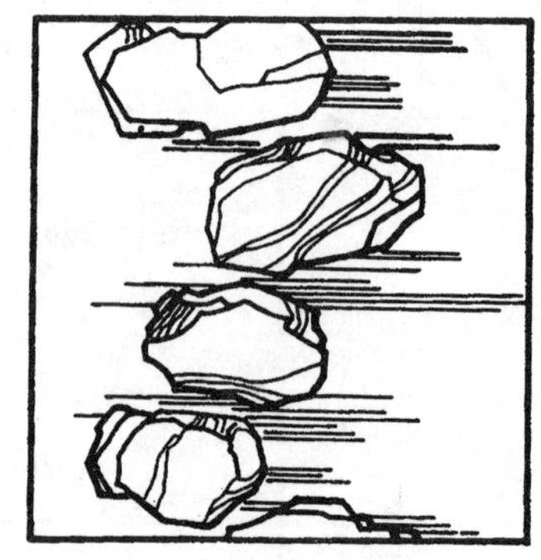

图 13－34　块石汀步

图 13－35　磴道

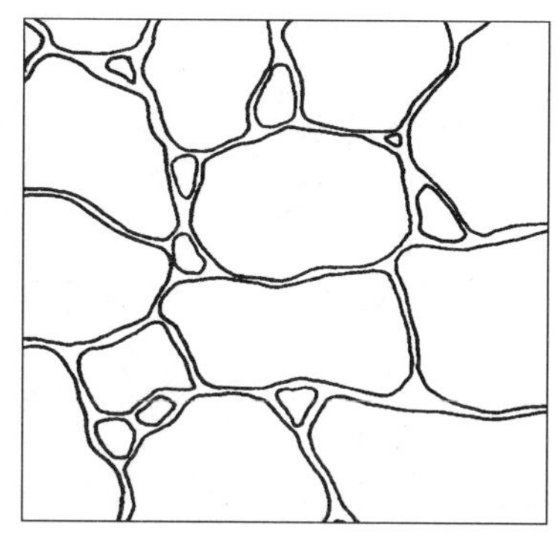

图 13－36　天然块石铺地

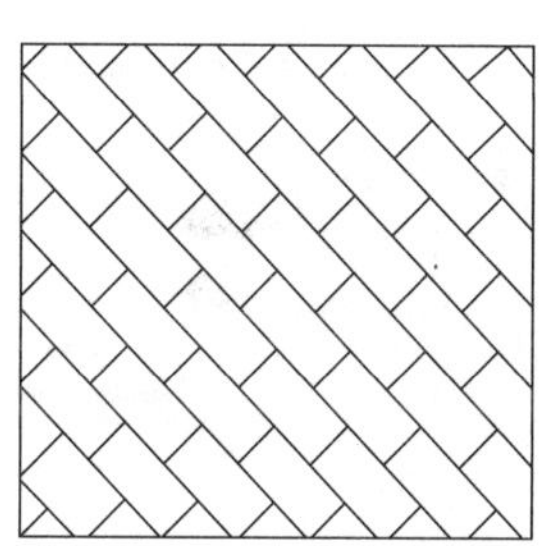

席纹（平铺）

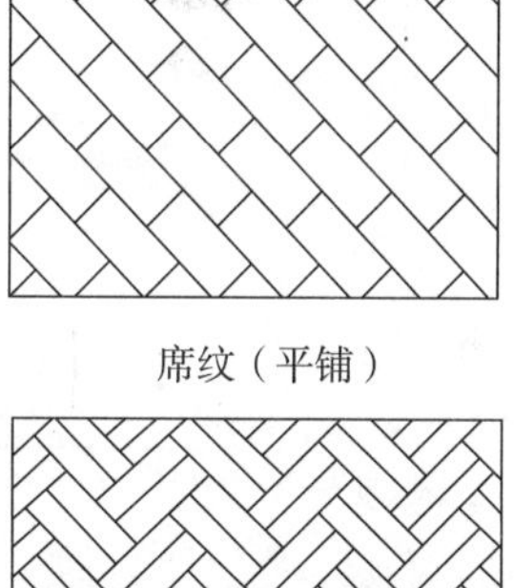

丹墀（仄铺）

图 13－37　预制混凝土块铺地

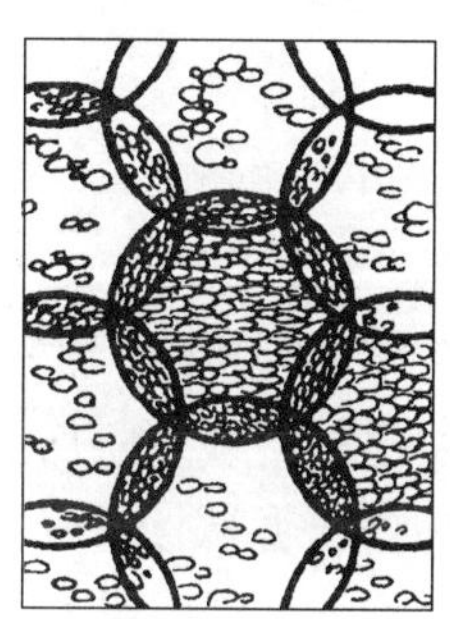

球门

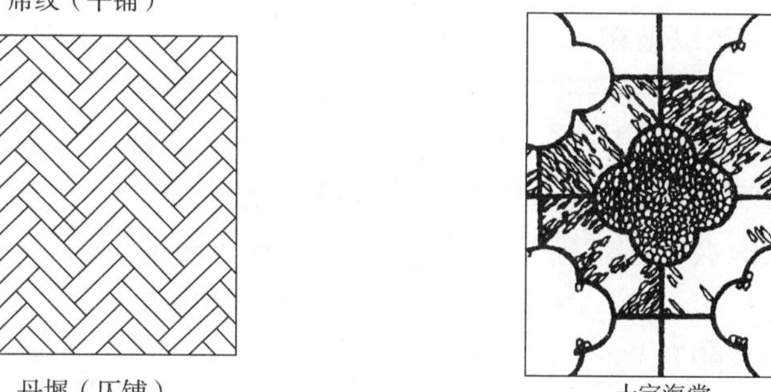

十字海棠

图 13－38　碎料铺地

（二）园路的线形设计

园路的线形设计包括平面线形设计及纵断面设计。

园路平面线形设计需要考虑：①路面的宽度（表 13－4）；②平曲线半径的选择，即道路转弯处应采用圆弧形曲线，以满足汽车的转弯半径；③曲线加宽，即弯道内侧的路面要适当加宽（图 13－39）。

各种类型道路的宽度　　表 13－4

道路类型	通行情况	路面宽度
风景区及大型园区主干道	通行大型客车、卡车，满足消防要求	6～7m
一般公园主干道	园务交通、卡车，满足消防要求	3.5～5m
游步道	游人游览需要	1～2.5m（上下限允许灵活一些）

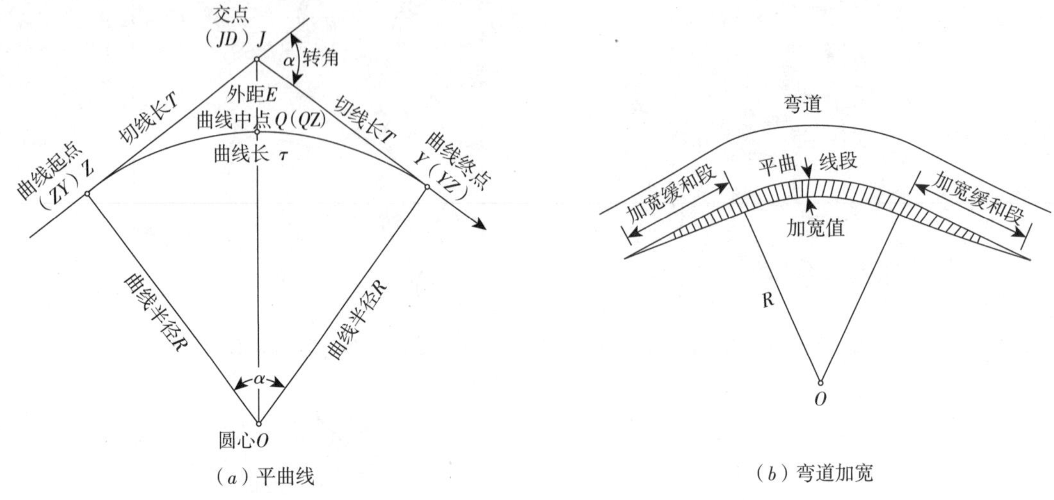

（a）平曲线　　（b）弯道加宽

图 13－39　平曲线图与弯道加宽图

园路设计应使道路顺应地形起伏变化，尽量利用原地形，保证路基稳定，并减少土方量，还应组织园区排水、与地下管线密切配合。园路纵断面设计应考虑：①纵坡和横坡。一般路面应有 8% 以下的纵坡和 1% ～4% 的横坡，以保证路面排水。当纵坡在 1% 以下时，方可用最大横坡。游步道坡度可大些，但不应超过 12%，否则行走时会感到吃力。②竖曲线。道路上下起伏时，在转折处由一条圆弧线连接，由于是竖向曲线，因而得名。③弯道和超高。汽车在弯道上行使时会产生离心力，为防止车辆向外侧滑移，抵消离心力作用，就要把路的外侧抬高，即称为弯道超高设计（图 13－40）。

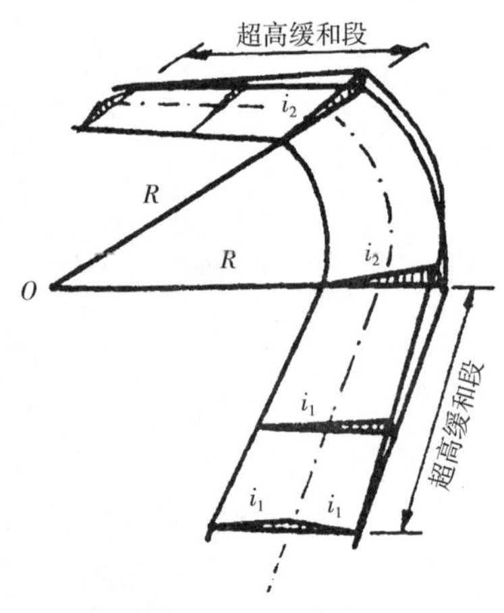

图 13－40　弯道超高设计

考虑残疾人使用的园路设计有以下要求：①路面宽度不宜小于 1.2m，回车路段路面宽度不宜小于 2.5m；②道路纵坡不宜超过 4%，且坡长不宜过长，在适当距离内应设水平路段，且不能有台阶；③尽量减小横坡；④坡道坡度为 1/20～1/15 时，其坡长不宜超过 9m，转弯处应设不小于 1.8m 的休息平台；⑤路面一侧为陡坡时，应设 10cm 高以上的挡石，并设扶手栏杆。具体内容参见相关规范。

（三）园路的结构设计

园路的结构设计，包括路面、路基和附属工程（表 13－5）。路基是路面的基础，是保证路面强度和稳定性的重要条件之一，一般黏土或砂性土应夯实 3 遍就可直接作为路基。附属工程包括道牙、明沟、雨水井、台阶、礓礤、磴道、种植池等。

园路的结构设计　表 13－5

编号	类　型	结　构	
1	石板嵌草路	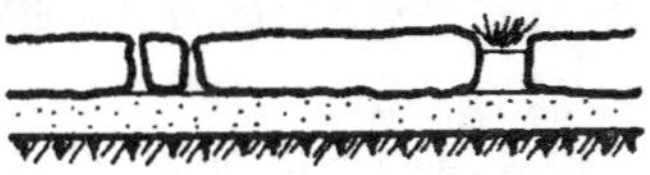	1. 100 厚石板 2. 50 厚黄砂 3. 素土夯实 注：石缝 30～50 嵌草
2	卵石嵌花路	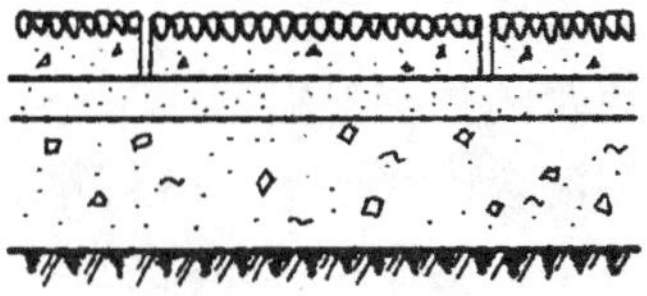	1. 70 厚预制混凝土嵌卵石 2. 50 厚#25 混合砂浆 3. 一步灰土 4. 素土夯实
3	方砖路	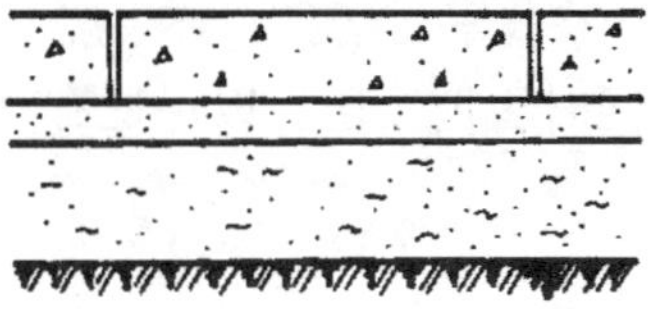	1. 500×500×100#150 混凝土方砖 2. 50 厚粗砂 3. 150～250 厚灰土 4. 素土夯实 注：胀缝加 10×95 橡皮条
4	水泥混凝土路	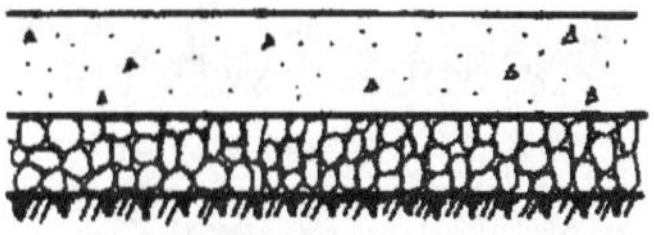	1. 80～150 厚#200 混凝土 2. 80～120 厚碎石 3. 素土夯实 注：基层可用二渣（水碎渣、散石灰），三渣（水碎渣、散石灰、道渣）
5	卵石路	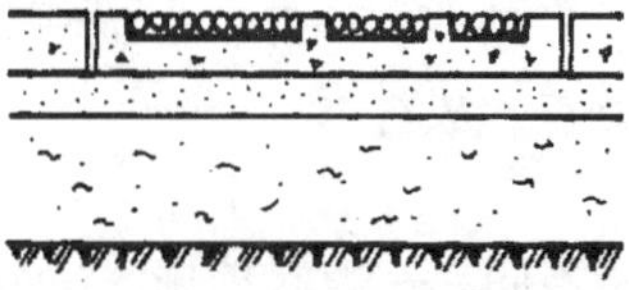	1. 70 厚混凝土上栽小卵石 2. 30～50 厚#25 混合砂浆 3. 150～250 厚碎砖三合土 4. 素土夯实
6	沥青碎石路	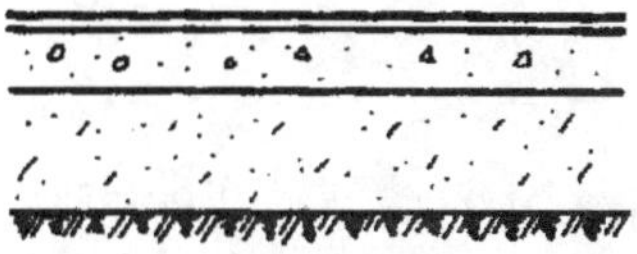	1. 10 厚二层柏油表面处理 2. 50 厚泥结碎石 3. 150 厚碎砖或白灰、煤渣 4. 素土夯实
7	羽毛球场铺地	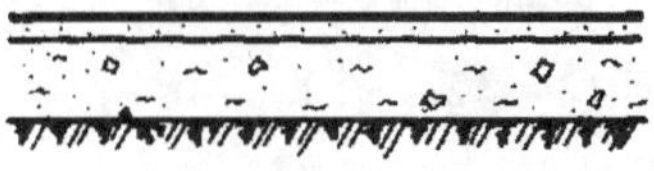	1. 20 厚 1:3 水泥砂浆 2. 80 厚 1:3:6 水泥、白灰、碎砖 3. 素土夯实
8	步石	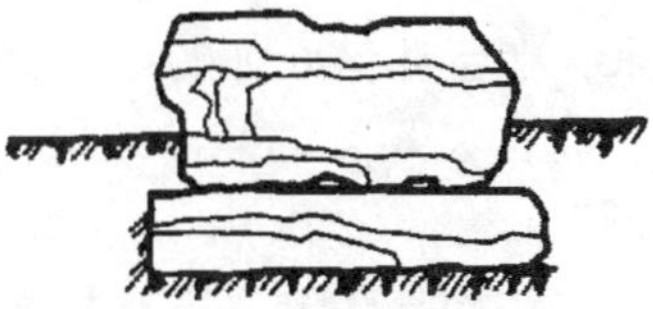	1. 大块毛石 2. 基石用毛石或 100 厚的水泥混凝土板
9	块石汀步	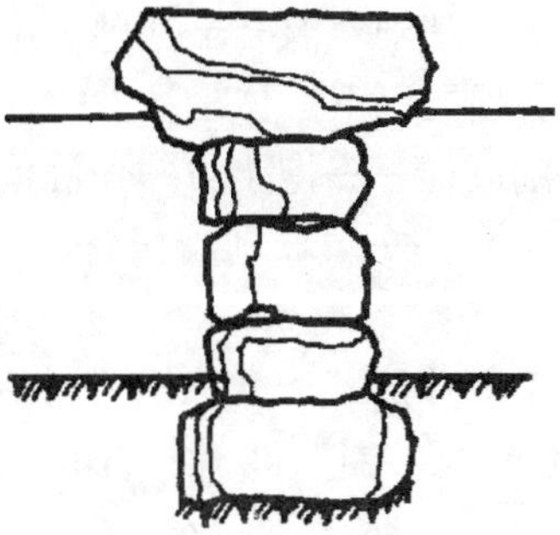	1. 大块毛石 2. 基石用毛石或 100 厚的水泥混凝土板

（四）园路施工

（1）放线。按照路面设计的中线，在地面上每 20 ~ 50m 放一中心桩，对于弯道的曲线，应在曲头、曲中和曲尾各放一中心桩，以中心桩为准，根据路面宽度定边桩，最后放出路面的平曲线。

（2）准备路槽。按设计路面的宽度，每侧放出 20cm 挖槽，路槽的深度应等于路面的厚度，槽底应有 2% ~ 3% 的横坡度，夯实 2 ~ 3 遍。

（3）铺筑基层。根据设计要求铺筑的基层材料。

（4）铺筑结合层。结合层一般用混合砂浆或 1∶3 白灰砂浆。

（5）铺筑面层。铺砖时应轻轻放平，用橡胶锤敲打稳定，不得损伤砖的边角，如发现结合层不平时，应取下铺砖重新用砂浆找平。铺卵石路一般分预制和现浇两种。

（6）道牙。道牙基础宜与路床同时填挖碾压，以保证有整体的均匀密实度。

四、假山工程

假山工程是风景园林建设的专业工程。假山实际上包括假山和置石两部分。一般来说，假山体量大而集中，可观可游；置石则主要以观赏为主，体量小而分散。

（一）山石材料

按照产地及质地分，有湖石（太湖石、房山石、英石、灵璧石、宣石）、黄石、青石、石笋及其他石品（木化石、松皮石、石珊瑚、钟乳石、黄蜡石和石蛋等）（图 13 – 41）。

按照用途分，有峰石、叠石、腹石、基石。

（二）山石的开采和运输

针对不同石品，开采方式也有所不同，一般有挖掘、凿取、爆破等方法。运输过程中应保证安全，石材不受损。

（三）置石

可分为特置、对置、散置、群置、山石器设，以及一些特殊的布设，如结合园林建筑的山石布置，包括山石踏跺与蹲配、抱脚和镶隅、云梯、粉壁置石、“尺幅窗”和“无心画”，与植物结合的山石花台等（图 13 – 42 ~ 图 13 – 48）。

（四）掇山

假山的堆叠难以用图纸表达出来，在于凭借匠师的经验及感觉。匠师对山石进行艺术加工，作假成真，达到“虽由人作，宛自天开”的艺术效果。当然，也遵循自然山水地貌的特点，做到“外师造化，内得心源”。

假山的外形虽千变万化，但其基本结构与建造房屋有相通之处，即分为基础、中层和收顶三部分。基础的做法有桩基、灰土基础、混凝土基础；拉底，就是在基础上铺置最底层的自然山石；中层，即底石以上、顶层以下，体量最大的部分；收顶，即处理假山最顶层的山石。假山的施工流程为：基础放样——挖土方——浇混凝土基础——拉底——山体堆叠——（中层山地施工、山洞施工）——填、刹、扫缝——收顶——做脚——验收——养护管理——交付使用。

山石之间的结合可以概括出 10 多种形式。北京有“十字诀”——安、连、接、斗、挎、拼、悬、剑、卡、垂，此外还有挑、飘、戗等；江南有叠、竖、垫、拼、挑、压、钩、挂、撑（图 13 – 49）。

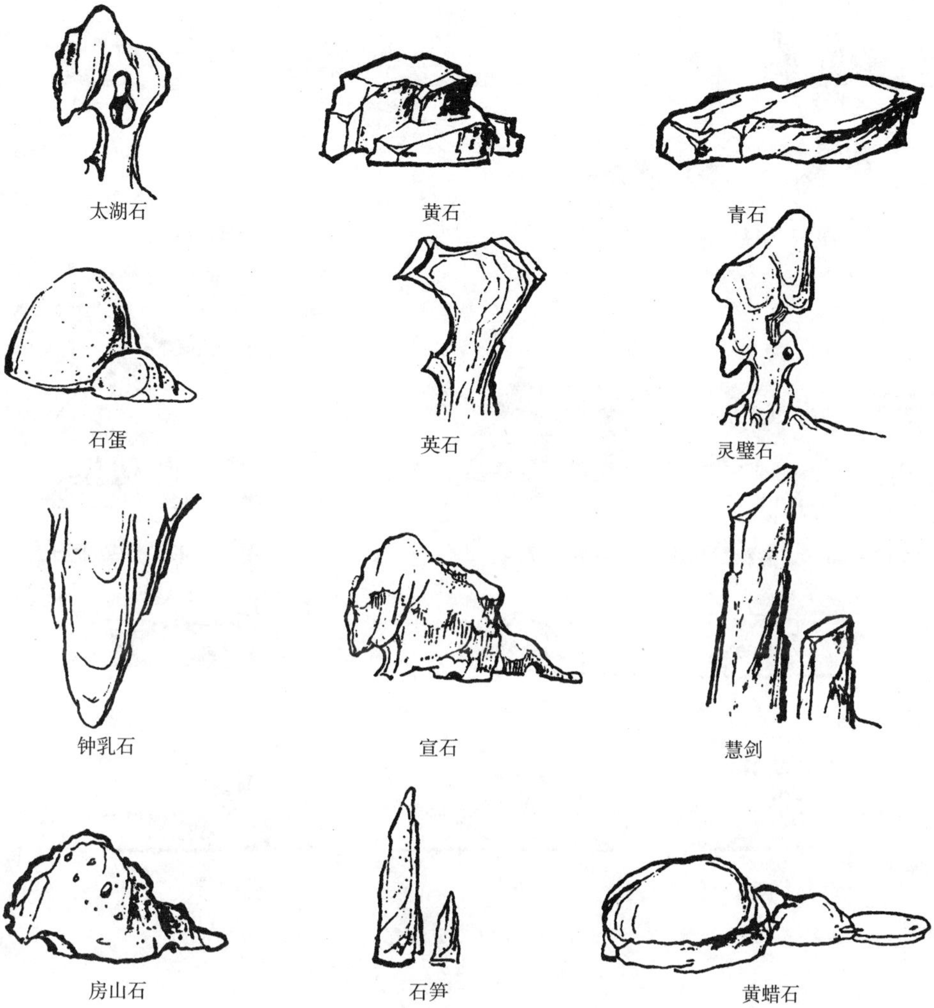

太湖石　黄石　青石

石蛋　英石　灵璧石

钟乳石　宣石　慧剑

房山石　石笋　黄蜡石

图 13－41　各种假山材料

图 13－42　坐落在自然山石上的特置

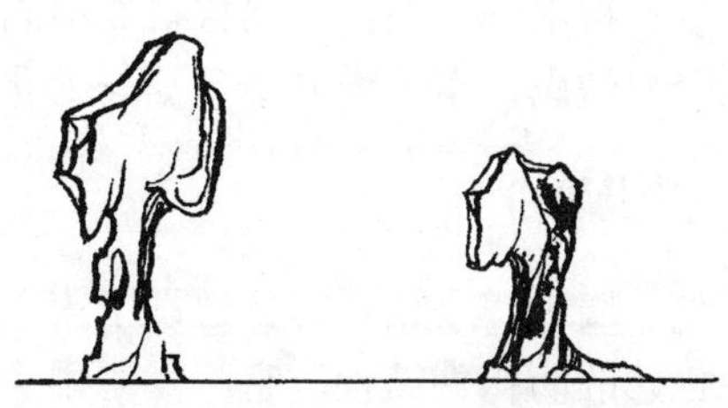

图 13－43　对置

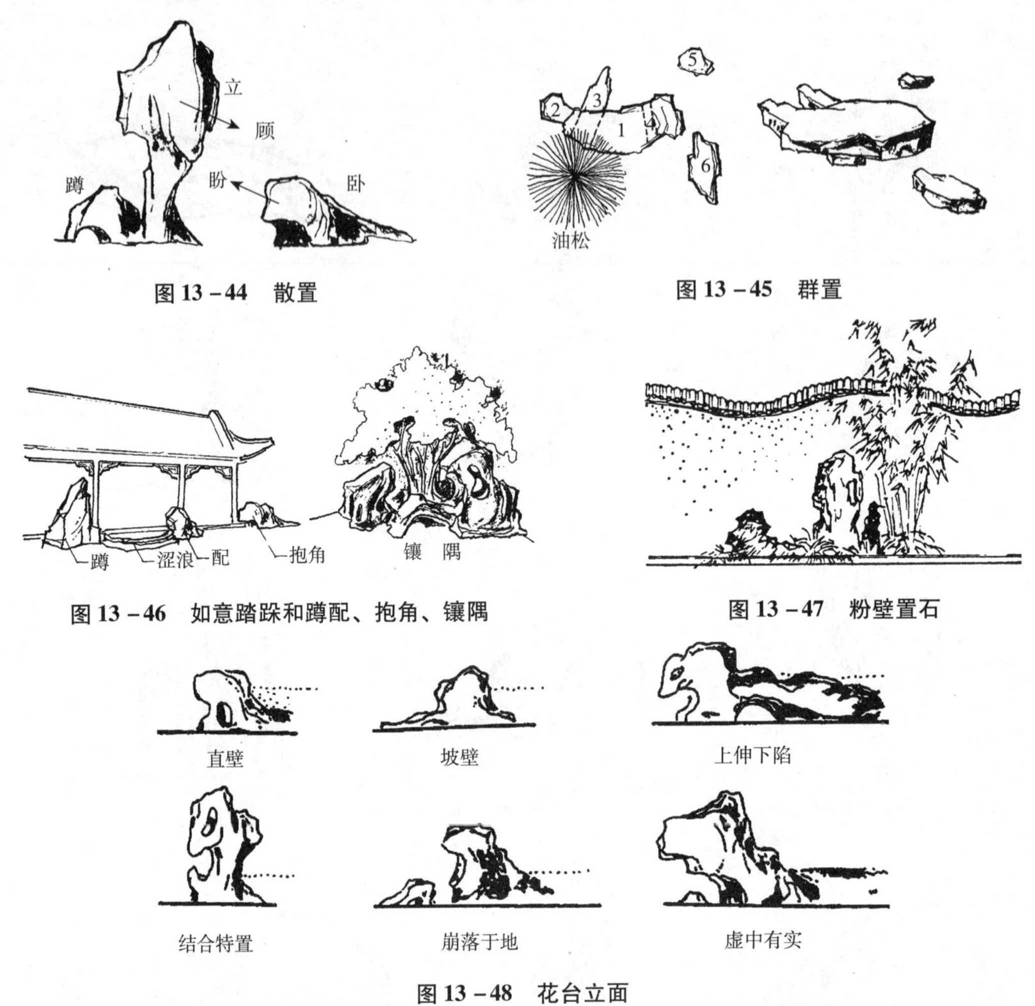

图 13-44 散置

图 13-45 群置

图 13-46 如意踏跺和蹲配、抱角、镶隅

图 13-47 粉壁置石

图 13-48 花台立面

（五）人工塑山

人工塑山指在传统灰塑山石的基础上采用混凝土、玻璃钢、有机树脂等现代材料和石灰、砖、水泥等非石材料进行人工塑造的假山。人工塑山的优点是节省采石运石工序，造型不受石材限制。根据骨架材料的不同，人工塑山可分为砖石结构骨架塑山、钢筋铁丝网结构骨架塑山、GRC 玻璃纤维强化水泥塑山等。

五、挡土墙工程

挡土墙工程是风景园林建设中用以支持并防止土体坍塌的工程结构体，即在土坡外侧人工修建的防御性结构。它广泛运用于风景园林建设工程中房屋的地基、驳岸、码头、河池岸壁、路堑边坡、桥梁台基、台阶、花坛等（图 13-50～图 13-52）。由于驳岸、护坡和池壁工程前面已单独叙述，这里仅对挡土墙和花坛进行解释。

（一）挡土墙

挡土墙常常以倾斜面或垂直面迎向游人，在视觉上对人的冲击较其他要素都要显得强烈，因此，在考虑安全性的同时，挡土墙的整体景观效果、表面材料质感和细部处理等都

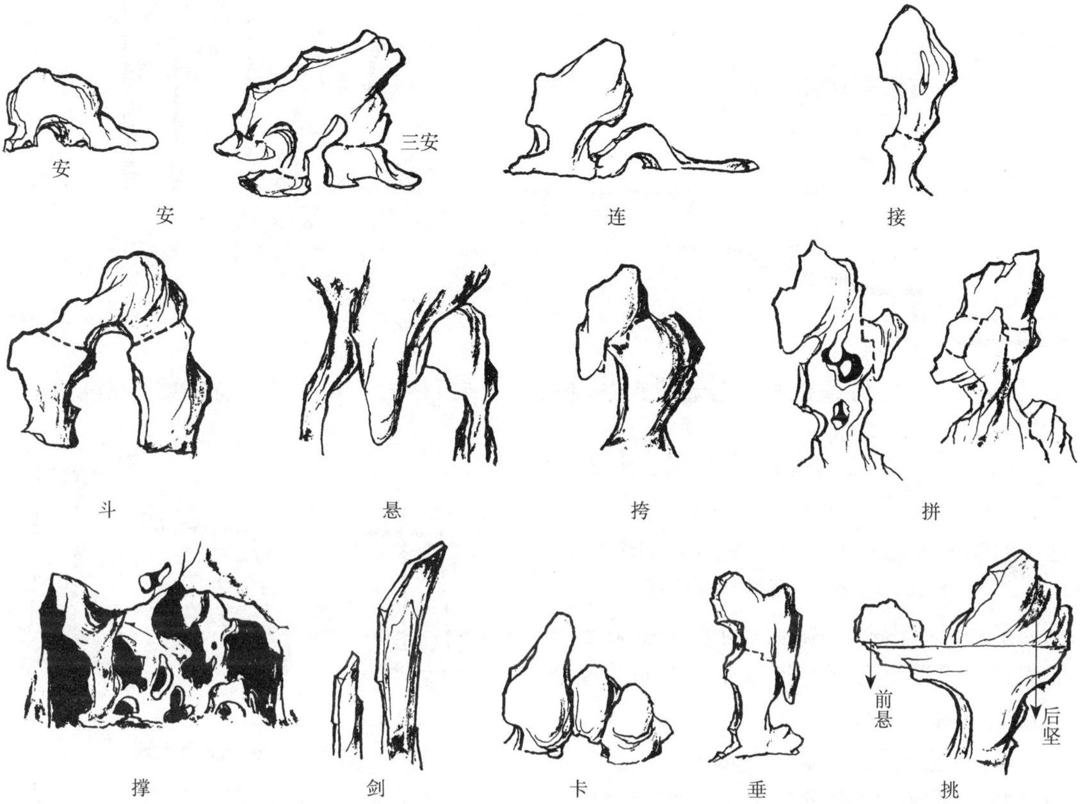

安　三安
安　连　接
斗　悬　挎　拼
撑　剑　卡　垂　前悬　后坚　挑

图 13－49　山石之间的结合形式

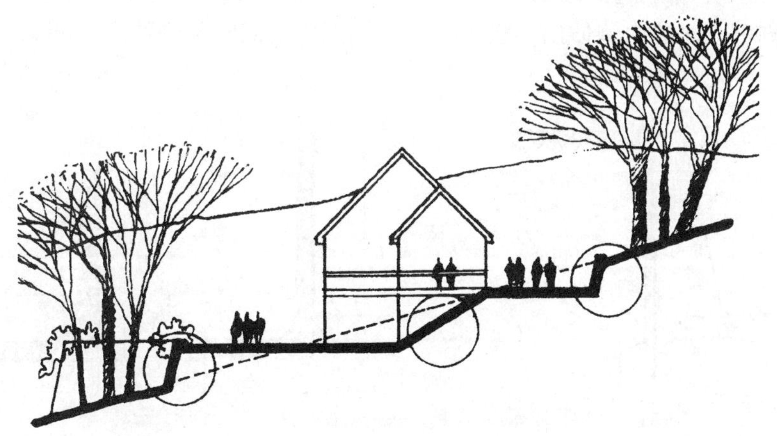

图 13－50　利用挡土墙处理地形得到可以进行建筑建设的场地

应当受到重视，将其作为重要的硬质景观要素进行设计。

挡土墙常常结合其他园林要素共同设置，如结合座凳、台阶、灯具、花坛和垂直绿化，从而形成优美的立面效果。

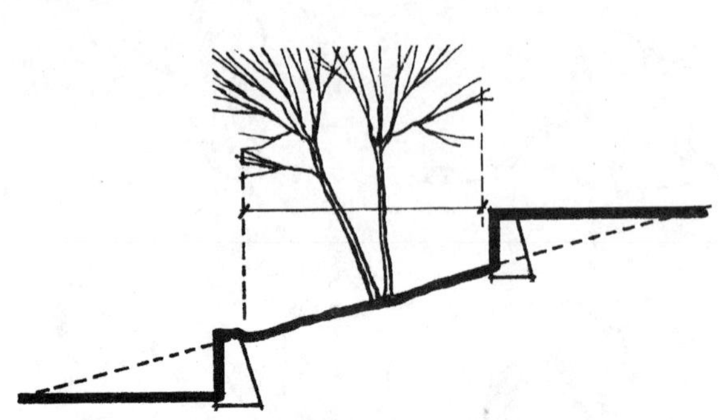

图 13－51　利用挡土墙处理地形使植物更好地生长

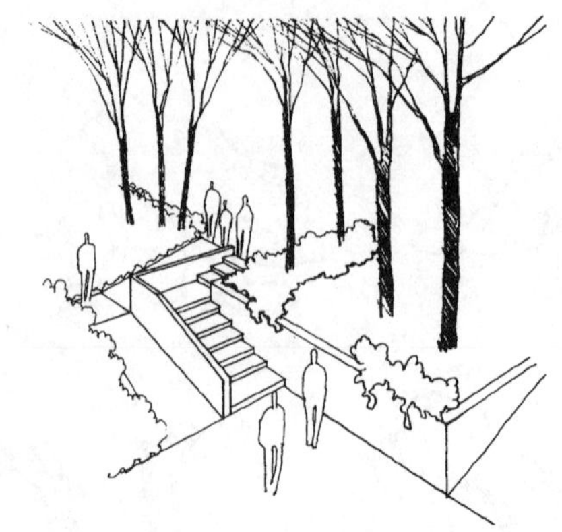

图 13－52　挡土墙与台阶结合处理地形变化

挡土墙断面结构有：重力式、半重力式、悬臂式、后扶跺式、木笼式、园林式。施工时还要考虑排水处理及垂直面的美化。

① 重力式挡土墙。园林中常用的一类挡土墙形式，它借助于墙体的自重来维持土坡的稳定，通常用毛石、砖和不加钢筋的混凝土建成（图 13－53）。

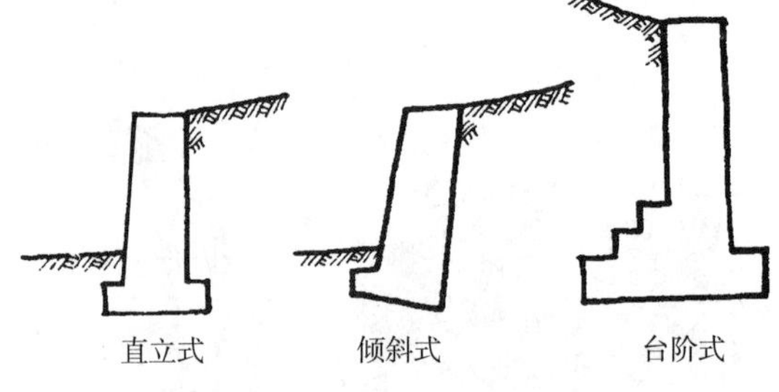

图 13－53　重力式挡土墙

② 半重力式挡土墙。在墙体增加少量钢筋以减少混凝土的用量和由于气候变化或收缩引起的可能开裂，其他同于重力式挡土墙（图 13－54）。

③ 悬臂式挡土墙。通常做成倒“T”形或倒“L”形，高度不超过 7～9m 时较为经济。悬臂的脚可以向墙内侧伸出，也可以向墙外侧伸出或向两侧伸出（图 13－55）。

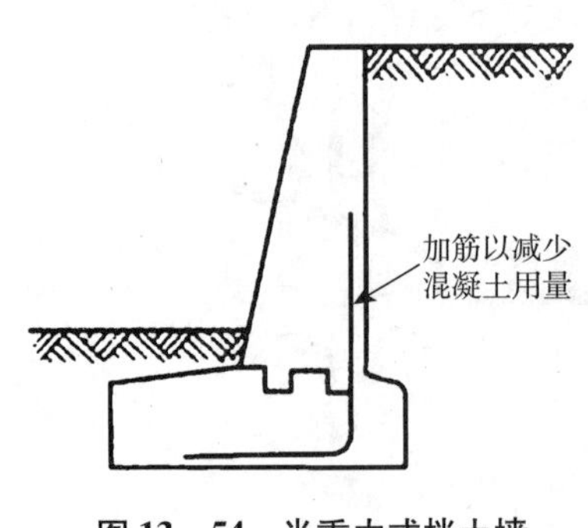

图 13－54　半重力式挡土墙

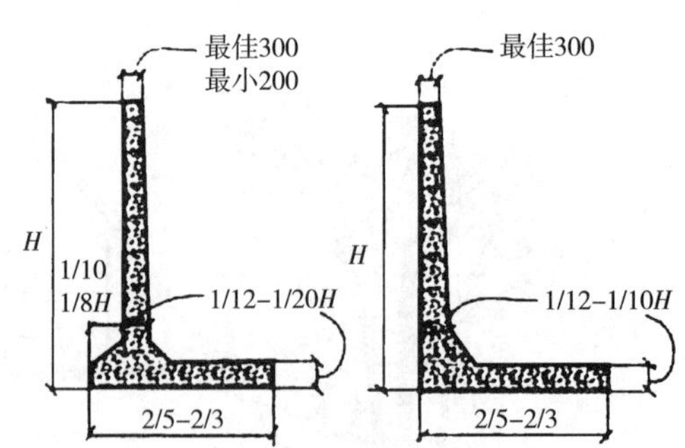

图 13－55　悬臂式挡土墙

④ 后扶跺式挡土墙。普通形式是在墙基础板和墙面板之间有垂直的间隔的支撑物，墙的高度在 10m 之内（图 13－56）。

⑤ 木笼式挡土墙。通常采用 75∶1 的倾斜度，其基础宽度一般为墙的 0.5～1 倍。在开口的箱笼内填充石块或土壤，可在上面种植草花植被，极具自然情趣。木笼式挡土墙基本上属于重力式挡土墙（图 13－57）。

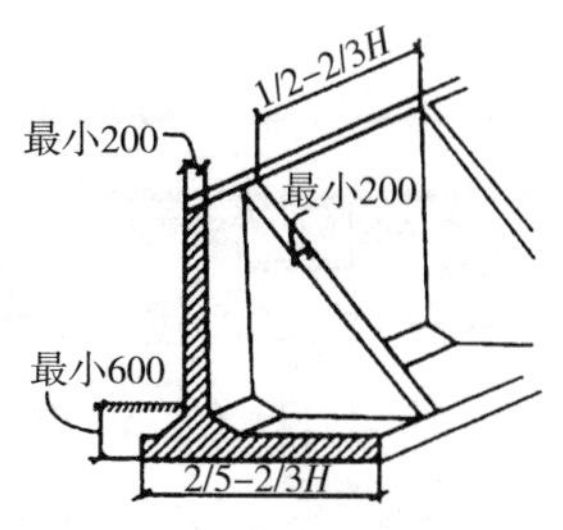

图13－56　后扶跺式挡土墙

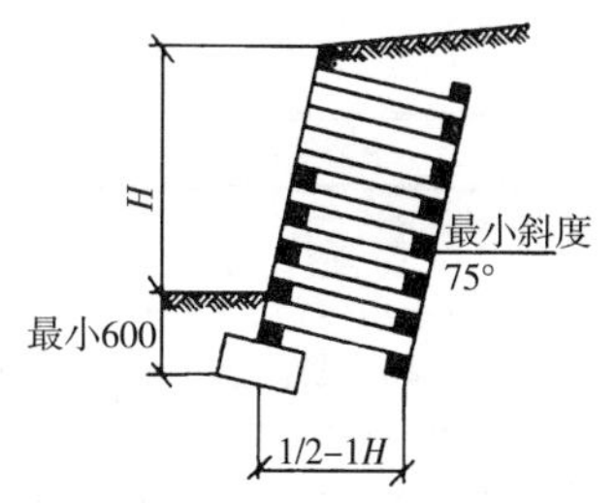

图13－57　木笼式挡土墙

⑥ 园林式挡土墙。将挡土墙的功能与园林艺术相结合，融于花墙、照壁等建筑小品中。

（二）花坛

花坛是硬质景观和植物的结合体，具有很强的装饰性，从形式上可分为独立花坛、组合花坛、立体花坛和异型花坛。

花坛砌体材料常采用烧结普通砖、料石、毛石、混凝土和砂浆。

花坛贴面材料种类很多，常用的有：

① 饰面砖：墙面砖（有釉和无釉两种）、马赛克（陶瓷锦砖）、玻璃马赛克（玻璃锦砖）；

② 饰面板：花岗岩板材，因加工方法不同分为剁斧板、机刨板、粗磨板和磨光板；

③ 青石板；

④ 水磨石饰面板。

此外，还有起到装饰作用的金属、玻璃等。

花坛抹灰材料一般采用水泥和石灰砂浆，比较高级的花坛采用水刷石、水磨石、斩假石、干粘石、喷砂及彩色抹灰。对于装饰抹灰所用的材料主要是起色彩作用的花岗岩石渣、彩砂、颜料及白水泥等。

六、给排水工程

风景园林中给水、排水和污水处理是建设中的重要内容。给水工程要满足人们对水量、水质和水压的要求；排水工程要收集、排出园区内的雨水和污水，污水还要经过处理才能排放（图13－58）。

中水，也叫再生水，是经过处理的污水再回用。中水回用主要用于冲厕所、绿地灌溉、冲洗道路、喷泉水景工程等。中水需单独设置管网，投资较大，但开辟了第二水源，可大幅度降低自来水的消耗量，节约了水资源；另一方面，中水的回用减少了污水的排放量，在一定程度上解决了水体的污染问题。美国、日本、以色列等国都大量使用中水。

（一）给水工程

风景园林中用水分为生活用水、养护用水、造景用水和消防用水。水源有地表水、地下水、自来水。风景园林给水工程特点为：设施及构成都比较简单，多数情况下与城市给排水管网相衔接。除生活用水外，养护、造景、消防所用的水，只要是无害于动植物且不污染环境的均可使用（表13－6）。

给水排水流程示意

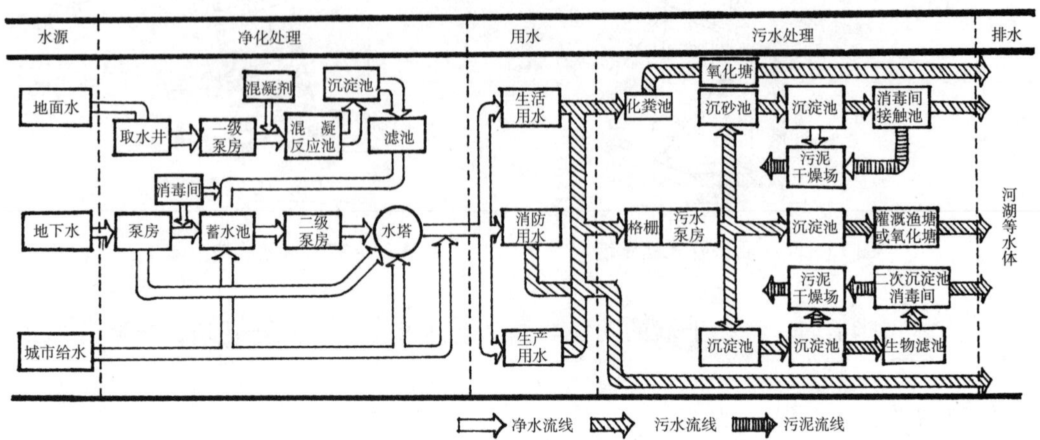

图 13－58 给水排水流程示意图

用水量标准及小时变化系数 **表 13－6**

建筑物名称	单位	生活用水量标准最高日（L）	小时变化系数	备注
公共食堂	每一顾客每次	15～20	2.0～1.5	1）食堂用水包括主副食加工，餐具洗涤清洁用水和工作人员及顾客的生活用水，但未包括冷冻机冷却用水 2）营业食堂用水比内部食堂多，中餐厅又多于西餐厅 3）餐具洗涤方式是影响用水量标准的重要因素，设有洗碗机的用水量大 4）内部食堂设计人数即为实际服务人数，营业食堂按座位数，每一顾客就餐时间及营业时间计算顾客人数
营业食堂				
内部食堂	每人每次	10～15	2.0～1.5	
茶室	每一顾客每次	5～10	2.0～1.5	
小卖	每一顾客每次	3～5	2.0～1.5	
电影院	每一观众每场	3～8	2.5～2.0	1）附设有厕所和饮水设备的露天或室内文娱活动的场所，都可以按电影院或剧场的用水量标准选用 2）俱乐部，音乐厅和杂技场可按剧场标准，影剧院用水量标准，介于电影院与剧场之间
剧场	每一观众每场	10～20	2.5～2.0	
体育场				1）体育场的生活用水，用于运动员淋浴部分系考虑运动员在运动场进行 1 次比赛或表演活动后需淋浴 1 次 2）运动员人数应按假日或大规模活动时的运动员人数计
运动员淋浴	每人每次	50	2.0	
观众	每人每次	3	2.0	
游泳池				当游泳池为完全循环处理（过滤消毒）时，补充水量可按每日水池容积 5% 考虑
游泳池补充水	每日占水池容积	15%		
运动员淋浴	每人每场	60	2.0	
观众	每人每场	3	2.0	

续表

建筑物名称		单位	生活用水量标准最高日（L）	小时变化系数	备注
办公楼		每人每班	10～25	2.5～2.0	1）企业事业、科研单位的办公及行政管理用房均属此项 2）用水只包括厕所冲洗、洗手、饮用和清洁用水
公共厕所		每小时每冲洗器	100		
喷泉＊	大型	每小时	≥10000		大中型喷水池通常应考虑循环用水
	中型	每小时	2000		
洒地用水量	柏油路面	每次每平方米	0.2～0.5		≤3 次/日
	石子路面	每次每平方米	0.4～0.7		≤4 次/日
	庭园及绿地	每次每平方米	1.0～1.5		≤2 次/日

有＊者为国外资料，茶室、小卖用水量只是据一些公园的使用情况做的统计，不是国家标准，仅供参考。

（引自《园林工程》）

给水管网的布置应靠近主要供水点，保证水量及水压，避免穿越道路，避开复杂地形，力求管线最短，与其他管线保持一定距离。给水管网的布置形式主要有树状、环状，实际工程中往往两种管网同时存在，称为混合管网（图 13－59）。

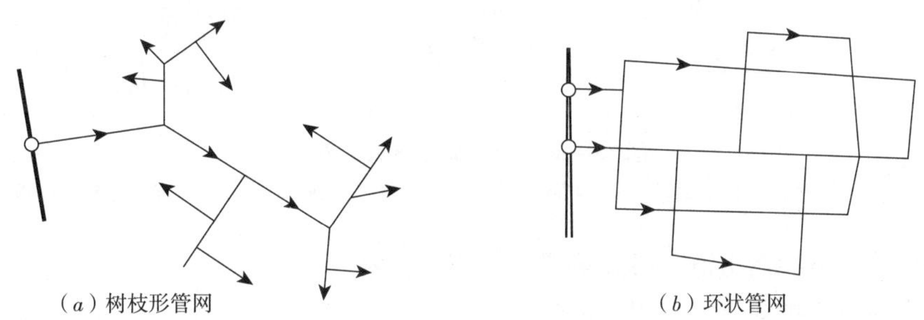

图 13－59 给水管网基本布置形式

（二）排水工程

风景园林中的排水主要是排除雨水和少量生活用水。园林地形起伏多变，且多有自然水体，因而一般采取以地面排水为主，沟渠和管道排水为辅的综合排水方式。排水设施还可以创造瀑布、跌水、溪流等景观（图 13－60）。排水方式主要有地面排水和管渠排水（明沟、管道、盲沟）（图 13－61～图 13－63）。

图 13－60 排水创造瀑布景观

地面排水可能造成雨水径流对地表的冲刷。为了防止冲刷，保持水土，设计地面排水时应注意：

① 控制地形坡度，不可过陡，同一坡度的坡面不宜过长，应有起伏变化以阻碍和缓冲径流速度；

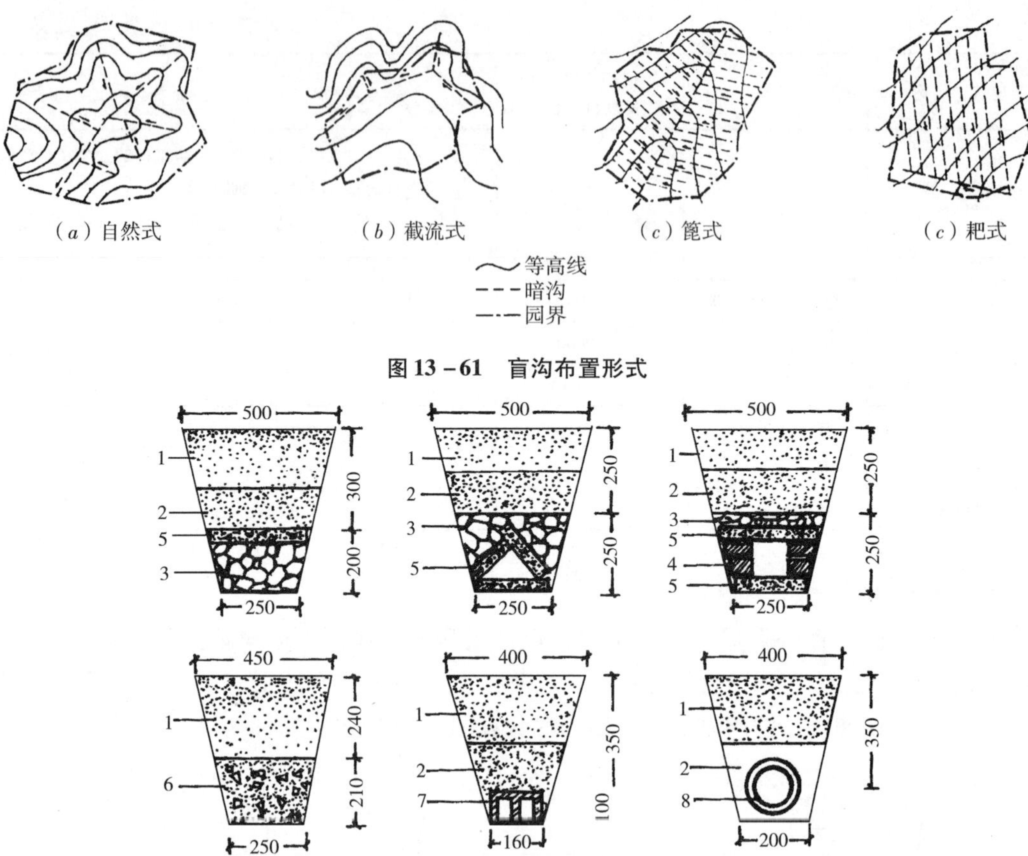

图 13－61 盲沟布置形式

图 13－62 排水暗沟的几种构造

1—土；2—砂；3—石块；4—砖块；5—预制混凝土盖板；6—碎石及碎砖块；7—砖块干叠排水管；8—陶管 $\phi80$

② 用顺等高线的盘山道、谷线等拦截和组织排水；

③ 利用地被植物固土，阻碍径流；

④ 在汇水线或山道边沟坡度较大处布置山石，减缓水流速度和冲力，前者称“谷方”，后者称“挡水石”（图 13－64、图 13－65）；

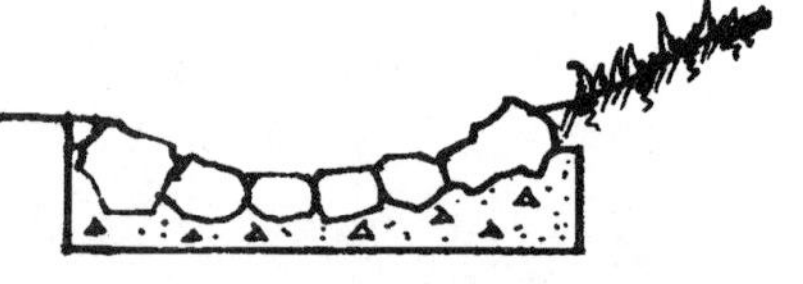

图 13－63 粗糙材料砌筑的明沟

图 13－64 谷方

图 13－65 挡水石

⑤ 利用地面或明渠将雨水排入园内水体时，为了保护岸坡，出水口可处理成“水簸箕”（图 13－66），或设雨水口埋暗管将雨水排入水管（图 13－67）。

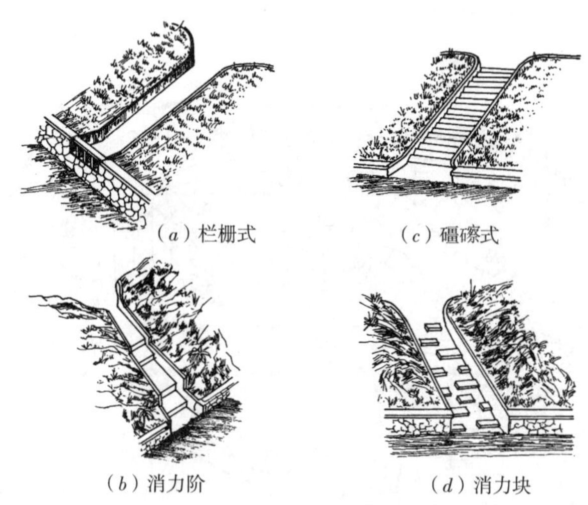

图 13－66　各种排水口处理

图 13－67　通过地表坡地进行自然排水，形成汇水点，并设雨水口埋暗管收集排放

管渠排水系统通常由雨水口、连接管、检查井、干管和出水口五部分组成。管网的布置应尽量利用地表汇水，缩短管线距离。雨水口应布置在地形低的地方，扩大重力流排水范围。出水口应分散布置，做到及时、快速排水。

（三）风景园林管线的综合布置

管线综合布置的目的是合理安排各种管线，综合解决各种管线在平面和竖向上的相互影响，如管线埋深由浅至深应如下：建筑物基础、电讯电缆、电力电缆、热力管道、煤气管、给水管、雨水管、污水管、路缘。竖向综合布置应遵循小管让大管，有压管让自流管，临时管让永久管，新建管让已建管的原则。平面布置应做到管线短，转弯少，减少与其他管线交叉等原则（图 13－68）。

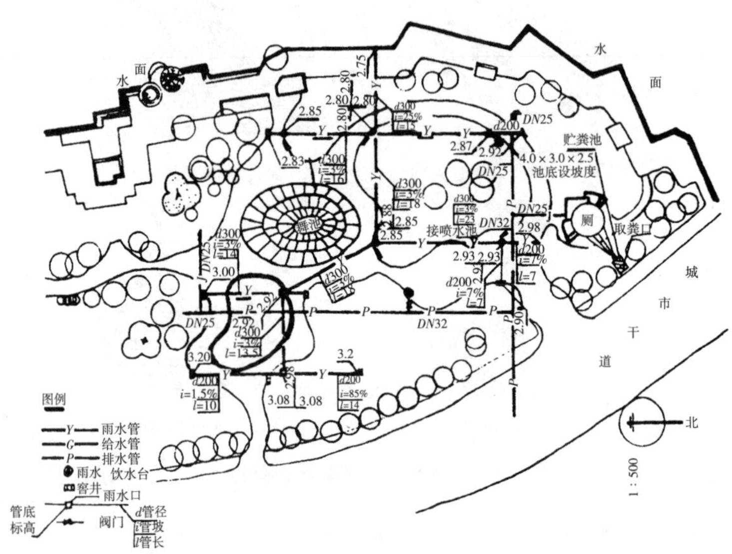

园林中一般管线种类较少、密度小，因此交叉机率也较低，所以多采用综合平面图表示。通常可在1：1000或1：2000的规划图纸上确定各种管线的平面位置。

图 13－68　风景园林管线综合布置平面图

七、电气工程

风景园林中的用电主要有照明用电和动力用电（喷泉、喷灌、电动游艺设施及电动机具等），此外还包括风景园林内生产生活用电。

（一）照明

室外照明可以为人们的夜间活动提供功能场所，室外照明的目的包括增强重要节点、标识物、交通路线和活动区的可辨别性，使行人和车辆能安全行走，提高环境的安全性和降低潜在的人身伤害和人为财产破坏。

照明应注意合理的照度、照明均匀度，还要防止眩光。照明的光源按电光源可分为热辐射光源（如白炽灯和卤钨灯），气体放电光源（如高低压汞灯、高低压钠灯、氙灯、荧光灯和金属卤化物灯）；按颜色可分为冷光源、暖光源。常见的风景园林灯具有：门灯、庭院灯、草坪灯、路灯、水池灯、广场投射灯、霓虹灯、地面射灯等（图 13－69）。照明在风景园林中还广泛用于植物、花坛、雕塑、水体、喷泉瀑布、园路等位置的特殊照明。

照明设计的步骤一般是：明确照明对象功能和照明要求→选择照明方式→选择光源和灯具→合理布置灯具→确定照明装置安装容量及计算照度→选择供电电压和电源→选择照明配电网络的形式→选择导线型号、截面和敷设方法→布置照明配电箱、控制开关、熔断器及其他电器设备→绘制照明施工图纸。

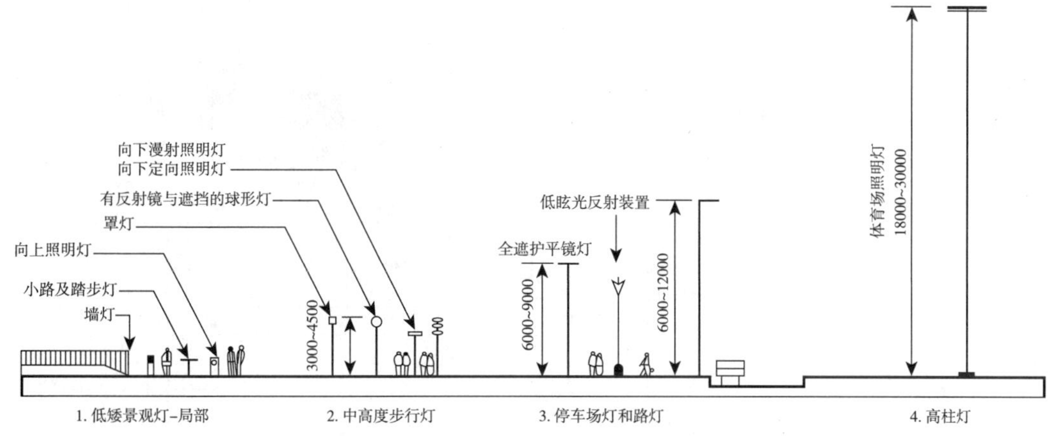

图 13－69　照明设备类型

（引自《景观设计师便携手册》）

（二）供电设计

风景园林供电设计的内容包括：确定用电量，选择变压器的数量及容量；确定电源供给点或变压器的安装地点，进行供电线路的配置；计算配电导线截面；绘制电力供电图。配电线路的布置应经济合理，不影响风景园林景观，尽量走直线，尽量铺设在道路一侧和地势平坦区，避开积水区。

八、种植工程

种植工程是风景园林建设中的主要组成部分，可分为种植、养护管理两部分。种植属短期施工工程，养护管理属长期、周期性工程。这里主要介绍乔灌木种植、草坪建植、大树移植和植物养护管理的方法（图 13－70～图 13－73）。

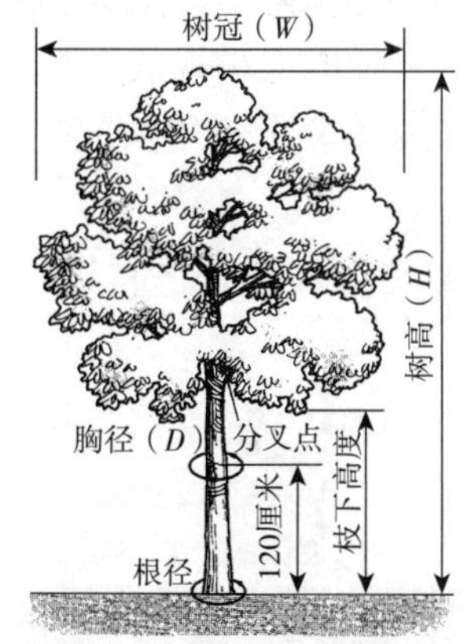

树高（H）：从根部到树冠最上端的垂直距离；
树冠（W）：即树冠的最大宽度；
树干的周长（G）：离地面120cm处主干的周长；
胸径（D）：离地面120cm处主干的直径；
枝下高度：树冠的最下枝到地表的垂直距离；
分叉点：树冠最下枝的着生点；
根径（地径）：树干根颈的直径

图 13－70　一般树木规格表示方法

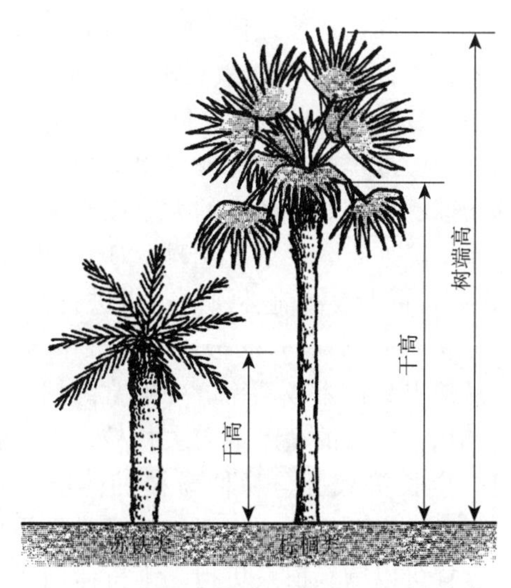

图 13－71　棕榈类树木规格表示方法

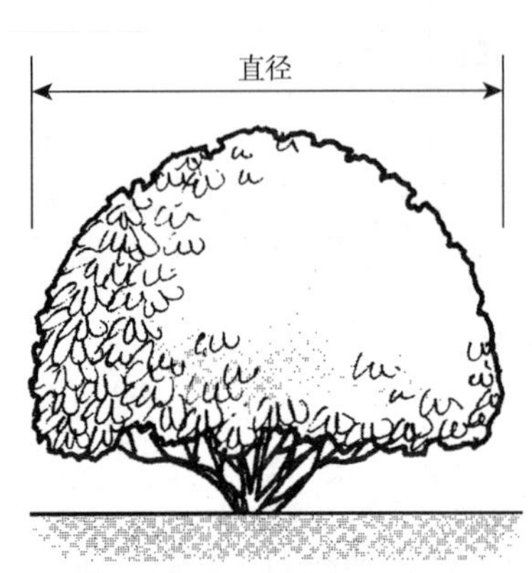

图 13－72　球类树木以树冠的直径表示大小

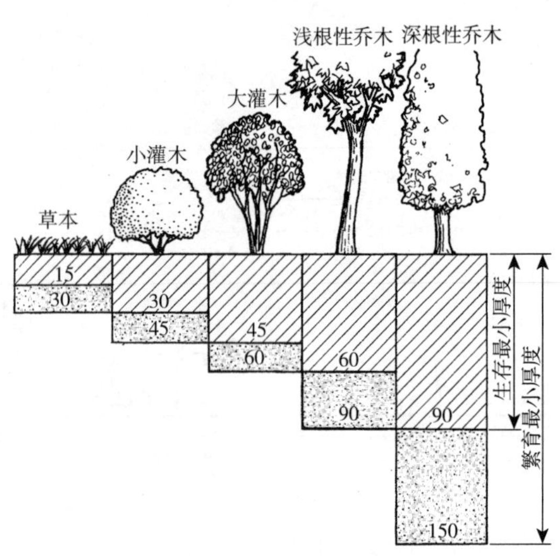

图 13－73　树木生存必需的最小土层厚度

（一）乔灌木种植

乔灌木的移植期是指栽植树木的时间。为了保证成活率，移植时间应选择植物生命活动最微弱的时候进行，寒冷地区春季种植比较适宜，温暖地区秋季和初冬季节种植比较适宜，严寒地区冬季带冻土移植大树，成活率也很高。但由于特殊工程需要，也常常会反季节种植，这时就需要采取特殊的处理措施。

种植步骤包括：定点放线→掘苗→苗木运输与假植→挖掘种植穴→栽植→栽植后的养护管理。其中应当注意起苗时间与栽植时间要紧密配合，做到随起、随运、随栽。起苗时要保证苗木根系完整。起苗方法有裸根起苗法和土球起苗法，土球的大小视气候和土壤条件不同而不同，一般是树木胸径的 10 倍，土球高度一般可比宽度少 5～10cm。对于难以成活的树木，应加大土球（图 13－74、图 13－75）。

苗木装车运输前应粗略修剪，以便于装车和减少植物水分蒸发。苗木在装车、运输、卸车、假植过程中都要保证树木的树冠、根系和土球的完整。种植穴的大小以土球规格和根系情况来定，一般比土球大 16～20cm，深 10～20cm。栽植前必须对苗木进行修剪，主要是为了减少水分的散发，保证树势平衡，从而提高树木成活率。一般常绿树、针叶树和用于植篱的灌木只剪去枯枝、受伤枝即可；生长势较强、易抽新枝的落叶大乔木，如悬铃木、柳树、槐树等，可进行强修剪，这样可以减轻根系负担，维持体内水分

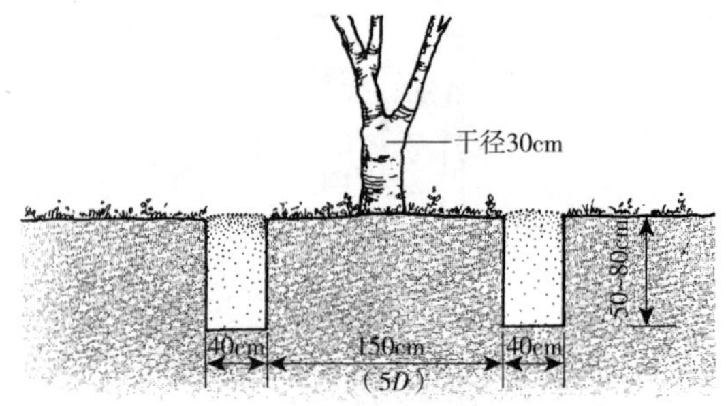

图 13－74　起苗

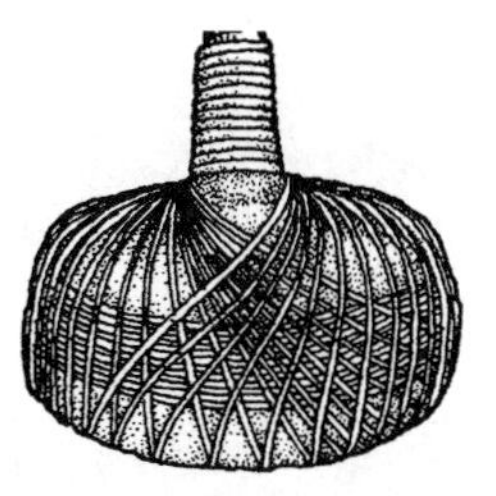

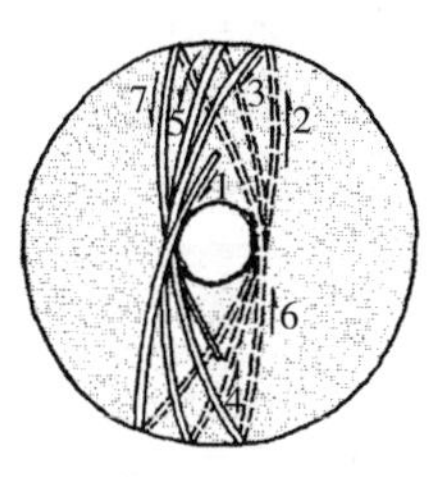

包扎方式一

先将草绳一头系在树干（或树腰）上，呈稍倾斜经土球底沿绕过对面，向上约于球面一半处经树干折回，顺同一方向按一定间隔（疏密视土质而定）缠绕至满球。然后再绕第二遍，与第一遍的每道于肩沿处的草绳整齐相压，至满球后系牢。再于内腰绳的稍下部捆十几道外腰绳，而后将内外腰绳呈锯齿状穿连绑紧。

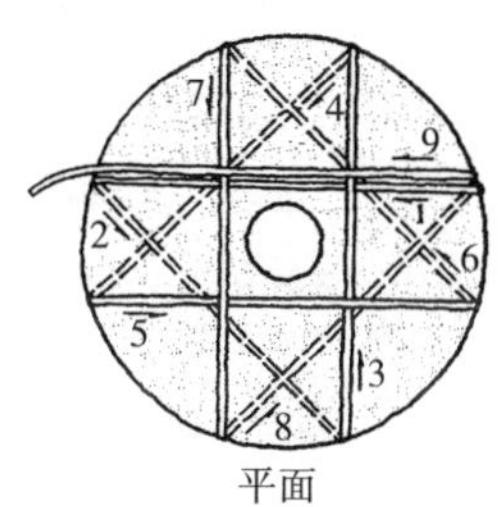

平面　　立面

包扎方式二

先将草绳一端系于腰箍上，然后按图示数字顺序包扎，先由1拉到2，绕过土球的下面拉至3，经4绕过土球下拉至5，再经6绕过土球下面拉至7，经8与1挨紧平行拉扎。按如此顺序包扎满6~7道“井”字形为止。

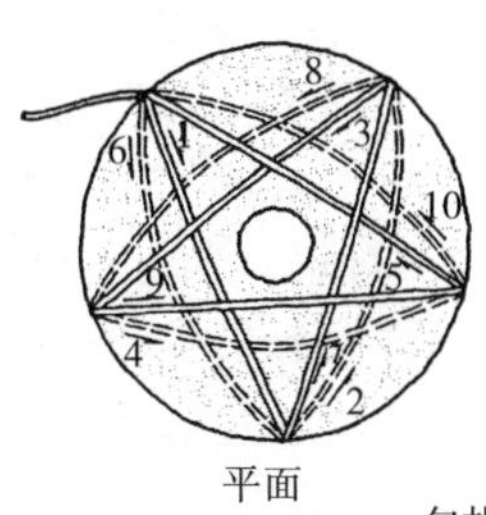

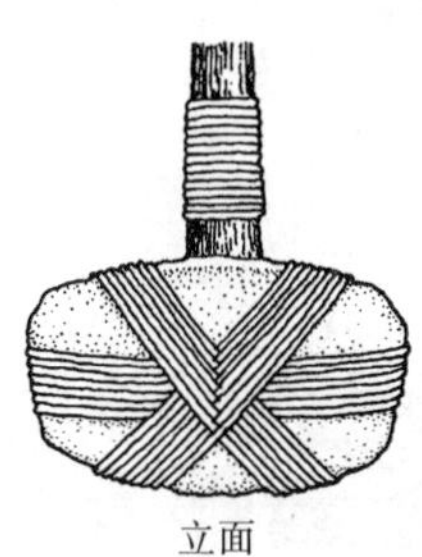

平面　　立面

包扎方式三

先将草绳的一端系在腰箍上，然后按图示数字顺序包扎，先由1拉到2，绕过土球底，经3过土球面到4，经过土球底经5拉过土球面到6，绕过土球底，由7过土球面到8，绕过土球底，由9过土球面到10，绕过土球底回到1。按如此顺序紧挨平扎6~7道五角星形。

图 13－75　土球包扎方式

平衡，其树冠修剪可达一半以上；花灌木及生长缓慢的树木可进行疏枝，去除枯枝病枝和过密枝。较大的乔木栽植后应设支柱支撑，以防浇水后大风吹倒苗木（图 13－76 ~ 图 13－79）。植物栽好后 24 小时内必须浇上第一遍水，水要浇透，使泥土充分吸收水分，与树根紧密结合，以利于根系发展。

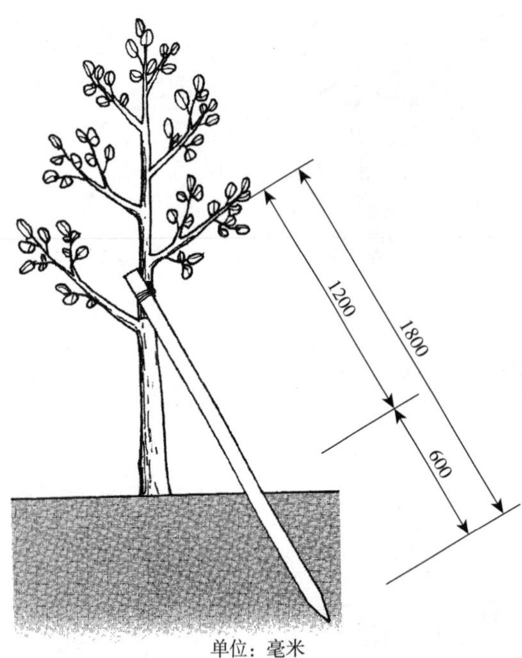

图 13－76　树桩支撑方式一——单支式

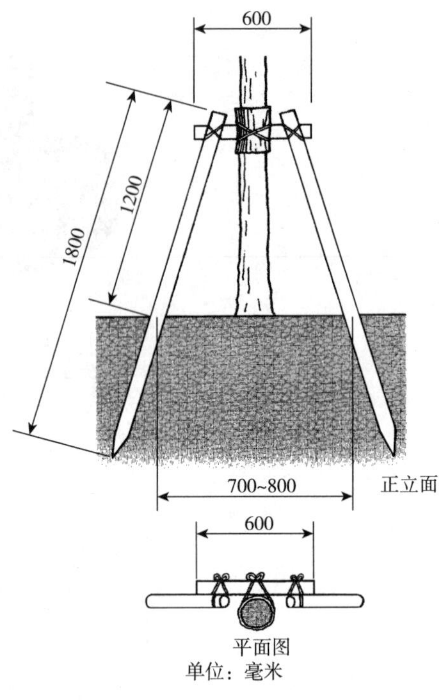

图 13－77　树桩支撑方式二——二支式

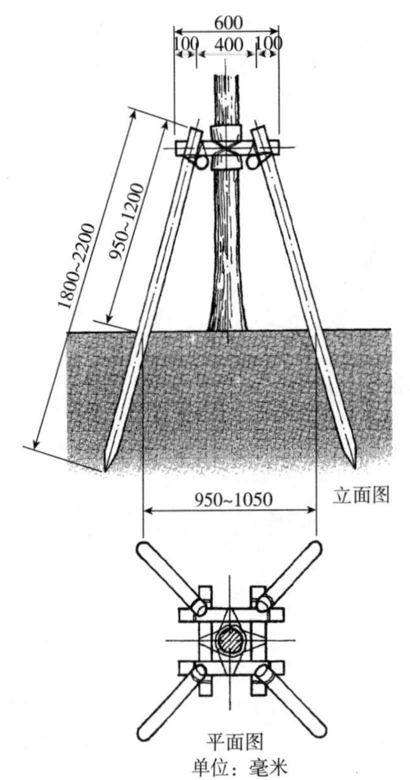

图 13－78　树桩支撑方式三——四支式

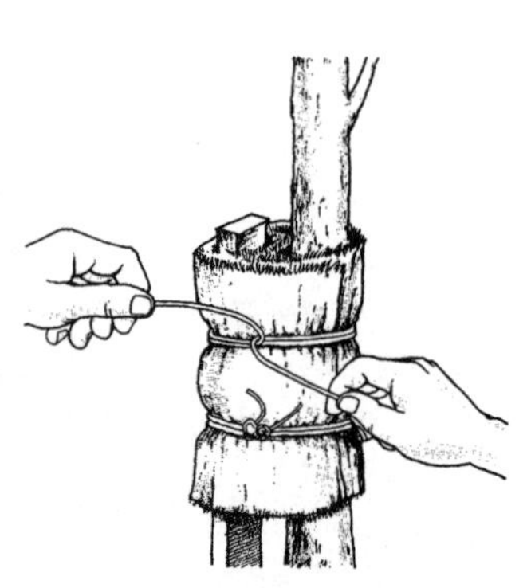

小树绑扎方法（直立式）

大树绑扎方法（直立式）

图 13－79　支撑处绑扎方法

(二) 大树移植

种植大树可以在短时间内达到绿化的效果，从而满足一些重点工程或特殊造景的需要。这里所讲的大树一般指干径在10cm以上，高度在4m以上的大乔木，就不同种类的植物而言也有不同的界定。

移植大树的最适宜时间是在早春，树木开始发芽而树叶还未全部长成之前，树木的蒸腾作用未到达最旺盛时期，这时候带土球移植并缩短土球在空气中的暴露时间，栽植后精心养护管理就能保证大树的成活。在北方的雨季和南方的梅雨季节，由于空气湿度大，也可带土球移植一些针叶树。其他季节栽植大树，如果操作规范，注意养护，也能够成功。在南方温暖、湿度大的地区，一年四季均可移植大树，其中落叶树还可裸根移植。

为了保证大树很好地成活，移植前可采用多次移植、预先断根和根部环状剥皮的方法促进树木须根的生长，移植前应进行修剪，修剪的方法有修剪枝叶、摘叶、摘心、摘牙、摘花摘果、刻伤和环状剥皮等。

大树移植的方法有：①软材包装移植法，适用于挖掘圆形土球、树木胸径15~25cm或稍大一些的常绿乔木，用草绳捆扎包装；②木箱包装移植法，适用于挖掘方形土球、树木胸径15~25cm、土球直径超过1.3m以上的乔木，用箱板进行包装（图13－80）；③机械移植法，运用树木移植机，连续完成挖栽植坑、起树、运输、栽植等全部移植作业（图13－81）。

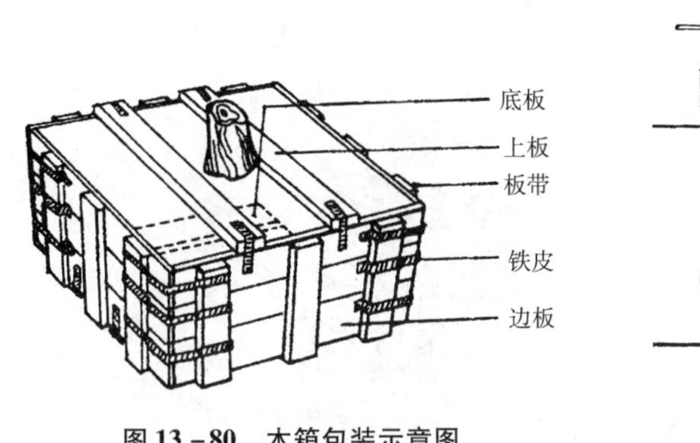

图13－80　木箱包装示意图

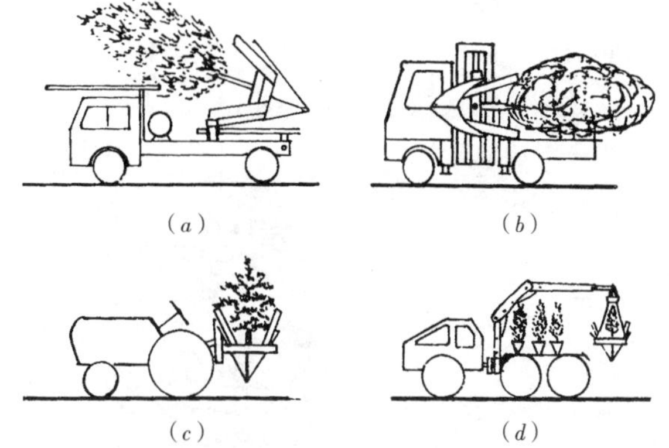

图13－81　树木移植机型示意图

大树吊运也是大树移植中的重要环节，吊运的成功与否直接影响到树木的成活、施工的质量及树木的景观效果。常用的吊运方法有起重机吊运法、滑车吊运法和运输装车法。

大树定植后要注意养护，定期检查、浇水，夏季搭荫棚或挂草帘，摘除花序，施肥，进行根系保护等。

(三) 草坪及地被建植

草坪及地被建植应注意土层厚度，土地的翻耕与平整度，应考虑地面排水，避免积水，有时还要考虑草坪及地被灌溉系统。草坪建植的方法有：播种法、栽植法、铺设法和草皮植生带铺设法。草坪及地被的养护管理主要包括：浇灌、施肥、修剪、除杂草和通气等。

九、植物的养护管理

人们常说："三分种，七分养。"风景园林植物的养护管理在绿化建设中极其重要。"养"包括两个方面：一是养护，根据不同树木的生长需要和特定要求，及时采取灌水、施肥、修剪、防治病虫害、灌水、中耕除草等园艺技术措施进行养护；二是管理，开展如绿地的清扫保洁等园务管理工作。

（一）灌水

新植树木在连续5年内都应适时充足灌溉，土质保水力差或树根生长缓慢的树种，可适当延长灌水年限。灌水的树堰直径约为树干胸径10倍左右，高度不低于10cm，要保证不跑水、不漏水（图13－82）。浇水车浇树木时应接胶皮管，进行缓流浇灌，不可用高压水流冲毁树堰。采用喷灌方法时，应开关定时，专人看护，地面达到静流为止。

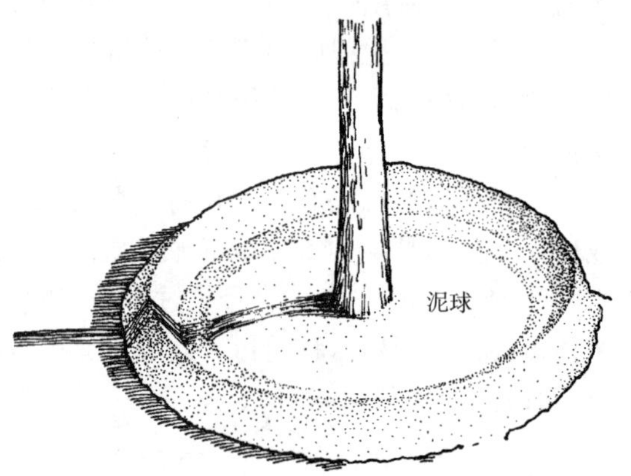

新种树木种好后，在其树穴周围（必须在泥球外圈）筑灌水堰，使浇水时水不会迅速流走，确保泥球湿润

图13－82　酒酿堰图示

（二）施肥

施肥的方式有施基肥、追肥、种肥、根外追肥等。施肥的方法有全面施肥，即在播种、育苗、定植前，在土壤上普遍施肥，如施基肥；局部施肥，即根据情况，将肥料只施在局部地段或地块，局部施肥有沟施、条施、穴施、撒施、环状施等方式（图13－83）。

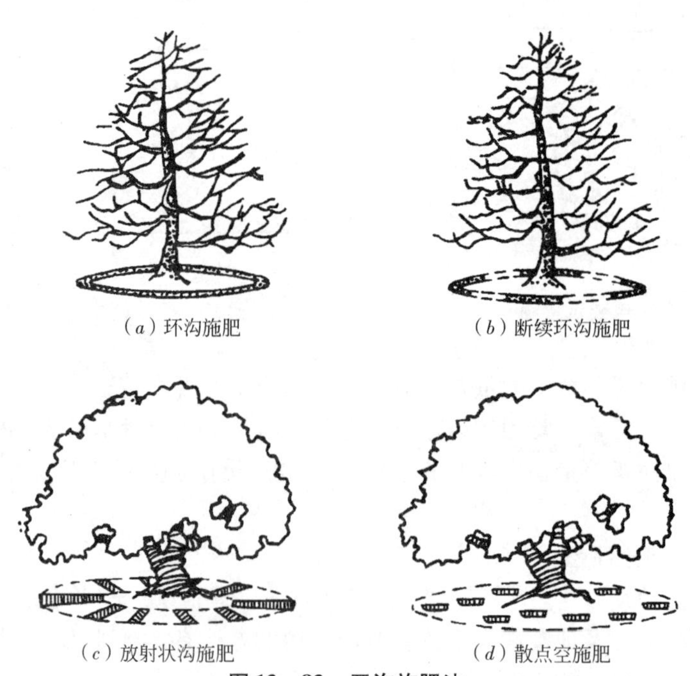

（a）环沟施肥　（b）断续环沟施肥

（c）放射状沟施肥　（d）散点空施肥

图13－83　开沟施肥法

（三）修剪

灌木的养护修剪应做到丛生大枝均衡生长，植株保持内高外低、自然丰满的圆球形。定植年代较长的灌木，应有计划地分批疏除老枝，培养新枝，经常短截突出灌丛外的徒长枝，使灌丛保持整齐均衡。植株上不作留种用的残花废果，应尽量及早剪去，以免消耗养分。

绿篱的养护修剪应保证在绿篱定植后，按规定高度及形状及时修剪，篱面与四壁要求平整，棱角分明。绿篱要适时修剪，以保证节日时已抽出新枝叶，生长丰满，如发现缺株，应及时补栽。绿篱每年最少要修剪 2 次。

落叶乔木的修剪应尽量保持具有中央领导干、主轴明显顶芽，若顶芽或主轴受损，则应选择中央领导枝上生长角度较直立的侧芽代替，培养成新的主轴。主轴不明显的树种，应选择上部中心比较直立的枝条当做领导枝，尽早形成高大的树身和丰满的树冠，同时要注意控制竞争枝、并生枝和病虫枝（图 13－84）。

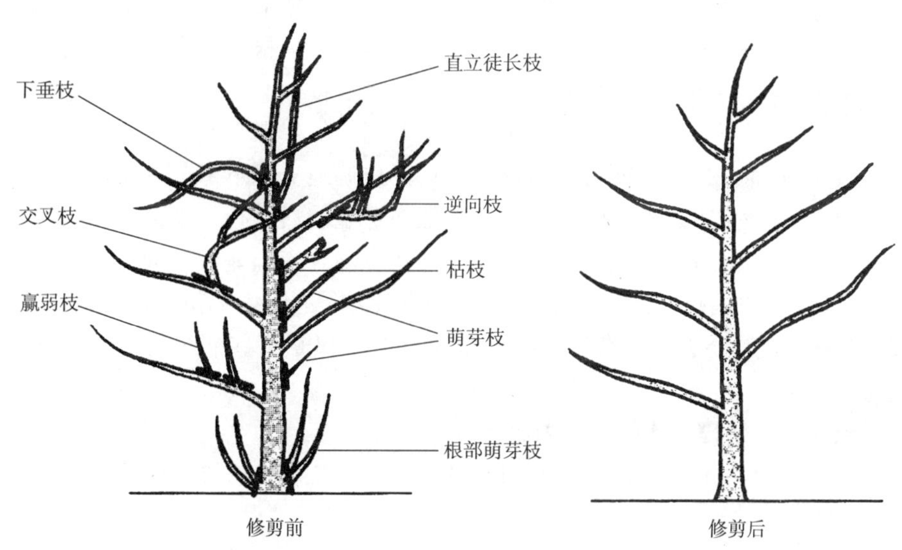

图 13－84　乔木的修剪

（四）防治病虫害

病虫害防治的方法有：①喷粉法：通过喷粉器械将粉状毒剂喷洒在植物或害虫体上；②喷雾法：利用溶液、乳剂或悬浮液状态的毒剂，借助喷雾器械形成微细的雾点喷射在植物或害虫上；③熏蒸法：利用有毒气体或蒸气，通过害虫呼吸器官，进入虫体内而杀死害虫；④毒草饵：利用溶液状或粉状的毒剂与饵料制成的混合物，然后撒在害虫发生或栖居的地方；⑤胶环（毒环）法：利用 2～8cm 的专门性粘虫胶带，围绕在树干的下部，将毒剂直接涂在树皮上或涂在紧缠在树干上的纸带或草环上，可以阻止或毒杀食叶昆虫爬到树上为害。

（五）除草

为了保持绿地整洁，避免杂草与树木争肥水，减少病虫滋生，应及时进行除草。在野生杂草的生长季节，要不间断地进行除草，除小除早，省工省力，效果比较好。除下的杂草要集中处理，及时运走，堆制成肥料。在远郊区或具野趣游息的地段，可以使用机械割草，使其高矮一致，有条件的地区可采取化学除草方法，但应慎重，先试验，再推广。

（六）树木损伤后伤口的处理

树木损伤后应除去伤口及其周围的干树皮，从而准确地确定伤口的情况，减少害虫的隐生场所。伤口的表面要使用涂层保护，进行树皮修补。古树名木的复壮与修复还可采用移植树皮技术。

（七）寒冷冬季园林树木的养护

风景园林树木冬季的养护工作直接影响到树木第二年的观赏价值和经济价值。冬季的养护应注意以下几方面：①清除死树，并补栽上相同规格的苗木。②及时灌冻水。一般在11月初，对树木尤其是新栽植的树木灌一次水，即“灌冻水”，灌后结合封冻水，在树木基部培起土堆，这样既供应了树本身所需的水分，也提高了树木的抗寒力。③施肥。秋后树梢停止生长后，根系又出现一次生长高峰，因此，应于秋末冬初视树龄大小和栽植时间的长短，适当施一些有机肥或化肥，使肥料渗入，以促发新根，增强树势，为来年的生长发育打好基础。④整形修剪。将枯死枝、衰弱枝、病虫枝等一并剪下，并对生长过旺枝进行适当回缩，改善树冠内部的通风透光条件，培养理想的树形，对于较大的伤口，用药物消毒，并涂上铅油加以保护。既可调整树形，还可协调地上地下部分之间的关系，促进开花结果，又可消灭病虫害。整形修剪的时间一般在冬至前后进行，如果量大，可延至春节前后。⑤树干涂白。冬季树干涂白既可减少阳面树皮因昼夜温差大引起的伤害，又可消灭在树皮缝隙中越冬的病虫。涂白剂配方为生石灰10份，食盐1份，硫黄粉1份，水40份，可在11月份进行。⑥清理杂草落叶。杂草落叶不仅是某些病虫害的越冬场所，也是火灾隐患。

（八）全年养护管理工作的主要内容

根据一年中树木生长的自然规律和自然环境条件的特点，将养护管理工作分为五个阶段（表13－7）。

树木养护管理工作　　　　**表13－7**

阶段	树木生长态势	养护管理工作
冬季阶段（12月、1月、2月）	树木休眠期	整形修剪、病虫害防治、堆雪、及时清除常绿树和竹子上的积雪、巡查维护
春季阶段（3、4月）	气温逐渐升高，各种树木陆续发芽	修整树木、围堰灌溉、施肥、病虫防治、修剪、拆除防寒物、补植缺株
初夏阶段（5、6月）	气温高、湿度小，树木生长旺季	灌溉、防治病虫、追肥、修剪、除草
盛夏阶段（7、8、9月）	高温多雨，树木生长由旺盛逐渐变缓	病虫防治、中耕除草、汛期排水防涝、修剪、扶直支撑
秋季阶段（10、11月）	气温逐渐降低，树木将休眠越冬	灌冻水、防寒、施底肥、病虫防治、补植缺株、清理枯枝树叶干草、做好防火

十、风景园林机械

机械化生产可以提高风景园林建设的效率，缩短建设时间，提高养护管理的效率和质量。风景园林机械按其用途大概可分为四大类：风景园林工程机械、种植养护工程机械、场圃机械、保洁机械（表 13 –8）。

园林机械类别　表 13 –8

风景园林机械类别	内　容	举　例
风景园林工程机械	土方机械	推土机、铲运机、平地机、挖掘机、挖沟机、挖掘装载机、压实机（压路机、夯土机、羊角碾等）等
	起重机械	汽车起重机、桅杆式起重机、卷扬机、少先起重机、手拉葫芦和电动葫芦等
	混凝土和灰浆机械	混凝土搅拌机、振动器、灰浆搅拌机、筛砂机、纸筋麻刀灰拌合机等
	提水机械	离心泵、深井泵、污水泵、潜水泵、泥浆泵等
种植养护工程机械	种植机械	挖坑机、开沟机、液压移植机、铺草坪机等
	整修机械	油锯、电锯、剪绿篱机、割草机、割灌机、压草坪机、高树修剪机等
	植保机械	各类机动喷雾机、喷粉机、迷雾喷粉机、喷烟机、灯光诱杀虫装置等
	浇灌机械	喷灌机、滴灌装置、浇水车等
场圃机械	整地机械	各种犁和耙、旋耕机、镇压器、打垄机、筑床机等
	育苗机械	联合播种机、种子调制机、截条机、插条机、植苗机、容器制作机、苗木移植机等
	中耕抚育机械	中耕机、除草机、施肥机、切根机等
	出圃机械	各类苗木的起挖机、苗木分选捆包机、容器苗运输机等
保洁机械		清扫机、扫雪机、吸叶机、洒水车、吸粪车等

第二节　风景园林工程施工与管理

一、施工组织

风景园林工程施工是指通过有效的组织方法和技术措施，按照设计要求，根据合同规定的工期，全面完成设计内容的全过程。风景园林工程建设一般包括计划、设计、施工、验收 4 个阶段（图 13 –85）。

招标投标方式，是国际上通用的、比较成熟的工程承包方式。招标，即以建设单位作为建设工程的发包者，用招标方式择优选定设计、施工单位；投标，即以设计、施工单位为承包者，用投标方式承接设计、施工任务（图 13 –86）。

风景园林工程施工组织设计是对拟建工程的施工提出全面的规划、部署与组织，是指导工程施工的技术性文件。它的核心内容是如何科学合理地安排好劳动力、材料、设备、资金和施工方法等施工因素。

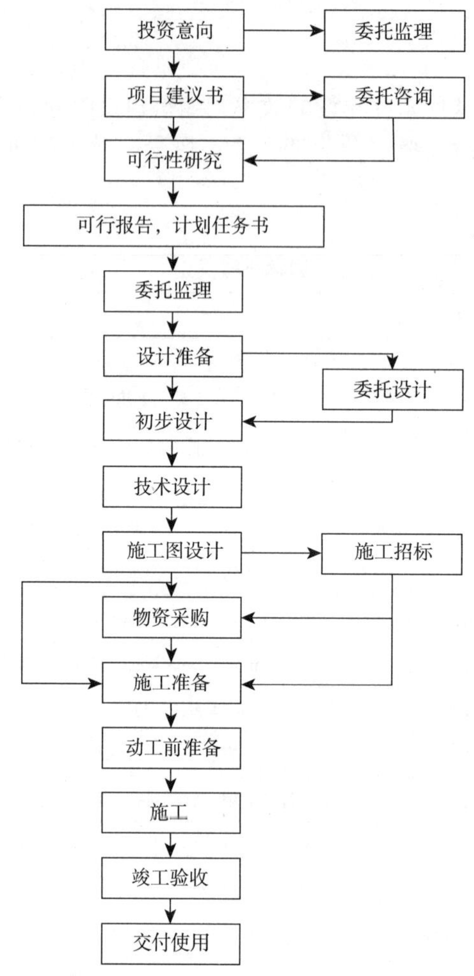

图 13－85　我国工程项目建设程序

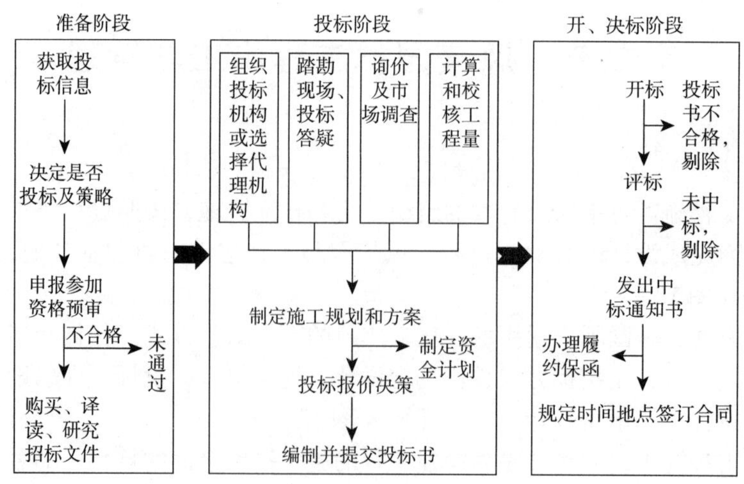

图 13－86　风景园林工程建设施工投标工作程序图

风景园林工程施工管理是对整个施工过程的合理优化和组织，其过程是根据工程项目的特点，结合具体的施工对象，编制施工方案，科学地组织各生产要素，合理地使用时间与空间，并在施工进程中指挥和协调劳动力资源，同时控制好施工现场的质量、技术和安全。施工管理的主要内容有工程管理、质量管理、安全管理、成本管理和劳务管理。

二、风景园林工程预算

风景园林工程预算是指工程在建设过程中，根据不同设计阶段设计文件的具体内容和相关定额、指标、取费标准，预先计算和确定建设项目的全部工程费用。由于园林工程具有一定的艺术性，且受气候的影响较大，又由于不同特色及风格的设计，工艺要求也不尽相同，因此难以精确计算价格，必须根据设计的要求和园林产品的特点，获得合理的、大概的工程造价，以保证工程建设及工程质量。

风景园林工程预算编制的依据主要有施工图纸，施工组织设计，工程预算定额，材料、人工及机械价格，工程管理费，合同，相关文件和技术规范等。园林建设工程造价的费用包括直接费、间接费、计划利润、税金和其他费用5部分。

风景园林工程预算一般分为设计概算、施工图预算、施工预算、竣工决算4种。

（1）设计概算。设计单位在初步设计阶段，根据图纸、工程概算定额及各项费用定额，预先计算工程费用。

（2）施工图预算。在施工图设计阶段，由施工单位根据已批准的施工图纸预先计算工程费用。

（3）施工预算。施工单位内部编制的一种预算，指在施工阶段，在施工图预算的控制下，施工单位根据施工图、施工定额等资料，通过工料分析，预先计算和确定工程所需的人工、材料、机械及相应费用。

（4）竣工决算。分为施工单位竣工决算和建设单位竣工决算。施工单位通过竣工决算，可以进行实际成本分析，反映经营效果，总结经验，以利于提高企业经营管理水平；建设单位通过竣工决算，可以核定新增固定资产价值，办理交付使用，考核建设成本，分析投资效果，总结经验，以利于今后提高投资收益。

第三节　行业标准及技术规范

风景园林相关标准分为国家标准、行业标准、地方标准、部颁标准。政策法规分为法律、行政法规、地方性法规、部委及政府的规章和文件。

一、标准

标准是对重复性事物和概念所做的统一规定，它以科学、技术和实践经验的综合成果为基础，经有关方面协商一致，由主管机构批准，以特定形式发布，作为共同遵守的准则和依据。

（1）国家标准：对于需要在全国范围内统一的技术要求，应当制定国家标准。国家标准由国家标准化管理委员会编制计划、审批、编号、发布。国家标准代号为GB和GB/T，其含义分别为强制性国家标准和推荐性国家标准。国家标准在全国范围内适用，其他各级标准不得与之相抵触。例如：

《风景名胜区规划规范》（GB50298－1999）

《城市居住区规划设计规范》（GB50180－93）

（2）行业标准：对于国家标准内没有的，又需要在全国某个行业范围内统一的技术要求，可以制定行业标准。行业标准是专业性、技术性较强的标准，它由行业标准归口部门编制计划、审批、编号、发布、管理。行业标准也分强制性与推荐性，如建筑行业标准代号是CJJ，推荐性建筑行业标准代号是CJJ/T。作为国家标准的补充，当相应的国家标准实施后，该行业标准应自行废止。例如：

《园林基本术语标准》（CJJ/T91－2002）

《公园设计规范》（CJJ48－92）

《城市道路绿化规划与设计规范》（CJJ75－97）

《城市绿化工程施工及验收规范》（CJJ/T82－99）

（3）地方标准：对于国家标准和行业标准内没有的，而又需要在省、自治区、直辖市范围内统一的技术要求，可以制定地方标准。地方标准由省、自治区、直辖市标准化行政主管部门统一编制计划、组织制定、审批、编号、发布。地方标准在本行政区域内适用，不得与国家标准和行业标准相抵触。地方标准代号为DB和DB/T，分别为强制性地方标准和推荐性地方标准。国家标准、行业标准公布实施后，相应的地方标准即行废止。例如：《北京市居住区绿地设计规范》、《北京市城市园林绿化养护管理标准》。

二、政策法规

（1）法律。是指国家最高权力机关，即全国人民代表大会和它的常委会制定、颁布的规范性文件的总称，其法律效力和地位仅次于宪法。例如：《中华人民共和国环境保护法》、《中华人民共和国城市规划法》、《中华人民共和国森林法》等。

（2）行政法规。行政法规是指国家最高行政机关国务院，依据宪法和法律制定的规范性文件的总称，它包括由国务院制定和发布的以及由国务院各主管部门制定，经国务院批准发布的规范性文件。例如：国务院《风景名胜区管理暂行条例》、国务院《中华人民共和国森林法实施条例》、国务院《城市绿化条例》等。

（3）地方性法规。地方性法规是指地方国家权力机关，根据本行政区域的具体情况和实际需要，依法制定的在本行政区域内具有法律效力的规范性文件。例如：《江苏省城市绿化管理条例》、《江苏省园林城市评选标准》、《苏州园林保护和管理条例》、《北京市城市绿化条例》等。

（4）部委行业规章。规章是指国务院各主管部门和省、自治区、直辖市人民政府以及省、自治区人民政府所在地的或经国务院批准的较大城市的人民政府依据宪法和法律和行政法规制定的规范性文件的总称。例如：住房和城乡建设部《城市绿线管理办法》、住房和城乡建设部《城市园林绿化管理暂行条例》、住房和城乡建设部《国家园林城市标准》等。

三、技术规范

技术规范是有关风景园林设计、施工、管理等方面的准则和标准。目前通用的技术规范有中国建筑标准设计研究所出版的一系列有关风景园林方面的施工图集，如《环境景观——室外工程细部构造》（03J0121－1）、《建筑场地园林景观设计深度及图样》（06SJ805）等。

参考文献

[1] 周维权. 中国古典园林 [M]. 北京：清华大学出版社，1999.
[2] 楼庆西. 中国园林 [M]. 北京：五洲传播出版社，2003.
[3] 陈植. 中国造园史 [M]. 北京：中国建筑工业出版社，2006.
[4] 汪菊渊. 中国古代园林史 [M]. 北京：中国建筑工业出版社，2006.
[5] 章采烈. 中国园林艺术通论 [M]. 上海：上海科学技术出版社，2004.
[6] Michael Laurie. 景观建筑概论 [M]. 林静娟，丘丽蓉，译. 台北：田园城市文化事业有限公司，1995.
[7] 洪得娟. 景观建筑 [M]. 上海：同济大学出版社，1999.
[8] 陈志华. 外国造园艺术 [M]. 郑州：河南科学技术出版社，2001.
[9] 张国强. "园林"一词有多早？[J]. 中国园林，2007，7.
[10] 王绍增. 论风景园林的学位体系 [J]. 中国园林，2006，5.
[11] 国务院学位委员会. 关于下达《风景园林硕士专业学位设置方案》的通知 [J]. 中国园林增刊，2006，9.
[12] 刘滨谊. 现代景观规划设计 [M]. 南京：东南大学出版社，1999.
[13] 俞孔坚. 景观设计：专业、学科与教育 [M]. 北京：中国建筑工业出版社，2003.
[14] 张祖刚. 世界园林发展概论——走向自然的世界园林史图说 [M]. 北京：中国建筑工业出版社，2003.
[15] 郦芷若，朱建宁. 西方园林 [M]. 郑州：河南科学技术出版社，2001.
[16] 刘庭风. 中日古典园林比较 [M]. 天津：天津大学出版社，2003.
[17] 曹林娣. 中国古典园林文化比较 [M]. 北京：中国建筑工业出版社，2004.
[18] 童寯. 造园史纲 [M]. 北京：中国建筑工业出版社，1983.
[19] 吴家骅. 环境设计史纲 [M]. 重庆：重庆大学出版社，2002.
[20] 吴家骅. 景观形态学 [M]. 北京：中国建筑工业出版社，2000.
[21] 沈玉麟. 外国城市建设史 [M]. 北京：中国建筑工业出版社，1989.
[22] 莱昂纳多·J·霍珀. 景观建筑 [M]. 赵学德，张桂珍，译. 合肥：安徽科学技术出版社，2007.
[23] 威廉·M·马什. 景观规划的环境学途径 [M]. 朱强，黄丽玲，俞孔坚，等，译. 北京：中国建筑工业出版社，2006.
[24] 弗雷德里克·斯坦纳. 生命的景观—景观规划的生态学途径 [M]. 周年兴，李小凌，俞孔坚，等，译. 北京：中国建筑工业出版社，2004.
[25] 王晓俊. 风景园林设计 [M]. 南京：江苏科学技术出版社，2000.
[26] 唐纳德·沃特森，艾伦·布拉特斯，罗伯特·G·谢卜利. 城市设计手册 [M]. 刘海龙，郭凌云，俞孔坚，等，译. 北京：中国建筑工业出版社，2006.
[27] J·O·西蒙兹. 大地景观 [M]. 程里尧，译. 北京：中国建筑工业出版社，1990.
[28] J·O·西蒙兹. 景观设计学——场地规划与设计手册 [M]. 俞孔坚，王志芳，孙鹏，译. 北京：中国建筑工业出版社，2000.
[29] John·L·Motloch. 景观设计理论与技法 [M]. 李静宇，李硕武，秀伟，译. 大连：大连理工大学

出版社，2007.
[30] 温国胜，杨京平，陈秋夏编. 园林生态学［M］. 北京：化学工业出版社，2007.
[31] ［美］诺曼 K. 布思. 风景园林设计要素［M］. 曹礼昆，曹德鲲，译. 北京：中国林业出版社，1989.
[32] 李世华，徐有栋. 市政工程施工图集 5 - 园林工程［M］. 北京：中国建筑工业出版社，2004.
[33] 吴为廉. 景园建筑工程规划与设计［M］. 上海：同济大学出版社，1999.
[34] 钟训正. 建筑画环境表现与技法［M］. 北京：中国建筑工业出版社，1985.
[35] 凯文・林奇，加里・海克. 总体设计［M］. 黄富厢，朱琪，吴小亚，译. 北京：中国建筑工业出版社，1999.
[36] 杨静. 建筑材料与人居环境［M］. 北京：清华大学出版社，2001.
[37] 王晓俊. 西方现代园林设计［M］. 南京：东南大学出版社，2000.
[38] 王晓俊. 风景园林设计（增订本）［M］. 南京：江苏科学技术出版社，2000.
[39] 王向荣，林箐. 西方现代景观设计的理论与实践［M］. 北京：中国建筑工业出版社，2002.
[40] 田学哲. 建筑初步［M］. 第 2 版. 北京：中国建筑工业出版社，1999.
[41] ［美］诺曼・K・布思. 曹礼昆，曹德鲲，译. 风景园林设计要素［M］. 北京：中国林业出版社，1989.
[42] 彭一刚. 建筑空间组合论［M］. 第 2 版. 北京：中国建筑工业出版社，2000.
[43] 杨・盖尔著. 何人可译. 交往与空间［M］，北京：中国建筑工业出版社，2002.
[44] 刘杰，周湘津等编译. 城市景观艺术［M］. 天津：天津大学出版社，1992.
[45] 克莱尔・库珀・马库斯，卡罗琳・弗朗西斯，编著. 人性场所——城市开放空间设计导则［M］. 俞孔坚，孙鹏，等，译. 北京：中国建筑工业出版社，2001.
[46] 西村幸夫 + 历史街区研究会. 城市风景规划——欧美景观控制方法与实务［M］. 张松，蔡敦达，译. 上海：上海科学技术出版社，2005.
[47] 中国勘察设计协会园林设计分会. 风景园林设计资料集——风景规划［M］. 北京：中国建筑工业出版社，2006.
[48] 张晓，郑玉歆. 中国自然文化遗产资源管理［M］. 北京：社会科学文献出版社，2001.
[49] 杨赉丽. 城市园林绿地规划［M］. 北京：中国林业出版社，1995.
[50] 孔繁德. 生态保护［M］. 北京：中国环境科学出版社，2005.
[51] 刘康，李团胜. 生态规划——理论、方法与应用［M］. 北京：化学工业出版社，2004.
[52] 苏杨，汪昌极. 美国自然文化遗产管理经验及对中国有关改革的启示［J］. 中国园林，2005，8.
[53] 谢凝高. 国家风景名胜区功能的发展及其保护利用［J］. 中国园林，2005，7.
[54] 吴良镛. 建筑・城市・人居环境［M］. 石家庄：河北教育出版社，2003.
[55] 王建国. 城市设计［M］. 北京：中国建筑工业出版社，1999.
[56] 唐军. 追问百年——西方景观建筑学的价值批判［M］. 南京：东南大学出版社，2004.
[57] 庄宇. 城市设计的运作［M］. 上海：同济大学出版社，2004.
[58] 时匡，（美）加里・赫克，林中杰. 全球化时代的城市设计［M］. 北京：中国建筑工业出版社，2006.
[59] （美）唐纳德・沃特森，（美）艾伦・布拉特斯，（美）罗伯特・G・谢卜利，编著. 城市设计手册［M］. 北京：中国建筑工业出版社，2006.
[60] 洪亮平. 城市设计历程［M］. 北京：中国建筑工业出版社，2002.
[61] 刘宛. 城市设计实践论［M］. 北京：中国建筑工业出版社，2006.
[62] 封云. 公园绿地规划设计［M］. 北京：中国林业出版社，1996.
[63] 胡长龙. 园林规划设计（上册）［M］. 第 2 版. 北京：中国农业出版社，2002.

[64]（英）西蒙·贝尔. 景观的视觉设计要素［M］. 王文彤，译. 北京：中国建筑工业出版社，2004.
[65] Richard C. Smardon，James F. Palmer，John P. Felleman. 景观视觉评估与分析［M］. 李丽雪，洪得娟，颜家芝，译. 台北：田园城市文化事业有限公司，1985.
[66] Hans_ Martin Nelte，编. 最新德国景观设计［M］. 丁小荣，李琴，译. 福州：福建科学技术出版社，2004.
[67] 安德鲁·威尔逊，编著. 现代最具影响力的园林设计师［M］. 昆明：云南科技出版社，2005.
[68] 伊丽莎白·巴洛·罗杰斯. 世界景观设 I［M］. 韩炳越，曹娟，等，译. 北京：中国林业出版社，2005.
[69] 伊丽莎白·巴洛·罗杰斯. 世界景观设 II［M］. 韩炳越，曹娟，等，译. 北京：中国林业出版社，2005.
[70] 维勒格，编著. 德国最新景观设计 1［M］. 苏柳梅，邓哲，译. 沈阳：辽宁科学技术出版社，2001.
[71] 维勒格，编著. 德国最新景观设计 2［M］. 苏柳梅，邓哲，译. 沈阳：辽宁科学技术出版社，2001.
[72] 芦原义信. 外部空间设计［M］. 尹培桐，译. 北京：中国建筑工业出版社，1985.
[73] 李道增. 环境行为学概论［M］. 北京：清华大学出版社，1999.
[74] 刘盛璜. 人体工程学与室内设计［M］. 北京：中国建筑工业出版社，1997.
[75]［美］尼尔·科克伍德. 景观建筑细部的艺术——基础、实践与案例研究［M］. 杨晓龙，译. 北京：中国建筑工业出版社，2005.
[76]［英］凯瑟琳·迪伊. 景观建筑形式与纹理［M］. 杭州：浙江科学技术出版社，2003.
[77] 胡家宁. 小中见大——关于景观建筑细部设计的思考［J］. 装饰，2006. 8：126 - 127.
[78] 孟研，冯君. 感受城市景观的细部设计［J］. 华中建筑，2007. 10：130 - 132.
[79] 张清海. 构成学及其在现代园林设计中的应用研究［D］. 南京：南京农业大学，2007. 12.
[80] 张多，赵金成，吴柏海，等. 美国绿色基础设施促进城镇健康发展实践及启示［J］. 林业经济，2015，（2）：122 - 127.
[81] 戴菲，胡剑双. 绿道研究与规划设计［M］. 北京：中国建筑工业出版社，2013.
[82] 刘东云，周波. 景观规划的杰作——从“翡翠项圈”到新英格兰地区的绿色通道规划［J］. 中国园林，2001，17（3）：59 - 61.
[83] 刘滨谊，余畅. 美国绿道网络规划的发展与启示［J］. 中国园林，2001，6：77 - 81.
[84] 何昉，锁秀，高阳，黄志楠. 探索中国绿道的规划建设途径——以珠三角区域绿道规划为例［J］. 风景园林，2010，2：70 - 73.
[85] 谭少华，赵万民. 绿道规划研究进展与展望［J］. 中国园林，2007：85 - 88.
[86] 王晓燕，侯志强. 国外绿道研究综述［J］. 乐山师范学院学报，2015，30（3）：76 - 83.
[87] 蔡云楠，方正兴，李洪斌，等. 绿道规划理念·标准·实践［M］. 北京：科学出版社，2013.
[88] 李晔. 慢行交通系统规划探讨——以上海市为例［J］. 城市规划学刊，2008，3：78 - 81.
[89] 汤萌萌. 基于低影响开发理念的绿地系统规划方法与应用研究［D］. 北京：清华大学，2012.
[90] 王景. 基于低影响开发 LID 理念的城市公园规划设计［D］. 雅安：四川农业大学，2015：18 - 22.
[91] 王鹏，吉露·劳森，刘滨谊. 水敏性城市设计（WSUD）策略及其在景观项目中的应用［J］. 中国园林，2010，6：88 - 91.
[92] 高洋. 水敏性城市设计在我国的应用研究［D］. 哈尔滨：哈尔滨工业大学，2012：17 - 20.
[93] 刘迎宾，周彦吕. 新加坡水敏性城市设计的发展历程和实施研究［C］. 中国城市规划学会会议论文集，2016.
[94] 陈硕，王佳琪. 海绵城市理论及其在风景园林规划中的应用［J］. 农业与技术，2016，2.
[95] 彭乐乐. 海绵城市目标下的公园绿地规划设计研究——以福州市为例［D］. 福州：福建农林大学，2016，4：15 - 16.

[96] 吴丹洁，詹圣泽，李友华，等. 中国特色海绵城市的新兴趋势与实践研究［J］. 中国软科学，2016，1.
[97] 车伍，吕放放，李俊奇，等. 发达国家典型雨洪管理体系及启示［J］. 中国给水排水，2009，25（20）：12－17.
[98] 李强. 低影响开发理论与方法评述［J］. 城市发展研究，2013，12：30－35.
[99] 刘颂. 数字景观的缘起、发展与应对［J］. 中国园林，2015，（10）.
[100] 刘颂. 数字景观技术研究应用进展［J］. 西部人居环境学刊，2016，（4）.
[101] 袁旸洋，成玉宁. 参数化风景环境道路选线研究［J］. 中国园林，2015，（7）.
[102] 程洁心. 大数据背景下基于 GIS 的景观评价方法探究［J］. 设计，2016，（1）.
[103] 杨利民. 节约型园林建设探索——以北京奥林匹克森林公园为例［C］. 北京生态园林城市建设研讨会，2009.
[104] 方金生，戴启培，吴雯雯. 节约型园林指标体系的构建与评价［J］. 南京林业大学学报（自然科学版），2014，（5）.
[105] 朱建宁. 促进人与自然和谐发展的节约型园林［J］. 中国园林，2009，（2）.
[106] 聂磊. 关于建设节约型园林技术体系的研究［J］. 广东园林，2007，（4）.
[107] 俞孔坚. 节约型城市园林绿地理论与实践［C］. 节约型城市园林绿化及立体绿化新技术研讨会，2008.
[108] 卜国华，廖秋林. 低碳园林营造的原则及手法探讨［J］. 广东农业科学，2012，（9）：49－51.
[109] 梁亮. 低碳园林营建方法研究［D］. 合肥：安徽农业大学，2012.
[110] 徐文娟. 城市低碳园林绿地评价体系探究［J］. 现代园艺，2016，（20）.
[111] 李树华. 防灾避险型城市绿地规划设计［M］. 北京：中国建筑工业出版社，2010.
[112] 曲良艳，弓弼，金立强，等. 我国城市主要自然灾害类型及其防灾绿地体系构建［J］. 西北林学院学报，2010，（25）.
[113] 肖实花. 城市绿地系统防灾避险功能评价［D］. 长沙：中南林业科技大学，2010.
[114] 高杰，张安，赵亚洲. 日本防灾公园的规划设计及实践［J］. 现代园林，2012，（4）：5－10.
[115] 雷芸. 阪神·淡路大地震后日本城市防灾公园的规划与建设［J］. 中国园林，2007，（07）：13－15.
[116] 刘纯青，周奇，费文君. 城市防灾避险绿地系统的构建［J］. 中国农学通报，2010，（24）.
[117] 四川省建设厅. 四川省城市防灾避险绿地规划导则［S］. 2010.
[118] 陆大明，韩雪松，蒋治国. 开放式社区理念在入镇涉农型社区中的应用——以成都市天台山三角社区为例［M］//中国城市规划年会论文集（06 城市设计与详细规划）. 北京：中国建筑工业出版社，2016：884－890.
[119] 张国颖. 创新社会管理背景下开放式社区管理探析［D］. 济南：山东大学，2012.
[120] 王晓楠. 城区老旧开放式社区治理研究——以济南市槐荫区青年公园街道办事处为例［D］. 济南：山东大学，2015.
[121] 李晴. 社区规划设计的新理念——以美国普雷亚维斯塔社区为例［J］. 城市规划，2010，（9）：42－48.
[122] 田夏梦. 园博会中城市展园设计探析［D］. 北京：北京林业大学，2012.
[123] 林菁，王向荣，南楠. 艺术与创新［J］. 中国园林，2007，（9）：14－20.
[124] 王伟军，刘飞，刘延江，等. 展览花园［J］. 风景园林，2011，（3）：146－152.
[125] 俞孔坚，王向荣，章俊华，等. 风景园林师访谈［J］. 风景园林，2007，（4）：72－73.
[126] 房昉. 园林博览会规划设计方法与其可持续发展关系的研究.［D］. 北京：中国林业科学研究院，2012.

[127] 王向荣，林箐，王艮. 大师园（2011 西安世界园艺博览会）［M］. 北京：中国建筑工业出版社，2012.

[128] 李树华. 尽早建立具有中国特色的园艺疗法学科体系（上） ［J］. 中国园林，2000，16（3）：17－19.

[129] 章俊华. Landscape 思潮［M］. 北京：中国建筑工业出版社，2008：2－3.

[130] 郭毓仁. 园艺与景观治疗理论及操作手册［M］. 台北：中国文化大学景观学研究所，2002：2.

[131] 崔晓燕. 康复景观规划设计研究［D］. 西北农林科技大学，2014.

[132] 王晓博. 以医疗机构外部环境为重点的康复性景观研究［D］. 北京：北京林业大学，2012.

[133] 张文英，巫盈盈，肖大威. 设计结合医疗——医疗花园和康复景观［J］. 中国园林，2009，08.

[134] 李树华. 尽早建立具有中国特色的园艺疗法学科体系［J］. 中国园林，2000，16（69）：17－19.

[135] 呼万峰. 康复景观设计解析与实践——以美国芝加哥植物园比勒体验花园为例［J］. 中外建筑，2013，10：109－111.

[136] 云振宇，应珊婷. 美丽乡村标准化实践［M］. 北京：中国标准出版社，2015：10.

[137] 唐珂，宇振荣，方放. 美丽乡村建设方法和技术［M］. 北京：中国环境出版社，2014：11.

[138] 陈炎兵，姚永玲. 特色小镇——中国城镇化创新之路［M］. 北京：中国致公出版社，2017：05.

[139] 姜琴君，李跃军. 历史经典产业型特色小镇旅游产品创新研究［J］. 中国名城，2017，2017（9）.

[140] 刘嘉. 农业观光园规划设计初探［D］. 北京：北京林业大学，2007.

[141] 王浩，等. 农业观光园规划与经营［M］. 北京：中国林业出版社，2003.

[142] Hong Kong Scientific&Cultural Publishing Co. LANDSCAPE BLACKBOOK I［M］. Hong Kong：Hong Kong Rihan International Cultural Co. Ltd，2006.

[143] Hong Kong Scientific&Cultural Publishing Co. LANDSCAPE BLACKBOOK II［M］. Hong Kong：Hong Kong Rihan International Cultural Co. Ltd，2006.

[144] Jane Amidon. Radical Landscapes：Reinventing Outdoor Space［M］. New York：Thames&Hudson Ltd，2001.

[145] Michel Racine. Garden and Landscape Architects of France［M］. Oostkamp：Stichting Kunstboek，2006.

[146] The Cultural Capital of Europe Thessaloniki. Restructuring The City［M］. London：Andreas Papadakis Publisher，1997.

[147] Jan Gehel，Lars Gemzoe. New city Spaces［M］. Copenhagenk：The Danish Architectural Press，2001.

[148] Michel Racine. Allain Provost Paysagiste［M］. Oostkamp：Stichting Kunstboek，2004.

[149] Paul Cooper. The new tech garden［M］. London：Mitchell Beazley. 2001.

[150] Isotta Cortesi. Parcs Publics Paysages 1985－2000［M］. Arles：Actes Sud \ Motta，2000.

[151] Paco Asensio. ARCHITECTURE NOW！LANDSCAPE DESIGN NO. 1［M］. New York：teNeues publishing Group，2005.

[152] Paco Asensio. ARCHITECTURE NOW！LANDSCAPE DESIGN NO. 2［M］. New York：teNeues publishing Group，2005.

[153] Jane BrownLe. Jardin moderne［M］. Arles：Actes Sud，2000.

[154] Miguel Ruano. Ecourbanismo——Entornos Humanos Sostenibles：60 Proyectos［M］. Barcelona：Editorial Gustavo Gili，SA，1999.

[155] Allison Williams. Therapeutic Landscapes：the Dynamic Between Place and Wellriess［M］. New York：University Press of America，Inc，1999：249.

[156] Westphal J M. Hype，Hyperbole and Health：Therapeutic sitedesign［C］//Benson J F，Rowe M H. Urban Lifestyles：Spaces，Places，People. Rotterdam：A. A. Balkema，2000.